NOUVEAU COURS

COMPLET

D'AGRICULTURE

THÉORIQUE ET PRATIQUE.

ASS — BUV.

TOME SECOND.

NOMS DES AUTEURS.

MESSIEURS :

THOUIN, Professeur d'Agriculture au Muséum d'Histoire Naturelle.

PARMENTIER, Inspecteur général du Service de Santé.

TESSIER, Inspecteur des Établissemens ruraux appartenant au Gouvernement.

HUZARD, Inspecteur des Écoles Vétérinaires de France.

SILVESTRE, Chef du Bureau d'Agriculture au Ministère de l'Intérieur.

BOSC, Inspecteur des Pépinières Impériales et de celles du Gouvernement.

(Composant la Section d'Agriculture de l'Institut de France.)

CHASSIRON, Président de la Société d'Agriculture de Paris.

CHAPTAL, Membre de la section de Chimie de l'Institut.

LACROIX, Membre de la Section de Géométrie de l'Institut.

DE PERTHUIS, Membre de la Société d'Agriculture de Paris.

YVART, Professeur d'Agriculture et d'Économie rurale à l'École Impériale d'Alfort; Membre de la Société d'Agriculture; etc.

DÉCANDOLLE, Professeur de Botanique et Membre de la Société d'Agriculture.

DU TOUR, Propriétaire-Cultivateur à Saint-Domingue, et l'un des auteurs du Nouveau Dictionnaire d'Histoire Naturelle.

DE L'IMPRIMERIE DE MAME FRÈRES.

Cet Ouvrage se trouve aussi,

A PARIS, chez LE NORMANT, libraire, rue des Prêtres Saint-Germain-l'Auxerrois, n° 17.

A BRESLAU, chez G. THÉOPHILE KORN, imprimeur-libraire.

A BRUXELLES, chez LECHARLIER, libraire.

A LIÈGE, chez DESOER, imprimeur-libraire.

A LYON, chez YVERNAULT et CABIN, libraires.

A MANHEIM, chez FONTAINE, libraire.

NOUVEAU COURS
COMPLET
D'AGRICULTURE
THÉORIQUE ET PRATIQUE,

Contenant la grande et la petite Culture, l'Économie Rurale et Domestique, la Médecine vétérinaire, etc.;

OU

DICTIONNAIRE RAISONNÉ
ET UNIVERSEL
D'AGRICULTURE.

Ouvrage rédigé sur le plan de celui de feu l'abbé ROZIER, duquel on a conservé tous les articles dont la bonté a été prouvée par l'expérience;

PAR LES MEMBRES DE LA SECTION D'AGRICULTURE
DE L'INSTITUT DE FRANCE, etc.

AVEC DES FIGURES EN TAILLE-DOUCE.

A PARIS,
CHEZ DETERVILLE, LIBRAIRE ET ÉDITEUR,
RUE HAUTEFEUILLE, N° 8.

M. DCCC. IX.

NOUVEAU COURS COMPLET D'AGRICULTURE.

ASSOLEMENT. CONSIDÉRATIONS GÉNÉRALES SUR L'ASSOLEMENT.

On désigne ordinairement sous le nom de *sole* chaque division annuelle et alternative des terres, qu'on établit dans les exploitations rurales pour la commodité et le plus grand avantage de la culture.

De ce nom, qui paroît dérivé du mot latin *solum*, qui signifie sol, sont formés les mots *assoler*, *dessoler*, *assolement*.

Ainsi l'on dit qu'une exploitation est soumise à tel assolement, c'est-à-dire qu'elle est partagée en deux, en trois, en quatre, ou en un plus grand nombre de divisions générales ou soles, selon que la culture, séparée de divers genres ou de diverses espèces de plantes, y est admise chaque année. L'on dit qu'une terre a été dessolée lorsqu'on a changé son assolement habituel, et l'on désigne chaque sole sous le nom de la plante cultivée dans chacune des divisions, comme la sole du froment, celle du trèfle, la sole de l'avoine, celle de la luzerne, etc.

§. Ier. De toutes les opérations agricoles, l'assolement est celle qui exige de la part du cultivateur l'attention la plus sérieuse et la plus soutenue, les calculs les mieux raisonnés, et la connoissance la plus approfondie de toutes les ressources de son art et de sa position locale.

En vain il nettoye, amende, engraisse, fertilise et dispose ses champs, par tous les moyens qui sont en son pouvoir, à produire d'abondantes récoltes; ses succès sont toujours, ou incertains, ou incomplets, ou illusoires, ou éphémères, si un assolement conforme aux vrais principes, et sur-tout approprié aux localités, ne fait la base de son exploitation.

§. II. Obtenir *constamment* le produit net le plus élevé des champs soumis à la culture, c'est incontestablement l'objet que tout cultivateur raisonnable doit se proposer en entreprenant une administration rurale, et, pour obtenir ce résultat, il est indispensable que l'assolement qu'il adopte se trouve toujours en rapport exact avec les circonstances avantageuses ou désavantageuses qui l'entourent, et que sa terre se maintienne toujours aussi dans un état progressif d'amélioration.

L'assolement doit, par conséquent, être changé ou modifié suivant les altérations plus ou moins considérables que la position locale du cultivateur éprouve.

Quoique la meilleure manière d'assoler les champs, en alternant les cultures, soit une question très compliquée, soumise à une multitude de cas particuliers auxquels elle est nécessairement subordonnée; quoiqu'on ne puisse établir de règle fixe et invariable sur l'ordre de succession des plantes sur le même champ, parceque les nuances très variées du sol et des situations, ainsi que les dispositions particulières des saisons, l'influence du climat, les besoins et les convenances doivent être consultés avant tout; quoique nous soyons bien éloignés encore d'être parvenus, comme quelques personnes le supposent si gratuitement, au perfectionnement des pratiques agricoles, sur lesquelles il reste beaucoup de découvertes à faire et d'incertitudes à fixer; enfin, quoiqu'en économie rurale comme en toute autre science de fait, la manière la plus sûre de procéder consiste à rassembler les faits bien constatés, et à les comparer entre eux; cette question peut cependant, dans l'état actuel de nos connoissances, être soumise à quelques principes généraux, susceptibles, comme tous les autres, des modifications et des exceptions même nécessitées par les circonstances.

Afin de mettre cet important objet dans tout son jour, nous allons d'abord exposer et développer successivement les principes généraux que le cultivateur doit prendre en considération dans le choix de ses assolemens; nous examinerons ensuite les avantages et les inconvéniens que chacune des plantes, soumises parmi nous à une culture régulière et étendue, présente sous cet intéressant rapport, et nous terminerons par une série de faits authentiques et concluans sur lesquels auront été basés les principes établis, et qui nous auront été fournis, ou par notre pratique, ou par celle des cultivateurs les plus instruits de diverses parties de la France.

Ces faits nous paroissent préférables à ceux tirés des pays étrangers, dont le sol, le climat, les habitudes, les débouchés, les préjugés mêmes, set une foule d'autres circonstances, établissent généralement des différences si essentielles qu'ils les rendent souvent peu applicables aux nôtres; et nous n'aurons recours à ces derniers que pour confirmer les premiers, ou pour suppléer à ceux qui pourront manquer.

N'oublions jamais que les faits, en agriculture, sont, pour le cultivateur intelligent, d'utiles avertissemens, qu'il n'imite pas servilement, sachant bien que leur succès dépend tellement des circonstances de l'influence si importante des saisons et d'autres causes plus ou moins agissantes, que le résultat de deux expériences, ayant pour but le même objet, peut à peine être jamais exactement le même. Il s'en sert comme un peintre habile sait s'approprier les beautés d'un paysage; en contemplant les objets variés que la nature offre à sa vue, plein des idées brillantes qu'elles lui suggèrent, il cherche à les rendre le plus exactement possible sur son tableau, sans s'astreindre à une imitation rigoureuse; et c'est ainsi que, dans tous les arts, on parvient quelquefois à surpasser ses modèles.

N'oublions pas non plus que la récolte la plus belle et la plus abondante n'est pas toujours la plus profitable au cultivateur; que la meilleure est celle qui, en dernière analyse, laisse le plus de produit net, et que toute agriculture de luxe peut bien séduire quelques crédules amateurs, qu'il faut distinguer des connoisseurs, mais qu'elle ne peut jamais convenir aux véritables cultivateurs, qui doivent toujours comparer rigoureusement la dépense avec le bénéfice réel. Cette vérité rappelle naturellement ce précepte de Caton : *Benè colere optimum, optimè damnosum.*

Nous observerons aussi que la brièveté et la teneur même des baux, l'urgence des besoins du moment, la fréquence des débordemens, et plusieurs autres causes, apportent quelquefois des obstacles insurmontables à l'adoption d'assolemens, ou cours de culture judicieux et réguliers; mais ces circonstances fâcheuses ne peuvent atténuer, en aucune manière, la solidité des principes qui doivent toujours éclairer la marche du propriétaire rural qui ne se trouve pas soumis à l'influence décourageante de ces obstacles.

PRINCIPES D'ASSOLEMENT.

PREMIER PRINCIPE.

La première chose à faire avant d'établir un assolement régulier, c'est de consulter,

1° La nature du terrain que l'on a à cultiver;

2° L'influence du climat sous lequel il se trouve placé;

3° La nature des végétaux qui paroissent y prospérer davantage, croissant spontanément ou par introduction;

4° Les ressources et les besoins locaux; les habitudes et les usages ; la facilité ou la difficulté des débouchés ; ses propres besoins ;

5° Les avantages ou les inconvéniens que présente une nombreuse ou une rare population ; dans la pénurie ou dans l'aisance et le voisinage, ou l'éloignement des ateliers, fabriques et manufactures qui pourroient l'occuper ;

6° L'ordre des travaux nécessaires à chaque culture, et l'emploi judicieux du temps et des engrais.

Dévcloppons un peu chacun de ces objets.

Premier objet. Quoiqu'à force de soins et de dépenses on puisse quelquefois obtenir des produits que la terre refuse naturellement, il est prudent cependant de n'en exiger, en grande culture, que ceux qu'elle peut donner sans efforts extraordinaires; et il ne peut être généralement profitable de cultiver, par exemple, la luzerne et le sainfoin sur des terrains compactes et humides, et de vouloir introduire les fèves et les choux sur des terres siliceuses, crétacées et arides, etc.

Second objet. On parvient également quelquefois, par des précautions multipliées et ordinairement très dispendieuses, à obtenir quelques produits que le climat refuseroit sans elles; mais quoiqu'on soit parvenu à acclimater, par la voie des semis surtout, un grand nombre de végétaux étrangers aux pays dans lesquels ils prospèrent aujourd'hui, il en est beaucoup qui s'y refusent constamment; et il est toujours imprudent d'essayer en grande culture, et de vouloir soumettre à un cours régulier des végétaux qui exigent, pour donner des produits avantageux, plus d'intensité et de constance dans la chaleur que le climat ne comporte, comme la patate, le maïs, l'arachide, le coton, l'indigo, etc., dans les contrées septentrionales de la France.

Il ne faut d'ailleurs jamais oublier que les degrés de la température de l'atmosphère ne sont pas constamment en raison directe des degrés de latitude, et que le voisinage de la mer, celui des hautes montagnes, et les abris sur-tout, ainsi que plusieurs autres causes, exercent sur cet important objet une influence plus ou moins prononcée. C'est ainsi que, d'après l'observation de Dumont de Courset, la neige fond constamment plus tôt sur les bords de l'Océan qu'à quelques myriamètres plus loin, quoique plus avancés vers le midi ; c'est ainsi que les gelées ont généralement moins d'intensité et de durée en Angleterre, dont l'atmosphère est chargée d'une humidité occasionnée par les vapeurs qui s'élèvent des eaux qui l'environnent de toutes parts, qu'en France, où cette circonstance se rencontre moins fréquemment, et qu'on trouve en pleine terre, en Irlande, l'arbousier, qui s'y refuse, en France, presque par-tout ailleurs que dans les départemens les plus méridionaux; et c'est ainsi que Décandolle a trouvé, dans quelques cantons abrités de la Bretagne, plusieurs végétaux qu'on croyoit appartenir exclusivement à nos cantons les plus méridionaux.

Troisième objet. Il peut être très avantageux au cultivateur intelligent d'étudier la nature des végétaux qui croissent spontanément, ou par adoption, sur son terrain, et qui y prospèrent, et de chercher à lui en faire adopter d'analogues. C'est ainsi que le sainfoin, la lupuline, la pimprenelle, etc., originaires des coteaux crayeux, arides et élevés, ont été introduits avec succès, par analogie, dans des sites semblables, sur lesquels on les voit ordinairement prospérer à l'aide d'une bonne culture.

Quatrième objet. Il est des cantons qui présentent des ressources précieuses pour la culture de certaines plantes, sous le rapport des engrais qui y sont le plus convenables, et qui y abondent, comme le plâtre et la cendre de tourbe, pour la culture des prairies artificielles, et de toutes les plantes légumineuses, qu'ils favorisent singulièrement.

Il en est dont les besoins, les habitudes et les usages, qui deviennent aussi des besoins, assurent le débit avantageux de certaines productions, comme celui de l'orge et du houblon, devenus indispensables à nos départemens septentrionaux pour la fabrication de la bière; celui du seigle, non moins indispensable à la fabrication de l'eau-de-vie de grain, désignée ordinairement sous le nom de *genièvre*, et qu'on cultive très fréquemment pour cet objet dans plusieurs de nos départemens du nord et de l'est.

Il est des localités qui rendent les débouchés de quelques denrées bien plus prompts et plus faciles, comme la vente du chanvre près des ports de mer; le débit avantageux des fourrages et de la plupart des plantes potagères susceptibles d'être introduites dans les champs, et cultivées, en grand, près des villes très peuplées.

Il est des exploitations rurales retirées et privées de moyens de communication faciles, où les cultures qui exigent des transports longs, pénibles et dispendieux, sont interdites, et dans lesquelles la spéculation du cultivateur doit principalement porter sur l'entretien et l'engraissement des bestiaux, moyens toujours faciles, économiques et avantageux de voiturer au loin les denrées converties en viande, second objet de première nécessité.

Enfin, est il des besoins, pour ainsi dire particuliers à chaque exploitation, qu'un cultivateur attentif doit prévoir, et auxquels il doit pourvoir dans le plan de son assolement, comme l'abondance des pailles, des racines et des fourrages pour l'hiver, et celle des pâtures pour le reste de l'année, lorsqu'il fait porter principalement sa spéculation sur la nourriture des bestiaux : l'étendue des champs de sainfoin, si recommandables pour l'entretien de nombreux troupeaux de bêtes à laine, s'ils deviennent son principal objet ; la culture des plantes filamenteuses, s'il a besoin d'occuper de nombreux ouvriers, de tout sexe et de tout âge, dans la saison rigoureuse où les travaux du dehors sont interdits, etc. Il doit s'attacher à être le moins possible obligé de vendre tout ce qu'il peut consommer avantageusement, et, sur-tout, d'acheter ce que son terrain pourroit lui fournir économiquement, abondamment et de bonne qualité ; points essentiels qui évitent bien des déplacemens, des charrois et des avances toujours très nuisibles.

Cinquième objet. Une nombreuse et laborieuse population, peu aisée, établit ordinairement la main d'œuvre à un prix raisonnable, permet de se livrer, avec avantage, à toutes les cultures qui exigent beaucoup de travaux manuels, comme celles du tabac, du safran, de la garance, du houblon, du lin, etc., qu'il est rarement avantageux d'entreprendre par-tout où les ouvriers sont rares et chers, ou peu laborieux.

Il est aussi généralement reconnu que le voisinage des usines, fabriques, ateliers et manufactures de toute espèce, enlève à l'agriculture des bras qu'exigeroient les travaux particuliers nécessaires à certains végétaux, circonstance à laquelle il est essentiel d'apporter la plus grande attention dans le choix des assolemens.

Sixième objet. La célérité et l'économie étant deux qualités essentielles à toutes les opérations agricoles, ces opérations doivent être tellement coordonnées entre elles, que l'une ne puisse jamais nuire à l'autre, et qu'elles se succèdent de manière qu'il n'y ait aucune perte de temps, qu'il seroit difficile de réparer ensuite, ni aucune dépense extraordinaire difficile à recouvrer.

Ainsi, pour que chaque chose puisse se faire à temps et économiquement, il importe d'éviter l'introduction de cultures qui accumuleroient les travaux à certaines époques, tandis que des travaux plus pressans seroient à faire. Il convient, par exemple, d'éviter autant que possible la coincidence de certaines récoltes tardives, et qu'on ne pourroit différer sans perte, avec l'époque si critique des semailles d'automne, qui ne peuvent, non plus, se retarder sans des inconvéniens plus ou moins graves, ainsi que le charroi des engrais, et l'opération des labours, hersages et roulages, qu'il est si essentiel de pouvoir faire en temps convenable, pour ménager les animaux d'une part, et assurer, de l'autre, le succès des récoltes.

Il n'est pas moins intéressant que le plan d'assolement soit tel, 1° qu'il puisse y avoir une égale et suffisante dispensation d'engrais à tous les champs, alternativement, en éloignant convenablement les cultures qui en exigent le plus, et qui fournissent moins de moyens d'en faire ; 2° que le nombre des labours indispensables se trouve réduit le plus possible, avantage précieux que procurent par-dessus tout les prairies naturelles et artificielles qui, pendant leur durée, n'en exigent aucun, laissent plus de temps pour façonner convenablement et sans addition de frais les autres terres, et qui, lorsqu'on les détruit, donnent sur un simple labour des récoltes si abondantes; et 3° que les champs les plus éloignés du centre de l'exploitation se trouvent convertis le plus rarement que faire se pourra en terres arables, et que la récolte puisse y être consommée, toutes les fois que les circonstances le permettent, afin d'éviter les labours et les charrois d'engrais et de récoltes, toujours longs, difficiles et dispendieux en pareil cas.

SECOND PRINCIPE.

Pour déterminer le retour périodique plus ou moins fréquent des mêmes végétaux sur le même champ, le cultivateur doit, indépendamment des motifs précités, prendre aussi en considération la nature plus ou moins épuisante de chaque végétal, d'abord, relativement à son organisation et à sa végétation particulière, et ensuite, relativement au mode de culture auquel il doit être soumis

Un très grand nombre de faits décisifs démontrent, de la manière la plus convaincante, que les végétaux ne tirent pas seulement leur nourriture de la terre dans laquelle ils sont implantés, mais aussi, et en très grande partie, de l'atmosphère dans laquelle ils sont plongés; que les racines ne sont pas par conséquent, comme on l'a cru long-temps, et comme un assez grand nombre de personnes le supposent encore, les seuls organes destinés à transmettre aux végétaux leur aliment, et qu'ils sont pourvus, sur toute leur surface, de pores inhalans ou suçoirs, destinés à soutirer de l'atmosphère, par le tronc, les rameaux et les feuilles sur-tout, qu'on doit considérer comme des racines aériennes, ainsi que de la terre, par les racines proprement dites, les différens principes alimentaires qui leur conviennent, et qui se trouvent disséminés, en différentes proportions, dans ces deux grands réservoirs. (1)

L'observation et l'expérience démontrent également que les végétaux n'empruntent pas tout, et en tout temps, dans une

(1) On peut consulter, sur cet important objet, les expériences aussi curieuses qu'instructives de Duhamel, Bonnet, de Saussure, Fabroni Sennebier, et autres physiciens, qui ont mis cette vérité hors de doute.

proportion égale, leur nourriture de la terre et de l'atmosphère; c'est-à-dire que, relativement à leur conformation extérieure et à l'époque de leur végétation, ils absorbent plus de l'atmosphère que de la terre, *et vice versâ*; qu'en général, plus le tissu de leurs tiges et de leurs feuilles est lâche et poreux, plus ils sont dans l'état herbacé, moins ils empruntent de la terre: qu'au contraire, plus ce tissu est lisse, serré et ligneux, plus ils approchent de l'époque de leur maturité et du perfectionnement de leurs semences; et plus le poids des semences farineuses ou huileuses est considérable, comparativement aux autres parties, plus la terre leur fournit de principes nutritifs.

Il est encore bien démontré que, conformément à la loi sage et constante de la nature, qui fait servir la destruction des êtres organisés à l'entretien d'autres êtres qui leur succèdent, les débris des végétaux, lorsqu'ils sont détruits, ainsi que leur dépouille annuelle, tant qu'ils existent, réduits en terreau, rendent à la terre, sur laquelle ils se déposent naturellement en plus ou moins grande abondance, relativement à leur culture et à leur organisation particulière, une partie plus ou moins considérable des principes qu'ils en avoient empruntés, ainsi que de l'atmosphère, et c'est ainsi que la destruction même devient la source de la reproduction.

Enfin, l'expérience nous apprend aussi que plus les végétaux sont exposés de toutes parts aux influences atmosphériques, et plus la terre est remuée auprès de leurs racines et accumulée autour de leurs tiges, moins le sol sur lequel ils croissent s'en trouve épuisé.

D'après ces vérités incontestables, il est évident que l'organisation, ainsi que le mode de végétation et de culture de chaque plante, doit avoir une très grande influence sur le plus ou le moins d'épuisement de la terre à laquelle elle est confiée.

Faisons maintenant l'application de ces vérités à quelques unes des plantes soumises à nos cultures ordinaires, qui nous en fournissent plusieurs preuves frappantes.

Première preuve. La plupart des plantes annuelles de la famille des graminées, et notamment le froment, le seigle, l'orge et l'avoine, sont ordinairement cultivées plus particulièrement pour leurs grains que pour leurs autres produits; ces grains farineux et qui contiennent beaucoup de carbone, l'un des principaux alimens des végétaux, ont un poids de beaucoup supérieur à toutes les autres parties constituantes du végétal; le tissu de leurs tiges et de leurs feuilles, rares et sèches, est généralement serré, et devient dur et pailleux à l'époque de leur floraison, se resserre et se dessèche chaque jour de plus en plus, jusqu'au complément de la maturité, qui n'a lieu communément qu'un mois après au plus tôt : pendant cet intervalle, ils sont peu propres à puiser dans l'atmosphère ambiante les principes nutritifs qui peuvent s'y trouver répandus ; la terre devient donc la principale, sinon l'unique ressource de la plante réduite à cet état ; ses nombreuses racines chevelues, traçantes et très divisées, épuisent, par un très grand nombre de points de contact, la terre qu'elles lient d'ailleurs, et resserrent considérablement, circonstance qui intercepte le concours bienfaisant des influences atmosphériques : les débris que la culture ordinaire de ces graminées laisse sur le sol sont à peine sensibles ; leurs tiges et leurs feuilles très adhérentes sont enlevées presqu'en totalité, et le peu de chaume desséché, et d'une décomposition lente et difficile, lorsqu'il se trouve abandonné à lui-même, et qu'on ne rend même pas toujours à la terre, est une bien foible restitution comparée à l'emprunt considérable qu'elles lui ont fait.

Aussi est-il généralement reconnu que ces plantes, soumises à la culture ordinaire, épuisent et souillent en outre considérablement la terre, et que leur fréquent retour lui devient toujours très préjudiciable.

SECONDE PREUVE. Toutes les fois au contraire que ces plantes, au lieu d'être cultivées spécialement pour leurs semences, sont fauchées en vert, ou consommées sur place, avant ou à l'époque de leur floraison, ayant emprunté très peu de la terre jusqu'alors, et y laissant d'ailleurs des débris qui se convertissent promptement en *humus*, et qui se trouvent encore mêlés aux déjections animales, lorsque l'herbe a été consommée sur place, méthode toujours économique et avantageuse, elles deviennent en cet état plus utiles que nuisibles à la terre, qu'elles purgent encore de plantes inutiles ou affamantes, qui, ayant germé avec elles, se trouvent détruites simultanément.

Aussi tous les cultivateurs instruits et observateurs reconnoissent-ils qu'après une récolte verte, de quelque nature qu'elle soit, même de plantes naturellement épuisantes qu'on a arrêtées au milieu de leur végétation, après avoir bien couvert la terre, elles la laissent dans un état très avantageux pour les récoltes subséquentes.

C'est encore par une conséquence inévitable, dérivée du même principe, que les graminées vivaces, qui font la base de la plupart de nos prairies naturelles, fertilisent la terre au lieu de l'épuiser ; comme cela s'observe universellement, lorsqu'elles sont fauchées à temps, c'est-à dire vertes et en fleurs, parcequ'elles y laissent toujours de nombreux et utiles débris, et ce résultat avantageux s'observe bien mieux encore lorsque leurs produits ont été consommés de bonne heure sur le sol par de nombreux troupeaux.

TROISIÈME PREUVE. L'isolement des plantes cultivées en grand, le fréquent remuement de la terre auprès de leurs racines, et son amoncèlement autour de leurs tiges, pendant leur plus forte végétation, et jusqu'à l'époque de leur floraison, contribuent singulièrement, d'après les faits qui se passent tous les ans sous nos yeux, à prévenir l'épuisement de la terre.

Ce mode de culture, trop rarement suivi et restreint seulement à quelques plantes, produit l'heureux effet d'exposer de toutes parts, celles qui y sont soumises, aux bénignes influences de l'air, de la chaleur, de la lumière et de l'eau, qui sont les quatre agens principaux de la végétation; d'exposer également la terre, en tous sens et à une grande profondeur, aux mêmes influences, en lui faisant recevoir, pendant qu'elle est avantageusement occupée à supporter d'utiles productions, des opérations bienfaisantes, équivalentes à celles qu'elle ne reçoit ordinairement qu'après avoir été entièrement dépouillée de ses produits, et qui l'ameublissent et la fertilisent tout à la fois, en la purgeant de toutes les plantes nuisibles, qui contribuent puissamment, par leur destruction, à alimenter les récoltes présentes et futures, objet de la plus grande importance, et en soutirant de l'atmosphère les principes alimentaires qui s'y trouvent disséminés, objet non moins important.

C'est ce que nous démontre, entre autres exemples frappans, avec la plus grande évidence, la culture du maïs ou blé de Turquie. Cette précieuse graminée, à laquelle une grande partie de la France doit la prospérité de sa culture, quoique tout aussi épuisante par son organisation que toutes les autres de la même famille dont on exige les semences, se trouvant soumise au mode avantageux de culture préparatoire et améliorante dont nous venons de parler, emprunte bien moins de la terre que si elle étoit soumise à la culture ordinaire des autres graminées annuelles, et elle sert ordinairement de préparation avantageuse à leur culture et notamment à celle du froment, comme l'atteste un très grand nombre de faits que nous avons recueillis dans le midi de la France et ailleurs, et dont nous ferons connoître les principaux, en considérant plus particulièrement cette plante comme un objet intéressant de culture intercallaire.

QUATRIÈME PREUVE. Le fameux système de culture proposé par Tull, si long-temps controversé, adopté et étendu par Duhamel, Lullin de Châteauvieux et tant d'autres zélés cultivateurs, a incontestablement pour base le principe que nous avons établi, quoique son auteur l'ait faussement fondé sur une prétendue atténuation extrême des molécules terreuses, opérée selon lui par la fréquence des labours et autres opérations de culture.

Tull avoit tellement reconnu que la culture de toutes les plantes en rayons, et à des distances équilatérales, même celle de toutes les graminées annuelles, qui, comme nous l'avons démontré, sont naturellement très épuisantes, étant soumises à la culture ordinaire, épuisoit peu la terre, qu'il avoit été jusqu'à regarder, ainsi que la plupart de ses nombreux sectateurs, l'emploi des engrais comme entièrement inutile dans le mode de culture qu'il avoit adopté et qu'il proposoit d'adopter généralement pour toutes les plantes soumises en grand à des cultures régulières. Cette idée n'étoit pas sans doute plus exacte que la cause à laquelle il croyoit devoir assigner les résultats avantageux qu'il avoit obtenus, même en cultivant consécutivement, pendant un grand nombre d'années, les graminées annuelles sans aucune interruption; mais elle ne s'éloignoit pas autant de la vérité qu'on l'a supposé alors et depuis, car la vérité est que les engrais deviennent moins nécessaires avec ce mode de culture, parceque la terre y contribue d'autant moins à nourrir les plantes, que l'atmosphère et la destruction de toutes les plantes nuisibles ou inutiles y concourt davantage, comme le démontrent les résultats avantageux qu'on en obtient toutes les fois qu'on l'adopte.

L'emploi généralement si difficile, et souvent impraticable, du semoir proposé par Tull, après l'Espagnol Fucatello, la fausse supposition d'une prétendue atténuation des molécules terreuses, substituée à la véritable cause des effets qu'il avoit obtenus, et sur-tout l'assertion exagérée qu'en adoptant sa méthode les engrais étoient inutiles, n'ont pas peu contribué à discréditer son système, qui nous paroît d'ailleurs reposer sur une base solide, qui n'a peut-être pas été assez reconnue jusqu'à présent.

Nous croyons devoir ajouter que l'idée de ce système avoit été suggérée à Tull par la culture du maïs qu'il avoit observée dans le midi de la France, et que la culture, en rayons, des fèves, des haricots, des pommes de terre, des topinambours et d'un grand nombre d'autres plantes, présente les mêmes résultats avantageux que le maïs, et confirme le même principe.

Nous ajouterons encore que les semoirs, que l'anglomanie reproduit de temps en temps sur le continent, quoiqu'ils soient presque par-tout tombés depuis long-temps en désuétude en Angleterre, comme nous nous en sommes convaincus il y a peu d'années, ne peuvent jamais être d'un usage général, sur-tout pour la culture des graminées, et que ces instrumens, généralement trop compliqués, trop chers et trop peu solides pour pouvoir être confiés aux agens ordinaires de la culture, ne peuvent être appliqués avec succès qu'à quelques cultures particulières et peu étendues. Au reste, nous renvoyons les enthousiastes sur cet objet, et sur-tout ceux qui prennent Arthur Young pour leur oracle en agriculture, à la lecture d'un Essai qu'il a publié en 1773 sur les semoirs, dans un ouvrage intitulé: *Rural æconomy, or practical Essays*, dont la conclusion est que *si ceux qui admettront exclusivement les semoirs pour toutes leurs cultures ne se ruinent pas, il est probable que leurs affaires en seront au moins fortement dérangées;* et ce qu'il y a de bien remarquable, c'est qu'il adresse cet avis *aux cultivateurs de fraîche date*.

Cinquième preuve. Les plantes les plus généralement cultivées en grand, dans la nombreuse et utile famille des légumineuses, ont toutes des racines pivotantes qui, en s'enfonçant dans la terre comme autant de coins, l'ouvrent, l'ameublissent, facilitent, par un effet purement mécanique, l'introduction des principaux agens de la végétation, et y déterminent une utile fermentation. Leurs tiges et leurs feuilles nombreuses présentent une grande surface à l'atmosphère; leur tissu, toujours tendre et très flexible, est lâche et spongieux; elles se conservent long-temps dans l'état herbacé; long-temps après la floraison, elles gardent encore leur teinte verte; elles ne se dessèchent jamais toutes à la fois, et l'on remarque très souvent sur la même tige des branches naissantes, des boutons et des fleurs plus ou moins avancées, qui profitent encore des influences bienfaisantes de l'atmosphère, et des fruits parvenus à différens degrés de maturité; on les fauche très souvent vertes, et on les laisse rarement se dessécher entièrement avant de le faire. Un grand nombre de leurs feuilles, qui se détachent très aisément, et une portion assez considérable de leurs tiges, restent ordinairement sur le sol lors du fanage, et se trouvent promptement converties en terre végétale.

Aussi observe-t-on généralement qu'elles épuisent peu le sol, même lorsqu'on les laisse parvenir à maturité, et qu'elles l'améliorent ordinairement lorsqu'on les récolte à l'époque de la floraison.

Les fèves, munies de feuilles larges, très poreuses et herbacées, et de fortes racines pivotantes, possèdent au plus haut degré cette faculté améliorante, lorsqu'elles sont convenablement cultivées sur les sols tenaces, alumineux et humides, et sur-tout lorsqu'après avoir été *houées* elles sont fauchées de bonne heure et non arrachées. Quelques exemples attestent que plusieurs récoltes consécutives de ces plantes ont augmenté chaque année en produit, et amélioré considérablement la terre pour le froment qui leur a succédé.

Cette propriété améliorante n'avoit pas échappé au père de l'agriculture française, Olivier de Serres, comme nous le démontrerons en considérant plus particulièrement les fèves comme pouvant précéder très avantageusement les graminées sur les sols les plus difficiles à cultiver.

Les vesces d'automne et de printemps, fauchées de bonne heure, après avoir bien ombragé la terre, l'ameublissent et la préparent également très bien pour les récoltes subséquentes, et il est généralement reconnu que les grains prospèrent immédiatement après cette excellente culture intercallaire.

Les gesses traitées de même, sur-tout la variété à feuilles plus petites et à fleurs rougeâtres, *Lathyrus cicera*, L., produisent le même effet.

Les pois n'ombrageant pas autant la terre, et la nettoyant moins bien, comme nous le ferons connoître à leur article, y laissant d'ailleurs ordinairement moins de débris, et étant aussi généralement cultivés pour leurs grains, ne sont pas aussi efficaces, sous ce rapport, que les vesces et les gesses. Elles épuisent cependant beaucoup moins la terre que les graminées annuelles, qui prospèrent ordinairement, sur-tout après la variété connue sous le nom de pois gris ou bisaille, pois de moutons, etc.

La vertu améliorante des lupins est généralement reconnue depuis long-temps, et les anciens auteurs géoponiques en font le plus grand éloge, ainsi que des fèves et des vesces, considérées sous cet intéressant rapport.

Enfin, les différentes espèces et variétés de trèfles, sainfoins et luzernes possèdent éminemment la propriété, lorsqu'elles sont fauchées en fleurs sur-tout, d'améliorer le sol sur lequel elles croissent, par les nombreux débris annuels de leurs feuilles, de leurs tiges et de leurs racines, après leur destruction, par lesquels elles rendent bien plus à la terre qu'elles n'en ont emprunté par leur végétation vigoureuse, qui réunit le double avantage de détruire très efficacement un grand nombre de plantes nuisibles aux récoltes des céréales, et de soutirer en même temps de l'atmosphère une grande partie de leur substance.

Tous les cultivateurs qui ont introduit ces plantes précieuses dans leurs assolemens s'accordent à proclamer leur propriété améliorante pour les récoltes subséquentes.

Sixième preuve. Parmi les plantes crucifères, celles qui sont le plus communément cultivées pour leurs usages économiques étant pourvues de feuilles très larges et succulentes, telles que les nombreuses et si utiles espèces et variétés de choux, de raves, de navets, de moutarde, de colsat, de caméline, etc., épuisent aussi très peu la terre, lorsqu'on n'exige que le tribut de leurs feuilles et de leurs racines ; mais si l'on veut obtenir leurs nombreuses semences huileuses, comme cela se pratique ordinairement à l'égard du colsat, de la navette, de la caméline et de la moutarde noire, la terre ne peut suffire à cette production très épuisante, et se maintenir encore en bon état pour les récoltes subséquentes, qu'à l'aide d'une fécondité naturelle d'engrais abondans et d'une culture très soignée ; car il est de fait que toutes les plantes oléifères empruntent beaucoup de la terre à l'époque de la maturité de leurs graines ; et si ce fait avoit besoin d'une nouvelle preuve, la sanve, faux senevé, ou moutarde sauvage, *sinapis arvensis*, L., qui infeste trop souvent les champs cultivés, en fourniroit une bien propre à convaincre les incrédules.

Il est peu de cultivateurs, habitués à observer ce qui se passe sous leurs yeux, qui n'aient eu occasion de remarquer que lorsque cette trop commune et très nuisible plante, ou ses consœurs, la roquette et le raifort sauvage, *sisymbrium tenuifolium*. L. *raphanus raphanistrum*, L., non moins nuisibles, infestent une récolte quelconque de plantes utiles, et fournissent leurs nombreuses semences, la terre s'en trouve considérablement épuisée, et, en outre, très difficile à nettoyer pendant une longue série d'années, toutes les graines huileuses possédant la faculté de conserver très long-temps, lorsqu'elles sont profondément enterrées, leur faculté germinative, vérité dont il existe des exemples remarquables.

Septième preuve. La culture du chanvre, du lin, du pavot, du pastel et du tabac, sert ordinairement avec succès de culture préparatoire à celle des graminées annuelles, et à d'autres cultures avantageuses. Mais cet heureux résultat doit être entièrement attribué à l'abondance des engrais que ces plantes exigent, indépendamment de la fertilité naturelle du sol auquel on les confie, et aux nombreux et rigoureux sarclages qu'elles reçoivent pendant leur végétation ; car ne laissant aucun débris sur la terre dont elles sont entièrement arrachées, les trois premières fournissant de nombreuses graines très huileuses, et la quatrième et la cinquième étant successivement dépouillées de toutes leurs feuilles, non seulement elles prépareroient mal la terre pour de nouvelles récoltes, sans le secours si puissant d'engrais riches et abondans, et de sarclages rigoureux, mais elles fourniroient elles-mêmes de bien foibles produits, comme il est facile de s'en convaincre par-tout où elles sont soumises à une culture peu soignée.

Huitième et dernière preuve. Il est généralement reconnu que le sarrasin, qui se cultive le plus souvent sur des terres naturellement peu fertiles et peu engraissées, les épuise beaucoup moins que les autres plantes qui le suivent ou le précèdent dans les assolemens dans lesquels il est ordinairement admis, ou comme récolte préparatoire, ou comme récolte supplémentaire, ou enfin comme récolte secondaire, la même année, et quelquefois aussi, mais trop rarement, comme engrais végétal.

Cette plante, recommandable à tant de titres, est pourvue de rameaux nombreux et long-temps herbacés, garnis de feuilles tendres et très nombreuses, qui ombragent complètement la terre, et étouffent les plantes nuisibles qui s'y trouvent. Une partie assez considérable de ces tiges, et la presque totalité des feuilles, après s'être conservées très long-temps vertes, restent sur le sol et lui rendent une forte partie de ce qu'elles lui avoient emprunté.

Cette plante parcourt, d'ailleurs, ordinairement le cercle de sa végétation en trois mois environ ; et, toutes choses égales d'ailleurs, plus la végétation des plantes est courte et accélérée, moins elles épuisent la terre, comme cela s'observe à l'égard du froment, du seigle, de l'avoine et de l'orge, dont l'ordre de succession, lorsqu'il a lieu dans les assolemens anciens, est ordinairement réglé sur la durée respective de leur végétation, comme cela s'observe encore à l'égard de la caméline et du pavot, qui, occupant beaucoup moins de temps la terre que le colsat qu'ils remplacent souvent dans le département du Nord et ailleurs, lorsqu'il se trouve détruit, l'épuisent beaucoup moins.

Nous ne croyons pas devoir multiplier davantage les preuves confirmatives du principe que nous avons établi, et dont chaque cultivateur peut aisément faire l'application à sa pratique.

TROISIÈME PRINCIPE.

Lorsqu'on croit devoir admettre dans un assolement des cultures qui, d'une part, exigent des engrais abondans, et de l'autre fournissent des produits qui ne sont pas restitués, en grande partie, au sol, sous une nouvelle forme d'engrais, il est prudent de ne pas rendre leur retour fréquent, et de les intercaler avec d'autres cultures tout à la fois moins exigeantes et plus restituantes.

La culture du lin, du chanvre, du colsat, de la navette, de la cameline, du pavot et de toutes les plantes oléifères, exige beaucoup d'engrais et de la première qualité, et fournit généralement très peu de moyens d'en former de nouveaux, à moins qu'on ne convertisse leurs graines en huile dans les exploitations mêmes qui les ont produites, et que les marcs qui en proviennent y soient consommés, ou comme alimens pour les bestiaux ou comme engrais, ce qui n'arrive pas toujours.

La culture de la gaude, de la garance, du tabac, du pastel, du chardon à foulon, du safran, et plusieurs autres plus ou moins épuisantes, fournissent également de bien faibles moyens de réparer l'épuisement qu'elles occasionnent.

Le cultivateur qui entreprend ces cultures doit donc les admettre avec réserve dans ses assolemens, à moins qu'il ne puisse se procurer d'ailleurs, économiquement et facilement, une abondante provision d'engrais supplémentaires, cas fort rare, à la vérité, et il doit toujours les intercaler avec d'autres cultures, qui fournissent d'abondantes provisions de pailles qui retournent au sol converties en engrais, comme celles des graminées, ou des fourrages qui, donnant les moyens de nourrir de nombreux troupeaux, comme les prairies artificielles, maintiennent l'équilibre nécessaire entre les besoins de la terre et ses productions.

Sans cette précaution indispensable, il devient bientôt impossible de suffire aux consommations extraordinaires d'engrais que ces cultures très épuisantes et peu restituantes nécessitent, et la terre ne tarde pas à se réduire à un état d'exténuation toujours long et difficile à réparer.

Au reste, la culture la plus avantageuse pour la terre est toujours celle dont la majeure partie des produits lui est restituée sous la forme d'engrais, et la vente d'un grand nombre de produits, qui pourroient être consommés avantageusement sur l'exploitation même, donne souvent des bénéfices plus illusoires que réels.

QUATRIÈME PRINCIPE.

Après avoir employé tous les moyens que l'art fournit pour mettre la terre dans un état convenable de netteté, d'ameublissement et de fertilisation, tels que les labours, les hersages, les roulages, les sarclages, les houages, les binages et buttages, fauchage en vert, la consommation sur place, les amendemens et les engrais, il faut s'attacher constamment à la maintenir rigoureusement dans cet état prospère, et à l'améliorer, s'il est possible, par l'effet du choix des cultures intercalaires, de manière que chaque récolte prépare le succès des récoltes futures, et que ce succès soit toujours assuré, sauf les intempéries des saisons.

Il est certain que, sur les terrains entretenus constamment en bon état de culture et d'amélioration, les végétaux souffrent généralement moins des influences météoriques nuisibles, et sur-tout de la sécheresse, des averses, du hâle, des chaleurs excessives, des vents impétueux, des animaux destructeurs, et même de la grêle, parcequ'ils ont plus de moyens de prévenir ou de réparer les dommages que ces fléaux du cultivateur lui occasionnent trop souvent.

Il est également prouvé que le sarclage, soigneusement fait, assure le succès des récoltes présentes et futures, comme son omission le compromet; et qu'il existe généralement une différence totale entre une récolte précédée d'une autre sarclée ou non sarclée.

Enfin l'expérience de chaque année nous démontre irrésistiblement que les cultures ordinaires et successives des graminées annuelles, telles que le froment, le seigle, l'avoine et l'orge, épuisent et salissent considérablement la terre, et forcent ordinairement le cultivateur qui s'y livre à leur faire succéder une année de jachère, ou de non produit, pendant laquelle il cherche à réparer le mal, qu'il reproduit ensuite par le même vice de rotation dans ses cultures.

Il est donc indispensable d'intercaler constamment la culture de ces plantes, et celles de toutes autres qui produisent de semblables effets sur le sol, avec des cultures moins épuisantes et moins salissantes, ou améliorantes, telles que celles, 1° du trèfle, du sainfoin et de la luzerne, qui font la base ordinaire de nos prairies artificielles, dont la vigoureuse végétation étouffe et détruit un très grand nombre de plantes nuisibles, et dont le *détritus* annuel des feuilles, des tiges et des racines fournit une ample provision de terre végétale très meuble et très fertile; 2° des plantes légumineuses annuelles, et sur-tout des fèves, vesces, gesses et pois, qui, convenablement cultivées, et fauchées de bonne heure sur-tout, ameublissent, nettoient et fertilisent le sol; 3° des plantes cultivées spécialement pour leurs racines, telles que les raves, navets, betteraves, pommes de terre, topinambours, carottes, panais, etc., qui étant soigneusement sarclées, houées et buttées, nettoient également, ameublissent et épuisent peu, circonstances tellement reconnues par plusieurs cultivateurs en différens cantons de la France, qu'ils abandonnent quelquefois à des journaliers, pendant une année entière, sans rétribution, les terres infestées de germes et de racines nuisibles, à la charge de les nettoyer en y admettant ces différentes cultures; 4° de toutes les plantes, n'importe de quel genre, destinées à être ou fauchées de bonne heure en vert ou consommées en cet état sur place, ou enfouies à l'époque de la floraison, parcequ'ainsi traitées, non seulement elles ne peuvent épuiser le sol, qui fournit d'autant moins à chacune d'elles, qu'elles sont plus éloignées de l'époque critique de la formation et de la maturité des graines; mais elles le nettoient, l'ameublissent et le fertilisent considérablement ainsi par leurs débris et par les déjections animales qui s'y trouvent réunies lors de leur consommation sur le champ même; 5° enfin, des plantes cultivées en rayons, même les graminées, à des intervalles suffisans pour admettre l'emploi économique et expéditif de la petite herse triangulaire et de la houe à cheval, parceque ces plantes pouvant recevoir facilement, pendant une grande partie de la durée de leur végétation, différentes façons, toujours très avantageuses pour elles, et pour celles qui leur succèdent, elles fournissent encore les moyens de nettoyer, d'ameublir et de fertiliser la terre.

Une erreur très commune et très préjudiciable à l'agriculture porte un grand nombre de cultivateurs à croire qu'il suffit qu'un champ soit abondamment engraissé pour en obtenir d'abondantes récoltes de productions utiles.

Les fumiers, qui sont les engrais le plus généralement employés, quelque bien préparés qu'ils soient, ce qui arrive rarement, renferment toujours une quantité plus ou moins considérable de semences nuisibles aux récoltes, qu'il est essentiel de détruire par des cultures préparatoires, qui admettent les houages, sarclages, buttages, fauchages, etc.

Il en résulte la nécessité d'appliquer ces engrais, toutes les fois que les circonstances le permettent, à ces cultures améliorantes et préparatoires, et non à celles qui ne sont pas susceptibles de recevoir les opérations qui en préviennent les dangereux effets; car il ne suffit pas que la terre abonde en principes végétatifs pour que ses produits soient avantageux, il faut encore, et sur-tout, qu'elle soit aussi purgée qu'il est possible des germes et des racines envahissantes, qui non seulement absorbent la majeure partie de ces principes, mais encore la souillent pour long-temps.

On ne doit jamais oublier qu'il est bien plus facile et moins dispendieux de rétablir, par les engrais, une terre épuisée, que de parvenir à nettoyer complètement celle qui est une fois souillée de germes et de racines nuisibles aux récoltes. La première opération peut souvent se faire dans l'espace d'une année, et la seconde en exige ordinairement un grand nombre, à cause de la dangereuse propriété qu'ont la plupart des semences et des racines nuisibles de conserver très long temps leur faculté germinative, quelqu'effort que l'on fasse pour la détruire.

Une autre considération bien importante doit déterminer à appliquer préférablement les engrais ordinaires aux récoltes préparatoires de celles des graminées annuelles; c'est que lorsqu'ils sont appliqués immédiatement à la culture de ces dernières, ils occasionnent souvent une surabondance de végétation en feuilles, qui préjudicie ordinairement à l'abondance et à la qualité des grains, comme cela se remarque fréquemment.

Une vérité bien importante et trop méconnue, c'est qu'en restreignant la culture des grains, et en l'alternant convenablement avec d'autres, on en augmente infailliblement les produits, en épargnant et la terre et la semence.

Une autre vérité non moins importante, c'est qu'une récolte abondante et nette est ordinairement le signal d'une seconde récolte aussi avantageuse, tandis qu'une sale et chétive récolte présage l'état misérable des récoltes futures.

Enfin, une troisième vérité qu'on ne sauroit trop rappeler, c'est qu'en agriculture le besoin pressant du moment, et un intérêt mal entendu, déterminent souvent à exténuer la terre, sur-tout après les défrichemens, et s'opposent à des sacrifices momentanés, qui auroient la plus heureuse influence sur les produits futurs si l'on usoit toujours avec modération de la faculté de produire dont la terre se trouve douée naturellement ou artificiellement.

Appuyons ces incontestables vérités de quelques exemples choisis dans différens cantons de nos départemens les plus riches et les plus populeux, parcequ'ils sont les mieux cultivés.

Arrêtons-nous d'abord dans cette célèbre châtellenie de Lille, *le véritable berceau des cours de moissons réguliers et raisonnés ;* dans ce pays remarquable par l'aisance des cultivateurs, et dont l'étonnante population, la plus forte qui existe probablement en Europe, est d'environ 5,000 habitans par lieue carrée. C'est-à-dire au-delà de quatre fois plus nombreuse que la population moyenne du reste de la France sur un espace égal, qui, à l'époque de la révolution, n'excédoit guère neuf cents habitants (1).

C'est là, c'est dans le département du Nord, le premier de tous par sa population, comme il est l'un des plus intéressans par son agriculture, et sous un grand nombre d'autres rapports de première utilité; c'est dans les départemens du Pas-de-Calais, de la Lys, de l'Escaut, du Haut et du Bas-Rhin, de la Dyle, des deux Nèthes, de l'Ourthe et de la Meuse Inférieure, véritables écoles pratiques de la plus saine agriculture, que ces orgueilleux insulaires, qu'on ne cesse de nous citer, comme des modèles uniques de bonne culture, au lieu de mettre sous les yeux de nos cultivateurs des exemples choisis parmi nous, ce qui seroit tout à la fois plus sage et plus français, enfin plus généreux, si la funeste manie d'aller toujours chercher loin de soi les objets qu'on a pour ainsi dire sous ses yeux, et de porter aux nues toute espèce d'agriculture étrangère, en cherchant à déprécier éternelle-

(1) Dans moins de 46 lieues carrées, la population de l'arrondissement de Lille s'élevoit en l'an 9 à près de 227,000 individus.

ment la nôtre, à laquelle il ne manque peut-être que d'être mieux étudiée, mieux appréciée, mieux connue et sur-tout plus encouragée, m'empêchoit de rendre justice aux nombreux cultivateurs intelligens, actifs et instruits que la France possède, quoiqu'on en dise; c'est là, dis-je, que ces fiers Anglais ont puisé leurs cours de culture si vantés, comme tout Français doit être jaloux de le prouver à ceux qui pourroient encore en douter.

Dans l'arrondissement de Lille, *les jachères sont inconnues, l'agriculture y est une des plus florissantes qui existent; et long-temps avant qu'Arthur Young en parlât, comme l'atteste Dieudonné, ancien préfet de ce département, dans sa Statistique, le cultivateur y savoit qu'un bon système d'agriculture suppose des récoltes alternatives de grains et de fourrages; ils s'étudioient, avec le plus grand soin, d'après ce principe, à faire alterner dans la culture les plantes traçantes, pivotantes et oléagineuses, et à faire succéder les fourrages et racines aux grains et graines. Ce système, continue-t-il, est suivi également dans les arrondissemens de Bergues, Hazebrouck et Douai, et les jachères proprement dites sont devenues à peu près étrangères à tous ces arrondissemens* (1).

Examinons maintenant quelques uns des cours de culture suivis de temps immémorial dans ce département et dans quelques uns de ceux que nous avons cités, et nous verrons qu'ils sont établis sur les meilleurs principes.

Dans les arrondissemens de Lille et de Douai, la culture des fèves, du tabac, du chanvre, du colsat, des pommes de terre, du pavot, de la cameline, du lin, des carottes, du trèfle et de plusieurs autres plantes améliorantes, précède ordinairement celle du froment et de l'orge d'hiver, et quelquefois celle des grains de mars, comme nous avons eu la satisfaction de nous en convaincre de nos propres yeux.

On y trouve les assolemens suivans:

Premier assolement. 1° Colsat ou lin; 2° froment; 3° fèves; 4° avoine avec trèfle; 5° trèfle; 6° froment.

Deuxième assolement. 1° Colsat en pépinière; 2° froment; 3° hivernages, c'est-à-dire mélange de vesces, pois, fèves et grains de différentes espèces; 4° colsat pour graine; 5° grains de mars et trèfle; 6° trèfle; 7° froment.

Troisième assolement. 1° Navets; 2° avoine ou orge et trèfle; 3° trèfle; 4° froment.

Observons, en passant, que le fameux assolement du Nor-

(1) Voyez la Statistique du département du Nord, vol. 1, p. 40, 431 et suivantes.

folk, qu'on nous a tant préconisé et offert en exemple, n'est autre chose qu'une imitation de celui-ci.

Quatrième assolement. 1° Pommes de terre; 2° froment; 3° betteraves ou carottes; 4° froment; 5° sarrasin; 6° orge; 7° fèves; 8° avoine et trèfle; 9° trèfle; 10° froment.

Les raves et le colsat pour plant se sèment ordinairement après le froment.

Le pavot et la cameline remplacent toutes les récoltes manquées.

Le chou cavalier, ou grand chou, qui y est désigné sous le nom de *chou-collet*, et le trèfle, précèdent quelquefois la culture du lin, qui est ordinairement suivie de celle du froment ou du colsat.

Dans l'arrondissement d'Hazebrouck, dont les terres sont généralement humides et alumineuses, les fèves et le froment se succèdent souvent pendant très long-temps.

On y rencontre quelquefois cet assolement, 1° carottes, ou tabac ou choux; 2° froment, ordinairement très beau; 3° fèves ou lin; 4° froment.

Le trèfle se sème assez souvent avec l'avoine, et le froment lui succède après une année d'intervalle.

Dans l'arrondissement de Bergues, on sème ordinairement le trèfle sur le froment, et après plusieurs récoltes alternatives de grains et graines huileuses, le champ retourne en herbages.

On y remarque ces assolemens:

1° Froment avec trèfle; 2° trèfle; 3° orge d'hiver ou de mars, ou avoine; 4° fèves ou colsat, ou lin, ou tabac; 5° froment, 6° fèves, etc.

L'orge d'hiver et les fèves se succèdent souvent pendant plusieurs années.

Ce grain, si nécessaire à la fabrication de la bière, boisson habituelle du pays, précède et suit aussi quelquefois le sainfoin qui dure cinq à six ans.

Dans les terres médiocres, le seigle et le *warat*, c'est-à-dire un mélange dont les fèves sont la base, se succèdent quelquefois.

Dans la majeure partie de ce département, les prairies naturelles et artificielles sont très abondantes, et la moitié des terres est généralement occupée à la subsistance des hommes, et l'autre moitié à celle des bestiaux.

Dans le département du Pas-de-Calais, les bons cultivateurs suivent des assolemens analogues à ceux du département du Nord, et on remarque plus particulièrement parmi eux messieurs Delporte frères, dans les environs de Boulogne-sur-Mer; M. Mouron, près de Calais, et M. Dumont de Courset, entre

Desvres et Samer, et plusieurs autres membres distingués de la société d'Agriculture et des Arts de Boulogne-sur-Mer, l'une des premières établies depuis la révolution, et une des plus utiles.

Dans le département de la Lys, où l'industrie des cultivateurs a su rendre les sables des environs de Bruges jusqu'à Ghistettes, Thourout et Hyngène, ainsi que les bords de la mer, depuis Ostende jusqu'à Nieuport, aussi fertiles que les meilleures terres, par le moyen des engrais, des travaux et des avances, on rencontre aussi très fréquemment d'excellens assolemens.

On y voit les navets précéder l'avoine, ou l'orge, qui sont suivis du trèfle, après lequel, sur un seul labour, on obtient de magnifiques récoltes de froment.

Observons, pour la seconde fois, que l'assolement anglais, si vanté, n'est qu'une copie de celui-ci, que nous avons déjà trouvé dans le département du Nord.

Les navets et la spergule, qu'on y désigne sous le nom de *spuric*, *spergula arvensis*, L., y donnent aussi quelquefois une seconde récolte après celle des grains dans la même année.

On y sème souvent le lin, sur un seul labour, après le trèfle.

La fève, le colsat, la pomme de terre et la carotte y sont judicieusement intercalés avec les grains. L'excellente méthode d'enfouir le chaume, par un labour, immédiatement après la récolte, y est généralement adoptée.

Les jachères y sont inconnues dans les arrondissemens de Bruges, de Courtrai, et dans une partie de celui d'Ypres, où les pâturages et les hivernages remplacent souvent les grains; dans l'autre partie, ainsi que dans l'arrondissement de Furnes, un sixième des terres, au plus, y est encore soumis, et souvent il sert très utilement aux semis du colsat.

Enfin, annoncer que ce département possède MM. Herwyn frères, qui exercent leur industrie et leurs connoissances agricoles sur 1258 hectares, qu'ils sont parvenus à soustraire à l'empire des eaux de la mer, dans le canton connu sous le nom de *Moëres*, peu éloigné de Furnes, c'est dire que cette vaste exploitation, que nous avons eu l'avantage d'admirer, est dirigée par ces habiles cultivateurs, conformément aux principes de la plus saine théorie confirmée par la pratique.

Les mêmes assolemens sont très communs dans les départemens voisins de la Dyle et de l'Escaut, et nous aurons occasion d'en citer quelques exemples frappans dans le cours de cet essai. Nous nous bornerons à observer ici que *toutes les récoltes en grains y sont toujours très nettes, parcequ'on ne les place jamais qu'après des récoltes soigneusement sarclées ou fauchées;* et parmi les nombreux assolemens qui y sont établis de temps immémorial, nous citerons celui qu'on remarque fréquemment dans le pays d'Hulst et qui est un des meilleurs. 1° Lin et trèfle; 2° trèfle; 3° orge; 4° fèves ou pois; 5° froment ou seigle et navets la même année; 6° et 7° garance; 8° seigle.

Quoique le département des Deux-Nèthes comprenne la portion la moins fertile de l'ancienne Belgique, la culture y est portée à un tel degré de supériorité, que *le voyageur le plus inattentif ne pourroit s'empêcher de le remarquer.*

On y observe avec plaisir ce cours assez fréquent de cinq années.

1° Pommes de terre; 2° seigle, puis navets la même année; 3° avoine et trèfle; 4° trèfle; 5° froment, puis navets la même année.

Cet assolement présente sept récoltes en cinq ans, sans que la terre en soit ni salie ni épuisée. Nous y trouvons à la vérité deux récoltes de graminées qui se suivent, avec la seule insertion d'une récolte secondaire de navets. Mais, outre que les navets nettoient et ameublissent la terre, qu'ils épuisent peu, ce rapprochement de deux récoltes de graminées, quoique rigoureusement contraire au principe, peut cependant se tolérer, lorsque l'ensemencement de la seconde graminée est accompagné de celui d'une autre plante, comme le trèfle, la luzerne, le sainfoin, ou toute autre plante destinée à former une prairie artificielle. Il devient même quelquefois indispensable, lorsque la prairie n'auroit pas pu être semée avec la première graminée, dans la crainte que la force de la végétation du froment ou du seigle ne l'étouffât; il est prudent alors de ne la confier qu'à une récolte subséquente d'orge ou d'avoine, sur les terres naturellement ou artificiellement très fertiles, et nettes d'ailleurs; et nous avons quelquefois employé ce moyen avec succès, et sans aucun inconvénient, dans notre propre pratique.

Lorsque le cultivateur veut établir une prairie permanente, il mêle au trèfle la semence de diverses graminées vivaces; le trèfle les protège, en leur procurant un ombrage salutaire pendant les premières années, et elles s'établissent ensuite vigoureusement sur ses débris pendant une longue série d'années.

Lorsqu'il croit devoir admettre le lin, le colsat, ou toute autre plante oléifère dans ses assolemens, voici le cours qu'il adopte ordinairement.

1° Pommes de terre fumées; 2° froment; 3° lin fumé; 4° seigle; 5° avoine et trèfle; 6° trèfle; 7° colsat.

Il introduit la culture du sarrasin lorsqu'il manque d'engrais, ou que sa terre a besoin d'être nettoyée, et les graminées lui succèdent toujours avec succès.

On nous a beaucoup vanté l'assolement du comté de Norfolk en Angleterre, que nous avons retrouvé à son berceau dans l'arrondissement de Lille, ainsi que dans le département de la Lys. Mais on a négligé de nous dire, ce que nous avons eu occasion de constater plusieurs fois par nous-même sur les lieux, que si la couche supérieure des terres de ce comté est naturellement peu fertile, les couches inférieures, et généralement à peu de profondeur, fournissent au cultivateur d'abondans et économiques moyens d'amender ses terres, qui sont autant, sinon plus, redevables de l'abondance de leurs produits à cette heureuse circonstance, qu'à la régularité de leur assolement.

« Ici la terre ingrate n'a rien fait pour le cultivateur. » Nous allons le voir abandonné à l'unique ressource d'un bon assolement sur un sol incultivable sans ce moyen; et, s'il est permis d'être enthousiaste des succès, c'est sur-tout de ceux qu'on voit remporter dans son propre pays, après de nombreuses et importantes difficultés vaincues.

Parcourons ces sables arides de la Campine, supportés par un banc de tuf ferrugineux, plus infertile encore que leur surface, et couverts, dans l'état de nature, de tristes et improductives bruyères.

Voyons comment l'industrieux cultivateur parvient à tirer un parti avantageux d'un sol aussi misérable, qui, sans les soins les plus assidus, et le plan de culture le mieux entendu, perdroit promptement sa foible faculté végétative, et retourneroit bientôt à son état primitif. Suivons-le dans l'exécution de l'ordre établi dans ses assolemens, et si nous trouvons son plan judicieux et conforme en tout aux meilleurs principes, ah! convenons au moins qu'il n'est pas nécessaire de franchir la mer et de parcourir des montagnes éloignées pour trouver des modèles de bonne agriculture, et que nous possédons l'avantage précieux d'avoir chez nous, sur des terres ingrates, des exemples dignes d'imitation que nous allons admirer, loin de nous, sur des terres que la nature, bien plus que l'art, a douées d'une étonnante fertilité.

Parmi les différens cours adoptés pour les terres sur lesquelles on est parvenu à détruire la bruyère, on remarque avec une grande satisfaction celui-ci :

1° Pommes de terre; 2° avoine et trèfle; 3° trèfle; 4° seigle, puis spergule la même année; 5° navets, ou sarrasin; 6° seigle, dont le grain est ordinairement converti en eau-de-vie, et auquel succède quelquefois un bois taillis.

On rencontre aussi quelquefois celui-ci :

Après être parvenu, par des travaux longs et pénibles, à détruire cette couche de tuf ferrugineux, qui s'oppose à la filtration de l'eau, et à donner de la liaison à la couche supérieure, pour en former une terre végétale, au moyen d'engrais abondans et convenablement préparés, on y plante, 1° des pommes de terre; 2° sur une nouvelle provision de fumier, du seigle, dans lequel on sème au printemps un mélange de trèfle et de navets, ou de carottes, qui, après sa récolte, fournissent une abondante nourriture aux bestiaux; 3° avoine et trèfle mêlé de navets ou carottes; 4° et 5° trèfle; et 6e seigle, suivi des pommes de terre, etc., pour recommencer la même rotation.

Assez souvent, après plusieurs années de travaux préparatoires, et employés à la destruction de la bruyère, le cultivateur convertit ces déserts en d'utiles forêts de pins sauvages (*pinus sylvestris*), qu'il éclaircit en jardinant au bout de dix à douze ans. Pendant la durée de leur productive végétation, la terre se couvre d'une couche de terre végétale plus ou moins épaisse, résultante des nombreux débris annuels des feuilles, des tiges et des cônes qui y pourrissent, et lorsque cette couche paroît suffisante au cultivateur, il remplace ces arbres par les pommes de terre, qui servent toujours d'introduction aux excellens cours que nous avons fait connoître.

Terminons cet intéressant tableau, trop peu connu, de l'agriculture la plus judicieuse, par les justes et sages réflexions qu'il a fait naître à un administrateur très éclairé et d'ailleurs profond connoisseur dans cette partie, M. d'Herbouville, ancien préfet de ce département.

« Si quelque chose, dit-il, peut frapper un agronome, c'est le spectacle d'un territoire totalement infertile, qu'une patience invincible et des soins assidus mettent au point de produire plus que ne le font les meilleures terres dans des pays bien cultivés. L'étonnement augmentera, si l'on songe que, pour parvenir à des récoltes aussi favorables, les habitans de la Campine n'ont aucun de ces moyens indirects d'encouragemens qui déterminent une bonne agriculture. Ils n'ont en effet ni chemins, ni canaux; et si, comme on n'en peut douter, le gouvernement met à profit les loisirs de la paix pour améliorer l'intérieur, on verra bientôt les bruyères défrichées devenir plus productives, et celles qui ne le sont pas encore perdront successivement leur stérilité. »

Il est inutile d'ajouter que le gouvernement a devancé l'époque fixée par les vœux de M. d'Herbouville pour la prospérité de ce pays, et personne ne peut ignorer qu'il n'attend pas les loisirs de la paix pour penser à l'intérieur, qui reçoit chaque jour les plus importantes améliorations au milieu de nos victoires.

Dans la portion de la Campine qui fait partie du département de la Meuse-Inférieure, limitrophe de celui des Deux-Nèthes, on retrouve les mêmes assolemens et d'autres analogues.

La principale richesse d'Hasselt, près de Maestricht, vient de son agriculture : tout ingrat et sablonneux que soit son territoire, il donne des produits considérables qui ne sont dus qu'à l'activité et aux talens des cultivateurs.

On y commence assez souvent les rotations par les pommes de terre, auxquelles succède le seigle; viennent ensuite le sarrasin et l'avoine.

Plus près de Maestricht, on suit ordinairement cet ordre : si l'on fume le terrain aussitôt après la moisson, c'est pour y planter le colsat ou la navette; si c'est au commencement de l'hiver, c'est pour la culture de la garance ou des pommes de terre; si c'est au printemps, c'est pour les choux, et, plus rarement, pour le chanvre, les fèves et les vesces.

Aux choux succèdent souvent les pommes de terre; au colsat, à la navette, et à la garance, qui reste deux ans en terre, aux pommes de terre, au chanvre, aux fèves et aux vesces, succède le froment, ou l'orge d'hiver.

Les navets fournissent souvent une récolte secondaire immédiatement après l'enfouissement des chaumes par un seul labour. Quelquefois aussi ils sont cultivés après le seigle pour leur graine, qui fournit une huile qu'on préfère à celle du colsat.

Le trèfle se sème communément avec l'orge ou l'avoine, et fournit quelquefois une récolte l'année même de son ensemencement; et le froment, ou l'orge d'hiver, lui succède ordinairement après dix-huit mois d'existence.

Dans les environs de Rolduc, les jachères deviennent de plus en plus rares, et le froment y succède fréquemment aux fèves, aux vesces, aux carottes et aux pommes de terre : le colsat fait place à l'orge d'hiver, et celle-ci aux vesces et au seigle.

L'avoine succède quelquefois au trèfle, et prospère au point de rapporter le double, et même le triple de son produit ordinaire après le seigle.

Dans les environs de Nederuchten, au moyen d'engrais riches et abondans, le seigle succède au lin, et le sarrasin et les pommes de terre au seigle.

Le sarrasin fait, avec le seigle, la principale richesse de la Campine, et sert, autant que ce dernier, à la nourriture des habitans : il convient sur-tout à leur sol, en ce qu'il en tire peu de substance, et que, par sa croissance rapide et serrée, il étouffe toutes les herbes parasites : dans la rotation des récoltes, l'année qui le produit est, pour ainsi dire, regardée comme une année de jachère dans les cantons où le terrain est meilleur.

Enfin, le seul reproche qu'on pourroit faire à l'agriculture de ce département et de quelques autres, c'est d'y trop multiplier la culture du seigle; encore ce vice de succession dans leurs assolemens pourroit-il peut-être s'excuser par la forte consommation que les nombreuses distilleries d'eau-de-vie de ce grain y nécessitent; par la vente, toujours assurée et avantageuse, que cette circonstance procure. et sur-tout par le bénéfice considérable qui résulte de l'emploi des résidus pour la nourriture et l'engraissement des bestiaux, et de l'abondance et de l'excellente qualité des engrais qui en sont les suites nécessaires. Notre collègue M. le sénateur François-de-Neufchâteau nous informe, dans les détails curieux et instructifs qu'il vient de nous donner sur l'agriculture de sa sénatorerie de Bruxelles, que, d'après une expérience bien constatée, vingt-cinq bœufs engraissés avec le résidu de ces distilleries fournissent dans une année, une quantité d'urine et de fumier suffisante pour engraisser environ soixante hectares, circonstance de la plus haute importance, et qui milite fortement en faveur de l'extension de la culture du seigle dans ces départemens. La même observation doit s'étendre à la culture de l'orge et de l'avoine, qui sont aussi employés quelquefois à cet objet, mais dans des proportions bien moindres.

Les départemens du Haut et du Bas-Rhin sont renommés depuis long-temps par l'excellente et très productive culture de la garance, du tabac, du pavot, du chanvre, du lin, du trèfle, et par d'autres cultures améliorantes, auxquelles succèdent toujours, avec beaucoup de succès, le froment et les autres graminées annuelles, comme nous aurons occasion de le faire connoître plus en détail, en nous occupant particulièrement des principaux avantages et inconvéniens que présente chaque plante pour les assolemens; et afin de ne pas surcharger ici de détails superflus les preuves que nous avons cherché à donner des grands avantages résultans de l'intercalation de la culture des grains avec celles de plantes moins épuisantes et améliorantes, nous remettrons également à faire connoître à chaque article, auquel ils auront le plus de rapport, les autres preuves de cette grande vérité, que nous avons recueillies dans le midi de la France et dans d'autres parties, et sur-tout dans les départemens du Lot, de la Seine, de la Haute-Garonne, de l'Eure, de la Seine-Inférieure, de la Haute-Saône, de l'Ain, de la Manche, du Calvados, de l'Isère, où l'on rencontre un assez grand nombre d'assolemens dignes d'éloges, d'encouragemens et d'imitation.

Nous terminerons cet article par le reproche que notre savant collègue, M. le sénateur de Père, qui, par ses écrits et son exemple, a si puissamment contribué à l'amélioration de l'agriculture, et sur-tout de l'intéressante partie des assolemens, adresse aux cultivateurs de son canton, et dont malheureusement on peut faire l'application à un trop grand nombre de cantons en France et ailleurs.

« On veut du blé par-dessus tout, dit-il, dans notre canton (celui de Mézin, département de Lot-et-Garonne); c'est dans ce but qu'on emblave tous les ans la moitié des terres arables, quelle que soit la préparation qu'on puisse leur donner. Voilà précisément l'une des principales causes de la modicité des récoltes, dont on a trop souvent à se plaindre. Elles seront plus considérables quand on n'emblavera que le quart ou le tiers au plus de la terre, si d'ailleurs le reste s'emploie aux cultures que réclame la nourriture des troupeaux. »

M. de Père ajoute à ce reproche si mérité l'indication de plusieurs cours de culture que nous aurons occasion de faire connoître, et dans lesquels le froment, précédé de plantes améliorantes, ne revient le plus souvent qu'au bout de trois ou quatre ans, mais avec la probabilité d'un produit triple et même quadruple.

Nous aurons également occasion de consigner dans cet essai les résultats avantageux obtenus, par les mêmes moyens, par un très grand nombre de nos cultivateurs, parmi lesquels nous remarquons, avec une bien douce jouissance, plusieurs de nos collègues et correspondans, MM. Mallet, Herwyn, Sageret, Fremin, Gaujeac, Rosnay de Villers, Fera de Rouville, Boneau, Jumilhac, Bertier, de Roville, Poyféré de Ceré; et s'il étoit nécessaire de confirmer par de nouvelles preuves l'importante vérité sur laquelle nous ne saurions trop insister, nous ajouterions celle bien déterminante que nous fournit M. Delgorgue, auteur d'un mémoire sur la division des terres, couronné par l'académie d'Arras avant la révolution, dans lequel il observe que « l'état florissant de l'agriculture de l'Artois date de l'époque où les grains ont cessé d'y être cultivés successivement et exclusivement. »

CINQUIÈME PRINCIPE.

I. *Il est généralement avantageux de reculer le plus possible le retour des mêmes végétaux sur le même champ, ainsi que celui des espèces du même genre, et des individus des mêmes familles naturelles.*

II. *Ce retour doit être d'autant plus différé pour chaque végétal, que son analogue aura occupé originairement le sol plus long-temps, et l'aura plus épuisé et souillé.*

Quoique les partisans du système qui admet pour chaque plante une nourriture particulière n'aient jamais pu prouver l'existence, qu'il faudroit supposer, de cette multitude innombrable de molécules alimentaires hétérogènes dans la même terre sur laquelle nous voyons cependant croître et prospérer simultanément des myriades de végétaux, dissemblables par leur organisation et leurs produits, et que nous voyons aussi très souvent s'affamer réciproquement, comme l'orme, le frêne, et d'autres arbres dévorans qui nuisent essentiellement, par leurs longues racines traçantes et envahissantes, aux graminées qui les avoisinent, tandis que celles-ci leur nuisent également par leurs nombreuses racines chevelues et très épuisantes;

Quoique l'analyse la plus rigoureuse des terres géoponiques n'y démontre au contraire que l'existence d'un très petit nombre de principes élémentaires, qui s'y trouvent seulement dans des proportions et avec des modifications très variées, et que nous n'ayons jamais vu un champ, réellement épuisé par une production quelconque, en état de fournir, *sans une réparation préalable*, à une végétation vigoureuse d'aucune espèce de plante;

Quoique tout nous porte fortement à croire que l'aliment des végétaux est généralement très simple, qu'on pourroit peut-être le réduire rigoureusement au carbone, à l'eau et à une bien foible portion de terre proprement dite, et que chaque végétal, doué d'une organisation qui lui est propre, jouit de l'éminente faculté d'absorber, par les pores inhalans qui tapissent sa surface, cet aliment dans des proportions différentes, et de l'assimiler en le décomposant, le digérant pour ainsi dire, et le combinant avec des modifications particulières, chacun retenant, de la sève et des gaz qu'il aspire de la terre et de l'atmosphère, la portion qui lui convient, et rejetant par ses excrétions ce qui lui est ou nuisible ou inutile;

Quoique la différence de saveur, d'odeur et des autres qualités distinctives et très nuancées de chaque végétal, croissant sur le même terrain, comme l'aconit, la jusquiame, la ciguë, végétant vigoureusement à côté de la laitue, de la mauve et de la chicorée, doive être bien plus attribuée à leur mode particulier de végétation, à la différence de leur disposition organique, et sur-tout à la nature de leur germe, *principal élément de ces différentes qualités*, qu'à une prétendue nourriture exclusive pour chacun d'eux, comme le démontrent évidemment d'ailleurs les plantes parasites, qui ne participent en rien des propriétés de celles sur lesquelles elles implantent leurs racines, qui ne jouissent pas d'une faculté élective qui leur soit inhérente, et comme le démontrent également les plantes bulbeuses et les plantes grasses qui croissent, abandonnées seulement à une atmosphère humide et chaude, ainsi que toutes celles qu'on élève et nourrit dans l'eau;

Enfin, quoiqu'un très grand nombre d'exemples atteste

que, dans certaines circonstances, la succession prolongée pendant une longue série d'années des mêmes plantes sur le même champ s'est faite avec avantage; que nous ayons déjà vu plusieurs récoltes consécutives de fèves augmenter chaque année en produit; que le chanvre soit souvent cultivé sans interruption, et avec succès, sur le même champ, pendant plusieurs années; que nous ayons nous-même obtenu des résultats satisfaisans, en cultivant l'orge hivernal sur le même champ pendant six années consécutives, comme objet d'expériences comparatives; que dans un assez grand nombre d'assolemens, le froment même reparoisse en France, comme en Angleterre et ailleurs, tous les deux ans avec des produits assez aboudans; que dans le pays des Basques, les terrains bas et humides soient ensemencés en maïs pendant trois années consécutives, après lesquelles on laisse ces terres pendant trois autres années en pré, et ainsi successivement; que les terres hautes y soient ensemencées tous les ans, une année en maïs et l'autre en froment; que cette dernière graminée ait quelquefois été cultivée fructueusement pendant long-temps sur le même champ, sans être intercalée avec aucune autre espèce de plantes, comme l'atteste le fait remarquable communiqué par l'instruit et zélé cultivateur M. de Chancey à notre savant collègue Parmentier, qui l'a consigné dans son excellent mémoire sur le maïs, couronné par l'académie de Bordeaux, et qui constate, « qu'un cultivateur, des environs de Lyon, avoit semé, pendant vingt années de suite, du froment sur le même champ, et en avoit recueilli annuellement une bonne moisson. »

Toutes ces observations, ces faits et plusieurs autres de ce genre, quelque concluans et destructifs de la solidité du principe que nous avons cru devoir établir qu'on puisse les supposer d'abord, il est facile de se convaincre qu'ils ne l'atténuent en aucune manière, et que les résultats avantageux, obtenus, démontrent seulement les bons effets des engrais riches, abondans et souvent prodigués, des labours profonds, faits et répétés à propos, et sur-tout du fréquent remuement de la terre pendant la végétation, et des sarclages rigoureux, comme nous avons déjà eu occasion d'en faire sentir l'utilité; mais ils ne démontrent pas qu'avec une culture plus variée on n'eût pas obtenu des résultats plus avantageux encore.

Il n'en est donc pas moins utile généralement d'éloigner, autant que les circonstances dans lesquelles on se trouve peuvent le permettre, le retour des mêmes végétaux, sur le même local, comme plusieurs faits décisifs en démontrent l'utilité.

En effet, ce qui se passe tous les ans sous nos yeux nous prouve que, quoique chaque plante puisse se nourrir d'alimens communs à toutes, chacune d'elles a cependant un mode particulier de prendre et de retenir ses alimens dans des proportions très variées, et sur-tout à des hauteurs, à des distances et à des profondeurs très différentes, et de rendre ensuite à la terre, par ses dépouilles annuelles laissées sur le sol, plus ou moins abondamment et en différens états, plus ou moins des principes qu'elle en a soutirés ainsi que de l'atmosphère.

Cette seule considération suffiroit déjà peut-être pour rendre très utile la rotation prolongée de la culture de chaque plante analogue aux précédentes; mais de nouvelles considérations viennent également à l'appui de ce principe.

Humbolt rapporte dans ses aphorismes que Brugmans, dans une dissertation sur l'ivraie vivace, *lolium perenne*, Lin., a prouvé que « les plantes se débarrassent de sucs impurs par déjection, comme les animaux. *Plantas, animalium more, cacare, primus exploravit vis indefessus Brugmans*: et il ajoute, que ce physicien ayant mis cette ivraie dans un vase transparent plein d'eau, il trouvoit chaque jour à l'extrémité des racines un amas de matière visqueuse qui s'étoit formé pendant la nuit, et qui en étant détaché se renouveloit le lendemain.

M. de Payan, cultivateur distingué d'Aubenas, affirme, dans une lettre adressée à M. Faujac de St.-Fonds, insérée dans le premier vol. de l'Hist. Nat. du Dauphiné, que « le mûrier ne peut subsister dès qu'il rencontre les parties cadavéreuses ou racines mortes de son prédécesseur, et qu'il a le plus grand soin d'en purger la terre, lorsqu'il renouvelle quelques parties de ses plantations. »

De Gensanne confirme ce fait dans le cinquième volume de l'Hist. Nat. du Languedoc. « Si un mûrier vient à mourir, dit-il, il est inutile d'en planter un autre à sa place, sans avoir préalablement enlevé toutes les vieilles racines, parcequ'il n'y réussiroit pas; et il rapporte que M. Delafont d'Aiguebelle qui s'occupe, en physicien-cultivateur, de la culture de cet arbre, a observé que si, dans un terrain planté en mûriers, les racines des uns s'entrelacent dans celles des autres, et qu'il en meure un, tous les autres périssent infailliblement, d'après le rapport de Caffarelli. »

Les cultivateurs de l'Ardèche observent également que « s'il périt un mûrier de maladie, dans peu les arbres voisins périssent aussi, et il ne faut que peu d'années pour voir détruire la plantation la plus florissante, ce qui leur fait dire qu'il empoisonne le terrain. »

Ces faits sont applicables à d'autres végétaux, d'après un très grand nombre de témoignages irrécusables, et sur-tout d'après ceux de nos collègues Tessier et Thouin, dont le premier, bien connu par l'exactitude de ses observations, après avoir affirmé que « si l'on remplace des ormes, abattus, par d'autres ormes, ils ne réussiront pas (comme il y en a eu des preuves) ajoute que toutes les fois qu'il a fait remplacer un poirier par un autre poirier, il est mal venu » : et le second nous atteste, d'après sa longue et si utile expérience, « que les racines qui pourrissent dans la terre communiquent à celles qui appartiennent à la même espèce de plantes un principe de mort, tandis qu'elles fournissent un engrais aux autres. »

Cette répugnance bien prononcée que paroissent manifester les végétaux pour remplacer immédiatement ceux de leur espèce, sans une préalable préparation du terrain, paroît aussi s'étendre plus ou moins à toutes les espèces du même genre, ainsi qu'à tous les individus de la même famille naturelle.

« Il m'a semblé, nous dit encore Tessier, qu'en général, plus les espèces, sur-tout parmi les graminées, se rapprochoient par les caractères botaniques, et par les organes de la fructification, plus il étoit désavantageux de les semer immédiatement les unes après les autres, *et vice versâ.* »

« Par exemple, un terrain dans lequel on a récemment récolté du seigle ou du froment ne produit pas ordinairement du froment ou du seigle l'année suivante, ou n'en produit que très peu; mais il produit de l'orge, qui vient en plus grande abondance, si elle succède à du méteil, que si elle succède à du froment pur. L'avoine y prospère encore mieux; les caractères de cette dernière plante sont plus éloignés de ceux du froment que les caractères de l'orge, et que ceux du seigle, qui n'en diffèrent que très peu. Les plantes légumineuses et les crucifères, dont les familles ne ressemblent point à celle des graminées, croissent et rapportent beaucoup plus que les précédentes, quand on les sème immédiatement après le froment, comme on le pratique dans les environs d'Arpajon et d'Orléans. Souvent même on les cultive dans une bonne terre, aux années de jachères, sans lui faire un tort notable, comme je l'ai observé.

« En 1779, continue-t-il, je cultivai dans une terre de qualité médiocre du froment qui vint assez beau. En 1780, je fis ensemencer le même champ en différentes espèces de grains. Le blé de mars, qui en occupoit une partie, fut foible et ne produisit presque rien. J'eus beaucoup plus d'orge à proportion; l'avoine y étoit plus abondante encore : la récolte en pois fut la meilleure de toutes.

« Ce que j'ai remarqué à l'égard des plantes céréales peut se remarquer à l'égard des arbres. Le pommier, quoiqu'il s'éloigne peu du poirier par ses caractères botaniques, réussit mieux, s'il lui succède, qu'un autre poirier, et l'on doit encore attendre plus de succès des arbres dont les fruits sont à noyau, lorsqu'on les met à la place des arbres dont les fruits sont à pepin. »

Nous ajouterons à ces faits instructifs, que chaque cultivateur a pu vérifier sur son exploitation avec les modifications accidentelles, que nous n'avons jamais vu le trèfle, le sainfoin et la luzerne se succéder avantageusement sur le même champ; que les pois viennent généralement moins bien, après les fèves et les vesces qui ont fructifié, qu'après une récolte d'une autre famille, et que la cameline, la navette, le pastel, la rave, et autres plantes de la famille des crucifères, croissent avec plus d'avantage, toutes choses égales d'ailleurs, immédiatement après la récolte du colsat en graine.

Ces faits, et plusieurs autres que nous pourrions accumuler ici, nous paroissent répondre affirmativement à la question posée par notre collègue Décandolle, dans son intéressant *Essai sur les propriétés médicales des plantes, comparées avec leurs formes extérieures et leur classification naturelle.* « S'il est démontré, dit-il, qu'une famille naturelle renferme les plantes qui ont le plus grand nombre de rapports dans les organes de la reproduction, l'analogie la mieux fondée ne porte-t-elle pas à croire qu'elles en auront aussi dans ceux de la nutrition ? »

Pourquoi donc, d'ailleurs, l'homme n'imiteroit-il pas, par la variété de ses cultures, l'exemple si déterminant que la nature elle-même lui présente chaque année sur cet important objet ? Epions-la avec les Barthès et les Bosc dans nos prairies et dans nos forêts, où elle règne encore en souveraine; nous verrons avec le premier « certaines plantes de nos prairies y abonder pendant une année, et d'autres entremêlées y souffrir, tandis que celles-ci y sont adoptées, à leur tour, en une autre année, et que les autres y souffrent. » Le second nous conduira dans *les antiques forêts de l'Amérique*, qu'il a visitées d'une manière si utile pour l'instruction de ses concitoyens. Il nous y fera remarquer que « lorsqu'on les abat pour la première fois, elles repoussent toujours en nature de bois totalement différente, c'est-à-dire que là où il y avoit des pins il y croît des chênes, et que là où il y avoit des érables il y croît des noyers, etc. Il nous dira que cette transmutation est si marquée, qu'elle est généralement connue par les habitans, et même les autorise à croire que chaque espèce d'arbre se change en une autre par l'effet de la coupe. Il en est de même en France, quoique d'une manière moins sensible, parceque les plus vieilles forêts sont jeunes en comparaison de celles d'Amérique; mais le même observateur y a vu cependant une futaie séculaire de hêtres remplacée par un taillis de chênes et de charmes », et nous ajouterons qu'un autre observateur, non moins attentif, le célèbre botaniste Villars, nous a rendus témoins d'un fait analogue sur les montagnes du département de l'Isère, où une antique forêt de pins avoit aussi fait place à une végétation spontanée de charmes et de chênes.

« Quel est le cultivateur, nous dira encore notre collègue Bosc, qui n'ait pas remarqué que les plantes dominantes des prés naturels ne sont plus les mêmes au bout de quelques années, et qui ne sache que la luzerne ou le sainfoin, qu'il vient de semer, disparoîtront de son champ après une pareille révolution de saisons? Il est peu d'hommes qui ne puissent citer mille faits semblables : tous tendent à prouver que la nature ne se repose qu'en changeant l'espèce de ses productions. »

Nous observerons que cette consolante vérité pour le cultivateur rappelle ce passage remarquable, et trop peu remarqué peut-être, des Géorgiques du chantre de Mantoue : *mutatis quiescunt fœtibus arva.*

§. I. La terre se refuse aussi quelquefois obstinément à la réitération de la culture sur le même champ de certaines plantes naturellement très exigeantes avant d'avoir observé un intervalle assez considérable entre elles. Le safran, le lin et le colsat nous en offrent quelques exemples.

Il est des terres dans le Gâtinois sur lesquelles la culture du safran ne peut se renouveler avec avantage qu'après un laps de vingt années.

Dans les terres naturellement peu fertiles du département des Deux-Nèthes, l'habile cultivateur observe que le retour du lin et du colsat exige au moins un intervalle de six années pour être assuré du succès, et, lorsqu'il admet ces plantes dans ses assolemens, il en dispose la rotation en conséquence; car c'est sur-tout en pareil cas que les assolemens à long terme, qui sont généralement les plus favorables au bon entretien de la terre, deviennent bien précieux.

Voici quel est son cours ordinaire, dans cette circonstance, pour maintenir constamment sa terre en bon état, sans en diminuer les produits; 1° pommes de terre fumées; 2° froment; 3° lin fumé; 4° seigle; 5° avoine et trèfle; 6° trèfle, et 7° colsat pour revenir aux pommes de terre, etc.

Nous trouvons aussi dans la châtellenie de Lille un excellent assolement à long terme, qui reproduit le lin et le colsat à des intervalles très éloignés, et que nous nous empressons de citer en exemple aux cultivateurs qui veulent admettre, conformément à notre principe, ces précieuses plantes dans leurs assolemens. Le voici :

1° Avoine après la destruction d'une prairie artificielle, 2° lin; 3° froment; 4° hivernage, c'est-à-dire mélange de vesce et de seigle pour fourrage ; 5° colsat ; 6° froment, dans lequel on sème une nouvelle prairie artificielle, dont la durée varie, suivant la nature de la plante, les besoins et les convenances, et à laquelle succède l'avoine, pour recommencer la même rotation, qui dure au moins huit ans, et souvent plus.

Les environs d'Ypres nous fournissent encore un assolement applicable au même principe.

Après avoir obtenu six récoltes alternées de fèves, de froment, de lin, d'orge, de trèfle et de colsat, le champ qui les a produites est converti en pâturage pendant un intervalle équivalent.

Les assolemens à long terme, ayant une influence si prononcée sur cet état progressif d'amélioration dans lequel un véritable propriétaire rural, qui cultive en bon père de famille, doit s'attacher à laisser constamment sa propriété, pour l'intérêt de sa postérité, autant que pour son avantage et sa satisfaction personnelle, nous ne pouvons résister au désir de faire connoître encore quelques uns de ces précieux assolemens.

L'intéressant et exemplaire département des Deux-Nèthes nous en présente encore deux qui remplissent parfaitement notre objet.

Voici le premier :

1° Pommes de terre ; 2° seigle, puis navets la même année ; 3° avoine et trèfle ; 4° trèfle, dans lequel on sème diverses graminées vivaces, qui établissent une prairie, qui, après un intervalle réglé sur les circonstances dans lesquelles se trouve le cultivateur, fait place aux pommes de terre.

Voici le second :

1° Pommes de terre ; 2° avoine et trèfle ; 3° trèfle ; 4° seigle et spergule la même année ; 6° sarrasin ; 7° seigle et navets la même année ; puis 8° un bois taillis, et quelquefois un bois de pins, dont la durée est indéterminée, et que les pommes de terre remplacent toujours.

L'instruit et zélé cultivateur, M. de Jumilhac, dont la société d'agriculture de la Seine a eu l'avantage de couronner les brillans succès, a introduit sur le sol ingrat du département de la Dordogne cet autre assolement à long cours :

1° Froment ; 2° raves ; 3° avoine et trèfle ; 4° trèfle ; 5° trèfle ; 6° froment ; 7° Pommes de terre, ou plantes légumineuses ; 8° seigle ; 9° pommes de terre.

« Nous observons avec plaisir que *cet assolement* judicieux a été substitué avec le plus grand succès à une misérable routine, qui consistait en un assolement en deux parties, dont l'une en seigle (rarement en froment), et l'autre en jachères, où l'on mettoit quelques carreaux de pommes de terre ou de blé noir ; qu'il résulte, de l'introduction de ce nouveau cours, qu'on a bien moins besoin de fumier, et qu'on en fait davantage, et que le froment, substitué au seigle, a déjà rendu quinze grains pour un. »

Enfin, comme nous l'apprend lui-même M. de Jumilhac, dans la lettre qu'il a eu la bonté de nous adresser le 17 août 1807, pour nous donner quelques renseignemens particuliers sur ses intéressantes améliorations, « il habite le pays le plus ingrat possible sous le rapport de l'agriculture, quoiqu'il possède la base de toute richesse agricole, c'est-à-dire les prairies ; mais l'ignorance, les préjugés et l'âpreté du climat sont si grands, qu'il faut une volonté trois fois plus active qu'ailleurs pour obtenir quelques résultats avantageux, et c'est en portant sur ses champs le zèle et l'ardeur qu'il eut autrefois pour le métier des armes qu'il est parvenu à triompher de ces obstacles. »

Nous aurons plusieurs fois occasion, dans le cours de cet Essai, de joindre nos propres expériences et observations à celles des propriétaires agriculteurs français dont nous avons cru devoir entreprendre l'honorable tâche de faire ressortir le zèle, l'activité et l'intelligence pour étendre le cercle de nos connoissances sur l'art par excellence qu'ils exercent : qu'il nous soit permis d'exposer ici le plan, les motifs et les résultats d'un assolement que nous avons suivi pendant vingt-une années consécutives sur une des pièces de terre assez considérable de notre exploitation qui se trouve placée dans des circonstances particulières et très désavantageuses pour sa culture.

Cette pièce, isolée, et la plus éloignée de mon habitation, dont elle est distante d'environ un demi-myriamètre (ou une lieue), ce qui en rend l'exploitation difficile, et les labours et les charrois d'engrais et de récoltes longs, pénibles et sur-tout très dispendieux, exigeoit toute mon attention pour en diminuer les frais de culture, en en diminuant le moins possible les produits.

Je ne pouvois sans inconvénient la convertir en prairie permanente, comme je l'aurois désiré, parceque, vu son grand éloignement et le maudit usage du parcours et de la vaine pâture, sous l'asservissement féodal desquels j'avois alors, et j'ai encore le malheur de me trouver, les bestiaux des communes environnantes dont elle est limitrophe en auroient consommé, à mes dépens, une partie des produits. Les mêmes motifs, et quelques autres, excluoient impérativement aussi toute espèce de plantations, et autres productions permanentes, et les prairies artificielles seules pouvoient être admises pendant quelques années. Je ne pouvois pas non plus y introduire avec avantage la culture des pommes de terre, des topinambours, des betteraves, des carottes et autres de ce genre, à cause de la longueur et de la difficulté du charroi, indépendamment de l'embarras de l'extraction de ces précieuses récoltes, qu'il convient, en général, de rapprocher le plus possible du local destiné à leur consommation. Je ne pouvois pas davantage y admettre les cultures plus particulièrement applicables à la nourriture des vaches et des porcs, que mes nombreux troupeaux de bêtes à laine fine ont successivement expulsés de l'ancien manoir dont ils étoient originairement et presque exclusivement en possession, par la raison, bien déterminante, que les derniers me payent beaucoup plus chèrement et plus sûrement les soins et la nourriture qu'ils exigent, et qu'un des premiers principes en économie rurale, c'est de vendre ses denrées aux débiteurs, n'importe de quelle race et de quelle espèce, qui payent le mieux. Enfin je ne voulois pas non plus charrier péniblement sur cette pièce de terre une forte partie de mes fumiers, que mes pièces voisines réclamoient, et je voulois aussi, pour le même motif, y diminuer les labours et autres opérations longues et coûteuses, tout en conservant cependant la prétention d'y obtenir d'utiles et abondantes récoltes chaque année en employant toutes les ressources que mon art me présentoit pour y parvenir.

Cette pièce de terre, convenablement traitée, est propre à la culture du froment, de l'orge et de l'avoine, du trèfle et de la luzerne, quoiqu'il s'en faille de beaucoup qu'elle soit de première qualité; elle est d'ailleurs, ainsi que la majeure et la moins mauvaise partie de mon exploitation, exposée aux fréquens débordemens de la Seine, qui, bien différens de ceux du Nil et de quelques unes de nos rivières privilégiées, y déposent un sable stérile et des semences nuisibles aux récoltes, à la place d'un limon fertile, et elle ravage et détruit trop souvent encore ces mêmes récoltes, au lieu de les favoriser.

Voici comment je m'y pris pour parvenir au but que je désirois atteindre.

Cette pièce de terre, comme toutes celles environnantes, étoit soumise, de temps immémorial, à la routine triennale de, 1° jachère, 2° seigle, très rarement blé, et 3° avoine.

En 1787, lorsque j'en entrepris la culture, qui commença en même temps que celle de l'avoine, qui devoit l'épuiser et la souiller, *comme c'est l'usage avec un pareil cours*, cette récolte d'avoine étant la dernière du cultivateur auquel je succédois, je ne perdis pas de temps pour commencer le nettoiement et l'engraissement de la terre, le plus économiquement possible. Je m'arrangeai en conséquence avec mon prédécesseur pour être autorisé à semer de bonne heure, au printemps, du trèfle dans son avoine. Sa récolte enlevée, et mon trèfle couvrant assez bien le champ, je le fis herser très légèrement afin de déterminer, en les couvrant un peu de terre meuble, la germination des semences parasites qui auroient pu nuire aux récoltes futures. L'hiver en détruisit une partie, et le trèfle étouffa le reste.

En 1788 ce trèfle fut couvert de bonne heure, au printemps, par expérience comparative, dont j'aurai occasion de rendre compte *dans un Essai sur les amendemens et les engrais*, partie en plâtre calciné et pulvérisé, partie en cendres de tourbe, et partie en suie. Il poussa vigoureusement, et fournit trois récoltes abondantes, dont deux enlevées, et la troisième enfouie dans le champ par un seul labour, sur lequel je semai du froment.

En 1789, très belle récolte de froment, suivie, la même année, d'une seconde de navets orbiculaires sortant presqu'entièrement de terre, semés sur le chaume, recouverts par un simple hersage avec une herse de fer chargée, et consommés sur place par les moutons en hiver.

En 1790, vesce de mars sur un seul labour, enterrée en fleurs en juin, comme un pain végétal, par un second, sur lequel sarrasin récolté en grain en septembre, et suivi immédiatement de l'ensemencement, sur un simple hersage, de trèfle incarnat dans une partie, d'escourgeon ou orge hivernal dans une autre, et de seigle dans une troisième, dans l'intention d'obtenir au printemps un pâturage varié, précoce et alternatif.

En 1791, après la consommation successive des différens pâturages, semé sur un labour, à la fin d'avril, de l'orge et de la luzerne.

En 1792, deux récoltes de luzerne plâtrée au printemps, et la troisième consommée sur place.

En 1793, *idem*.

En 1794, trois récoltes enlevées.

En 1795, *idem*.

En 1796, avoine sur un labour, la luzerne ayant été détruite en hiver par un débordement, et la même année navets sur un hersage, consommés sur place en octobre; puis, semé immédiatement à la fin de ce mois, après un labour sur une partie, vesces d'hiver; sur une autre, petites gesses, et sur une troisième, lentillons d'hiver : le tout mélangé d'un quart de criblures de seigle, de froment, d'escourgeon et d'avoine d'hiver, pour servir de supports aux plantes que la nature a munies de vrilles, destinées à s'accrocher à d'autres végétaux qui leur servent de rames, sans lesquelles elles rampent et pourrissent souvent.

En 1797, récolté de bonne heure ces différens fourrages, partie en vert, partie en sec; semé du sarrasin en juin sur un labour, récolté en septembre, et semé du froment sur un second labour.

En 1798, récolte de froment très nette et abondante, et la même année, sur un hersage, navets consommés sur place par mes troupeaux en octobre; puis, sur un second hersage, colsat dans une partie, pour nourriture verte au printemps, et, comparativement sur une autre partie, ruta-baga pour le même objet.

En 1799, consommé sur place au printemps ces deux nourritures vertes, et semé de suite, sur un labour, de l'orge, du sainfoin et de la lupuline, qui ont fourni, en automne, une récolte passable, consommée également, sur place, par mes troupeaux.

En 1800, deux récoltes enlevées de sainfoin et lupuline plâtrés au printemps, et une troisième consommée sur place.

En 1801, deux récoltes *idem*, consommées sur place, et une troisième enterrée par un labour, sur lequel partie froment, partie escourgeon, et partie avoine d'hiver.

En 1802, immédiatement après les récoltes successives de ces trois graminées, navets sur un hersage, et consommés sur place tout l'hiver.

En 1803, vesce de mars récoltée en grain, puis, sur un labour, sarrasin enfoui en fleurs, en automne, par un second labour.

En 1804, avoine, trèfle et ivraie vivace. Le trèfle a fourni, en automne, une assez bonne récolte, consommée sur place.

En 1805, trois récoltes de trèfle mêlé d'ivraie et plâtré, dont deux enlevées et la troisième consommée sur place.

En 1806, deux récoltes *idem* consommées sur place, et la troisième enfouie par un labour, sur lequel froment (1).

En 1807, récolte de froment dans une partie, et dans l'autre, où un débordement l'avoit détruit, récolte d'orge faite trop tard pour pouvoir rien semer avantageusement sur la terre, d'ailleurs souillée et battue par le débordement, circonstances qui nécessitoient plusieurs labours.

En 1808, semé au printemps, sur un labour, des criblures d'avoine pour pâture sur une partie, et sur l'autre des criblures d'orge, pour le même objet, consommées sur place jusqu'en juin. Labouré le champ en juillet avec difficulté, à cause de la sécheresse, et sur un troisième, en septembre, semé du froment pour être récolté l'année prochaine.

---

(1) Une petite portion avoit été ensemencée par expérience en lupuline, *médicago lupulina* et en vulpin, *alopecurus agrestis*.

Voilà, en vingt et une années, sur une terre médiocre, très éloignée et non fumée, malgré deux débordemens qui ont détruit deux récoltes qu'il a fallu remplacer, et une sécheresse qui, jointe au dernier débordement, a empêché d'en faire deux de plus, cinquante récoltes, dont onze en grains de différentes espèces, trente-quatre en fourrages ou pâtures, sur le-quelles dix-sept consommées sur place, et, indépendamment, cinq récoltes enfouies dans le champ comme engrais végétal.

Tous ces produits n'ont exigé que quatorze labours et six hersages, avec une herse de fer qui remuoit la terre très expéditivement et suffisamment pour mon objet, sur-tout depuis que j'en ai fait faire une armée de vingt petits coutres solidemens fixés à écrous et inclinés en avant, ce qui ouvre la terre à une assez grande profondeur.

D'après l'ancienne routine, à laquelle j'ai cru devoir substituer mon assolement, la même terre eût reçu vingt-huit labours au moins, sans les charrois de fumiers, et n'eût fourni que quatorze récoltes au plus.

Je ne dois pas oublier d'ajouter qu'à l'époque où j'écris ces détails (le 15 octobre 1808), le froment qui couvre ma pièce d'un riche tapis de verdure est tellement vigoureux, que je serai obligé de faire détruire, cet hiver, le luxe de végétation que j'y remarque, quoiqu'elle n'ait pas reçu un atôme d'engrais transporté, et qu'elle n'ait été ensemencée qu'à raison de deux hectolitres de grain, au plus, par hectare, et, malgré cette précaution, je serai probablement encore obligé de différer jusqu'en 1810 l'ensemencement de la prairie artificielle que la terre est très en état de recevoir d'ailleurs, par la crainte qu'en la semant dans le froment au printemps prochain, la vigueur de ce dernier grain nuise au développement des semences destinées à former la prairie pour les années suivantes, comme cela m'est quelquefois arrivé.

Il est facile de remarquer que, dans cet assolement, le retour de chaque nature de productions est suffisamment éloigné pour que la précédente ne puisse pas influer désavantageusement sur la suivante, et c'est aussi à cette circonstance que j'attribue, en grande partie, la bonté des récoltes principales que j'ai obtenues.

Le prix actuel de la rente annuelle de la pièce de terre sur laquelle cet essai a eu lieu peut être porté aujourd'hui à soixante quinze francs par hectare, quoiqu'il fût beaucoup plus bas à l'époque où j'ai commencé la culture de cette pièce. Je ne crois pas devoir donner ici le tableau comparatif, quoiqu'il soit très avantageux, des dépenses effectives et du bénéfice réel que j'ai retiré, parceque tous les tableaux de cette espèce étant susceptibles de très grandes variations, relatives, d'une part, au plus ou moins de valeur momentannée des objets récoltés, et de l'autre aux prix plus ou moins élevés et différens, pour ainsi dire, chaque année et dans chaque localité, des dépenses nécessaires, les conséquences qu'on en tire généralement ne me paroissent pas porter sur des bases aussi solides qu'on le suppose, ni ces tableaux être aussi instructifs qu'on le croit vulgairement, l'influence si puissante des saisons déterminant d'ailleurs assez souvent l'abondance ou la médiocrité des récoltes, sur lesquelles on doit nécessairement asseoir ses calculs.

§ II. Nous avons ajouté au principe relatif aux avantages résultans de la prolongation du retour des mêmes plantes sur le même champ, que ce retour devroit être d'autant plus différé, que chaque espèce de plantes précédemment cultivée auroit occupé plus long-temps le sol, et l'auroit plus épuisé et sali.

D'après ce principe, les plantes vivaces, auxquelles on a laissé parcourir le cercle naturel de leur existence, doivent reparoître plus tard sur le même champ que les plantes bisannuelles, et le retour de celles-ci doit être également plus reculé que celui des plantes annuelles.

Ainsi, le retour de la luzerne et du sainfoin, dont la durée est indéterminée, et toujours relative aux circonstances, avantageuses ou désavantageuses, qui accompagnent leur culture, doit être réglé sur cette durée, qui varie depuis cinq jusqu'à trente ans, comme nous avons eu occasion de nous en convaincre, et le trèfle rouge des prés, *trifolium pratum purpureum*, qui s'éteint ordinairement en grande partie après deux années, peut sans inconvénient revenir beaucoup plus tôt, comme l'expérience le démontre.

Le même principe doit s'étendre, avec les modifications nécessitées par les circonstances, aux différentes espèces d'arbres, arbrisseaux et arbustes, et s'observe généralement pour la vigne, le houblon, la garance, la réglisse et autres cultures de plantes vivaces.

Il est quelques plantes annuelles, comme le lin et le colsat, qui, épuisant considérablement le terrain, doivent reparoître rarement sur ceux qui ne sont pas naturellement très fertiles, et nous avons déjà eu occasion d'en citer plusieurs exemples.

Nous observerons encore que les plantes améliorantes étendent ordinairement leur bénigne influence sur le sol, en raison de la durée du séjour qu'elles y font : ainsi les bons effets du trèfle, que l'on enfouit après une seule année de récolte, se prolongent rarement au-delà d'une seule année, tandis que ceux du sainfoin et de la luzerne, qui durent bien plus longtemps, sont très sensibles pendant une longue suite d'années.

Les développemens nécessaires au principe qui va suivre

nous fourniront encore plusieurs exemples confirmatifs de la solidité de celui-ci.

SIXIÈME PRINCIPE.

Il est avantageux d'intercaler la culture des végétaux à racines profondes, pivotantes et tuberculeuses, avec celle dont les racines sont superficielles, traçantes et fibreuses.

Les racines de tous les végétaux, quelles que soient leurs formes et leur étendue, sont pourvues sur toute leur surface, depuis le collet jusqu'à leur base, d'orifices très apparens, au moyen desquels, indépendamment de leur trachée terminale, elles aspirent leur nourriture sur tous les points de la terre qu'elles parcourent et traversent en s'enfonçant perpendiculairement, ou en se ramifiant latéralement, et plus ou moins horizontalement, en raison de leur nature et des obstacles qu'elles rencontrent.

Elles puisent donc toutes une portion de leur substance dans la couche supérieure; mais elles ne s'enfoncent pas toutes dans les couches inférieures. Il en résulte nécessairement que, si l'on fait succéder, sur le même champ, des végétaux dont les racines ont la même organisation, et s'enfoncent à peu près à la même profondeur, les derniers manqueront de l'aliment qui aura été soutiré par les premiers; tandis que si l'on substitue la culture des végétaux à racines profondes à celle de ceux à racines superficielles, et *vice versâ*, en réparant toutefois la déperdition faite dans la première couche, *ce qui nous a toujours paru nécessaire pour obtenir un succès complet*, les derniers profiteront de la portion d'aliment qui se sera trouvée hors de l'atteinte des premiers.

Nous nous sommes plusieurs fois convaincus, par notre propre expérience, que la pomme de terre et le topinambour, dont les racines et les tubercules diffèrent peu par leur organisation, et qui ont probablement beaucoup d'analogie dans la manière de tirer leur nourriture de la terre, ne pouvoient pas être alternés l'un par l'autre consécutivement sur le même champ avec avantage, et que la luzerne et le sainfoin, dont les racines sont essentiellement pivotantes, et s'enfoncent à peu près à la même profondeur dans les sols de moyenne qualité, ne pouvoient pas non plus se remplacer réciproquement avec succès sur le même champ, même après quelques années d'intervalle. Nous avons eu occasion de faire observer cette année-ci à nos élèves une preuve frappante de cette vérité sur un champ de cinquante hectares environ, que nous avions ensemencé en sainfoin, et dont quelques hectares, réunis depuis peu à ce champ, étoient encore en luzerne il y a quatre ans. Le sainfoin étoit beaucoup moins vigoureux dans cette partie que dans tout le reste de la pièce, toute autre circonstance étant égale d'ailleurs pour la totalité du champ.

Il n'est personne d'ailleurs qui n'ait pu observer que les arbres au pied desquels on cultive la luzerne ou le sainfoin, ou toute autre plante à racine pivotante, souffrent considérablement de ce voisinage, parceque ces végétaux s'affament réciproquement en puisant une partie de leur nourriture à la même profondeur, tandis que les graminées et toutes les plantes, dont les racines s'enfoncent généralement moins, ne leur font aucun tort sensible, à moins qu'elles n'interceptent les bénignes influences atmosphériques, ce qui tient à une toute autre cause.

§. III Indépendamment des bons effets résultans de l'alternat de la luzerne et du sainfoin avec les graminées, par exemple, à cause de la différente conformation de leurs racines, il est d'autres causes très puissantes qui rendent ces deux plantes bien précieuses dans les assolemens à long terme. C'est que non seulement elles soutirent, proportionnellement aux graminées avec lesquelles elles sont intercalées, une plus grande quantité de nourriture de l'atmosphère, et par conséquent une moindre de la terre, comme nous avons déjà eu occasion de l'observer, mais elles lui font encore une ample restitution par les débris abondans et annuels de leurs nombreuses feuilles, d'une portion de leurs tiges, et par la conversion en *humus* de leurs volumineuses racines lorsqu'elles sont détruites par la nature et par l'art. Elles soulèvent et ameublissent aussi le sol par l'action mécanique de leurs racines, qui, s'enfonçant en terre comme autant de coins, l'ouvrent, la divisent et la rendent plus traitable et plus perméable aux influences atmosphériques. Elles l'abritent encore, retiennent la chaleur et l'humidité, et détruisent par leur ombrage épais un très grand nombre de plantes nuisibles.

Elles ont cela de commun avec le trèfle ordinaire, dont les avantages incontestables de l'alternat avec les graminées sont bien plus attribuables à ces causes puissantes qu'à la différence de profondeur qu'atteignent ses racines, autant fibreuses et rampantes que pivotantes, et qui puisent réellement leur nourriture à très peu de chose près dans la même couche que celles des graminées qui parcourent le même espace, ou enfin à des sucs nourriciers de différente nature.

Ce qui démontre cette vérité, c'est que le trèfle ne prospère jamais abandonné à lui-même dans un champ dont la couche supérieure a été épuisée par des graminées préalablement à son ensemencement. Nous avons souvent fait la même observation à l'égard de la luzerne et du sainfoin, qui exigent pour prospérer que la couche supérieure soit restaurée lorsque les cultures précédentes l'ont épuisée, et qui ne végètent aussi bien vigoureusement que lorsque leurs racines ont atteint les couches inférieures intactes.

Enfin, pour mettre cette vérité hors de doute dans l'esprit des personnes qui attribuent exclusivement les bons effets de l'alternat du trèfle avec les graminées, ou à la différence de la profondeur atteinte par les racines, ou à la différence des sucs nourriciers qui leur conviennent, nous avons cru devoir faire une expérience comparative et décisive que chacun peut répéter sur son terrain.

Dans un champ de trèfle très vigoureux nous avons entièrement dépouillé des tiges, des feuilles et des racines enlevées soigneusement, à l'aide d'une fourche à dents très rapprochées, l'espace d'un are environ, au moment où nous allions enfouir par un seul labour la troisième pousse de ce champ de trèfle pour l'ensemencer en froment. Dans l'espace ainsi dépouillé, la récolte du froment fut très médiocre, tandis qu'elle étoit fort belle dans tout le reste du champ, qui fut d'ailleurs traité de même sous tous les autres rapports, et nous vîmes clairement, comme nous le supposions, que les bons effets du trèfle devoient être bien plus attribués à l'engrais végétal, résultant de ses débris, qu'à la différence des sucs nourriciers qu'il puise dans la terre, ou à la profondeur à laquelle ses racines s'enfoncent.

Nous avons cru devoir nous étendre d'autant plus sur cet important objet, qu'il nous a paru présenté sous un faux jour par deux agronomes d'ailleurs très instruits et fort estimables, dont l'un, en relevant l'erreur de son prédécesseur qui avoit attribué l'amélioration produite par la culture du trèfle, après celle des graminées, à la différence de conformation de ses racines, étoit tombé dans une autre, en avançant que, pour expliquer cet effet, il falloit nécessairement avoir recours à la supposition de sucs nourriciers de natures différentes.

SEPTIÈME PRINCIPE.

Il est avantageux d'intercaler, autant que les circonstances le permettent, les récoltes spécialement destinées à la nourriture des hommes, avec celles qui sont particulièrement affectées à l'entretien des animaux domestiques.

Plusieurs raisons très puissantes contribuent à rendre avantageux l'alternat des récoltes pour les hommes et pour les bestiaux toutes les fois qu'il est praticable.

D'abord, si l'on excepte l'avoine, dont le grain est plus particulièrement consacré en France que celui de toute autre plante de cette famille à la nourriture des animaux domestiques, quoiqu'il reçoive aussi quelquefois une autre destination sous la forme de gruau ou de liqueur, toutes les autres plantes soumises aux cultures ordinaires, et qui fournissent généralement à ces animaux leur nourriture habituelle, telles qu'un très grand nombre appartenant aux nombreuses et si utiles familles naturelles des légumineuses et des crucifères, toutes celles à racines pulpeuses, pivotantes ou tuberculeuses, et plusieurs autres, épuisent et souillent ordinairement bien moins le sol que la plupart des graminées annuelles qui fructifient, soit à cause de leur organisation, qui emprunte moins de la terre, et qui lui rend plus, soit à cause du mode de culture qu'elles exigent; et il est toujours très avantageux de les intercaler avec les graminées plus épuisantes, et pour lesquelles elles préparent d'ailleurs très bien la terre.

Ensuite, les prairies naturelles et artificelles formant généralement la base de la nourriture des bestiaux, et n'exigeant aucune opération aratoire tant qu'elles existent, lorsqu'elles sont une fois bien établies, il en résulte nécessairement une grande économie de travaux qu'on peut diriger très utilement vers la culture des terres arables, dont la conversion alternative en prairies est sans contredit une des meilleures pratiques agricoles, et dont un des principaux mérites est que le produit de ces prairies, ainsi que celui de la plupart des plantes cultivées pour les bestiaux, peut souvent être consommé très avantageusement sur le champ même qui les fournit, ce qui procure une très grande économie de temps et de dépenses.

Enfin l'abondance et la richesse des engrais étant toujours en raison directe de la multiplication des moyens de nourrir abondamment les animaux qui les produisent, il résulte encore un très grand avantage de l'extension de la culture des plantes destinées à la nourriture de ces animaux.

Quant à la proportion respective qui doit exister entre les cultures pour les hommes et celles pour les bestiaux, il ne peut y avoir de règle fixe à cet égard, et elle doit toujours être subordonnée aux besoins, aux localités et au genre de spéculation auquel les circonstances déterminent le cultivateur à se livrer plus particulièrement.

Cette proportion est ordinairement la moitié dans ceux de nos départemens les mieux cultivés; c'est celle qu'on trouve le plus communément dans la Belgique et dans le Perche, où l'on a constamment autant de prairies artificielles que de terres ensemencées en grains, et c'est aussi celle que nous avons cru devoir admettre depuis long-temps sur notre exploitation, et que nous avons vu adopter avec plaisir par un grand nombre de nos cultivateurs les plus instruits sur divers points de la France.

Il nous suffira d'observer qu'il y a généralement bien moins d'inconvéniens à pêcher par excès, en extension de cultures destinées aux bestiaux, que par le défaut contraire, qui est malheureusement encore le plus général. « Avec beaucoup de prairies, il devient toujours facile et avantageux de se procurer économiquement une abondante provision de nourriture pour les hommes, tandis que la culture excessive et disproportionnée des grains avec celle des prairies amène ordinairement la ruine de la terre, et, par une suite inévitable, celle du cultivareur. »

HUITIÈME PRINCIPE.

I. La terre, de quelque nature qu'elle soit, doit rester nue le moins long-temps possible.

II. Le cultivateur doit admettre de préférence, pour couvrir les terres siliceuses, cretacées et arides, les cultures les plus propres à les ombrager fortement, et à les resserrer de manière à prévenir, ou au moins à diminuer, l'évaporation et l'infiltration de l'eau, et des autres principes utiles à la végétation.

III. Il doit au contraire préférer, pour les terres alumineuses, compactes et aquatiques, les cultures les plus propres à les diviser et à les dessécher, en les privant, par le choix des végétaux et par une judicieuse application des opérations aratoires, de l'excès d'humidité et de tenacité qui les distingue.

La culture en grand la plus parfaite sera toujours celle qui, avec le moins de frais possible, s'approchera le plus de la multiplicité et de la variété des produits ainsi que de la propreté du jardinage.

Or on sait que le jardinier habile, non seulement ne condamne jamais la terre qui lui est confiée à une stérile et improductive oisiveté, à une nullité réelle, mais qu'il en exige au contraire de nombreux produits avantageux dans un court espace de temps.

Témoins ceux des environs de la capitale, connus sous le nom de maraîchers, qu'on pourroit citer en exemple aux habitans des contrées les plus renommées, par l'abondance des productions qu'ils forcent la terre de leur donner, et qu'ils parviennent à obtenir, par leur industrie, sur des terrains naturellement peu fertiles, jusqu'à cinq récoltes consécutives dans une seule année, comme l'atteste notre savant et modeste collègue Vilmorin, si expert en cette partie, en entretenant constamment ce même terrain dans un état de netteté, d'ameublissement et de fécondité propre à donner indéfiniment les mêmes résultats.

Cet exemple est sans doute une forte preuve que la terre, convenablement ameublie, nettoyée, et sur-tout engraissée, n'est susceptible ni de lassitude ni d'épuisement, et que le prétendu *repos* qu'on lui applique est un objet vide de sens dans ce cas.

Tout l'art du cultivateur doit donc se borner ici d'abord à prévenir, par des cultures et des assolemens raisonnés, les déperditions et l'endurcissement que la terre peut éprouver, et ensuite à les réparer complètement lorsqu'ils ont lieu par l'application des opérations aratoires et des engrais riches et abondans.

Enfin l'agriculture de la France, comme celle de tous les pays du monde, ne sera réellement arrivée à son plus haut point de perfection que, lorsqu'avec le moins de dépenses possible, on parviendra à obtenir, dans une même année, la plus forte masse de produits utiles, en ne laissant jamais la terre nue que dans quelques cas rares et forcés.

Passons maintenant à l'examen des effets résultans nécessairement de cet état de dénudation auquel la terre se trouve si souvent condamnée.

D'abord il est constant que lorsque la terre n'est pas couverte de végétaux, elle est bien plus exposée aux dégradations et aux fâcheuses impressions qui résultent, 1° des averses qui la sillonnent et en entraînent les parties les plus déliées, les plus légères, les plus dissolubl s et les plus fertilisantes, parceque l'eau ne rencontre alors, sur cette terre dépouillée, aucun des obstacles multipliés que les racines et les tiges présentent pour modérer son cours impétueux, ce qui fait, comme l'observe M. de Père, qui a eu occasion de remarquer plus d'une fois ces fâcheux effets, « que les terres nues, en pente et peu profondes, arrivent insensiblement au dernier terme de la stérilité »; 2° des hâles dessechans et des chaleurs dévorantes, qui la privent promptement des principes de fertilité et de l'humide radical indispensable à la végétation, parcequ'aucun abri, aucune espèce d'ombrage ne peut la soustraire à ces déperditions; et ce sont, sans contredit, deux des grands inconvéniens de la jachère absolue, qui non seulement coûte beaucoup tandis qu'elle ne produit rien, mais encore contribue souvent, par toutes ces causes, à la dégradation réelle de la terre, dont on cherche ainsi à réparer l'état de stérilité auquel un assolement vicieux l'a réduite.

La neige nous fournit une preuve frappante de cette vérité. Ce n'est pas par l'existence supposée de sels imaginaires qu'elle devient réellement utile à la terre qu'elle recouvre; mais indépendamment de l'abri salutaire qu'elle procure aux végétaux, elle arrête l'évaporation des principes utiles à ces mêmes végétaux qu'elle leur restitue en se fondant.

Combien de fois les cultivateurs attentifs n'ont-ils pas reconnu, comme nous, que des terres bien couvertes de végétaux, qu'on leur restituoit en totalité ou en partie, soit en les enfouissant comme engrais végétal, soit en les faisant cosommer sur place, après avoir profité de toutes les émanations du sol, s'étoient trouvées fortement améliorées, tandis que les mêmes terres, restées rigoureusement nues, avoient été détériorées par l'action non interceptée d'un soleil dévorant, qui avoit exhalé une forte partie de leurs principes utiles à la végétation (1)?

Très souvent d'ailleurs, lorsque la terre n'est pas couverte artificiellement de plantes utiles, elle se couvre naturellement de plantes nuisibles, dont les germes et les racines affament les récoltes futures, si l'on ne parvient à détruire à temps ces redoutables fléaux; ce qui porte Fabroni à demander « si l'on peut rien voir de plus abusif que la routine qui veut qu'on laisse à nu un terrain qui pourroit nous rapporter quelque fruit, ou qu'on y laisse croître des mauvaises herbes à la place des plantes utiles que nous pourrions cultiver » ?

Ensuite les terres naturellement très meubles, siliceuses, cretacées et arides, qu'il est essentiel de labourer le moins possible, toutes les fois qu'elles ne sont ni souillées ni endurcies par quelque vice de culture, ou par quelque accident inévitable, ont plus besoin que toutes les autres d'un ombrage et d'un resserrement salutaires, parceque l'évaporation et l'infiltration, non seulement de l'eau, mais encore de tous les principes utiles à la végétation, y sont beaucoup plus prompts et plus nuisibles. C'est pourquoi il est généralement si avantageux de les ensemencer de bonne heure, et de les couvrir, ou d'une couche gazonneuse, de graminées annuelles ou vivaces, convenables au sol, et qui puissent les lier et les resserrer, ou de sainfoin, de luzerne et de trefle, qui, par la rapidité et la hauteur de leur végétation, et l'entrelacement de leurs tiges, puissent les ombrager, ou de vesce, de pois, de gesses, ou de toute autre plante rampante qui produit les mêmes effets, ou enfin de sarrazin qui, en les couvrant complètement d'un riche tapis de verdure, puisse intercepter le passage des principes alimentaires fugaces, et se les approprier.

Nous avons eu pluseurs fois la satisfaction de remarquer qu'après une récolte, abondante et épaisse, sur des terres de cette nature, elles avoient réellement éprouvé beaucoup moins de déperditions, et s'étoient conservées plus nettes qu'après une récolte claire, qui avoit donné lieu, d'une part, à

(1) Il paroît que les anciens avoient aussi reconnu les fâcheux effets du hâle et de la chaleur sur les terres nues, d'après un grand nombre de passages de leurs auteurs géoponiques, et sur-tout d'après ces deux vers de Virgile :

. . . . *Sterilis tellus medio versatur in æstu.*
Hic sterilem exiguus ne deserat humor arenam.

de plus fortes évaporations et filtrations, et, de l'autre, au développement et à la propagation des plantes nuisibles; beaucoup d'autres cultivateurs sans donte ont été à portée de faire la même observation, et c'est sur-tout sur des terres semblables qu'il est utile d'en faire consommer les produits sur place.

Enfin, quoique toutes les terres, naturellement tenaces et très adhérentes, aient généralement moins besoin de conserver une humidité qu'elles possèdent souvent par excès, et quoiqu'elles retiennent aussi plus fortement que les autres les principes de fécondité dont elles se trouvent pourvues naturellement ou artificiellement, il n'en est pas moins avantageux de les couvrir, aussi souvent que les circonstances le permettent, d'une végétation analogue à leur nature, parceque lorsqu'elles sont entièrement exposées successivement aux impressions des averses, du hâle et de la chaleur, elles se battent d'abord, se gercent ensuite, et se resserrent nécessairement davantage, et quelquefois même au point que les instrumens aratoires les plus solides deviennent insuffisans pour rompre la force d'agrégation qui les pétrifie pour ainsi dire tandis que lorsqu'une utile végétation se trouve interposée, elle soustrait la terre à ces fâcheuses influences, en même temps qu'elle fournit des produits avantageux.

Il est quelques plantes qui jouissent éminemment de l'utile propriété d'ameublir et de diviser ces sortes de terres, généralement d'une pénible et dispendieuse exploitation, comme les fèves qui possèdent cette propriété améliorante au plus haut degré, les choux, la variété connue sous le nom de colsat, la chicorée, le chanvre, et quelques autres que nous aurons occasion d'énumérer plus tard, et dont les racines, par une action purement mécanique, comme nous avons déjà eu occasion de l'observer, ouvrent, divisent et préparent le sol pour les cultures subséquentes.

Mais cet effet est bien plus sûrement et plus complètement obtenu encore lorsque ces plantes sont cultivées, comme il convient qu'elles le soient toujours, en rayons suffisamment espacés pour permettre l'action nettoyante et ameublissante tout à la fois de la petite herse triangulaire et de la houe, l'une et l'autre attelées d'un seul cheval, et facilement dirigées par un seul homme, telles que nous les avons adoptées depuis long-temps dans toutes les cultures qui les exigent, et particulièrement dans celles de la pomme de terre et du topinambour; la terre se trouve ainsi tout aussi bien nettoyée et ameublie qu'elle l'eût été par une jachère absolue, et elle est alors en état d'être ensemencée avantageusement de nouveau sur un seul labour, immédiatement après l'enlèvement de la récolte.

Il convient d'observer ici que la méthode de faire consommer les récoltes sur le champ même qui les a produites, méthode qui donne des résultats si avantageux aux terres qui pêchent par excès de mobilité, en les resserrant et les fertilisant tout à la fois, doit être rigoureusement proscrite sur les terres qui pêchent par l'excès contraire qu'elle ne feroit qu'accroître.

§. IV. Il résulte nécessairement, de l'adoption du principe qui établit que la terre doit rester nue le moins de temps possible, la conséquence d'en tirer, dans un grand nombre de cas, plusieurs récoltes dans une seule année; ce qui diffère essentiellement de l'ancienne routine, qui consiste à n'en obtenir que deux seulement dans trois années.

La France nous fournit encore en différens cantons plusieurs exemples remarquables de cette excellente pratique, qui mérite d'être généralement adoptée par-tout où elle est admissible, et sur-tout dans les petites cultures, et lorsque la main d'œuvre est à un prix raisonnable.

Les raves, les navets, la spergule, le sarrasin, le maïs quarantin, le maïs ordinaire, pour fourrage, la cameline, le pavot, la navette ou le colsat d'été, les haricots, les choux et les carottes, et plusieurs autres plantes, qui occupent le sol peu de temps, et qui peuvent d'ailleurs donner des produits très avantageux avant d'avoir parcouru le cercle entier de leur végétation, fournissent, dans un grand nombre d'endroits, une seconde récolte dans une même année, étant semés après l'enfouissement des chaumes immédiatement après la première récolte.

Nous avons déjà cité, et nous aurons occasion de citer encore, dans le cours de cet essai, plusieurs exemples de cette récolte additionnelle à la récolte principale, et qu'on désigne quelquefois sous le nom de *récolte dérobée*.

Quelquefois aussi les vesces, les gesses, les fèves et les pois, semés avant ou pendant l'hiver, seuls ou mélangés, les graminées annuelles, le trèfle incarnat, et plusieurs variétés de choux et de navets, semés également sur les chaumes, enfouis plus tardivement, fournissent au printemps de l'année suivante une première récolte hâtive, qui est ou fauchée ou consommée sur le champ même, et qui peut être avantageusement suivie d'une seconde, et même d'une troisième récolte dans la même année, en remplaçant immédiatement ces plantes par une ou plusieurs de celles citées dans le paragraphe précédent, ou par quelques autres aussi utiles pour cet important objet, ce que nous trouverons également confirmé par plusieurs exemples. Les pommes de terre hâtives, les pois précoces, et les tiges de topinambours consommées sur place de bonne heure au printemps, fournissent également le même moyen d'obtenir, dans un court espace de temps, plusieurs récoltes consécutives.

On fait encore assez souvent sur le même champ deux ensemencemens pour ainsi dire simultanés, dont l'un est ordinairement destiné à une première et principale récolte, et le second à une récolte tardive la même année, indépendamment de celles qu'on obtient souvent du même ensemencement dans les années subséquentes.

Parmi nos prairies artificielles, la luzerne, et le trèfle surtout, en fournissent de fréquens exemples. Quelque temps après la récolte de la plante avec laquelle ces dernières ont été semées, lorsque le terrain est fertile et la saison favorable, elles fournissent en automne une nouvelle récolte qu'on fait ordinairement consommer sur place comme nous l'avons déjà vu. Le sainfoin donne aussi quelquefois, mais plus rarement, le même résultat.

Ces précieuses plantes de nos prairies peuvent être semées, non seulement avec les graminées annuelles qui fournissent nos grains ordinaires, comme c'est l'usage le plus fréquent, mais encore avec le lin, le sarrasin et quelques autres plantes, dont la culture peut admettre cette association, et qui leur fournissent un abri utile lors de leurs premiers développemens.

Nous avons déjà vu aussi que, dans les terres naturellement ingrates, et si productives cependant parcequ'elles sont bien cultivées, de la Campine française, on sème, au printemps, sur le seigle qui couvre les bruyères défrichées, un mélange de trèfle, de navets et de carottes, qui servent de nourriture l'hiver pour les bestiaux.

Nous retrouverons cette excellente pratique, que nous avons plusieurs fois observée nous-même avec succès, établie dans quelques autres parties de la France.

Dans l'arrondissement de Lure, département de la Haute-Saône, les cultivateurs très industrieux sèment, au printemps, dans leurs champs généralement peu fertiles naturellement, des navets et des carottes, sur le seigle ou l'orge qui les couvrent déjà; immédiatement après la récolte des grains, femmes et enfans arrachent, avec précaution, le chaume resté sur place. Ce travail donne à la terre une sorte de labour fort utile aux carottes et aux navets, et, avant les gelées, ces cultivateurs ramassent, sur leurs champs, une seconde récolte pour la subsistance de leurs famille et celle de leurs bestiaux pendant l'hiver.

Les carottes se sèment aussi quelquefois avec le pavot qu'elles remplacent, et dans les départemens de la Roer, de la Lys et quelques autres, on les voit également succéder au lin dans lequel on les sème.

Les environs de Coutances nous offrent aussi un exemple remarquable de ces ensemencemens doubles, qui tiennent la terre constamment couverte.

M. Duhamel, cultivateur très instruit de ces arrondissemens, nous informe « qu'on y sème presque toujours le colsat et la cameline dans un dernier blé, et que le propriétaire voit, en le récoltant, l'espérance d'un nouveau bienfait. »

Dans l'arrondissement de Clermont, département de l'Oise, on voit également semer avec l'avoine la navette qui, sur presque toutes les terres, y donne des produits considérables.

Nous trouvons encore une pratique qui a beaucoup de rapport avec celles-ci, et qui a le précieux avantage d'économiser les labours, établie dans la plaine de Lery et à Oissel, près de Rouen, pour la culture de la gaude et des haricots.

Au mois de juillet, lorsque les haricots sont en fleurs, on leur donne le second binage, et, après les avoir rechaussés, on profite d'un temps humide pour semer la gaude dans les intervalles qui les séparent, et on traîne ensuite, entre chaque rangée de haricots, un petit faisceau d'épines qui supplée à la herse. Tandis que la gaude lève, les haricots mûrissent, et, lorsqu'ils sont arrachés, la terre, ameublie par cette opération, reçoit facilement un houage très profitable à la plante qui les remplace si avantageusement, en entretenant constamment le même champ couvert d'útiles productions, qui se trouvent à leur tour remplacées l'année suivante par le froment.

Nous avons vu également semer en plusieurs cantons, avec succès, des navets dans les chanvrières lors de l'enlèvement du chanvre mâle, et ces plantes, éprouvant une opération utile à leur développement lors de l'arrachage des tiges femelles, fournir, sans frais de culture, une seconde récolte passable, la même qui auroit pu devenir une troisième, si le chanvre qui se sème ordinairement assez tard avoit été précédé d'une production fourrageuse au printemps.

Le maïs et quelques autres plantes présentent aussi quelquefois en France cette double récolte dans leurs intervalles. Enfin la plupart des plantes, même les graminées cultivées en rayons, peuvent admettre, dans leurs intervalles, un ensemencement destiné à une double récolte à l'époque où elles reçoivent le dernier fourrage.

§. V. Le même champ reçoit souvent plusieurs plantes de nature différente, semées ou toutes à la fois, ou à des époques généralement rapprochées, et il résulte ordinairement de ce mélange des effets avantageux pour les produits et pour la terre.

De ce nombre sont la plupart de nos plantes légumineuses cultivées, qui, mélangées avec nos graminées annuelles dans différentes proportions, remplissent parfaitement cet objet sous différentes dénominations, telles que celles d'hivernages, de warats, de dravie, de dragée de Champagne, de brijeau, tramois, dravière, mixture et barjelade, ou mélanges de vesces, de fèves, de gesses, de pois, de lentilles et d'ers, avec le seigle, l'avoine, l'orge, le froment et le maïs. La plupart de ces plantes légumineuses, étant munies de mains ou vrilles destinées à s'accrocher à des végétaux dont les tiges sont moins flexibles, reçoivent un grand bénéfice de ce mélange, qui leur procure un soutien nécessaire.

Les tiges solides et élevées du maïs, du soleil ou tournesol, et du topinambour, servent encore quelquefois de rames aux haricots et aux pois.

On rencontre dans plusieurs de nos départemens méridionaux quelques exemples de cet utile mélange avec le maïs, et nous l'avons essayé plusieurs fois avec succès pour le topinambour.

Bigotte, cultivateur des environs de Neufchâteau, a communiqué à la société d'agriculture de la Seine quelques essais relatifs aux mélanges de diverses plantes dont il annonce le succès, et qui méritent d'être connus. Un de ces mélanges étoit composé de lin, de carottes, de navets, de colsat et de chicorée, semés simultanément à la fin d'avril. Le lin, soutenu et ramé par le colsat, fut récolté le premier à la fin de juillet; le colsat fut coupé quinze jours après; les navets furent arrachés en septembre; les carottes en octobre, et la chicorée fournit un bon pâturage le printemps suivant.

Le second mélange étoit composé de lin, de trèfle rouge, blanc et jaune, de colsat et d'ivraie vivace.

Le lin et le colsat furent récoltés comme ci-devant; les trèfles dans les mois suivans fournirent une abondante récolte de fourrage; et, l'année suivante, la terre se trouva garnie d'une prairie permanente et mélangée.

§. VI. Quelquefois on établit, dans le même champ, des rangées alternes de plantes différentes par leur organisation et par leur mode de végétation, et elles se prêtent un secours mutuel en s'ombrageant réciproquement à différentes hauteurs, et en laissant, par les intervalles observés entre elles, un libre accès à toutes les influences atmosphériques.

C'est ainsi que le maïs se trouve encore très avantageusement associé dans le même champ avec un grand nombre de plantes, et plus particulièrement avec la pomme de terre, la rave, le navet, le potiron, la fève, la betterave, le panais, la carotte, les choux, et quelquefois aussi avec quelques pieds de chanvre dont on veut obtenir une semence bien nourrie.

La pomme de terre admet encore avec avantage, par rangées alternes, comme nous l'avons éprouvé, le topinambour, les choux, les haricots, la beterave et la plupart des plantes précitées. Enfin, l'on confie quelquefois à la terre deux semences différentes, dans l'intention d'obtenir au moins une récolte abondante de l'une des deux, lorsqu'on craint que l'autre manque par l'effet de l'état de la terre réuni à celui de la constitution atmosphérique qui peut avoir lieu.

C'est ainsi que dans la Camargue, île très étendue, formée par les attérissemens des bouches du Rhône, nous avons vu le même champ ensemencé tout à la fois en blé et en salicor, ou espèce de soude, *salsola soda*, etc. L'expérience ayant démontré que cette dernière plante ne produit abondamment la substance connue sous le nom d'alkali minéral ou soude, qui est le résultat de sa combustion, que lorsqu'elle est cultivée sur les terrains, encore imprégnés de sel, des bords de la Méditerranée, et qu'elle prospère dans les années sèches qui sont fatales au froment sur les mêmes terrains, il en résulte que, lorsque la constitution de l'atmosphère est plus humide que sèche, on obtient une récolte abondante en froment, et que lorsqu'au contraire elle est plus sèche qu'humide, la soude prend le dessus et devient la récolte principale. Quelquefois aussi on fait une récolte passable en froment, puis une seconde en soude qu'on fauche quelque temps après.

C'est encore par les mêmes motifs qu'on réunit quelquefois le seigle au froment dans un mélange connu sous le nom de méteil dans une grande partie de la France, et, dans d'autres, sous ceux de meture, misture ou mixture, de conseigle ou conségal. Cette association, qui a plusieurs inconvéniens dont nous aurons occasion de parler plus loin, se pratique ordinairement sur des terrains de médiocre qualité qui redoutent la sécheresse et l'humidité, et selon que l'une ou l'autre prédomine, le seigle ou le froment y deviennent plus ou moins vigoureux et productifs. L'orge de mars, l'escourgeon et quelques autres plantes entrent aussi quelquefois dans ce mélange, désigné dans le midi sous le nom de *carron* lorsque l'orge et le blé se trouvent réunis.

Terminons cet important article par quelques exemples remarquables qui fourniront de nouvelles preuves de la possibilité d'obtenir sur le même champ, dans la même année, une réunion de produits avantageux.

Dans la partie du Littoral toscan réuni à la France, où se trouve, entre Pistoia et Lucques, la vallée de Nievole, la mieux cultivée de toute la Toscane, qu'on sait être le jardin de l'Italie, dans cette vallée, arrosée par le fleuve Arno, et qui comprend la plaine de Pescia, capitale de la contrée, au lieu d'abandonner la terre à l'improductive jachère, on en exige ordinairement cinq produits différens en trois ans, et souvent sept en quatre ans, en ne la laissant jamais nue, en la couvrant d'une nouvelle semence immédiatement après chaque récolte, en la fertilisant de temps en temps avec ses propres produits, et en alternant le froment avec le lupin, les haricots, les raves, le trèfle incarnat, le millet, le sorgho et le maïs, qui y sert aussi quelquefois de rame aux haricots. Le produit du lupin y est généralement enfoui, comme engrais, entre deux récoltes de froment, et l'on y sème aussi quelquefois, pour fourrage, après ces récoltes, un mélange de lupin, de lin, de raves et de trèfle incarnat, dont chaque espèce de plantes, à commencer par le lupin, se trouve consommée successivement depuis l'automne jusqu'au mois de mai, époque de l'ensemencement du maïs.

Ces productifs assolemens s'observent ordinairement ainsi :

Premier assolement de trois ans.

1re année. Froment, suivi immédiatement de lupins enfouis.
2e Froment, suivi de raves, trèfle incarnat, ou tout autre fourrage.
3e Maïs, ou millet, ou sorgho.

Deuxième assolement de quatre ans.

1re année. Froment, suivi de haricots, entremêlés de maïs pour rames.
2e Froment, suivi de lupins enfouis pour engrais.
3e Froment, suivi de fourrages consommés jusqu'en mai.
4e Maïs, ou millet, ou sorgho, précédé des fourrages.

Dans l'intéressante partie du département de Tarn et Garonne, connue sous le nom de rivière de Castel-Sarrazin, « qui réunit, comme l'atteste M. de Mondenard, tout ce qu'il y a de mieux combiné dans les meilleures exploitations de l'Allemagne, de la Suisse, de la Flandre, de l'Angleterre et des provinces méridionales de la France », et où l'art des cultivateurs seconde si bien la nature, que, de l'aveu du même observateur, « aucune partie de l'Europe ne peut présenter de plus belles moissons, de plus beau bétail ni de meilleurs fruits », la terre est constamment couverte d'utiles productions qui se succèdent de la manière la plus judicieuse, et sans aucune interruption.

Immédiatement après la culture du froment, ou de toute autre céréale, la terre est ensemencée en lupins, qui sont enfouis comme engrais végétal, et remplacés par le maïs, qui sert souvent de soutien et d'abri aux haricots que l'on place à ses pieds, et qui fournit aussi la prairie artificielle la plus abondante, lorsque, le destinant à cet objet, on le sème assez dru pour empêcher ses tiges de grossir et de durcir. Le froment, dont le produit ordinaire est d'environ quinze fois la semence, et s'élève souvent au-delà de vingt, remplace à son tour cette précieuse récolte; il se trouve quelquefois aussi alterné avec les fèves, les pois, le chanvre, le lin et la luzerne; et l'*industrieux cultivateur n'admet jamais ni jachères, ni deux récoltes successives des mêmes grains.*

Ajoutons que dans ce canton, sujet aux débordemens de la Garonne, et où les champs ressemblent à un camp retranché, leurs limites élevées présentent des digues soutenues par des plants d'arbres, du gazon et de la luzerne, et que la vigne, cultivée dans un espace si étroit qu'on a peine à concevoir l'énormité de ses produits, y enrichit les lisières des champs, les bords des chemins, et y donne un produit considérable, sans préjudicier en aucune manière aux riches récoltes en tout genre qu'on obtient à ses pieds.

Transportons-nous maintenant sur les landes de Bordeaux avec Desbiey, et suivons le compte intéressant qu'il nous rend dans son Mémoire très instructif sur les landes, de l'industrie de plusieurs des cultivateurs de la partie située entre le Leyre et la Garonne, qui, non seulement n'y admettent point la jachère, malgré l'ingratitude du sol, mais encore parviennent à en obtenir jusqu'à trois récoltes consécutives et variées dans l'espace d'une seule année.

« On est surpris, dit-il, de l'abondance de seigle et de menus grains que ces terres donnent chaque année, quoique le cultivateur ne les laisse jamais reposer. Celles sur lesquelles on n'a pu répandre des engrais portent, au moins une fois chaque année, ou du seigle, ou quelques espèces de menus grains. Les autres, munis d'engrais suffisans au moment où les seigles vont être semés, donnent deux récoltes annuellement, l'une de seigle, l'autre de maïs, de panis ou de millet. Quelques unes rapportent même jusqu'à trois fois dans la même année, c'est-à-dire du seigle au mois de juin, des petites fèves vers la mi-septembre, du maïs, du panis ou du millet à la fin du même mois, ou au commencement d'octobre. »

Passons de cet intéressant tableau à un autre non moins instructif que nous présente l'exploitation exemplaire de notre collègue M. de Père.

Dans la partie de son excellent Manuel d'agriculture-pratique qui traite de la culture sans jachères ou continue, présenté modestement sous le titre d'*Instruction sur la manière de cultiver sans jachères la ferme expérimentale de Ressy, établie en* 1789, voici l'assolement que cet agronome indique à l'intendant de son domaine, et qui est susceptible d'une application très étendue, sur-tout dans la partie méridionale de la France.

Après avoir développé les avantages résultans des doubles récoltes, et indiqué un grand nombre de moyens d'arriver à cet heureux résultat, il se résume ainsi, en partant de l'époque à laquelle une récolte de grains vient d'être faite.

« On peut, dit-il, se procurer quatre récoltes fourrageuses consécutives sur le même terrain en deux années, en suivant ce cours :

« 1° Farouch (trèfle incarnat), fourrage de primeur, ou raves fourrage; 2° la même année, maïs fourrage; 3° choux plantés en septembre; 4° pommes de terre ou carottes, plantées ou semées en mars ou avril, après la récolte des choux.

« On pourroit même, ajoute M. de Père, faire ainsi cinq récoltes en deux ans :

« 1° Farouch ou fourrage de primeur; 2° maïs fourrage; 3° raves ou choux; 4° dragée en décembre ou février; 5° maïs fourrage en juillet. »

Laissons ces rives si productives du Lot et de la Garonne profiter d'aussi sages préceptes, confirmés par l'exemple de celui qui les donne aussi modestement, et arrêtons-nous un instant sur l'exploitation non moins expérimentale et non moins exemplaire de M. Berthier de Roville dans le département de la Meurthe; nous y verrons, entre autres exemples remarquables de la culture la plus industrieuse et la plus éclairée, que cet habile cultivateur, auquel la société d'encouragement pour l'industrie nationale a eu la satisfaction d'accorder deux prix relatifs à deux cultures bien intéressantes, celles de la carotte et du rutabaga, vient d'obtenir (en 1807) sur un hectare 48 ares et 87 centiares (environ quatre arpens de Paris) la quantité de 9050 kilogrammes en racines de rutabaga, et 14 mille 600 kilogrammes en feuillage, indépendamment d'une récolte abondante dans la même année, sur le même champ, de fèves et de maïs, et nonobstant le peu de succès d'une autre récolte en pavots, qui eût encore ajouté à ces produits sans l'intempérie de la saison.

Portons encore nos regards sur le riche canton d'Anse, un des mieux cultivés de la France, dans le département de la Loire, et nous y verrons obtenir en trois ans cinq récoltes variées et très productives; savoir, 1° chanvre, puis raves; 2° avoine qui rend jusqu'à 25 pour un, puis sarrasin, et 3° froment. Ces diverses récoltes sont quelquefois variées avec la navette, le pavot, les fèves, les vesces et les pommes de terre. Ces faits sont confirmés par M. d'Assier La Chassagne, un des premiers cultivateurs de ce canton, voisin de M. de Chancey.

Ajoutons à ces exemples, si encourageans, l'exposé d'un des

espèces, et à côté les noisetiers de Saint-Gratien et les figuiers d'Argenteuil, ces derniers surpris d'être cultivés en pleine terre avec tant de succès si loin de leur pays originaire, cette précieuse variété de cérisier, qui a emprunté sa dénomination du séjour délicieux qui l'a vu naître. Par-tout enfin on y connoît l'art d'arracher à la terre plusieurs récoltes en une seule année, indépendamment de celle que procurent encore des fruits exquis et justement recherchés, et la terre présente tout à la fois l'utile réunion et le spectacle enchanteur des bois, des vergers, des vignobles, des prairies, des jardins et des cultures céréales.

NEUVIÈME ET DERNIER PRINCIPE.

Dans le choix des assolemens les plus convenables au sol, au climat et à toutes les circonstances locales dans lesquelles le cultivateur se trouve, il doit sur-tout s'attacher à rendre nécessaire le moins possible l'emploi des engrais et des labours.

Il est quelques circonstances dans lesquelles l'observation de ce principe est rigoureusement commandée. Il existe divers moyens également propres à remplir les indications qu'il prescrit, et le discernement du cultivateur doit les appliquer aux cas qui se présentent.

I. Dans un assez grand nombre de terrains, dont la couche supérieure ou la couche inférieure peu profonde retient aisément à la surface les eaux pluviales ou celles des débordemens, il devient souvent avantageux, et quelquefois même indispensable, d'alterner les cultures avec des étangs artificiels et temporaires, comme cela se pratique dans la Bresse, la Brenne, la Sologne, le Forez et en divers autres endroits de la France.

Il en résulte deux avantages importans. La terre, devenue peu productive par l'effet des récoltes précédentes, et dont les déperditions ne peuvent être réparées par des engrais abondans qui manquent, parceque sa disposition à se saturer d'eau s'oppose souvent à l'établissement des prairies, qui seules fournissent des moyens économiques et faciles de s'en procurer, exigeant d'ailleurs un emploi considérable et toujours très dispendieux d'hommes et de bestiaux pour être convenablement labourée, n'en devient que plus propre à être convertie très avantageusement en étangs pendant quelque temps, au lieu d'être condamnée à une complète nullité, en exigeant de nombreux labours et des engrais.

L'observation a démontré que le poisson prospère ordinairement sur les terres couvertes d'eau après avoir été cultivées, tandis que le séjour de cette eau sur les mêmes terres déposant un limon très fertile et souvent abondant, c'est-à-dire, une véritable terre d'alluvion dont la qualité et la quantité se trouvent encore augmentées par les nombreux débris animaux et végétaux qui

qui l'oublient, ou annoncée à ceux qui l'ignorent encore. On devroit avoir profondément gravées dans sa mémoire ces paroles remarquables du père de l'agriculture française : *Est souhaiter le plus du domaine être employé en herbage, trop n'en pouvant avoir pour le bien de la mesnagerie, d'autant que sur un ferme fondement toute l'agriculture s'appuie là-dessus.*

Ainsi parloit, il y a plus de deux siècles, Olivier de Serres, d'après sa propre expérience, et notre agriculture seroit sans contredit florissante aujourd'hui par-tout, si tous nos cultivateurs s'étoient intimement pénétrés de ce sage conseil, dont la pratique est aussi utile aujourd'hui qu'elle l'étoit de son temps, pour rendre moins nécessaire l'emploi excessif et toujours très dispendieux des labours et des engrais, en rendant aussi la culture tout à la fois moins pénible et plus profitable.

On doit distinguer, sous l'expression générale de prairies, les prairies naturelles, dont nos graminées vivaces font ordinairement la base, et les prairies artificielles qui sont le plus souvent composées de légumineuses, et quelquefois aussi d'un choix des mêmes graminées, ou de plantes appartenant à d'autres familles.

Les premières sont celles que la nature forme elle-même de plantes qui croissent spontanément sur les terrains abandonnés aux productions naturelles, après une série plus ou moins prolongée de récoltes de céréales, qu'on est forcé d'interrompre à des époques périodiques, vu l'état d'épuisement auquel un assolement vicieux les a réduits, joint à la difficulté, et quelquefois même à l'impossibilité de les labourer et engraisser convenablement.

Il est de ces terrains qui, sur-tout à l'aide de quelques engrais, se couvrent ainsi, sans autres soins, d'un tapis de verdure assez épais et productif, ce qui n'est pas cependant le cas le plus ordinaire ; et lorsque de nouveaux besoins, et l'épuisement d'autres terres forcent à avoir recours à ces champs délaissés, on en obtient encore itérativement quelques autres récoltes, pour les abandonner de nouveau à leur ancien état, plus ou moins long-temps, suivant l'exigence des cas, et l'on prolonge ainsi indéfiniment cette rotation de prairies naturelles et de céréales.

Cet alternat de culture et d'inculture se rencontre fréquemment dans plusieurs de nos départemens, et plus particulièrement dans ceux de l'est, du centre et de l'ouest ; et il est très usité dans les communes des Ardennes dont nous avons déjà parlé. Il en résulte au moins quelque produit qui n'exige ni labour ni engrais de la part du malheureux cultivateur, victime du défaut d'ordre convenable dans ses cultures, et de son aveugle disposition à y admettre exclusivement les récoltes les plus épuisantes. Ce produit, quelque foible qu'il puisse être, est moins désavantageux pour lui que les chétives récoltes céréales qu'il obtiendroit sur ces terres épuisées avec la modique et insuffisante ressource des labours et des engrais à sa disposition.

Mais indépendamment de ce que ces prairies naturelles sont ordinairement composées de plantes de peu de valeur qui s'y trouvent en majorité avec d'autres plantes nuisibles et quelques unes de bonne qualité, comme l'attestent tous les examens qui ont été publiés de la composition des prairies et des pâtures, et plus particulièrement ceux qu'on trouve consignés dans les excellentes *Observations de la société d'agriculture de Bretagne*, ainsi que dans les *Mémoires non moins instructifs sur l'agriculture du Boulonnais*, desquels examens il résulte que la proportion des plantes réellement avantageuses avec celles qui sont, ou nuisibles, ou d'une modique valeur, et souvent même inutiles, est généralement très foible, comme chacun peut d'ailleurs s'en convaincre sur sa propre exploitation, et comme nous l'avons vérifié nous-même en analysant, pour l'instruction de nos élèves, une prairie très étendue et très ancienne. Cette ressource des prairies naturelles temporaires n'est réellement qu'un palliatif du vice du plan de culture adopté par ceux qui y ont recours, et c'est incontestablement dans les prairies artificielles qu'est le remède efficace à ce mal.

Si les prairies sont l'unique base solide et le nerf de toute bonne agriculture, c'est sur tout aux prairies artificielles que cette importante vérité est applicable.

Dans l'établissement de ces prairies, le discernement du cultivateur, dirigé par ses observations et ses besoins, fait un choix judicieux des seuls végétaux annuels, bisannuels ou pérennes qui conviennent plus particulièrement à son sol, à son climat et à ses assolemens, et dont le produit est aussi plus particulièrement applicable à l'espèce de bestiaux qui doit enrichir son exploitation. Il les confie à la terre, isolément ou convenablement associés, tandis que, dans les prairies qu'il laisseroit à la nature le soin de former, indépendamment du mélange indispensable de plantes bonnes, médiocres et mauvaises, la plupart sont soumises à des lois de végétation différentes qui produisent des effets désavantageux. Elles ne germent, ne croissent, et ne mûrissent pas toutes à la fois, et il en résulte nécessairement que, pour en récolter une partie dans un état de maturité convenable, le cultivateur est obligé de sacrifier le produit de toutes celles qui sont, ou trop, ou pas assez avancées en maturité ; inconvéniens graves, que ne peuvent jamais présenter les prairies artificielles.

C'est sur-tout à ces prairies que les cantons les mieux cultivés, les plus riches et les plus peuplés de la France et de l'Europe entière doivent l'état florissant de leur agriculture. Les preuves de cette incontestable vérité se rencontrent fréquemment dans plusieurs de nos départemens, et nous nous bornerons à en tracer ici quelques nouveaux exemples des plus remarquables qui confirment ceux que nous avons déjà fait connoître.

Gilbert, après nous avoir dit, dans son ouvrage classique sur les prairies artificielles, qu'il aimeroit à faire l'énumération de tous les cantons qu'il connoît, *dont la culture de ces prairies a rendu l'état aussi brillant qu'il étoit pauvre et misérable*, ajoute que, d'après ses renseignemens, l'*Alsace avoit en quelque sorte changé de face depuis dix à douze ans, que la culture du trèfle y étoit introduite, et qu'il pourroit citer beaucoup d'autres faits semblables.*

Les décimateurs des environs de Lauterbourg ayant formé une demande contre les propriétaires, à l'effet d'obtenir la dîme des trèfles dont les terres étoient couvertes depuis quelques années, l'un des principaux moyens de défense des cultivateurs fut la preuve qu'ils offrirent que *la dîme en blé étoit augmentée de plus d'un tiers depuis l'introduction de la culture du trèfle.*

Le village de Sebach achetoit annuellement, avant l'introduction des prairies artificielles, 100,000 liv. de fourrages, et depuis il en vendoit 150,000 liv., quoiqu'il nourrît beaucoup plus d'animaux, *et l'augmentation en grains y étoit aussi de plus d'un tiers.*

M. de Chancey nous informe d'un fait que nous avons été à portée de vérifier sur les lieux, savoir, que le canton de Virieu, près Latour-du-Pin, département de l'Isère, *pays pauvre autrefois, et dont le seigle et le sarrasin étoient la récolte principale, est riche aujourd'hui et produit du froment de première qualité ;* il doit ce changement au trèfle plâtré.

Dans les renseignemens intéressans que M. Girod-Chantrans nous a communiqués sur l'*état de l'agriculture de quelques communes du département du Doubs*, il annonce des résultats équivalens obtenus par les mêmes moyens.

Nos collègues Fremin, Mallet, Bagot et Sageret, ont également opéré les changemens les plus heureux sur leurs exploitations à l'aide des prairies artificielles.

Le premier, dans le département de Seine-et-Oise, en substituant un assolement quatriennal, dont le trèfle fait la base, à la routine triennale de blé, avoine et jachère, dans un canton privé de prairies naturelles, est parvenu, sans addition de dépenses, à élever à la somme de 57,750 liv. au lieu de 20,911, le produit annuel de son exploitation, en se procurant d'amples moyens d'entretenir un superbe troupeau de bêtes à laine superfine.

Le deuxième, dans un canton du département de la Seine, dont le nom de *Varenne* indique si bien la nature siliceuse et aride du sol, sur lequel ses devanciers s'étoient ruinés, a réussi à obtenir d'abondantes récoltes, et à entretenir un des troupeaux les plus précieux avec le secours si efficace du sainfoin.

Le troisième, voisin du second et cultivant un sol tout aussi ingrat, a surmonté avec un grand succès, par la culture raisonnée du sainfoin et d'autres plantes améliorantes, les obstacles que lui présentoient l'aridité et la stérilité naturelles du sol, qui avoit également découragé ses prédécesseurs.

Le quatrième, après avoir donné aux portes de la capitale des preuves de l'étendue de ses connoissances en économie rurale, a transporté ses améliorations dans un canton du département du Loiret, où les prairies artificielles étoient à peine connues; et il a plus que doublé le revenu de sa propriété avec la luzerne et d'autres prairies artificielles.

Un grand nombre d'autres cultivateurs, parmi lesquels on remarque MM. Fera de Rouville, dans le département du Loiret; Bonneau-Patureau, dans celui de l'Indre; Fauquaire-Souligné, dans celui de la Sarthe; Legris-Lasalle, dans celui de la Gironde; Rosnay de Villers, dans celui de la Seine-Inférieure; Gangeac, dans celui de Seine-et-Marne, sont également parvenus, par l'extension de la culture des prairies artificielles judicieusement intercalées avec les grains, à supprimer efficacement les jachères, et à augmenter, par l'accroissement du nombre des bestiaux, la masse des engrais et le produit en grains.

Nous devons dire ici qu'il a été constaté, par certificat authentique, que, depuis qu'une grande partie du territoire de la commune sur laquelle se trouve notre exploitation est couverte de prairies artificielles, alternées avec les céréales, depuis sur-tout que le sainfoin couvre nos terrains siliceux et arides, qui donnoient à peine autrefois des récoltes passables de seigle, après une année de dépenses et de non produits, ces mêmes terrains produisent de belles récoltes de froment, et *la commune recueille annuellement une fois plus de grains qu'auparavant.*

Nous ajouterons à ces exemples frappans de l'amélioration de l'agriculture sur divers points de la France, par le seul effet de l'introduction de la culture des prairies artificielles, celui bien remarquable que nous fournit encore M. Dédelay-d'Agier.

Ayant acheté, en 1780, un corps de ferme situé dans *la plaine peu fertile* de Bayaune, près Romans, département de l'Isère, consistant en 270 mesures (1) de terres arables, et 13 de prairies arrosables de première qualité, *il fit plus que tripler, en peu d'années, le produit en grains, par le seul effet de l'établissement des prairies artificielles*, et voici comment il s'y prit pour obtenir un aussi heureux résultat dans un aussi court espace.

Tant que ce domaine étoit cultivé suivant la routine du pays, le fermier, qui passoit d'ailleurs pour un excellent cultivateur, ne recueilloit, année commune, que 480 hectolitres, dont un quart en froment et le reste en seigle, qui étoient le produit d'environ 143 hectolitres de semence.

La totalité des prairies arrosables, jointe à un peu plus d'une mesure de luzerne et de trèfle, suffisoit à peine pour alimenter six mules employées à l'exploitation de la ferme, de sorte que le produit des autres bestiaux étoit nul et leur entretien très onéreux.

M. Dédelay d'Agier résolut, en 1783, de faire valoir son bien par lui-même, commença par vendre ses treize mesures de prés, singulier début à la vérité, et qui fit beaucoup rire et jaser à ses dépens. Chacun aussitôt l'accusa de folie, parceque le proverbe du pays est qu'*un domaine sans prairies arrosables est un corps sans ame*. Mais ce fut bien autre chose quand on l'entendit répondre aux nombreuses questions dont il étoit assailli, qu'*en vendant ses prés il vouloit tripler le nombre de ses bestiaux, et nourrir vingt vaches à lait sur sa propriété*.

Il laissa rire et gloser les curieux, ce qui ne l'empêcha pas de vendre encore cent autres mesures de terres arables qui ne convenoient pas à ses vues; et il réduisit ainsi son exploitation à cent soixante-dix mesures, sans prairies naturelles. Il ensemença successivement en trèfle et en luzerne la cinquième partie de son domaine; et, six ans après, en 1789, il y entretenoit largement dix-huit vaches à lait. Un recensement fait en 1793 démontra que, sur les quatre autres cinquièmes cultivés en céréales, et qui ne formoient plus que 136 mesures, il recueilloit, avec 82 hectolitres de semence, environ 585 hectolitres de *grains de qualité supérieure;* tandis que son devancier, réputé excellent agriculteur, avec cent mesures de plus, indépendamment de treize mesures de prai-

(1) La mesure désignée jadis sous le nom de Bichené équivaloit à peu-près à l'arpent de Paris, ou à un tiers d'hectare environ.

ries arrosables, n'en obtenoit, en produit net, que 337 hectolitres.

Cette supériorité de produit en grains, sur une étendue de terrain bien inférieure, jointe au bénéfice résultant de l'entretien de dix-huit vaches à lait, auquel il faut encore ajouter l'intérêt du produit de la vente de 113 mesures, est entièrement due à l'extension de la culture des prairies artificielles, et rappelle naturellement l'exemple si encourageant de ce cultivateur romain qui, ayant donné successivement en dot à ses deux filles les deux tiers de sa propriété, parvenoit encore, par les efforts soutenus d'une nouvelle industrie, à obtenir du tiers qu'il s'étoit réservé un produit égal à celui qu'il retiroit auparavant de la totalité. M. Dédelay d'Agier a fait revivre parmi nous cet exemple d'industrie agricole auquel on avoit peine à croire, et il nous rappelle également ce vieil adage si vrai, *tant vaut l'homme, tant vaut la terre.*

§. I[r] Quoiqu'il ne soit pas possible d'établir de règle fixe et invariable sur la conservation relative des prairies artificielles sur le même champ avant de le rendre à d'autres cultures, on peut cependant établir en principe, subordonné comme tous les autres aux localités et aux besoins, que la durée de ces prairies doit généralement être réglée d'après la qualité du sol, et que le prolongement de cette durée doit être en raison inverse de la fertilité du champ mis en prairies. Ainsi, toutes choses égales d'ailleurs, le terrain siliceux, crétacé et aride, entièrement dépourvu de terre végétale, éloigné du centre de l'exploitation et d'une culture difficile, dispendieuse et naturellement peu productive, doit être conservé plus longtemps en prairies artificielles qu'un terrain plus substantiel, plus rapproché et plus traitable, et qui d'ailleurs a moins besoin que le premier de cet amas d'humus que ces prairies produisent à la longue, et sans lequel les champs cultivés de cette nature ne peuvent jamais donner des produits avantageux en céréales.

La longévité naturelle du sainfoin, lorsqu'il est dégagé de plantes nuisibles, est très propre à remplir cet objet sur les terres ingrates dont nous parlons, qu'il a la précieuse faculté d'améliorer au plus haut degré, lorsque son séjour y a été suffisamment prolongé; mais cette longévité qui, dans quelques cas, peut aller jusqu'à 27 ans, et peut-être même au-delà, comme l'atteste un fait cité par M. Bonneau, et qui devient sur-tout si précieuse sur les coteaux à pente rapide, que la charrue doit sillonner le moins possible, s'oppose, ainsi que celle de la luzerne, qui atteint quelquefois la trentième année, comme nous nous en sommes convaincus, quoique sa durée soit ordinairement beaucoup moindre, à l'adoption des cours de culture dont les céréales font la base, et pour lesquels le trèfle et la lupuline sont si convenables. Les premières sont, avec les graminées vivaces, plus particulièrement applicables aux assolemens à longs termes; et les dernières à ceux à court terme, où les céréales doivent revenir après de courts intervalles.

Avant de terminer cet article, relatif à l'économie des labours et des engrais, citons un des exemples les plus remarquables de cette précieuse économie, qui se rencontre dans l'assolement quatriennal que MM. Fremin, Rosnay de Villers, Delportes frères, et plusieurs autres de nos cultivateurs les plus instruits admettent sur leurs exploitations, et que nous adoptons également sur celles de nos terres qui n'exigent ni l'admission du sainfoin ni celle de la luzerne.

Dans la première année, qui représente celle de la jachère, la terre reçoit tout l'engrais disponible, ainsi que tous les sarclages, houages, binages, buttages, etc., nécessaires pour la rendre nette et meuble, et dans le meilleur état de culture possible sous tous les rapports désirables.

Elle peut rigoureusement ne recevoir qu'un seul labour, quoiqu'il soit quelquefois utile et même nécessaire de lui en donner plusieurs, ce qui ne doit pas être pris en considération, parceque dans tout autre assolement elle les eût également exigés.

Elle peut être ensemencée, conformément à la nature du sol, aux besoins et à toutes les autres circonstances locales, en plantes légumineuses, crucifères ou autres, telles que, 1° en fèves, pois, vesces,, gesses, lentilles, haricots, ers, orobes, lupins, arachides, etc.; 2 en raves, navets, choux, colsats, rutabagas, navette, moutarde, cameline, etc.; et 3° en pommes de terre, chanvre, lin, gaude, sarrasin, tabac, pavot, maïs, carottes, panais, betteraves, etc. Toutes lesquelles plantes, et autres équivalentes, étant convenablement traitées, préparent très bien, pour les récoltes suivantes, la terre suffisamment engraissée et convenablement nettoyée.

Dans la seconde année, sur un nouveau labour et sans engrais, le même champ, en ayant toujours égard aux mêmes circonstances locales, peut être ensemencé de bonne heure au printemps, en blé de mars pour les terres les plus fertiles; en avoine pour les plus compactes; en orge, pour les plus meubles; et en seigle marsais pour les plus stériles.

Cet ensemencement de graminées appropriées au sol doit être suivi immédiatement d'un second ensemencement : en trèfle, pour les terres les meilleures; et en lupuline, pour les moins bonnes.

On pourroit rigoureusement remplacer ces graines de printemps par des grains d'automne, qui sont généralement plus productives que leurs variétés printannières; mais indépendamment de ce que l'époque des récoltes de la première année, ainsi que l'état de la terre et l'ordre des travaux, ne permettent pas toujours ces ensemencemens, la prairie artificielle, dont l'ensemencement devroit, dans le plus grand nombre de cas, être différé jusqu'au printemps, ne trouvant pas la terre aussi meuble, auroit une chance moins favorable à son succès, qui fait la base essentielle de l'assolement.

Dans la troisième année, immédiatement après les récoltes successives et plus ou moins nombreuses de la prairie artificielle, suivant l'influence du sol, du climat et des saisons, on peut semer, sur un seul labour et sans engrais, du froment ou de l'escourgeon sur les terres les plus fertiles, et de l'épeautre ou du seigle sur les plus stériles.

Enfin, dans la quatrième année on fait la récolte de ces graminées, pour recommencer l'année suivante la même rotation ou quelqu'autre équivalente.

Reprenons cette série, et faisons ressortir ses avantages, en la comparant avec la routine triennale, sous les trois rapports importans des labours, des engrais et des produits.

Tout l'engrais rigoureusement exigible se trouvant employé à la première récolte améliorante, influe nécessairement sur le succès des trois suivantes, comme sur celle-là, par l'effet indispensable de l'ordre judicieux de succession établi dans l'assolement. Les grains semés la seconde année profitant sur-tout de cet engrais, et du nettoiement rigoureux auquel la terre a dû être soumise, donnent généralement une récolte nette et abondante. La prairie qui les accompagne, profitant également des mêmes circonstances avantageuses, doit donner aussi à la troisième année des produits abondans; et les débris de cette prairie, ajoutant encore à l'état de fertilisation dans lequel la terre se trouve, assurent la quatrième et principale récolte en grain.

Ainsi, avec un seul engrais et trois labours, on obtient, au moins en quatre ans, quatre récoltes abondantes, dont deux en grains, et le reste en fourrages, et on laisse en outre la terre dans un état d'amélioration très avantageux aux récoltes subséquentes; tandis qu'avec la jachère absolue, suivie immédiatement de deux récoltes successives de grains, cette même terre doit recevoir tous les trois ans de l'engrais, qu'on ne peut à la vérité que rarement lui accorder en quantité nécessaire, faute de fourrages, et par conséquent de bestiaux suffisans : elle exige aussi, dans le même espace de trois années, quatre labours au moins et souvent six, sinon plus, et n'en est pas plus améliorée pour cela.

Cette différence, de la plus haute importance pour l'état

comme pour le cultivateur, paroîtra plus sensible encore en l'appliquant à un terme de douze années.

Dans le premier cas, on obtient *tout au moins* douze récoltes nettes et abondantes, dont six en grains, et le reste en fourrages, avec trois engrais et neuf labours seulement, chaque récolte préparant le succès de la suivante.

Dans le second cas, avec quatre engrais et seize labours *tout au moins*, souvent vingt-quatre et quelquefois plus, on n'obtient sans fourrages, c'est-à-dire sans le principal moyen d'augmenter la masse des engrais indispensables aux récoltes futures, que huit récoltes, dont les quatre premières sont subordonnées pour le produit aux engrais que la terre a pu recevoir; et les quatre autres en avoine, ou en grains équivalens, sont rarement abondantes, sur-tout si, dans l'année de jachère, la terre n'a pas été suffisamment engraissée, ce qui est malheureusement le cas le plus ordinaire avec un semblable assolement, qui laisse d'ailleurs cette terre dans un état de malpropreté et d'épuisement qui force d'avoir recours aux mêmes moyens improductifs, dispendieux et insuffisans pour la réparer.

Toutes choses égales d'ailleurs, les six récoltes en grains du premier assolement doivent donner plus de produit et de bénéfice net que les huit du second, indépendamment de l'immense quantité de fourrages additionnels qu'il ne peut manquer de procurer.

Nous ne parlerons pas ici des récoltes secondaires dans la même année, qu'il est encore possible de se procurer, dans un grand nombre de cas, avec l'assolement que nous recommandons d'après notre propre expérience et d'après celle de nos cultivateurs, bien propres à entraîner, par leur exemple, ceux pour qui la force des raisonnemens, fondée sur des résultats présumables, ne suffiroit pas pour les convaincre.

Nous ne parlons pas non plus de l'augmentation de produits en fourrages, et par suite en grains, qu'il est encore facile de se procurer à peu de frais dans cet assolement, avec une foible dépense en engrais pulvérulens, tels que les cendres, la suie, et sur-tout le plâtre, qui produit des effets si prodigieux sur les prairies artificielles.

Quant aux sarclages, houages et buttages, que toutes les cultures de la première année n'exigent pas d'ailleurs, on est toujours amplement dédommagé par la netteté et l'abondance des produits, et par l'état progressif d'amélioration dans lequel ces opérations, toujours utiles et souvent indispensables, entretiennent la terre, objet de la plus haute importance, et qu'on ne doit jamais perdre de vue.

Nous croyons devoir observer que cet assolement, duquel

se trouvent exclues les prairies formées de plantes plus vivaces, telles que la luzerne et le sainfoin, qui, exigeant des cours à long terme, économisent encore plus les labours et les engrais, mais conviennent moins à la fréquente production des grains, n'interdit pas, comme on pourroit le supposer, l'usage si utile du parcage, qui peut avoir lieu dans la première année, avec quelques unes des plantes indiquées, et même dans la troisième, dans le cas où on peut l'ajouter, sans inconvénient, aux autres moyens d'amélioration; ce que l'abondance d'engrais, produits par cet assolement, procure souvent les moyens de faire lorsque la terre le comporte; mais il pourroit dans tous les cas se pratiquer sur d'autres terres de l'exploitation soumises à un autre assolement, car *il est aussi absurde en agriculture de vouloir tout soumettre à un régime unique et exclusif, que de chercher à tout varier sans motif plausible, et à tout admettre sans nécessité et sans réflexion.* Il est sans doute bien peu d'exploitations dont toutes les terres puissent être soumises à un assolement uniforme, et, dans ce cas même, il seroit toujours très avantageux de le varier.

Ajoutons à cet exemple remarquable de l'économie des labours et des engrais, d'une part, et de l'augmentation des produits, de l'autre, celui que nous fournit encore M. Charles Pictet, de Genève, dans un cours de six années.

Dans un champ sur lequel il avoit recueilli du blé, il sema au printemps de l'année suivante des productions fumées qui eurent deux sarclages; c'étoient des haricots, des pommes de terre et des pois. A cette récolte succéda du blé l'année d'après. Immédiatement après le blé il sema des vesces mêlées d'avoine dans un tiers du champ, des raves et des navets dans le second tiers, et du sarrasin dans le troisième. Les raves et les navets furent sarclés une fois, et donnèrent une assez belle récolte. Le mélange de vesce et d'avoine fut consommé partie en vert et partie en fourrage sec, et le sarrasin mûrit fort bien. A la troisième année il fit parquer de bonne heure les moutons sur ce champ. A mesure qu'il en avoit une bande parquée il la faisoit labourer et ensemencer en vesces mêlées d'avoine, qui furent consommées sur place par les moutons deux mois après, et remplacées par du blé. A la quatrième année il sema au printemps, sur ce blé, du trèfle, qui lui fournit l'année suivante une récolte abondante, suivie d'une nouvelle récolte de blé à la sixième année; et la même année, d'une seconde en sarrasin, vesces ou navets. Ainsi:

1re année, Haricots, pommes de terre et pois fumés.

2e ——— Blé, puis sarrazin, vesces et avoine, raves et navets.

3e année, Mélange de vesces et d'avoine, parqué et consommé sur place.
4e ——— Blé et trèfle.
5e ——— Trèfle.
6e ——— Blé, puis sarrasin, vesces et navets.

Quoique M. Pictet ne nous informe pas du nombre de labours qu'il a donnés à sa terre pendant ces six années, on peut les évaluer à sept rigoureusement indispensables; et ils eussent été bien plus nombreux avec la routine triennale que nous avons prise pour terme de comparaison. « Enfin cet assolement nous paroît réunir à un haut dégré, pour les terres et les climats qui le comportent, comme il l'observe lui-même, les convenances qui tiennent aux bons principes, et le profit. Il donne huit récoltes dans six ans, dont trois de froment. Il maintient la terre parfaitement nette et bien fumée; et cependant, sur ces six ans, on ne voiture du fumier qu'une fois, et l'on ne donne de forts sarclages qu'une année. » A ces avantages il convient d'ajouter celui de pouvoir consommer économiquement plusieurs récoltes sur le champ même.

§. Après avoir exposé les avantages incontestables que procure l'admission des prairies artificielles pour l'économie des labours et des engrais, ainsi que pour l'accroissement des produits et l'amélioration de la terre, il convient d'examiner quelques reproches qu'on a cru devoir leur faire; car à quoi n'en a-t-on pas fait?

On a prétendu d'abord que leur culture se faisoit aux dépens des grains de première nécessité.

Nous avons déjà répondu victorieusement à ce reproche par les exemples frappans que nous avons consignés dans le développement du principe que nous venons d'examiner, et qui établissent, d'une manière irrésistible, la preuve du contraire pour le trèfle, la lupuline, et pour toutes les plantes qui ne doivent rigoureusement occuper le sol qu'une seule année. Quant au sainfoin, à la luzerne et aux graminées vivaces ou autres, dont la longévité leur fait occuper le sol plus longtemps; en prenant en considération la suppression des jachères, que la culture de ces plantes amène nécessairement, et pendant lesquelles la terre seroit réellement improductive tous les deux ou trois ans; en ajoutant à cette considération majeure celle non moins essentielle de l'accroissement des engrais que l'abondance des fourrages et la multiplication nécessaire des bestiaux procurent pour les terres consacrées à la production des grains, et en ne perdant pas de vue, sur-tout l'importante amélioration du sol pendant la durée de ces prairies, qu'il est toujours aisé d'ailleurs d'abréger, sans le moindre inconvénient, toutes les fois que les circonstances l'exigent, il est facile de se convaincre que ce reproche n'est aucunement fondé, et que leur existence produit réellement un effet diamétralement opposé à celui qu'on leur a supposé si gratuitement.

On a aussi objecté que la terre se lassoit de cette culture, et qu'elle finissoit par ne donner que des produits modiques en ce genre.

A cela nous répondrons qu'on attribue faussement aux prairies artificielles ou à la terre l'effet fâcheux et trop certain, qui ne provient réellement que d'un vice de culture, qu'on cherche vainement à se dissimuler. Sans doute, lorsque l'admission de ces prairies, comme celle de toutes les autres plantes, revient trop fréquemment sur le même champ, et sur-tout sans les préparations préliminaires indispensables pour en assurer le succès, elles ne donnent pas des resultats avantageux; mais l'expérience a démontré que toutes les fois que le trèfle, la lupuline et autres plantes semblables, ne reparoissent pérodiquement sur le même champ que tous les quatre ans, *accompagnées de toutes les précautions convenables*, elles fournissent constamment des récoltes abondantes et très avantageuses sur les sols qui leur conviennent, sauf toutefois l'intempérie des saisons, qu'il faut toujours prendre en grande considération pour toutes les récoltes, ce qu'on néglige assez souvent; et nous avons déjà reconnu que le sainfoin, la luzerne, les graminées vivaces, et autres plantes remarquables par leur longévité, pouvoient généralement reparoitre, sans inconvénient, sur le même champ, comme nous en avons plusieurs exemples frappans sous les yeux, sur notre propre exploitation, après un intervalle égal à l'espace de temps pendant lequel elles l'ont occupé précédemment. Il peut exister à la vérité quelques exceptions à cette règle générale qui ne peuvent la détruire; mais lors même que cette objection seroit fondée, il suffiroit de reculer un peu plus le retour de ces cultures si avantageuses au sol, au cultivateur et à l'état. Ainsi nous ne devons pas craindre d'affirmer que les avantages nombreux résultant de l'extension de la culture des prairies artificielles ne sont contre-balancés par aucun inconvénient réel, et qu'elles offrent par-tout un moyen très efficace d'épargner les labours et les engrais en améliorant la terre, dont elles augmentent les productions les plus utiles.

Voyez la suite de cet article au mot CULTURE. (YVART.)

ASSOUPISSEMENT. Il est des animaux domestiques qui ont une telle disposition au sommeil qu'ils s'endorment dès qu'ils ne sont plus excités, et font leurs fonctions avec une lenteur telle qu'on ne peut en tirer que peu de service. Si ce sont des chevaux, des ânes, des chiens, des chats, il n'y a d'autres ressources que de les tuer; mais si ce sont des bœufs, des vaches, des moutons, des cochons, des volailles, on doit les mettre à l'engrais, cette disposition y étant très favorable. *Voyez* ENGRAISSEMENT.

Dans les digestions laborieuses les animaux sont souvent assoupis. *Voyez* INDIGESTION.

Il en est de même dans les embarras du cerveau, quelle que soit leur cause. Aussi est-ce un des signes les plus certains des dépôts causés par des coups. *Voyez* DÉPÔT. (B.)

ASSUJETTIR LES ANIMAUX. On est souvent obligé de se rendre maître de tous les mouvemens des animaux domestiques, pour leur faire subir des opérations douloureuses.

L'assujettissement pour les petits animaux n'est pas dans le cas d'être ici l'objet d'un article particulier, en conséquence ce n'est que du cheval, de l'âne, du bœuf, de la vache, et leurs congénères, dont il va être question.

Il est des cas où il faut que les animaux qu'on veut assujettir restent debout. Il en est d'autres où il convient mieux qu'ils soient renversés.

On les assujettit debout en leur mettant la tête dans un sac ou une CAPOTTE (*voyez* ce dernier mot), en la leur enveloppant d'une couverture pour les empêcher de voir, et cela suffit souvent pour pouvoir remplir le but qu'on se propose. Il est des chevaux qui sont si stupéfaits, ou si incommodés, lorsqu'on leur met la MORAILLE ou le TORCHE-NEZ (*voy.* ces mots), qu'ils restent tranquilles, se laissent ferrer, et même supportent des opérations très douloureuses sans se débattre.

Mais il est des chevaux, des bœufs, etc., assez méchans, ou auxquels on fait subir des opérations trop douleureuses pour que ces moyens de les assujettir puissent être regardés comme suffisans. Alors il faut fixer leur tête avec le GROS LICOL, et leurs jambes avec le TROUSSE-PIED ou la BRICOLE. *Voy.* ces mots.

Tous ces moyens étant insuffisans, il n'y en a plus qu'un qui puisse donner l'espoir d'assujettir les animaux, mais il est certain. C'est le TRAVAIL. *Voyez* ce mot.

On assujettit les animaux en les abattant avec le secours des ENTRAVES. *Voyez* ce mot, et celui ABATTRE. (B.)

ASTE. C'est le timon de la charrue dans le département de la Haute-Garonne, et les bourgeons de la vigne dans le Médoc.

ASTÈRE D'AFRIQUE. On donne quelquefois ce nom à la CINÉRAIRE A FLEURS BLEUES.

ASTÈRE, *Aster*. Genre de plantes de la syngénésie superflue et de la famille des corymbifères.

Les espèces de ce genre sont presque toutes propres à l'ornement des jardins par la grandeur ou la multiplicité de leurs fleurs, par la beauté de leur port, enfin par la facilité de leur culture. Leurs feuilles sont alternes, leurs fleurs communément jaunes au centre et bleues à la circonférence, presque toujours disposées en corymbe ou en panicule quand elles ne sont pas solitaires. On en compte plus de cent espèces. Elles se divisent en *astères frutescentes*, la plupart propres au cap de Bonne-Espérance; en *astères vivaces*, dont plus de soixante viennent de l'Amérique septentrionale; et en *astères annuelles*, dont une seule intéresse le cultivateur, mais l'intéresse plus que toutes les autres ensemble, c'est l'ASTÈRE DE LA CHINE, plus connue sous le nom de *grande marguerite*, qui fait en automne le principal ornement de nos parterres.

Les astères frutescentes exigeant l'orangerie pendant l'hiver, ne se cultivent guère que dans les jardins de botanique. On les multiplie principalement de marcottes et de boutures qu'on fait au printemps, sur couche et sous châssis, parce-que leurs graines mûrissent rarement dans nos climats et font attendre plus long-temps la jouissance. Comme les espèces de cette division sont les moins intéressantes sous les rapports de l'agrément, je n'en mentionnerai aucune particulièrement. On en compte quatorze espèces.

Parmi les astères vivaces, les plus communes dans les jardins d'ornement sont :

L'ASTÈRE AMELLE qui a les feuilles oblongues, lancéolées, très entières, rudes au toucher, les fleurs jaunes et bleues, disposées en corymbe, les écailles du calice obtuses, écartées, colorées à leur extrémité. Elle se trouve sur les montagnes arides des parties méridionales de l'Europe où on la connoît sous le nom d'*œil de Christ.* Virgile l'a chantée. Elle s'élève à deux ou trois pieds; ses feuilles ont un goût amer et aromatique.

L'ASTÈRE A FEUILLES DE BRUYÈRE qui a les feuilles entières, linéaires, réfléchies, très glabres, les fleurs petites, jaunes et blanches, et très nombreuses. Elle vient de l'Amérique septentrionale, forme des touffes très denses de trois ou quatre pieds de haut, remarquables par la grande quantité de leurs fleurs qui subsistent pendant long-temps. Les ASTÈRES EN BUISSON ET MULTIFLORES s'en distinguent difficilement et lui sont souvent substituées.

L'ASTÈRE GÉANTE, *Aster Novæ Angliæ*, Lin., a les feuilles lancéolées, cordiformes, amplexicaules, velues; les fleurs grandes, jaunes et violettes, à écailles du calice lâches et longues. Elle est originaire de l'Amérique septentrionale, s'élève de cinq à six pieds, et produit des touffes d'une grande étendue qui restent en fleurs pendant une partie de l'automne; c'est une des plus belles et des plus fréquemment cultivées de cette division.

L'ASTÈRE AMPLEXICAULE a les feuilles en cœur, oblongues, entourant la tige, les inférieures entières; les fleurs grandes, rares, jaunes et bleues. Elle croît naturellement dans les lieux humides de l'Amérique septentrionale. Elle est moins remarquable par ses fleurs que par ses feuilles grandes, nombreuses et d'un vert foncé; sa hauteur est de deux à trois pieds.

L'ASTÈRE A TIGE ROUGE s'en rapproche infiniment et produit absolument le même effet au coup d'œil.

L'ASTÈRE A GRANDES FLEURS a les feuilles amplexicaules, linéaires, ciliées, les fleurs très grandes, jaunes et pourpres, à écailles calicinales réfléchies. On la trouve dans toute l'Amérique septentrionale. Elle s'élève de deux ou trois pieds et fleurit à la fin de l'automne.

L'ASTÈRE DE SIBÉRIE a les feuilles lancéolées, dentées, velues, rudes, d'un vert grisâtre; les fleurs jaunes et violettes, à écailles du calice lâches et velues. Elle est originaire de Sibérie, s'élève d'environ deux pieds, et fleurit pendant une partie de l'automne.

L'ASTÈRE OSIER, *aster vimineus*, Wild., a les feuilles sessiles, lancéolées, glabres, luisantes, les inférieures dentées; les fleurs jaunes et bleues, à écailles du calice écartées. Elle se trouve dans l'Amérique septentrionale, s'élève à deux ou trois pieds, et se remarque principalement par son feuillage et la grosseur de ses touffes.

L'ASTÈRE A FEUILLES EN CŒUR a les feuilles cordiformes, pointues, fortement dentées, velues en dessous, les supérieures presque ovales, les inférieures lancéolées; les fleurs petites, nombreuses, jaunes et violet-pâle. Elle croît naturellement dans l'Amérique septentrionale. Ses tiges sont grises, velues, d'environ trois pieds de haut. Elle fleurit au milieu de l'été.

L'ASTÈRE A FLEURS TARDIVES a les feuilles lancéolées, spatulées, rudes, décurrentes par un de leurs bords. Les fleurs petites, nombreuses, jaunes et bleues, à écailles calicinales lâches. Elle se trouve dans l'Amérique septentrionale, s'élève à deux pieds, et ne commence à fleurir que lorsque les premières gelées arrivent.

Je pourrois beaucoup étendre encore cette liste; parler de l'ASTÈRE ARGENTÉE, dont les feuilles lancéolées sont couvertes de soies brillantes; de l'ASTÈRE CAROLINIÈNE qui est frutescente, s'élève, au moyen des branches des arbres, à douze ou quinze pieds et vient dans l'eau; de l'ASTÈRE PUNICÉE qui s'élève à huit ou dix; de l'ASTÈRE DES ALPES qui, quoiqu'elle soit uniflore, orne fort bien une plate-bande ; de l'ASTÈRE EN CORYMBE, dont les bouquets des fleurs sont si garnis, et de plusieurs autres, également remarquables, qui se trouvent dans nos jardins de botanique et qui peuvent être employées, presque aussi bien que les précédentes, en décorations dans les jardins d'agrément ; mais il faut s'arrêter.

Toutes ces astères sont presque indifférentes sur la nature du terrain, cependant elles préfèrent généralement celui qui est léger et fertile. Elles se multiplient rarement de graines, qui avortent dans le climat du milieu et du nord de la France. Celles qu'on reçoit d'Amérique se sèment ou dans des terrines, sur couches et sous châssis, ou dans un terrain bien abrité et bien préparé, avec le soin de ne les recouvrir que d'une ligne de terre tamisée ; mais comme ce moyen est lent on l'emploie très rarement. Déchirer les vieux pieds ou leur enlever quelques rejetons, en automne ou au premier printemps, est avec d'autant plus de raison préférable, que leurs racines tracent considérablement, et qu'il est presque toujours nécessaire de les arrêter chaque année, en supprimant une partie des accrus. Un seul pied de huit à dix pouces de diamètre peut fournir plus de cent rejetons qu'on repique en pépinière, et qui, deux ans après, fourniront des touffes aussi belles que celle dont elles sont tirées. Comme la plupart des espèces ci-dessus dénommées sont très communes et ont peu de valeur mercantille, les pépiniéristes prennent rarement la peine d'en faire des plantations. Ils se contentent d'avoir un petit nombre de grosses touffes qu'ils appellent *mères*, et dont ils coupent, chaque hiver, des portions à la bêche pour satisfaire aux demandes, bien certains que l'année suivante les portions soustraites seront remplacées. Il faut avoir attention, lorsqu'on plante ces espèces, de les enterrer de quelques pouces, parcequ'elles tendent toujours à remonter, et que leurs racines pourroient se dessécher la première année, c'est-à-dire avant qu'elles aient pris assez de chevelu pour aller chercher l'humidité dans la profondeur du sol. Les lieux où il convient de les placer sont le milieu des parterres, le bord des massifs ou les corbeilles, dans des jardins paysagers. Elles produisent des effets également agréables, soit qu'on les isole, soit qu'on les adosse à d'autres plantes; mais il est bon que leurs touffes soient toujours un peu fortes. Lorsqu'on sait les disposer avec intelligence on peut jouir de leurs fleurs depuis le milieu de l'été jusqu'aux premières gelées.

L'ASTÈRE DE LA CHINE ou *la grande marguerite*, ou la *reine marguerite*, est la seule, parmi les annuelles, qu'on cultive dans les jardins d'agrément; mais aussi l'y cultive-t-on si abondamment, comme je l'ai déjà observé, qu'elle est connue des personnes qui s'occupent le moins de plantes. Elle a été semée pour la première fois en Europe, en 1728, au jardin des plantes de Paris. Alors elle étoit simple, et jaune et blanche; aujourd'hui elle est double et variée dans presque toutes les nuances du rouge, du bleu et du blanc. Il n'y a que le noir, parmi les couleurs, qui ne s'y montre pas. Vouloir entrer ici dans les détails de toutes ces variétés seroit chose impossible et même inutile. Je me contenterai en conséquence de conseiller d'aller voir un parterre bien garni de ces variétés, pour se faire une idée de leur grand nombre, de leur brillant effet et de la science qu'on peut mettre dans leur distribution. Parmi ces variétés il en est quelques unes qui sont des monstruosités, telles que celle *à tuyau* et l'*anémone*. C'est aux semis, ou aux chances qu'ils fournissent, que sont dues toutes ces variétés. Le professeur Thouin, dans l'excellent article qu'il a rédigé sur cette plante dans l'Encyclopédie, pense que toutes les nuances possibles sont épuisées, et ses raisons sont fondées sur la nature.

Il est bon d'observer ici que les plantes à fleurs composées, ou de la syngénésie, ne doublent pas à la manière des autres; chez elles l'abondance de la nourriture ne fait que changer les fleurons tubulés du centre en demi-fleurons semblables à ceux de la circonférence, sans altérer en aucune manière les organes de la reproduction. Ainsi, par cette opération, elles ne perdent jamais ou presque jamais la faculté de donner des graines, et voilà pourquoi les *astères de la Chine* semi-doubles ou doubles peuvent être si abondamment multipliées et combinées dans leurs couleurs, leur grandeur, etc. Thouin observe que des graines de cette plante, ainsi prises sur les plus belles espèces de Paris et semées en plein champ dans un terrain extrêmement maigre, à Malesherbes, ne produisirent que des pieds à fleurs simples de cinq à six pouces de haut, qui perdirent leurs panachures, mais qui conservèrent les couleurs bleues et rouges.

Cette espèce a les feuilles ovales, dentées, velues en leurs bords, les supérieures entières, les inférieures largement dentées; sa tige est haute de deux pieds, velue, garnie d'un petit nombre de rameaux; ses fleurs sont terminales, solitaires, ordinairement de deux pouces de diamètre. Son port est pyramidal et le vert de ses feuilles tendre. (B.)

La reine-marguerite aime un terrain meuble, substanciel et léger; des arrosemens journaliers lui sont nécessaires pendant les chaleurs de l'été, et elle préfère les expositions découvertes à celles qui sont ombragées. On ne la multiplie, comme toutes les plantes annuelles, que par ses graines qu'on sème en pleine terre ou sur couche, suivant la nature du clila terre du sol, et placés ensuite à l'ombre, ou mieux encore sur une couche tiède qu'on a soin d'ombrager pendant les premiers jours. Mais ceux qui sont destinés à décorer des parterres ou des parties du même jardin peuvent être levés avec des mottes épaisses, et portés dans des barres à la place où ils doivent être plantés pour y être mis en pleine terre sans autre précaution. Ces plantes se fanent ordinairement pendant les cinq ou six premiers jours, mais elles reprennent bientôt, pour peu que le temps soit favorable; d'ailleurs, on en est quitte pour remplacer celles qui ont manqué; c'est pourquoi il faut avoir la précaution de repiquer toujours un quart ou même un tiers de plus de jeunes plants qu'on n'en a besoin, soit pour remédier au défaut de reprise dans les transplantations, soit pour avoir la facilité de choisir les individus qui ont les plus belles fleurs. Lorsqu'une fois ces plantes ont repris racine en place, elles n'exigent d'autres soins que d'être arrosées suivant leurs besoins, qui sont assez modérés à cette époque.

Mais la récolte des graines exige une attention particulière. Quoique toutes les reines-marguerites ne soient très certainement que des variétés provenues les unes des autres, puisque nous les avons vues toutes naître dans nos jardins, il n'est cependant pas indifférent de choisir les pieds sur lesquels on doit recueillir les graines, et de séparer chaque variété de couleurs pour en faire des semis particuliers. Plus les individus qui fourniront les semences auront donné de belles fleurs, plus on aura lieu d'espérer d'en obtenir de semblables, à quelques nuances près, de la plus grande partie de ces plantes, qui proviendront de ces semis faits séparément et cultivés avec le même soin. D'après cela, on doit donner la préférence aux pieds dont les fleurs sont les plus franches et les plus vives en couleur, parceque les fleurs d'une couleur tendre et mitoyenne se perpétuent rarement, et que les individus qui proviennent de leurs semences ne produisent le plus souvent que des fleurs plus pâles encore, et d'une couleur moins décidée. On ne doit choisir également, dans les panachées, que les couleurs bien tranchées, et non celles qui se fondent les unes sur les autres; enfin, les pieds qui sont les plus vigoureux, et dont les fleurs sont les plus grandes et les plus doubles, doivent être marqués de préférence.

On se sert le plus ordinairement de brins de laine teints de différentes couleurs pour reconnoître les pieds dont on veut ramasser les graines, et l'on a soin d'appareiller la couleur de la laine à celle des fleurs; mais le plus sûr est d'attacher à chaque pied de petits numéros qui soient relatifs à un livret, sur lequel on fait une courte description des fleurs et de leur couleur, parceque la laine se salit ou se pourrit; et quand on vient à faire la récolte des graines, on ne peut plus distinguer les couleurs; mais quelle que soit celle de ces deux manières qu'on adopte, il convient toujours de laisser sécher les plantes sur pied, ensuite de les arracher avec leurs racines, et de les déposer dans un lieu sec et aéré. Lorsqu'elles sont parfaitement sèches, on sépare les têtes d'avec les tiges, on les bat et on vane les semences, que l'on met dans des sacs de papier, et que l'on renferme dans des tiroirs. Ces semences ainsi récoltées se conservent en état de lever pendant plusieurs années; mais les meilleures sont toujours celles de la dernière récolte.

Les reines-marguerites sont employées dans toutes les espèces de jardins d'agrément; on en décore les parterres, on en forme des massifs, on en garnit des vases, on en fait des gradins; par-tout elles produisent l'effet le plus agréable. La consommation qui s'en fait chaque année dans les jardins de Paris est immense; aussi cette culture occupe-t-elle un grand nombre de jardiniers fleuristes qui en tirent un parti très avantageux malgré la modicité du prix de chaque pied pris séparément, puisqu'il ne leur rapporte souvent qu'un sou et quelquefois même que six deniers sans le pot. (Th.)

ASTRAGALE, *Astragalus.* Genre de plantes de la diadelphie décandrie et de la famille des légumineuses qui renferme près de deux cents espèces, dont plusieurs sont utiles ou agréables sous différens rapports, mais dont on ne cultive qu'un très petit nombre dans les jardins, et dont on ne recherche aucune dans la grande agriculture, du moins en Europe.

La plupart des astragales ont les racines vivaces et les tiges herbacées (quelques unes sont sans tiges). Leurs feuilles sont alternes, ailées, avec ou sans impaire. Leurs fleurs sont généralement peu brillantes et disposées en grappes ou en épis sur des pédoncules axillaires.

On doit à Décandolle une monographie de ce genre qui lui a mérité les suffrages de tous les botanistes.

Celles de leurs espèces qu'il est le plus utile de faire connoître ici sont:

L'astragale queue de renard, *Astragalus alopecuroïdes*, Lin. Elle a les racines vivaces, les tiges droites, grosses comme le doigt, hautes de deux à trois pieds, les feuilles composées d'un grand nombre de folioles ovales, lancéolées, pubescentes; les fleurs jaunes, légèrement odorantes, disposées en épis serrés, gros et courts dans l'aisselle des feuilles supérieures. Elle est originaire des parties méridionales de l'Europe, et fleurit pendant tout l'été. C'est une belle plante, très propre à orner les grands parterres et les jardins paysagers. On la multiplie de graines. Toute terre, pourvu qu'elle ne soit ni trop sèche ni trop humide, lui convient. La grandeur, la grosseur plus puissamment à ces effets, je renvoie à ces deux mots ceux qui désireront plus de détails sur ce qui les concerne. (B.)

ATHAMANTE, *Athamanta*. Plante vivace de la pentandrie dyginie et de la famille des ombellifères, à racine pivotante, à tige cylindrique, cannelée, velue, rameuse, haute d'un à deux pieds; à feuilles deux fois ailées, dont les folioles sont linéaires, planes et hérissées; à fleurs blanches disposées en ombelles, qu'on trouve dans les parties méridionales de l'Europe.

On ne cultive pas cette plante. Les graines qu'on trouve dans le commerce, et dont on fait usage en médecine, sont toutes apportées de Crète, de là le nom de *daucus de Candie* qu'elle porte chez les apothicaires. Il faut dire ATHAMANTE DE CRÈTE. (B.)

ATHANASIE. Genre de plantes de la syngénésie polygamie et de la famille des corymbifères, qui renferme plus de vingt espèces, mais que quelques botanistes croient devoir appartenir à des genres particuliers.

Une de ces espèces, l'ATHANASIE ANNUELLE, originaire des départemens méridionaux, dont les fleurs sont jaunes et les feuilles très finement divisées, n'est pas sans agrémens, et se cultive quelquefois dans les parterres. Elle s'élève au plus à un pied, et fleurit au milieu de l'été. On sème ses graines, en mars, sur couche; et en avril, en place, dans des petits creux dont la terre a été améliorée avec du terreau; et lorsque le plant est levé, on l'éclaircit de manière qu'il y ait trois ou quatre pouces de distance entre chaque pied. C'est toujours ou en touffes ou en bordures qu'on la dispose. (B.)

ATMOSPHÈRE. Tout fluide aériforme qui émane d'un corps s'appelle l'atmosphère de ce corps; ainsi, les exhalaisons odoriférantes d'une fleur forment une atmosphère autour d'elle : mais on applique plus particulièrement ce mot à la masse d'air qui entoure le globe terrestre, masse dans laquelle nous vivons et dans laquelle se passent tant de phénomènes qui nous intéressent.

Outre l'air proprement dit, l'atmosphère contient toujours plus ou moins d'eau, plus ou moins d'hydrogène, plus ou moins d'électricité, plus ou moins d'acide carbonique, plus ou moins de calorique, plus ou moins d'émanations des animaux et des végétaux, etc. C'est un véritable chaos que le VENT, la PLUIE, le TONNERRE (*voyez* ces mots), bouleversent continuellement pour l'avantage sans doute des êtres qui ont vie; car il semble que les animaux sur-tout ne tarderoient pas à périr, si ces météores n'avoient pas lieu de temps en temps, témoin l'atmosphère de certains marais qui est mortelle pour ceux qui s'y exposent.

On sait que l'atmosphère de la terre est plus élevée que les plus hautes montagnes; mais, malgré les calculs des physiciens et des astronomes, on n'est pas encore certain de sa véritable hauteur. On a jugé par le moyen des crépuscules, qu'elle devoit être de quinze lieues, et par le moyen des aurores boréales, qu'elle devoit être de trois cents lieues.

L'atmosphère pèse sur la terre, ainsi que le prouvent les pompes aspirantes, le baromètre, etc. Cette seule circonstance est d'une importance telle, que tous les animaux, peut-être même tous les végétaux, périroient en un instant si elle cessoit d'avoir lieu. L'influence de cette pesanteur agit dans tous les momens, et l'agriculteur en éprouve continuellement les bénignes ou malignes influences. Les plantes des hautes montagnes ne peuvent pas subsister long-temps dans la plaine, parceque l'air y est trop pesant pour elles ; et Duhamel a remarqué que la végétation des plantes de la plaine se ralentissoit lorsque l'air se conservoit pendant quelque temps dans un grand état de légèreté.

Les parties les plus basses de l'atmosphère sont regardées comme plus denses que les parties élevées : ce qui amène aussi des phénomènes particuliers dont les suites agissent perpétuellement ; mais ce fait est contesté.

L'atmosphère est souvent appelée ciel. Sa transparence est quelquefois parfaite : il paroît, dans ce cas, comme terminé par une voûte de couleur bleue.

On ne peut douter des effets en bien et en mal des différentes constitutions de l'atmosphère. Son influence est un principe que tout cultivateur doit avoir sans cesse devant les yeux, pour savoir en tirer des conséquences utiles pour la pratique.

1° Si la terre fournit des principes à la végétation, l'atmosphère en fournit aussi, et même davantage.

2° Si les fumiers et autres engrais améliorent la terre, les labours, en facilitant l'absorption des principes fertilisans répandus dans l'atmosphère, l'améliorent aussi, et peut-être plus.

3° Le mouvement, si nécessaire à la végétation, est imprimé en partie à la sève par suite de l'action de l'atmosphère, c'est-à-dire que le poids et le ressort de l'air, ses différens degrés de chaleur et de froid, produisent une alternative de raréfaction et de condensation dans les fluides des végétaux qui y entretient peut-être la circulation.

Je pourrois beaucoup m'étendre sur les considérations que présente l'atmosphère aux agriculteurs ; mais comme ce sont principalement ses composans qui ont de l'influence en bien ou en mal sur la santé de leurs animaux et le produit de leurs récoltes, je renverrai le lecteur aux mots Air, Gaz, Lumière, Chaleur, Sécheresse, Electricité, Tonnerre, Eau, Pluie, Nuage, Brouillard, Neige, Grêle, Orage, Baromètre, Thermomètre, Hygromètre. (B.)

ATRAGÈNE, *Atragene*. Plante frutescente, à tige noueuse, sarmenteuse et grimpante, à feuilles alternes, pétiolées, une ou deux fois ternées, à folioles ovales, en cœur, incisées, dentées, ou lobées, glabres; à fleurs blanches, larges de près de deux pouces, et solitaires dans les aisselles des feuilles, qui croît naturellement dans les Alpes et qu'on cultive dans les jardins, parce qu'elle forme de fort agréables effets dans les bosquets, que sa fleur est belle et se développe avant la plupart de celles des autres plantes, c'est-à-dire au mois de février et de mars.

L'atragène des Alpes, qui se rapproche infiniment des clématites, et qui leur a même été réunie par quelques botanistes, forme un genre dans la polyandrie monogynie, et dans la famille des renonculacées. Elle se multiplie de semences qu'on met en terre au printemps dans un endroit frais ou ombragé, et dont on n'a qu'à sarcler le produit dans le courant de la première année. Pendant l'hiver de la seconde année, on met ce plant en pépinière, dans un terrain de même nature, où on lui donne les façons ordinaires; et la quatrième année il est propre à être mis en place.

Comme cette méthode est lente, on préfère généralement, dans les pépinières marchandes, multiplier cette plante de marcottes, ce qui est très facile; car il suffit d'en coucher une tige pour avoir autant de pieds, à la fin de la même année, qu'elle a de nœuds; pieds qu'on peut mettre en place l'année suivante, même sans avoir l'embarras de les repiquer avant en pépinière; elle donne aussi fréquemment des rejetons naturels qu'on peut séparer et planter la même année.

On fait grimper l'atragène des Alpes sur les arbres et arbustes des jardins anglais; on en forme des tonnelles; on en garnit les murs exposés au nord. Elle remplace les clématites, et a, comme je l'ai dit, l'avantage de fleurir avant presque toutes les autres plantes.

Il y a une atragène au Cap, qui se cultive dans les orangeries, et qui diffère peu de celle-ci. (B.)

ATROPA. *Voyez* Belladone.

ATROPHIE. Maigreur excessive de l'animal; elle est ordinairement la suite de quelque maladie intérieure. On y remédie en rétablissant les forces dans leur état naturel par une nourriture bien choisie, telle que le bon foin, l'avoine, l'orge en grain, l'eau blanchie avec la farine, les lavemens nutritifs et le repos. La maigreur est incurable lorsqu'elle est symptomatique, c'est-à-dire lorsqu'elle est entretenue par des suppurations internes, des ulcères au poumon, des squirres au foie, des sueurs habituelles, par la morve invétérée et la pulmonie.

Nous reconnoissons encore une autre espèce de maigreur occasionnée par une évacuation abondante de salive. Les chevaux qui ont le Tic, *voyez* ce mot, y sont sujets. Plus l'écoulement de cette humeur est copieux, plus la maigreur devient extrême; les forces diminuent sensiblement, et l'animal tombe dans l'atrophie.

On peut prévenir ce mal en garnissant de fer-blanc ou de tôle les bords de la mangeoire, et les parties du râtelier où le cheval appuie ses dents pour ticquer. Cette méthode nous a réussi à merveille dans des jeunes chevaux. (R.)

ATTACHE. La nécessité d'empêcher les gros animaux domestiques de s'écarter de la maison, d'aller paître sur les terres en culture, de se manger réciproquement la nourriture (ordinairement calculée) qu'on donne à chacun, oblige à les assujettir à des points fixes, ou au moins à beaucoup gêner leurs mouvemens par des liens. Cela est nécessaire, mais fâcheux; car il en résulte de grands inconvéniens physiques et moraux.

Comme il est possible de diminuer les premiers de ces inconvéniens par quelques précautions particulières, je vais passer en revue les différentes manières les plus avantageuses d'attacher les chevaux, les mulets, les ânes, les bœufs, les vaches, les veaux et les chiens, soit dans la maison, soit dehors.

Les chevaux s'attachent au râtelier par le moyen d'une Longe, *voyez* ce mot, qui ne doit pas être trop courte, afin de ne pas les empêcher de manger, et ne doit pas être trop longue, afin qu'ils ne puissent pas manger la ration de leurs voisins, ou les mordre. Sa mesure dépend et de la grandeur du cheval, et de la hauteur du râtelier.

Comme une longe trop courte empêche les chevaux de se coucher, et qu'ils sont sujets à s'empêtrer dans une longe trop longue, on a imaginé de faire passer cette longe par un anneau de fer fixé à l'auge du râtelier, et d'attacher à son extrémité un gros billot de bois, qui, montant et descendant, suivant que le cheval élève ou baisse la tête, se recule ou s'avance, la tient toujours tendue. Ce moyen est excellent, mais fatigue un peu le cheval.

Les longes sont de cuir ou de corde; quelquefois on en remplace le trait par une légère chaîne.

Dans la campagne on est souvent obligé d'attacher la bride à un arbre, à un pieu, en l'arrêtant par un nœud, ce qui donne lieu à des accidens fréquens; c'est encore pire, lorsqu'on fixe cette bride fort bas à une pierre ou à un arbre abattu, ou fort haut à la grille d'une fenêtre, à la branche d'un arbre. Comme il n'est pas toujours facile de se refuser à ces moyens, il suffit d'avertir qu'il est toujours préférable de faire tenir son cheval à la main, sur-tout s'il est vif ou ombrageux. Dans ces cas, la longe a moins d'inconvéniens; c'est pourquoi les cavaliers prudens la laissent toujours à leurs chevaux; mais elle en a encore.

Les marchands de chevaux attachent quelquefois les chevaux qu'ils viennent d'acheter à la queue les uns des autres, pour pouvoir en faire conduire un plus grand nombre par un seul homme. Cette méthode est aussi accompagnée de dangers. Il vaut beaucoup mieux faire la dépense de ce qu'on nomme *un couple*, pour assembler ainsi un grand nombre de chevaux. On trouve de ces couples dans tous les lieux où il se fait quelque commerce de chevaux. *Voyez* au mot COUPLE.

Les chevaux qu'on abandonne dans des pâturages non clos, sont presque toujours *enchevretés*, soit avec une corde attachée à un de leurs pieds de devant et au pied de derrière de l'autre côté, ou à un des pieds de devant et à la longe, ou aux deux pieds de devant. Lorsqu'on ne craint pas, et même qu'on veut leur donner l'amble, on attache cette corde à un pied de devant et de derrière du même côté. Dans tous ces cas, les mouvemens du cheval doivent être laissés assez libres pour qu'il puisse manger en marchant lentement; mais il faut qu'il ne puisse aller que le plus petit pas. *Voyez* ENTRAVE.

Dans quelques endroits on attache les deux pieds de devant avec une *manchette* de cuir épais, qui se ferme des deux côtés au moyen de courroie, manchette, où les pieds entrent juste, et qui ne leur permettent pas un écartement de plus de huit à dix pouces. A ces manchettes on substitue quelquefois des fers de même forme qui se ferment avec un cadenas, et dont on garnit l'intérieur d'un feutre pour prévenir les blessures.

Toutes ces manières ont des inconvéniens, et donnent lieu à des accidens et à des maladies locale de plusieurs sortes, ainsi que je l'ai déjà dit; mais on ne peut s'empêcher d'en faire courir les risques aux chevaux, à moins d'une grande dépense de surveillance, et même quelquefois malgré cette dépense.

Les bœufs et les vaches s'attachent le plus souvent par les cornes, au moyen d'un simple nœud coulant, à une corde fixee à l'auge de leur râtelier. Dans quelques parties de la France cependant on préfère les attacher par le cou. Il est encore deux autres manières de les attacher circonscrites dans quelques lieux. La première consiste en trois anneaux de bois, dont l'un sert de collier, l'autre d'intermédiaire, et le troisième glisse sur un poteau fixé dans le sol de l'écurie. La seconde s'établit au moyen de deux poteaux dont l'un est mobile, et qui sont assez rapprochés pour que la tête ne puisse pas passer entre. Ce sont principalement des vaches qu'on attache ainsi, parceque quoique pouvant hausser et baisser la tête à volonté, même se coucher, elles sont empechées de tourner la tête pour regarder derrière elles, et voir les veaux qu'on leur donne à téter, ces veaux n'étant pas les leurs.

On empêtre les bœufs et les vaches qu'on met au pâturage dans les prairies de la même manière que les chevaux. Quand il y a des arbres fruitiers dans ces prairies, pour les empêcher de les brouter, on gêne encore plus leurs mouvemens, c'est-à-dire qu'on leur attache une corne avec le pied de devant du même côté, au moyen d'une simple corde, ou qu'on fait passer une longe autour des deux cornes et on la ramène sous le poitrail, puis on va l'attacher aux cuisses.

Les veaux s'attachent par-tout avec une corde passée autour du cou. Qui n'a pas été peiné de la manière douloureuse dont sont attachés ceux qu'on amène aux boucheries de Paris? N'est-il donc pas de moyens moins barbares de les empêcher de fuir? L'intérêt bien entendu des bouchers devroit les engager à en chercher, ce qui certes n'est pas difficile; car cet état de souffrance altère leur chair et leur graisse.

Les beliers s'attachent par les cornes, et les brebis par le cou quand on est obligé de le faire; l'habitude où sont ces animaux de vivre en troupe fait qu'on les conduit facilement au moyen d'un individu accoutumé à obéir, et de chiens bien dressés.

Les cochons se mènent également au marché en troupes, ou attachés par une patte de derrière; rarement on les attache dans les étables.

Toujours les chiens s'attachent par le cou. On doit employer une corde de crin, ou une chaîne de fer, lorsqu'on attache certains chiens, parcequ'ils couperoient avec leurs dents celle de chanvre, quelque grosse qu'elle fût. (B.)

ATTACHEMENT. Les animaux domestiques s'attachent aux personnes qui les soignent, et aux autres animaux avec lesquels ils vivent habituellement. Cette disposition est trop avantageuse pour qu'on ne doive pas chercher tous les moyens de l'augmenter, de la fixer ; cependant le fait-on? Pour quelques individus d'un caractère doux, ou d'un esprit réfléchi, il est mille brutaux, mille insoucians, qui les assomment de coups, exigent d'eux un travail au-dessus de leur force, les laissent mourir de faim, etc. Voyez la Suisse, l'Angleterre et autres cantons où on traite les chevaux, les bœufs, les vaches avec douceur, et où on en tire un service plus considérable qu'ailleurs! Que de faits touchans l'histoire rapporte de l'attachement, je ne dirai pas du chien, dont c'est la vertu par excellence, mais des animaux cités plus haut, mais des lions, mais des tigres même! Il n'est point rare dans les campagnes de voir des chevaux, des ânes n'obéir qu'à leur maître, des vaches refuser leur lait à toute autre femme que celle qui les trait ordinairement. C'est par l'habitude de vivre avec les animaux et par des procédés constamment bons à leur égard qu'on peut les amener à s'attacher. Il est à désirer que ce système de conduite devienne plus général en France qu'il ne l'est en ce moment.

L'attachement des animaux les uns pour les autres a aussi des avantages importans pour l'homme. Les chevaux qui s'aiment par l'habitude d'être ensemble paroissent plus disposés à se soulager dans le moment du travail. Les vaches qui paissent depuis long-temps dans le même lieu s'écartent moins les unes des autres que celles nouvellement réunies. On a vu des séparations d'animaux affecter leur moral au point d'abord de leur faire refuser l'ouvrage, de les rendre méchans, et ensuite de les conduire à la mélancolie et à la mort. On a vu au muséum d'histoire naturelle le chien vivre familièrement avec le loup, avec le lion, même la poule avec l'aigle. Que d'exemples du même genre je pourrois citer! (B.)

ATTACHES. ATTACHER. Jardinage. Ce qui sert à lier une chose, ou à l'assujettir à une autre; la paille, le jonc, le sparte, l'osier, les cordes de tilleul, la laine, les loques, etc., sont autant d'attaches qui ont chacune leur usage particulier dans le jardinage.

La paille s'emploie particulièrement pour lier des salades et les faire blanchir. Le jonc de marais, pour contenir les branches des plantes annuelles, et pour tous les objets où il ne faut pas beaucoup de force et de solidité. Le sparte, ou le jonc de mer, sert à attacher les arbustes qu'on cultive dans des pots, et que l'on conserve dans les serres. Les brindilles de l'osier, ou l'osier lui-même, refendu dans sa longueur, est destiné au palissage des arbres fruitiers et d'ornement, lorsqu'ils sont appuyés contre un treillage. Les loques servent à palisser, au moyen des clous, les branches des arbres fruitiers qui sont immédiatement appliquées sur les murs. Des laines de différentes couleurs sont très utiles pour attacher des fleurs à leurs soutiens, parcequ'en même temps qu'elles les tiennent solidement et sans les endommager, elles servent encore à faire distinguer leurs couleurs lorsqu'elles sont passées.

Les cordes, faites avec l'écorce du tilleul ou de tout autre arbre, sont propres à assujettir de gros arbres nouvellement plantés, ou qui ont besoin d'être contraints pour rester dans la direction où l'on veut qu'ils croissent.

L'intelligence du jardinier suffit pour lui faire distinguer laquelle de ces différentes manières il doit employer de préférence, suivant les circonstances et le besoin. (Tn.)

ATTEINTE. C'est une meurtrissure que le cheval se fait au dedans du boulet avec ses fers, ou contre un autre corps. Celle-ci n'est qu'une atteinte simple. L'atteinte encornée pénètre jusqu'au-dessous de la corne, et l'atteinte sourde ne forme qu'une contusion sans blessure apparente.

Les chevaux fatigués, foibles des reins, et qui s'entre-taillent en marchant, sont très exposés à l'atteinte; mais plus communément ce mal vient de ce qu'un cheval qui en suit un autre lui donne un coup, soit au pied de devant, soit au pied de derrière, en marchant trop près de lui, ou lorsqu'avec la pince du fer de derrière il se donne un coup sur le talon du pied de devant.

On connoît l'atteinte par la plaie dans l'endroit où le cheval a été atteint; le sang sort d'un trou, quand la pièce n'a pas été emportée. Dans l'atteinte sourde, on ne voit aucune meurtrissure; le cheval boite, et la partie qui en est le siège est plus chaude que le reste du pied.

Lorsque dans l'atteinte le trou se bouche, et que la plaie paroît se consolider, la matière s'assemble quelquefois en-dessous de la corne, et pénètre jusqu'au cartilage; cette atteinte devient encornée, et reste quelque temps à paroître, sur-tout si l'animal n'a aucune humeur de mauvaise nature en lui qui puisse corrompre le cartilage par elle-même.

Dès le commencement que l'atteinte paroît, il faut couper la pièce détachée, et panser la plaie avec du vin chaud et du sel; s'il y a un trou, on le remplit de térébenthine, ou bien de la poudre à canon délayée avec de la salive, et on y met le feu. Si le trou de l'atteinte de la couronne se trouve profond, il est essentiel d'y attacher légèrement un bouton de feu.

Ce n'est que par une négligence, ou par une blessure qui se trouve auprès du cartilage, que l'atteinte devient encornée. La chair meurtrie se convertit en une matière qui corrompt à la fin le cartilage et le noircit. Cette circonstance est très dangereuse par elle-même, et l'atteinte demande pour être guérie la même méthode que pour le javart encorné. *Voyez* JAVART. (R.)

ATTELABE, *Attelabus*. Genre d'insecte de l'ordre des coléoptères, dont la connoissance importe beaucoup aux cultivateurs, parceque toutes les espèces qui le composent vivent aux dépens des plantes, et que quelques unes d'elles causent de grands dommages aux récoltes dans certaines années.

Les larves des attelabes ont le corps gros, mou, blanc, avec une tête écailleuse munie de fortes mâchoires. Elles n'ont point de pattes, mais des mamelons charnus en tiennent lieu. Elles changent trois ou quatre fois de peau pendant leur vie qui ne se prolonge guère au-delà de deux mois, et lorsqu'elles sont parvenues à toute leur grosseur, elles se filent une coque de soie qu'elles enduisent d'une substance gommeuse, coque dans laquelle elles subissent leur métamorphose, et dont elles sortent, au bout de quelque temps, en état d'insectes parfaits. Au reste, on n'est pas encore aussi instruit du détail des mœurs de ces insectes qu'il seroit à désirer, et on doit faire des vœux pour que quelque observateur habile veuille bien prendre la peine de les étudier.

Ces larves, comme je l'ai déjà observé, se nourrissent toutes de substances végétales; tantôt ce sont les feuilles qu'elles attaquent, et elles savent les contourner et fixer en cornet avec de la soie, pour s'y cacher à l'abri des rayons du soleil qui les tuent, et de leurs ennemis qui les cherchent; tantôt ce sont les fruits, au centre desquels elles vivent, et qu'elles font tomber avant leur maturité. On juge, d'après cela, qu'il n'est pas facile de s'opposer à leurs ravages, puisque la plupart du temps on ne s'aperçoit de leur présence que lorsqu'il n'est plus temps. Elles sont connues des cultivateurs sous les noms de *lisette*, *coupe-bourgeons*. Les insectes parfaits qu'elles produisent se trouvent sur les mêmes plantes et les dévorent aussi; mais en général ils sont beaucoup moins à craindre. Geoffroi les a décrits sous le nom de Becmare, *rhinomacer*, et c'est sous ce nom qu'ils ont été mentionnés dans quelques ouvrages d'agriculture.

Les espèces d'*attelabes*, dans le cas d'être cités ici, sont:

L'attelabe tête-écorchée, *Attelabus coryli*, Fab., qui est noir, avec les élytres, le corselet et les pattes rougeâtres. Il se trouve sur les noisetiers, le bouleau et l'orme, dont la larve dévore les feuilles, après les avoir roulées en cylindre, et dont elle coupe les jeunes pousses. On l'appelle *tête-écorchée*, parceque sa tête, noire et luisante, semble avoir été dépouillée de sa peau; sa longueur est de trois lignes. Je ne l'ai jamais vu assez abondant aux environs de Paris pour qu'il puisse y être regardé comme nuisible; mais rien n'empêche qu'il ne se multiplie au point de le devenir. Je ne le cite que parceque c'est le plus grand du genre, et qu'il est réellement remarquable. C'est au milieu du printemps qu'on le trouve.

L'attelabe laque, *Attelabus curculionoides*, Fab., qui se rencontre aussi sur le noisetier et sur le saule, en diffère fort peu, mais est beaucoup plus petit.

L'attelabe vert, *Attelabus bachus*, qui est d'un vert doré, avec la trompe et les tarses noirs; et l'attelabe cramoisi, qui est d'un vert doré, rougeâtre dans toutes ses parties, vivent aux dépens de la vigne. Leur différence, quoique réelle, est trop peu considérable pour être observée par ceux qui ne font pas leur étude des insectes. Ce sont les plus connus et les plus redoutés des cultivateurs; car ils causent, dans certaines années, des dommages incalculables aux pays de vignobles. La nature a donné à ces insectes, qu'on appelle *urbères*, *urbée*, *diableau*, *bêche*, *lisette*, *velours vert*, *destraux*, l'instinct de couper le bourgeon à moitié, afin de faire faner les feuilles et de pouvoir les contourner ensuite plus facilement pour s'y cacher : c'est cette opération qui détruit l'espoir de la récolte, puisque la grappe sort toujours du sarment de l'année. D'ailleurs, ils coupent aussi le pétiole des feuilles et le pédoncule de la grappe. C'est lorsque les feuilles sont à moitié développées qu'ils commencent à paroître en état de larve, les insectes parfaits qui ont passé l'hiver en état de nymphes ne déposant leurs œufs que lorsque la végétation de la vigne est en pleine activité. Beaucoup de cultivateurs pensent que ce sont ces insectes parfaits qui contournent les feuilles, mais c'est une erreur : ce sont les larves mêmes, car elles ont seules la faculté de filer de la soie. On a demandé, un grand nombre de fois, quels étoient les moyens de s'opposer aux ravages de ces insectes, et on en a proposé plusieurs plus ridicules ou plus impraticables les uns que les autres. Le seul vraiment propre à remplir cet objet est de parcourir la vigne, un panier sous le bras, d'arracher et d'emporter toutes les feuilles contournées qui recèlent des larves, pour les brûler en masse; mais il sera de nul effet, ce moyen, s'il n'y a qu'un propriétaire qui en fasse usage. Tous ceux d'un vignoble doivent donc se réunir pour leur donner la chasse au même moment, sinon ses peines ou ses dépenses seront en pure perte. L'autorité publique peut certainement dans ce cas, sans être accusée de tyrannie, employer des moyens coërcitifs pour les obliger à agir, comme elle le fait dans beaucoup d'endroits pour détruire les chenilles. Il n'y a pas de doute, pour moi, que cette réunion de moyens, employés deux ou trois ans de suite, ne rende ces insectes assez rares pendant dix à douze ans après pour qu'on ne remarque plus leur présence, et par conséquent qu'on soit de nouveau obligé de les pourchasser. *Voyez* au mot PEUPLIER.

L'ATTELABE AEQUATE est d'un noir cuivré, avec les élytres rouges. Sa longueur est au plus de deux lignes. Il se trouve sur l'aubépine, les poiriers, les pommiers et autres arbres, dont il contourne les feuilles et coupe les bourgeons comme le précédent. Je n'ai jamais entendu les cultivateurs se plaindre de ses ravages; cependant je l'ai quelquefois vu si abondant qu'il n'y a pas de doute qu'il n'en cause : il est vrai qu'on dit qu'il vit aussi sur le saule et autres arbres forestiers; ce qui, en partageant son action, doit la rendre moins sensible.

L'ATTELABE DES POMMES a l'abdomen pyriforme, d'un noir obscur, avec les élytres d'un bleu foncé et strié; la trompe aplatie à sa base et pointue à son extrémité. Il est à peine de deux lignes de long. On le trouve sur les pommiers, aux dépens des fruits duquel il vit. C'est lui qui les fait tomber un mois après qu'ils sont noués, en coupant leur pédoncule. La larve qui sort de l'œuf qu'il dépose sur leur surface entre dans leur intérieur, et les rend ce qu'on appelle verreux. On se plaint souvent de ses ravages sans les lui attribuer, parceque plusieurs autres insectes plus remarquables s'attachent également aux pommes, tels que plusieurs *charançons*, une *teigne*, deux *mouches*, etc.

L'ATTELABE DU FROMENT a l'abdomen pyriforme, d'un rouge vif, avec des stries crénelées sur les élytres. Il vit aux dépens du blé; mais il est trop rare pour pouvoir occasionner de grands dégâts. Peut-être l'a-t-on confondu avec le charançon du blé, auquel il ressemble beaucoup, à la couleur près. Je l'ai trouvé dans un morceau de pain abandonnné depuis plusieurs années, et on dit qu'il se rencontre aussi dans la vieille farine.

Je m'arrête ici, non parceque la matière manque, mais parceque les espèces que je pourrois encore mentionner sont trop imparfaitement connues, et que je crains d'induire le lecteur en erreur. Je les ai beaucoup recherchées pour ma collection, qui en contient vingt-quatre des environs de Paris seulement; mais j'avoue que je n'ai pas étudié leurs mœurs avec le soin nécessaire. (B.)

ATTELAGE. Assemblage de chevaux, de mules, de bœufs attachés pour traîner une voiture, une charrette, une charrue. On peut encore appeler *attelage* la manière dont on attelle de gros chiens pour tirer des chariots à roues basses, tel qu'on le voit à Lille, dans la Flandre française, dans le Brabant. On sera peut-être étonné d'entendre dire que presque toute la viande, le charbon, etc., que l'on porte au marché de Lille, est amené sur des chariots traînés par deux, quatre, ou six chiens; et cependant rien n'est plus vrai. (R.)

ATTELLES, ou ÉTELLES. On donne ce nom, dans quelques cantons, aux deux planches, plus larges en haut qu'en bas ou excisées en sens contraire, que les bourreliers mettent devant le collier des chevaux, et qui sont destinées à recevoir l'attache des traits, ou à la consolider. On les fait quelquefois démesurément longues et larges, par gloriole ou par habitude locale; mais c'est évidemment charger le cou des chevaux d'un poids inutile. Il est bon, il faut même que les *attelles* débordent un peu le collier, sur-tout en dehors; mais cela fait on doit en diminuer le volume autant que possible. C'est ordinairement du hêtre qu'on emploie à leur fabrication dans la plus grande partie de la France; mais tout autre bois difficile à casser et en même temps léger peut y servir également. (B.)

ATTELLOIRES, ou ATÉLOIRES. Ce sont les chevilles avec lesquelles on fixe les traits du cheval, et leurs accompagnemens au timon ou aux brancards des voitures. Elles sont de bois ou de fer, fixes ou mobiles. C'est de leur solidité que dépend le succès du tirage. Une attelloire qui casse, sur-tout dans une descente ou dans une montée, peut occasionner la mort des voyageurs, celle du cheval, et la perte des marchandises. (B.)

ATTERRISSEMENT. Ce mot est pris généralement comme synonyme d'*alluvion*; cependant il doit être regardé comme indiquant les suites d'une alluvion, c'est-à-dire que les alluvions produisent les atterrissemens.

Il semble que le mot atterrissement pourroit être plus particulièrement consacré aux accroissemens de terre produits dans la mer, soit par les fleuves, soit par la mer même.

Pour me conformer à l'usage, j'ai traité des atterrissemens au mot ALLUVION. (B.)

ATTIRER LA SÈVE. Expression employée dans la pratique du jardinage, et que la théorie doit approuver.

On dit qu'un gourmand attire la sève ; et cet effet a réellement lieu, puisqu'il pousse avec vigueur, tandis que la partie de la branche latérale sur laquelle il se trouve, qui est au-dessus de lui, s'affoiblit et même meurt.

Lorsqu'on marcotte un arbrisseau, il faut toujours laisser une de ses tiges droites, afin qu'elle attire la sève et qu'elle conserve la vie aux racines, qui périssent souvent lorsque toutes leurs tiges sont couchées, ainsi que bien des jardiniers avides l'ont éprouvé.

De même, si on ne laisse pas un bourgeon pousser à côté des greffes en écusson, sur-tout lorsque ces greffes éprouvent du retard dans leur développement, ou qu'elles languissent, on risque de les perdre, comme l'expérience le fait voir, chaque année, dans les pépinières mal conduites.

C'est toujours le bouton, ou le bourgeon supérieur de la tige ou de la branche, qui attire le plus puissamment la sève, parcequ'il est dans la direction de ses canaux. *Voyez* pour le surplus au mot SÈVE. (B.)

ATTRAPE MOUCHE. On donne ce nom à la LYCHNIDE VISQUEUSE et au SILENÉ GOBE-MOUCHE.

AUBA, synonyme de saule et d'osier dans le département de Lot-et-Garonne.

AUBARÈDE, AUBAREIN. On donne le premier de ces noms, dans le département de la Gironde, à un lieu planté de saules, et le second, aux bourgeons de cet arbre. *Voyez* SAULE. (B.)

AUBEC. C'est l'aubier dans le Médoc.

AUBÉPINE, AUBÉPIN. NOBLE-ÉPINE, ou ÉPINE-BLANCHE. Arbuste d'une importance si majeure pour les cultivateurs, soit sous le rapport de l'utilité, soit sous celui de l'agrément, que je dois en traiter un peu longuement et mentionner à sa suite toutes les autres espèces du même genre, qui, ayant des épines et les feuilles découpées, semblent devoir être séparées des *néfliers*, avec qui Linnæus les avoit confondues. En cela, je suivrai l'opinion de Wildenow.

C'est dans l'icosandrie digynie et dans la famille des rosacées que se place l'AUBÉPINE, *cratægus oxyacantha*, Lin. Ce petit arbre croît dans toute l'Europe, et, dans les bons terrains, s'élève à vingt ou trente pieds. Sa racine est ligneuse, tortueuse et traçante; sa tige brune, crevassée, souvent contournée; ses rameaux sont nombreux, tortueux, grisâtres, armés de fortes épines; ses feuilles alternes, pétiolées, lobées ou incisées, et dentées en leurs bords, longues de plus d'un pouce, glabres, d'un vert foncé et luisant en dessus, plus clair en dessous; elles varient tant, qu'il est difficile d'en trouver deux semblables. Elles sont constamment plus découpées dans les terrains secs et les pays chauds. Ses fleurs sont blanches, larges de quatre à cinq lignes, disposées en corymbes ou en bouquets dans les aisselles des feuilles supérieures.

Le bois de l'aubépine est extrêmement dur, coriace et excellent à brûler; mais on en fait peu d'usage pour les arts, parcequ'il n'a pas un beau grain, et qu'il se tourmente considérablement. Il n'y a guère que les tourneurs qui peuvent l'employer. Sa retraite est du huitième de son volume, et sa pesanteur (sec) de 57 livres 5 onces 6 gros par pied cube. Ses rameaux sont d'un grand emploi dans les campagnes pour chauffer le four, ce à quoi ils sont très propres, donnant beaucoup de chaleur, et jouissant de la faculté de brûler aussi-bien verts que secs. Ils ne sont pas moins utiles pour faire des haies sèches, pour garantir les semis de la dent des bestiaux ou de la patte des poules, parcequ'ils subsistent long-temps à l'air, sans pourrir, lorsqu'ils ont été coupés en temps convenable, c'est-à-dire à la fin de l'automne. Ils se cassent difficilement en tout temps, mais principalement quand ils sont à moitié desséchés.

Tous les bestiaux aiment les feuilles de l'aubépine; cependant, comme elles sont défendues par des épines redoutables, ils ne peuvent ordinairement manger que l'extrémité des bourgeons de l'année, ce qui, loin d'être nuisible, est souvent avantageux, comme je le dirai plus bas. Ces feuilles ont un goût visqueux. La nuance de leur couleur est très amie de l'œil, et leur abondance compense leur petitesse.

Les fleurs de l'aubépine sont légèrement odorantes, et, par leur grand nombre, parfument au printemps, sur-tout le soir, les environs des buissons qui les portent. Malheureusement elles ne durent pas long-temps ; mais l'art est parvenu à les faire doubler, et alors elles prolongent la jouissance. L'art est aussi parvenu à saisir et à rendre permanente une variété couleur de rose qu'elles présentent quelquefois dans l'état naturel, et qui produit un effet des plus agréables dans les bosquets, lorsque les pieds qui les portent sont placés avec intelligence. Celle-ci vient à Mahon, d'où elle a été apportée par Antoine Richard. On a accusé l'odeur de ces fleurs de faire pourrir plus rapidement le poisson qui y étoit exposé, mais c'est une absurdité. Parmentier s'est donné la peine de vérifier ce fait, et l'a trouvé faux.

A ces fleurs succèdent des fruits ovoides de trois lignes de diamètre, qui se colorent en rouge par la maturité, qui subsistent sur l'arbre pendant tout l'hiver, et qui par conséquent concourent à l'embellissement des bosquets en cette saison. Les enfans les mangent, et les oiseaux en sont extrêmement friands. Ils ne diffèrent presque des *azeroles*, que l'on cultive comme arbres fruitiers dans toutes les parties méridionales de l'Europe, que par leur moindre grosseur et un peu plus de fadeur. Dans plusieurs cantons on en tire une boisson fermentée, ou on les mêle avec le cidre et le poiré pour en augmenter la force. Sous ce seul rapport, l'aubépine devroit être dans les cantons du nord plus cultivée qu'elle ne l'est ; car dans les années abondantes elle feroit un supplément important aux boissons, et diminueroit la consommation de la bière, qui enlève tant de terrain aux subsistances. On se plaint que ces fruits sont trop longs et trop pénibles à cueillir, et cela est vrai lorsqu'on les cueille un à un dans les buissons ; mais lorsque l'aubépine forme un arbre isolé, on les fait très facilement tomber sur des nappes, à coups de gaule, à l'époque de leur parfaite maturité, et en une heure on peut s'en procurer assez pour faire un tonneau de boisson. Cette boisson, que j'ai goûtée plusieurs fois, seroit certainement agréable si elle étoit faite avec les soins requis ; elle est très enivrante, doit fournir de l'eau-de-vie en abondance et un vinaigre très fort. On l'accuse de trop porter à la tête, et je l'ai éprouvé ; mais elle a cela de commun avec le poiré, dont elle diffère peu, et le poiré est d'un usage général dans certains pays.

L'emploi le plus général et le plus utile de l'aubépine, c'est certainement la confection des haies. Cet arbuste est, parmi les indigènes, celui que les cultivateurs doivent préférer, 1° parcequ'il croît dans toutes les espèces de terrains et à toutes les expositions ; 2° parceque ses épines, ses branches nombreuses et difficiles à rompre, sont un obstacle aux entreprises des hommes et des animaux ; 3° parcequ'il se garnit bien du pied, et que non seulement il se prête à la tonte, mais gagne à cette opération; 4° parceque ses racines, allant chercher la nourriture au loin, permettent que les pieds subsistent un grand nombre d'années très rapprochés les uns des autres. (*Voyez* le mot ASSOLEMENT.) Aussi les haies de la partie moyenne et septentrionale de l'Europe sont-elles presque exclusivement formées d'aubépine; aussi ne connois-je parmi les arbres exotiques que les seules bumèles, et sur-tout la BUMÈLE RÉCLINÉE, qui puissent lui être préférées.

On forme les haies par trois méthodes différentes.

La première consiste à lever les jeunes plants dans les forêts, et à les enterrer dans une fosse alignée. Comme ces plants sont de différens âges, en général fort mal arrachés, et qu'ils proviennent de sols différens, il en périt un grand nombre; ils ne grandissent pas également, et il se fait par conséquent, pendant les premières années sur-tout, des vides qu'il n'est pas toujours facile de regarnir, la nouvelle fosse qu'on est obligé de faire pour cet effet se remplissant des racines des pieds voisins qui absorbent toute la nourriture. Ces inconvéniens ont fait renoncer à cette méthode dans tous les lieux où la culture est assez perfectionnée pour les avoir pu apprécier, et où il existe des pépinières qui peuvent fournir les moyens de s'en passer.

La seconde méthode consiste, comme cette dernière réflexion peut l'indiquer, à semer la graine de l'aubépine, et à en élever le plant en pépinière jusqu'à ce qu'il soit assez fort pour être mis en place.

Pour cela, on cueille la graine de l'aubépine lorsqu'elle est bien mûre, c'est-à-dire à la fin de l'automne, et on la sème sur-le-champ avec sa pulpe, ou on la dépose dans une fosse pour ne la semer qu'au printemps de la seconde année. C'est généralement cette dernière pratique qu'on suit pour éviter un emploi inutile de terrain pendant une année, et pour mettre la graine à l'abri de la dent des mulots et des oiseaux. On est obligé d'en agir ainsi, parceque la graine de l'aubépine étant osseuse et cornée ne lève généralement qu'un an après qu'elle a été cueillie, et même ne lève pas du tout lorsqu'elle a été desséchée.

Le terrain dans lequel on sème la graine de l'aubépine doit avoir été bien défoncé, mais être de médiocre qualité, pour que le plant qui en proviendra puisse se trouver propre à être placé dans un plus mauvais. On répand cette graine, le plus également possible, sur des planches de quatre à cinq pieds de large, et on la recouvre d'un pouce de terre au plus. On arrose dans les grandes sécheresses du printemps, si on a de l'eau à sa portée.

Le plant levé n'a besoin que de sarclages jusqu'à la seconde année qu'il est propre à être levé, soit pour être mis en place, soit pour être mis en rigole, et attendre l'acquéreur. Cette opération se fait pendant les jours les plus tempérés de l'hiver, et doit être exécutée avec précaution pour ne point casser les racines. Le mieux est de la commencer par un des bouts de la planche, au moyen d'une fosse profonde, et de la continuer dans toute sa longueur de la même manière. Ceux qui jardinent, c'est-à-dire qui enlèvent, soit à la bêche, soit à la main, le plant le plus fort, risquent d'en perdre beaucoup, et ne font jamais de la bonne besogne. A cette époque, le plant doit avoir plus d'un pied de haut et deux ou trois lignes de diamètre au-dessus de la racine.

La plupart des pépiniéristes coupent le pivot et la tête à ce jeune plant avant de le mettre en rigole. Je crois qu'il est bon de ne faire ni l'un ni l'autre, à moins que le pivot ne soit démesurément grand ; car moins les haies sont composées de pieds à racines traçantes, et moins elles affament les terres voisines. *Voyez* PIVOT.

Quant au retranchement de la tige, il n'a exactement aucun objet à cet âge du plant, et retarde certainement sa croissance; mais il rend la haie plus garnie du pied. On appelle mettre en rigole, placer le plant à trois ou quatre pouces de distance, dans des fosses de six à huit pouces de profondeur et autant de largeur, où ses rangées sont par conséquent assez écartées pour qu'il soit possible de labourer les intervalles. On lui donne trois à quatre façons dans l'année, dont une au moins, pendant l'hiver, à la bêche. Il peut rester là trois et quatre ans ; mais ensuite, si on ne le vend pas, il faut le relever pour l'écarter davantage. Ce cas est rare, le besoin de plant étant toujours ou presque toujours au-dessus de sa production.

Lorsqu'on veut planter une haie, on fait une fosse d'un pied ou un pied et demi de large sur autant de profondeur, et régulièrement alignée, quelques mois avant l'époque où on doit l'employer, afin que l'air ait le temps de *mûrir la terre*, pour me servir de l'expression fort juste des cultivateurs. Au moment de la plantation on labourera le fond de la fosse. Le plant se place des deux côtés de la fosse, à douze, quinze ou dix-huit pouces, selon que la terre est moins bonne ou meilleure, et ce de manière que les plants d'un des deux côtés regardent le milieu de l'intervalle de ceux du côté opposé. Ici il faut couper le plant à un ou deux pouces au-dessus du sol ; l'hiver suivant le ravaler encore à six pouces; et recommencer la même opération tous les ans, jusqu'à ce que la haie ait atteint sa hauteur, c'est-à-dire soit arrivée à quatre ou cinq pieds. Ces ravalemens qui, aux yeux des personnes sans expérience, semblent nuire à la croissance de la haie, l'assurent au contraire en obligeant ses racines et ses branches inférieures à se fortifier d'autant, et en multipliant les bourgeons qui doivent fournir des branches propres à la rendre impénétrable non seulement aux hommes et aux bestiaux, mais même aux poules. On ne peut comparer aucune clôture de sûreté à une haie d'aubépine bien conduite. On verra au mot Haie les moyens de les fortifier encore par des greffes en losanges ou des entrelacemens de branches liées les unes aux autres.

Une haie d'aubépine a besoin d'être tondue tous les ans, ou au moins tous les deux ans; lorsqu'on retarde cette opération plus long-temps, on risque de la voir se dégarnir du pied, et par conséquent de ne plus remplir que fort incomplètement sa destination. Lorsque par la vétusté elle est parvenue à ce point, il n'y a point d'autre moyen de la rétablir que de la couper rez terre, et de traiter les nouveaux et nombreux rameaux que pousseront les racines positivement comme on l'avoit traitée dans son origine. On calcule qu'une haie peut durer trente ou quarante ans en bon état; mais en général ces cas sont rares, et on doit, même pour l'intérêt du propriétaire qui tire parti de son bois, la recéper tous les quinze ou vingt ans.

Lorsque des pieds d'une haie meurent, et qu'on ne peut remplir la place qu'ils occupoient en courbant les branches des pieds voisins, il ne faut pas tenter, par la raison que j'ai mentionnée plus haut, de les remplacer par du plant de la même espèce, on doit y substituer toute autre espèce d'arbre : les plus éloignés par leur nature de l'aubépine sont les meilleurs, c'est-à-dire de la reprise desquels on doit être le plus assuré, comme il a été prouvé ailleurs.

Enfin, la troisième manière de former des haies, c'est de semer la graine en place. Pour cela on labourera le local d'un pied de profondeur et d'un pied et demi de largeur, et on y sèmera à trois à quatre pouces du terrain non remué deux rangées de graines qui auront été conservées une année avant en terre, comme je l'ai dit précédemment. Le plant levé sera éclairci, sarclé et biné les deux premières années, et ensuite traité positivement comme celui dont il a été question ci-devant. Ces sortes de haies sont bien plus durables que les autres, à raison du pivot que conservent les pieds dont elles sont composées; mais elles sont moins régulières et il faut les attendre deux ou trois ans de plus. Or, on ne plante guère de haies que lorsqu'on en a très promptement besoin; c'est ce qui fait qu'on n'emploie que très rarement cette manière, qui est celle de la nature.

Les haies d'ornement se tiennent ordinairement plus basses que celles de clôture, mais n'en diffèrent pas essentiellement. On laisse souvent monter, dans ces sortes de haies, de distance en distance, une tige dont on forme une pyramide, une boule ou toute autre figure.

Mais les haies tondues régulièrement une et quelquefois deux fois par année ne donnent point de fleurs et de fruits, et cependant ce sont leurs principaux agrémens; aussi dans les jardins est-on obligé de les laisser monter en arbre, ou au moins former des buissons, pour en jouir sous ce rapport. Leur conduite alors consiste à ne couper que les branches voisines de la terre et les gourmands qui rendroient leur tête trop irrégulière. Toutes les fois qu'on va plus loin on s'écarte du but. Les variétés à fleurs doubles et à fleurs couleur de rose se traitent absolument de même. La première de ces variétés ne se conserve que par la greffe, qu'on pratique en automne, en œil dormant, sur des pieds de deux ou trois ans de l'espèce commune. La seconde peut quelquefois se reproduire par le semis; mais on n'emploie presque jamais ce moyen, à raison de son incertitude et de sa lenteur. On préfère aussi généralement la greffer.

Ces deux variétes sont fort recherchées et se vendent bien dans les pépinières.

Elles se placent, dans les jardins paysagers, soit isolément en arbre, au milieu des gazons ou à quelque distance des massifs, soit en buisson, au troisième rang de ces massifs : par-tout elles produisent des effets très agréables lorsqu'elles sont en fleurs. On doit fort rarement leur faire sentir le tranchant de la serpette.

Un ouvrage moderne indique, comme bon moyen de multiplication des aubépines, de mettre en terre une grosse branche de manière qu'il n'y ait que le gros bout et les extrémités des rameaux qui en sortent. Il naîtra des racines à toutes les bifurcations de ces rameaux, et on aura par conséquent un grand nombre de plants qui pourront être levés et plantés séparément dès la fin de l'hiver de la première année, ou à la fin de la seconde. Ce moyen, que je n'ai pas vu pratiquer, s'exécute dans quelques parties de la France pour d'autres arbres, surtout pour les peupliers blancs.

Les autres espèces du genre de l'aubépine cultivées le plus fréquemment dans les jardins de Paris, sont :

L'AUBÉPINE AZEROLIER, ou simplement l'*arezolier*. Elle a les feuilles obtuses, tréfides, légèrement pubescentes et les divisions du calice ovales. Elle est originaire des parties méridionales de l'Europe, où elle forme des arbres de trente pieds de haut et plus. On la cultive pour son fruit, qui est rouge, d'un goût aigrelet, un peu sucré et rafraîchissant. Ses différences de l'aubépine commune sont extrêmement peu considérables ; mais elle est moins épineuse et plus grande dans toutes ses parties. Elle fournit deux variétés, une à fruits blancs, et l'autre à fruits pyriformes. Les Italiens aiment beaucoup ses fruits, qui ont quelquefois plus de six lignes de diamètre, et ils en font des confitures, ou mieux, des conserves très estimées, et que j'ai trouvées en effet très bonnes. Un sol sec et exposé à toutes les influences du soleil lui est nécessaire pour amener ses fruits à toute leur perfection.

On pourroit tirer un parti avantageux de ces fruits pour faire des boissons; mais les pays où elle croît sont si abondans en vins qu'on ne s'avise pas d'y avoir recours. Sa culture est absolument la même que celle de l'espèce commune. Aux environs de Paris on la greffe sur cette espèce; mais son fruit n'y acquiert aucun goût.

L'AUBÉPINE AZEROLE D'ORIENT, *Cratægus aronia*, a les feuilles allongées, tréfides, glabres, et les fruits également allongés. C'est véritablement une espèce distincte, et non une variété de la précédente, comme quelques botanistes le supposent. On la plante en Turquie pour son fruit, qu'on dit très bon. Ceux que j'ai goûtés à Paris ne valoient rien; mais il doit en être d'eux comme de ceux de l'espèce précédente.

L'AUBÉPINE A FEUILLES DE TANAISIE a les feuilles presque digitées, ou à folioles presque linéaires et très velues; les rameaux terminés par une épine très robuste. Elle est originaire des mêmes contrées que la précédente, où on la cultive également pour son fruit, qui est très gros.

L'AUBÉPINE ÉCALARTE, *Cratægus coccinea*, Lin. a les feuilles en cœur, ovales, anguleuses et glabres; les pétioles et le calice glanduleux; les rameaux armés de longues épines axillaires. Elle est originaire de l'Amérique septentrionale. Ses fleurs sont très nombreuses et larges de plus de six lignes; ses fruits rouges, d'un diamètre encore plus grand, passablement bons à magner. On les appelle *azeroles d'Amérique*. C'est un superbe arbuste, soit qu'il soit en feuilles, soit qu'il soit en fleurs, soit qu'il soit en fruits; aussi le multiplie-t-on beaucoup dans les bosquets des jardins paysagers, où il produit le plus bel effet isolé, ou sur le second ou le troisième rang des massifs. Il s'élève à douze ou quinze pieds. On le multiplie de semence ou par greffe sur l'espèce commune.

L'AUBÉPINE PETIT CORAIL, *Cratægus cordata*, Wild., a les feuilles en cœur, ovales, digitées, anguleuses, très glabres, les pétioles, ainsi que le calice, sans glandes, et les rameaux armés d'épines axillaires très longues. Elle vient de l'Amérique septentrionale comme la précédente, à laquelle elle ressemble beaucoup; mais elle est plus petite dans toutes ses parties. Ses fleurs sont plus nombreuses et ses fruits d'un rouge plus vif, ce qui compense leur grandeur ou grosseur.

Les AUBÉPINES A FEUILLES DE POIRIER et A FEUILLES DE PRUNIER ont les feuilles ovales, lobées, dentées, velues et fort larges. Elles diffèrent à peine l'une de l'autre, quoique réellement distinctes. Elles sont encore originaires de l'Amérique septentrionale, et sont fort belles. Leur grandeur n'est pas inférieure à celle des précédentes. Elles ont rarement des épines.

L'aubépine ergot de coq a les feuilles ovales, cunéiformes, presque sessiles, luisantes, coriaces, les folioles du calice dentelées, et les rameaux armés de longues épines recourbées. On la trouve dans l'Amérique septentrionale. Quoique moins intéressante que les précédentes, on ne la multiplie pas moins souvent à raison de ses singulières épines. On a confondu plusieurs véritables espèces sous ce nom.

L'aubépine pinchaw, *Cratægus tomentosa*, Lin., a les feuilles cunéiformes, ovales, dentées, les folioles du calice très longues et dentées, les rameaux armés d'épines très longues et recourbées. Elle est encore originaire de l'Amérique septentrionale; sa hauteur surpasse rarement trois ou quatre pieds. On la cultive plutôt par curiosité que par tout autre motif, car elle n'a aucun agrément. Ses fruits, dont j'ai mangé en Amérique, sont passablement bons et fort gros.

Je pourrois encore citer plusieurs autres espèces d'épines existant dans les jardins, et dont la culture est absolument la même. J'en ai observé plusieurs dans l'Amérique septentrionale qui ne s'y trouvent pas encore et qui méritent d'y être apportées, par exemple, l'aubepine a feuilles de persil, de Michaux, qui est d'une élégance remarquable. Je m'occupe d'un travail botanique qui les a pour objet.

Toutes les aubépines, et principalement les communes, peuvent se greffer les unes sur les autres et servir de sujet pour greffer les sorbiers, les aliziers, les néfliers, les cognassiers, les pommiers et les poiriers. Lorsqu'on place sur elles des arbres d'une plus grande élévation, des aliziers, des sorbiers, ils deviennent moins gros et poussent une quantité remarquable de branches. Ici la nature compense l'étendue par le nombre. On peut voir au bosquet des tulipiers à Versailles un exemple de ce fait dans l'allée des *sorbiers de Laponie*, dont les têtes sont naturellement globuleuses, et produisent un bien plus bel effet que les arbres de la même espèce dont les branches sont étalées. (B.)

Le préjugé qui attribue aux fleurs de cet arbrisseau la propriété de faire gâter certains poissons de mer, et détermine les chasse-marées à arracher, de leur propre, autorité les épines blanches qui croissent sur la route qu'ils traversent, ce préjugé a donné lieu à beaucoup de contestations, et j'ai cru devoir les anéantir à leur source par une suite d'expériences et d'observations d'où il résulte que c'est à tort et contre la vérité qu'on a taxé l'odeur suave de l'aubépine de faire gâter le maquereau ; qu'il y a grande apparence que l'opinion dans laquelle on a été à cet égard vient de ce que les voituriers de marée auront passé dans un temps d'orage à côté de l'épine en fleurs.

S'il est vrai, comme plusieurs personnes l'assurent, que les temps d'orage accompagnés de tonnerre font souvent tourner le vin et les œufs ; s'il est encore vrai que le fer placé sur les tonneaux et dans les poulaillers peut les préserver, pourquoi ne recommanderoit-on pas aux chasse-marées de faire traverser les paniers des poissons par un fil d'archal qui conduiroit au dehors l'électricité magnétique.

L'observation concernant les effets de la fleur d'aubépine peut s'appliquer à beaucoup d'autres plantes qu'on accuse aussi injustement de porter dans les champs des principes préjudiciables aux moissons. Il est faux, par exemple, que les chardons puissent occasionner la carie, cette maladie contagieuse pour le froment ; que les fleurs de l'épine-vinette fassent couler les blés durant leur floraison ; et enfin nous assurons, d'après l'expérience, que les végétaux n'ont absolument qu'une manière de se nuire entre eux : c'est lorsqu'ils sont trop rapprochés les uns des autres, et que, par l'étendue et le volume de leurs tiges et de leurs racines, ils se nuisent réciproquement ; mais toutes les inculpations contre leurs émanations dans ce cas ne sont nullement fondées. (Par.)

AUBERGINE. Espèce du genre des Morelles (*voyez* ce mot) qu'on cultive à cause de son fruit dont on fait usage, comme aliment, dans tous les pays chauds, et même un peu à Paris et autres grandes villes du nord de l'Europe.

L'aubergine ou la melongène, *Solanum melongena*, Lin., est une plante annuelle, d'un à deux pieds de haut, à tige cylindrique, velue, rameuse, verte ou vineuse ; à feuilles alternes, pétiolées, ovales, sinuées, cotonneuses, longues de plus de six pouces sur trois ou quatre de large ; leurs pétioles sont épineux ; ses fleurs sont larges de près d'un pouce, tantôt blanches, tantôt vineuses. Son fruit est une baie allongée, tantôt ovale et blanche, tantôt allongée, un peu courbée et vineuse, quelquefois plus grosse que le poing, et contenant toujours un grand nombre de semences réniformes logées dans une pulpe.

Dans les pays intertropicaux, où on fait une grande consommation d'aubergines, on se contente d'en répandre la graine dans un lieu dont la houe a gratté la surface, de sarcler deux à trois fois le plant qui en provient, et ce plant donne des fruits en abondance et d'une grosseur prodigieuse, ainsi que je m'en suis assuré en Amérique.

Dans les parties méridionales de l'Europe, cette plante demande déjà plus de soins. Là, il faut en semer la graine sur couche, ou dans des terrines enterrées dans une couche, afin d'avancer d'autant la végétation des pieds qu'elles doivent produire. On en sème ainsi tous les quinze jours, depuis le mois de février jusqu'en avril, pour avoir du fruit pendant tout l'été. Cette graine doit être enterrée de moins d'un pouce dans une terre très meuble. On l'arrose fréquemment, mais légèrement. Les pieds levés sont garantis des dernières gelées, auxquelles ils sont très sensibles; et lorsqu'ils ont acquis cinq à six pouces de haut, on les transplante dans des plates-bandes exposées au midi, ou au moins abritées du vent du nord, où on les arrose fréquemment. On les sarcle ou bine au besoin. Les aubergines commencent à mûrir à la fin de juin ou au commencement de juillet. Elles se succèdent ainsi jusqu'aux gelées lorsqu'on a régulièrement conduit leur plantation. Celles qu'on destine à la semence doivent être laissées sur pied jusqu'à ce qu'elles commencent à pourrir, ensuite être coupées et desséchées à l'ombre. La graine qu'on ôte tout de suite de sa pulpe est rarement bonne.

Dans les climats du nord, à Paris par exemple, les aubergines mûrissent rarement en pleine terre, à moins de soins sans nombre; aussi préfère-t-on, au moins pour les avoir bonnes et grosses, de les tenir sous châssis pendant une grande partie de l'été. Au reste, leur culture y est peu étendue, et seulement destinée à satisfaire ceux qui, venant des pays chauds, ne veulent pas perdre l'habitude d'en manger, car, en général, les natifs ne les aiment point.

Quelques auteurs ont cherché à jeter des doutes sur la salubrité de ce fruit, sous le prétexte qu'il est de la famille des solanées, famille réellement suspecte: mais l'expérience prouve qu'il n'en est rien; car, je le répète, la consommation qu'on en fait dans tous les pays chauds auroit depuis long-temps anéanti leur population. S'ils sont quelquefois indigestes, c'est comme la plupart des autres fruits, parcequ'on en mange trop.

Lorsqu'on veut conserver les aubergines pour l'hiver, il faut les cueillir avant leur maturité, les peler, les couper, leur faire jeter un bouillon, et ensuite les faire sécher à l'ombre. Pour les manger, il suffit alors de les faire revenir dans l'eau et de les assaisonner; mais elles perdent beaucoup de leur saveur par cette préparation.

Les feuilles de l'aubergine ont une légère odeur narcotique. On leur attribue les vertus des autres espèces de morelles, c'est-à-dire qu'on les regarde comme émollientes et adoucissantes. (B.)

AUBESSIN. C'est l'AUBÉPINE.

AUBIER. (PLANTE). *Voyez* OBIER et VIOME.

AUBIER. On donne ce nom à la partie la plus extérieure du bois des arbres, celle qui est recouverte immédiatement par l'écorce. Cette partie ne diffère, à la vue du bois proprement dit, que par sa couleur plus blanche, par ses vaisseaux plus larges et plus nombreux.

On doit considérer l'aubier comme un bois encore imparfait, et, en effet, il est d'autant plus dur, d'autant plus pesant, qu'il s'approche du bois, et chaque année en acquérant, extérieurement, une nouvelle couche, il en perd une, la plus intérieure, qui se transforme en bois.

Il n'y a pas de doute que cette transmutation successive de l'aubier en bois ne se fasse par le dépôt de la sève dans les vaisseaux où elle circule, ou mieux, par celui du carbone qu'elle charrie, puisqu'on voit le diamètre de ces vaisseaux diminuer à mesure qu'ils se rapprochent du centre de l'arbre ; puisqu'on voit qu'un arbre dont on empêche la sève de circuler, en l'écorçant, perd son aubier en un ou deux ans.

L'épaisseur de l'aubier varie dans chaque espèce d'arbre. Il en est où elle est peu considérable ; il en est où l'arbre entier paroît composé d'aubier. Les espèces d'arbres qui sont dans ce dernier cas s'appellent *bois blancs ;* tels sont les peupliers, les saules, etc.

Quelques faits tendent à prouver que l'aubier communique avec l'écorce, même aux époques où la sève n'est pas en action de le créer, par l'intermédiaire du CAMBIUM et du LIBER. *Voyez* ces deux mots. Cependant il en est toujours distinguable, et on peut toujours l'en séparer par la macération. Il n'en est pas de même de l'aubier relativement au bois ; ils ne sont jamais séparables, à moins de causes extraordinaires, c'est-à-dire d'une véritable maladie.

Comme l'aubier ne présente, sous le point de vue physiologique, que les différences que je viens d'indiquer, tout ce qui concerne le BOIS s'y applique. En conséquence, je renvoie le lecteur à ce mot.

L'influence du sol, du climat, de l'âge, se faisant sentir dans la production de l'aubier, il n'est pas possible d'établir de rapport, même dans chaque espèce, entre lui et le bois, quoique Duhamel l'ait tenté. Il suffit de savoir qu'il est plus épais dans les sols gras et humides, dans les climats ou les expositions froides et ombragées, et pendant la jeunesse. Dans le même arbre il est toujours plus épais, comme je l'ai déjà dit, du côté du nord et du côté où sont les plus grosses racines ; aussi rarement offre-t-il un cercle parfait.

Non seulement l'aubier est repoussé des usages où il faut de la force et de la dureté, mais encore de ceux où on désire une grande durée, parceque les insectes destructeurs du bois, sur-tout les vrillettes, les synodendres, les apates, les ips, les bostriches, les callidies et les saperdes, le dévorent de préférence. Aussi les charpentiers, les menuisiers, les constructeurs de vaisseaux, etc., ont-ils soin de l'ôter aux arbres qu'ils emploient; ce qui diminue leur grosseur d'un quart, et quelquefois d'un tiers. Il seroit donc très désirable qu'on trouvât un moyen de le faire disparoître dans le chêne et autres arbres de haut service. Or, ce moyen est l'ÉCORCEMENT. Il n'est pas inconnu dans quelques cantons de l'Europe. Les anciens l'ont même pratiqué, au rapport de Vitruve; mais il est inusité en France, malgré les belles expériences de Buffon, répétées par Varennes de Fenille et autres. Je crois devoir rappeler ici ces expériences.

En 1737, le 31 mai, Buffon fit écorcer sur pied quatre chênes d'environ trente à quarante pieds de hauteur et de cinq à six pieds de pourtour, très vigoureux, bien en sève, et âgés d'environ soixante-dix ans. Il fit enlever l'écorce, depuis le sommet de la tige jusqu'au pied de l'arbre, avec une serpe. Cette opération est très aisée, l'écorce se séparant très facilement du corps de l'arbre dans le temps de la sève. Quand ils furent entièrement dépouillés de leur écorce, il fit abattre quatre autres chênes de la même espèce (le CHÊNE BLANC, *quercus pedunculata*) dans le même terrain, et aussi semblables aux premiers qu'il pût les trouver. Il en fit encore abattre six et écorcer six autres. Les six arbres abattus furent conduits sous un hangar, pour pouvoir sécher dans leur écorce et les comparer avec ceux qui en étoient dépouillés.

Les arbres écorcés moururent successivement dans l'espace de trois ans. Dès la première année Buffon fit abattre, le 26 août, un de ces arbres morts. La cognée ne pouvoit l'entamer qu'avec peine. L'aubier se trouva sec et le cœur du bois humide et plein de sève; ce qui, sans doute, fut cause que le cœur parut moins dur que l'aubier. Il fit scier tous ces arbres en pièces de 14 pieds de longueur, qui lui fournirent chacune une solive de même hauteur sur 6 pouces d'équarrissage. Il en fit rompre quatre de chaque espèce, afin de reconnoître leur force, et d'être bien assuré de la grande différence qu'il y trouva d'abord.

La solive tirée du corps de l'arbre qui avoit péri le premier après l'écorcement pesoit 242 livres, et se trouva la moins forte de toutes, et rompit sous 7940 livres.

Celle de l'arbre en écorce qu'il lui compara pesoit 234 livres, et rompit sous 7320 livres.

La solive du second arbre écorcé pesoit 249 livres. Elle plia plus que la première, et rompit sous la charge de 8362 livres.

Celle de l'arbre en écorce qu'il lui compara pesoit 236 livres; elle rompit sous la charge de 7385 livres.

La solive d'un arbre écorcé, qu'on avoit laissé exprès à l'injure du temps, pesoit 258 livres, plia encore plus que la seconde, et ne rompit que sous 8926 livres.

Celle de l'arbre en écorce qu'il lui compara pesoit 239 livres, et rompit sous 7420 livres.

Enfin, la solive de l'arbre écorcé qui fut toujours jugé le meilleur, et qui mourut le plus tard, se trouva en effet peser 263 livres, et porta, avant de rompre, 9046 livres.

La solive de l'arbre en écorce qu'on lui compara pesoit 238 livres, et rompit sous 7500 livres.

Les autres arbres se trouvèrent défectueux et ne servirent pas.

On voit, par ces épreuves, que le bois écorcé et séché sur pied est toujours plus pesant et considérablement plus fort que le bois gardé dans son écorce. Ce qui suit est encore plus favorable.

De l'aubier d'un des arbres écorcés, Buffon fit tirer plusieurs barreaux de trois pieds de longueur sur un pouce d'équarrissage, entre lesquels il en choisit cinq des plus parfaits pour les rompre. Leur poids moyen étoit à peu près de 23 onces $\frac{11}{32}$, et la charge moyenne, qui les fit rompre à peu près de 287 liv. Ayant fait les mêmes épreuves sur plusieurs barreaux d'aubier d'un des chênes en écorce, le poids moyen se trouva être de 23 onces $\frac{2}{32}$, et la charge moyenne de 248 livres; et ayant fait ensuite la même épreuve sur plusieurs barreaux du cœur, du même chêne en écorce, le poids moyen s'est trouvé de 25 onces $\frac{10}{32}$, et la charge moyenne de 256 livres.

Ceci prouve que l'aubier du bois écorcé est non seulement plus fort que l'aubier ordinaire, mais même beaucoup plus que le cœur de chêne non écorcé, quoiqu'il soit bien moins pesant que ce dernier.

Deux autres épreuves confirmèrent encore cette vérité, et même les différences furent bien plus considérables dans la seconde, puisque une solive d'aubier écorcé ne rompit que sous le poids moyen de 1253 livres, tandis qu'une autre, tirée d'un arbre non écorcé, se brisa sous la charge moyenne de 997 livres.

Il faut remarquer que dans ces expériences la partie extérieure de l'aubier est celle qui résiste davantage; en sorte qu'il faut constamment une plus grande charge pour rompre un barreau d'aubier pris à la circonférence de l'arbre, que pour rompre un pareil barreau pris en dedans; ce qui est tout-à-fait contraire à ce qui arrive dans les arbres traités à l'ordinaire, dont le bois est plus léger et plus foible à mesure qu'il approche de la circonférence.

C'est, comme je l'ai déjà observé, à l'accumulation de la sève qu'il faut attribuer l'endurcissement de l'aubier, et il ne devient si dur que parceque, étant plus poreux que le bois parfait, il tire la sève avec plus de force et en plus grande quantité. L'aubier extérieur la pompe plus puissamment que l'aubier intérieur par la même raison; mais à la longue tout se remplit à peu près également; voilà pourquoi l'arbre mort la troisième année étoit le plus fort, et l'arbre mort la première le plus foible. L'aubier de ces arbres ne doit donc plus être regardé comme un bois imparfait, quoiqu'il ait pris, en une année ou deux, la solidité et la force qu'il n'auroit autrement acquise qu'en 12 à 15 ans, qui est à peu près, dans les bons terrains, le temps qu'il faut pour transformer l'aubier du chêne employé en bois parfait. J'observe en passant que ce chêne est de tous ceux de France celui qui a le plus d'aubier. *Voyez* l'article CHÊNE PÉDONCULÉ.

Quels immenses avantages ne peut-on donc pas espérer tirer de l'écorcement des arbres? Quelle économie de bois de charpente sur-tout? On ne sera plus contraint de retrancher l'aubier, comme on l'a toujours fait jusqu'ici, et de le rejeter. On emploiera les arbres dans toute leur grosseur, ce qui fait une différence prodigieuse, puisqu'on aura souvent quatre solives d'un pied dont on n'auroit pu en tirer que deux. Un arbre de quarante ans pourra servir à tous les usages auxquels on emploie un arbre de soixante ans. En un mot, cette pratique aisée donne le triple avantage d'augmenter le volume, la force, la solidité et la durée du bois.

Les mêmes résultats ont été obtenus par diverses personnes en France, en Allemagne, et je crois en Angleterre, sur toutes sortes d'espèces d'arbres. Seulement on a remarqué (Varennes de Fenilles) que dans les bois blancs il y avoit un retrait considérable. Ces bois blancs acquièrent une telle force, qu'un peuplier de vingt ans, employé sans être équarri, équivaut à une solive de chêne prise sur un arbre de même diamètre.

Il sembleroit, d'après cela, que tous les arbres destinés à la charpente ou à la marine devroient être écorcés, depuis l'époque où Buffon a publié le résultat de ses belles expériences; mais le vrai est que nulle part on ne pratique ce précieux moyen d'augmenter la valeur des arbres de haut service. A quoi attribuer cet oubli des véritables intérêts des individus et de la société en général? à l'ignorance et à l'inertie. L'administration forestière de l'ancien régime a pu s'opposer à ce que l'écorcement fût mis en usage dans les forets qui appartenoient au roi, même peut-être aux mains-mortables; mais la loi ne pouvoit atteindre les propriétés particulières.

Quoique l'ecorcement des arbres fasse certainement mourir les souches, ce motif qu'on a mis en avant est sans valeur aux yeux des hommes instruits. En effet, je ferai voir dans beaucoup d'endroits de cet ouvrage que les plantes se substituent les unes aux autres, qu'un chêne de plus d'un siècle, qu'on coupe rez terre, ne donne que de foibles rejetons qui périssent bientôt, et sont remplacés par des frênes, des charmes, des hêtres, des érables, etc., selon la nature du sol, et qu'on gagne à n'avoir, dans un bois destiné à devenir futaie, que des arbres venus de semences. Les futaies provenues sur vieilles souches ont été de tout temps, même avant qu'on en connût les raisons, regardées comme mauvaises, et jamais on n'a pu faire venir immédiatement une futaie de chêne là où il y en avoit déjà une. *Voyez* Asssolement. Il est donc avantageux d'empêcher les gros chênes de donner des rejetons, afin de faciliter l'accru des espèces dont les graines ont germé dans le voisinage; il est donc avantageux, sous le point de vue de la reproduction des bois, de les écorcer sur pied. Je fais des vœux pour qu'enfin les propriétaires et les personnes qui emploient des arbres pour la charpente, sur-tout le gouvernement, pour la marine, profitent des expériences de Buffon, et fassent écorcer tous les arbres dont ils ont besoin. (B.)

AUBIER DOUBLE ou AUBIER FAUX. Couche d'aubier recouverte par du bon bois. C'est une maladie dans laquelle l'aubier a été frappé de mort par les gelées ou les grandes sécheresses, et sans que le liber s'en soit ressenti. Dans ce cas, il s'est formé au-dessus de lui une nouvelle couche d'aubier vivant devenue bois par succession du temps.

On ne peut reconnoître cette maladie que lorsqu'on a débité les arbres qui en sont affectés. Elle rend ces arbres impropres à beaucoup d'usages, auxquels leur grosseur ou leur longueur pouvoit les faire employer. Elle est donc très nuisible aux charpentiers, aux menuisiers, aux constructeurs de navires. Il n'y a pas moyen de la prévenir. C'est dans les arbres crus dans les terrains maigres et dans les clairières qu'on l'observe le plus fréquemment, ce qui porte à penser que la sécheresse y concourt plus que la gelée. *Voyez* Gélivure.

Quelquefois l'aubier double ou faux aubier n'existe pas dans toute la circonférence de l'arbre; alors on peut supposer qu'il est produit par la mort des racines qui se trouvoient de ce côté de l'arbre. *Voy.* l'article précédent. (B.)

AUBIER. On donne ce nom au saule dans le département de la Gironde. *Voyez* Aubarède.

AUBIFOIN. On appelle vulgairement ainsi le bluet ou centaurée des blés. *Voyez* Bluet. (B.)

AUBITON. C'est encore le bluet.

AUBOURS. On donne ce nom au liber, c'est-à-dire à la couche qui est entre le bois et l'écorce des arbres. On le donne encore à la viorme obier et au cytise des Alpes.

AUBRÉ. Synonyme d'arbre dans le département de Lot-et-Garonne.

AUBREGUE. Terre argilo-calcaire, ou marne argileuse qui couvre une partie du département de l'Aveyron, dont le sol est primitif, puisqu'il repose sur des pierres fissiles de même nature, dans lesquelles on trouve des bélémintes, des cornes d'ammon, etc. Cette terre est très froide et ne donne que des produits médiocres, soit que l'année soit très sèche, soit qu'elle soit très pluvieuse. En général il est fort difficile de tirer un bon parti agricole des pays ainsi composés. (B.)

AUCA. Nom de l'oie dans le département de Lot-et-Garonne.

AUCUBE, *Aucuba*. Petit arbuste du Japon qui appartient à la monœcie tétrandrie et à la famille des rhamnoïdes, qu'on cultive dans quelques orangeries à raison de la singulière marbrure de ses feuilles, et qu'on multiplie avec la plus grande facilité au moyen des boutures. Ses feuilles sont opposées, ovales, aiguës, coriaces, d'un vert clair taché de jaune, et longues de trois à quatre pouces. Ses fleurs sont de peu d'apparence. Il ne s'élève que de deux à trois pieds dans nos climats, et craint beaucoup le froid et l'humidité.

C'est ordinairement au printemps qu'on fait les boutures de l'*aucuba*, et on les place dans des pots sur couche et sous châssis ; mais on peut les faire aussi en automne et même toute l'année. Elles sont de plus souvent reprises au bout de quinze jours. Elles demandent de fréquens mais foibles arrosemens. En hiver, il faut les leur ménager le plus possible, parcequ'ainsi que je l'ai déjà observé, il craint beaucoup l'humidité dans cette saison. On peut le cultiver en pleine terre dans le midi de la France. (B.)

AUGE. Espèce de vase de pierre ou de bois dans lequel on met la nourriture des animaux domestiques, ou qu'on place à la sortie d'une source, à côté d'un puits, pour recevoir les eaux destinées à leur boisson. Sa forme varie : tantôt c'est un cube excavé dans une pierre de taille, tantôt un parallélipipède plus ou moins long. Lorsqu'on le fait en bois, il est généralement plus étroit au fond qu'à l'ouverture. Dans ce cas, c'est ou un arbre creusé, ou un assemblage de planches ; le plus mauvais est celui qui est construit en maçonnerie, à chaux ou à plâtre, parcequ'il se détruit facilement, et que ses parcelles, se mêlant avec le manger des animaux, peuvent occasionner des accidens.

Une ferme est toujours pourvue d'une certaine quantité d'auges, les unes fixes, les autres portatives, et il est rare qu'on en surveille la propreté avec l'attention convenable. Aussi combien de maladies, de pertes de bestiaux, qui n'ont pas d'autres causes que le défaut de soin à cet égard. Celles des chevaux sur-tout, si délicats dans le choix de leurs alimens, peuvent communiquer facilement la morve, et devroient être nettoyées à l'eau chaude, au moins une fois par semaine. Il n'y a pas jusqu'à celle des cochons, dont certaines ne l'ont peut-être pas été depuis vingt ou trente ans qu'elles servent, qu'on ne doive laver aussi de temps en temps. C'est peut-être par ces auges que la ladrerie, cette si singulière maladie, se propage parmi eux. En effet les hydatides qui la causent se logent fréquemment sous la langue, et peuvent, même doivent faire couler de là leurs œufs dans le manger, et passer, par cet intermédiaire, d'un animal malade à un sain. Je ne puis donc trop recommander aux propriétaires de surveiller le nettoiement des auges de leur ferme. Ils perdront quelques journées dans une année, il est vrai, mais combien ne gagneront-ils pas si, par ce moyen, ils garantissent leurs chevaux de la morve, leurs moutons de la clavelée, etc.

Une attention qu'il faut avoir aussi, lorsqu'on fait poser une auge à demeure, c'est qu'elle ne soit pas trop haute pour l'espèce d'animal qui est destiné à s'en servir. La gêne qu'on éprouve en mangeant est une des plus cruelles, et elle peut donner lieu à des accidens. Je fais cette observation parceque j'ai vu trop souvent dédaigner cette précaution et que ses conséquences m'ont frappé. Il est si aisé d'éviter cet inconvénient, qu'en vérité ce seroit mauvaise volonté que de ne le pas faire. (B.)

AUGEON. C'est la même chose que l'Ajonc.

AUGELOT. Les vignerons des environs d'Auxerre donnent ce nom à une petite fosse carrée qu'on ouvre dans les vignes avant l'hiver pour y poser ensuite la crossette. Cette méthode s'appelle planter à l'*augelot*. (R.)

AUGET. C'est le diminutif de l'*auge*. Il est construit de même et sert à mettre la nourriture ou la boisson des poules et des autres volailles, même des oiseaux chanteurs qu'on tient en cage.

Dans les jardins on donne ce nom à des excavations de deux à quatre pouces de profondeur sur un à deux pieds de diamètre, dans lesquelles on sème les graines délicates qui ont besoin d'être arrosées dans leur jeunesse.

Ces augets se font à la houe, à la binette ou à la bêche, sur un terrain nouvellement labouré. On en unit l'intérieur avec la main, si les graines qu'on veut y semer sont fines, ensuite on les recouvre d'une terre bien divisée, et on met par-dessus une mince couche de terreau. Si les graines sont grosses, comme, par exemple, celles des haricots, on se contente d'y placer cinq ou six semences également espacées, et on les recouvre d'un demi-pouce de terre du sol.

Cette pratique de semer en auget est usitée dans les jardins potagers, pour plusieurs espèces de légumes, telles que les pois, les fèves, etc. On s'en sert aussi très fréquemment dans les écoles de botanique, pour un grand nombre de plantes annuelles. Elle a l'avantage de fournir un moyen facile d'arroser les plantes, de les mettre plus à l'abri du hâle dans leur jeunesse, et de les chausser et butter plus commodément quand elles exigent cette culture.

Les augets servent encore à provigner ou marcotter certaines espèces d'arbustes, et ils remplacent ce que les vignerons appellent augelot. (Th.)

AULNAYE. Lieu planté d'AUNES. *Voyez* ce mot.

AULNE. *Voyez* AUNE.

AUNE, *Alnus*. Arbre qu'on appelle aussi *verne* ou *vergne*, qui a été réuni aux *bouleaux* par Linnæus, mais qui possède des caractères suffisans pour en être séparé.

Ses racines sont nombreuses, traçantes et rouges; son écorce est crevassée et grise dans sa vieillesse; ses rameaux alternes, anguleux, glutineux et rapprochés des branches ou du tronc; ses feuilles alternes, ovales, obtuses, échancrées à leur sommet, glabres, glutineuses, longues de trois pouces.

Cet arbre croît dans les lieux aquatiques, sur le bord des rivières, mais non dans les marais proprement dits; il fleurit dès la fin de l'hiver avant le développement de ses feuilles. Il croît très promptement, plus promptement même que le saule marsault, et parvient à une grosseur et une hauteur qui ne le cède qu'aux plus grands arbres. D'un côté il retient par ses racines, qui tendent toujours à se montrer au jour, les vases ou les sables amenés par les inondations, et par-là il augmente la hauteur du sol; de l'autre il empêche par ces mêmes racines, toujours très nombreuses et et entrelacées, les débordemens d'enlever les terres des berges où il est planté. On le multiplie avec la plus grande facilité par semis, par éclat de racine, par rejetons, par marcottes et par boutures. Cette dernière manière, qui est celle qu'on emploie ordinairement dans les pépinières, s'exécute de deux façons. Ou on place des tronçons de branches, comme à l'ordinaire, dans la terre à deux pieds et plus de profondeur, ou on enterre une branche toute entière, de dix à douze pieds, par exemple, à trois ou quatre pouces, en laissant sortir de terre seulement cinq à six pouces de l'extrémité des rameaux. Cette branche donne la même année une forêt de rejetons, qu'on peut sevrer et repiquer l'hiver suivant. Ce moyen est fort expéditif pour faire en place une plantation d'aunes; mais il faut, pour qu'il réussisse, que le terrain soit positivement celui qui convient à l'aune, et que les branches ne soient ni trop ni trop peu enterrées ; elles doivent l'être plus dans un terrain susceptible de se dessécher pendant l'été. Au reste l'aune demande un bon terrain, et ne se prête pas si facilement que la plupart des autres arbres aux volontés de l'homme. On voit dans les forêts qu'il se cantonne très rigoureusement.

On fait rarement des semis d'aune dans les pépinières, parceque cet arbre est peu demandé pour les jardins d'agrément, et que les pépiniéristes préfèrent se le procurer, comme je viens de l'observer, par le moyen des boutures ; mais on en fait quelquefois en grand dans l'intention de former des forêts. Pour effectuer un tel semis, il faut labourer le terrain au printemps, soit à la houe, soit à la charrue, et y répandre un peu épais, aussitôt après le labour fini, la graine qu'on aura récoltée en automne, et conservée dans un endroit frais. Il est important pour la réussite de laisser aux pluies le soin de l'enterrer dans les crevasses du sol, car deux lignes de terre sur un grain suffisent pour l'empêcher de germer ; en conséquence on ne la hersera ni ratissera ni avant ni après le semis. Si le printemps est humide on peut être assuré d'une pousse abondante ; dans le cas contraire, elle peut manquer ou être retardée jusqu'à l'année suivante. Si on pouvoit, sans trop de dépense, faire répandre des feuilles sèches ou de la mousse sur le semis, on seroit bien plus certain de sa réussite. Les plants provenus de graines peuvent être recépés la troisième année ; cependant il vaut mieux les laisser filer pour avoir de belles perches, qu'on ne coupera qu'à douze ou quinze ans. Il n'en est pas de même d'une plantation de boutures, de marcottes ou de racines ; elle doit être rigoureusement recépée la seconde année, pour forcer les racines à se fortifier, et avoir des jets plus vigoureux.

Il ne faut pas repeupler une aunaie qui se détruit naturellement avec des aunes, parceque cette destruction indique que le terrain est fatigué d'en porter, et que le principe des assolemens doit lui être appliqué. *Voyez* Assolements. Je conseille, dans ce cas, de leur substituer des *saules marseaux* ou des *frênes*, arbres qui se plaisent dans des terrains semblables, ou presque semblables à ceux que préfère l'aune.

L'aune, comme je l'ai déja observé, croît très rapidement ; il l'emporte à cet égard sur tous les autres arbres de nos forêts, même sur le saule marseau. Tous les six ou huit ans on peut le couper en taillis, et avoir des perches de quinze à vingt pieds de haut, et de la grosseur du bras, fort recherchées pour faire des échelles, des séchoirs, etc., et qui, fendues, peuvent servir à faire des échalas. Ce bois chauffe peu ; mais il donne beaucoup de flamme ; en conséquence il est préférable aux autres pour le four, la cuisson du plâtre ou de la chaux, et autres usages analogues. Son charbon est très propre à la fabrication de la poudre, et s'y emploie souvent.

Lorsqu'on laisse croître l'aune, sa végétation se ralentit dans une progression que j'ai lieu de croire plus considérable que celle de plusieurs autres arbres; mais il n'en parvient pas moins à une hauteur de soixante pieds et un diamètre de deux pieds. Ceux d'un pied de diamètre ne sont point rares; car il ne leur faut que trente à quarante ans, ainsi que je m'en suis assuré, pour arriver à cette grosseur.

Le bois de l'aune est tendre, léger et de couleur rougeâtre. Il pèse vert soixante-une livres une once, et sec, trente-une livres dix onces un gros par pied cube. Sa retraite est d'un douzième de son volume; il est très recherché par les tourneurs et les sculpteurs, parceque sa coupe est nette sous le ciseau. On en fait principalement des vases pour mettre fermenter le pain, des assiettes, des chaises, des talons de souliers, des pelles, etc., etc. Les sabots qu'on en fabrique, quoiqu'un peu susceptibles d'absorber l'humidité, sont fort recherchés à raison de leur légèreté. Il reçoit très bien toutes les couleurs, et principalement la noire; aussi les ébénistes en font-ils un fréquent emploi.

Mais ce qui rend l'aune précieux au cultivateur, c'est qu'il a la propriété de se conserver dans la terre ou dans l'eau sans pourrir beaucoup plus long-temps qu'aucun autre des arbres indigènes, même plus que le chêne. Aussi c'est lui qu'il faut choisir pour faire des conduites d'eau, des pilotis dans les marais, ou les galeries des mines. Cette faculté de l'aune est d'autant plus remarquable que, laissé à l'air, il se détruit très rapidement; qu'une perche de la grosseur du bras abandonnée sur le sol est pourrie au bout de l'année. Ses plus petites branches partagent la même propriété; aussi dans beaucoup de pays emploie-t-on ses fascines en les enterrant profondément pour élever le terrain des lieux enfoncés, et donner un écoulement aux eaux qui y séjournent. Ce moyen, si simple et si peu coûteux, n'est pas assez connu. Il est vrai que l'aune lui-même n'est pas aussi commun qu'il mérite de l'être, et qu'il est des provinces entières qui n'en possèdent pas un pied. Rarement on le plante, comme je l'ai déjà observé. Il seroit bien à désirer que l'administration forestière, par exemple, s'occupât d'en peupler les forêts où il n'y en a pas. Le moyen des semis, tels que je les ai conseillés, sont si peu coûteux, et la graine est si légère!

L'écorce de l'aune est astringente et peut être employée à tanner ou corroyer les cuirs, à les teindre en fauve. Réunie avec du fer, elle fournit une teinture noire qu'on a long-temps employée pour les chapeaux. Les cônes de ses fruits jouissent de la même propriété à un dégré un peu plus imminent. On teint encore avec l'écorce les filets des pêcheurs, les œufs, etc.

Les feuilles de l'aune sont mangées par tous les bestiaux, mais cependant ils n'y touchent que lorsqu'ils n'ont pas d'autre nourriture. Dans quelques cantons on les dessèche pour les leur donner pendant l'hiver. Une galeruque, *galeruca alni*, Fab., vit à leurs dépens, et est quelquefois si abondante qu'elle les dévore toutes. Leur verdure est sombre, et contraste fort bien avec celle des autres arbres, aussi l'aune produit-il des effets pittoresques dans les jardins paysagers lorsqu'il est placé avec intelligence, sur-tout lorsqu'il est conservé en buisson. L'ombre qu'il fournit est fort épaisse.

Il y a une variété d'aune fort remarquable par la profondeur des dentelures de ses feuilles. Cette profondeur est telle qu'elles paroissent pinnatifides. Elle a été trouvée par Trochereau de La Berière, et on voit encore dans son jardin, près Saint-Germain, le pied d'où sont sorties toutes celles qui se trouvent dans les autres jardins et les pépinières des environs de Paris, et probablement du reste de l'Europe. On la multiplie plus fréquemment dans ces pépinières que l'espèce même, parcequ'elle est d'un prix plus élevé. Il y en a encore une autre à feuilles moins profondément divisées, qu'on appelle *aune à feuilles de chêne.*

On trouve sur les Hautes-Alpes un aune dont les feuilles et les rameaux sont couverts de poils blancs. C'est l'*Alnus incana* des botanistes. Il s'élève peu.

L'Amérique septentrionale nous en fournit trois ou quatre espèces, qui diffèrent peu des nôtres par leurs feuilles, et qu'on ne cultive que dans les jardins de botanique. (Th.)

AUNE NOIR. C'est la Bourgène.

AUNE. Ancienne mesure de longueur. *Voyez* Mesure.

AUNÉE. *Voyez* Inule.

AUQUE, Oie femelle, dans le département de Lot-et-Garonne.

AUMAILE. Jeune vache dans les environs de Charleville.

AURATTE. Poire.

AURIÈRE. On nomme ainsi, dans le département de la Haute-Garonne, les bords des champs entourés de haies ou de fossés, bords qu'on est obligé de cultiver à la bêche ou à la houe. (B.)

AURICULE. *Voyez* Oreille-d'ours.

AURIOLE. *Voyez* Lauréole.

AURONE FEMELLE. C'est la *santoline à feuilles de cyprès.*

AURONE. Beaucoup de plantes du genre *armoise* portent ce nom. L'*aurone citronnelle*, l'*aurone sauvage*, l'*aurone d'I-*

talie, l'*aurone mâle*. Cette dernière est véritablement l'*aurone artemisia abrotanum*. Lin. (B.) Voyez Absinthe.

AURORE BORÉALE. Phénomène qui paroît rarement en France, mais qui est presque journalier sous le cercle polaire. C'est une zone lumineuse qui paroît dans le ciel du côté du nord. Quoiqu'on ait beaucoup écrit à son sujet, on ignore encore complètement sa cause. (B.)

AUSERDA. Nom de la luzerne aux environs de Perpignan.

AUTA ou AUTAN. Vent du sud, sud-est, ou est, qui hâte la végétation dans les départemens du sud-est, et qui y cause quelquefois de grands dommages. (B.)

AUTOMNE. La troisième saison de l'année, celle des principales récoltes de fruits et de l'ensemencement des terres à blé. Elle renferme les mois d'octobre, novembre et décembre sur le calendrier; mais pour le climat de Paris, elle commence en septembre et finit en novembre.

C'est le temps que les propriétaires qui habitent les villes choisissent pour aller faire quelque séjour sur leurs terres, parcequ'alors la chaleur est modérée, les subsistances abondantes, la chasse sans inconvéniens, et, pour plusieurs, parceque c'est l'usage.

On renvoie le lecteur, pour l'énumération des travaux de cette saison, aux articles des mois qui la composent. (B.)

AUVENT. Espèce de petit toit qui pare le vent et qui en garantit. Ce qu'on appelle auvent, dit l'abbé Roger Schabol, dans son dictionnaire du jardinage, est totalement inconnu des jardiniers. Il n'y a qu'à Montreuil, et dans les endroits où la méthode de cet endroit est suivie, qu'on connoît les auvens. Ce sont des inventions ingénieuses, dont les habitans de ce lieu se sont avisés pour conserver leurs arbres.

Ils ont des tablettes, au lieu de larmiers, à leurs murs. On appelle *larmiers* la petite avance qui fait saillie au bas du chaperon; mais à Montreuil c'est une tablette de cinq à six pouces de large; de plus, ils ont de trois en trois pieds ou environ de forts échalas, ou d'autres bois scellés dans leurs chaperons et incorporés dans les tablettes. Ces bois scellés de la sorte ont un pied et demi de saillie; là-dessus ils mettent au printemps des paillassons à plat, de la même grandeur de ces bois ainsi scellés dans le mur. Ceux qui sont en état de faire la dépense ont des potenceaux de fer au lieu d'échalas, et au lieu de paillassons, ce sont des planches fort larges qu'ils posent dessus durant le temps fâcheux; ils laissent ces paillassons et ces planches à plat quand les dangers sont passés; on serre le tout pour l'année suivante. Comme ils ont reconnu que ce sont les vapeurs de la terre qui gèlent les bas, ils appliquent leurs paillassons par le bas seulement, et le haut se trouve suffisamment garanti par leurs tablettes et leurs paillassons posés à plat sur les échalas, ou par leurs planches posées également à plat.

Nous avons admis dans le jardinage, continue ce grand maître, une espèce d'auvent inconnu jusqu'ici, et qui est fort simple; il est le plus avantageux de tous pour les espaliers. Ce sont des paillassons posés en forme de toit ou de tente, prenant du haut mur et descendant à peu près vers la moitié de la hauteur du mur; vous soutenez par en bas ces paillassons, soit avec des perches, soit avec des piquets, assez fermement pour résister au vent. On les y laisse ainsi durant les dangers, parcequ'il y a assez d'air pour que les feuilles, les fleurs et les bourgeons ne s'attendrissent pas, ou bien on les y pose de manière qu'on puisse les enlever à volonté.

Ces sortes d'auvens ne sont pas seulement utiles à la conservation des bourgeons, des fleurs et des jeunes fruits des arbres fruitiers, ils peuvent encore servir avec avantage pour conserver en pleine terre des arbres délicats, tels que des figuiers, des oliviers, des grenadiers, des pistachiers, des jujubiers et autres arbres qui viennent des parties méridionales de l'Europe. L'auvent les garantit des pluies; la litière dont on empaille les tiges les préserve des impressions du froid, et les feuilles sèches dont on couvre la terre empêchent qu'elle ne gèle à plus de trois pouces de profondeur. Par ce moyen, aussi simple que peu dispendieux, non seulement on conserve ces arbres, mais on a l'agrément de les voir prospérer comme dans leur pays natal et d'en obtenir des fruits.

Il est encore des plantes trop délicates pour passer l'hiver en pleine terre, et qui craignent le séjour de l'orangerie, à cause de son degré de chaleur, de son humidité, et sur-tout à cause de l'air stagnant qui y règne, telles que les géroflées maraîchères; quelques espèces d'œillets, d'oreilles d'ours et une très grande quantité de plantes alpines cultivées dans des pots, au pied d'un mur au midi, sous un auvent, et couvertes de litière et de paillassons, peuvent braver les plus grands froids, pourvu qu'elles soient défendues de toute humidité et qu'elles soient découvertes toutes les fois qu'il ne gèlera pas. *Voyez* COUVERTURES.

Quelques personnes établissent sous les auvens des ados de terre-meuble, sur laquelle ils sèment à l'automne différentes espèces de choux, de laitues et de fleurs, afin de se procurer l'année suivante, de bonne heure, de jeunes plants pour le potager et le jardin fleuriste; ils se trouvent bien de cette culture, qui économise des couches et fournit des plants plus robustes que ceux qui sont élevés sous cloches ou sous châssis. (TH.)

AUVERNAT. Variété de raisin qui se trouve dans plusieurs vignobles.

AVALAISON. On donne ce nom dans quelques cantons aux torrens d'eaux qui coulent de toutes les parties des montagnes à la suite d'une pluie d'orage, et qui entraînent les terres dans les vallées. Les avalaisons causent de grandes pertes aux cultivateurs On leur doit la stérilité d'une immense étendue de terres en France et en général dans tous les pays anciennement cultivés. Le seul moyen d'empêcher leurs désastres seroit de planter en bois la crête des montagnes et leurs pentes les plus rapides ; mais comment y parvenir ! On les diminue en partie par la plantation de haies transversales et parallèles, ainsi que par la culture en terrasse si bien exécutée dans la vallée d'Anduze et autres endroits de la France. Dans les pays de vignobles qui jouissent d'une grande réputation, on reporte à dos d'hommes au sommet des montagnes la terre que les avalaisons en ont fait descendre ; mais on sent bien que ce procédé est trop coûteux pour pouvoir l'employer par-tout. *Voyez* aux mots MONTAGNE, HAIE et VIGNE. (B.)

AVALANCHE. Masse de neige qui, se détachant du sommet des montagnes, s'augmente, en roulant sur leurs pentes, au point de devenir elle-même une montagne capable d'engloutir des villages entiers.

Les avalanches, qu'on prononce aussi *avalanges* ou *lavanches*, sont très communes, sur-tout à la fin de l'hiver, dans les Alpes, les Pyrénées et autres montagnes élevées. Elles y causent, toutes les années de grands dommages et des accidens sans nombre. Quelques villages sont dans des positions telles qu'ils ne subsistent qu'au moyen de bois ou de rochers qui, en rompant ou arrêtant les avalanches, les empêchent d'arriver jusqu'à eux.

Dans ces contrées, les avalanches nuisent souvent à l'agriculture, et cela de trois manières, 1° en ne fondant, à raison de leur grande masse, qu'à une époque où le blé n'a plus assez de temps pour pousser, où il n'est plus temps de semer, 2° en enlevant toute la terre végétale des champs par l'effet de leur rotation; 3° en couvrant les champs des débris des rochers qu'elles ont englobés dans leur marche. Ce sont des malheurs attachés à ces contrées qu'il est presque impossible d'empêcher. Mais par combien de jouissances leurs habitans en sont dédommagés ! Les efforts qu'ils sont obligés de faire continuellement pour lutter contre une nature revêche leur donnent le sentiment de leur valeur physique et morale; de là des principes de liberté; de là des mœurs publiques et privées, effets et causes de toutes les vertus, et, en dernier résultat, du vrai bonheur. (B.)

AVALOIRE. On donne ce nom à la partie du harnois des chevaux de charrette qui repose sur la croupe et sur les cuisses postérieures. Elle a pour objet de soutenir le recul à une hauteur convenable. (B.)

AVALURE. Bourrelet ou cercle de corne qui se forme au sabot du cheval, à l'endroit de la couronne, lorsqu'il a été blessé, ou à cause d'une matière qui, après avoir séjourné entre la chair cannelée et la muraille, aura fusé jusqu'à la peau. Cette corne est plus raboteuse, plus molle que l'ancienne. L'animal boite quelquefois, et le pied s'altère si l'on n'y remédie par de fréquentes onctions d'onguent de pied sur le sabot. (R.)

AVANCER. La germination des graines, la pousse des feuilles, la maturité des fruits, peuvent être avancées naturellement par la saison, par l'exposition, par la nature du sol, et artificiellement par des serres, des châssis, des couches, des abris, des arrosemens, etc.

Il est tantôt avantageux, tantôt désavantageux que la végétation soit précoce. Le premier cas existe lorsque cette végétation suit régulièrement ses phases, parcequ'ayant plus de temps, elle fournit des tiges plus nombreuses ou plus grosses, et par conséquent une plus grande abondance de fruits. Le second cas existe lorsqu'après un commencement de développement, il arrive des gelées, ou des pluies froides, ou des grèles qui détruisent tout.

« En général, dit Thouin, on avance la germination des graines en les semant peu de temps après leur maturité, en les mettant tremper dans l'eau.

« Des abris contre les vents, contre le hâle et contre le grand soleil, joints à une douce chaleur humide, accélèrent la croissance des jeunes plantes.

« Les engrais, les binages, les élagages bien entendus, avancent la pousse des plantes. »

Un mur crépi en noir, l'incision circulaire de l'écorce des branches, l'arrêt ou le pincement des bourgeons, la piqure d'un ver, etc., accélèrent la maturité des fruits.

On dit aussi que les semailles sont avancées, les récoltes avancées, lorsqu'on les effectue avant l'époque ordinaire. (B.)

AVANCES FONCIÈRES. De tous les engrais, le plus puissant pour l'agriculture, c'est l'argent. Pour bien cultiver, il faut des capitaux, des avances. Vous verrez toujours une belle culture dans les départemens où les fermiers sont souvent plus riches que les propriétaires. Dans ceux où les cultivateurs vivent au jour le jour (si ce n'est dans les pays de petite culture, où les propriétés très subdivisées se cultivent à bras d'hommes), vous verrez l'agriculture foible, languissante, et l'aspect de la misère affliger la vue de l'observateur. C'est ici *une règle sans exception.* Une ferme bien exploitée exige un grand nombre d'instrumens aratoires, des charrettes et charrues, des bestiaux de toute nature employés à l'exploitation, et qui n'offrent une spéculation utile qu'autant qu'ils sont d'une belle qualité, c'est-à-dire d'un haut prix. Calculez ce qu'il a fallu de capitaux pour monter une telle ferme. Cependant le fermier qui, après ses premières avances, n'a point encore à sa disposition des capitaux (au moins deux années du prix de sa ferme), court infailliblement à sa ruine. Eprouve-t-il plusieurs années de disette pendant le cours du bail, le voilà réduit aux emprunts; se présente-t-il une ou deux années d'abondance, il faut qu'il donne à vil prix. Il ne peut spéculer sur ses propres denrées. Le moyen qu'un tel cultivateur puisse améliorer sa culture! à peine peut-il subsister avec sa famille et payer son exploitation.

Ce que je dis ici du fermier s'applique plus encore au propriétaire cultivateur. Je lui répèterai sans cesse : *Laudato ingentia rura exiguum colito.* Un nombre borné d'arpens de terres bien cultivés, c'est-à-dire où l'on n'a négligé aucun moyen d'en tirer tous les produits possibles, valent mieux que de vastes possessions négligées et livrées à des fermiers insoucians, et qui n'ont pas, comme l'on dit, les reins assez forts pour en tirer un bon parti. Je ne crains point de dire à de tels propriétaires : Vendez une portion de vos immenses propriétés pour employer les capitaux sur ce que vous conserverez; mais ce n'est pas tout que d'avoir des fonds ruraux, des capitaux disponibles, il faut encore avoir de l'intelligence, savoir *son métier;* car l'agriculture en est un, et ce n'est pas le plus facile, puisque vous avez à combattre tous les élémens, et, ce qui est pis encore, les intérêts opposés, et souvent les institutions mêmes des hommes. Vaincre ces difficultés, concilier tant d'intérêts, est le but de cet ouvrage consacré aux cultivateurs et aux fermiers; puisse-t-il avoir rempli le but qu'on s'est proposé en le traçant! (CHAS.)

AVANCOULE. C'est l'ERS. *Voyez* LENTILLE.

AVANT-COEUR. Une humeur, de quelque nature qu'elle soit, située au-devant du poitrail, prend le nom d'*avant-cœur* ou d'*anti-cœur*. Si elle est phlegmoneuse et d'un genre inflammatoire, on doit la regarder comme un apostème chaud, et la traiter de même. (*voyez* APOSTÈME, PLEGMON.) Si elle est squirreuse et de la nature du kiste, elle est dure, sans chaleur, sans douleur, et de la grosseur du poing : les mules de charrettes et tous les animaux auxquels on met des colliers, y sont très exposés.

Pour guérir le kiste, il s'agit de fendre la peau dans toute la longueur de la tumeur; la matière contenue dans le sac étant vidée, il faut panser la plaie avec le digestif animé jusqu'à parfaite cicatrisation. Le squirre demande à être emporté en entier; l'extirpation peut occasionner une hémorragie considérable. Dans ce cas, l'amadou ou une pointe de feu appliquée sur l'orifice du vaisseau suffit pour l'arrêter. (R.)

AVANT-PÊCHE. *Voyez* au mot PÊCHER.

AVANT-PIEU. On donne ce nom à une espèce de pince de fer, pointue par l'extrémité inférieure et aplatie par la partie supérieure, laquelle sert à faire des trous pour planter des jalons, des piquets, des échalas de treillage et des tuteurs; on s'en sert particulièrement lorsque la terre est trop ferme et qu'elle est recouverte d'un aire de recoupes. Ce nom lui vient de l'usage auquel on l'emploie. (TH.)

AVÉ. Troupeau de bêtes à laine.

AVELANÈDE ou VELANÈDE. Cupule du gland du chêne de ce nom, figuré par Olivier dans son Voyage dans l'empire ottoman, et qu'on emploie dans la teinture noire. *V.* CHÊNE.

AVELINE et AVELINIER. Ce sont l'arbre et le fruit d'une variété de NOISETIER.

AVERNO. Nom patois de l'AUNE.

AVERON. Espèce d'avoine.

AVET. C'est le SAPIN COMMUN, *Pinus picea*, dans quelques cantons des Alpes.

AVETTE. On appelle ainsi dans quelques lieux l'ABEILLE DOMESTIQUE.

AVENUE. Grands arbres plantés en ligne, sur deux ou quatre rangs, des deux côtés de la route qui conduit immédiatement à une habitation.

Une avenue annonce dignement la maison d'un riche propriétaire, et concourt souvent beaucoup à l'embellir. C'est presque le seul cas où une plantation régulière produise toujours un bon effet. Aussi les avenues sont-elles communes autour des grandes villes, c'est-à-dire là où il y a souvent réunion de fortune et de bon goût.

Les arbres qu'on emploie à la formation des avenues sont les mêmes que ceux qui servent à planter les grandes routes (*voyez* ROUTE), parcequ'ici comme là il faut qu'ils soient assez gros pour se défendre par eux-mêmes des atteintes des malfaiteurs et des ravages des bestiaux. L'ORME, le TILLEUL, les PEUPLIERS de plusieurs sortes, l'ACACIA, l'ÉRABLE-SYCOMORE, le MARONNIER, le NOYER, le POMMIER, le POIRIER, le CÉRISIER, le PLATANE, sont ceux qu'on y voit le plus fréquemment dans les environs de Paris; et, dans le midi, le MURIER se joint à eux.

Comme j'ai indiqué à chacun de ces arbres la qualité de la terre qu'il demande, ainsi que le mode de sa plantation, je n'ai à entrer ici que dans quelques considérations générales relatives aux avenues en particulier.

Quelques écrivains se sont élevés contre les avenues, sous prétexte qu'elles enlevoient du terrain à l'agriculture, comme si des arbres, comme si de l'herbe étoient des choses inutiles. D'ailleurs, qui empêche de semer des céréales, des prairies artificielles, etc., dans toutes les parties de ces avenues qui ne servent pas au passage des voitures? Les jouissances de la vue n'entrent-elles donc pas dans la somme du bonheur? Pour moi j'approuve les avenues, et je serai toujours disposé à en conseiller la plantation à tous les propriétaires qui en auront les moyens.

La largeur d'une avenue doit toujours être proportionnée à sa longueur et à celle du bâtiment en face duquel elle est placée. L'espèce de l'arbre qu'on y plante influe aussi pour quelque chose sur cet objet. Celle en peupliers d'Italie, arbres qui s'élèvent hauts et droits, peut être plus étroite que celle en pommiers, qui étendent leurs branches parallèlement au terrain. Il en est de même de la nature du sol; elle peut être plus large dans un bon que dans un mauvais. On a établi, comme règle générale, qu'une avenue de cent toises de longueur doit avoir six à huit toises de large; celle de deux cents toises, huit à dix; celle de trois cents toises et au-delà, de dix, douze, quatorze, seize, etc.

Les mêmes circonstances déterminent la distance qu'il y a entre chaque arbre. Le peuplier d'Italie peut n'être écarté que de six pieds, et le pommier a besoin de l'être au moins de trente. Plus le terrain est mauvais, et plus ces arbres peuvent être rapprochés; plus la ligne est longue, et plus ils doivent être écartés, toutes circonstances d'ailleurs égales. Je ne blâmerai jamais un propriétaire qui plantera plutôt trop écarté que trop rapproché. Il a à choisir entre vingt et quarante pieds. Les allées latérales ou contre-allées, lorsqu'il y en a, auront la moitié de la largeur de l'allée principale.

La première attention à avoir dans la formation d'une avenue est de tracer sa direction au moyen de jalons plantés de distance en distance, et d'une ligne tracée à la pioche ou à la charrue; la seconde, de faire les trous à une distance égale; la troisième, de planter les arbres. *Voyez* au mot PLANTATION.

Un fossé en dehors de l'avenue est toujours une chose utile, principalement pour la défendre pendant sa jeunesse des dommages des bestiaux. Quand on n'en fait pas, on garnit les arbres avec une poignée d'épine liée avec une hart ou un fil de fer.

Une haie, soit en dehors, soit dans l'intervalle des arbres, est souvent un moyen propre à augmenter la beauté d'une avenue.

Beaucoup de propriétaires font tailler ou en éventail, et arrêter à une certaine hauteur, ou élaguer tous les trois ou quatre ans, en les laissant filer, les arbres de leurs avenues, lorsqu'ils ne sont pas du nombre des fruitiers. Je ne les approuve ni sous le rapport de l'agrément, ni sous celui de l'utilité. Une allée de tilleuls peut être taillée dans un jardin sans que l'œil le blâme; mais une avenue de tilleuls abandonnée à elle-même fera toujours un plus bel effet. Les arbres utiles, comme l'orme, s'ils sont taillés ou élagués, offriront de plus l'inconvénient d'un retard dans leur croissance. *Voyez* ROUTE et ARBRE.

Comme une avenue a d'autant plus de majesté que les arbres qui la composent sont plus vieux, il faut s'attendre à avoir des remplacemens à y faire. Ce n'est jamais alors des pieds de même espèce qu'on doit employer, parcequ'ils ne réussiroient pas. *Voyez* au mot ASSOLEMENT. Des arbres à croissance rapide, comme les peupliers, les platanes, les acacias, etc., doivent être préférés. Mais l'uniformité, dira-t-on? Mais la variété, répondrai-je? Ceci me conduit à parler de l'opinion où l'on est généralement qu'il faut qu'une avenue, une allée, une route, soient toujours composées de la même espèce d'arbres; mais comme cette matière sera traitée au mot ROUTE, j'y renvoie le lecteur. (B.)

AVINER UN TONNEAU. C'est l'imbiber de vin avant de s'en servir. *Voyez* TONNEAU.

AVIVES ou PAROTIDES. Ce sont des glandes situées à la partie supérieure et postérieure de la ganache, dans l'intervalle qui se trouve entre la tête et le cou, au-dessous de l'oreille.

Ces parties se gonflent quelquefois dans la gourme, à la suite d'une blessure, d'une piqûre, d'un coup, et sur-tout lorsqu'un cheval venant d'être échauffé par un exercice violent s'abreuve d'une eau trop vive ou froide.

Dans le premier cas, la suppuration des glandes est avantageuse. Il faut la favoriser par l'application des cataplasmes émolliens et maturatifs. Dans le second, au contraire, les résolutifs et les spiritueux sont à préférer. Quant au troisième, nous indiquons la saignée : cette opération doit même être répétée, suivant la douleur des avives et la violence des autres symptômes.

Il est une espèce de tranchée que les maréchaux appellent avives. Dans celles-ci, les glandes parotides ne sont ni engorgées, ni douloureuses, ni enflammées; nous en avons une preuve dans l'opération pratiquée par les maréchaux sur les chevaux qui en sont attaqués. Ils battent fortement ces glandes, et les percent avec une flamme ou la pointe d'un couteau; si elles étoient vraiment douloureuses, cette cruelle opération, bien loin de contribuer au soulagement de l'animal, ne tendroit au contraire qu'à le tourmenter vivement, à l'agiter avec force et à le rendre comme furieux : c'est ce que nous ne voyons pas.

Il arrive donc que ce qui est appelé *avives*, dans cette circonstance, n'est autre chose que ce qu'on appelle tranchées, d'autant plus que les signes du premier mal sont les mêmes que ceux du second. L'animal perd tout d'un coup l'appétit, il se tourmente excessivement par la douleur qu'il sent, il se couche, se roule par terre, se débat fortement, se lève, tombe, et meurt quelquefois s'il n'est promptement secouru.

Les remèdes propres aux tranchées conviennent à cette espèce d'avives, sans qu'il soit nécessaire de les battre et de les percer. Le résultat d'une pareille opération est d'ouvrir le conduit salivaire. La salive s'échappant continuellement, les digestions sont en défaut, et l'animal tombe dans l'atropie et le marasme. (R.)

AVOCATIER, Poirier avocat, Laurier avocat, *Laurus persea*, L. On donne ces noms à un très bel arbre fruitier du genre des Lauriers (*voyez* ce mot) qui croît dans l'Amérique méridionale, et qu'on y cultive ainsi que dans les Antilles. Sa hauteur est de trente à quarante pieds, sa tige est élancée, et son feuillage superbe. Il conserve toute l'année ses feuilles, qui sont ovales-oblongues, disposées alternativement sur les branches, d'une consistance un peu ferme et d'un vert uni, avec des veines ou nervures transversales. Ses fleurs petites et blanchâtres naissent en corymbes. Son fruit, qu'on appelle *avocat*, ressemble assez, pour la couleur et la forme, à notre poire vertelongue, mais sa grosseur est double ou triple. Il a une peau lisse et mince, ordinairement verdâtre, quelquefois pourpre ou violette, et une pulpe abondante, grasse au toucher, comme butireuse, et qui se fond dans la bouche. Sa saveur est agréable et peut être comparée à une aveline bien mûre.

En Amérique, on sert l'avocat sur toutes les tables, et on le mange communément à l'entrée du repas, coupé par tranches comme le melon, et assaisonné d'un peu de sel. Il contient un noyau très gros, dur, arrondi, et qui se trouve placé à peu près au centre de la pulpe sans y adhérer. Ce noyau n'est bon à rien, si ce n'est à reproduire l'arbre : on doit le mettre en terre aussitôt après la maturité du fruit.

La croissance de l'avocatier est rapide. Il aime un sol substantiel et pourtant assez léger, tel que celui qui convient à la canne à sucre ; aussi sa présence est-elle presque toujours l'indice d'un bon terrain. Comme il a une cime élevée et un port élégant il est propre à former des avenues ; il produit un bel effet le long des rivières et des plantations de cannes, et il figure sur-tout d'une manière avantageuse dans les vergers. (D.)

AVOINE ou AVEINE. Genre de plantes de la triandrie digynie et de la famille des graminées, qui intéresse essentiellement les cultivateurs des parties septentrionales de l'Europe, et principalement ceux de la France, parceque c'est une de ses espèces qui leur fournit la nourriture en grains et en paille la meilleure et la plus économique qu'ils puissent donner à leurs bestiaux, sur-tout à leurs chevaux et vaches, et qu'en cas de nécessité ils en mangent eux-mêmes les graines en pain, en bouillie, en gruau, etc.

Les botanistes connoissent aujourd'hui environ quarante espèces de ce genre, parmi lesquelles moitié appartiennent à la France, et six seulement sont dans le cas d'être mentionnées ici, comme assez communes pour ne devoir pas rester inconnues à la majorité des agriculteurs, les autres ne se trouvant que sur le sommet des hautes montagnes.

Ces espèces sont :

1° L'AVOINE CULTIVÉE. Elle est annuelle, a les fleurs disposées en panicules et réunies deux par deux dans un calice commun, et les graines toujours renfermées dans la balle florale. Olivier, de l'institut, l'a trouvée sauvage en Perse, d'où on doit croire qu'elle en est originaire, ainsi que l'épeautre, l'orge et autres plantes qui font l'objet principal de nos cultures. Ses variétés sont nombreuses, et les unes préférables aux autres dans telle nature de terrain, d'après tel motif, etc. C'est elle qui est particulièrement le but de cet article, et sur laquelle je reviendrai en conséquence lorsque j'aurai fait mention des autres.

2° L'AVOINE NUE. Elle est annuelle, a les fleurs disposées en panicules et réunies trois par trois dans un calice commun, et ses graines se séparent de la balle florale après leur maturité. On la regarde comme une espèce distincte de la précédente, quoique ses grands rapports avec elle puissent faire croire qu'elle n'en est qu'une variété. Il est des pays où on préfère la cultiver; c'est principalement comme pouvant donner facilement un excellent gruau qu'elle mérite cette préférence. J'ai vu de ces gruaux en Suisse; j'en ai reçu de la Russie.

3° L'AVOINE FOLLE, *avena fatua*, Lin., plus connue sous les noms de *folle avoine*, d'*averon*, d'*avron*, etc., est annuelle, a la tige géniculée, les fleurs disposées en panicules et réunies trois par trois dans le même calice, les graines couvertes de poils roux dans leur moitié inférieure. On en trouve une variété qui se fait remarquer par sa panicule unilatérale. Elle croît naturellement dans les champs, aux produits desquels elle nuit souvent par son abondance, à raison de ce qu'elle est plus précoce qu'aucune des céréales cultivées, et qu'elle épuise le sol des sucs qui auroient servi à faire croître ces dernières. Il est fort difficile de la détruire, parceque ses graines mûrissent pour la plupart avant les premières récoltes : cependant on y parvient en semant des plantes étouffantes vivaces, telles que le trèfle, la luzerne; ou des plantes étouffantes annuelles, telles que les pois gris, les vesces, les gesses, etc.; ou enfin des plantes qui exigent des binages de printemps, comme les pommes de terre, les carottes, les fèves, les haricots, le maïs, etc. Tous les autres moyens indiqués dans les auteurs, ou en usage dans les campagnes, sont ou insuffisans ou trop coûteux; la grande agriculture ne doit jamais agir que par de grands moyens.

Au reste, les tiges et les feuilles de la folle avoine sont du goût de tous les bestiaux, lorsqu'elles ne sont pas encore desséchées; et si ses graines déplaisent aux chevaux, c'est uniquement à cause de leur dureté et des poils dont leur base est hérissée.

4° L'avoine élevée, ou fromental a les racines vivaces, les fleurs disposées en panicules et réunies deux par deux dans le même calice, dont l'une est hermaphrodite et l'autre mâle. Elle croît naturellement dans les prés, sur le bord des bois et autres lieux incultes. Sa végétation est très précoce. Sa hauteur surpasse souvent quatre pieds. C'est un fourrage des plus abondans et des plus recherchés par tous les bestiaux; aussi ne peut-on trop le multiplier dans les terrains qui lui conviennent, c'est-à-dire dans ceux qui ne sont ni trop secs ni trop aquatiques. C'est lui qui rend les pâturages de la Hollande, de la ci-devant Normandie, etc., si excellens pour l'engrais des bestiaux. Toute prairie qui en contient beaucoup doit être plus prisée que celle qui n'en contient point, et on doit l'introduire dans cette dernière par le moyen du semis de ses graines. Semée seule, elle forme des prairies artificielles qui donnent jusqu'à trois coupes annuelles et qui durent long-temps, mais qui ont l'inconvénient de n'être en plein rapport que la troisième année. On doit toujours faucher ces prairies avant la floraison, parceque, dès cette époque, le fourrage en devient dur et insipide. Beaucoup de cultivateurs pensent qu'il est mieux de mêler cette plante dans les prairies naturelles que de la cultiver isolément. Ils peuvent avoir raison; mais il est des convenances locales qui doivent militer contre leur opinion. Plusieurs autres croient qu'on gagne plus à la faire paître sur place que de la faucher; et cela est encore vrai dans certains cas, principalement au premier printemps, quand on manque de pâturages ou de fourrages verts d'une autre espèce.

Lorsqu'on veut former une prairie artificielle en fromental, on le sème fort épais au printemps avec de l'avoine ou de l'orge après avoir préparé la terre par deux labours au moins. La récolte de l'orge ou de l'avoine paye les frais et la rente de la terre. Les bestiaux sont rigoureusement écartés du semis pendant la première année. La seconde, on peut déjà le couper une ou deux fois, et y mettre ensuite les bœufs et les vaches. Ce n'est, comme je l'ai déjà observé, qu'à la troisième année que le produit commence à devenir complet. Alors tous les bestiaux peuvent y paître sans plus d'inconvéniens que les autres prairies. A la huitième ou dixième année, selon que le terrain est plus ou moins bon, cette prairie commence à se dégrader, et par conséquent à se trouver dans le cas d'être labourée ; mais elle peut rester en rapport peut-être le double de ce temps.

En général, quoique les cultivateurs connoissent les avantages du fromental, ils n'en tirent pas tout le parti qu'ils devroient. Je crois devoir conseiller à ceux qui ont une exploitation un peu considérable d'en avoir toujours une petite pièce au moins pour pouvoir obtenir la graine nécessaire au semis de leurs prairies naturelles et autres.

5° L'avoine jaunatre, ou avoine dorée, *Avena flavescens*, Lin., a la racine vivace, les fleurs disposées en panicules lâches, et réunies trois par trois dans le même calice. Elle croît dans les prés secs, et s'élève à environ deux pieds. C'est une des plus excellentes graminées des prés ; celle qui, aux environs de Paris, compose ce qu'on y appelle le *foin fin*. On ne peut donc trop la multiplier. Une terre fertile, mais sèche, est presque la seule qui lui convienne ; cependant elle se trouve quelquefois avec l'espèce précédente, qui est moins délicate sur la nature du sol, et qui ne craint pas autant l'humidité. Je ne sache pas que nulle part on en ait fait des prairies artificielles ; mais je sais bien que par-tout où cela est possible on la devroit faire entrer dans les prairies naturelles. Tout ce que j'ai dit à l'occasion du fromental peut s'appliquer parfaitement ici.

6° L'avoine des prés qui est vivace, qui a les fleurs presque disposées en épis, et réunies cinq par cinq dans un même calice, paroît posséder en Allemagne les mêmes avantages que la précédente ; mais elle est rare en France.

Je reviens à l'avoine cultivée, qui fait la richesse des plaines de tout le nord et de l'est de la France.

Les différentes variétés d'avoine, outre la nue dont il a déjà été question, sont :

L'*avoine brune* est plus grosse que ce que je regarde comme le type de l'espèce. Au reste, on doit la confondre souvent avec elle.

L'*avoine blanche*. Elle a les grains longs, peu renflés, souvent nullement colorés et très abondans. On la cultive plus à raison de l'abondance de ses produits que de sa bonne qualité.

L'*avoine noire* a les grains plus courts et plus renflés que ceux de la précédente. Elle n'a pas de barbes, ou ses barbes sont très courtes. C'est principalement dans la ci-devant Bretagne qu'on la cultive. L'avantage dont elle jouit de résister aux gelées plus que les autres devroit faire étendre sa culture.

L'*avoine fleurie* ressemble beaucoup à la précédente ; mais ses grains sont couverts d'une poussière blanche comparable à la fleur des prunes et des raisins. Je l'ai cultivée pendant plusieurs années.

L'*avoine de Hongrie*, qu'on devroit plutôt appeler *avoine unilatérale*, a la panicule très serrée, les grains très gros, sans barbes, et tous tournés d'un même côté. C'est une des variétés les plus productives ; mais elle demande un terrain fertile. On la cultive dans l'Allemagne, la Belgique, et autres contrées voisines. Elle commence à s'introduire dans les départemens du nord de la France.

L'*avoine rouge* a les grains d'un fauve rougeâtre. On la cultive dans le pays de Caux. C'est celle qu'on préfère pour les voyages de mer, parcequ'elle prend moins l'humidité. Elle est fort productive et très pleine.

L'*avoine à deux barbes* diffère de toutes les autres, en ce que ses deux fleurs sont garnies de barbes. Son grain est petit, mais très abondant. On la cultive dans les montagnes du centre de la France, aux environs de Clermont, etc. Son avantage principal est de croître dans les plus mauvais terrains.

L'*avoine à deux barbes unilatérale* diffère de la précédente parceque ses grains sont tournés d'un même côté. Elle est encore plus petite. Les terrains les plus légers, ceux dans lesquels les autres avoines ne viennent pas, lui conviennent le mieux, ce qui la rend très intéressante.

L'avoine est une plante du nord, comme l'orge est une plante du midi. Elle aime la fraîcheur, aussi c'est un terrain substantiel qu'il lui faut. J'en ai vu réussir parfaitement sur des défrichis dont on n'avoit pour ainsi dire qu'égratigné la surface. C'est toujours l'avoine qui doit commencer la série des assolemens lorsqu'on retourne une prairie naturelle ou artificielle, lorsqu'on arrache un bois, etc. Les bons fonds, les sables gras, les terres fortes en produisent beaucoup. Il faut renoncer à en semer dans les sables purs, dans les craies et autres terres sèches et arides, à moins qu'on ne les fume abondamment avec du fumier de vache, et dans ceux qui ont été trop souvent ou trop bien labourés. *Voyez* ASSOLEMENT.

En Beauce et dans beaucoup d'autres cantons de la France, il est d'usage de semer l'avoine immédiatement après le froment, et sur un seul labour fait au printemps. On a remarqué qu'elle venoit moins belle quand on avoit donné deux façons à la terre. Il est tels champs qu'on laboure avant le dégel, afin de leur laisser prendre le plus de compacité possible ; ce sont ceux qui sont les plus légers.

Cette plante craint tant la sécheresse, qu'il est des lieux où on est obligé de la semer avec la vesce, à la faveur de laquelle elle conserve de la fraîcheur à son pied. Dans d'autres endroits on la sème avec l'orge par la même raison. Mais il ne faut pas, dans ce dernier cas, donner la paille aux bestiaux, que les barbes de l'orge incommoderoient.

Quoique se plaisant dans un terrain frais, l'avoine ne veut pas cependant trop d'humidité ; c'est une des raisons qui empêche d'en semer dans la Sologne. Le même principe exige que les cultivateurs de la Brie et autres pays à terres fortes et humides labourent leurs champs deux fois et ne les ensemencent qu'en avril dans les années pluvieuses.

Dans quelques cantons l'avoine est le principal objet de culture, dans d'autres ; comme en Brie et en Beauce, c'est le second. Elle n'est que le troisième ou le quatrième dans beaucoup d'endroits.

On est dans l'usage de ne point fumer la terre dans laquelle on sème de l'avoine après le froment. Elle profite des restes de celui qui y a été mis l'année d'auparavant. Il ne faut pas de fumier dans les terres qui sont restées long-temps en jachères, ni dans les prés, ni dans les étangs défrichés. Il arrive même souvent que l'avoine acquiert dans des localités de cette sorte une telle vigueur, qu'elle n'y donne presque pas de graine et qu'elle y verse. *Voyez* au mot EFFANURES.

C'est du choix de la graine que dépend le succès de tous les semis. On reproche aux cultivateurs de ne pas laisser assez mûrir leurs avoines ; et, en effet, dans beaucoup de pays on est dans l'habitude de les couper avant leur maturité, pour éviter leur égrainement et pour que la paille soit plus succulente pour les bestiaux. On devroit au moins réserver quelques parties pour ne les couper qu'au moment précis indiqué par la nature, et en employer le produit aux semis. Il faut que l'avoine soit rigoureusement nettoyée de tous grains étrangers, mais il n'est pas toujours nécessaire de choisir la plus belle ; car j'ai l'expérience que celle qui avoit été rebutée, même par les volailles, donnoit quelquefois de fort bonnes récoltes.

Peu de cultivateurs chaulent l'avoine ; cependant, comme elle est très sujette au charbon, il seroit toujours avantageux de le faire. *Voyez* aux mots CHAULAGE, CHARBON. Comme dans cette opération elle prend beaucoup plus d'eau que le froment, il faut la laisser sécher plus long-temps.

Il est des fermiers qui renouvellent leur semence d'avoine de temps en temps. Cet usage est peut-être fondé pour eux en raison, mais ne l'est pas en principe général, ainsi qu'il sera prouvé au mot SUBSTITUTION de semence. Ce n'est que lorsque, par défaut de chaulage et défaut de criblage, les avoines sont trop infestées de CHARBON et de graines d'herbes, qu'elles ont été mêlées avec de l'orge, du seigle, etc. que ce changement devient utile.

Le temps de semer les avoines dépend du climat, du sol,

de l'exposition, etc. On fait en France cette opération depuis le mois de septembre jusqu'au mois d'avril. Au nord, on la sème toujours au printemps, et au midi, souvent en automne. Dans ce dernier cas on risque de la perdre par suite des gelées ou des pluies de l'hiver; mais la récolte est si avantageuse lorsqu'on évite ces deux accidens, qu'on ne craint pas d'en courir les risques. Dans la ci-devant Bretagne on recherche beaucoup les avoines d'hiver pour la fabrication des gruaux. On y a remarqué que l'avoine noire résistoit mieux aux évènemens de cette saison que les autres variétés.

Aux environs de Paris on commence à semer les avoines en février et on finit en avril. Les terres sèches sont les premières semées, parcequ'elles sont le plus tôt praticables. Au reste, l'époque précise varie tous les ans pour chaque exploitation, par l'effet des gelées ou des pluies. Le principe général est que les premières semées sont les plus belles si le temps leur est favorable, parcequ'elles ont une végétation plus lente et plus longue.

La quantité de semence qu'on doit répandre varie suivant la saison et le terrain. Celle qu'on sème en automne doit être plus drue parcequ'il en périt davantage. Celle qu'on sème au printemps sera claire dans les bons terrains où elle doit taller, et épaisse dans les terres médiocres. L'expérience a prouvé que huit à dix boisseaux, ancienne mesure de Paris, qui est d'environ un tiers de plus que le décalitre, par arpent de cent perches à vingt-deux pieds la perche, étoient la quantité moyenne convenable. En employant cette proportion on recueille beaucoup de grains et de l'excellente paille, tandis que si on en mettoit moins, on récolteroit plus de grain, mais de la paille dure et peu agréable aux bestiaux. Tout est à calculer en agriculture.

Dans certains lieux on sème l'avoine sur le chaume et on l'enterre à la charrue. Dans d'autres, comme dans les environs de Paris, on la sème sur le labour et on l'enterre avec la herse. En Angleterre et même dans quelques parties de la France on la sème en raies, non avec un Semoir (*Voyez* ce mot) machine qui en général ne peut être regardée que comme propre à favoriser les expériences des riches amateurs, mais en la répandant à la main dans le fond des sillons ou dans une rainure que fait au sillon voisin une cheville de deux à trois pouces de long fixée dans l'oreille de la charrue. Ces trois méthodes ont leurs avantages et leurs inconvéniens. Dans la première il y a des grains trop enterrés qui ne lèvent pas, mais les autres lèvent mieux, et leur produit pousse avec plus de vigueur à raison de la plus grande fraîcheur dans laquelle il se conserve. Dans la seconde, il y a consommation de graine par les oiseaux, les mulots, etc.; mais tous ceux qui échappent poussent plus promptement. Dans la troisième, les pieds étant plus espacés tallent davantage et deviennent plus beaux; on peut d'ailleurs les sarcler plus facilement, même les biner si on le juge à propos. Au reste Arthur Young, si partisan en général des cultures par rangées, s'est assuré, par l'expérience, qu'elles n'étoient pas utilement applicables à l'avoine; et je suis de son avis. Quant à son PLANTAGE, *voyez* ce mot.

Si la terre est humide et le temps doux, l'avoine ne tarde pas à lever; mais elle fait peu de progrès jusqu'au mois de mai; alors elle s'élève rapidement. C'est en juin qu'elle épie. En avril il est bon de la ROULER (*voyez* ce mot) pour écraser les mottes et CHAUSSER ses pieds (*voyez* ce mot), et en mai de la faire SARCLER. *Voyez* ce mot. Il faut, pour qu'elle donne une bonne récolte, qu'il pleuve peu après qu'elle est semée et dans le mois de juin. On a remarqué qu'elle ne réussissoit jamais mieux que quand les mois d'avril et de mai étoient froids, et la fin de juillet très chaude. Lorsque son grain est formé elle n'a presque plus à croître.

L'avoine la première semée est la première mûre. Dans le climat de Paris on coupe ordinairement les avoines d'automne vers le 15 juillet, et les dernières semées au printemps, à la fin d'août ou au commencement de septembre. Le moment de les couper est indiqué par le changement de couleur de la paille et des balles. Quelquefois dans un même champ toute l'avoine ne mûrit pas à la fois, soit parcequ'il s'y trouve des endroits plus frais, soit parcequ'elle n'a pas levé en même temps, soit parceque ses pousses latérales se sont développées plus tard. C'est au cultivateur à examiner s'il est de son intérêt de se presser de la couper ou d'attendre.

J'ai observé plus haut qu'on coupoit ordinairement les avoines avant leur maturité et pourquoi. Il faudroit examiner actuellement s'il est aussi avantageux que le disent la plupart des cultivateurs de les laisser long-temps sur le champ exposées à être mangées par les animaux, détachées par les vents, la grêle; noircies, moisies, germées, pourries par l'effet des rosées ou des pluies; mais cet objet sera traité au mot JAVELLER. Je dirai seulement que cette pratique est contraire à toute raison, et doit être proscrite de toute exploitation bien réglée.

On coupe l'avoine à la faux ou à la faucille. La première manière est la plus économique, la plus expéditive, et doit par conséquent être préférée dans tous les cas; cependant il y a des avoines si hautes (quatre pieds) et si épaisse, qu'il faut être faucheur bien vigoureux et bien expérimenté pour les entreprendre ; alors la faucille peut être préférée avec avantage. *Voy.* au mot FAUCHER et SCIER.

Selon que l'avoine est coupée avec la faux ou avec la faucille elle se dispose différemment. Dans le premier cas elle forme des ANDINS, dans le second, des JAVELLES. *Voyez* ces mots. On les ramasse ensuite avec des râteaux de bois, qu'on appelle FAUCHET, pour en faire des tas nommés OISONS, qu'on lie ensuite en mettant à peu près autant d'épis d'un côté de la gerbe que de l'autre. Ces opérations sont connues sous les noms d'*écorcheler*, d'*éfaucheter*, dans certains cantons.

On conserve l'avoine dans sa balle, soit dans la GRANGE, soit en MEULE ou GERBIER, comme le FROMENT, le SEIGLE et autres CÉRÉALES. *Voy.* ces mots.

On estime qu'en terre de qualité moyenne un arpent de cent perches a vingt-deux pieds, après une récolte de froment, peut rendre, année commune, 120 gerbes de paille, et 65 boisseaux de grains.

On bat, on vanne, on crible l'avoine comme le blé et autres céréales. *Voyez* BATTAGE, VANNAGE, CRIBLAGE.

Il est des cultivateurs qui coupent leurs avoines bien avant la maturité des graines pour la donner en vert à leurs bestiaux, ou pour la faire sécher comme le foin. C'est un excellent fourrage, mais qui malheureusement revient trop cher et ne peut par conséquent être employé que dans les cantons où il ne se trouve pas de prairies naturelles ou artificielles, comme dans les parties méridionales de la France. Aux environs de Paris on en donne assez souvent en vert, au printemps, aux chevaux de luxe pour les remettre en état, les rafraîchir, les *purger*, comme disent les cochers.

Toutes les plantes annuelles et vivaces qui croissent dans les champs peuvent nuire à la beauté des avoines ; c'est pourquoi j'ai recommandé de bien purger les semences de leurs graines et de ne pas manquer de sarcler, au moins une fois, les champs qui en contiennent. *Voyez* aux mots SEMENCE, SARCLAGE et CRIBLAGE.

Il existe une chenille, celle d'une PYRALES, qui vit dans l'intérieur du chaume des avoines, et qui en fait périr beaucoup de pieds. Son histoire a été tracée au mot CHENILLE. J'ai vu cette chenille exercer des ravages considérables dans la Beauce, sans qu'il fût possible d'y apporter obstacle. Mais ce qui nuit le plus aux récoltes d'avoine, c'est le CHARBON. J'ai fait sur cette maladie des recherches fort étendues qui sont rapportées à ce mot.

Les fanes fraîches d'avoine sont, ainsi que je l'ai déjà dit, du goût de tous les bestiaux. Elles les rafraîchissent. Le lait des vaches qu'on en nourrit s'améliore sensiblement. La paille desséchée à la suite de la maturité du grain ne leur plaît pas autant, mais cependant ils en mangent volontiers lorsqu'elle n'est pas altérée. Parmi eux les vaches et les bœufs sont ceux qui s'en accommodent le mieux. Elle fait une partie considérable de leur nourriture dans quelques pays. On en donne aussi fréquemment aux moutons, et quelquefois avec le grain. L'emploi qu'on en fait pour ces objets dans les exploitations rurales est très considérable. Ce qui est de trop pour la consommation des bestiaux, ou ce qui est moisi ou pourri, sert à faire de la litière et à augmenter la masse des fumiers.

Les balles d'avoine, qu'on appelle vulgairement *menues pailles*, se donnent également aux vaches et aux moutons. Les pauvres s'en font des couchettes pour eux et leurs enfans au berceau. On en garnit les caisses qui contiennent des choses fragiles.

Les grains d'avoine sont un aliment pour les hommes et pour les bestiaux. Ils rendent peu de farine, et le pain qu'on en fabrique est noir, lourd, sans liaison et d'une amertume nauséabonde. Il m'a paru extrêmement désagréable. On assure cependant qu'on s'y accoutume facilement. Cette farine sert à faire des crêmes et des gâteaux de plusieurs sortes qui ne sont pas sans délicatesse. Il y a un grand choix à cet égard. Les environs de Tréguier passent pour fournir la meilleure avoine de toute la ci-devant Bretagne, pays où il s'en fait une grande consommation. Ce même pays est renommé pour ses gruaux d'avoine, dont il s'exporte une assez grande quantité pour l'usage de la médecine.

La plus grande consommation d'avoine en grain est pour la nourriture des animaux domestiques. Quadrupèdes et volatilles, tous l'aiment avec passion. On la réserve sur-tout pour la nourriture des chevaux dans tout le nord de la France et de l'Europe. On a soin de ne pas la leur donner nouvelle ou mouillée, pour éviter qu'elle ne leur cause des indigestions, ou ne les relâche trop. Les chevaux ne broient pas toute celle qu'ils avalent, car les volailles en trouvent beaucoup dans leurs excrémens, lorsque ces excrémens sont portés ou rendus dans les champs; ce qui a fait croire qu'il vaudroit mieux la leur faire manger moulue ou convertie en pain. Cependant il faut observer que la mastication étant essentielle à la digestion, on priveroit les chevaux de cette fonction, si on ne leur donnoit pas l'avoine en grains. Les moutons qu'on engraisse, les brebis qui allaitent, et les agneaux, se nourrissent avec avantage du grain d'avoine. Elle accélère la ponte des oiseaux domestiques et les engraisse rapidement; aussi leur en donne-t-on au premier printemps lorsqu'on veut avoir des œufs de bonne heure.

L'avoine dont le grain est le plus gros, le plus tendre, le plus farineux est celle qu'on recherche davantage, et ces qualités se trouvent ordinairement dans l'avoine noire. Un grain très gros n'annonce pas toujours une avoine tendre et nourrissante. Il faut de plus une écorce mince. A Paris on estime beaucoup l'avoine brune de Champagne, qui y arrive facilement par la Marne et la Seine.

L'avoine se vend à la mesure comme les autres grains. Il est d'usage de faire cette mesure comble. On donne ordinairement à un cheval qui travaille un boisseau d'avoine par jour. La moitié suffit pour la nourriture d'un âne.

La conservation de l'avoine est beaucoup plus facile que celle du froment. Il suffit de l'empêcher de s'échauffer en la remuant de temps en temps, et sur-tout de veiller à ce qu'elle ne soit pas mouillée par l'eau des pluies. Les excrémens des chats et des souris en dégoûtent fréquemment les chevaux. Un palefrenier ou un valet d'écurie soigneux ne donne jamais de l'avoine, quelque bien nettoyée qu'elle soit, sans la nettoyer de nouveau, c'est-à-dire la vanner ou la remuer sur un crible à petits trous. Ne feroit-il qu'enlever quelques unes des petites pierres qu'elle contient si souvent, et qui usent rapidement les dents des chevaux, qu'il rendroit un grand service à son maître.

Lorsqu'on achète de l'avoine, il faut faire attention si elle n'a pas été moisie, ce qu'on reconnoît à l'odeur et à la couleur; je dis n'a pas été, parceque les marchands savent faire disparoître le blanc (petits champignons), qui est l'indice le plus apparent de la moisissure, en la lavant. Il faut également examiner si elle n'a pas été récemment mouillée, ce que son humidité et sa couleur peu brillante indiquent assez facilement. (Tes.)

AVORTEMENT DES ANIMAUX. Accouchement avant terme. C'est chez les animaux ce qu'est la fausse couche chez la femme. *Voyez* Part.

Il est un grand nombre de causes d'avortement, dont les unes sont impossibles à prévenir, et les autres faciles à empêcher. Toutes ont des suites qu'il est important de surveiller.

Des efforts extraordinaires, des fatigues outrées, des chutes, des coups, des frayeurs, sont des causes fréquentes d'avortement. Une jument avorte si elle reçoit le mâle pendant qu'elle est pleine. Une vache avorte si on lui donne trop ou pas assez de nourriture, si on la tient constamment dans une étable chaude et humide. Il en est de même des brebis. Une truie avorte pour avoir trop mangé de choux, de raves, et autres plantes qui développent beaucoup d'air.

Souvent l'avortement n'a lieu que quelque temps après que les causes qui le produisent ont cessé, ce qui empêche de reconnoître ces causes dans beaucoup de circonstances.

Les bestiaux, et sur-tout les vaches, qui ont une fois avorté, sont plus sujets à avorter que les autres, soit parceque la matrice a éprouvé des altérations effectives, soit parcequ'elle n'a pas pris tout le développement convenable, et que ses membranes se sont endurcies.

On reconnoît la disposition à l'avortement, sur-tout lorsqu'il arrive à une époque avancée de la grossesse, aux mêmes signes que ceux de l'accouchement; seulement ils sont plus foibles et plus sujets à se modifier.

Le plus souvent l'avortement n'a lieu qu'après la mort du fœtus, et même long-temps après. Dans ce cas la mère devient progressivement triste, dégoûtée; elle se tourmente, ou reste couchée sans presque se remuer; son vagin est fortement coloré, laisse suinter une matière sanguinolente. Les accidens s'aggravent par le resserrement de la matrice, et l'animal succombe souvent. Les moyens à employer pour aider la nature sont les mêmes que ceux indiqués au mot Accouchement.

En général, un avortement est toujours une crise pour l'animal qui l'éprouve. Il convient de le soigner plus particulièrement pendant sa convalescence, c'est-à-dire de lui donner une nourriture plus substantielle, d'exciter son appétit par des boissons rafraîchissantes, par un exercice modéré, etc. Il faut, autant que possible, laisser passer sa première chaleur sans lui donner le mâle, afin de donner le temps aux parties de se consolider. On a observé que les vaches et les jumens qui sont dans l'habitude d'avorter deviennent fréquemment en chaleur, et même sont attaquées de fureurs utérines, qui n'aboutissent qu'à les jeter dans le marasme et à les faire enfin périr.

Quelques cultivateurs, trompés par le grand nombre de vaches ou de brebis qui avortoient dans la même étable, ont prétendu que l'avortement étoit quelquefois épidémique; mais c'est une erreur, si on prend ce dernier mot dans sa véritable acception. Toutes les vaches, toutes les brebis d'une ferme peuvent avorter, parceque toutes ont été placées dans des étables malsaines, ont été nourries avec des fourrages détériorés, ont été trop fréquemment conduites dans des pâturages marécageux, etc. Il suffit de faire cesser ces causes pour ramener ces animaux à leur état naturel. Ainsi on parviendra à ce but en aérant davantage les étables, en en enlevant journellement les fumiers et en faisant écouler les eaux, en les désinfectant par le procédé de M. Guiton Morveau (*voyez* au mot Désinfecter les étables); en donnant de la nourriture fraîche ou au moins choisie aux femelles, en les faisant promener matin et soir dans des lieux secs, en les rafraîchissant enfin par quelques légers purgatifs, et sur-tout par l'usage modéré du sel.

Que de pertes éviteroient les cultivateurs s'ils prenoient constamment ces précautions vis-à-vis de tous leurs bestiaux et pendant toute l'année. (H.)

AVORTEMENT DES PLANTES. Dans les plantes l'avortement a lieu toutes les fois que les Pistils ne sont pas fécondés par la poussière des Etamines. *Voyez* ces deux mots.

Cet accident, extrêmement fréquent, est occasionné par un grand nombre de causes, sur fort peu desquelles il est permis à l'homme d'influer.

Le plus souvent il est du fait des organes mâles, mais quelquefois aussi des organes femelles.

Dans les plantes dioïques la fécondation, toutes autres circonstances favorables d'ailleurs, ne s'effectue pas, 1° lorsque les pieds mâles sont trop éloignés des pieds femelles; 2° lorsqu'ils sont sous le vent qui souffle au moment de l'épanouissement des fleurs; 3° lorsque leur nombre est très petit proportionnellement à celui des pieds femelles; 4° lorsqu'il y a une différence dans l'époque de l'épanouissement des fleurs mâles et des fleurs femelles.

Dans les plantes monoïques il a souvent lieu par cette dernière cause, et c'est pour cela que la nature, sur-tout dans la famille des amentacées, a si fort prodigué les fleurs mâles.

Dans toutes les plantes, sans exception, l'avortement a lieu partiellement par le défaut de développement des étamines ou des pistils, occasionné par un vice local d'organisation, la piqûre d'un insecte, la chute d'un corps quelconque, etc., etc. Il a lieu généralement, ou presque généralement, par l'effet d'une gelée forte ou foible, d'un air ou d'une pluie froide prolongée, d'une forte ondée, d'un grand vent, d'une longue sécheresse ou d'un hâle, d'une excessive humidité, d'une végétation très vigoureuse, enfin d'une surabondance de fleurs.

La gelée produit l'avortement de plusieurs manières. Lorsqu'elle est très forte, elle désorganise toutes les parties de la fleur ou des fleurs. Lorsqu'elle est foible, elle agit ou sur les étamines en retardant leur évolution, ou sur les pistils en les désorganisant. J'ai souvent remarqué cette différence. Elle a fréquemment lieu dans les arbres fruitiers qui fleurissent de bonne heure, tels que l'amandier, le pêcher, l'abricotier. On reconnoît, à l'époque de la fécondation, la première sorte d'avortement à la petitesse des anthères, et ensuite, ou à la chute du fruit avant sa maturité, ou au défaut d'amande dans le noyau après cette maturité. Elle est dans ce cas la moins dangereuse de toutes.

Une pluie froide produit l'avortement, en empêchant les anthères de répandre leur poussière fécondante au moment où le pistil est disposé à en profiter. Son effet est donc le même que celui d'une foible gelée; mais il est plus sûr, parcequ'elle agit plus long-temps et plus également.

Les fortes ondées et les grands vents, en entraînant la poussière fécondante au moment où elle se disperse, s'opposent encore à la fécondation.

On peut s'opposer à ces diverses sortes d'avortemens sur les arbres précieux en les couvrant de paillassons, ou de simples toiles, ainsi qu'il sera dit aux articles Pêcher, Amandier, et autres; mais il faut leur donner de la lumière, car des faits positifs prouvent que la fécondation n'a jamais lieu à une obscurité parfaite.

Une longue sécheresse ou un fort hâle (grande évaporation) au moment de la floraison empêchent la fécondation en empêchant la sève de monter jusqu'aux fleurs, et de leur donner la nourriture convenable. Dans cette sorte d'avortement les fleurs tombent souvent avant leur épanouissement ou se dessèchent sur l'arbre. Des arrosemens sont, comme on peut bien l'imaginer, le meilleur moyen de remédier au défaut qui cause cette sorte d'avortement.

Une excessive humidité produit aussi l'avortement en rendant la sève trop aqueuse, c'est-à-dire trop dépourvue des principes de l'organisation végétale. On ne sait pas encore comment cela se passe; mais ce fait n'est malheureusement que trop constant.

Il en est de même d'une végétation trop vigoureuse; mais comme ses causes sont ordinairement permanentes, elles agissent en empêchant les fleurs de naître. Les arbres, sur-tout les jeunes arbres plantés dans un excellent fond, en offrent des exemples extrêmement fréquens.

Dans le cas d'une surabondance de fleurs, ces fleurs, ne pouvant pas être suffisamment nourries, se trouvent dans le cas de celles qui avortent par sécheresse ou hâle. Une partie tombe donc avant son épanouissement, une autre partie avorte, et il ne vient à bien que le plus petit nombre.

L'homme ne peut que très imparfaitement prévenir ou arrêter les causes de ces sortes d'avortemens; cependant il est possible de les affoiblir en substituant, dans les deux avant-derniers cas, une terre sèche et maigre, et dans le dernier, une terre très substantielle à celle qui entoure les racines de certains arbres précieux.

Les mêmes causes agissent quelquefois sur les branches et sur les feuilles, et les font avorter.

On nomme généralement *coulure* l'avortement de la vigne et des arbres fruitiers.

Lorsque les causes de l'avortement n'agissent que sur les étamines, il arrive souvent que le fruit parvient à maturité; mais alors, quoiqu'en apparence parfait, il manque de sa partie la plus essentielle, de celle qui seule est pourvue de la vie reproductive, c'est-à-dire, de la graine. Il est des arbres fruitiers, sur-tout parmi ceux qui sont les plus perfectionnés, qui avortent toujours, ou mieux, qui n'ont point d'amande dans leur noyau, dans leur pepin, même point de noyau, point de pepin. Les pêches, les prunes, les cerises, les poires, les pommes, offrent en Europe des exemples sans nombre du premier de ces avortemens; l'épine vinette, les raisins, des seconds. Un grand nombre de faits tendent à faire croire que les plantes qui, comme le bananier, le jacquier fruit à pain, l'ananas, le jasmin officinal, etc., etc., sont multipliés depuis des siècles par marcottes ou boutures, qui ne retrempent pas leur vitalité, si je puis employer cette expression, dans leurs semences, perdent la faculté de produire des graines.

Les plantes à fleurs doubles offrent aussi des avortemens permanens d'une autre sorte dont il sera fait mention ailleurs. (B.)

AVRIL. Le quatrième mois de l'année, celui où la nature commence à se renouveler, celui, par conséquent, où le cultivateur a le plus besoin d'activité.

C'est dans ce mois que celui qui exploite un domaine rural doit faire saillir ses jumens, ses ânesses, celles de ses brebis qu'il veut faire porter deux fois; qu'il finit de semer ses blés de printemps, ses avoines, ses orges qu'il n'a pas pu semer dans le mois précédent; qu'il commence à semer son maïs, son panis, son sainfoin, son trèfle; qu'il fait échardonner ses champs, retirer l'eau de ses prairies; qu'il empêche ses bestiaux d'en approcher; qu'il met couver ses poules, ses dindons, et ceux de ses oies et de ses canards qui ne l'ont pas fait plus tôt.

Ce mois, par sa température, par la plus ou moins grande abondance de ses pluies, a une grande influence sur le succès des récoltes.

Mais les travaux de la grande culture pendant sa durée sont peu considérables si on les compare à ceux des jardins.

En effet, c'est pendant ce mois qu'on sème les dernières planches de carottes, de panais, d'oignon, de radis, de rave, de pois hâtifs, de fèves de marais; qu'on commence à semer le céléri, le cardon, le potiron, le pourpier, la poirée, la chicorée et la scarole, le persil, les haricots hâtifs, les salsifis, les bettes-raves, les épinards; qu'on repique les choux de Milan et autres de seconde saison, les laitues d'été, les choux-fleurs tendres, les œilletons d'artichaut, les asperges, etc.

C'est aussi alors qu'on sème ou plante la plupart des fleurs, qu'on déchire les touffes de plantes vivaces pour les multiplier; qu'on sème les graines des arbres fruitiers conservées en jauge, principalement les amandes, les noix, et toutes celles des arbres forestiers qu'on n'a pas mises en terre en automne, parceque les ravages des rats étoient à craindre, comme les glands, les faines, etc.

En général, un cultivateur n'a jamais assez de temps pour satisfaire à tous les travaux qu'exige ce mois, ainsi qu'on en peut juger par l'exposé rapide que je viens d'en faire.

Comme en avril la terre est encore fortement imbibée d'eau, les arrosemens sont ordinairement peu nécessaires, excepté pour tasser la terre autour des arbres et des plantes qu'on vient de planter; cependant il est des années où les semis demandent aussi à l'être.

Les sarclages commencent aussi à devenir nécessaires, et il ne faut pas les ménager; car la différence est grande entre du plant sarclé et du plant abandonné, quelle que soit son espèce.

Pendant ce mois, il y a encore, mais rarement, des gelées à craindre; il faut, par prudence, continuer de couvrir les abricotiers et les pêchers en espalier, pendant la nuit, avec des paillassons ou avec des toiles.

C'est aussi dans ce mois que se font la plupart des greffes à œil poussant et en fente, et qu'on sort de l'orangerie tous les arbres et arbustes qui ne craignent que les fortes gelées. (Th.)

AXILLAIRE. Se dit en parlant de la disposition de la fleur, du fruit et du pédoncule; en un mot, de tout ce qui sort des aisselles des feuilles ou des branches. *Voyez* Aisselles. (R.)

AXONGE (saindoux). La matière graisseuse formant l'épiploon qui recouvre les intestins du porc s'appelle *panne*; mais dès qu'on lui a appliqué la préparation du beurre fondu, elle porte le nom d'*axonge*.

Pour la préparer on divise la panne par morceaux, on en sépare les vésicules du tissu cellulaire qui la contenoit, et on la met dans un chaudron sur un feu modéré; bientôt la matière albumineuse ou lymphatique se concrète, les membranes se rissolent, la graisse se liquéfie et devient claire, alors on la coule à travers un linge bien blanc et sans expression.

Mais pour dépouiller en totalité cette graisse de l'humidité qu'elle pourroit contenir, ou qu'on y a ajouté pour la purifier, et qui nuiroit à sa conservation, on la remet sur le feu où elle reste jusqu'à ce qu'on en jetant sur les charbons ardens, elle prenne feu aussitôt sans pétillement. Pendant cette opération, elle éprouve du déchet, acquiert de la fermeté, de la blancheur et une sorte d'analogie avec le beurre fondu, alors on la verse dans des pots bien essuyés auparavant; et quand elle est refroidie, on la recouvre de papier pour la garantir de l'action de l'air, et on place les pots au frais.

Les dernières portions de graisse exposées à un degré de chaleur plus considérable sont quelquefois un peu colorées.

On les coule avec expression, et on les met à part; elles servent pour les fritures.

L'axonge est d'un grand usage pour la cuisine; on l'emploie dans quelques cantons à la place de l'huile et du beurre. Les habitans en étendent même sur le pain pour la manger en substance à l'instar du beurre frais. On pourroit lui faire subir la préparation du beurre salé. Il suffiroit, quand elle a encore une demi-fluidité, d'y mêler, avec un bistortier de bois, du sel séché et égrugé pour absorber le peu d'humidité qu'elle conserveroit; et quand elle auroit la consistance requise, de la recouvrir à sa surface d'un lit de sel. Cette graisse, ainsi fondue et salée, seroit susceptible de se transporter au loin sans rancir, ce qui faciliteroit l'approvisionnement d'une denrée qui, dans beaucoup de circonstances, vaut mieux à employer que le beurre.

L'axonge, comme l'huile, n'a pas beaucoup d'action sur les substances végétales et animales dont elle prolonge la conservation. Elle s'empare seulement de leur arome, et c'est sur cette propriété qu'elle a de fixer les odeurs qu'est fondée une branche de commerce, au midi de la France, connue sous le nom de *pommade de Grasse*.

Lorsque, malgré toutes les précautions indiquées pour garder l'axonge, cette matière est devenue rance, le seul parti à prendre pour en rende praticable l'usage interne, c'est de l'exposer au feu et de la tenir pendant un certain temps en liquéfaction, en y ajoutant une croute de pain grillé à l'état charbonneux; ce qui affoiblit ce goût fort qu'elle communique aux sauces, préjudicie à la bonté des ragoûts et même à la santé des consommateurs.

On doit être attentif sur-tout à la nature des vases dans lesquels on tient en réserve non seulement l'axonge, mais encore le beurre et généralement toutes les matières grasses employées dans les ragoûts. Il faut réprouver l'usage des poteries communes, parceque souvent elles ont pour couverte un oxide de plomb, et, dans ce cas, ne se servir que de vaisseaux de faïence ou de grès non vernissés, échaudés à l'eau bouillante, séchés et placés à l'abri de l'air et dans un endroit frais; précaution que nous ne saurions assez recommander aux ménagères qui souvent, sur cette partie de nos assaisonnemens, sont dans une trop grande sécurité. (Par.)

AY. Essieu de charrette dans le département de Lot-et-Garonne.

AYET. Synonyme d'ail dans le département du Var.

AYLANTHE, *Aylanthus*. Grand arbre originaire de la Chine et du Japon, qu'on cultive depuis long-temps dans nos jardins sous le nom de *vernis du Japon*, mais que Desfontaines a reconnu devoir former seul un genre dans la polygamie décandrie et dans la famille des térébinthacés.

L'aylanthe de la Chine, qu'on appelle aussi *langit*, a les feuilles alternes, rapprochées à l'extrémité des rameaux, ailées avec impaire, longues de plus de deux pieds, avec des folioles au nombre de onze ou de treize, opposées, sessiles, lancéolées, obliques, cordiformes et dentées à leur base, glabres des deux côtés; ses fleurs sont verdâtres, très petites, disposées en une vaste panicule terminale. Elles paroissent au milieu de l'été, et donnent rarement du fruit dans le climat de Paris.

Cet arbre a un superbe port, et produit toujours, lorsqu'il est placé convenablement, un grand effet dans les jardins paysagers. Il figure également bien, soit au milieu des massifs, soit isolé. Il parvient à cinquante ou soixante pieds de hauteur. Je l'ai vu pousser de plus de six en un an. Les terrains légers et un peu humides sont ceux qui lui conviennent le plus; cependant il réussit dans tous. Son bois est solide, et susceptible d'être employé avec avantage dans la menuiserie; mais il est cassant, et s'éclate fréquemment sur pied par l'effet des grandes gelées ou des grands vents. On le multiplie de boutures, de marcottes, de racines et de rejetons. Ce dernier moyen est le plus sûr et le meilleur; presque toujours il s'en produit naturellement beaucoup. Il suffit de blesser une racine pour déterminer la sortie d'un grand nombre. Un arbre qu'on abat en fournit de grandes quantités pendant plusieurs années de suite. Il semble que plus on en arrache, et plus il en repousse. C'est très tard en automne qu'on doit lever ces rejetons pour les planter en pépinière à un ou deux pieds de distance, selon leur force; car il en est qui ont jusqu'à trois et quatre pieds de haut. Il est bon de ne pas les mutiler; mais lorsque leur tête se dessèche, et cela arrive très souvent, il ne faut pas craindre de les couper rez terre l'année suivante. Ces plants demandent les mêmes soins que les autres, c'est-à-dire, 1° qu'il leur faut deux ou trois binages par an, et un labour d'hiver; 2° qu'on doit les mettre sur un brin, les ébourgeonner lorsque cela devient nécessaire, etc. Ils sont propres à être transplantés à la troisième ou quatrième année.

Lorsqu'on arrache un *aylanthe*, il faut avoir soin de rassembler toutes les racines qui se sont cassées, et les mettre en terre dans un sol léger et frais, en tronçons de six pouces, de manière que le gros bout soit au jour. Au printemps suivant, la plupart de ces racines poussent des jets: comme il en pourrit toujours une partie, il est bon de les placer près les unes des autres, à quatre ou six pouces par exemple, sauf à les relever après qu'ils auront poussé pour les écarter davantage. Lorsque le printemps est sec, il est nécessaire, pour assurer la réussite de ces plantations, de les arroser quelquefois.

Les marcottes d'aylanthe se font rarement, parceque, ainsi que je l'ai observé, le bois est cassant et se plie difficilement; mais elles réussissent assez bien dans les pots en l'air, et c'est ainsi qu'on l'a d'abord mutiplié. Aujourd'hui que les deux moyens précédens sont faciles à pratiquer, on a renoncé à ce dernier, comme trop embarrassant et trop coûteux. Il en est de même des boutures, extrêmement incertaines à la reprise.

L'aylanhe mérite certainement d'être introduit dans nos forêts, où, comme le peuplier blanc, il se reproduiroit abondamment de rejetons après sa coupe. Il suffiroit d'en placer quelques centaines dans les clairières d'un bois, pour, au bout de cent ans, en avoir des milliers, et, au bout de deux cents ans, des millions. Il croît très bien à l'ombre, et c'est même un de ses avantages dans les jardins que j'avois oublié de mentionner. (B)

AYONS. Jeune cochon d'un an dans les environs de Charleville.

AZADARACH, ou mieux *Azedarac*, *Melia*, Lin. Genre de plante de la décandrie monogynie et de la famille des méliacées, qui renferme quatre arbres de l'Inde, intéressans par la beauté de leur feuillage, l'agréable odeur de leurs fleurs, et dont l'un d'eux est naturalisé dans les parties méridionales de l'Europe.

L'AZEDARAC BIPINNÉ, *Melia azedarac*, Lin., parvient à cinquante ou soixante pieds de haut; ses feuilles, rassemblées au sommet de ses rameaux, sont alternes, deux fois ailées, à folioles largement dentées ou incisées; elles ont ordinairement plus d'un pied de long. Ses fleurs, à pétales d'un violet pâle, et à tube des étamines d'un violet foncé, sont disposées en grappes axillaires, souvent plus longues que les feuilles et souvent fort nombreuses. Elles s'épanouissent au milieu du printemps, se succèdent pendant trois ou quatre mois, et exhalent, surtout le soir, et dans les jours chauds, une odeur suave analogue à celle du lilas. Aussi l'appelle-t-on vulgairement *lilas des Indes*. Les habitans de la Caroline, qui le cultivent beaucoup autour de leurs maisons de ville et de campagne, le nomment dans leur langue l'*orgueil de l'Inde*. Dans le climat de Paris où on ne peut le conserver en pleine terre qu'en le mettant dans les expositions les plus abritées et en le couvrant, ou l'empaillant pendant l'hiver, il ne donne aucune idée de ce qu'il est dans les pays chauds; mais moi qui l'ai vu, soit en Caroline, soit en Espagne, soit en Italie, jouir de tous les avantages que lui a départis la nature, je puis assurer que c'est un arbre superbe et propre à frapper (lorsqu'ils le voient pour la première fois en fleur) tous ceux dont l'ame n'est pas abrutie.

Les fruits de l'*azedarac bipinné* ont six lignes de diamètre; ils sont d'un blanc sale ou jaunâtre à l'époque de leur maturité, et subsistent sur l'arbre jusqu'au printemps suivant, lorsque les oiseaux, qui en sont très friands, ne les mangent pas. On dit en Amérique que la pulpe de ces fruits est mortelle aux hommes et aux chiens; mais j'ai peine à le croire, car je l'ai goûtée et ne l'ai pas trouvée très désagréable au goût.

Cet arbre fournit une variété plus petite, qui conserve ordinairement ses feuilles pendant l'hiver, et qui fleurit deux fois l'année dans nos orangeries. Thouin et Dumont-Courset la regardent comme une espèce; et en effet, elle a des caractères suffisans, aux yeux des botanistes, pour être distinguée. Elle vient de Perse et est naturalisée dans nos départemens méridionaux.

Dans les pays chauds l'*azedarac bipinné* se propage par les pieds qui proviennent des graines que les oiseaux sèment de tous côtés, et des rejetons pris autour des vieux pieds. Dans notre climat on le multiplie presque exclusivement de graines qu'on tire des parties méridionales de l'Europe, attendu qu'il reprend très difficilement de marcottes, et encore plus difficilement de boutures. Ces graines se sèment, au commencement du printemps, dans des terrines remplies de terre légère, mais substantielle, qu'on enterre dans une couche à châssis, et qu'on arrose fréquemment, mais légèrement. Quelquefois on les place à l'air libre et à une bonne exposition; mais on n'est jamais aussi sûr dans ce cas de leur réussite, parcequ'il leur faut un assez haut degré de chaleur pour germer, et que souvent le printemps est froid. Le plant sur couche a ordinairement six pouces de haut à la fin de l'automne. Il est alors très sensible à la gelée, et doit être rentré dès que les premières se sont fait sentir. Pendant l'hiver il faut lui ménager les arrosemens, car ses sommités encore tendres sont sujettes à moisir et ensuite à périr, lorsqu'il se trouve dans une atmosphère trop humide.

Au printemps suivant on repique ce plant isolément dans des pots plus ou moins grands selon sa force, et on met de nouveau ces pots sous une couche à châssis pour faciliter sa reprise. Ils y restent jusqu'à ce que les petits azedaracs soient bien garnis de feuilles, après quoi on les enterre, à l'abri d'un mur, à l'exposition du levant ou du midi.

Quelquefois les *azedaracs bipinnés* poussent pendant cette

seconde année avec tant de vigueur, qu'il convient de leur donner de plus grands pots dès l'automne. Cette opération se fait en même temps que celles du même genre, toujours fort nombreuses dans les pépinières.

La troisième année les *azedaracs bipinnés* peuvent être mis en pleine terre, et alors on y procède dès que les gelées ne sont plus à craindre. Ils demandent, comme je l'ai déjà observé, les meilleurs abris. Une terre plutôt légère que forte est celle qui leur convient le mieux. Souvent ils fleurissent dès cette seconde année, d'autrefois ils ne le font que la troisième. Ils s'élèvent ici rarement à plus de douze ou quinze pieds, et ne donnent que quelques douzaines de fleurs par chaque grappe, tandis qu'en Amérique où ils s'élèvent avec la plus grande rapidité à soixante ou quatre-vingts pieds, ils en fournissent par milliers.

On empaille pendant l'hiver les *azedaracs bipinnés* qui sont en pleine terre, en rapprochant leurs branches les unes des autres, et en liant autour des faisceaux de paille ou de fougère, de manière qu'il y en ait une épaisseur de huit à dix pouces. Pour compléter la sécurité, il convient de butter de la terre autour du pied de ces faisceaux. Si, malgré ces précautions, les branches gèlent, on les coupe dès les premiers jours du printemps; on en agit de même pour le tronc s'il gèle également. Rarement les racines, quand elles ont été bien buttées, se ressentent du coup qui a frappé le tronc, et elles repoussent au printemps un grand nombre de rejets dont on conserve un ou deux, et dont on marcotte ou coupe les autres.

Le bois de l'*azedarac bipinné* m'a paru solide et susceptible d'être employé dans la menuiserie. Michaux m'a dit qu'on commençoit à en faire grand cas en Caroline. Il se fend fort aisément, ou mieux, s'éclate par l'effet des grands vents. Il ne faut monter sur ses branches qu'avec précaution, parcequ'elles cassent très facilement et net, ainsi que je l'ai éprouvé personnellement en Amérique.

Quant à l'AZEDARAC AILÉ, *Melia azadaracta*, Lin., il est très rare dans les jardins et demande l'orangerie. (B.)

AZALÉE, *Azalea*. Genre de plante de la pentandrie monogynie et de la famille des rhodoracées, dont plusieurs des espèces, qui sont des arbustes, se cultivent dans les jardins d'agrément, qu'ils ornent par la beauté et l'odeur suave de leurs fleurs.

Les espèces de ce genre sont au nombre de neuf à dix, toutes à feuilles alternes et à fleurs disposées en ombelle terminale; mais on n'en cultive que quatre à cinq dans les jardins de Paris.

L'AZALÉE PONTIQUE a les feuilles lancéolées, luisantes, glabres de deux côtés, et les fleurs en grappes terminales. C'est un arbuste de quelques pieds de haut, qui croît abondamment sur les montagnes de l'Asie mineure, dont les fleurs sont grandes, infundibuliformes et d'un jaune doré. Tournefort a prouvé que c'étoit le miel récolté sur ses fleurs qui avoit rendu furieuse, au rapport de Xénophon, l'armée des dix mille Grecs qui se retiroient dans leur pays à travers les montagnes du Pont, après la défaite de l'armée de Darius.

L'AZALÉE CALENDULACÉE, qui a les feuilles velues des deux côtés et les fleurs en grappes terminales. Elle varie en jaune pâle et en jaune rougeâtre. Michaux l'a découverte sur les bords du fleuve Savannah. Elle ressemble beaucoup à la précédente, sous le nom de laquelle elle se cultive généralement dans les jardins de Paris, et avec laquelle elle a été confondue par Persoon. C'est une plante d'un très grand éclat par ses fleurs, mais qui n'est pas encore très commune en Europe.

L'AZALÉE DE L'INDE, qui a les fleurs solitaires et d'un rouge éclatant. C'est un superbe arbuste qu'on cultive dans tous les jardins de l'Inde. On ne la connoît pas dans ceux d'Europe.

L'AZALÉE A FLEURS NUES a les feuilles ovales, aiguës, longues de plus de deux pouces, légèrement velues en dessus et en dessous; la corolle velue et sans glandes, et les étamines très longues. Elle se trouve en Caroline, où j'en ai vu d'immenses quantités, non dans les endroits secs, comme on le dit, mais dans les lieux humides et dont la terre étoit formée de détritus de végétaux. Elle s'élève à sept à huit pieds. Ses rameaux sont peu écartés. Ses variétés sont nombreuses; mais il y a lieu de penser que ces variétés sont des espèces, car elles fleurissent à des époques différentes, et se distinguent non seulement à la couleur plus ou moins rouge ou blanche des corolles, mais même à la forme des parties. Ses fleurs s'épanouissent, au commencement du printemps, avant la pousse des feuilles, et forment au sommet des rameaux des ombelles de douze ou quinze fleurs remarquables par leur brillante couleur et leur douce odeur, un peu rapprochée de celle du chèvrefeuille, avec qui elle a au reste beaucoup de rapports.

L'AZALÉE VISQUEUSE a les feuilles ovales, obtuses, longues de moins de deux pouces, presque glabres, la corolle couverte de poils glanduleux et visqueux à leur sommet, et les étamines très longues. Elle se trouve dans les mêmes endroits que la précédente, ne s'élève pas à la moitié de sa hauteur, et ses rameaux sont très écartés. Elle fournit également plusieurs variétés, qui sont peut-être des espèces. C'est celle qu'on cultive le plus communément dans nos jardins, et elle mérite la préférence par l'excellente odeur de ses fleurs qui s'épanouissent au commencement de l'été, lorsque toutes ses feuilles sont développées.

Les ALAZÉES GLAUQUE et CANESCENTE se voient encore dans quelques jardins, mais se distinguent peu des précédentes. Elles viennent du même pays.

Les ALAZÉES DE LAPONIE et COUCHÉE sont de petites plantes propres aux plus hautes montagnes de l'Europe, et qu'on ne conserve que très difficilement dans les jardins. Elles sont peu remarquables.

Toutes les azalées bravent les plus fortes gelées du climat de Paris, et se multiplient de graines, ainsi que de rejetons et de marcottes. Elles exigent impérieusement la terre de bruyère et l'ombre ; ainsi, tous ceux qui veulent se procurer les jouissances de leur culture ne peuvent se dispenser de leur en donner. Elles se conservent en pot, mais elles y sont toujours petites et souffrantes. C'est en pleine terre qu'elles développent tous leurs agrémens.

Les graines des azalées sont extrêmement fines, et doivent par conséquent être extrêmement peu enterrées pour arriver à bien. On les sème sur des terrines de terre de bruyère, qu'on couvre de six lignes de longue mousse, et qu'on enterre dans une couche sourde, sous un châssis à l'ombre ; ou simplement dans la terre à l'angle d'un mur exposé au nord, et on les arrose souvent et légèrement. Les conditions qu'on doit chercher à remplir sont une fraîcheur constante sans trop d'humidité, un air stagnant sans être corrompu. Celles récoltées dans le pays et semées sur-le-champ lèvent au printemps suivant ; mais celles venant d'Amérique restent quelquefois deux ans en terre avant de germer. Dès que les plants ont acquis une ou deux lignes de hauteur on ôte la mousse, qui recèle des insectes qui pourroient les détruire, ou qui porteroit sur eux trop d'humidité. La seconde année on peut déjà les repiquer dans des terrines plus grandes, ou dans des pots, ou en pleine terre ; mais on préfere généralement, lorsqu'ils ne sont pas trop serrés, d'attendre la troisième. Ce mode de semis n'est au reste pratiqué que dans les pépinières bien montées. Dans toutes les autres, on se contente des pieds qu'on peut se procurer par le couchage ou les rejetons. L'*azalée visqueuse* principalement fournit beaucoup de ces derniers. L'opération du couchage se fait au premier printemps et ne doit pas être trop rigoureuse, car on risqueroit de voir périr le pied. Il faut toujours laisser une ou deux tiges droites pour servir à entretenir la sève montante. Ordinairement les branches marcottées prennent racines dans l'année, et on peut les enlever l'hiver suivant, ainsi que les rejetons ; mais lorsqu'on n'en est pas pressé il est bon de les laisser deux ans attachés à la mère, en les sevrant au milieu de l'été, c'est-à-dire en coupant la branche près du pied. On les place, comme il a été dit, c'est-à-dire à l'ombre et dans une terre de bruyère, ou au moins une terre très légère.

Ces arbustes ne veulent point être tourmentés par la serpette ; il faut les abandonner à eux-mêmes quand ils sont à demeure et destinés à donner des fleurs. Ils ne peuvent être placés dans les jardins paysagers, dont ils sont un des plus beaux ornemens, que sur le bord des massifs, à l'exposition du nord, dans des espèces de corbeilles de terre de bruyère, autour des rochers et autres fabriques, à la même exposition et également dans de la terre de bruyère. (B.)

AZARERO. Nom du PRUNIER DE PORTUGAL.

AZEROLE. Nom du fruit d'une espèce d'aubépine cultivée dans les parties méridionales de l'Europe.

AZEROLIER. Arbre qui porte les azeroles.

AZOTE. On a donné ce nom à un des principes des corps qu'on ne connoît pas encore à l'état simple ; c'est lui qui, uni au calorique, forme le gaz azote, gaz dont on trouve environ 78 parties sur cent dans l'air atmosphérique. Quoiqu'il ne puisse servir à la végétation ni à la respiration, il entre en grande quantité dans la composition des végétaux, et sur-tout des animaux.

Fourcroy est dans l'opinion que l'azote est la base des alkalis ; mais quoique cela soit probable, il n'y a pas encore d'autres faits qui le prouvent que l'analyse de l'ammoniac par Bertholet.

Lors de la découverte du gaz azote on s'est pressé de l'employer à l'explication des phénomènes de la vie animale, et de l'assimilation de la sève dans les plantes. Comme la décomposition spontanée et l'analyse des plantes l'y faisoient voir en grande quantité, on a supposé qu'il étoit attiré par elles, avec le concours de la lumière, et converti en leur substance, ce qui faisoit que l'air étoit plus pur au milieu d'un bois qu'au centre d'une grande ville ; mais des expériences plus exactes ont prouvé que l'acide carbonique seul étoit absorbé par les plantes en état de végétation, et qu'il se rendroit en oxigène par l'effet de cette végétation.

Ce dont on est certain c'est que la végétation ne peut se soutenir long-temps dans le gaz azote pur, et que les graines n'y germent pas. Si quelques expériences ont prouvé le contraire, c'est parcequ'on n'a pas attendu que l'oxigène que fournit leurs parties vertes, au moyen de l'eau, ait été consumé, ou parcequ'on a employé une trop grande quantité d'eau. (L'eau ne peut être dépouillée entièrement d'oxigène.)

Cependant il est des plantes qui végètent avec une grande vigueur dans le voisinage des animaux en putréfaction, et exhalant par conséquent beaucoup d'azote, et il est reconnu que les meilleurs des engrais sont ceux qui contiennent le plus d'azote, tels que les excrémens des hommes, des animaux carnassiers, des oiseaux carnivores, etc.

Ingen-house, auquel on doit de si importantes observations chimiques sur les plantes, pense que l'azote entre aussi pour quelque chose dans leur nutrition. Une de ses raisons est qu'elles absorbent continuellement la totalité de l'air atmosphérique, et qu'en le décomposant pendant le jour elles rendent l'oxigène et gardent le carbone ainsi que l'azote. Il est vrai que pendant la nuit elles exhalent de l'azote et de l'acide carbonique, mais ce n'est pas la totalité de ce qu'elles en doivent contenir. Au reste, ajoute-t-il, cet azote ne leur est pas absolument nécessaire.

Toute décomposition de végétaux donne de l'azote, soit pur, soit en état de combinaison (potasse et ammoniac.) Les graines en fournissent plus que les tiges, et ces dernières plus que les feuilles. Certaines plantes, principalement celles de la famille des crucifères, en contiennent beaucoup plus que d'autres, ainsi qu'on est souvent dans le cas de s'en assurer à l'odeur d'alkali volatil, lorsqu'on passe auprès de feuilles de choux, de raves, de juliennes, etc., qui se pourrissent.

Les animaux en sont presque entièrement composés, et c'est d'eux qu'on retire toujours, au moyen de l'acide nitrique foible, celui qu'on veut soumettre ou employer à des expériences; c'est pourquoi leurs dépouilles sont de si excellens engrais.

La respiration ni la combustion ne peuvent s'opérer dans le gaz azote. Mêlé avec l'oxigène en certaines proportions, il forme l'acide nitrique, aussi l'a-t-on appelé *air nitreux*; aussi est-ce lui qui engendre le nitre sur les murs de nos caves, de nos écuries, etc.

L'abondance du gaz azote dans la nature doit faire croire qu'il y joue un grand rôle, sur-tout qu'il influe beaucoup sur l'accroissement des animaux et des végétaux; mais les recherches des chimistes ne nous ont encore rien appris de satisfaisant sous ce rapport. Comme je l'ai dit ci-dessus, les engrais animaux en contiennent d'immenses quantités, cependant lorsqu'ils sont disséminés dans la terre, on ne voit plus que l'action de l'acide carbonique, de l'eau et de la chaleur. Les plantes végètent fort bien dans des milieux dépourvus d'azote, et, excepté celles des marais fangeux, elles périssent toutes plus ou moins promptement, quand elles sont renfermées dans une atmosphère de gaz azote pur.

Je développerai peut-être au mot engrais quelques considérations plus étendues sur la possibilité de l'influence de l'azote dans l'acte de la végétation par l'intermédiaire des fumiers; mais je dois observer ici que les matières animales, ou les matières fécales en masse, loin d'être utiles à l'accroissement des plantes, les font immanquablement périr, et frappent de stérilité les lieux où elles ont été déposées, jusqu'à ce que les influences atmosphériques, telles que la pluie, l'évaporation, etc., aient affoibli leur action; alors la végétation renaît dans ces lieux, et y prend une vigueur extraordinaire, qui se soutient pendant plus ou moins de temps, mais toujours proportionnellement à la grosseur de la masse, toutes autres circonstances égales. Il n'est point de cultivateur qui n'ait chaque jour la possibilité de remarquer ce fait qu'on appelle *brûlure*, et qui ne peut s'expliquer que par une comparaison tirée de l'acte de la digestion dans les animaux. En effet, là comme ici, il faut que l'aliment ne passe pas certaines proportions de quantité, ou de composition, pour être susceptible d'assimilation.

Je ne doute pas qu'un jour l'article que je traite ne soit susceptible d'une grande amplitude sous le point de vue agricole; mais dans l'état actuel de nos connoissances, il faut le clore, pour ne pas courir risque de le remplir d'erreurs. Je renverrai ceux qui désireront de plus grands éclaircissemens aux mots Carbonne, Oxigène, Air, Engrais, Fumier, Analyse animale. (B.)

B.

BABAN. Nom vulgaire d'un insecte qui attaque les rameaux de l'olivier. J'ignore à quel genre appartient cet insecte, mais d'après ce qu'on en dit, il y a lieu de croire que le seul remède à opposer à ses ravages est la taille. *Voyez* au mot OLIVIER. (B.)

BABEURRE, ou LAIT DE BEURRE. Serrosité qui reste après que la crème a été battue et convertie en beurre.

Dans la plupart des fermes, le babeurre est donné aux enfans et aux valets pour tremper leur pain du déjeûner; dans d'autres on l'abandonne aux cochons. C'est une liqueur rafraîchissante à raison de l'acide qui y domine, mais aussi fort indigeste, car elle tient en suspension, avec du fromage, souvent une grande quantité de beurre non encore oxigéné. Quelquefois, sur-tout lorsque la crème employée étoit nouvelle, elle est très agréable au goût; d'autres fois elle est amère et nauséabonde. Dans ce dernier cas il est prudent de n'en pas manger.

Les ménagères doivent être fort attentives à ne laisser dans leur beurre aucune partie de babeurre, car il est une des causes les plus puissantes de sa prompte altération. C'est par des lavages à grande eau, et sur-tout à eau courante, qu'elles y parviennent. *Voyez* au mot BEURRE. (B.)

BAC A EAU. On donne ce nom à de petits baquets ou cuvettes dont on fait usage dans les serres pour mettre de l'eau, soit pour les arrosemens, soit pour laver et nettoyer les plantes. Ces baquets ou cuvettes servent encore à tenir de l'eau en évaporation, afin de rendre à l'air atmosphérique des serres la partie d'humidité que lui fait perdre la chaleur du feu; et, pour cet effet, on les place sur les fourneaux.

La forme de ces bacs ou baquets varie suivant l'usage auquel on les destine plus particulièrement. Pour l'ordinaire ils sont en bois et cerclés en fer. (TH.)

BACQUET. *Voyez* le mot BAC A EAU et BAQUET.

BACCHANTE, *Baccharis*. Genre de plantes de la syngénésie surperflue et de la famille des corymbifères, qui renferme quelques arbustes d'un aspect agréable, et dont un se cultive en pleine terre dans les jardins des environs de Paris.

La BACCHANTE DE VIRGINIE, *Baccharis halimifolia*, Lin., a les feuilles alternes, ovales, émarginées et crénelées à leur sommet, et les fleurs blanchâtres, petites, nombreuses, disposées en corymbes terminaux dans les aisselles des feuilles. C'est un arbuste de dix à douze pieds de haut qui jette beaucoup de branches, et qui se trouve dans la Virginie et la Caroline, sur le bord des eaux, ainsi que je l'ai fréquemment observé. Il est très propre à la décoration des bosquets d'automne, d'abord par ses fleurs, et ensuite par ses fruits aigrettés qui subsistent sur l'arbre une partie de l'hiver, et lui donnent une apparence singulière. Il conserve aussi dans cette saison ses feuilles, qui sont d'un vert blanc, propre à être mis en opposition avec le vert noir des ifs, des buis et autres arbres qui les conservent également. La place qui lui convient dans les bosquets est le second ou le troisième rang. Il produit aussi de bons effets contre les rochers et fabriques des jardins dits anglais. Comme il craint les hivers rigoureux du climat de Paris, il est bon de l'empailler aux approches de cette saison. Si, malgré cette précaution, il venoit à geler, il faudroit le couper rez terre dès le commencement du printemps, parcequ'il repousse presque toujours du pied avec tant de vigueur, qu'il ne tarde pas à redevenir au point où il étoit lorsqu'on l'a perdu. La serpette lui est toujours nuisible; ainsi il faut la lui faire sentir le moins possible, et ce d'autant mieux qu'il prend naturellement une forme globuleuse, c'est-à-dire celle qui est la plus agréable.

On multiplie la bacchante de Virginie de semences, de marcottes, de rejetons et de boutures; malgré cela cet arbuste est toujours rare et cher dans les pépinières.

Les graines se sèment au printemps dans des terrines remplies de terre de bruyère, et qu'on place sur une couche à châssis. Elles demandent à être très légèrement enterrées. On les arrose fréquemment, mais peu à la fois. L'année suivante, le plant est repiqué dans des petits pots, et encore placé sur couche pendant un mois, après quoi on enterre les pots dans une bonne exposition. Ce n'est que lorsque ce plant est en état de résister aux hivers ordinaires du climat de Paris, c'est-à-dire quand il a deux ou trois pieds de haut, qu'on le met en pleine terre; un sol très léger, mais cependant frais, est celui qui lui convient le mieux.

Les marcottes et les boutures de la bacchante de Virginie se font au printemps. Les premières s'incisent pour assurer leur enracinement qui s'effectue ordinairement dans le courant de l'été. Les secondes se placent au nord pour jouir du bénéfice d'une humidité permanente, ou mieux, se font sur couche et sous châssis. Il faut toujours préférer pour faire ces boutures une branche vigoureuse qui n'ait pas porté fleur, et qui ait deux ou trois pouces de bois de deux ans. Elles peuvent, lorsqu'elles sont bien conduites, se lever dès la première année; mais il vaut mieux les couvrir avec de la bruyère, et les laisser en place jusqu'à la fin de l'automne de la suivante, parcequ'elles se fortifient d'autant plus, et peuvent être placées à demeure avec moins d'inconvéniens.

La BACCHANTE A FEUILLES D'IVA, qui vient du Pérou, se cultive aussi dans quelques jardins; mais il est très rare qu'elle passe plusieurs années de suite l'hiver en pleine terre. En conséquence il est prudent de la tenir toujours en pot. Sa multiplication est la même que celle de la précédente; ses caractères sont d'avoir les feuilles lancéolées et dentées dans tout leur pourtour. (Déc.)

BACCIFÈRE, qui porte des Baies. *Voyez* ce mot.

BACCILE, *Crithmum*. Plante vivace, à racine fusiforme, à tige haute d'un demi-pied, cannelée, rameuse, à feuilles alternes trois fois ternées, et dont les folioles sont lancéolées, charnues, à fleurs blanchâtres, qui croît dans les interstices des rochers du bord de la mer dans les parties Méridionales de l'Europe, est l'objet d'une grande consommation, dans quelques pays, comme assaisonement des mets.

Cette plante forme, avec deux autres, un genre dans la pentandrie digynie, et dans la famille des ombellifères.

Dans les pays où croît naturellement la baccile, qu'on appelle aussi, *criste marine*, *passe pierre*, *percepierre*, *fenouil marin*, il est inutile de la cultiver; on en trouve plus qu'on n'en veut, ainsi que je m'en suis assuré aux environs de la Corogne; mais loin de la mer, il faut la semer dans les jardins, si on veut en avoir de fraîche.

Il est quelques villages des bords de la Méditerranée qui s'occupent à cueillir les feuilles de la baccile avant qu'elles soient complètement développées pour les mettre dans du vinaigre avec du sel et du poivre, positivement comme les cornichons, et on prétend que la baccile qu'ils fournissent est meilleure que celle qu'on fait soi-même avec des feuilles cueillies loin de la mer dans les jardins.

Lorsqu'on veut cultiver la baccile dans un climat qui n'est pas sujet aux gelées qui la font périr, il suffit de la semer dans un terrain léger et un peu humide, soit à la volée, soit en rayon, de l'éclaircir et de la biner selon le besoin; mais dans le nord elle demande plus de soin. Là il faut lui donner des abris pendant l'été, la couvrir pendant l'hiver avec des feuilles sèches, etc., etc. Au reste, on la voit très rarement dans le climat de Paris et autres plus septentrionaux, hors des jardins de botanique, le commerce en fournissant assez de confite pour les usages de la table.

Comme la baccile est une plante de rocher qui aime le grand air et s'accommode de peu de terre, on la plante quelquefois dans de vieux murs exposés au levant ou au midi. Elle y subsiste plusieurs années, donnant tous les printemps une récolte abondante de feuilles. Il faut effectuer cette plantation la première année, car la racine charnue et pivotante de cette plante ne s'y prêteroit pas plus tard.

L'usage de la baccile, soit fraîche dans les salades, soit confite dans les sauces, est très sain, sur-tout dans les pays chauds. Il est bon d'en donner, même dans les pays froids pendant la moisson, aux ouvriers qui ont passé une partie de la journée exposés aux ardeurs du soleil. *Voyez* au mot CORNICHON et au mot VINAIGRE. (B.)

BADIANE, *Illicium*. Genre de plantes de la polyandrie polygynie, et de la famille des tulipifères.

Les semences de l'une des trois espèces que renferme ce genre sont depuis long-temps célèbres sous les noms de BADIANE DE LA CHINE ou D'ANIS ÉTOILÉ. Les Chinois en font le plus grand cas. Ils les emploient dans leurs alimens et leur médecine, les mâchent après leur repas pour se parfumer la bouche et faciliter la digestion. Leur odeur et leur saveur aromatique, fort rapprochées de celles de l'anis, sont en effet très agréables. On en apporte beaucoup en Europe qu'on emploie principalement à faire des liqueurs de table, dont l'une est très connue sous le nom de *ratafiat de Boulogne*.

Cette espèce dont les fleurs sont jaunes, est cultivée en Chine comme arbre d'agrément; mais il n'en est pas encore venu de pieds en France, et les nombreuses graines qu'on y a semées n'ont jamais levé.

Les deux autres espèces, dont l'une est connue sous le nom de *badiane de la Floride*, c'est celle qui a la fleur grande et rouge, et la BADIANE A PETITES FLEURS, qui a la fleur petite et jaunâtre, sont originaires de la Floride, d'où elles ont été apportées par Michaux, et se cultivent dans les jardins du muséum de Cels et de la Malmaison. L'odeur et la saveur de leurs fruits et de leurs feuilles diffèrent très peu de celles de la badiane de la Chine, et peuvent être employées aux mêmes usages, ainsi que j'en ai acquis particulièrement la preuve pendant mon séjour en Caroline, au moins sur la dernière espèce, dont j'ai cultivé beaucoup de pieds.

Dans ce pays, la badiane à petites fleurs forme un arbuste de douze ou quinze pieds, garni dès sa racine d'un grand nombre de branches couvertes de feuilles alternes, ovales, lancéolées, coriaces, luisantes, longues de deux ou quatre pouces, larges d'un ou de deux, du vert le plus agréable et toujours subsistantes. Ses fleurs sont petites et peu apparentes, mais nombreuses, et se développent pendant six mois entiers, toutes ses parties exhalent, lorsqu'on les froisse, ou dans la chaleur, une odeur aromatique très agréable, quoiqu'un peu forte. Il produit une immense quantité de fruits peu différents pour la grosseur de ceux de la badiane de la Chine, et presqu'aussi parfumés qu'eux. C'est selon moi un des plus beaux et des plus intéressans arbustes qu'on puisse introduire en Europe. Je ne fais pas de doute qu'il ne vienne en pleine terre dans le climat de l'olivier, et encore plus dans celui de l'oranger, aussi-bien qu'en Caroline, où il gèle tous les hivers, et qu'il n'y donne des produits très avantageux en fruits et en feuilles, car ces dernières donnent une liqueur peu différente en bonté de celle faite avec les premiers.

J'ai multiplié cette badiane de semences confiées à la terre, ou mieux, au sable, car ce n'étoit qu'une terre de bruyère très maigre, aussitôt après leur chute de l'arbre, et j'en ai obtenu la seconde année des plants de six pouces de hauteur, quoique je ne lui eusse donné d'autre culture que des sarclages et des binages. J'ai abandonné à cette époque ce plant, qui depuis a été transporté en Angleterre. Les graines que j'avois rapportées en France, quoique cueillies en complète maturité, et semées quatre mois après, c'est-à-dire à la sortie de l'hiver suivant, n'ont point levé, de sorte que je puis assurer qu'il faut les stratifier pour pouvoir leur conserver leur faculté germinative.

Cels multiplie les pieds qu'il possède par la voie des marcottes, qui reprennent facilement la même année; mais comme ces pieds font peu de progrès, il ne peut pas en obtenir autant qu'il seroit à désirer. (B.)

BAGASSE. C'est dans les îles de l'Amérique les restes de la canne à sucre qui a passé deux fois par le moulin. On emploie la bagasse à la nourriture des bestiaux et au chauffage. *Voyez* Canne a sucre. (B.)

BAGNAUDIER, *Colutea*. Genre de plante qui fait partie de la diadelphie décandrie et de la famille des légumineuses, et qui renferme une douzaine d'espèces dont une se cultive fréquemment dans les bosquets des jardins d'agrément, et trois autres quelquefois; elles sont par conséquent dans le cas d'être mentionnées ici.

Le bagnaudier arborescent, qu'on appelle aussi *bagnaudier à vessie* ou *faux séné*, est un arbrisseau de huit à dix pieds de haut, dont les rameaux sont nombreux et blanchâtres, les feuilles alternes, ailées avec impaire, les folioles éliptiques et tronquées ou cordiformes au sommet, les fleurs jaunes et disposées en grappes axillaires, pendantes et fort lâches. Il fleurit à la fin du printemps et souvent une seconde fois au commencement de l'automne. Il est originaire des parties méridionales de l'Europe, et ne craint point les hivers des parties septentrionales. Il produit un agréable effet par l'élégance de ses feuilles et leur couleur blanchâtre qui contraste avec celle des autres arbres, par ses grappes de fleurs qui durent long-temps, enfin par la singularité de ses fruits, qui ressemblent à une vessie pleine d'air, que les promeneurs, grands et petits, se plaisent à faire crever avec bruit entre leurs doigts.

Le bagnaudier ne se multiplie guère que de semences qui lèvent avec la plus grande facilité, lorsqu'elles sont placées au printemps dans une terre légère et substantielle et qu'on les arrose dans les grandes chaleurs. Ordinairement le plant qui en provient est assez fort dès l'automne suivant pour être repiqué en pépinière à six ou huit pouces de distance; mais en général on aime mieux attendre à la seconde année pour faire cette opération, parcequ'alors on plante à un pied de distance, et qu'on n'a plus jusqu'à la vente, c'est-à-dire pendant un ou deux ans, qu'à donner à la planche où il est placé les labours ordinaires à toute pépinière.

Lorsque les bagnaudiers sont plantés à demeure, ils peuvent se passer de tout entretien. Bien des jardiniers les taillent tous les ans, les tondent même en boule; mais ils agissent en aveugles, car ces arbustes n'ont d'agrément que par leurs fleurs et leurs fruits pendans, et c'est à l'extrémité des rameaux qu'ils naissent. Cependant si quelque branche gêne le passage, s'est éclatée par l'action des vents, ce qui leur arrive trop souvent, il faut la couper près le tronc ou rez de terre. Il arrive même un temps où il est bon de les recéper complètement; car lorsqu'ils sont trop vieux ils sont moins agréables. En général c'est en buisson et en touffes, soit isolés, soit au second rang des massifs, qu'ils produisent le plus d'effets. Ils réussissent assez bien à l'ombre d'autres arbres.

On a appelé cet arbre *faux séné*, parceque ses feuilles ressemblent beaucoup à celles du véritable séné, et qu'elles purgent comme lui, mais à très forte dose. Comme il croît dans les plus mauvais terrains, on a proposé de le semer dans les landes pour en faire du bois à brûler, et pour en donner les feuilles aux brebis, qui les aiment beaucoup, soit fraîches, soit sèches, et encore plus les fruits. Les abeilles trouvent d'abondantes récoltes sur ses fleurs.

Le BAGNAUDIER ORIENTAL, *Colutea cruenta*, Wild., a les folioles des feuilles émarginées et d'un vert blanchâtre, le légume ouvert à son extrémité, et les fleurs rouge mordoré avec une double tache jaune. Il est originaire des parties orientales et méridionales de l'Europe. C'est un arbuste comme le précédent, mais il s'élève moins et forme des buissons plus touffus et plus réguliers. S'il est moins élégant, il est plus brillant. On le multiplie et le cultive absolument de la même manière, seulement il demande une exposition un peu plus chaude.

Le BAGNAUDIER D'ALEP, *Colutea Pocockii*, Wild., a les folioles des feuilles presque rondes, mucronées et les fleurs presque toujours deux par deux. Il vient de la Turquie d'Asie. C'est également un arbrisseau qui passe l'hiver en pleine terre dans les environs de Paris, mais il est plus petit et moins agréable que les précédens; aussi le voit-on rarement hors des jardins de botanique. Sa culture est la même.

Le BAGNAUDIER D'ÉTHIOPIE, *Colutea frutescens*, Wild., a les folioles oblongues, blanches en dessous, et les rameaux couverts de poils très blancs. C'est un petit arbuste toujours vert, du cap de Bonne-Espérance, qui s'élève à trois ou quatre pieds, et qui est très agréable lorsqu'il est garni de ses fleurs nombreuses et d'un rouge vif. Il ne peut supporter les hivers en pleine terre, et dure rarement plus de quatre ans dans sa beauté. On le multiplie de graines qu'on sème au printemps, dans des terrines sur couche à châssis, et on repique, l'année suivante, le plant qui en est provenu dans des pots de petite dimension, qu'on place dans l'orangerie aux endroits les plus éclairés et les plus aérés. J'en ai vu cependant plusieurs passer l'hiver en pleine terre, dans une bonne exposition, et donner des fleurs bien plus nombreuses que ceux qui avoient été renfermés; mais cela tenoit à la douceur des hivers. (B.)

BAGUE. Les jardiniers nomment ainsi les œufs du BOMBICE A LIVRÉE, *Bombix Neustria*, Fab., parcequ'ils sont fixés en forme d'anneaux autour des petites branches des arbres. *Voyez* au mot BOMBICE. (B.)

BAGUETTE. Morceau de bois long, très mince et très droit, que l'on emploie dans les jardins pour attacher les tiges des plantes trop grêles pour se soutenir par elles-mêmes. On peut les faire en toute sorte de bois entier ou refendu. Les bois blancs et mous sont d'un bien moins bon service pour cet objet que les bois durs et les bois résineux.

Les baguettes se retrouvent fréquemment dans la pratique de l'agriculture; mais je ne crois pas qu'il soit nécessaire d'en énumérer ici les cas.

On donne quelquefois le nom de baguettes aux orangers qui viennent de Gênes, parcequ'ils ont la tête coupée et les racines si rapprochées, qu'ils ressemblent à des baguettes. On l'applique encore à des tulipes hautes en tiges qui viennent de Hollande. (B).

BAGUETTE DEVINATOIRE. Rameau fourchu de coudrier avec lequel quelques personnes prétendent pouvoir découvrir les cours d'eau souterrains, les filons métalliques, les mines de charbon de terre et même les trésors cachés sur lesquels ils passent. Quoique de très bons esprits aient soutenu sérieusement que la nature avoit donné à certains hommes la faculté d'éprouver une sensation particulière dans ces cas, et que leur opinion soit fondée sur des raisonnemens et des faits, je ne crois pas qu'il soit convenable d'entretenir le lecteur de cet objet. Je me contente en conséquence de le renvoyer aux écrits de MM. Formey, Thouvenel, Fortis, et autres qui ont soutenu la cause des porteurs de baguettes. (B.)

BAGUETTE D'OR. Nom vulgaire de la giroflée.

BAHU. Ancien nom du bombement d'une allée ou d'une *plate-bande*. (B.)

BAIE. C'est une des espèces de fruit caractérisée par sa mollesse, sa succulence. Pour les botanistes, il faut de plus que les graines soient noyées dans la pulpe intérieure, c'est-à-dire qu'on n'observe pas de membrane entre elles et cette pulpe. *Voyez* aux mots PLANTE et FRUIT.

Les Baies portent souvent le nom de grain parmi les cultivateurs; ainsi ils disent un grain de raisin, un grain de groseille. Elles sont ou simples comme celles-ci, ou composées comme dans la ronce, le mûrier, etc. Leur surface est presque toujours colorée. Ce n'est que par suite de la rupture de leur peau, ou de leur pourriture, que les semences qu'elles contiennent se dispersent. Les oiseaux qui s'en nourrissent sèment leurs graines, qu'ils ne digèrent pas, à de grandes distances. Il est même des baies, telles que celles du gui, qui ne sont semées que par eux.

Une grande quantité de sortes de baies servent à la nourriture de l'homme. Elles seront mentionnées à leur article.

La nature, en formant les baies, a voulu que les semences qu'elles renferment fussent, jusqu'à leur germination, entourées d'une humidité surabondante. Il faut donc, lorsqu'on veut employer ces semences à la reproduction, ou les semer aussitôt qu'elles sont récoltées, ou les conserver dans une terre fort humide. Peu d'espèces conservent la faculté de lever après une dessication de quelques mois. C'est pour ne pas faire attention à cette circonstance que tant de cultivateurs se trouvent trompés dans leur espoir. (DÉC.)

BAIL. Le bail ne doit être considéré ici que dans ses rapports avec l'agriculture; car les règles sur la nature de ce contrat, sur les obligations réciproques qui en résultent, sur ce qui y est toujours sous-entendu sans qu'il soit besoin de l'exprimer, sur ce qu'il est permis ou prohibé de stipuler autrement, et sur les formes intrinsèques de l'acte, appartiennent au droit civil et doivent être étudiées dans le code. Les unes sont nommément prescrites aux notaires, sous des peines que la loi leur impose en cas de contravention; les autres sont établies pour tout le monde : personne n'a droit de s'en prendre à eux lorsqu'elles ont été enfreintes, nul n'étant admis à alléguer qu'il ignoroit la loi. Il n'importe donc pas moins aux parties contractantes qu'au notaire qui reçoit l'acte de les connoître toutes assez à fond, pour s'assurer de la solidité de leur convention, et pouvoir juger elles-mêmes s'il y a quelque vice de forme dans la rédaction du contrat.

Le bail à ferme, le seul dont il s'agit ici, sera considéré sous trois différents points de vue : l'avantage dont il est pour l'agriculture en général qu'il y ait des fermiers;— comment les conventions dans les baux à ferme peuvent ou servir ou nuire à la bonne culture ; — quels sont les points sur lesquels les lois pourroient donner plus de facilité pour ces baux qu'elles ne l'ont fait ; et comment les parties peuvent en attendant suppléer par la convention au silence de la loi.

§. Ier *Avantage qu'il y ait des fermiers.* Il semble au premier coup-d'œil que la culture seroit mieux faite par le propriétaire que par un fermier : l'un travaille pour lui et pour toujours ; il est communément plus en état de faire les avances en capital qu'exige la culture, comme toute autre espèce d'entreprise ; et il n'hésite point à les faire, parcequ'il sait que les profits que la terre rendra avec usure seront pour lui ou ses héritiers ; le fermier, au contraire, qui cultive le fonds d'un autre, n'a en vue que son profit personnel et temporaire; il cherche bien, il est vrai, à tirer des terres le plus de produit qu'il pourra pendant sa jouissance; mais il n'a garde d'y mettre pour les améliorer de l'argent et des soins prévoyans, dont l'effet souvent trop tardif n'auroit lieu qu'après son bail, et profiteroit à un autre.

Mais en examinant les choses de plus près, et telles que la réflexion jointe à l'expérience fait connoître qu'elles se passent et se doivent passer, on voit que chez un grand peuple civilisé l'agriculture se trouve mieux, relativement à son but, d'être exercée par des fermiers.

Dans un petit état, dont le territoire, la population, les arts, les sciences, le commerce sont circonscrits dans des bornes étroites, les propriétaires, cultivant eux-mêmes leurs héritages, en obtiendroient plus de produits que ne feroient des fermiers; ils jouiroient d'une subsistance plus aisée; et la population, qui, en tout pays, est en raison des moyens qu'on y a de subsister, seroit relativement plus grande.

Il n'en est pas de même pour une grande nation, où ceux qui ne cultivent point la terre sont en plus grand nombre que les laboureurs : là il faut que la culture soit faite en grand, afin que de grands excédans de produits puissent suffire, tant à la consommation nécessaire pour vivre, qu'au besoin de superfluité ou d'habitude, qui sont tout à la fois l'effet et la cause de la prospérité d'un état; les fermes sont alors des véritables manufactures de blé, qui ne peuvent guère être exploitées que par la classe robuste d'hommes uniquement adonnés et exercés au labour. Ce sont ces grandes manufactures qui doivent fournir toutes les denrées de subsistance et de fabrication aux autres classes si multipliées des hommes occupés aux fonctions et aux professions nécessaires à l'état social, le gouvernement, l'administration des finances, la justice, la police, la guerre, la navigation, le commerce, les fabriques, les arts, les métiers, les lettres, les sciences, l'instruction publique, le culte religieux, toutes choses qui donnent la vie et l'action au corps politique, sans lesquelles l'agriculture ne pourroit s'exercer, et n'eût même pas été inventée, mais qui seroient inconciliables avec les rudes et continuels travaux de la terre.

Sans doute il est à désirer que les propriétaires soient assez instruits des phénomènes de la végétation et des procédés agronomiques pour pouvoir y prendre un intérêt éclairé, pour être en état de raisonner avec leur fermier, de donner des ordres à leur régisseur, sans s'exposer à leur risée; pour connoître les différens détails d'une exploitation rurale, et contracter pour l'état de laboureur l'estime qui est due à ce premier de tous les arts. Il faut aussi que les savans, les naturalistes observent la nature sous ces mêmes rapports, et fassent des expériences multipliées pour en déduire des principes généraux qu'ils publient en les mettant à la portée de tout le monde, et dont les laboureurs sauront faire usage, quand la suite du temps leur en aura prouvé l'utilité économique; car comme il y a loin des théories à la pratique, et que souvent les résultats avantageux de ces expériences faites par les hommes en état d'y sacrifier de l'argent sont surpassés par celui qu'elles ont coûté, les laboureurs qui, obligés de payer un fermage et de faire journellement de grosses dépenses, n'ont pas de l'argent à mettre au hasard, ne considèrent jamais les nouveaux procédés agronomiques que du côté de leur intérêt pécuniaire et présent; mais ils les adoptent lorsqu'ils voient que cet intérêt s'y trouve.

Il y a toujours chez un grand peuple beaucoup de gros propriétaires possédant, en différentes contrées, des domaines considérables, dans chacun desquels il y a souvent plusieurs fermes. Cela doit nécessairement arriver; et il est même bon que cela soit, non seulement parcequ'il est naturel que des grands services rendus à l'état, ou des talens distingués, ou des travaux importans, soient récompensés par la gratitude publique et payés par la fortune, mais aussi parceque sans le superflu des hommes riches il ne pourroit rien s'exécuter de ce qu'exigent l'agriculture, le commerce, les arts, en défrichemens, dessèchemens, améliorations du sol, constructions d'édifices, ponts, digues, chaussées, usines de toute espèce, grandes plantations, etc., et la classe nombreuse de ceux qui vivent du travail de leurs mains, ou qui sont hors d'état de travailler, ne trouveroit ni salaire ni assistance, quand cependant sans eux rien ne pourroit aussi se faire de ce qu'on vient de dire, en sorte que s'il est nécessaire qu'il y ait des hommes riches, il ne l'est pas moins qu'il s'en trouve beaucoup qui soient dépourvus de propriétés, ou qui n'en aient pas une suffisante; car il n'y a que l'urgente nécessité qui puisse porter les hommes à des pénibles travaux, et c'est à payer ces travaux que servent les revenus des riches. Salomon a dit : *ubi multæ sunt opes, multi sunt qui comedunt eas. Quid prodest possessori, nisi quòd cernit divitias oculis suis?* Par-tout où un homme a beaucoup de revenus, il y a aussi beaucoup de gens que ces revenus font vivre; sans cela, que lui en revient-il, si ce n'est qu'il voit de ses yeux ses richesses? (*Ecclesiaste*, chap. 5, v. 10.)

On voit donc que les propriétaires riches, quand bien même ils auroient le goût, la capacité, les forces que la culture demande, et qu'ils n'en seroient pas détournés par d'autres occupations, ne pourroient cultiver qu'un de leurs domaines, et seroient obligés d'affermer les autres.

Heureusement la culture de la terre est de toutes les entreprises celle qui exige proportionnellement le moins d'avances en capital; et ce capital est celui qui se trouve le plus communément à cause du grand nombre de laboureurs élevés à la culture, qui y mettent toute leur application, et y emploient leurs facultés pécuniaires par préférence à tout autre placement, connoissant la solidité de celui-là, et sachant que, vu l'usage et le besoin où l'on est d'affermer ses biens, ils ne manqueront pas, s'ils sont bons, de trouver à prendre une ferme.

Enfin il en coûtera toujours plus au propriétaire qu'à un fermier pour faire valoir un domaine : le produit d'une exploitation rurale se fonde essentiellement sur l'économie constante appliquée à une infinité de détails dont aucun n'est à négliger, sur une exacte surveillance du travail des serviteurs du labour, sur la connoissance de ce travail pour l'avoir souvent fait soi-même, sur l'activité et l'intelligence dans l'achat et la vente des denrées et des bestiaux; et cette économie minutieuse, peu convenable à un propriétaire aisé, cette exigence sévère du travail, ne se pardonnent, par les domestiques champêtres, qu'à un fermier dont le genre de vie s'éloigne peu du leur, et qu'ils savent avoir besoin d'être économe, parcequ'il a un fermage à payer, en sorte que quand c'est le propriétaire qui exploite, ils travaillent moins et sont plus exigeans sur leur salaire et leur nourriture. Et comme ce qui s'obtient à moindres frais est toujours plus abondant que ce qui coûte davantage à obtenir, et qu'on se lasse de dépenser plus en obtenant moins, on voit que l'usage des baux à ferme, en même temps qu'il est avantageux aux propriétaires, doit tourner au profit de l'agriculture.

§. II. *Comment les conventions du bail peuvent ou servir ou nuire à la bonne culture.* Le fermage est ordinairement l'objet dont les propriétaires s'occupent le plus lorsqu'ils font un bail. Il n'est pas besoin de leur rappeler ici par de longs raisonnemens que leur intérêt autant que l'équité doit les porter à ne vouloir qu'un fermage justement proportionné à la valeur naturelle du fonds, et tel qu'un fermier le puisse payer sans s'incommoder, et sans perdre le profit qu'il faut qu'il retire de l'avance de son capital, de son temps, de son industrie; car si cela lui arrive, quoiqu'il travaille de son mieux, et qu'il ait mis à l'exploitation un capital suffisant, le propriétaire, pour avoir voulu grossir son fermage, n'en sera pas payé, à moins que le fermier ne se ruine; les terres seront mal cultivées; elles se dégraderont; la ferme sera discréditée, et dans un bail suivant il faudra diminuer le fermage en raison des frais que le nouveau fermier aura à faire pour remettre les terres en bon état.

Ainsi, une bonne culture est évidemment le point dont il faut sur-tout s'occuper quand on loue sa ferme, puisque l'intérêt du bailleur est, à cet égard, semblable à celui du preneur, en même temps qu'il en résultera pour le public une plus grande masse de produits. C'est donc à ce but que doivent tendre les conventions des baux. Mais pour le remplir il faut considérer attentivement tout ce que la nature des choses et le droit de chacune des parties exigent dans un pareil contrat.

La raison dit que les produits de la terre doivent payer tout ce qui a été nécessaire pour les obtenir, soit par la culture, si ce sont des fruits industriels, soit par les frais de garde et de conservation, si ce sont des fruits naturels. Il faut trois choses pour faire naître ou pour conserver des produits : *le fonds de terre, un capital, et l'industrie.* Si le propriétaire ne retiroit pas de son bien fonds le profit de l'argent qu'il lui en a coûté, ou à ses auteurs, pour l'acheter ou le défricher, il ne pourroit ni se résoudre à le cultiver, ni trouver à l'affermer; — si lui ou un fermier ne retiroit pas, en le cultivant, l'intérêt du capital, qu'il faut mettre à cette culture, soit en mobilier, soit en argent, aucun des deux ne la voudroit entreprendre; — et sans le travail et l'industrie, ce capital avancé seroit en pure perte et le fonds de terre finiroit par devenir improductif.

Ce fonds consiste non pas seulement dans le sol, mais aussi dans les plantations qui y ont été faites dans les bâtimens et clôtures qui s'y trouvent, servant à préserver la propriété, à loger le chef de l'exploitation, ses domestiques et ses bestiaux, à mettre à couvert les instrumens de labour, et à serrer les récoltes. Il faut joindre à la valeur de ces choses l'impôt que l'immeuble doit tous les ans au trésor public pour la protection de la propriété par le gouvernement. La part des produits qui appartient à cette première cause de la production s'appelle la rente de la terre, soit que le propriétaire exploite par ses mains, soit qu'il l'afferme, auquel cas cette rente est le fermage.

Le capital se compose des bestiaux, des instrumens aratoires, du mobilier rural, des denrées, fourrages et autres approvisionnemens nécessaires pour la consommation, des semences, et du salaire des domestiques et journaliers, en attendant la première récolte. La part des produits qui doit revenir à cette deuxième cause, concourant à la production, représente l'intérêt annuel de toutes ces avances.

Et à l'égard de l'industrie, la part qui lui revient aussi dans les produits doit payer d'abord le prix du temps et du travail que le fermier emploie chaque année à l'exploitation de la ferme, et ensuite le bénéfice qu'il est naturel qu'il trouve dans cette entreprise, lorsqu'il s'en acquitte avec les soins et l'intelligence qu'elle demande, afin qu'il puisse élever sa famille et se ménager des ressources pour sa vieillesse.

Il seroit sans doute difficile de faire par un calcul proportionnel la juste détermination de ces trois parts dans la valeur des produits d'une ferme : cette fixation ne peut se régler sur la quantité de fruits que rapporte le fonds, parcequ'elle varie d'une année à l'autre, est sujette à des accidens et dépend beaucoup de la manière de cultiver. On ne peut aussi se régler sur un prix vénal de ces fruits, parcequ'il n'est point le même à choses égales dans tous les pays; il dépend du plus ou moins de débouchés pour les vendre, de la facilité ou de la difficulté des transports, de la distance des villes, des foires et marchés, et du plus ou moins d'activité du commerce dans la contrée. Mais sans qu'il soit besoin de se livrer à ces sortes de calculs, les particularités dont on vient de parler sont toujours assez connues dans un pays pour qu'on puisse savoir ce que les fermes s'y louent communément à un bon fermier.

Pour que les fermiers se déterminassent à faire aux terres les améliorations dont elles seroient susceptibles et qui en augmenteroient la fertilité, il faudroit que leur jouissance de la ferme eût une durée telle, qu'ils fussent certains de recevoir dans le cours du bail le dédommagement et le bénéfice des dépenses qu'ils auroient faites pour cela. Il importeroit essentiellement à l'agriculture que les baux à ferme fussent plus longs que l'usage ne l'a établi en France. Le Code Napoléon leur a bien donné plus de stabilité qu'ils n'en avoient autrefois, en statuant d'une part que le fermier peut sous-louer, et même céder son bail à un autre, si cette facilité ne lui a pas été interdite; et d'autre part, que si le bailleur vend sa ferme, l'acquéreur ne peut expulser le fermier qui a un bail authentique, ou dont la date soit certaine, à moins que ce droit n'ait été réservé par le bail; en quoi la loi a mis le droit de bail, qui produit seulement une obligation personnelle de la part du bailleur, tant qu'il est propriétaire de la chose, à l'égal du droit de propriété, qui est un droit réel et foncier d'où dérive la propriété des fruits que produira le fonds de terre, après que l'acheteur en sera devenu propriétaire. Mais cette loi ayant limité à neuf ans la durée des baux que font les tuteurs des biens de leur pupille, les maris de ceux de leur femme, tous les autres administrateurs des biens d'autrui, et les usufruitiers, il n'y a que les propriétaires jouissant de la capacité requise pour contracter, qui puissent faire des baux plus longs, comme de dix-huit, de vingt-sept ou de trente-six ans, et même plus, pourvu que ce ne soit pas pour un temps indéfini, auquel cas ce seroit une vente.

Cette longueur des baux suppose aussi que les propriétaires seront assez sûrs de la solvabilité, de l'intelligence et de la droiture du fermier pour se résoudre à lui prolonger ainsi la jouissance de leur bien, ou que, s'il manque à ses engagemens, ils pourront résilier le bail sans être obligés d'avoir avec lui un procès.

On reviendra sur cet article dans le troisième paragraphe.

La faculté de céder le droit du bail, sans le consentement du propriétaire, doit toujours être interdite au fermier. Il en est de même de celle de sous-louer. La confiance dans la capacité et la bonne conduite encore plus que dans la solvabilité du fermier, étant toujours ce qui détermine les propriétaires sages, il ne doit pas dépendre de lui de leur donner malgré eux pour fermier un homme à qui ils n'eussent pas voulu louer leur ferme.

L'ordre des trois soles est le sujet d'une condition qui se met presque toujours dans les baux de terres labourables. Elle se fonde sur l'usage où l'on a été long-temps et qui subsiste encore dans un grand nombre de localités, de laisser reposer les terres après qu'elles ont rapporté une fois du blé, et l'année suivante d'autres grains. Cet usage, que l'on traite souvent de routine, n'est peut-être pas aussi déplacé que le pensent beaucoup d'agronomes: il faut l'attribuer, soit à la nature du sol, qu'une bonne culture et beaucoup d'engrais n'ont pas ameubli de longue main, soit au défaut de moyens suffisans des laboureurs du pays, soit au besoin de la vaine pâture qui y sert à faire pacager les bestiaux dans les terres, après la moisson, pendant les mois stériles de l'année. En sorte que cet usage connu sous le nom de *Jachères*, est devenu une nécessité dans les pays que l'on appelle *de petite culture*, parceque la culture y est très divisée, et que n'y ayant pas des fermiers, c'est-à-dire des laboureurs assez aisés pour payer un fermage, on y loue ses terres à des métayers, soit à moitié grains, en leur rendant les pailles, soit au tiers franc, en ne faisant point cette réserve. Cette nécessité fâcheuse existera jusqu'à ce que le gouvernement ait exécuté avec le temps les mesures propres à perfectionner l'agriculture dans les parties de l'empire où elle languit par les causes dont on vient de parler.

Mais dans les pays de grande culture où l'on ne manque pas de fermiers aisés, instruits et laborieux, ce seroit une erreur que de les assujettir par le bail à cette pratique des trois soles dont une des jachères. On doit bien empêcher qu'ils n'épuisent les terres en les forcultivant à la fin de leur jouissance, comme quelques uns seroient tentés et auroient l'adresse de le faire, parcequ'il faut qu'après le bail le fermier entrant les trouve au moins telles que l'autre les a reçues, afin qu'il puisse en donner au propriétaire le fermage naturel. On peut aussi convenir par le bail d'un cours de moissons tel que l'expérience a fait connoître dans le pays que le sol le comporte ou le demande; mais il faut laisser à son fermier la liberté de cultiver comme il le jugera convenable et possible, de mettre, s'il le veut, en culture de céréales plutôt une moindre quantité de terrain en le cultivant à fond, qu'une grande en cultivant médiocrement, et sur-tout d'en convertir beaucoup, par tournures, en prairies artificielles, parcequ'elles lui donneront le moyen de nourrir en tout temps une plus grande quantité de bestiaux et d'une espèce meilleure; qu'avec ces bestiaux, dont il pourra d'ailleurs faire un commerce avantageux, il aura plus d'engrais et récoltera davantage que s'il cultivoit en gros et menus grains les deux tiers des terres; et enfin parceque les fourrages artificiels bien appropriés au sol, loin de détériorer la terre, comme le feroit une culture trop rapprochée de plantes céréales, servent au contraire à l'améliorer en la couvrant, en y concentrant les sucs terrestres et les fluides aériens, qui sont les agens de la végétation, et en y laissant de nombreux détrimens de racines, qui, mêlés ensuite avec la terre par les labours, l'ameublissent et la neutralisent. Ainsi le propriétaire ni ses héritages ne peuvent jamais se mal trouver que le fermier en exploite beaucoup de cette manière: mais il faut dans ce cas stipuler par le bail que le fermier laissera en sortant une quantité déterminée de ces prés artificiels en bon état et de l'âge d'un produit moyen et courant.

Les autres clauses des baux à ferme concernent, soit les obligations ordinaires du fermier qui sont à peu près toutes exprimées très disertement dans le Code, et ont leur base dans l'équité naturelle, soit les charges particulières ou extraordinaires que l'on impose au fermier, telles que les termes et le mode de paiement du fermage, ou en argent, ou en grain, ou en partie de l'un et de l'autre; des prestations et faisances en volailles, œufs, beurre, voyages et charrois; des constructions ou grosses réparations des fossés, des plantations, des clôtures, et autres ouvrages que devra faire le fermier.

On fera seulement ici quelques observations au sujet de ces charges particulières, parcequ'elles peuvent souvent faire obstacle à la bonne culture.

En général il faut éviter que le fermier se prive de ses grains pour acquitter son fermage, afin qu'il puisse profiter du temps et des circonstances favorables pour les vendre, car sans cela il y auroit souvent pour lui de la perte à en faire venir beaucoup; ni le charger de constructions, de grosses réparations, de plantations notables et de clôtures, parceque toutes ces choses sont peu compatibles avec ses autres travaux et ses habitudes, et lui consumeroient un temps et de l'argent précieux pour son exploitation; ni enfin d'autres voyages et charrois que ceux qui seront nécessaires pour l'apport des matériaux, lorsqu'il faudra que le propriétaire fasse réparer les bâtimens de la ferme, et encore faut-il borner ces voyages de charroi à des distances raisonnables et à des époques de l'année où ils pourront se concilier avec les travaux urgens de la terre. Il vaut toujours mieux que ce soit le propriétaire qui fasse lui-même construire, réparer, clore et planter; il le fera avec plus de soin qu'un fermier le faisant pour autrui; cela évitera d'ailleurs des difficultés entre lui et son fermier pour vérifier si les ouvrages ont été bien faits, et reviendra au même pour lui, puisque le fermage sera augmenté de tout ce dont il eût fallu le diminuer à cause de ces charges.

Ce qui vient d'être dit sur la longueur du bail, sur l'ordre des soles, et sur le mode d'acquitter le fermage, ne doit point s'appliquer aux baux que l'on fait à des métayers ou de simples colons, parceque ces sortes de laboureurs n'ayant ni capital, ni bestiaux, ni quelquefois des instrumens aratoires, ni l'industrie à laquelle des fermiers sont par intérêt plus exercés, ne peuvent payer le propriétaire qu'en grains, ou par un partage avec lui des fruits en nature, et que, ne travaillant pas pour eux seuls, ils n'ont qu'un foible intérêt à cultiver les terres en grains; pourvu qu'ils en récoltent assez pour vivre et nourrir leur famille, ils préfèrent des cultures dont ils auront seuls le produit, telles que chanvre, gros légumes, etc. Il faut ou leur prescrire à ce sujet des obligations expresses qui sont bien rarement exécutées, ou leur imposer des peines pécuniaires qu'ils sont hors d'état d'acquitter, et ils sont très sujets à employer leur temps et leurs bestiaux à faire des voitures pour d'autres qui les leur payent. Il vaudroit mieux dans ces baux stipuler une quantité déterminée de grain par chaque hectare de terre.

On ne parlera point ici du bail emphytéotique, parceque c'est une sorte d'aliénation du fonds, et que l'emphytéote, ayant droit d'en jouir pendant longues années, a autant d'intérêt de le bien cultiver et de l'améliorer qu'en auroit un propriétaire perpétuel.

A l'égard du bail à cheptel, dont le Code Napoléon distingue trois espèces et a prescrit les règles, ce qu'on en diroit ici ne pourroit concerner que les propriétaires ; et leur intérêt ainsi que celui du preneur à cheptel est toujours le même que celui de l'agriculture, puisque ce bail tend à multiplier le nombre des bestiaux qui fournissent la subsistance aux hommes, l'engrais à la terre, et les matières premières aux manufactures et aux arts.

§. III. *Influence que les lois ont sur l'agriculture, et comment on peut suppléer à leur silence par les conventions dans les baux.* On a vu ci-dessus que les propriétaires répugneront toujours à faire des long baux, s'ils ne sont pas sûrs de pouvoir, en vertu d'une clause résolutoire, expulser un fermier qui manqueroit à ses obligations, à moins d'avoir avec lui un procès. Le Code Napoléon dit bien (art. 1184) *que la condition résolutoire est toujours sous-entendue dans les contrats synallagmatiques, pour le cas où l'une des deux parties ne satisfera point à son engagement ;* mais il ajoute *que le contrat n'est pas résolu de plein droit, que la résolution doit être demandée en justice, et qu'il peut être accordé au débiteur un délai suivant les circonstances.*

Ces dernières dispositions de l'article du Code, qui s'appliquent à la condition résolutoire toujours sous-entendue, comme il le dit, ne paroissent pas devoir s'appliquer à la clause expresse et de rigueur, par laquelle il auroit été stipulé dans le bail qu'en cas que le fermier fût en retard d'une année sur le paiement du fermage, ou qu'il eût manqué à ses obligations concernant la culture, le bailleur pourra résilier le bail par une simple sommation énonciative du fait de la contravention à cette condition du contrat, auquel cas il sera annulé de plein droit, sans qu'il soit besoin d'aucune autre formalité, ni demande en justice, et sauf au bailleur son action en dommages et intérêts contre le fermier, à raison du préjudice que celui-ci lui aura causé.

La loi n'a point prohibé une telle stipulation, sans laquelle le bail n'auroit pas été fait, et qui est d'ailleurs tout-à-fait conforme à l'équité naturelle.

Il y a en effet dans le contrat de louage, comme il est dit dans le *nouveau Traité élémentaire du Notariat*, cette différence remarquable entre le propriétaire et le fermier, que celui-ci a dans ses mains un moyen infaillible de forcer l'autre à exécuter ses obligations du bail, qui est de ne lui pas payer le fermage, tandis que le bailleur, sans l'effet de la clause résolutoire, n'auroit pour forcer le fermier de remplir les siennes, qui sont bien autrement importantes, d'autre moyen que celui d'une action judiciaire toujours très importune, et dont l'issue tardive et dispendieuse répare bien peu le tort qu'il a éprouvé. Car pendant ce procès, que le fermier peut prolonger longtemps par ses chicanes, les risques, les préjudices du propriétaire ne font qu'augmenter, et les terres se dégradent. Les deux obligations réciproques d'un bail étant également la cause qu'il a été fait, l'une doit naturellement être la mesure de l'autre, et leur exécution doit être la même des deux côtés.

Cependant il seroit à souhaiter qu'une loi additionnelle statuât que la clause dont on vient de parler sera exécutée sans qu'il faille en faire la demande en justice. On sent bien que ce droit de résoudre le bail ne devra se motiver que sur des faits notoires et faciles à vérifier, et non sur des points contestables qui exigeroient des discussions. Les propriétaires savent très bien qu'il est de leur avantage de conserver long-temps le même fermier, et après lui ses enfans; que les choses en vont toujours mieux pour eux et pour le fonds de terre lorsque cela est ainsi; et ce ne sera jamais avec un bon fermier qu'ils voudront user d'une pareille clause de rigueur; ils seront plutôt indulgens pour lui sur des points qui n'auront pas une importance majeure et qu'il saura réparer; mais il seroit également fâcheux pour eux et pour l'agriculture qu'ils ne pussent pas assez tôt expulser un mauvais fermier.

En attendant que cet effet désirable de la clause résolutoire soit plus expressément assuré par la loi, on peut convenir de part et d'autre, dans un bail de neuf ans, qu'il sera de plein droit prorogé pour neuf autres années lorsqu'il sera expiré; pour neuf autres encore, après cette deuxième période, et ainsi de suite, si l'on veut; en ajoutant néanmoins que si le fermier étoit en retard d'une année de fermage, ou s'il avoit manqué essentiellement à quelqu'une de ses autres obligations naturelles ou stipulées, touchant la culture, cette clause de prorogation seroit regardée comme nulle et non avenue, si bon sembloit au bailleur. On pourroit faire pour chacune de ces révolutions de neuf ans une augmentation de fermage progressive, en raison de ce que le fonds de terre et la durée de la jouissance auront coopéré à donner au fermier l'occasion de tirer ainsi un plus grand profit de son capital et de son industrie.

Comme la longueur des baux, qui est si importante pour l'agriculture, seroit également à désirer à l'égard des biens ruraux des mineurs et autres propriétaires qui n'ont point la capacité pour contracter, et que les règles établies à ce sujet par le Code Napoléon sont un exemple qui guide l'opinion et perpétue l'habitude de ne faire que des baux de neuf ans, il seroit peut-être bon que la même loi additionnelle dont on vient de parler autorisât les tuteurs et les administrateurs publics à faire des baux de dix-huit, de vingt-sept, et même de trente-six années, suivant les circonstances, à la charge de prendre à cet effet par les tuteurs une délibération du conseil de famille, et par les administrateurs l'agrément du ministre. Les maris pourront faire de tels baux en y faisant intervenir leur femme; les usufruitiers, en prenant le consentement du propriétaire, et les mineurs émancipés et non mariés, en se faisant assister pour cela de leur curateur.

Il seroit aussi à désirer que les lois bursales et rurales facilitassent les longs baux par la réduction du droit de leur enregistrement à celui qui se perçoit pour un bail de neuf ans, et qu'elles encourageassent les propriétaires et les laboureurs à faire des échanges tendant à réunir leurs pièces de terre morcelées et éparses, à enclore leurs héritages, à y établir le cours de moissons convenable au sol; à quoi le vieux usage de la vaine pâture et du parcours de commune à commune fait obstacle, comme le font aussi à une meilleure culture plusieurs points des lois sur l'impôt, et quelques uns de la loi civile et de l'ancien Code rural, qu'on doit bientôt remplacer par un autre.

Ces différens objets n'échapperont pas aux prévoyances du gouvernement éclairé et vigoureux que conduisent les habiles mains d'un héros extraordinaire. Il a déjà annoncé ses vues pour faire fleurir l'agriculture; et il sait que les nations sont souvent plus riches et puissantes par le seul fait de leur législation. (GARNIER-DESCHESNES.)

BAILLARD, BAILLARGE, BAILLORGE, BAYARDE. Noms qu'on donne dans plusieurs endroits aux orges du printemps, soit qu'ils aient deux ou un plus grand nombre de rangs. *Voyez* ORGE. (B.)

BAILLON. Morceau de bois plus ou moins gros, plus ou moins long, qu'on fait passer entre les mâchoires des animaux domestiques, sur-tout des chiens, pour les empêcher de manger ou de crier, ou pour faciliter des opérations médicinales ou chirurgicales dans leur bouche. Le baillon s'attache derrière le cou, au moyen de deux ficelles. Souvent un baillon suffit pour ASSUJETTIR (*voyez* ce mot) l'animal le plus vif ou le plus méchant. (B.)

BAIN. L'usage des bains est dans la nature. Les animaux sauvages comme les animaux domestiques, les quadrupèdes comme les oiseaux, aiment à se baigner pendant la chaleur. Il n'est jamais bon de contrarier leur instinct à cet égard, sur-tout dans les espèces qui, comme le chien, le cochon, semblent y être plus portées que les autres. Les bains froids, les seuls qu'on puisse facilement administrer aux grands animaux, sont rafraîchissans et toniques. Ils disposent à la guérison des maladies inflammatoires générales ou locales, telles que la pléthore sanguine, la fourbure, l'excès de la fatigue, etc. S'ils arrêtent d'abord la transpiration par le froid qu'ils produisent, ils la favorisent ensuite en debarrassant la peau des matières qui en bouchoient les pores. La propreté seule, si avantageuse à la santé sous tant de rapports, doit engager à faire baigner souvent les animaux domestiques pendant l'été, et aussi souvent que possible pendant l'hiver même.

Que doivent penser par exemple les étrangers, sur-tout les Anglais, les Hollandais, les Suisses, etc., chez qui les bœufs et les vaches sont si proprement tenus, de les voir chez nous souvent couverts sur les côtés de plus d'un pouce d'épaisseur de fiente et sur le dos de plusieurs lignes d'épaisseur de poussière? Les chevaux mêmes qui, dans certains endroits, sont si soignés, partagent dans d'autres la malpropreté commune. Je ne puis trop appeler l'attention des cultivateurs sur cet objet.

Mais comment leur demander la propreté pour leurs bestiaux, lorsqu'ils la négligent pour la plupart d'une manière si inconcevable sur leur personne, sur leurs meubles, etc. Peut-on croire qu'il en est des milliers, sur-tout parmi les femmes, qui ne se sont jamais lavé le corps, lors même que la proximité de grandes eaux leur en donnent la facilité! Que de développemens physiques, moraux et politiques ce sujet peut fournir!

En principe général, il ne faut jamais mener les animaux à l'eau lorsqu'ils sont trop échauffés, et il faut, par tous les moyens possibles, accélérer leur dessiccation lorsqu'ils en sont sortis. Les plus utiles de ces moyens sont le couteau de chaleur, l'étrille, le bouchonnement avec de la paille, le frottement avec des linges secs, des brosses, l'exercice modéré au grand air ou au soleil. On voit presque tous les animaux, après s'être baignés, se rouler sur l'herbe, dans la poussière, se secouer avec violence pour remplir les mêmes effets, tant ils ont le sentiment de ce qui leur convient.

Le temps que les animaux doivent rester dans l'eau dépend et de l'objet principal qu'on a en vue et de la saison. Quelques minutes suffisent pour ceux qui sont propres et qu'on veut seulement rafraîchir. Il faudroit y laisser des heures entières certaines vaches, tant elles sont encroûtées d'ordures.

Les bains d'eau tiède ne s'emploient guère dans la médecine vétérinaire qu'en forme de lotion, c'est-à-dire qu'on lave, avec une éponge ou un linge mouillé, le corps ou les parties du corps des animaux qu'on veut laver ou guérir de quelque maladie locale; les jambes des chevaux, des ânes, des bœufs, étant plus sujettes aux efforts, aux contusions et autres accidens, sont aussi plus souvent dans le cas d'avoir besoin de bains tièdes; alors on peut les mettre dans des vases et les y laisser aussi long-temps qu'on le veut, au moyen de quelques précautions trop faciles à imaginer pour qu'il soit nécessaire de les indiquer.

Il y a encore deux autres espèces de bains dont le but est de favoriser la transpiration, diminuer la tension, l'irritation et la douleur des parties enflammées; ce sont les bains de vapeurs et les bains de fumiers. Pour faire prendre les premiers aux animaux, on les couvre de grandes couvertures de laine fermées par devant et par derrière, et on place sous leur ventre des chaudières remplies d'eau bouillante, eau qu'on renouvelle lorsqu'elle est refroidie. Il faut ici prendre aussi des précautions proportionnées au plus ou moins de docilité des animaux. Pour leur faire prendre les seconds, on les couche sur un fumier en fermentation et on les en recouvre entièrement à l'extrémité de la tête près. Le temps de ces opérations dépend de la maladie pour laquelle on les fait, de l'âge, du tempérament de l'animal, de la saison, etc. Entrer dans plus de détails à cet égard seroit superflu, puisqu'ils ne dispenseroient pas, dans le plus grand nombre des cas, d'appeler un vétérinaire instruit, pour indiquer la conduite à tenir. *Voyez*, pour le surplus, à l'article de chacun des animaux cités. (B.)

BAISSER. Terme des vignerons des environs d'Auxerre et de la partie de Bourgogne où la vigne est attachée à une perche soutenue par un échalas. Ils entendent par-là courber comme le dos d'un chat la portion du sarment laissée sur le cep après la taille. Cette pratique diffère de celle de Côte-Rôtie, en ce que le sarment décrit presqu'un cercle entier, et que son extrémité revient aussi bas que l'endroit d'où ce sarment prend naissance. La méthode bourguignone ne fait décrire qu'une portion de cercle à ce sarment. Si on demandoit aux paysans de ces deux cantons la raison physique qui les a déterminés à plier ainsi le sarment, ils répondroient : *c'est la coutume ;*

mais pourquoi est-elle établie? Ils auroient beaucoup de peine à répondre à ces questions. Tâchons d'y suppléer pour eux. 1° Le raisin est plus directement exposé aux rayons du soleil, il n'est pas enseveli sous un monceau de feuilles comme dans les autres cantons du royaume; 2° il règne autour de lui un plus grand courant d'air; dès-lors son suc est mieux élaboré, moins aqueux, et par conséquent le raisin est moins sujet à pourrir dans les années pluvieuses; 3° le motif dominant et le plus important de tous est que cette manière de plier l'arçon resserre le diamètre des canaux séveux, et la sève est forcée de monter plus pure et moins impétueusement. Comme son canal direct, ou plutôt la perpendicularité du sarment est supprimée, le cep ne s'épuise pas à produire ces longs et inutiles sarmens qui produisent sur la vigne le même épuisement que celui occasionné par les gourmands sur les arbres fruitiers; enfin ce cep, dont le sarment est *baissé* ou *arconné*, ne donne en général que des sarmens à fruit pour la taille suivante. Cet objet mérite d'être pris en considération par les propriétaires qui désirent se procurer des vins de qualité sur les hautains du Béarn : on devroit arçonner les sarmens et attacher les pampres à la perche supérieure ou à la branche supérieure de l'arbre, pour les hautains du Dauphiné, dans le voisinage de Grenoble. *Voyez* COURBURE DES BRANCHES. (R.)

BAISSIÈRE. On donne ce nom, dans le département de l'Ain, aux enfoncemens qui se trouvent dans les terres labourables, et qui retiennent plus ou moins long-temps les eaux des pluies. Le blé vient mal ou ne vient pas du tout dans les baissières. Le cultivateur doit donc ou les combler, ou leur donner un écoulement par un moyen quelconque.

Ce mot s'applique aussi au vin, au cidre, à l'huile, etc., déjà un peu mêlés de lie, qui se trouve au bas d'un tonneau qu'on vide. On fait du vinaigre ou de l'eau-de-vie avec les baissières du vin et du cidre. Les baissières d'huile servent à graisser les roues. (B.)

BALAI. Meuble qui sert a pousser dehors les ordures qui s'accumulent chaque jour, par diverses causes, sur le pavé ou le plancher de la maison.

On fait des balais de plusieurs formes et de diverses matières. Les plus usités dans les campagnes sont ronds et faits avec des brindilles de bouleau, de cornouillier, de bruyère, avec les panicules de sergho, de roseau, de melique bleue, avec les tiges de jones, de sparthe, d'anserine, etc., etc. Sans doute ce sont les localités qui doivent décider de la matière, puisque ce seroit ridicule d'acheter un balai de bouleau 6 sous, lorsqu'on peut en avoir un de bruyère pour rien; mais à égalité de prix, ceux de bouleau doivent être préférés comme remplissant mieux leur objet et durant plus long-temps.

Pour fabriquer ces derniers, on coupe l'extrémité des branches de bouleau lorsqu'elles ne sont plus en sève, et on en réunit assez pour que l'ensemble fasse une botte de trois à quatre pouces de diamètre, ayant soin de les arranger de manière que les plus longs soient au centre, et que ceux qui divergent trop soient contenus par d'autres. On lie cette botte vers son extrémité, avec deux liens séparés de mancienne ou d'osier, ayant soin de les serrer le plus possible, et on coupe avec la serpe tous les bouts qui dépassent de plus d'un pouce le dernier lien. Ensuite on fait entrer de force, au milieu de la tête, un manche, c'est-à-dire un bâton de six pieds de long sur un pouce de diamètre, épointé par un de ses bouts, et le balai est terminé.

Un bon balai doit avoir un pied et demi de long, et faire la pointe à son extrémité. Ceux dont les brindilles s'écartent trop ramassent moins bien l'ordure.

Dans les pays où faire des balais est un métier, car généralement ce sont les domestiques qui les fabriquent à mesure du besoin, et le plus souvent assez mal, on laisse dessécher ces brindilles de bouleau, et on les met tremper vingt-quatre heures dans l'eau avant de les employer. On gagne par-là que le bois ne fait pas de retraite et que les liens ne se détachent point.

Tous les autres balais employés dans les campagnes se fabriquent à peu près de même.

Quant à ceux usités dans les grandes villes telles que Paris, on les compose le plus communément de petites bottes de crin de quatre pouces de long, fixées dans les trous d'une planche d'environ un pied de long, sur quatre pouces de large et deux d'épaisseur, au moyen d'une espèce de goudron. Ce sont de véritables vergettes très propres à ne pas laisser la plus petite portion d'ordure sur les parquets ou les carreaux cirés des appartemens. On substitue quelquefois au crin les racines qu'on appelle de chiendent, et qui sont celles du *barbon digité*. (B.)

BALAT. Synonyme de Fossé dans le département de Lot-et-Garonne.

BALAUSTIER. C'est le Grenadier sauvage avec lequel on fait de fort bonnes haies dans les parties méridionales de l'Europe, et dont les fleurs sont employées en médecine. *Voy.* au mot Grenadier. (B.).

BALAYURE. Ordures amassées avec le balai. J'ai vu avec peine que presque par-tout on se contentoit de pousser les balayures à la cour, ou de les jeter sur le chemin, et la première pluie entraîne leurs principes. Elles font communément une terre très fine, très divisée et mêlée des détrimens des substances animales et végétales. La santé du maître et de ses valets est intéressée à ce que tout soit tenu dans la plus grande propreté : dès-lors on doit balayer souvent, et ne laisser pourrir dans aucun coin des substances qui, en se décomposant, vicient l'air qu'on respire. Le monceau, chaque jour augmenté, donne à la fin de l'année un tas de bon fumier.

Il est des cantons où les cultivateurs se disputent les balayures des rues, des villages, des routes, etc. Les avantages qu'ils en retirent comme engrais ne sont pas inférieurs à ceux dont il vient d'être question. C'est sur-tout la fiente des chevaux, des vaches, des moutons, des cochons, des poules, etc., qui rendent ces balayures si fort dans le cas d'être recherchées. Ce sont donc les endroits où ils remarquent qu'il y a le plus de ces matières que les cultivateurs doivent exploiter de préférence. (B.)

BALISIER, *Canna*, Lin. Cette plante qui, dans les ouvrages de Linnæus, ouvre la série des végétaux, et qui, dans ceux de Jussieu, fait partie de la famille des drymirrhisées (*cannæ*), croît naturellement dans tous les pays situés entre les tropiques, et se cultive quelquefois dans nos jardins, à raison de la beauté de ses feuilles et de ses fleurs. Son aspect semble la rapprocher des bananiers, dont elle se trouve cependant fort éloignée par les caractères de sa fructification.

Sa racine est charnue, tuberculeuse, traçante et garnie de fibres; ses tiges sont simples, droites, articulées, feuillées, de la grosseur du doigt, de cinq à six pieds de haut; ses feuilles sont alternes, ovales, pointues, glabres, d'un vert gai, striées obliquement par des nervures parallèles, engaînées à leur base, et roulées longitudinalement sur elles-mêmes avant leur développement complet. Leur longueur surpasse généralement un pied, leur largeur six pouces, et elles acquièrent souvent plus du double; ses fleurs d'un rouge orangé, ami de l'œil, forment un épi lâche au sommet de la tige, où elles sont disposées une ou deux ensemble dans l'aisselle d'écailles alternes, courtes et spathacées. Elles se développent successivement pendant tout l'été.

On ne fait aucun usage du BALISIER en Europe; mais en Asie et en Amérique on sait tirer un parti avantageux de leurs racines et de leurs feuilles. Les premières sont regardées comme diurétiques et détersives, et servent souvent de nourriture à la classe la plus pauvre du peuple. Crues, elles sont fades et mucilagineuses; mais simplement cuites dans l'eau elles prennent une saveur agréable analogue à celle des tubérosités de la gesse des champs. Les secondes sont propres par leur grandeur à servir d'enveloppe à un grand nombre d'articles de consommation ou de commerce, et à couvrir les maisons des pauvres. Dans ce dernier cas, on les coud ensemble pour empêcher le vent de les enlever ou de les briser.

Diverses espèces d'oiseaux recherchent les semences des balisiers, à l'époque de leur mâturité. Les ramiers de St.-Domingue en sont sur-tout très friands, et on a remarqué qu'elles rendoient leur chair amère. Lorsqu'on fait infuser ces semences dans l'eau, elles la colorent en rouge vif; mais ce rouge est sans consistance et ne peut se fixer sur les étoffes.

Tous les BALISIERS perdent leurs tiges pendant l'hiver, et dans nos climats ils demandent l'orangerie; cependant ils se conservent quelquefois en pleine terre, lorsque l'hiver est doux et qu'ils sont placés dans une bonne exposition. On les multiplie de graines, ou par séparation des racines. Le premier de ces moyens, quoique plus long, est préférable quand on veut avoir des pieds qui soient pourvus de tous leurs avantages : il a lieu dans des pots, sur couche et sous châssis, au printemps. Le second, le plus généralement en usage, parcequ'il procure des jouissances plus promptes, se pratique en automne. Pour l'exécuter on dépote ou arrache un vieux pied, dont on sépare les tubercules pour les planter séparément dans d'autres pots avec de la terre franche. Chacun de ces tubercules, ordinairement de plus d'un pouce de diamètre sur deux ou trois de long, pousse au printemps suivant des racines et des tiges plus ou moins nombreuses et souvent plus belles que celles du vieux pied.

Les balisiers exigent de fréquents arrosemens pendant l'été, mais ils demandent à être tenus très secs pendant l'hiver; car peu de racines sont plus exposées à la pourriture dans le cours de cette saison que les siennes. Aussi quelques agriculteurs préfèrent-ils les lever tous les ans, pour les conserver dans du sable dans un lieu sec et chaud. (B.)

BALIVEAU, BALIVAGE, MARTELAGE. (Art du forestier.) Ces différens mots n'ont pas la même signification; cependant ils ont entre eux trop de rapports pour les séparer.

Par *baliveau* on entend un arbre réservé dans la coupe des *bois taillis*, et choisi pour le laisser croître *en futaie*.

Le *balivage* est l'art de choisir les baliveaux à réserver. Et le *martelage* est la marque que l'on fait aux réserves pour les reconnoître après la coupe du bois. On nomme ainsi cette opération, parceque la marques des arbres réservés n'est autre chose que l'empreinte du marteau du propriétaire.

On distingue trois sortes de baliveaux, 1° ceux de l'âge; 2° les baliveaux modernes; 3° les baliveaux anciens.

1° *Des baliveaux de l'âge.* On nomme ainsi ceux qui sont de l'âge du taillis à couper; on les choisit, autant qu'on le peut, en chêne de brin, ou *de gland*, ou *de semence* (ce qui est la même chose sous différentes dénominations), et parmi les plus beaux, les plus sains et les plus vigoureux. Lorsqu'on n'en trouve pas de brin, il vaut encore mieux les prendre sur souche que de leur substituer des baliveaux d'essences inférieures. Il est vrai que les baliveaux de chêne sur souche sont souvent exposés à se gâter; mais dans les terrains de qualité moyenne, ils se tarent rarement avant un siècle; et comme dans cet intervalle on coupe le bois plusieurs fois, on est toujours à même de les remplacer à la coupe suivante par des baliveaux de brin.

A défaut de chênes, on choisira les baliveaux en hêtre, ou en frêne, ou en châtaignier; et si l'on n'en trouve point en assez grande quantité, on remplacera le déficit en bouleau et en tremble.

2° *Baliveaux modernes.* On appelle ainsi, ou simplement *modernes*, les baliveaux de deux et de trois âges d'aménagement des taillis. Dans quelques endroits le baliveau de deux coupes est appelé *perot*, et celui de trois âges *tayon*.

Pour établir la réserve des modernes, on en fait le choix dans les baliveaux de l'âge qui ont été réservés dans les deux dernières exploitations. Il ne faut pas s'attacher à l'âge le plus grand, car il arrive quelquefois qu'un moderne de deux âges se trouve plus beau qu'un autre de trois âges; on doit particulièrement considérer la vigueur et les belles proportions de l'arbre, et rejeter tous ceux qui seroient *élandrés*, ou *pommiers*, ou *rabougris*, ou *couronnés*.

Quand les premiers baliveaux de l'âge ont été bien choisis, il est facile d'en marquer les meilleurs à la révolution suivante, pour les réserver comme modernes: mais si le mauvais état des taillis n'a pas permis d'en avoir de bons, il vaut mieux alors augmenter le nombre des baliveaux de l'âge, et diminuer celui des modernes, que de perpétuer de mauvais arbres, qui peuvent nuire beaucoup aux taillis, sans indemniser à la coupe suivante; à moins toutefois qu'on ait besoin de multiplier les *étalons* pour se procurer des semences.

3° *Baliveaux anciens.* Au-dessus de trois âges les arbres réservés sur les taillis prennent le nom d'*anciens*. On les choisit parmi les modernes qui ont acquis trois âges accomplis, et l'on marque ceux qui sont les plus beaux, les plus gros, les mieux venans et les plus vigoureux.

L'art du forestier consiste à bien choisir ces réserves, et à les espacer, aussi également que cela est possible, sur toute la superficie du bois.

Les ordonnances de nos rois, en prescrivant le nombre d'arbres par arpent que les propriétaires étoient obligés de réserver sur leurs bois taillis, ont eu pour but, 1° d'augmenter les ressources en bois de toute espèce, sans nuire à l'intérêt du propriétaire; 2° de procurer même une plus value périodique à ses taillis, sans cependant lui permettre d'anticiper la jouissance des réserves au préjudice de ses successeurs et des besoins futurs de la consommation générale; 3° de distribuer sur la superficie des bois des étalons en suffisante quantité pour en repeupler naturellement les vides, sans autre dépense que celle d'une bonne conservation.

Examinons si ce but a été rempli.

Les futaies sur taillis ne présentent des avantages effectifs que lorsque le nombre des réserves y a été déterminé par les convenances du sol, des essences et de l'âge d'aménagement de ces taillis, et par-tout où ces convenances n'existent pas, les avantages des futaies sur taillis sont nuls, et leur existence est souvent nuisible à la végétation des taillis.

Ces résultats d'une longue expérience ou de meilleures observations n'étoient pas encore constatés lorsque l'ordonnance de 1669 a été rédigée. Le désordre qui s'étoit glissé dans l'administration des bois du royaume étoit universel; il falloit y remédier promptement, et les huit années d'expérience et de méditations qui ont précédé sa promulgation ne pouvoient pas suffire pour soumettre tous les cas particuliers à un examen convenable et assez approfondi, et pour arrêter les mesures de conservation que chacun d'eux auroit exigées. Les rédacteurs de l'ordonnance se sont donc bornés à établir des règles uniformes sur le nombre des réserves, sans avoir égard ni à la nature du sol, ni à l'essence des bois, ni à l'âge d'aménagement des taillis.

Il est résulté de cette mesure uniforme que les taillis placés sur un sol de bonne qualité, peuplés des essences de la plus grande longévité, amenagés à de longues années, et parfaitement conservés, ont très bien supporté cette accumulation de réserves; mais que dans les terrains de qualité moyenne, et sur-tout dans les sols les plus mauvais et dans les aménagemens les plus rapprochés, le grand nombre de réserves n'a point prospéré, et a occasionné le rabougrissement et la ruine des taillis.

Ces différens effets des futaies sur taillis ont donné lieu à des opinions absolument contraires, et elles ont eu leurs partisans et leurs détracteurs.

Parmi les premiers on remarque presque tous les officiers des anciennes maîtrises ; et dans le rang des détracteurs des futaies sur taillis on voit figurer MM. de Réaumur, de Buffon, Duhamel, Rozier, etc., c'est-à-dire les naturalistes et les physiciens les plus célèbres de leur siècle.

Les premiers, forts de leur expérience, se sont contentés de demander des exceptions convenables au règlement général sur le nombre des réserves dans les taillis, afin de remplir dans toute son étendue le but utile indiqué dans l'ordonnance de 1669 ; et les autres, se croyant suffisamment appuyés par la théorie, ont réclamé d'une manière tranchante la suppression des futaies sur taillis.

Les pièces de ce procès existent dans les ouvrages de ces différens auteurs. Nous les avions lues avec la plus grande attention lorsque nous avons adopté le parti de l'expérience contre celui de la théorie, et nous persistons dans cette opinion, 1° parceque le plus grand nombre des défauts que les détracteurs des futaies sur taillis leur attribuent ne sont pas fondés, ou n'existent que dans certains cas, ainsi que nous l'avons observé ; 2° parceque tous les moyens qu'ils proposent pour remplacer les avantages de ces futaies sont inadmissibles dans la pratique.

Mais pour ne laisser aucun doute sur la bonté des motifs de notre opinion à l'égard des futaies sur taillis, nous allons l'examiner dans les deux points auxquels nous avons réduit cette discussion.

§. 1. *Le plus grand nombre des défauts attribués aux futaies sur taillis ne sont pas fondés.*

Premier défaut. « Les baliveaux de l'âge étant privés de leur abri naturel par la coupe des taillis avant l'hiver, se trouvent exposés à toutes les intempéries de la saison, et à en ressentir les effets, à cause de leur écorce encore tendre, de leurs pores très ouverts, de leurs vaisseaux remplis de sève, etc. ; et l'expérience a prouvé que presque tous ces baliveaux ont péri en 1709. »

A entendre cet agronome, il sembleroit, 1° qu'un taillis est, pour ses différens brins, comme un abris artificiel qui peut les garantir des plus fortes gelées ; 2 qu'on coupe les taillis avant l'hiver, et lorsque les canaux séveux sont encore pleins ; 3° qu'en 1709 la gelée n'a attaqué que les baliveaux de l'âge, et qu'ils n'y ont été exposés qu'à cause de la coupe des taillis qui les abritoient. Dans toutes ces assertions il y a réticence ou exagération, ainsi que cela arrive toujours lorsqu'on s'abandonne à des systèmes.

D'abord il n'y a point de doute qu'un baliveau de l'âge

n'ait une écorce plus tendre qu'un autre de deux âges, ou croissant en plein air, et qu'il ne soit d'un tempérament moins robuste. Mais l'expérience prouve aussi que cette différence n'est sensible, relativement aux effets de la gelée, que dans les froids les plus rigoureux.

En second lieu, un taillis ne peut servir d'abri réel aux baliveaux de l'âge, que lorsqu'il est couvert de feuilles, et en hiver il en est dépouillé. Si, d'ailleurs, cet abri étoit aussi efficace que le pense notre physicien, les taillis non coupés ne gèleroient donc jamais, et l'expérience prouve le contraire.

En troisième lieu, tout le monde sait qu'on ne peut commencer la coupe des taillis qu'après la cessation de la sève, et que les adjudicataires ont *temps de coupe* jusqu'au 15 avril, et quelquefois jusqu'au premier mai : tous les taillis ne pouvoient donc pas être entièrement coupés à l'époque des gelées désastreuses de 1709 ; et si presque tous les baliveaux de l'âge ont péri pendant cet hiver, il ne faut donc pas en attribuer la cause à la coupe des taillis, mais seulement à la rigueur du froid, et sur-tout aux circonstances d'un faux dégel suivi de sur-gelée plus forte que la première, et qui n'a épargné ni les baliveaux, ni les taillis, ni les futaies, ni les arbres épars, ainsi que cela est arrivé dans les hivers de 1789 et 1795. Or, si tous les arbres ont été plus ou moins endommagés par la gelée pendant ces hivers trop fameux, ce n'est donc point à la coupe des taillis ni à l'usage des futaies sur taillis qu'il faut en attribuer la cause.

Deuxième défaut. « Les baliveaux sur taillis ne viennent jamais bien ; ils croissent en pommiers. » (Rozier.)

Ces arbres ont nécessairement une végétation analogue à leur essence, à la qualité du sol, et à l'âge d'aménagement des taillis.

Si le terrain est excellent, leur végétation est très vigoureuse, particulièrement dans les premières années de l'accroissement du taillis, parcequ'alors les baliveaux profitent presque entièrement des influences favorables de l'atmosphère et des engrais météoriques dont ils étoient privés en plus grande partie avant la coupe de ce taillis. Mais si le sol en est mauvais, les réserves ne peuvent pas y prospérer, non pas parcequ'elles sont placées sur un taillis, mais parceque le terrain est trop maigre pour entretenir aussi long-temps leur végétation.

Quant au port de ces réserves, il dépend presque entièrement de l'âge d'aménagement du taillis. Elles croissent en *pommiers* lorsqu'on le coupe trop souvent ; et elles acquièrent une hauteur de tige d'autant plus grande sur les terrains de bonne qualité que l'aménagement du taillis est plus prolongé.

Rozier a donc eu tort d'avancer *que les baliveaux sur taillis ne viennent jamais bien, et qu'ils croissent en pommiers*, et *de donner cette assertion comme une règle générale*, puisque les défauts ne se manifestent que sur les mauvais terrains et dans les aménagemens les plus rapprochés.

Troisième défaut. « La foiblesse des chênes réservés sur les taillis s'annonce par la quantité de glands qu'ils produisent. » (BUFFON.)

Il est vrai que les arbres trop vigoureux produisent beaucoup de bois et très peu de fruits, et que la reproduction, c'est-à-dire la production des fruits sur des arbres trop jeunes, préjudicie singulièrement à leur végétation, ou annonce leur foiblesse. Mais il nous semble que Buffon fait ici une fausse application du principe.

En effet, parmi les futaies sur taillis, il y a des baliveaux de différens âges, et Buffon ne désigne point l'espèce des réserves dont la grande quantité de glands annonce la foiblesse.

Or, il est connu de tous les forestiers que les baliveaux de l'âge en produisent rarement, ou en bien petite quantité, et que les récoltes de glands les plus abondantes se trouvent sur les réserves les plus âgées.

Le reproche du naturaliste ne pourroit donc s'appliquer qu'aux modernes et aux anciens. Mais la reproduction qui énerve la jeunesse et fait périr la vieillesse est l'apanage naturel de l'âge viril; et, loin d'annoncer la foiblesse de ces arbres, leur fécondité devient au contraire le signe évident de la vigueur de leur végétation.

Quatrième défaut. « Les baliveaux ruinent les taillis, et les taillis ruinent les baliveaux. » (DUHAMEL et ROZIER.)

1° Les baliveaux ruinent les taillis, dit Rozier, par le grand nombre de branches latérales qu'*ils se hâtent* de pousser et qu'ils étendent d'autant plus aisément que rien ne les gêne; et toutes les souches qu'elles couvrent de leur ombre, privées du soleil et des influences de l'air, végètent mal, se rabougrissent, s'étiolent et finissent par périr, etc. »

Ici nos physiciens tombent dans une contradiction remarquable. Si les baliveaux sur taillis viennent aussi mal qu'ils le pensent, et au point *de pouvoir en conserver à peine le quart à chaque coupe;* si l'abondance des glands dont ils sont chargés annonce leur foiblesse, comment les réserves pourroient-elles reprendre tout à coup assez de vigueur pour étendre leurs branches latérales, et couvrir aussi promptement de leur ombre toutes les souches du taillis? car elles ne peuvent produire en même temps des glands et des branches en abondance; ou bien, si les baliveaux obtiennent cette double faculté, leur végétation n'est donc pas aussi foible qu'ils le disent.

2° *Les taillis ruinent les baliveaux.* Mais si les baliveaux ont ruiné les taillis, comment ceux-ci pourroient-ils ensuite occasionner la ruine des baliveaux? C'est, dit *Duhamel*, par la quantité des sucs que les taillis tirent de la terre, etc.; mais dans l'état de dépérissement où il suppose que les taillis ont été mis par l'ombrage des baliveaux, ils n'ont plus la force de nuire à ces réserves, ou bien les taillis ont encore une végétation vigoureuse et ne sont point du tout en état de dépérissement.

D'ailleurs, s'il en étoit ainsi, il y a long-temps que la plus grande partie des forêts impériales et presque tous les bois des particuliers n'existeroient plus; car, de temps immémorial, tous les bois sont sous le régime de ces réserves, quelquefois trop nombreuses; et cependant on les trouve par-tout très beaux quand ils sont en bons terrains et lorsqu'ils sont bien conservés.

Cinquième défaut. « Les baliveaux ne produisent que des arbres de mauvaise qualité; c'est une chose reconnue par une expérience déjà trop longue. » (BUFFON.)

Dans les belles expériences que *Buffon* et *Duhamel* ont faites sur les bois, ils ont reconnu que les (mauvais) nœuds diminuoient leur force. Et comme les futaies sur taillis en ont généralement plus que les arbres des futaies pleines, et que les constructions civiles et navales exigent quelquefois des arbres de grandes longueurs et sans nœuds, que l'on ne peut trouver que dans les futaies pleines, M. de Buffon en a conclu que les futaies sur taillis ne réunissant pas ces deux avantages, étoient *tous* de mauvaise qualité. Si cette conséquence étoit rigoureusement vraie, il en résulteroit que les arbres des futaies pleines seroient les meilleurs à employer pour toute espèce de charpente, que les futaies sur taillis n'auroient que le second rang dans cet ordre d'utilité, et que la charpente des arbres isolés seroit la plus mauvaise de toutes; car ces derniers sont encore moins élevés et beaucoup plus chargés de nœuds que les futaies sur taillis.

Maintenant, si l'on consulte l'expérience de ceux qui les mettent en œuvre, les architectes, les fournisseurs de la marine, les charpentiers, tous conviendront qu'à l'exception des longues pièces dont nous venons de parler, la charpente des arbres isolés, lorsqu'ils sont sans défaut, est regardée comme la meilleure, parceque son bois est plus résistant; que celle des futaies sur taillis est au second rang de qualité; enfin que la charpente des arbres des futaies pleines est de la qualité la plus inférieure.

Sixième défaut. « Les baliveaux occasionnent la gelée des taillis. » (BUFFON et VARENNES DE FENILLE.)

Ils auroient dû dire que des taillis très fourrés occasionnent quelquefois la gelée des baliveaux, ce qui auroit été plus conforme à l'expérience.

Quoi qu'il en soit, ils attribuent ce sixième défaut « à l'ombre et à l'humidité que les baliveaux jettent sur les taillis, et à l'obstacle qu'ils forment au dessèchement de cette humidité, en interrompant l'action du vent et du soleil. »

D'abord, il est constant, pour tous ceux qui fréquentent habituellement les bois, que l'humidité du sol ne se conserve long-temps que dans les parties fourrées des taillis, et que les premiers points desséchés que l'on rencontre après l'hiver sont autour des réserves à commencer par les plus anciennes : cet effet est produit au moyen du vide inévitable qui existe autour de leur tronc, et sur lequel le vent, ou hâle de mars, peut exercer son action.

D'après ce fait, ce ne seroient donc point les baliveaux qui jetteroient de l'humidité sur les taillis, mais bien, comme nous l'avons dit, les taillis trop épais qui pourroient quelquefois occasionner la gelée des baliveaux encore trop jeunes pour avoir eu le temps d'éclaircir les cépées qui les environnent.

En second lieu, l'exemple unique que M. de Buffon cite à l'appui de son assertion n'est pas suffisant pour établir ou pour détruire une règle générale ; car nous avons observé le contraire dans nos propres bois en 1795. D'ailleurs les causes de la gelée sont comme celles de la fumée dans les appartemens ; elles sont très nombreuses, et tiennent à une infinité de circonstances locales intérieures et extérieures. On peut bien en apercevoir quelques unes, mais il est impossible de les saisir toutes.

Enfin, s'il est juste de convenir que les futaies nuisent à la végétation des taillis qui les avoisinent, le dommage, qu'il falloit réduire à cette circonscription, est beaucoup plus que compensé par la plus value des futaies.

Septième défaut. « Les baliveaux contribuent très peu au repeuplement des forêts comme étalons. » (BUFFON.)

Cette assertion est bien extraordinaire sous la plume du Pline français.

Si les futaies sur taillis ne repeuploient pas effectivement les forêts comme étalons, il y a long-temps qu'on ne pourroit plus y trouver de baliveaux de brins; il y a long-temps qu'elles seroient détruites.

De plusieurs millions de graines, à peine en voit-on lever quelques centaines : cela peut être ; mais cette immense quantité de graines n'est pas perdue, et tout le monde sait apprécier les avantages de la glandée. Celles qui lèvent dans les vides remplissent leur destination, et la perte des glands levés au milieu de cépées de même essence devient indifférente, parceque leur existence n'est pas nécessaire dans ces endroits.

Les mulots et les oiseaux en sèment une grande quantité dans les clarières : *une grande quantité*, c'est exagérer. Le fait est qu'ils en sèment, et que c'est un des moyens employés par la nature pour multiplier certaines essences de bois. Mais si les étalons n'étoient pas à la portée de ces animaux, où prendroient-ils ces semences, et en combien de temps pourroient-ils repeupler les vides des bois?

Il faut donc conclure de cette discussion que si ces savans justement célèbres eussent eu plus d'expérience dans la végétation des bois en massifs, et dans leur exploitation; si, avec leur excellent esprit d'observation, ils avoient examiné les futaies sur des taillis placés en bons fonds, meublés de bonnes essences, aménagés à un âge convenable et balivés dans une bonne proportion, ils auroient réduit à leur juste valeur les défauts qu'ils reprochent à ces futaies, et auroient su en apprécier tous les avantages.

C'est cette juste proportion que nous avons cherché à établir à l'article *aménagement*.

§. II. Tous les moyens proposés pour remplacer les avantages des futaies sur taillis sont inadmissibles dans la pratique.

Lorsque l'on veut détruire un ancien usage dont les bons effets sont incontestables, parcequ'il présente quelquefois des inconvéniens, il faudroit au moins en remplacer les avantages par quelque chose de plus parfait, et sur-tout dont l'adoption ne pût souffrir aucunes difficultés; autrement, c'est détruire sans recréer.

C'est ce qui est arrivé aux détracteurs des futaies sur taillis. Quelque différence que l'on trouve dans la forme des divers moyens qu'ils ont proposés pour remplacer les avantages de ces futaies, ils se réduisent tous en définitif à l'établissement des *futaies pleines*.

Buffon, *Duhamel* et *Rozier* les abandonnent à la nature, comme on l'a fait jusqu'à présent. M. *Varenne de Fenille*, qui a aperçu les défauts de ces anciennes futaies, conseil e judicieusement de faire, à époques fixes, dans les futaies pleines, les éclaircissemens que la nature y opère elle-même par le laps du temps. Feu M. *de Perthuis* a perfectionné ces éclaircissemens périodiques, et ils sont regardés par M. *Hartig* comme étant la meilleure manière d'exploiter les bois.

On peut donc regarder l'administration théorique des futaies pleines comme parvenue aujourd'hui au plus haut degré de perfection.

Mais, ainsi que nous l'avons déjà dit à l'article *aménagement*, il est impossible de l'admettre dans la pratique.

En effet, 1° il n'y a que les terrains les meilleurs qui soient susceptibles de produire des futaies et généralement il y a peu de bois de plantés sur les meilleurs terrains.

2° Il faut attendre trois cents ans pour pouvoir jouir de leurs produits les plus grands; et dès-lors, il n'y a que les plus grands propriétaires et le gouvernement qui pourroient en adopter l'usage.

3° Les arbres des futaies pleines, abandonnées à la nature, ont des défauts que nous avons déjà indiqués.

4° En admettant l'usage des futaies pleines, les plus grands propriétaires et le gouvernement ne pourroient pas les faire administrer en futaies éclaircies sans s'exposer à les voir ruiner. Il n'y a que ceux qui feroient faire ces éclaircissemens sous leurs yeux qui y trouveroient un avantage réel; mais comme dans la méthode de M. *Varenne de Fenille* il y a une lacune de jouissance de soixante-dix ans, et de cent cinq ans dans celle de feu M. *de Perthuis*, on doit penser que ces pertes de jouissance, irréparables pour le propriétaire jouissant, seront un obstacle invincible à leur adoption.

5° Enfin, le peu d'étendue des terrains plantés en bois qui seroient susceptibles de produire des futaies, et les besoins annuels de combustibles et de bois de charpente des différentes localités, ne permettront jamais l'établissement exclusif des futaies pleines.

Il résulte évidemment de ces observations que si l'on détruisoit toutes les futaies sur taillis, nous serions privés de grandes ressources que l'on ne pourroit pas retrouver dans les futaies pleines, quelqu'extension qu'on pût leur donner; et qu'en proportionnant le nombre de ces réserves, comme nous l'avons fait dans nos aménagemens, les produits des bois taillis de la France concourront puissamment, avec ceux des arbres isolés et d'alignement, et des futaies pleines qu'il sera possible d'établir, à élever nos ressources au niveau de nos besoins. (De Per.)

BALLE. C'est cette partie qui remplace le calice et la corolle, dont les plantes graminées sont dépourvues. Elle est composée de paillettes ou écailles, d'inégale grandeur, tantôt opposées les unes aux autres, tantôt simples, tantôt doubles de chaque côté; quelquefois solitaires entre les fleurs, quelquefois imbriquées en assez grand nombre, mais jamais insérées circulairement sur le réceptacle, en quoi la balle differe essentiellement de la corolle et du calice des autres plantes.

Ces pailletes sont ordinairement transparentes, coriaces,

ovales, oblongues, pointues et peu colorées : on leur donne le nom de *valve* ou *valvule*; ainsi, un assemblage de deux, de trois paillettes autour d'une même fleur s'appelle une *baille à deux, à trois valves.* Elles portent souvent à leur extrémité un filet pointu qu'on nomme BARBE ou ARRÊTE. *Voyez* ces mots.

Les deux valves qui renferment immédiatement les étamines et le pistil représentent la corolle de la fleur; et lorsque ces valves sont doubles de chaque côté, les deux extérieures tiennent lieu de calice.

Lorsque plusieurs petites fleurs qui ont chacune leur balle propre sont réunies entre deux valves communes, ces valves représentent un calice commun; et l'assemblage des petites fleurs qui y sont contenues se nomme EPILLET. *Voyez* EPI. (R.)

Les balles florales se séparent du grain dans le seigle et le froment, et y restent unies dans l'orge et l'avoine. Celles des balles calicinales ou florales qui se séparent de l'épi ou du grain dans l'opération du battage s'appellent *menues pailles*, et quelquefois simplement, mais abusivement, *paille*. On les donne à manger aux bestiaux, on les fait entrer dans les paillasses, on les emploie à emballer les objets fragiles. (B)

BALLOTE, *Ballota*. Plante vivace, à racine ligneuse, fibreuse; à tiges quadrangulaires, noueuses, rameuses, hautes d'un à deux pieds; à feuilles opposées, pétiolées, cordiformes, ridées, dentées, velues, larges de plus d'un pouce; à fleurs rougeâtres, petites, disposées en verticilles dans les aisselles des feuilles; qui, avec trois autres, forme un genre dans la didynamie gymnospermie, et dans la famille des labiées.

La BALLOTE, qu'on appelle aussi *marrube noir* et *marrube puant*, se trouve dans toute l'Europe aux lieux incultes, le long des fossés, des chemins, contre les haies et les murailles. Son odeur est forte et peu agréable; sa saveur âcre et amère. On la regarde comme antihystérique, résolutive et détersive. Aucun animal ne la mange.

Comme elle est souvent extrêmement abondante, les cultivateurs doivent chercher à en tirer un parti utile, soit en la faisant jeter sur le fumier, soit en l'employant à chauffer le four, à en obtenir de la potasse par sa combustion dans une fosse. *Voyez* POTASSE.

BALSAMINE, *Impatiens*. Genre de plantes qui renferme une douzaine d'espèces, dont l'une est l'objet d'une culture de grande importance pour les parterres et autres jardins d'agrément. Il appartient à la pentandrie monogynie, et à la famille des géranoïdes.

La BALSAMINE DES JARDINS, *Impatiens balsamina*, Lin., est une plante annuelle, originaire des Indes, et qu'on trouve cultivée en Europe dès avant le quinzième siècle. Sa racine est très fibreuse, sa tige haute d'un à deux pieds, très rameuse, très aqueuse, très épaisse, rougeâtre ou blanchâtre; ses feuilles sont alternes, lancéolées, dentées, charnues; ses fleurs réunies en bouquets sur des pédoncules simples et axillaires.

Peu de plantes varient autant que la balsamine. On n'en trouve jamais deux de parfaitement semblables dans un même semis. Tantôt ses fleurs sont simples, tantôt doubles, tantôt petites, tantôt grandes, tantôt rares, tantôt très nombreuses. Les nuances du rouge, du violet et du blanc qu'elles présentent sont innombrables. Leurs panachures dans ces nuances varient sans fin. La seule énumération de toutes leurs différences seroit une entreprise longue et difficile. Il suffit de dire que c'est une plante d'un grand ornement, qui remplit bien sa place dans un parterre, dont les effets durent long-temps, et à laquelle il ne manque que de l'odeur pour tenir le premier rang dans nos jardins. On lui reproche aussi d'être trop abondamment garnie de feuilles; ce qui empêche de jouir de l'éclat et de l'opposition de ses *fleurs*.

Une terre très légère et extrêmement fumée est celle qui convient le mieux à la balsamine, c'est-à-dire où elle donne les plus hautes tiges et les plus larges fleurs; cependant comme ses feuilles sont alors plus grandes, elles cachent davantage les fleurs; aussi ai-je souvent vu des pieds venus dans une terre inférieure en qualité produire plus d'effets, quoique réellement moins beaux.

C'est en mars ou en avril qu'on sème sur couche et sous châssis la graine de balsamine. Il est bon de faire deux semis et de mettre un mois de distance entre eux, afin d'avoir des fleurs pendant un plus long temps. Le plant arrivé à la hauteur de trois à quatre pouces se repique sur une autre couche usée, ou contre un mur exposé au midi, à la distance de six à huit pouces. Ainsi disposé, il est couvert toutes les nuits, et cultivé convenablement. Quelques jardiniers préfèrent le repiquer en pots, qu'ils placent sous des châssis, afin de pouvoir le garantir plus sûrement des froids de la nuit. Cette méthode est bonne, mais exige beaucoup de place. Il est des pays où on le laisse toujours dans des pots. Il y devient moins grand, mais peut-être plus beau, par la raison indiquée plus haut. Ce n'est guère, dans le climat de Paris, qu'au commencement de juillet, c'est-à-dire quand il est prêt à fleurir, qu'on le met définitivement en place. On attend jusqu'en août pour y mettre celui qu'on a destiné à une floraison plus tardive. Après sa transplantation, il demande, pendant quelques jours, de l'ombre et des arrosemens copieux. Pendant les chaleurs, les mêmes arrosemens lui sont également fort avantageux; car cette plante est fort aqueuse et perd beaucoup par la transpiration, ainsi qu'on peut s'en assurer presque tous les après-midi, à cette époque leurs feuilles étant alors fanées. Souvent on isole les pieds de balsamine; mais comme le contraste des couleurs a des charmes et que ces couleurs se font valoir les unes par les autres, il est mieux d'en mettre deux, trois et même quatre à côté les uns des autres, c'est-à-dire de faire des groupes. On juge à peu près, par la couleur de la tige et du bouton, quelle sera celle de la fleur. Quelques jardiniers attendent même, pour en être certains, qu'une ou deux fleurs se soient ouvertes avant de les transplanter à demeure. Ceux à fleurs simples ne sont pas à repousser, quoiqu'ils durent moins long-temps, car souvent ils ont plus d'éclat que ceux à fleurs doubles. D'ailleurs, seuls ils donnent des fruits, et il faut penser à la reproduction. Ils ne sont jamais plus beaux que lorsqu'ils sont abandonnés à eux-mêmes; ainsi on doit éviter de les mutiler par quelque motif que ce soit.

Aux premières gelées toutes les balsamines périssent instantanément, ou au moins la partie supérieure de leurs branches; c'est pourquoi on ne jouit qu'en partie, dans le climat de Paris, de celles qui ont été plantées tard. Dans les pays plus chauds, à Montpellier, par exemple, on peut les élever complètement en pleine terre. Elles s'y resèment même seules.

Comme la graine de balsamine, ainsi que je l'ai fait observer au commencement de cet article, est lancée au loin, lors de sa maturité, par suite de l'élasticité des valves de la capsule, il faut la cueillir un instant avant cette maturité, c'est-à-dire au moment où la capsule commence à blanchir. C'est toujours sur les plus beaux pieds qu'il faut les choisir, et préférer celles données par les premières fleurs.

La culture de la balsamine, qui faisoit les délices de nos pères, est beaucoup tombée depuis que le goût pour les jardins paysagers est devenu dominant. Là cependant elle peut avoir une destination, si on pratique au milieu des gazons de petits parterres, ou des corbeilles; si on disperse des pots le long des massifs, etc.

Il y a une balsamine, la BALSAMINE DES BOIS, *Impatiens noli me tangere*, Lin., qu'on trouve dans les Alpes et dans le nord de l'Europe. Elle est sans beauté, mais ses feuilles se mangent en guise d'épinards, et servent à teindre la laine en jaune. (TH.)

BALSAMINE. *Voy.* MONORDIQUE.

BALUSTRADE. C'est une bande horizontale de bois ou de fer, soutenue de distance en distance par des montans de même matière, qu'on place sur le bord des terrasses pour garantir des accidens. Ordinairement elle est à hauteur d'appui, pour qu'on puisse placer les bras dessus. Quelquefois elle est nue, quelquefois elle est garnie d'if, de charmille, de chèvre-fenille, de rosiers, etc.

Les balustrades qui faisoient autrefois un des ornemens des jardins dits français, sont très rares dans ceux qui ont pris faveur depuis une vingtaine d'années, c'est-à-dire dans ceu que j'appelle paysagers (B.)

BALZANE. Taches de poils blancs qu'ont quelques chevaux au-dessus du sabot. On appele cheval balzan celui qui a de pareilles marques. (B.)

BAMBOU, *Bambusa*. Genre de plantes exotiques de l'hexandrie monogynie, dont les espèces croissent naturellement dans le midi, et ont beaucoup de rapport avec les roseaux.

Ces plantes dont il existe un grand nombre d'espèces, appartiennent à la famille des GRAMINÉES. Elles ont des tiges ligneuses et fistuleuses, qui s'élèvent, selon les espèces, à des hauteurs différentes avec une grosseur proportionnée; il y a des bambous qui ont quatre-vingts pieds de haut. Dans quelques espèces la tige est pleine et solide, c'est-à-dire entièrement ligneuse; dans d'autres elle est creuse au centre, mais avec une très petite cavité; il y en a dont la cavité intérieure est plus considérable que la partie ligneuse. Cette dernière classe est la plus nombreuse et la plus utile.

Aux Antilles et sur-tout à Saint-Domingue on cultive avec assez de soin et avec un grand succès une espèce de bambou, qui s'élève de trente à quarante pieds, et dont la tige acquiert un diamètre de cinq à six pouces. On le multiplie de drageons de racines ou de boutures. Il aime un terrain substantiel et frais; aussi le plante-t-on communément le long des rivières et des ruisseaux, où il produit un effet charmant par la fraîcheur et la beauté de son feuillage. Ses racines, qui sont nombreuses, servent à retenir les terres contre le courant des eaux. Les animaux employés à l'exploitation des sucreries mangent avec plaisir ses jeunes pousses. Lorsque ses tiges ont acquis une certaine grosseur, on en fait des chevrons et des poteaux pour les maisons des nègres, des pieux pour entourer les champs, et des conduits pour l'arrosage des jardins.

Les bambous qui croissent aux Indes sont employés par les habitans de ce pays à beaucoup d'usages dans les arts et l'économie domestique. On peut consulter sur cet objet ADANSON, *dans l'ancienne Encyclopédie*, au mot BAMBOU. (D.)

BANANIER, *Musa*. Nom d'une plante exotique de l'hexandrie monogynie, qui croît naturellement dans l'Inde et en Afrique, et que l'on y cultive, ainsi qu'en Amérique, où elle a été transportée des îles Canaries. Il y a un très grand nombre d'espèces et de variétés de bananier; mais on en distingue principalement deux, le BANANIER A FRUIT LONG, *Musa paradisiaca*, L., et le BANANIER A FRUIT COURT, *Musa sapientum*, L.

Les bananiers ont pour racine un gros bulbe obtus, d'où sort une tige tendre et herbacée, qui s'élève à quinze et vingt pieds de hauteur et même davantage, et qui acquiert la grosseur de la cuisse. Cette tige est facile à couper; elle n'a point de branches; elle est formée et recouverte dans toute son étendue par les gaînes des feuilles qui se succèdent chaque année, et qui couronnent son sommet au nombre de dix à douze; ce sont les plus grandes feuilles connues parmi celles qui sont entières: elles ont six à sept pieds de long sur environ deux pieds de large. Leur couleur est d'un vert gai tirant un peu sur le jaune. A leur surface inférieure est une côte ou nervure très saillante qui les partage dans leur longueur, et qui donne naissance à un grand nombre de nervures transversales. Comme leur consistance est tendre, elles sont souvent déchirées par le vent, auquel leur grandeur donne d'ailleurs beaucoup de prise. A leur naissance ces feuilles sortent roulées sur elles-mêmes, et à mesure qu'elles croissent et s'étendent, elles se réfléchissent en arrière, et forment, après leur entier développement, un fort beau panache au sommet et autour de la tige.

Lorsque les bananiers sont parvenus à leur entière hauteur, leurs fleurs sortent du milieu des feuilles, disposées sur un axe solitaire penché ou pendant; celles de la partie inférieure de l'axe ou épi sont fertiles, et celles de la partie supérieure stériles. Elles sont réunies en divers paquets alternativement placés, et recouverts chacun d'une spathe colorée.

Quand la plante a fructifié, elle périt; mais elle est aussitôt remplacée par le plus élevé des nombreux rejetons qui croissent autour d'elle. C'est au moyen de ces rejetons qu'on la multiplie, et qu'on forme de nouvelles *bananeries*: on appelle ainsi les lieux plantés uniquement en bananiers; ce sont ordinairement des endroits frais et ombragés; on choisit de préférence les vallées et les bords des rivières, des ruisseaux et des ravins. Avant cette plantation, le terrain qui lui est destiné doit être ameubli et nettoyé de mauvaises herbes. Les bananiers sont espacés de huit à dix pieds en tout sens; une fois arrivés à un certain degré de force, ils n'exigent d'autres soins que d'être sarclés tous les deux ou trois mois. Une bananerie bien placée et bien entretenue produit abondamment; elle est d'une grande ressource pour la nourriture des cultivateurs, sur-tout dans les temps de sécheresse.

La *banane* proprement dite que donne le bananier à fruit long nommé *plantanier* par les Espagnols demande à être cueillie avant sa parfaite maturité, c'est-à-dire au moment où sa couleur, d'abord verte, commence à prendre une teinte jaune. Ce fruit a une peau tant soit peu rude qui recouvre une chair molle d'une saveur douce et agréable. Mais on le mange rarement cru; presque toujours on le fait cuire sous la cendre ou au four, ou dans l'eau avec de la viande salée; ainsi préparé, il est très sucré, très nourrissant et d'une facile digestion. Quelquefois après l'avoir pelé, on le coupe par tranches longues qu'on enveloppe d'une pâte légère, et qu'on fait frire comme des beignets. La *figue banane*, produite par le bananier à fruit court, se mange toujours crue; sa chair est molle, fraîche, délicate, et n'a besoin d'aucun assaisonnement.

Quoique les bananiers soient communément plantés dans des lieux bas et abrités, cependant ils sont souvent renversés par les ouragans qui règnent entre les tropiques. Alors on perd beaucoup de leurs fruits. Il s'en fait aussi une perte considérable lorsqu'il en mûrit à la fois une quantité surabondante aux besoins; car les bananes ne peuvent pas se garder longtemps. Pour les conserver, quelques habitans ont imaginé de les faire sécher en tranches minces, comme on fait sécher les dattes dans l'Orient et les figues en Provence. Un autre moyen de conservation est de les raper après les avoir dépouillées de leur peau, de les mettre à la presse, et de les faire cuire ensuite dans une poêle, comme la farine de magnoc. Par ce procédé, on convertit les bananes en une poudre nutritive, qui est longtemps saine et bonne, et dont on peut faire une bouillie agréable et très nourrissante.

Quand on établit une bananerie, et même lorsqu'elle est anciennement établie, on peut mettre à profit le terrain qui se trouve entre les pieds de bananiers, en y plaçant des pois, des haricots, des choux, ou d'autres plantes potagères ou légumineuses.

En Europe, et dans toutes les régions froides ou tempérées, on ne peut élever les bananiers qu'en serre chaude. On les multiplie, comme dans leur pays natal, par leurs rejetons, qu'il faut enlever avec soin, et lorsqu'ils sont encore très jeunes. On plante ces rejetons dans des pots de médiocre grandeur remplis d'une terre riche et légère, et on les tient continuellement plongés dans la couche de tan de la serre. On doit les arroser beaucoup en été, et très légèrement en hiver, mais souvent. Le degré de chaleur qui leur convient est le même que celui dont les ananas ont besoin. Au moyen de ce traitement, on peut dans nos climats avoir des bananiers de dix-huit ou vingt pieds de hauteur, et qui portent des fruits mûrs. Ceux du Jardin des Plantes de Paris fructifient souvent. On en a vu fructifier aussi en Angleterre et en Suède.

Il y a un BANANIER A FLEURS ÉCARLATES, *Musa coccinea*,

Andr., qui est originaire de la Chine, et qui fleurit un an après que ses rejetons ont été transplantés. Ses fleurs sont grandes et belles. Cette espèce qu'on voit dans le même jardin exige aussi la serre chaude. (D.)

BANC, siéges allongés en gazon, en pierre, en bois, qu'on place dans les jardins, les parcs, le long des avenues, pour la commodité des promeneurs.

Les bancs en gazon sont les moins coûteux et le plus souvent, en apparence, les mieux appropriés à leur objet; mais ils sont malsains pendant la plus grande partie de l'année à raison de la fraîcheur qu'ils recèlent. Les femmes des villes, sur-tout lorsqu'elles sont délicates et dans certaines dispositions, doivent les fuir presque en tout temps.

Les bancs de pierre ont le même inconvénient, mais à un moindre degré. Comme il faut qu'ils soient d'une seule pièce pour réunir tous les agrémens, ils obligent souvent à de grandes dépenses.

Les bancs en bois, lorsqu'ils sont couverts de peinture à l'huile, sont certainement préférables.

On les fait ou d'une seule planche épaisse, ou à claire-voie, avec ou sans dossier. On varie leur longueur, leur largeur, leur hauteur, leur épaisseur, leur forme de mille manières. Depuis quelques années on a imaginé de les construire avec de simples perches, revêtues de leur écorce, rapprochées et clouées sur des traverses en potence. C'est certainement la manière la plus économique et la plus pittoresque; mais elle ramène l'inconvénient des bancs de gazon après la pluie, offre en tout temps celui d'user les habits, même de blesser, et de se détériorer avec la plus grande promptitude.

C'est le long des allées un peu longues, à l'extrémité des allées courtes, sous des berceaux, qu'on place ordinairement les bancs dans les jardins ornés. Dans ceux qui imitent la nature leur position se varie bien davantage. Tout point de repos, tout réduit ménagé sur le bord ou au milieu des massifs peut en recevoir. Il en est de même du bord des eaux, du voisinage des rochers, de l'intérieur des grottes. Ces derniers sont fréquemment garnis de mousse, de sparthe, couverts de tapis, etc.

En général, on les multiplie trop dans ces sortes de jardins, où il faut que tout soit à sa place, et peu fréquemment répété.

Les bancs de bois sont quelquefois mobiles, et peuvent par conséquent se mettre à l'abri des injures de l'air pendant l'hiver, époque où ils servent ordinairement peu. Pour conserver le pied de ces sortes de bancs, on les pose sur des dalles de pierre scellées à chaux et à ciment dans la terre.

La peinture de tous les bancs doit être recouverte d'une nouvelle couche chaque troisième ou quatrième année si on veut qu'ils durent long-temps. (B.)

BANDAGE. Jardinage. Mot emprunté de la chirurgie, et appliqué au jardinage par M. l'abbé Roger de Schabol. En voulant tailler une branche on l'éclate ou on la tord : un ouragan casse des branches qui ne sont pas entièrement séparées; des branches surchargées de fruits sont ou forcées, ou à demi cassées, ou éclatées. Dans tous ces cas et autres semblables, le jardinier coupe, c'est plus tôt fait, et souvent un arbre est estropié, ce qu'on appelle Epaulé. (*Voyez* ce mot.) Le jardinier soigneux rapproche habilement et promptement les parties l'une contre l'autre avant que le hâle les flétrisse ; il met des éclisses ou petits morceaux de bois tout autour de peur que la ligature n'offense l'écorce, ou s'il n'en a pas besoin, il enveloppe et garnit la branche avec quelques chiffons : mais auparavant, pendant que quelqu'un tient la branche en état et les parties bien rapprochées, il met autour de la plaie un enduit de bouse de vache un peu plus épais, sur lequel il applique ensuite son chiffon et ses éclisses, faisant un bandage ferme avec de l'osier ou de la corde un peu grosse, afin que la secousse des vents, ou quelqu'autre accident ne puisse rien déranger ; il met une fourche de bois, ou quelque support, auquel il attache la branche malade ; par ce moyen la branche reprend, et il se fait un bourrelet ou cicatrice à la plaie. Quelle analogie avec les os de l'homme ! Outre que l'arbre n'est pas défiguré, ces branches portent des fruits comme s'il ne leur étoit rien arrivé. (R.)

BANDAGE DES ANIMAUX. Terme de chirurgie et de maréchallerie. On entend par ce mot une circonvolution de bande autour de quelque partie du corps blessée, luxée, ou fracturée, pour la maintenir dans son état naturel, ou pour contenir les compresses ou les médicamens qu'on applique dessus. Il seroit trop long et même déplacé de rapporter ici toutes les espèces de bandages que l'art a imaginées. Ceux pour l'animal sont en général plus difficiles à exécuter que ceux pour l'homme, à cause du volume et de la forme du coffre ; cependant le bon sens seul dicte la manière de le faire. Une grande attention, en appliquant le bandage, est de ne pas meurtrir une partie pour en soulager une autre, c'est-à-dire qu'il ne doit faire aucun pli, ni être trop fortement lié, ni gêner aucun des principaux mouvemens de toutes les parties qui ne sont pas affectées dans l'animal. (R.)

BANDAGE et BANDE (chirurgie des animaux.) Longs morceaux de toile, plus ou moins larges, dont on se sert pour tenir appliqué sur le corps des animaux les emplâtres employés à la guérison de leurs plaies, ou pour arrêter leurs hémorrhagies, ou pour fixer, dans leurs fractures, les os dans leur position naturelle.

En général ce n'est guère que dans les maladies ou blessures des pieds qu'on fait usage des bandages et des bandes. La difficulté d'en assujettir sur le corps, et le prix auquel leur grandeur les porteroit, s'y oppose presque toujours. (B.)

BANDE. Jardinage. Ce mot est employé dans le jardinage pour désigner une lisière de gazon ou de fleurs. Les bandes sont de petites plates-bandes de douze à dix-huit pouces de large sur une longueur à volonté, dont on accompagne les pièces de gazon, ou des lisières de gazon de pareille largeur, dont on encadre les plates-bandes ou des massifs de fleurs.

Les plantes dont on se sert le plus communément pour former des bandes de fleurs, sont la giroflée de Mahon, les statices, les mignardises et autres plantes basses susceptibles de former des tapis touffus et serrés contre terre.

Les bandes vertes destinées à encadrer les plates-bandes ou les massifs de fleurs, se font le plus ordinairement avec des plaques de gazon fin que l'on pose sur place, et dont on jouit sur-le-champ. On en fait encore avec le myosote blanc et quelques espèces de saxifrages.

Les bandes ne sont guère employées que dans les jardins symétriques; cependant elles peuvent être de quelque agrément dans les jardins paysagistes, soit pour désigner les contours trop peu marqués par les plantations ou les formes du terrain, soit pour varier et diviser des parties trop étendues. (TH.)

BANNE. Pièce de toile à claire-voie, qui sert à garantir les semis et les fleurs du soleil, et les arbres fruitiers de la gelée. On attache le plus souvent un bâton à chacune de ses extrémités pour pouvoir l'étendre et la rouler à volonté. Sa longueur et sa largeur varient selon le besoin. Trop peu de jardins en sont pourvus, car son utilité est incontestable et sa durée fort longue, lorsqu'elle est bien choisie et convenablement ménagée. (B.)

BANNE. Ce mot signifie aussi tantôt des vaisseaux faits en merrain et destinés à transporter la vendange; leur forme et leur grandeur varient beaucoup; tantôt des paniers fabriqués avec des claies ou de l'osier, et qui servent à transporter le blé, le fumier, la marne, le charbon, etc., le plus souvent construits à demeure sur une charrette. Certains tombereaux en planches le portent aussi dans quelques lieux. (B.)

BANQUETTE. Ce mot a plusieurs acceptionsdans le jardinage. Tantôt ce sont des palissades à hauteur d'appui, tantôt des bancs de gazons peu élevés, tantôt des gradins où on place des pots de fleurs. (B.)

BAPAUME. Variété de laitue.

BAQUE. Vache qui a vêlé dans le département de Lot-et-Garonne.

BAQUET. Vase de bois de forme et de grandeur très variables, dont on fait un fréquent usage dans les campagnes, soit pour mettre les alimens dont se nourrissent certains bestiaux ou l'eau qu'ils boivent, soit pour traire et conserver le lait, faire les petits blanchissages, etc., etc. On peut voir, *fig.* 1, 2, 3 et 4, pl. 1ère les diverses formes de baquets les plus usités.

Ordinairement les baquets sont fabriqués en douves cerclées avec du bois ou du fer. Quelquefois ce sont cinq planches assemblées avec des clous. Chaque pays a ses usages à cet égard.

Dans l'acquisition des baquets comme de beaucoup d'autres ustensiles de ménage, on doit préférer la durée au bon marché, et cependant employer les moyens de conservation dans toute leur étendue. Je fais cette observation, parceque j'ai souvent vu des ménagères acheter un baquet défectueux, parcequ'on en demandoit une somme moindre, et qu'en général presque par-tout dans les campagnes, la dépense une fois faite, on ne s'inquiète plus des soins qu'exige l'objet qui l'a nécessitée. Le résultat est une grande diminution des valeurs mobilières, et par conséquent de la richesse nationale. Un baquet pour durer long-temps doit, lorsqu'il ne sert qu'à contenir des choses sèches, être déposé dans un endroit sec, et lorsqu'il est destiné à contenir de l'eau, il faut qu'il soit en activité de service, ou entièrement plongé dans l'eau. Il pourrit bien moins rapidement, dans cette dernière situation, que dans la cave où on le dépose souvent pour l'entretenir dans un état d'humidité propre à empêcher ses diverses parties de se disjoindre.

Quoique les baquets de chêne soient les plus durables, on les construit souvent en sapin et en bois blanc, à raison de la légèreté qui est une de leurs conditions les plus essentielles. (B.)

BAR ou BARD. Sorte de civière qui sert à transporter à bras d'hommes différens fardeaux.

Les bars dont on se sert en jardinage sont d'une construction très simple : deux montans joints par deux traverses et soutenus par quatre pieds forment les manches. Au milieu du bar est un coffre sur lequel on adapte quelquefois un couvercle en berceau. *Voyez* la *fig.* 3., pl. 4.

Les bars sont destinés à remplacer les brouettes dans les lieux où elles ne peuvent être employées, comme lorsqu'il s'agit de monter des pentes rapides et des escaliers. On s'en sert de préférence pour transporter les plantes délicates qui sont dans des pots, et que les cahotemens de la brouette pourroient fatiguer. Ils sont plus particulièrement destinés à trans-

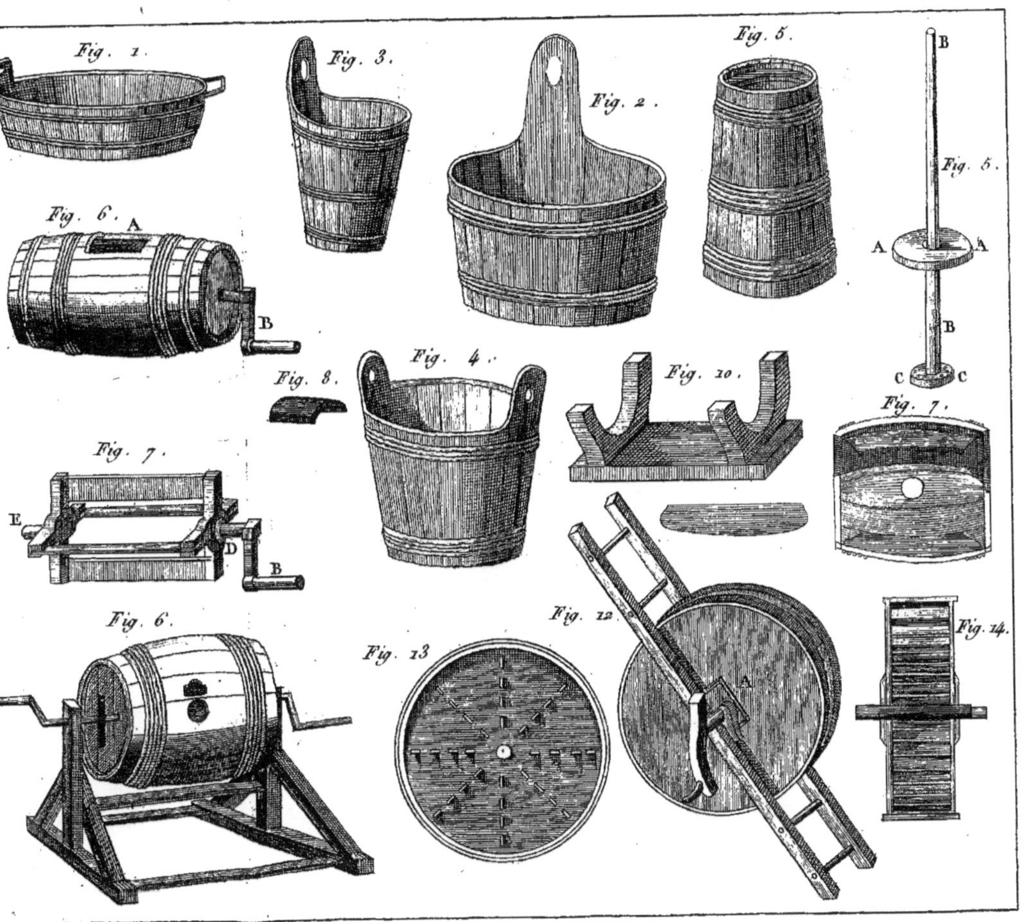

Desene del. et Dir.

Baquets et Barattes.

porter les plantes en mottes qu'on lève dans la pépinière pour garnir les plates-bandes des parterres. Enfin, lorsque pendant l'hiver on tire des châssis, ou des serres chaudes, des oignons ou des arbustes en fleurs pour garnir des appartemens, on emploie le bar, couvert de son berceau de toile cirée, pour les transporter sans accident. Si le froid est assez vif pour faire craindre que les plantes attendries par la chaleur de la sève, et dilatées par l'état de végétation dans lequel elles se trouvent, gèlent en route, on place au milieu du bar une boule d'étain remplie d'eau bouillante. Cette précaution, jointe à celle de couvrir le berceau d'une ou plusieurs couvertures de laine, suivant l'intensité du froid, suffit pour préserver ces plantes de la rigueur des gelées, et les faire arriver en bon état à leur destination. (Th.)

BARAICÉ. On donne ce nom, dans les environs de Rhodès, à la varaire ou ellébore blanche, dont on emploie la racine en décoction pour guérir la gale des moutons. (B.)

BARAL, BARIL, BARILLE, BARRIQUE. Vases de différentes capacités, dans lesquels on met du vin ou autres liqueurs. Il en sera fait mention au mot générique Tonneau. (B.)

BARAQUE. Nom de la demeure des plus pauvres cultivateurs, et de ces bâtimens qu'on élève pour un objet de courte durée. On les construit en terre, en pierres sèches, ou grossièrement liées avec de la terre, en perches garnies de mousses ou de foin, enfin en planches.

On appelle aussi baraque le local où les jardiniers viennent rapporter tous les soirs les instrumens dont ils ont fait usage dans la journée, parceque sa construction est à peu près la même.

Que de réflexions les baraques des cultivateurs de quelques départemens peuvent faire naître!

Il n'est cependant pas vrai que le bonheur n'est jamais dans une baraque. Tout est compensé dans le monde moral comme dans le monde physique. (B.)

BARATTE, ou BATTE-BEURRE, ou BEURRIÈRE. Sorte de longs vaisseaux de bois faits de douves plus étroites par en haut que par en bas, et qui servent à battre la crème dont on fait le beurre. *Fig.* 4, pl. 1.

Ce vaisseau est ordinairement garni de deux, trois à quatre cerceaux à ses deux extrémités et dans son milieu. Les cerceaux à demi ronds, semblables à ceux employés pour les barriques, sont défectueux; non seulement les osiers s'usent promptement, mais encore la crème qui rejaillit quelquefois se niche dans la cavité formée par la réunion des deux cerceaux; elle y aigrit promptement, ainsi que le petit-lait qui se sépare en faisant le beurre; et pour peu qu'il se mêle par la suite de cette matière aigrie avec la crème, le beurre ne tarde pas à prendre un goût âcre et fort ; d'ailleurs, comme toutes les préparations du lait exigent la plus grande propreté, ces cerceaux sont un obstacle à celle qu'exigent ces vaisseaux. Deux cerceaux plats et larges sont préférables aux premiers ; il est aisé d'en sentir la raison.

La seconde pièce qui entre dans la composition de la barratte est son couvercle. A, *fig.* 5. Il est mobile et s'enlève avec le bâton B, qui le traverse, et qui est fixé à la *batte-beurre* proprement dite, CC, qui est percé de plusieurs trous.

C'est en soulevant et en abaissant pendant un espace de temps assez considérable le bâton et la batte-beurre que le petit-lait se sépare de la crème, et la crème forme le beurre ; plus il est battu, plus il se conserve, et moins facilement il devient âcre. Plus on la fait agir rapidemment et plus le beurre est promptement fait.

Toutes les fois qu'on s'est servi de la baratte, on doit la laver à fond, ainsi que tous les accessoires, les frotter avec un brandon de paille, soit en dedans, soit en dehors, les mettre à égoutter et à sécher, en un mot, ne jamais s'en servir sans que tout soit dans la plus rigoureuse propreté. Quelques beurriers très attentifs commencent par laver les barattes avec du petit-lait chaud ; et ensuite avec de l'eau fraîche.

Cet instrument suffit pour une laiterie fournie par quelques vaches seulement ; mais l'opération seroit trop lente, trop pénible dans les grandes laiteries, semblables à celles de la Flandre, de la Hollande, de la Franche-Comté, de la Suisse, etc. Il y faut des instrumens plus expéditifs, et qui sont intéressans à adopter dans les pays où ils ne sont pas connus ; ils économisent sur le temps, sur la main d'œuvre, et font dans une heure ce que les barattes ordinaires n'exécutent pas dans dix.

La fig. 6 représente une baratte flamande ; c'est une barrique susceptible de contenir depuis soixante jusqu'à deux cents pintes de lait (la pinte mesure de Paris, c'est-à-dire qui contient deux livres d'eau, poids de marc.)

Cette barrique est assujettie sur un chevalet solide, *fig.* 10, de manière que le chevalet et la barrique ne peuvent faire aucun mouvement pendant que l'homme tourne la manivelle B, *fig.* 6. Dans la partie supérieure de la barrique est pratiquée une large ouverture A, qu'on referme avec son couvercle, *fig.* 8, et qu'on assujettit exactement.

L'intérieur de la barrique, *fig.* 6, est garni par un moulinet à quatre ailes, *fig.* 7, qui touchent, à un pouce près, les douves de la barrique ; son axe E appuie contre la douve du milieu et du fond, et entre dans un gousset pratiqué à cet effet, afin qu'il ne se dérange pas pendant l'opération ; à l'autre extrémité de son axe D est adaptée la manivelle B, au moyen de laquelle l'homme fait mouvoir le moulinet, et communique le mouvement à toute la masse du lait contenue dans la barrique.

Les Suisses, les Francs-Comtois, les habitans des Vosges, au moins dans certains cantons, construisent leurs barattes sur le même principe que les Flamands et les Hollandais. Le support de la baratte est une espèce d'échelle, *fig.* 12, à peu près semblable à celle qui tient la meule du remouleur. La baratte A est à peu près de deux à deux pieds et demi de hauteur, sur dix à douze pouces de diamètre d'un fond à l'autre. La fig. 13 représente le moulinet intérieur vu de face, et la fig. 14, le moulinet ou batte-beurre vu perpendiculairement. Comme il y a plus d'ailes à ce moulinet que dans celui des Flamands, le beurre est plus tôt fait et dépouillé du petit-lait; cependant le premier est préférable; il se fait moins de déchet; il reste moins de crème et de beurre adhérens aux parois des ailes; enfin, il est plus difficile de tenir ce dernier dans un convenable état de propreté.

Une troisième sorte de baratte est représentée *fig.* 6. Elle diffère peu de la seconde à l'extérieur; mais le moulinet intérieur, qui est vu de face, *fig.* 7, a des volans ou ailes mobiles sur la partie supérieure de leurs cadres, ce qui augmente leur effet. (R.)

BARBARESQUE, BARBARINE. L'une des variétés de la courge.

BARBAT, BARBOT. Nom qu'on donne, dans le département de Lot-et-Garonne et dans le Médoc, aux boutures des vignes qui ne sont pas encore plantées à demeure. (B.)

BARBE. C'est le filet qui termine ou accompagne la balle dans les graminées. Il est des variétés de blés, d'orges qui sont barbues, d'autres qui ne le sont pas. Ce nom s'applique aussi aux poils qui se voient au menton de la chèvre et à la poitrine du dindon. (B.)

BARBE DE BOUC. C'est le SALSIFIS SAUVAGE.

BARBE DE CAPUCIN. On donne ce nom, à Paris, à la chicorée amère qu'on a fait pousser dans la cave pour la manger en salade. *Voyez* CHICORÉE.

BARBE DE CHÈVRE. Espèce de spirée, *Spirea aruncus.*

BARBE DE JUPITER. Espèce d'ANTHYLLIDE.

BARBE DE MOINE. Nom trivial de la CUSCUTE.

BARBE DE RENARD. Astragale épineuse qui croît dans la partie méridionale de l'Europe. *Voyez* ASTRAGALE.

BARBEAU. Nom que les jardiniers donnent à plusieurs espèces de centaurées, et qu'on applique généralement au BLUET.

BARBEAU. Les vignerons du Médoc donnent ce nom à la PUNAISE GRISE et à l'ATTELABE DE LA VIGNE.

BARBEAU. Espèce de poisson du genre des CYPRINS, *Cyprinus barbus*, Lin., qui vit dans les eaux douces des parties moyennes de l'Europe, et dont la chair est très estimée. On l'appelle aussi *barbot*, *barbet*, *barbilliau*; et lorsqu'il est petit, *barbillon*, *barbion*, *barbiau*. Sa longueur est communément d'un pied et demi, mais il atteint souvent au double et plus. Il vit fort long-temps, et n'est apte à la génération que vers la cinquième année de son âge.

C'est de petits poissons, de vers, d'insectes, de chair des cadavres, etc., que vit principalement le barbeau. On dit même qu'il recherche les lieux où on fait rouir du chanvre, ceux où on jette beaucoup de substances végétales, de quelque nature que ce soit, pour se nourrir de la matière extractive qu'elles fournissent. Il aime de préférence les eaux courantes, et fraye au milieu du printemps sur les pierres. On a compté plus de huit mille œufs dans une femelle. Sa croissance est aussi rapide que celle de la carpe, lorsque la nourriture ne lui manque pas.

La chair du barbeau est ferme, blanche et de bon goût. Elle est meilleure pendant l'hiver qu'après le frai. C'est probablement par préjugé qu'on croit que ses œufs purgent violemment; car plusieurs personnes dignes de foi assurent en avoir mangé sans inconvénient, et mon expérience vient à l'appui de la leur.

La nature des eaux a une plus grande influence sur la qualité de la chair du barbeau que sur celle de la plupart des autres poissons. L'âge en a également, comme j'ai été à portée de m'en convaincre. Celle de ceux qui vivent dans les étangs, les rivières bourbeuses, ainsi que celle des plus jeunes, est plus fade et plus molle. On ne doit donc pas beaucoup mettre de ce poisson dans les étangs dont l'eau ne se renouvelle pas, et il faut rejeter tous ceux qu'on prend et qui ne sont pas encore parvenus à l'âge adulte.

On prend les barbeaux avec toutes les sortes de filets en usage pour la carpe; mais comme ils se tiennent presque toujours cachés entre des pierres, sous des racines d'arbres, dans des trous du rivage, leur pêche n'est pas toujours aussi abondante qu'on pourroit le déduire de leur nombre. Ils sont très voraces, et mordent volontiers aux amorces des lignes volantes ou des lignes de fond, sur-tout en été. Je faisois usage avec succès, dans ma jeunesse, pour les attirer, outre les vers de terre, les petits poissons, les sangsues et les morceaux de viande, de grillons, de petites sauterelles, de noctuelles, de bombices, sur-tout du bombice du saule si abondant sur les bords de quelques rivières, et dont la couleur d'un blanc éclatant se voit de loin. J'en prenois, avec ce dernier appât, trois fois plus qu'avec les autres ; mais comme il faut, pour réussir, que l'insecte reste vivant, et par conséquent sur l'eau, j'étois obligé de me cacher derrière un arbre, ou de me coucher ventre à terre pour n'être pas vu par le poisson.

Un sac dans lequel on a mis de la viande pourrie, du mauvais fromage, des gâteaux qui résultent de l'extraction des huiles de toute espèce, est un moyen très propre à les attirer et à les fixer dans un lieu déterminé. Une personne de ma connoissance en prend dans sa rivière toutes les fois qu'elle veut, à l'épervier, en employant ce moyen la veille du jour où elle a le désir de manger du poisson. (B.)

BARBEBON. C'est le salsifis dans le département du Var.

BARBILLONS. Les chevaux, comme la plupart des autres quadrupèdes, ont sous la langue des duplicatures saillantes qui ressemblent quelquefois à des barbillons. Une ridicule opinion fait croire que ces duplicatures sont ce qui empêche quelquefois ces animaux de boire et de manger ; en conséquence on les coupe. Discuter l'inutilité de cette opération seroit faire honte au siècle actuel. (B.)

BARBON, *Andropogon*. Genre de plantes de la polygamie monœcie et de la famille des graminées, dont il convient de parler ici, parceque la plupart des nombreuses espèces qui le composent semblent s'écarter du but général de la nature, si ce but, comme on le dit communément, a été de faire naître les graminées pour la nourriture des bestiaux.

Ce sont principalement les barbons qui, dans toute l'Amérique, ainsi que je l'ai observé en Caroline, obligent de brûler tous les ans les herbes des forêts et des pâturages pour fournir aux bestiaux les moyens de vivre. Là, ils couvrent tous les terrains secs ou humides d'un fourrage de deux, trois et quatre pieds de haut, si dense, que les petits quadrupèdes ne peuvent pas le traverser par-tout, et que les vaches et les chevaux ne peuvent atteindre les autres herbes qui croissent à leur pied ; ce fourrage est si coriace et si insipide, qu'aucun deux n'y touche ; et si persistant, qu'on en trouve souvent de deux années sur l'autre. Il fait réellement dans ce pays le désespoir des cultivateurs. Les défrichemens en font disparoître une espèce pour favoriser la croissance d'une autre ; car il y en a six ou huit qui ont toutes une manière d'être différente, qui n'ont de commun que leur incapacité à servir de nourriture aux bestiaux. Heureusement que presque tous poussent tard, c'est-à-dire à la fin de l'été ; et que, lorsque leurs fannes ont été brûlées pendant l'hiver, la terre peut fournir un bon pâturage pendant cinq à six mois.

Ces barbons seroient très propres à faire de la litière et à servir de fumier pour les terres très argileuses ; car, à raison de la lenteur de leur décomposition, ils y feroient l'effet du sable, ils soulèveroient la terre pendant deux ans, et permettroient aux racines des plantes d'y pénétrer plus facilement : mais dans toutes les parties chaudes de l'Amérique on ne fait pas de litière et on ne fume pas les terres. On ne se sert de ces barbons que pour faire des balais, et pour couvrir les cabanes que l'on construit momentanément dans les forêts.

En Europe on ne connoît que six à sept espèces de barbons; encore est-ce seulement dans les parties méridionales. Il m'a paru que les bestiaux repoussoient la fane de ces espèces. Mais quoiqu'une d'entre elles, le *barbon digité*, soit quelquefois très abondante dans les sols sablonneux et arides, on se plaint peu du tort qu'elles font à l'agriculture, parcequ'elles ne couvrent pas tout le terrain, et qu'elles s'élèvent moins haut qu'en Amérique.

La seule de ces espèces dans le cas d'être citée est celle qui vient d'être nommée, c'est-à-dire le BARBON DIGITÉ, *Andropogon ischœmum*, Lin., qui a plusieurs épis digités, et les fleurs tantôt chargées, tantôt privées d'arrêtes. C'est une plante vivace, d'un à deux pieds de haut, dont les racines sont coriaces, crispées, traçantes et très abondantes. Elle fleurit au milieu de l'été. On emploie ses racines sous le nom de *chiendent* dans l'art du vergetier : on en forme des brosses, des vergettes, des balais, dont on fait une grande consommation à Paris.

Dans l'Inde il y a aussi beaucoup d'espèces de barbons dont la fane est également dure et probablement également impropre à la nourriture des bestiaux. Plusieurs ont une odeur agréable qui les fait employer en médecine et dans les arts de la cuisine et de la parfumerie. Je citerai le BARBON NARD, si employé pour assaisonner les poissons et les viandes, qui passe pour stomachique, apéritif et incisif, et dont on apporte beaucoup en Europe sous le nom de *nard indien ;* le BARBON ODORANT ou SCHŒNANTE, dont l'odeur approche de celle de la rose, qui a les mêmes vertus que la précédente, dont on fait une liqueur de table des plus agréables, et des sachets qui passent pour corriger le mauvais air. (B.)

BARBOTEUX. Nom vulgaire des canards domestiques dans quelques parties de la France.

BARCELLE. Espèce de tomberoau.

BARDANE, *Arctium*. Grande plante bisannuelle, à racine épaisse, fusiforme, noire en dehors ; à tige cylindrique, striée, rameuse, haute de trois à six pieds ; à feuilles alternes, pétiolées, cordiformes, velues, souvent ondulées, souvent longues de plus d'un pied sur six à sept pouces de large ; à fleurs rougeâtres, le plus souvent solitaires, mais quelquefois géminées et même ternées sur de longs pédoncules insérés dans les aisselles des feuilles supérieures avec une ou deux bractées ;

qui, avec deux ou trois autres, forme un genre dans la syngénésie égale et dans la famille des cinarocéphales.

On trouve la BARDANE, *Arctium lappa*, Lin., dans les prés, le long des haies, des murs, dans les champs humides, et en général dans le voisinage des habitations. Elle fleurit au milieu de l'été. Pendant l'hiver ses têtes de fruits s'attachent, par le moyen des crochets dont leur calice est hérissé, aux habits des passans, aux poils des animaux, et se séparent de leur pétiole pour être emportées au loin. Tel est le moyen que la nature lui a donné pour répandre ses semences, et il est fait pour frapper le philosophe spéculatif; mais il devient quelquefois très incommode, car il m'est arrivé souvent d'être des heures entières pour me débarrasser de ces têtes de bardane ou de leurs fragmens, et j'ai vu des chevaux en avoir la queue si empêtrée, qu'on avoit été obligé d'en couper les crins en partie ou en totalité. Sous ce rapport seul l'agriculteur devroit détruire cette plante par tous les moyens possibles : mais ce n'est pas le seul titre qu'elle ait à la proscription; car elle fournit une si grande quantité de semences, que si les oiseaux, et même les poules qui en sont friandes, ne les mangent pas, un seul pied suffit pour couvrir, l'année suivante, plusieurs perches de terrain de jeunes plants, qui chacun emploie déjà, à la fin de l'automne, un à deux pieds carrés de surface. Les bœufs et les moutons les mangent bien quelquefois, mais c'est quand elle est jeune et qu'ils n'ont rien de mieux. Il faut donc la détruire, et pour cela couper ses pieds entre deux terres, par un coup de pioche, avant que les graines soient mûres. Ses fannes peuvent être utilement portées sur le fumier dont elles augmenteront la masse, ou brûlées, soit pour chauffer le four, soit pour faire de la potasse.

Lorsque cette plante croît dans les cours des fermes, derrière les bâtimens, comme cela arrive souvent, elle donne des indices de nitre; mais il ne s'y est pas formé comme on le croit, il n'a été que déposé.

La bardane a une racine d'une saveur douceâtre, un peu astringente, des feuilles amères et des semences âcres. Les premières sont regardées comme apéritives, vulnéraires et fébrifuges; et les dernières, comme un excellent diurétique.

Il y a une autre espèce de bardane qui a été considérée comme une simple variété par quelques botanistes, et qui ne diffère presque que parcequ'elle est plus velue dans toutes ses parties, et que les écailles de son calice sont entrelacées de poils blancs semblables à des toiles d'araignées. Elle est plus rare que la précédente; mais tout ce qu'on vient de lire lui convient parfaitement. (B.)

BARDANE PETITE. C'est la LAMPOURDE, *voyez* ce mot, dont les fruits sont aussi accrochans.

BARDIN. Espèce de pomme musquée.

BARDEAU ou BARDOT. Petit mulet résultant de l'accouplement d'un cheval et d'une ânesse.

BARDOIRE. Nom du HANNETON dans quelques départemens.

BARE ou BARRE. *Voyez* BAR et CIVIÈRE.

BARGA. C'est, dans le département de Lot-et-Garonne, broyer le chanvre dans la BROYE. *Voyez* ce mot.

BARGE. Tas de foin ou de paille dans le département des Deux-Sèvres.

BARGUILLE. Nom des CHÉNEVOTTES dans le département de Lot-et-Garonne.

BARILLE. Nom usité dans le commerce, et quelquefois dans les livres, pour désigner la plante qui produit la soude, et plus souvent l'espèce qu'on cultive pour cet objets, *alsola sativa*, Lin. On dit communément de la *soude de barille*, parceque toutes les plantes marines en général donnnet de la soude, et qu'elles n'en donnent pas de même qualité. (B.)

BARJELADE. Vesce à grains noirs et petits, qu'on cultive auprès d'Avignon.

BARJELADE. Mélange de froment, d'avoine, de fève de marais, de pois gris, de gesse, de vesce, etc., qui se sème après la première récolte, et qu'on fauche pour fourrage au moment de la floraison. (B.)

BAROMÈTRE. Quoique les cultivateurs puissent le plus souvent, au moyen des pronostics tirés de l'état du ciel, de certaines circonstances physiques, de quelques habitudes des animaux, etc., prévoir le beau ou le mauvais temps, et diriger leurs opérations en conséquence, il est bon qu'ils se procurent tous un baromètre; car, consulté seul, il les supplée, et avec eux il les assure. *Voyez* PRONOSTIC.

Quoique n'indiquant réellement que les variations qui ont lieu dans le poids de la colonne d'air qui se trouve au-dessus de lui, et les marées aériennes, cependant, à raison de la grande connexion qui existe entre les phénomènes atmosphériques, il annonce assez exactement le beau temps, la pluie et le vent, pour que les cultivateurs puissent se fier à lui, le plus ordinairement, sous ces derniers rapports.

Je ne détaillerai point ici la construction d'un baromètre, parceque, quelque simple qu'elle soit, elle est hors de la portée des simples cultivateurs, et qu'il ne peut y avoir d'économie pour eux de l'entreprendre. Je me contenterai donc de leur conseiller d'en acheter, et ce plutôt des simples que des composés; car ces derniers sont sujets à se déranger, et, par conséquent, donnent lieu à des dépenses d'entretien qu'il est toujours bon d'éviter.

En général, le principe des baromètres est fondé sur ce qu'une colonne de mercure de 27 à 28 pouces de haut, terme moyen, est en équilibre, c'est-à-dire pèse autant qu'une colonne d'air de même base et de toute la hauteur possible. Cette colonne de mercure est soutenue dans un tube de verre dont la partie supérieure est fermée et vide d'air, et dont la partie inférieure est ouverte et plonge dans un petit vase plein de mercure. Lorsque l'air jouit de toute son élasticité, il pèse avec force sur le mercure du vase, et fait monter celui du tube jusqu'à 29, et même quelquefois, dit-on, 30 pouces. Lorsqu'il est chargé de vapeurs visibles ou invisibles, il perd de cette élasticité, et le mercure descend du tube jusqu'à 26 pouces, et même quelquefois jusqu'à 25. Dans le premier cas, il y a présomption de beau temps; dans le second, on peut s'attendre à de grandes pluies ou à de grands vents.

Il arrive souvent que la cause qui devoit opérer un changement cesse tout à coup, et que par conséquent il n'a pas lieu.

La colonne d'air étant plus courte sur les montagnes que dans les plaines, les mesures ci-dessus doivent être d'autant plus baissées qu'on est plus élevé. C'est sur ce fait qu'est fondé l'art d'évaluer la hauteur des montagnes par le moyen de deux baromètres observés au même instant, l'un sur le sommet de la montagne, l'autre sur le bord de la mer.

A mesure qu'on approche de l'équateur, la limite des variations du baromètre diminue, c'est-à-dire qu'elles ne se font plus que dans un espace de deux pouces. C'est le contraire quand on va vers les pôles.

Je pourrais beaucoup m'étendre sur les considérations de théorie qui ont rapport à ces causes; mais comme ce n'est pas un traité de physique spéculative que je veux rédiger, je me contenterai de présenter aux cultivateurs quelques règles de pratique propres à les guider dans l'observation de cet instrument. (B.)

Ier. *Le mercure qui monte et descend beaucoup annonce changement de temps.* En général, les différentes inconstances du mercure dénotent les mêmes inconstances dans le temps.

II. *La descente du mercure n'annonce pas toujours de la pluie, mais du vent.* Les vents, en rassemblant ou dissipant les vapeurs aqueuses et les nuages, augmentent ou diminuent la masse de l'atmosphère. Ils doivent donc, suivant leur nature, faire monter et baisser le baromètre, et cet instrument indique autant la différence des vents que la pluie ou la sécheresse; de là la règle suivante.

III. *Le mercure descend plus ou moins, suivant la nature des vents; le mercure baisse moins lorsque le vent est nord, nord-est et est, que pendant tout autre vent.* Les vents froids et ceux qui règnent dans la basse région, les seuls que nous puissions sentir, condensent l'air, et le rendent plus propre à supporter les nuages. A l'égard des vents qui règnent dans les régions supérieures, ils ont un effet contraire, parcequ'ils font refluer les nuages vers la terre.

IV. *Lorsqu'il y a deux vents en même temps, l'un près la terre, et l'autre dans la région supérieure de l'atmosphère, si le vent le plus haut est nord, et que le vent bas soit sud, il survient quelquefois de la pluie, quoique le baromètre soit alors fort haut; si, au contraire, c'est le vent du sud qui est le plus élevé, et le vent du nord le plus bas, il ne pleuvra point, quoique le baromètre soit très bas.* Dans le premier cas, les nuages sont condensés, et l'atmosphère qui les soutient est raréfiée; l'équilibre est donc rompu, et l'air ne peut plus soutenir les nuages; dans le second les nuages sont raréfiés, et l'air qui les soutient est condensé; il soutiendra d'autant mieux les nuages.

V. *Pour peu que le mercure monte et continue à s'élever, après ou pendant une pluie abondante et longue, il y aura du beau temps.*

VI. *Le mercure qui descend beaucoup, mais avec lenteur, indique continuation de temps mauvais ou inconstant; quand il monte beaucoup et lentement, il présage la continuation du beau temps.* Dans ces deux cas, la condensation et la raréfaction des nuages, l'élévation des vapeurs est graduelle, uniforme et lente; et l'atmosphère, par conséquent, ne s'allège ou ne se charge qu'au bout d'un long temps.

VII. *Le mercure qui monte beaucoup et avec promptitude annonce que le beau temps sera de courte durée; quand il descend beaucoup et promptement, c'est une indication pareille pour le mauvais temps.*

La raison contraire de la règle précédente donne l'explication de celle-ci.

VIII. *Quand le mercure reste un peu de temps au variable, le ciel n'est ni serein ni pluvieux, il ne fait ni beau ni mauvais; mais alors pour peu que le mercure descende, il annonce de la pluie ou du vent: si, au contraire, il monte, ne fût-ce que de très peu, on a lieu d'espérer du beau temps.* Le conflit qui s'est opéré entre les nuages et l'air qui les soutient fait rester le mercure au variable; mais quand il remonte ou descend, c'est qu'il s'est opéré des changemens qui, s'ils ne sont pas trop considérables, doivent déterminer le temps au beau ou au mauvais: car s'ils étoient violens, ils ne dureroient pas. (*Voyez* les deux règles précédentes.)

IX. *Dans un temps fort chaud, la descente du mercure prédit le tonnerre, quand elle est considérable, et si elle est très petite, il y a encore du beau temps à espérer.* Les grands changemens qui s'opèrent par la condensation des nuages et l'allègement de l'atmosphère causent des agitations qui électrisent les nuages, et enflamment les substances gaseuses qui se sont élevées, par la chaleur, à différentes distances ; de là le tonnerre et les météores ignés qui se rapportent à ce terrible phénomène. On ne doit pas être étonné que dans les tremblemens de terre, lorsque l'air est rempli d'exhalaisons chaudes qui s'élèvent du sein des cavernes échauffées et des gouffres qui s'entr'ouvrent et se crevassent, le baromètre descende au plus bas degré ; l'air est alors très raréfié ; et comme il ne soutient plus le nuage, il tombe souvent des pluies considérables, il se forme des vents, et des tempêtes violentes agitent et soulèvent les flots des fleuves et des mers voisines.

X. *Quand le mercure monte en hiver, cela annonce de la gelée. Descend-il un peu sensiblement, il y aura un dégel. Monte-t-il encore hors de la gelée, il neigera.* C'est ordinairement le vent du nord qui, dans l'hiver, fait monter le mercure ; il y aura donc du froid, et par conséquent de la gelée. Le vent du sud, au contraire, le faisant descendre, amènera du dégel. Si les nuages se condensent et tombent durant la gelée, ils se résoudront en pluie que le froid convertira en neige ; mais, comme nous l'avons déjà remarqué, ce mouvement des nuages fera hausser la colonne de mercure.

Telles sont, en général, les règles de conjectures sûres que l'on a tirées, par des observations exactes, de la marche du baromètre ; tous les autres cas dépendent de ceux-ci, et peuvent y être facilement ramenés. (B.)

BARON. Variété de POIS CULTIVÉ.

BARON. On donne ce nom dans le département de la Meurthe à un emplacement rez terre, contigu à la grange où on dépose les gerbes avant de les battre. (B.)

BAROUX. Nom des tombereaux dans le département des Ardennes.

BARRAC. Nom du parc des brebis dans le Médoc.

BARRAS. On donne ce nom dans les landes de Bordeaux à la résine qui découle pendant l'hiver du pin maritime : mêlée avec le galipot elle forme le brai sec. *Voy.* GALIPOT et PIN. (B.)

BARRADIS. Barrière formée avec des piquets pour interdire, dans le Médoc, l'entrée des champs aux hommes et aux animaux. (B.)

BARRE. Cheville de fer avec laquelle on fait les trous destinés à recevoir des boutures. *Voy.* aux mots PLANTOIR, FICHE. (B.)

BARRER LES VEINES. Opération que faisoient autrefois, et que font peut-être encore dans quelques endroits, des soi-disant maréchaux, pour, disent-ils, arrêter les mauvaises humeurs qui se jettent sur les jambes des chevaux. Elle consistoit à mettre une portion de veine de ces jambes à nu, de la ligaturer en deux endroits et de la couper dans l'intervalle. Je ne veux pas employer mon temps à démontrer l'absurdité de cette pratique. (B.)

BARRES. Pièces de bois arrondies qu'on place entre les chevaux tenus dans les écuries, afin de les empêcher de se battre.

Les barres sont mobiles ou immobiles. Les premières, qui sont préférables, s'attachent d'un bout à la mangeoire avec une corde, et de l'autre se suspendent par le même moyen au plancher.

La grosseur des barres ne doit pas être moindre que trois et plus forte que six pouces de diamètre; leur longueur est ordinairement de huit à dix pieds. (B.)

BARRES. C'est dans le cheval la partie des mâchoires comprise entre les dents molaires (mâchelières), et les canines (crochets). Comme c'est entre les barres que s'appuie le mors, que c'est contre elles que son action s'exécute, il faut les observer attentivement lorsqu'on achète un cheval, surtout un cheval de selle. Trop hautes ou trop basses, elles sont peu sensibles; et ce par des causes différentes, c'est-à-dire, ou parceque le mors n'y atteint pas, ou parcequ'il les rend promptement calleuses.

Les mors mal faits et la mauvaise manière de faire usage de la bride usent la sensibilité des barres, les rompent, les carient. Un cheval qui n'a plus, ce qu'on appelle de bouche, c'est-à-dire dont les barres ne sont plus sensibles, n'obéit plus à son cavalier et ne peut être employé à la selle. Il faut donc les ménager le plus possible.

Lorsque les barres sont simplement blessées, on doit laisser le cheval en repos, et il guérit promptement; mais si elles sont cassées et encore plus cariées, la maladie devient longue et souvent se termine par la mort. Dans ce dernier cas, il faut emporter avec le bistouri toute la partie affectée. Nourrir peu et bassiner avec du vin miellés, et même avec une décoction de quinquina. (B.)

BARRY. Cochon mâle destiné à la reproduction dans le département de Lot-et-Garonne.

BASELLE, *Basella*. Genre qui est de la pentandrie trigynie et de la famille des chénopodées, et qui renferme six à huit espèces de plantes annuelles grimpantes, à feuilles alternes, pétiolées, charnues, à fleurs disposées en épis axillaires et qui intéresse les agriculteurs, en ce que les feuilles de l'une, et peut-être de toutes, se mangent en guise d'épinards.

La BASELLE ROUGE, ou *épinard* d'Amérique, a toutes ses parties rougeâtres. Elle est originaire de l'Inde, et se cultive en Amérique. Sa hauteur surpasse souvent six à huit pieds dans le climat de Paris, où elle réussit fort bien et donne de bonnes graines. On doit la semer de bonne heure sur couche, la repiquer dans un lieu bien préparé et bien abrité, lorsque les gelées tardives ne sont plus du tout à craindre, et lui donner une rame comme aux pois. Des arrosemens lui sont nécessaires dans les grandes chaleurs. Je n'ai jamais mangé de ses feuilles cuites et assaisonnées: mais si j'en juge par la saveur des vertes, les Chinois, qui les aiment beaucoup, ne sont pas difficiles sur le choix de leurs alimens. Quoi qu'il en soit, c'est un légume qu'il ne faut pas repousser, puisqu'il peut augmenter la masse de nos ressources. Le suc des baies est d'un beau rouge.

La BASELLE BLANCHE ne diffère presque de la précédente que par sa couleur. (B.)

BASILIC, *Ocymum*. Genre de plantes de la didynamie gymnospermie et de la famille des labiées, dont toutes les espèces exhalent une odeur suave plus ou moins forte, et dont, pour cette raison, on en cultive plusieurs dans les jardins d'agrément.

Tous les basilics, à une espèce près, sont originaires des Indes et contrées voisines, et ne peuvent par conséquent pas être cultivés en pleine terre dans nos climats.

Les uns sont vivaces et les autres annuels. Les premiers ne se voient guère que dans les jardins de botanique ou dans ceux des amateurs de cultures, en conséquence je n'en parlerai pas; mais deux des seconds, le BASILIC COMMUN et le BASILIC A PETITES FEUILLES se trouvent dans tous les jardins, et demandent qu'on entre à leur égard dans quelques détails de culture. (B.)

On peut semer le basilic depuis le mois de février jusqu'au commencement de juillet, sur-tout dans les provinces méridionales; cependant ceux de février et de mars exigent des couches, et d'être garantis par des paillassons pendant les matinées, les nuits et les jours froids. Dans les provinces du nord, les CHASSIS (*voy.* ce mot) sont indispensables. Si on attend le mois de mars dans les pays chauds, ou les mois d'avril et de mai dans le nord, on ne risque pas de le semer en pleine terre ou dans les pots. Cette seconde méthode est préférable; il est plus facile de les soigner et de les garantir des matinées froides; la terre ne sauroit être trop atténuée et trop substantielle. On peut semer épais. Lorsque la jeune plante a poussé six feuilles, on la replante, et elle reste en terre jusqu'à ce qu'elle ait commencé à former sa tête et donné une certaine masse de racines: c'est alors le cas de la replanter à demeure. Si on a semé en terre et clair, ces replantations sont inutiles. Il est bon de semer à des temps différens, par exemple, tous les quinze jours : si un semis a manqué, sa perte est réparée par le semis suivant, et de cette manière on est assuré d'avoir de beaux pieds de basilic jusqu'aux premières gelées.

Arroser sur-le-champ le basilic replanté, et le garantir pendant quelques jours de l'impression du soleil, sur-tout dans les pays chauds, sont deux précautions essentielles. Comme cette plante pousse beaucoup de petites racines, de petits chevelus, elle épuise bientôt l'humidité de la terre qui l'environne ; dès-lors de fréquens et d'abondans arrosemens sont nécessaires ; il importe peu que ce soit le soir ou le matin, ou pendant le jour, pourvu que le pied ait une humidité proportionnée à l'évaporation qui se fait ou qui s'est faite pendant le jour. Trop d'eau seroit aussi nuisible que pas assez.

En replantant, il faut conserver la terre autour des racines autant qu'on le peut ; le tire-fleur est utile dans cette circonstance ; plus on ménagera la terre et les racines, plus la reprise sera facile. Si on choisit pour cette opération un jour un peu pluvieux et couvert, la réussite est assurée. Lorsque la tête de la plante commence à se former, c'est le temps de planter.

Dans les parterres, dans les jardins des provinces méridionales, où la verdure est assez rare pendant l'été, le basilic offre une ressource précieuse.

Il faut planter chaque pied à dix pouces l'un de l'autre, le tailler sur les côtés de l'allée et par-dessus ; alors tous les pieds poussent en même temps leurs rameaux, ils se touchent et forment un tapis de verdure très agréable. Si on ne taille pas le basilic en-dessus, il forme alors une tête ronde et agréable à la vue. Si on veut conserver pendant long-temps des basilics dans des pots, ou en pleine terre, il suffit de leur empêcher de porter fleur en les taillant.

Il faut laisser la plante sécher sur pied lorsqu'on la destine pour la graine ; on l'arrache de terre un peu avant sa dessiccation complète, dans la matinée, lorsque la rosée la couvre encore ; elle empêche que la graine parfaitement mûre n'échappe du calice qui la renfermoit. On porte les pieds dans un lieu aéré et sec, dans lequel les plantes restent suspendues pendant quelques jours, et on les bat ensuite pour en avoir la graine. On peut même les laisser sur la tige jusqu'à l'année suivante, si ces tiges ne sont pas ballottées par le vent. La graine est bonne pendant deux et même trois ans.

Le basilic que l'on destine aux emplois de la cuisine veut être cueilli à l'époque de la pleine fleur, et être mis à l'ombre et suspendu pour dessécher. Son odeur est aromatique ; son goût âcre et amer.

Les abeilles aiment beaucoup cette plante; il seroit bon de la multiplier autour des ruches. (R.)

BASILIC SAUVAGE (grand). *Voy*. CLINOPODE COMMUN.

BASILIC SAUVAGE (petit). C'est le THIM DES CHAMPS.

BASSE. Nom du vaisseau dans lequel on transporte la vendange dans le département des Deux-Sèvres.

BASSE-COUR. Elle doit correspondre à l'habitation du maître, et avoir en face sa porte principale, la seule fréquentée par les ouvriers ainsi que par les animaux, et être placée de manière à ce qu'il puisse de sa maison voir tout ce qui s'y passe, tout surveiller.

Les granges, les greniers, les écuries, les bergeries, les étables, le colombier, le poulailler, le cellier, les remises, les hangars, les toits à porc, formant en général ce qu'on nomme la *basse-cour*, sans compter néanmoins plusieurs réduits destinés à séparer les animaux malades ou vieux, pour faire pondre et couver les oiseaux domestiques, soigner leur première éducation, les garantir de la pluie et du froid, les engraisser, etc.

Ces différentes pièces, destinées à loger les animaux, à serrer les produits des récoltes, les voitures, les équipages de labours et les instrumens aratoires, doivent être multipliées, à raison de l'étendue du domaine et de la nature du revenu, mais surtout élevées de quelques pouces au-dessus du sol par une couche de sable mêlée de petits cailloux et de mâchefer, et sur un plan incliné, ce qui leur donne un caractère de salubrité; il faut aussi que les loges des animaux soient pourvues de fenêtres opposées et peu élevées, qu'on ouvre et qu'on ferme alternativement pour renouveler l'air, rafraîchir ou échauffer à volonté l'intérieur.

Quoiqu'on soit dans l'usage de rendre contigus tous les bâtimens qui composent cette partie de la ferme, et former de son enceinte une cour plus longue que large, il paroît préférable d'y consacrer davantage de terrain pour les isoler; c'est le moyen le plus efficace d'arrêter la propagation des animaux destructeurs, et leur invasion, de se garantir de ces grands incendies qui font tant de ravages avant qu'on ait pu apporter le moindre secours.

Mais il faut que cet isolement ait des bornes; car en laissant trop grands les espaces vides, il en résulteroit d'autres inconvéniens, qu'il est prudent également d'éviter : on sait d'ailleurs que quand les bâtimens servant à l'exploitation sont réunis sous les yeux du propriétaire, les soins des agens subalternes sont plus rapprochés de sa surveillance; rien ne lui échappe, l'exécution suit de près les ordres qu'il a donnés; ses bestiaux sont mieux soignés; les accidens qui peuvent leur arriver plus tôt prévenus.

Il n'est pas nécessaire que le creux pratiqué pour les fumiers soit en face des écuries et des étables, et s'étende du nord au midi; il n'y a que le fumier de cheval qu'il faille conserver dans la basse-cour pour amuser et échauffer la volaille; les autres engrais doivent être portés au dehors des bâtimens de la ferme, et faire en sorte qu'ils puissent recevoir les eaux pluviales par un acqueduc qui passe sous les écuries et les étables, d'où s'écoulent les urines des animaux; on doit le fermer de trois côtés par un mur, pour dérober à la vue un coup-d'œil peu agréable; un seul est ouvert pour faciliter l'accés et la sortie du fumier; à côté est mise en dépôt la fiente de volaille, jusqu'à ce que desséchée et réduite en poudrette elle puisse être transportée et répandue sur le sol.

On ne doit pas non plus oublier, pour la sûreté de la basse-cour et celle du propriétaire, les loges à chiens, placées à côté de la porte d'entrée: on met ces animaux à l'attache pendant le jour, afin qu'ils puissent avertir lorsque les étrangers s'y présentent, et on les lâche aux approches de la nuit; deux suffisent, l'un pour la basse-cour et l'autre pour le jardin. Il convient que ce soit toujours le même homme qui en prenne soin; s'il est porté d'inclination pour eux, s'il les aime, jamais ils ne manqueront de rien, principalement d'eau.

Un autre objet non moins essentiel pour la facilité du service de la basse-cour et pour les intérêts du propriétaire, c'est qu'au milieu de la cour doit se trouver placée une grande auge de pierre et un puits avec pompe pour abreuver les bestiaux, servir à les baigner, et avoir à sa disposition suffisamment d'eau en cas d'incendie; il convient de planter çà et là des arbres à haute tige pour établir des points de vue, procurer aux animaux un ombrage salutaire, et rendre l'air plus actif et plus pur.

Mais ce n'est pas assez que la basse-cour soit située avantageusement, peuplée d'animaux de choix, il faut encore qu'il y règne le plus grand ordre et une extrême propreté. Lorsque *Jean-Jacques Rousseau* a dit qu'une maison blanche avec des contrevents verts suffisoit pour y loger le bonheur, quand elle a son potager et son verger, ce philosophe auroit dû ajouter, et sa basse-cour. Combien, en effet, cette dépendance de la ferme est agréable pour quiconque peut goûter les plaisirs vrais qu'elle procure à chaque instant du jour et tous les jours de l'année. (Par.)

BASSIN. Dans son acception la plus stricte, ce mot signifie un vase large et médiocrement creux.

On l'a appliqué, dans le jardinage, à des réservoirs d'eau, qui ont les conditions ci-dessus: dans la géographie physique, aux espaces situés entre des montagnes, et qui les ont plus ou moins, ainsi qu'aux grandes vallées, qu'on suppose les avoir également.

Les bassins des jardins d'agrément contribuent puissamment à les embellir. Ils sont plus ou moins grands, plus ou moins profonds, plus ou moins ornés. Les uns offrent des jets d'eau, les autres des groupes de figures.

Il est aussi des bassins dans les jardins potagers, mais ils sont destinés uniquement à l'arrosement. Rarement leur grandeur surpasse les besoins du service auquel ils sont destinés. Plus rarement encore ils offrent des embellissemens étrangers au but qui les fait établir. Le luxe, dans ce cas, doit se porter vers leur multiplication; car plus ils sont rapprochés et moins il en coûte de temps ou d'hommes pour l'arrosement, et plus par conséquent on arrose fréquemment ou abondamment.

La condition la plus essentielle de la confection des bassins de l'une ou l'autre sorte, c'est qu'ils ne perdent pas l'eau. On parvient à la remplir, tantôt par des corrois d'argile placés derrière les murs de revêtement et sous le fond, tantôt par les murs mêmes, qui sont bâtis à chaux et à ciment, ou mieux, à pouzzolane, ainsi que le pavé du fond. Il est des terrains où ces moyens sont superflus, c'est-à-dire dans lesquels les simples trous conservent l'eau aussi bien que les constructions les plus dispendieuses; ce sont ceux qui reposent sur un banc d'argile ou de marne fort argileuse. Ces terrains sont malheureusement trop communs pour le bien de l'agriculture à qui ils sont très peu favorables.

Je pourrois m'étendre beaucoup sur la construction des bassins, soit relativement à leur solidité, soit relativement à leurs ornemens; mais cela s'éloigneroit un peu du véritable but de cet ouvrage.

Quant aux bassins physico-géographiques, ils peuvent être considérés sous deux rapports, c'est-à-dire relativement aux abris et relativement à la distribution des eaux. Leur influence sur l'agriculture est par conséquent très puissante. Par exemple, un bassin dont l'ouverture sera tournée au midi, recevant directement les rayons du soleil, et étant garanti des vents du nord, sera susceptible des cultures d'un climat plus chaud de plusieurs degrés; tandis que celui qui sera dirigé vers le nord sera exposé à perdre par les gelées même les plantes les plus communément cultivées dans son propre climat. Je pourrois citer des milliers de faits qui constatent ce résultat; mais ils sont si communs en France, comme ailleurs, qu'il n'y a que les agriculteurs qui ne sont jamais sortis de leur canton qui n'en connoissent pas. *Voyez* aux mots VALLÉE, MONTAGNE, ABRIS.

La moitié des eaux qui tombent sur les montagnes dont un bassin est formé coule nécessairement dans son enceinte, et se réunit à la rivière, qui, le plus souvent, la traverse. Sous ce rapport, les bassins, sur-tout dans les pays chauds, doivent être étudiés avec attention par les agriculteurs jaloux de tirer tout le parti possible de leur position; car ils peuvent entreprendre des travaux d'irrigation, et une terre, arrosée à volonté, double et même triple de valeur. Les bassins doivent probablement leur première formation aux eaux de l'antique Océan; mais presque tous ont été et sont encore journellement modifiés par les eaux pluviales, qui détruisent les montagnes, et en déposent les débris dans leur partie la plus basse. Il en est quelques uns que des considérations géologiques indiquent comme ayant, depuis que la mer a abandonné les continens actuels, renfermé d'immenses amas d'eau douce. J'en ai observé des centaines de cette dernière sorte dans les montagnes de la Galice et dans les Alpes. La célèbre plaine du Forez en est un. Celui où se trouve Paris en est encore un autre. *Voyez* l'excellent mémoire publié par Brongniart et Cuvier sur la géologie des environs de Paris.

Tout ce qui peut être la conséquence des idées générales dont je viens de présenter l'esquisse se trouvera dans la suite de cet ouvrage.

D'après ce que je viens de dire, le sol du fond des bassins doit être de meilleure nature que celui des coteaux qui les environnent, parceque les eaux pluviales ont entraîné la terre végétale de ces coteaux pour les déposer le long de la rivière qui est dans sa partie la plus basse; mais cet avantage est compensé dans beaucoup de localités par les inconvéniens qui sont la suite des inondations produites par la fonte des neiges, ou par les grandes pluies d'orage. (B.)

BASSIN ou BASSINET. C'est tantôt la RENONCULE ACRE, tantôt la RENONCULE BULBEUSE, tantôt l'AGROSTEME GITHAGE. *Voyez* ces mots. (B.)

BASSINER. JARDINAGE. Arroser légèrement une plante, imbiber la terre: ce terme est presque l'opposé de BATTRE. Un orage à grosses gouttes, l'eau versée à grands flots tassent la terre: l'eau ne peut plus la pénétrer et coule à sa surface; alors elle paroît comme si elle avoit été battue. Une pluie fine et un arrosement léger pénètrent la terre, elle s'imbibe d'eau, et c'est ce qu'on entend par *bassiner*.

Il convient de bassiner avec beaucoup d'attention les plantes nouvellement transplantées pour les aider à prendre racines. L'heure la plus convenable c'est, au printemps le matin, avant que le soleil ait pris de la force, et en été le soir: cette différence doit avoir lieu à cause du froid de la nuit, qui pourroit endommager la plante qu'on bassineroit le soir, et qui auroit ouvert ses pores pour recevoir l'humidité. *Voy.* ARROSER. (TH.)

BASSURE. On donne ce nom, dans quelques parties de la France, à des terrains bas, toujours humectés par l'infiltration des eaux, et qui ne donnent que de mauvais foin ou des récoltes incertaines de céréales. On peut quelquefois y cultiver avec avantage des fèves, des choux et autres légumes; mais en général il vaudroit mieux les planter en aunes, en osier ou en saules, arbres qui élèvent le terrain par la succession des temps, et qui par conséquent l'assènent. (B.)

BASTE. Vaisseau de bois qui sert à porter la vendange dans le Médoc.

BAT. Selle grossière qui sert aux ânes, aux mulets et aux bêtes de somme. On appelle *cheval de bât*, celui qui est destiné à porter des fardeaux sur un bât. La grande attention à faire est d'observer que le bât ne soit ni trop large, ni trop étroit; s'il est trop large et qu'il vacille sur le dos de l'animal, on aura beau sangler le mulet, le cheval, etc., la charge tournera au moindre soubresaut; s'il est trop étroit, il pressera trop rigoureusement les côtes de l'animal, gênera sa respiration, le fatiguera, finira par l'écorcher et établir une plaie. Le proverbe dit une *selle à tous chevaux;* il est le même pour le bât, et ces bâts banaux blessent presque toujours l'animal vers le garrot et sur l'épine du dos. Un maître prévoyant aura un bât affecté pour chaque bête de somme, et il veillera et visitera souvent s'il est en bon état et s'il ne blesse point l'animal. (R.)

BATARD. Épithète qu'on applique souvent à des plantes qui n'ont qu'une seule sorte d'analogie avec une autre. Ainsi on appelle SAFRAN BATARD le carthame, parceque, quoique fort différent du safran, sa fleur a la couleur de ses pistils. On la donne aussi quelquefois aux arbres nains et aux plantes à demi sauvages, ou qui ont dégénéré. (B.)

BATARDEAU. C'est un amoncellement de terre fortifié par des pierres, des pieux, des fascines, et dont l'objet est ou d'arrêter momentanément l'eau d'un ruisseau pour faciliter une opération qu'elle gêneroit, ou d'élever son niveau pour en accumuler la masse, pour pouvoir l'employer à l'irrigation, etc. Un bâtardeau peut être considéré comme une digue provisoire, et ne doit subsister qu'autant que son objet l'exige. (B.)

BATARDEAU. Nom d'une disposition d'ESPALIER ou de CONTRE-ESPALIER. *Voyez* ces mots. C'est la même chose que le BRETON. *Voyez* ce mot.

BATARDIÈRE. Nos pères donnoient ce nom au lieu où ils plaçoient le plant qu'ils avoient semé dans une pépinière. Il a cessé d'être usité. Aujourd'hui la bâtardière ne se distingue plus de la pépinière, cette dernière l'a englobée. (B.)

BATATE. *Voyez* PATATTE et POMME DE TERRE.

BATAVIA. Variété de LAITUE.

BATIMENS RURAUX. *Voy.* CONSTRUCTIONS RURALES. (PER.)

BATIROLLE. C'est la même chose que la batte à beurre.

BATON. Nom qu'on donne aux orangers que le commerce apporte de Gênes, et qui sont écourtés de manière à ressembler réellement à des bâtons. (B.)

BATON DE JACOB. *Voyez* ASPHODÈLE JAUNE.

BATON ROYAL. *Voyez* ASPHODÈLE BLANC.

BATON DE SAINT-JEAN. *Voyez* PERSICAIRE ORIENTALE.

BATTAGE. Action de séparer les grains ou graines de leurs épis ou de leurs capsules.

Le FLÉAU est l'instrument avec lequel on bat dans tout le nord de la France. Dans les pays chauds ou fait fouler par des chevaux ou des bœufs.

Le battage au fléau est certainement le meilleur, parcequ'il donne une secousse forte et fréquemment répétée aux épis, et même les divise en totalité ou en partie lorsqu'il frappe dessus, sans cependant écraser le grain; mais il faut de l'habitude pour l'exécuter convenablement. Tel batteur en laissera moitié plus qu'un autre, et battra cependant plus fort ou plus longtemps. *Voyez* au mot BATTEUR.

On bat les grains ou en plein air ou dans des granges, sur des AIRES (*voyez* ce mot) à ce destinées. La première méthode est généralement d'usage dans les parties méridionales de l'Europe; et la seconde, dans les parties septentrionales. Dans ces dernières, en effet, les pluies fréquentes et l'humidité habituelle de l'atmosphère ne permettroient que très rarement de battre avec les circonstances désirables pour arriver convenablement au but.

Quatre hommes peuvent battre ensemble dans le même local sans se nuire, en se mettant deux par deux à quelque distance. Ils frappent alternativement, et souvent en mesure, sur les gerbes étendues devant eux. Ils vont et viennent dans toute la longueur de ces gerbes, afin que les épis des chaumes les plus courts soient égrainés comme ceux des plus longs. Souvent, d'ailleurs un coup de fléau sur le bas des chaumes les fait mieux trémousser, et par suite mieux sortir le grain des balles, que celui qui est appliqué vers leur sommet. Lorsqu'un côté des gerbes est suffisamment battu, ce que l'expérience seule indique, un des batteurs les retourne avec le manche du fléau, dont il arrête la verge sous son bras. Ensuite il les délie, en forme un lit de l'épaisseur de quatre à six pouces, qu'il bat de la même manière et qu'il retourne de même. Enfin, il secoue et mêle la paille, toujours avec le manche du fléau, et la bat de nouveau. Pour qu'une quantité de gerbes soit complètement battue, il faut qu'elles passent huit fois sous le fléau, c'est-à-dire deux fois avant d'être déliées, quatre fois après l'avoir été, et deux fois lorsque leur paille est mêlée. Ces deux dernières façons ne se donnent que quand on ne veut laisser aucun grain dans les épis; car il est des cas, comme lorsque le grain est bien sec, lorsqu'on veut donner une nourriture plus substantielle aux moutons, aux bœufs, aux vaches, lorsqu'on a beaucoup de volailles à nourrir, lorsqu'on veut conserver sa paille longue, etc., où on s'en dispense.

La paille suffisamment battue est traînée, soit avec le manche du fléau, soit avec un râteau, et le plus souvent successivement avec les deux, dans un coin de la grange, où, lorsqu'il y en a une certaine quantité, on en forme des bottes d'environ douze livres. Deux, de blé non battu, n'en font qu'une de paille.

Quand le tas de blé commence à être considérable, qu'il gêne le battage, on l'entraîne également dans un coin, où il reste amoncelé jusqu'à ce qu'il soit nettoyé. *Voyez* NETTOYAGE, VANNAGE, CRIBLAGE et BLUTTEAU.

Dans quelques grandes exploitations rurales on ne nettoie le grain qu'à la fin de la semaine, c'est-à-dire le vendredi et le samedi; mais cette pratique est sujette à des inconvéniens de plusieurs sortes. Il vaut beaucoup mieux le nettoyer tous les jours; 1° parcequ'on peut plus facilement s'apercevoir des infidélités ou du mauvais battage; 2° parceque le grain reste moins long-temps exposé aux ravages des poules, des souris, etc.; 3° parceque le changement de travail repose les batteurs; 4° parceque ces derniers sont affectés d'une manière moins durable de la poussière qu'ils avalent.

Il est des cultivateurs qui donnent eux-mêmes les gerbes en compte à leurs batteurs, et qu'on ne doit par conséquent tromper que de bien peu, puisque les uns et les autres savent positivement ce que tant de gerbes rendent de grain.

Non seulement chaque espèce, chaque variété de grain demande un battage différent, mais même chaque année, et dans chaque sol, la même espèce, la même variété exige plus ou moins de temps, et donne des quantités différentes de grain. Ainsi le seigle est plus facile à battre que le froment; ainsi, dans une année pluvieuse, dans un terrain humide, la même variété de froment est plus difficile à battre ou fournit moins que dans une année ou un terrain intermédiaire; ainsi, dans les années sèches et dans les terrains arides, la même variété de froment est plus facile à battre et fournit encore moins que dans une année ou un terrain intermédiaire.

Le blé conservé en meules ou dans des granges humides, celui qu'on bat pendant les jours pluvieux, conserve plus de grains ou demande plus de temps pour être mis à net.

Un batteur, en un jour de travail, peut battre à net quatre-vingt-dix gerbes de froment, cent huit gerbes d'avoine, et cent cinquante-quatre gerbes d'orge.

Plus on tarde à battre le blé et le seigle, et plus le battage est facile. A moins d'un pressant besoin, ou du blé nécessaire pour les semences, on ne doit pas battre avant le mois de décembre dans les parties septentrionales de la France, parce que les grains sortent plus difficilement de leur balle, et qu'ils s'écrasent sous le fléau. Dans les parties méridionales, la sécheresse de l'air permet de battre aussitôt la moisson, et on le fait généralement; mais on gagne cependant encore à retarder. L'ancienne méthode de battre le grain en le faisant piétiner par les bestiaux, ou en faisant passer sur la paille un lourd rouleau cannelé, s'est conservée. On y appelle cette manière DÉPIQUAGE. *Voyez* ce mot et celui de ROULEAU A DÉPIQUER.

Au reste, tant de circonstances influent ou peuvent influer à cet égard sur la volonté des cultivateurs, qu'il doit y avoir et qu'il y a en effet la plus grande variation dans l'époque où ils battent. Tantôt c'est l'usage qui les règle, tantôt c'est le défaut de place, la crainte d'être arrêtés par d'autres travaux ou de les arrêter, la nécessité de vivre, qui les détermine. On bat généralement plus tôt dans les pays de petite que dans ceux de grande culture. Il est des blés dans les plaines de la Beauce, de la Brie, de la Flandre, de la Normandie, etc., qui ne se battent qu'une année sur l'autre.

La plupart des autres grains et graines, tels que l'orge, l'avoine, les vesces, les gesses, les pois, les haricots, les lentilles, le trèfle, la luzerne, le sainfoin, etc., se battent également au fléau, mais un peu différemment du blé et du seigle. On entasse les tiges de ces plantes le plus perpendiculairement possible au milieu de l'aire, et on bat par-tout en allant et revenant avec un fléau dont la verge est plus pesante. On retourne le tout lorsqu'il est affaissé, et on bat de nouveau. Chaque lot est ainsi battu quatre fois. Ensuite on secoue le tout avec une fourche, on le met de côté, et on recommence la même opération sur un autre lot. A la fin de la journée on lie les pailles en bottes, et on les porte au grenier.

Le plus souvent on égraine le maïs à la main ou sur le bord d'une table, d'un tonneau, etc.; mais aussi quelquefois on le bat au fléau, soit en masse sur une aire, soit dans des sacs de grosse toile. Ce dernier moyen est coûteux, en ce que les sacs durent fort peu de temps en état de service.

Les graines d'une nature moins solide que le blé, et autres

qui ont été énumérées plus haut, ne peuvent se battre avec le fléau, qui les écraseroit pour la plupart. Pour le suppléer on bat à la baguette ou au tonneau.

La baguette est une perche ou gaule plus ou moins longue, plus ou moins grosse, avec laquelle on frappe sur les tiges et sur les enveloppes des graines. Les effets de ce battage diffèrent peu de ceux du battage au fléau, c'est-à-dire que la percussion est la même; mais on est plus le maître de modérer son action. Ce mode seroit préférable même à celui du fléau, s'il étoit plus expéditif et moins fatigant.

On bat ordinairement à la baguette la navette, la moutarde, le colsat, la cameline et autres plantes analogues, ainsi que toutes les graines de jardin qu'on ne froisse pas entre les mains ou qu'on n'écrase pas sous le rouleau. Le plus souvent cette opération se fait dans le champ même, et sur de grandes et fortes toiles, par un jour sec.

Pour battre au tonneau on fixe sur le sol un tonneau défoncé par un bout, et on frappe les objets qu'on veut battre d'abord contre la paroi interne de ce tonneau, ensuite contre son bord supérieur. Le chanvre se bat presque toujours ainsi. Le seigle, dont on veut conserver la paille dans toute son intégrité pour faire des liens, des paillassons et tous autres petits objets de luxe, se bat encore ainsi plutôt qu'au fléau. Il en est de même lorsqu'on veut avoir du froment pour semence de première qualité; mais alors on ne cherche à obtenir par ce battage que le grain le plus beau et le plus mûr. On reprend le reste par un battage au fléau. Dans tous ces cas, on ne bat à la fois qu'autant de chanvre, de seigle ou de froment qu'il en peut tenir dans la main ou les mains. Ce battage n'est bon qu'autant que les graines sont très mûres et le temps très sec.

Le battage à la table ou à la planche ne diffère de celui-ci que parcequ'au lieu de frapper dans un tonneau ou sur le bord d'un tonneau, on frappe sur une table placée au milieu d'une aire, ou sur une planche fichée de champ dans le même lieu.

On trouvera aux articles de chacune des graines ce qui manque à celui-ci pour compléter ce qu'il convient qu'un cultivateur sache relativement au battage.

Depuis quelques années on ne cesse d'inventer et de préconiser des machines pour battre, par le moyen des animaux, de l'eau, ou d'un petit nombre d'hommes, de grandes quantités de grains; mais l'expérience a prouvé que toutes, excepté le rouleau, remplissent leur objet d'une manière trop imparfaite, et sont trop coûteuses pour être employées; aussi ne les voit-on en usage nulle part. Je n'ai pas cru, par conséquent, devoir les décrire ici. (B.)

BATTANS. Les botanistes donnent ce nom aux deux parties latérales des siliques qui couvrent les graines. *Voyez* au mot SILIQUE. (B.)

BATTE. Morceau de bois plat en dessous et fixé en biais à l'extrémité d'un manche. *Voyez* la fig. 4., pl. 4. Les jardiniers s'en servent pour battre la terre des allées, et la rendre unie. Les dimensions de cet instrument ne sont pas fixées; elles dépendent en grande partie de la nature du terrain. En général, moins la terre oppose de résistance, et plus on peut donner de largeur à la batte; j'en ai vu de très bonnes de deux pieds de long sur un pied de large dans les pays sablonneux, tandis que dans les terres fortes on leur donne de seize à vingt pouces de long sur quatre ou cinq de large. On doit remarquer que c'est principalement la largeur qui diminue dans cette dernière espèce de terre, parceque les extrémités en longueur, se trouvant successivement sur le milieu de la batte, reçoivent une égale pression à leur tour. On se sert ordinairement de la batte un peu après les pluies, ou préférablement à leur approche, pour effacer les gerçures que la sécheresse a pu occasionner, et les trous que les vers de terre pratiquent pour sortir. Lorsque les allées sont sablées, cet instrument devient inutile.

On néglige assez généralement de battre la terre des passages qu'on laisse entre les planches; cependant ce soin feroit beaucoup pour le coup-d'œil sans nuire aux plantes que l'on cultive. (TH.)

BATTEBEURRE. *Voyez* BARATTE.

BATTEUR. Celui qui bat le blé avec un fléau. *Voyez* au mot BATTAGE.

Un bon batteur doit être d'une constitution vigoureuse, avoir sur-tout la poitrine bien organisée. On voit des hommes ne pouvoir pas battre deux heures de suite sans être fatigués; et dans les pays de grande culture, il s'en trouve beaucoup qui battent journellement pendant toute l'année, les dimanches exceptés, et qui ne paroissent pas s'en apercevoir.

Quatre choses, dit mon célèbre collaborateur Tessier, peuvent incommoder un batteur, la POUSSIÈRE, la CARIE, le CHARBON et la ROUILLE. *Voyez* ces mots. Une toux qui leur ôte l'appétit et des douleurs autour des yeux sont les accidens auxquels ils sont le plus sujets. Leurs suites sont souvent graves pour certains tempéramens; mais lorsque ceux qui les éprouvent cessent à temps leur métier, ils se rétablissent ordinairement.

On paye les batteurs à la journée ou à la mesure de grain qu'ils fournissent. On fait quelquefois des forfaits avec eux. Dans beaucoup de lieux, sur-tout dans ceux de petite culture, on les paye par une certaine part dans le blé qu'ils ont battu et nettoyé. Tantôt ils font la loi aux cultivateurs, tantôt ils la reçoivent d'eux, selon qu'ils sont rares ou abondans. Sans vouloir blâmer aucun des arrangemens qu'il est possible de faire avec eux, j'observerai que la solde en argent et à la journée est la moins sujette à abus, et qu'elle est seule en usage dans les pays de grande culture. En général, leur métier ne mène pas à la fortune; et quand ils peuvent nourrir eux et leur famille, ils sont contens. Heureux ceux qui peuvent gagner assez pour réparer de temps en temps leurs forces par le moyen d'une bouteille de vin, de cidre ou de bière! car ce n'est pas, à beaucoup près, par-tout qu'on leur en donne lorsqu'on les nourrit.

Un batteur habile et honnête est un homme précieux dans une grande exploitation rurale, et jamais on ne doit craindre de se l'attacher par des douceurs. En effet, quelque surveillance que le propriétaire ou le fermier exerce sur lui, il peut toujours lui occasionner de grandes pertes en battant incomplètement les gerbes, en ne les nettoyant pas suffisamment, en mettant de la lenteur dans ses opérations, même en lui enlevant journellement du grain, etc. Aussi la plupart de ceux qui en emploient toute l'année en ont-ils un ou deux affidés qui sont chargés de diriger et de contrôler les autres. (B.)

BATTOIR. Espèce de batte à main dont on se sert en jardinage.

Le battoir est ordinairement formé d'une seule pièce de bois d'environ quinze pouces de long, sur huit de large et quatre d'épaisseur, dans laquelle on taille à l'une des extrémités un manche ou poignée de sept pouces de long et d'un pouce et demi de diamètre, arrondi avec soin, et d'une grosseur égale dans toute sa longueur. Quelquefois aussi le manche est adapté au battoir qui se trouve alors composé de deux pièces. La partie du battoir destiné à servir de batte doit être plate et unie en dessous, convexe et arrondie en dessus.

Ces battoirs sont employés pour poser le gazon et l'affermir, principalement sur les glacis, les canapés et les bancs que l'on a établis en gazon. Ils servent aussi à le rendre égal et à l'unir, lorsqu'il a été tondu; enfin, on en fait usage dans tous les lieux où la batte à long manche ne peut être employée. (Th.)

BATTRE DU FLANC. Se dit d'un cheval qui, par excès de fatigue, par maladie ou autre cause, respire avec plus de force, et soulève ses flancs davantage que de coutume. (B.)

BATTRE LES GERBES. *Voyez* Battage.

BATTRE LA TERRE. C'est l'aplanir avec la batte ou autre instrument. On dit aussi que la pluie a *battu la terre*, qu'un canton a été *battu par la grêle*.

On se sert encore de ce mot pour exprimer l'action des vents sur les arbres.

Une terre battue par la pluie a perdu en grande partie les avantages qu'elle devoit tirer des labours, c'est-à-dire que les trous, les inégalités à la faveur desquels l'air entroit dans son sein pour s'y décomposer et la fertiliser ont disparu. Aussi, lorsque cela est possible, faut-il lui en donner un nouveau, sur-tout lorsqu'elle est argileuse.

Un arbre trop battu par les vents rapporte rarement du fruit, soit parceque ses fleurs coulent au printemps, par l'effet des froids apportés par ces vents, soit parceque les fruits déjà noués ne peuvent rester attachés aux mêmes branches, soit enfin parceque, pendant l'été, les feuilles sont froissées, et ne peuvent remplir complétement leurs fonctions. On doit donc toujours abriter le plus possible les arbres aux productions desquels on met de l'importance. (B.)

BATTUE. Sorte de chasse qui consiste à envoyer plus ou moins de monde, en prenant un long détour, pour pousser le gibier d'une plaine ou d'un bois vers les porteurs de fusils qui se sont postés dans un lieu convenu. Cette chasse, fort destructive, s'appelle aussi TRAQUE lorsqu'elle a lieu dans les bois, et se pratique souvent sur la demande de l'autorité publique pour débarrasser un canton des loups et des renards qui l'infestent. Ses procédés sont trop simples pour qu'il soit nécessaire de les détailler. Je dirai seulement que le point important est que les tireurs se placent sous le vent dans les lieux où il est le plus présumable que passera le gibier, et qu'ils gardent le plus profond silence. Il faut aussi que les rabatteurs s'entendent entre eux pour mettre de la régularité dans leur opération. (B.)

BAUDET. Nom de l'âne en général dans quelques cantons de la France, et dans d'autres de l'âne entier, et même seulement de l'âne entier qui sert d'étalon. *Voyez* ANE. (B.)

BAVE DES ANIMAUX. C'est la salive lorsqu'elle sort de la bouche par suite d'une maladie ou d'une foiblesse d'organe. Comme cet effet est ou naturel ou symptomatique, il n'y a pas de remèdes particuliers pour le faire cesser. Cet écoulement se guérit avec la maladie qui le cause.

La rage réside dans la bave des chiens, et on en a la preuve dans les cas où la morsure est faite à travers des vêtemens sans les déchirer; car alors cette cruelle maladie ne se déclare pas. (B.)

BAVEUX. On dit que l'auricule est *baveuse* lorsque son œil ne tranche pas avec la couleur de la cloche. *Voy.* AURICULE. (B.)

BAUGE. On donne ce nom, dans le Médoc, à l'herbe qu'on fauche dans les marais pour faire de la litière.

BAUGE. Mélange bien corroyé de terre franche avec de la paille, ou du foin, ou de la bourre dont on se sert, dans les cantons où la chaux et le plâtre manquent, pour recrépir les murs, soit de cailloux, soit de pisé, soit de charpente, soit de clayonnage. On l'appelle souvent *torchis*.

L'emploi de la bauge est très facile, très économique et remplit parfaitement son objet dans un grand nombre de cas de constructions agricoles. On ne sauroit trop le recommander. *Voyez* au mot CONSTRUCTIONS RURALES.

Dans le jardinage on fait usage de la bauge pour enduire les parois des fossés où on doit placer de la terre de bruyère, et pour entourer les poupées des greffes en fente.

Souvent on fait entrer de la bouse de vache dans la composition de cette espèce de mortier, et cela le consolide d'autant plus.

Il est des cantons où les maisons des cultivateurs sont toutes enduites de bauge. (B.)

BAUME. Soc de la charrue dans le Médoc.

BAUME. *Voyez* MENTHE.

BAUMIER ODORANT. *Voyez* MÉLITOT ODORANT.

BAUMIER (arbre). *Voyez* PEUPLIER.

BAUMIER DE GILLEAD. Espèce du genre des SAPINS. *Voyez* ce mot.

BAUTE. C'est la même chose qu'un labour.

BAYADE. C'est l'ORGE de printemps à deux rangs.

BEAUVOTTES. On donne ce nom dans quelques cantons aux larves des insectes qui, tels que les charançons, nuisent aux blés. (B.)

BEC DE CANNE. Variété de pomme de terre qui ne paroît pas beaucoup différer du cornichon.

BEC DE CIGOGNE. On donne quelquefois ce nom aux GÉRANIONS.

BEC DE GRUE. Nom vulgaire des GÉRANIONS.

BEC DE HÉRON, BEC DE PIGEON. Ce sont encore les GÉRANIONS.

BEC DE PIGEON. *Voyez* GÉRANION.

BECABUNGA. Espèce de véronique qui vient dans l'eau. *Voyez* au mot VÉRONIQUE.

BÉCASSE ET BÉCASSINE. Genre d'oiseau de la famille des échassins, qui se reconnoît à la longueur de son bec, et qui renferme un grand nombre d'espèces, dont plusieurs appartiennent à l'Europe, et y sont recherchées à raison de la délicatesse de leur chair. Parmi ces espèces sont la BÉCASSE proprement dite (*scolopax rusticola*, Lin.), la GRANDE et la PETITE BÉCASSINE (*scolopax gallinago*, et *scolopax gallinula*, Lin.)

Toutes trois sont de passage, c'est-à-dire qu'elles ne nichent pas, ou nichent très rarement en France. On ne les voit qu'en automne, lorsque les glaces les forcent de quitter les marais du nord, et au printemps, lorsque la fonte de ces glaces les rappelle d'Afrique, où elles avoient passé l'hiver, et où elles ne trouvent pas une nourriture assez abondante. Toutes trois vivent de vers, de larves d'insectes et autres petits animaux; mais la bécasse diffère de mœurs des bécassines. Elle hante principalement les bois humides, ne va sur le bord des eaux que pendant la nuit, tandis que la bécassine ne quitte point les marais découverts. Comme ces oiseaux ne sont ni utiles ni nuisibles à l'agriculture, je dois être concis sur ce qui les concerne.

On chasse les bécasses au fusil, soit en les faisant lever des taillis où elles se trouvent, soit en les attendant le soir à la sortie du bois et le matin à la rentrée, soit en les attendant au bord des fontaines, des étangs, des mares, etc.

On les prend encore à la passée ou au collet, et cette manière est souvent très productive. Pour cela on forme dans les parties des taillis qu'on sait les plus fréquentées par les bécasses des haies d'un pied de haut, mais fort longues, et dont les branches soient assez rapprochées pour qu'une bécasse ne puisse pas les traverser. On laisse de six pieds en six pieds une ouverture suffisante, et on y place un lacet de crin, qui l'arrête par le cou ou par les pattes.

La panthière ou pantaine est un long filet, haut d'une trentaine de pieds, dont les mailles ont un pouce et demi de large. Il est teint en vert ou autre couleur obscure, et entouré d'un cordeau. On le tend dans les vallons, à la sortie des bois où il y a le plus de bécasses, au moyen de deux perches attachées au sommet de deux arbres, et on le fait mouvoir avec deux cordes qui passent par deux anneaux de verre ou de cuivre, qui sont attachées d'un côté à ses extrémités et de l'autre se rendent dans la main du chasseur caché à une petite distance. La bécasse qui, en volant, donne dans la panthière, y engage sa tête, et le chasseur, en lâchant ses cordes, la fait tomber et prend le gibier.

Il y a une autre sorte de panthière qu'on appelle contremaillée, parcequ'elle a, outre le filet ci-dessus, deux autres filets dont les mailles ont deux à trois pouces de diamètre, c'est-à-dire à travers lesquelles une bécasse peut passer la moitié de son corps. Elle présente, par conséquent, plus d'obstacles à celle qui s'y est engagée et qui veut s'en dépêtrer; du reste, elle se tend de même.

Cette chasse ne se fait qu'à la brune et dure à peine une heure. Les jours de brouillards sont les plus favorables pour l'exécuter.

Ce que je viens de dire ne suffit sans doute pas pour fabriquer, tendre et faire jouer une panthière ; aussi n'ai-je eu en vue que d'indiquer ce que c'est. Ceux qui voudront des renseignemens plus détaillés les trouveront dans les ouvrages principalement consacrés à la chasse.

Les bécassines se chassent au fusil, aux lacets et aux filets. Leur tirer est fort difficile, en ce qu'elles partent toujours inopinément, lors même qu'elles sont tenues en arrêt par un chien, et qu'elles font constamment des crochets ou des détours brusques en s'élevant. Il faut les laisser filer loin avant de lâcher son coup. Les lacets qu'on leur tend ne diffèrent point de ceux destinés aux bécasses. Les filets sont de deux sortes et ont les mailles de dix-huit lignes de large. Le premier est un traîneau plus ou moins long, plus ou moins large, attaché à deux bâtons que deux hommes portent en marchant lentement, et posent sur le marais de distance en distance. Les bécassines qui se trouvent dessous veulent s'envoler et s'engagent dans les mailles. Le second ne diffère que parcequ'il est plus petit, c'est-à-dire de neuf à dix pieds carrés, et que les deux perches latérales sont unies d'un côté par une perche transversale, au milieu de laquelle est un manche. Un seul homme porte ce filet qu'il abaisse comme le premier. (B.)

BEC-FIGUE. Oiseau du genre des fauvettes, *Sylvia ficedula*, Lath., qu'on trouve abondamment dans les parties méridionales de la France, et que sa délicatesse rend l'objet d'une chasse fort active.

On voit rarement des bec-figues dans les environs de Paris. Ils ne s'élèvent guère au nord des vignobles de la ci-devant Bourgogne, où j'en ai pris de grandes quantités dans ma jeunesse. Ce sont même, pour cette latitude, des oiseaux de passage qui arrivent en petites troupes vers le temps de la maturité des raisins, aux dépens desquels ils vivent jusqu'aux vendanges, et qui retournent sur les côtes de la Méditerranée dès que les premiers froids se font sentir. Dans cette partie de la France on les appelle *vinettes*, à raison de leur goût pour le vin. Je n'en ai jamais trouvé ni vu trouver de nids aux environs de Dijon. Tout-à-fait au midi ils vivent pendant l'hiver et le printemps d'insectes, de vermisseaux, de petites graines; mais dès que les fruits mous commencent à mûrir, ils se jettent dessus de préférence. Ce sont principalement les figues qu'ils recherchent; aussi ne laissent-ils pas, malgré leur peu de grosseur, de causer des pertes importantes aux cultivateurs de la ci-devant Provence et du ci-devant Languedoc. S'ils ne s'attachoient qu'à une figue le mal seroit peu considérable;

mais ils en entament des centaines, des milliers, ce qui détermine leur altération et s'oppose à leur bonne dessiccation.

Dans les pays de vignoble, les bec-figues, sur-tout les vieux, s'engraissent pendant l'automne à un point qu'ils peuvent à peine voler. J'en ai plusieurs fois pris à la main après les avoir fatigués par deux ou trois volées; c'est alors qu'ils sont excellens. Beaucoup de personnes les préfèrent aux ortolans, qui ont une si grande réputation de délicatesse, et qui se trouvent souvent avec eux dans les mêmes cantons.

On chasse les bec-figues principalement de trois manières, 1° au fusil, soit en parcourant les vignes, soit en les attendant auprès d'un arbre où on sait qu'ils ont l'habitude de se reposer. Lorsqu'ils sont gras ils se lèvent aux pieds du chasseur, et vont se poser si près qu'il faut souvent reculer pour pouvoir les tirer, ainsi que je l'ai souvent fait moi-même; 2° au miroir, ou avec des filets comme les alouettes; ou avec des gluaux placés sur un petit arbre disposé à cet effet, ou avec un fusil. On doit dans ce cas se servir d'appeaux semblables à ceux des alouettes, et multiplier les moquettes des appelans, c'est-à-dire les oiseaux vivants attachés à un fil contre terre, car les bec-figues sont attirés par le cri ou la vue des autres petits oiseaux, et sur-tout de ceux de leur espèce. Cette sorte de chasse aux filets et aux gluaux est fort amusante et très productive lorsque les jours sont favorables, et ils le sont lorsque le soleil brille et qu'il ne fait pas de vent; mais elle procure rarement les individus les plus gras, parce-qu'ils sont paresseux et volent peu; 3° aux collets, qu'on fait de deux crins de cheval, et qu'on place ou sur la terre ou sur les petits arbres et les buissons qui se trouvent dans les vignes ou aux environs des figueries. Souvent on place plusieurs de ces lacets dans une longue baguette qu'on attache aux figuiers mêmes, ou qu'on suspend en l'air après l'avoir courbée en cercle dans les clairières de vignes, le long des haies qui les bordent. Les bec-figues en se posant dessus ces baguettes, ou en volant à travers du cercle qu'elles forment, se prennent par le cou ou par les pattes. (B).

BECAT. Fourche à deux larges dents qui sert à bêcher la vigne dans le département de Lot-et-Garonne. (B.)

BECHARD. Houe à deux fourches plates et pointues, dont la barre est large. On s'en sert aux environs de Montpellier.

BÊCHE. Instrument d'agriculture ou de jardinage, composé d'un manche de bois plus ou moins long, suivant les espèces de bêches, et d'un fer large, aplati et tranchant.

1° *De la bêche ordinaire.* Trois objets concourent à sa formation: la main, A, *fig.* 1. BB, pl. 20, le manche est la partie en

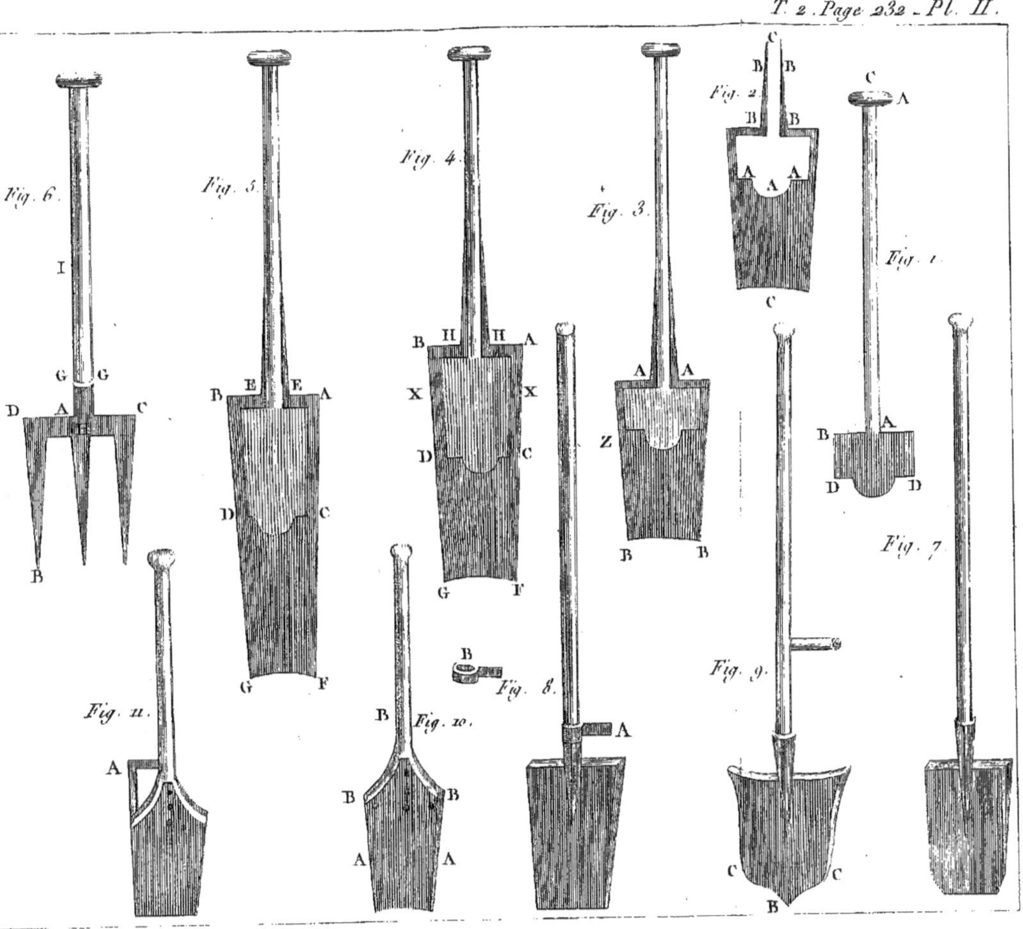

Deseve del. et Dir.

Bêches 2.

bois de la pelle ; C, le fer ou tranchant. *fig.* 2, qui forme avec le bois la pelle toute entière, *fig.* 3. La longueur du manche, depuis A jusqu'à B, *fig.* 1, est ordinairement de deux pieds quatre pouces. Il peut être raccourci d'un à deux pouces, ou allongé sur les mêmes proportions, relativement à la grandeur de la personne qui travaille. Ce manche a depuis douze à seize lignes de diamètre; il tient à la partie de la pelle B, ou plutôt c'est une même pièce de bois; mais la main A est une pièce que l'on ajoute ensuite. Dans le milieu une mortaise est pratiquée pour recevoir l'extrémité du manche, coupée en proportion de la largeur et de la profondeur de la mortaise; il faut que cette portion du manche enfoncée dans la mortaise soit de niveau, et effleure la partie supérieure de la main, afin qu'il ne reste ni proéminence ni creux, ce qui fatigueroit le dedans de la main de l'ouvrier. Une cheville d'un bois dur, C, donne de la solidité, et fixe ensemble la main et le manche. Quelques personnes en mettent deux, et l'ouvrage est plus solide.

L'extrémité inférieure du manche, c'est-à-dire ce qui fait partie de la pelle, a depuis huit jusqu'à dix lignes d'épaisseur, sur une largeur de sept à huit pouces. Elle est lisse et plate sur les côtés B D, et taillée en coupant dans toute la partie inférieure, afin qu'elle puisse s'adapter juste à la rainure ou ente formée dans la tranche AAA, *fig.* 2. La pelle de bois ainsi préparée et entrée jusqu'au fond de la gorge ou rainure, on fixe le tranchant contre le bois, au moyen des clous plantés un pouce près les uns des autres sur les bandes de fer BB; *fig.* 2. Ces bandes ont deux lignes d'épaisseur, et leur largeur suit celle du bois; de sorte que la bêche, *fig.* 3, toute emmanchée, présente une espèce de coin de huit à neuf pouces de largeur dans la partie supérieure, de sept à huit pouces dans l'inférieure, sur une hauteur de dix à douze pouces. L'épaisseur du bois en AA, *fig.* 3, recouvert de la bande de fer, est d'un pouce, et le bois et le fer vont en diminuant insensiblement jusqu'à BB, où le fer n'a plus qu'une demi-ligne d'épaisseur. (R.)

Nota. Cette bêche n'est pas celle qu'on emploie le plus souvent aux environs de Paris. La bêche ordinaire de cette localité est celle représentée *fig.* 7. (B.)

2° *De la bêche poncins*, *fig.* 4. Nous la nommons ainsi parceque M. de Montagne, marquis de Poncins, l'a fait exécuter, et s'en sert habituellement. C'est la même que la précédente quant au fond, mais non pas pour les proportions. Afin de la distinguer de la suivante, nous l'appellerons *petite Poncins*.

La petite Poncins, *fig.* 4, a sa pelle de dix-huit pouces de hauteur, sept pouces de large à son sommet de A en B; six pouces et demi de large en CD, à l'endroit où le bois est incrusté dans le fer; enfin cinq pouces de large au bec de la bêche de F en G. Elle a un pouce d'épaisseur au sommet près du manche HH, ainsi que la petite bêche, *fig*. 3. Mais la différence essentielle est dans l'épaisseur du fer, dans les reins de la bêche XX, *fig*. 4, au-dessous du bois. A cet endroit Z, *fig*. 3, dans la petite bêche, le fer n'a pas tout-à-fait six lignes, tandis qu'à la bêche *fig*. 4, il en a sept; ensuite, en descendant jusqu'au bec, le fer doit se soutenir plus épais que dans la petite bêche. Le bois de celle-ci doit être enté ou incrusté d'un pouce de profondeur dans le fer. La force dans les reins de la bêche, XX, *fig*. 4, et l'enture du bois d'un pouce dans le fer, sont deux précautions sans lesquelles on doit s'attendre à voir de grandes bêches brisées, parceque le coup de levier de cet outil étant très fort, il a besoin d'être plus solidement constitué. Enfin le manche de cette grande bêche est plus long de deux pouces que celui de la petite.

Le rapport géométrique des surfaces des deux bêches est, pour celle de dix-huit pouces, de cent dix pouces carrés; et pour la surface de la bêche d'un pied, il est de quatre-vingt-cinq. Ainsi, en supposant que chaque bêche soulève en raison de sa surface une tranche de terre de la même épaisseur et de la même pesanteur spécifique, la petite poncins se trouvera chargée en poids absolu d'un quart et quelque chose de plus que la bêche ordinaire. Il est prouvé qu'un pionnier de force ordinaire et bien exercé ne peut soulever à chaque coup de bêche que cinquante livres de terre; il résulte que c'est douze livres et demie de terre que la petite Poncins soulèvera de plus que la bêche ordinaire.

Mais comme la bêche d'un pied pénètre plus facilement que la petite bêche poncins, l'ouvrier coupe des blocs plus épais, et conséquemment soulève aussi pesant et peut-être plus que celui qui mène la grande bêche; ce qui fait qu'à poids égal la petite poncins est plus lente et plus pénible que l'autre. La raison en est que l'ouvrier est obligé à un coup de levier plus puissant lorsqu'il ramène la terre d'un pied et demi de profondeur, que lorsqu'il la ramène seulement d'un pied. Il faut encore qu'il monte la jambe plus haut pour placer le pied sur une si longue bêche; d'où il suit que moins les hommes seront grands, moins ils auront d'avantage.

Il paroît résulter de ces observations que tout l'avantage est pour la bêche ordinaire, et le désavantage pour la petite poncins. Cependant M. de Poncins s'est assuré, par une longue suite d'expériences, que le travail de la bêche de dix-huit pouces devance d'un cinquième de temps, sur une tranchée, celui de la bêche d'un pied sur deux tranchées, lorsque l'on veut miner un terrain. Voici les raisons qu'il donne de cette différence.

Le mouvement de la grande bêche n'est qu'à deux temps, et à chaque temps elle ne décrit que dix-huit pouces ; en sorte que dans les deux temps elle ne décrit que trois pieds ; au contraire, dans la minée de la bêche d'un pied il y a trois temps ; et dans ces trois temps la bêche décrit cinq pieds ; aussi, quelque preste que soit la petite bêche, et quelque lente que soit celle de dix-huit pouces, il n'y a pas plus à s'étonner de voir la grande bêche devancer la petite, que de voir dans la musique la mesure à deux temps plus rapide que la mesure à trois temps. »

III. *De la grande poncins*, de deux pieds de hauteur, *fig* 5. Elle pèse huit livres trois quarts, et elle a six pouces et demi de large au sommet AB, cinq pouces neuf lignes en CD, c'est-à-dire à l'endroit où le manche est incrusté dans le fer ; enfin, quatre pouces cinq lignes de large au bec FG de la bêche. Sa superficie est de cent trente-un pouces carrés ; en sorte qu'elle a vingt-un pouces de plus en surface que la petite poncins, et quarante pouces de plus que la bêche d'un pied. Au sommet joignant le manche EE, elle a quinze lignes d'épaisseur. Quant aux autres dimensions et à la solidité depuis le sommet jusqu'aux reins, depuis les reins jusqu'au bec de la bêche, elles sont à peu près les mêmes que dans la petite poncins. (R.)

Nota. La question de savoir s'il convient mieux employer une grande qu'une petite bêche a déjà été souvent discutée; mais je n'ai vu nulle part qu'on ait fait entrer dans les calculs l'influence du moteur, c'est-à-dire de l'homme qui bêche. Il est évident qu'une large bêche, toutes choses égales d'ailleurs, doit expédier plus de besogne qu'une plus étroite ; mais si cette large beche est mue par un homme foible, par un homme lent, elle en fera moins qu'une petite maniée par un homme fort, un homme vif, un homme habitué à s'en servir. J'ai toujours vu les ouvriers, quelque bonne volonté qu'ils eussent, faire moins de besogne avec un outil auquel ils n'étoient pas accoutumés. Au reste, comme le principal avantage du labour à la bêche est la plus grande division de la terre, plus la bêche sera étroite, meilleure elle sera. (B.)

IV. *Du triant*, ou *trianain*, ou *triandine*, *fig*. 6. La bêche pleine ne peut être d'aucun usage dans les terrains pierreux et graveleux ; celle-ci supplée aux trois premières. Toute la partie inférieure de A en B en fer, sa largeur de C en D est de huit pouces, et sa hauteur de D en B est de douze pouces. La hauteur de la traverse d'en haut est d'un pouce, et son épaisseur de huit lignes, c'est la même épaisseur pour les trois branches, ainsi que la même largeur dans le haut ; mais elles viennent en diminuant depuis D jusqu'en B, où elles finissent par n'avoir que trois lignes d'équarrissage. Ce trident est garni dans son milieu d'une douille GG qui fait corps avec lui, et cette douille reçoit le manche I, de même longueur que celui de la bêche *fig.* 1. La douille est percée d'un trou H, par lequel on passe un clou qui traverse le manche et va répondre au trou pratiqué dans la douille et vis-à-vis ; de cette manière le manche est solidement fixé.

V. *De la pelle-bêche simple*, *fig.* 7. Le manche est de trois à quatre pieds de longueur. Plus ce levier est long, cependant proportion gardée, plus on a de force pour jeter la terre qu'on soulève. La pelle est toute en fer, ainsi que la douille A, dont l'épaisseur va en diminuant jusqu'en B. L'épaisseur de la pelle dans le haut est d'une ligne et demie jusqu'à deux lignes ; la largeur est communément de huit pouces, sur neuf à dix de longueur. Le manche et la pelle sont ajustés ensemble par le clou C, qui traverse de part en part la douille et le manche, et qui est rivé de chaque côté.

Un défaut de cette pelle-bêche est d'être trop foible à l'endroit où cesse l'épaisseur de la continuation de la douille en B. C'est là que le fer se casse ordinairement, ou plie s'il est trop doux ; mais à force de plier et d'être redressé, il casse enfin. Un second défaut de cet outil, c'est d'être trop mince dans la partie supérieure, sur laquelle le pied repose lorsqu'il s'agit de l'enfoncer dans la terre. Ce fer coupe la plante des pieds ; les souliers, même très forts, ne garantissent pas d'une impression qui devient à la longue douloureuse. C'est pour parer à ces inconvéniens que les cultivateurs des environs de Toulouse, du Lauraguais, ont imaginé la bêche-pelle suivante.

VI. *De la bêche-pelle à hoche-pied mobile*, *fig.* 8. Elle ne diffère en rien de la précédente, sinon par un peu plus de grandeur et de largeur, et sur-tout par son hoche-pied A, représenté séparément en B. La douille de la pelle de fer n'a qu'un seul côté plein, le reste est vide ; le manche s'ajuste dans cette douille et sort du côté opposé à la douille, de manière qu'adapté au manche et à la douille, il réunit si exactement l'un et l'autre, qu'ils forment un outil solide. Ce hoche-pied ou support a trois lignes d'épaisseur, un pouce de largeur. Tous les ouvriers ne bêchent pas du même pied : mais pour parer cet inconvénient on peut le tourner à droite et à gauche, alors il sert à l'un et l'autre pied. Le même reproche que l'on fait à la bêche-pelle, *fig.* 7, s'applique à celle-ci ; le fer est sujet à casser dans l'endroit où la douille finit ; mais elle a sur elle l'avantage de ne pas blesser la plante du pied de l'ouvrier qui travaille, parcequ'il s'appuie sur le hoche-pied, qui a plus d'un pouce de largeur, et même jusqu'à dix-huit lignes. L'ouvrier peut enfoncer cet outil dans la terre jusqu'à la hauteur du hoche-pied, de sorte qu'il remue la terre de douze à quinze pouces.

VII. *De la bêche-pelle de Lucques, fig.* 9. Elle diffère de la précédente par la manière dont le hoche-pied A est placé sur le manche. Quant à la pelle, ainsi que la douille, elles sont de fer. La pointe B s'use en travaillant et s'arrondit, ainsi que les angles CC. La pelle de quelques unes a cependant la forme des pelles *fig.* 7 et 8.

VIII. *De la bêche-lichet simple, fig.* 10. Elle est en usage dans le comtat d'Avignon et dans le Bas-Languedoc. La pelle est composée de deux plaques de fer AA, minces, tranchantes et réunies par le bas, ouvertes par le haut pour y insinuer un manche B contre lequel elles sont clouées BB. Ce manche placé dans l'ouverture de la lame en a toute la largeur; et pour le reste il est tout semblable aux autres manches ordinaires, c'est-à-dire qu'il a environ trois pieds de longueur et un pouce et demi de diamètre. La largeur de la pelle est de huit à neuf pouces dans le bas, et de douze pouces dans la hauteur. Dans le Bas-Languedoc on nomme cet instrument Hochet. *Voyez* ce mot.

IX. *De la bêche-lichet à pied, fig.* 11. Je ne la crois en usage que dans le Comtat. Elle diffère simplement de la précédente par le morceau de fer A, sur lequel l'ouvrier pose le pied pour faire entrer l'outil dans la terre.

En général, la manière de se servir des bêches est la même, puisqu'il s'agit de couper une tranchée de terre, de la soulever, de retourner le dessus dessous, et, si la terre n'est pas émiettée, de la briser avec le plat de la bêche, après en avoir grossièrement séparé les parties par quelques coups de tranchant.

L'ouvrier, suivant la compacité du terrain, prend plus ou moins d'épaisseur dans ses tranches; il présente la partie inférieure sur la terre, en donnant un coup avec ce tranchant; ensuite, mettant le pied sur un des côtés de la partie supérieure de la pelle, tenant le manche des deux mains, il presse et des mains et du pied, et fait entrer la bêche jusqu'à ce que son pied touche le sol : la bêche est alors enfoncée à la profondeur de douze pouces. Pour y parvenir, si la terre est dure, sans déplacer son instrument, il le place en avant, le retire en arrière successivement, et cet instrument agit comme agiroit un coin; il détache enfin la portion de terre qu'il veut enlever.

On doit voir, par ce détail, l'avantage réel des bêches *fig.* 4, 5, 6, sur les autres. La main dont le manche est armé sert de point d'appui aux deux bras de l'homme qui travaille. Son corps est porté presque totalement, suivant sa force et sa pesanteur, attendu qu'il ne touche la terre que par le pied opposé, de sorte que l'instrument entre plus facilement, puisque l'effort est plus grand ; au contraire, en se servant des bêches *fig.* 7, 8, 9, 11, un des points d'appui se trouve, il est vrai, sur le haut de la pelle, mais l'autre n'est pas au sommet du levier, puisque les deux mains de l'homme sont placées l'une vers le milieu de la hauteur du manche, et l'autre près de son extrémité. Quand même l'une des deux mains seroit placée au sommet, elle n'auroit pas l'avantage qui résulte de la réunion des deux mains de l'homme sur la main ou manette du manche des bêches *fig.* 3, 5, 6, 7. On ne sauroit assez apprécier la grande différence occasionnée par cette simple addition.

La bêche *fig.* 8 a l'avantage d'avoir un manche plus long, et la grandeur du levier lui donne beaucoup de force pour soulever la terre, et plus de terre, avec facilité ; mais l'avantage de la longueur du levier n'équivaut pas à celui qu'on obtient pour enfoncer la bêche en terre, lorsque son manche est armé d'une main.

La bêche luquoise, *fig.* 9, n'est pas enfoncée en terre presque perpendiculairement comme les précédentes, mais très obliquement ; ce qui est nécessité par la longueur de son manche, et par la hauteur à laquelle est placé son hoche-pied. Avec les autres bêches on se contente de retourner la terre, mais avec celle-ci on la jette à quelques pieds de distance. On commence par ouvrir un fossé de la profondeur d'un pied, sur deux pieds de largeur, à la tête de l'étendue de terrain que l'on se propose de travailler. La terre qu'on retire de ce fossé est transportée sur les endroits les plus bas du champ, ou disséminée sur le champ même ; alors, prenant tranches par tranches successives, la terre est jetée dans le fossé, le remplit insensiblement ; et il en est ainsi pour toute la terre du champ. On ne peut disconvenir que ce labour ne soit excellent, et la terre parfaitement ameublie à une profondeur convenable.

Un autre avantage que les Luquois retirent de cet instrument est la facilité pour creuser des fossés, et sur-tout des revêtemens ; ils jettent sans peine la terre à la hauteur de huit pieds, et forment avec cette terre un rehaussement sur le bord du fossé semblable à un mur. C'est avec cet outil que ces cultivateurs laborieux ont rendu le sol de la république de Lucques un des plus productifs et des mieux cultivés de toute l'Italie. (R.)

Il seroit possible d'étendre beaucoup plus cet article, et de ne pas encore épuiser tout ce qu'il y a à dire sur les diverses formes adoptées pour les bêches. Je me contenterai en conséquence d'ajouter que l'important est que sa pesanteur soit proportionnée à la force de l'ouvrier, et sa largeur à la nature du terrain dans lequel il travaille ; que le fer dont elle est composée doit être ni trop cassant ni trop pliant, et qu'une bêche d'étoffe, c'est-à-dire de fer corroyé avec de l'acier, est préférable à toute autre, mais coûte très cher. (B.)

BECHE. Ce sont les ATTELABES vert et cramoisi. *Voyez* ce mot.

BÊCHER. C'est retourner la terre avec la bêche. De tous les labours celui fait à la bêche est le meilleur, parcequ'il est le plus profond, le plus égal, et, après celui à la pioche, le plus divisant; aussi est-ce celui qui est le plus employé dans les jardins et autres lieux où l'on cultive des végétaux, que leur valeur réelle ou l'intérêt qu'y met le propriétaire permet de conduire d'une manière un peu plus dispendieuse. Il est même des pays de petite culture où on laboure à la bêche, même les champs de blé; mais alors les cultivateurs ne font point entrer en ligne de compte la dépense de leur temps, qu'ils ne pourroient pas employer d'une manière utile; car il leur seroit impossible d'entrer en concurrence dans les marchés avec les gros fermiers qui labourent à la charrue.

Les labours à la bêche peuvent être plus ou moins parfaits selon le soin qu'y apporte l'ouvrier, et un peu selon sa force. En principe général, plus on divise la terre et plus on remplit son objet. En conséquence, pour bien faire, il faut prendre peu de terre à la fois et l'éparpiller en la retournant, et non, comme on ne le fait que trop, enlever une grosse motte et la placer bien posément devant soi, de sorte qu'elle est aussi entière, quoique retournée, qu'elle l'étoit auparavant. Ce sont principalement les terrains argileux, sur-tout quand ils sont labourés après la pluie, qui se bêchent ainsi lorsqu'on ne veille pas sans cesse sur les ouvriers. Aussi l'instant où il convient de mettre la bêche dans tel ou tel terrain doit-il être déterminé par un jardinier éclairé, d'après des considérations de plusieurs sortes, et non abandonné au hasard ou aux convenances d'emploi des bras ou autres. Il est des cantons que l'expérience a si bien guidés, qu'on y est dans l'usage de ne jamais poser devant soi la motte qui est sur la bêche, mais de la jeter au loin, en donnant à cet instrument un mouvement pour que la terre de cette motte se divise et que ses parcelles décrivent une courbe, telle que les plus légères tombent à six pieds des plus lourdes. Ce labourage, à mon avis, est le meilleur de tous; mais je conviens qu'il ne peut pas être employé par-tout ni en tout temps. Celui qui le suit en rang d'estime chez moi consiste à jeter la motte à quelque distance à droite ou à gauche dans la jauge même ouverte par le labour, la percussion divisant passablement bien la motte lorsqu'elle n'est pas d'argile imbibée d'eau. Enfin, on ne sauroit trop recommander aux ouvriers qui travaillent selon la méthode connue aux environs de Paris de retourner bien exactement leur motte, et de la diviser par plusieurs coups de bêche dirigés obliquement sur elle en différens sens. Il devient souvent difficile d'obliger les ouvriers, sur-tout quand ils ne sont pas à la journée, à remplir toutes les conditions exigées pour un bon labour; aussi je ne conçois pas comment on les donne à l'entreprise, car j'ai toujours vu que, dans l'espoir d'économiser une mise dehors de quelques sous, on se privoit de la certitude d'un produit cent fois plus considérable. Les labours, je dois le répéter jusqu'à satiété, sont la base de toute agriculture, et toutes les fois qu'on les fait mal, on agit directement contre son but. (B.)

BÊCHER LES BLES. M. Tessier dit, qu'aux environs de Saint-Brieux on appelle ainsi l'opération par laquelle on vide les rigoles des sillons pour en rejeter la terre sur les autres parties du champ. Cette opération, qui facilite l'écoulement des eaux, a de plus l'avantage de rehausser le pied des blés, et de favoriser la sortie de nouvelles racines des nœuds inférieurs de la tige. Or le blé devient d'autant plus beau, fournit des épis d'autant plus abondans en grains, qu'il a un plus grand nombre de suçoirs, ainsi que l'a prouvé Varennes de Feniles. Il seroit donc bon de bêcher les blés non seulement avant l'hiver, comme dans les environs de Saint-Brieux, mais encore après, c'est-à-dire quelque temps avant que les tiges commencent à monter. (B.)

BÊCHON. Sorte d'instrument qui sert à biner à la main dans les environs de Poitiers.

BECHOTTER. Donner de petits labours, soit avec la binette, soit avec de petites bêches en forme de houlettes. Ce sont en définitif des binages.

BÈDE, BEDEL, ou BEDET. C'est, dans les départemens de l'ouest, une génisse ou un veau de moins d'un an.

BEDÉGUAR. Sorte de gale du rosier sauvage. *Voyez* au mot GALE.

BEDILLE. Nom, dans le Médoc, des liserons des champs et des haies.

BEDOIN. Nom qu'on donne au *mélampyre* dans quelques cantons.

BEDOUX. Synonyme de croissant dans le Médoc.

BEGUEY. Synonyme du coq dans le Médoc.

BÉHEN. Espèce de CUCUBALE.

BÉHEN. Les jardiniers donnent quelquefois ce nom au STATICE MARITIME.

BEHENE. Corde qui attache les vaches à l'étable.

BELETTE, *Mustella.* Ce petit quadrupède est fin, rusé, agile, sauvage. Sa forme est allongée, bas de jambe et de couleur rousse, excepté qu'il a la gorge et le ventre blanc. Son museau est pointu, sa queue est courte; quelquefois tout son poil devient blanc en hiver. Sa longueur, sans y comprendre la queue, est d'environ six pouces Cet animal est très commun dans nos provinces méridionales, et répand autour de lui une odeur très forte pendant les chaleurs. Il met bas au printemps, et ses portées sont ordinairement de quatre ou cinq.

La belette est fort sauvage, et j'ai essayé vainement de l'apprivoiser, d'après le témoignage de Léger, dans ses *Amusemens de la campagne*, où il dit qu'on l'apprivoise facilement, si on lui frotte les dents avec de l'ail. M. de Buffon a raison de dire que si on veut la conserver, il faut lui fournir un paquet d'étoupes dans lequel elle puisse se fourrer et y traîner ce qu'on lui donne, pour le manger pendant la nuit. Si on pouvoit l'apprivoiser, son odeur forte en dégoûteroit.

Cet animal est très hardi et courageux. S'il pénètre dans un colombier, il y cause de grands dégâts, casse les œufs et les suce avec avidité; d'un coup de dent à la tête, tue les petits pigeonneaux et les petits poussins, et les transporte, les uns après les autres dans sa retraite.

Dès qu'on s'aperçoit des ravages de la belette, il faut aussitôt multiplier les pièges. Tels sont les quatre de chiffre et traquenards, dont on donnera la description au mot PIÈGE; un œuf servira d'appât, et c'est le plus sûr. Quelques uns conseillent de prendre une poire ou une pomme bien mûre, de la partager par le milieu, de la saupoudrer avec de la noix vomique réduite en poudre très fine et de rejoindre les deux moitiés. La belette est plus carnivore que frugivore; elle préfère l'œuf. (R.)

BELIER, mâle de la BREBIS. Le mouton est le BELIER châtré. *Voyez* ces deux mots.

BELIER hydraulique. *Voyez* POMPE.

BELONS. Nom du chevreau dans les parties méridionales de la France.

BELLADONE, *Atropa*. Plante à racine vivace, grosse, pivotante, rousse, garnie d'un petit nombre de fibriles; à tiges cylindriques, velues, rameuses, hautes de trois à quatre pieds; à feuilles alternes, presque sessiles, ovales, aiguës, entières, molles, velues, blanchâtres en dessous, longues de quatre à cinq pouces sur deux à trois de large; à fleurs d'un rouge terne placées deux ou trois ensemble dans les aisselles des feuilles supérieures; à fruit d'un violet noir et de la grosseur d'une cerise, qui forme un genre dans la pentandrie monogynie et dans la famille des solanées, et qu'il est très important de connoître à raison des dangers auxquels elle expose ceux qui mangent de ses fruits ou se reposent seulement sous son ombrage.

Les personnes qui s'approchent de la *belladone* dans la chaleur ne tardent pas à éprouver des maux de tête, puis des défaillances dont les suites pourroient être graves si elles restoient plus long-temps exposées à ses émanations. Celles qui en mangent les baies éprouvent d'abord une ivresse complète, un délire profond, une soif inextinguible, des efforts considérables pour vomir, puis des accès de fureur, des convulsions dans le visage, dans tout le corps, un sommeil léthargique, la perte du pouls et enfin la mort.

On voit par ce rapide exposé combien la présence de la belladone peut devenir dangereuse autour des habitations: les enfans sur-tout, séduits par le rapport de grosseur, de forme et de couleur que ses fruits ont avec les cerises, sont fort exposés à en manger, et un grand nombre, dont deux de ma connoissance, en ont été les victimes. On doit donc la rechercher pour l'extirper; mais cela n'est pas trop facile, chaque morceau de racine qui reste en terre devenant l'année suivante un nouveau pied, et les racines étant fort cassantes. Ce n'est donc qu'avec beaucoup d'attention qu'on peut parvenir à les arracher entières.

Les remèdes à employer contre les effets délétères des baies de la *belladone* sont d'abord les vomissemens qu'on provoque par tous les moyens possibles, et ensuite en grande abondance le vinaigre étendu d'eau, l'eau miellée et des lavemens émolliens. Lorsqu'on s'y prend à temps, le malade en est quitte pour quelques jours de foiblesse et de douleurs d'entrailles; mais quand on ne commence les remèdes que lorsqu'il a éprouvé les convulsions et qu'il est en léthargie, il devient incertain de le sauver.

Malgré le poison que renferme cette plante, les dames en Italie se servent du suc de ses feuilles pour se blanchir la peau; de là son nom. On les emploie aussi en médecine comme calmantes et résolutives, sur-tout dans le cancer. On en a proposé l'extrait, dans ces derniers temps, pour faciliter l'opération de la cataracte, par la paralysie qu'il procure à la cornée.

On tire une couleur verte, à l'usage des peintres en miniature, des fruits de la belladone cueillis avant leur maturité.

La MANDRAGORE fait partie de ce genre. *Voyez* ce mot. (B.)

BELLE CHEVREUSE. Espèce de pêche.

BELLE DAME. C'est la BELLAGONE et l'ARROCHE DES JARDINS.

BELLE DAME DES ITALIENS. *Voyez* AMARYLLIS A FLEURS ROSES. (B.)

BELLE DE JOUR. Nom vulgaire du LISERON TROIS COULEURS. (D.)

BELLE DE NUIT. *Voyez* au mot NYCTAGE. (B.)

BELLE DE ONZE HEURES. *Voyez* ORNITHOGALE. (B.)

BELLE DE VITRY. Espèce de pêche. (B.)

BELLE PUCELLE. Nom vulgaire de la RENONCULE DES CHAMPS.

BELLE GARDE. C'est encore une PÊCHE. (B.)

BELLE DE ROQMONT. Variété de cerise.

BELLISSIME. Nom de deux espèces de poires. (B.)

BELNAUX. Espèce de lourds tombereaux dont on se sert dans quelques cantons pour transporter les fumiers.

BELVEDÈRE. Bâtiment plus ou moins grand, plus ou moins élevé, plus ou moins décoré et de formes diverses qu'on construit dans les parties les plus hautes ou les plus découvertes des jardins, et dont l'objet est, en montant à ses différens étages, d'étendre la vue au-delà de l'horizon du sol sur lequel il est bâti.

Pour concourir, comme il le doit toujours, à la décoration des jardins, un belvedère sera d'une architecture légère et d'une richesse proportionnée à la grandeur du bâtiment principal dont il est une dépendance. Chaque étage doit être percé de croisées, au moins de deux côtés, pour qu'on puisse embrasser tout le pays en deux stations. Souvent ces croisées ont des balcons. Ordinairement le belvedère est terminé en terrasse, sur laquelle on place des pots de fleurs, quelquefois cependant il est couvert d'un toit.

Comme c'est la mode ou le caprice du propriétaire ou le goût de l'architecte qui décide de la manière de construction des belvedères, et qu'il seroit beaucoup trop long de faire toutes les suppositions possibles, je renverrai aux ouvrages d'architecture ceux qui voudront des développemens plus étendus sur cet objet. (B.)

BELVEDÈRE. Nom jardinier de l'ANSERINE A BALAI. (B.)

BEN, NOIX DE BEN, *Moringa*. Arbre exotique de la décandrie monogynie et de la famille des légumineuses, qui s'élève à la hauteur de vingt-cinq à trente pieds, et qui croît naturellement dans l'île de Ceylan et dans plusieurs parties de la côte de Malabar. Sa tige est forte, son écorce unie; ses feuilles sont trois fois ailées avec impaire, et ses fleurs disposées en panicules axillaires et terminales. Le fruit est une espèce de capsule ayant trois côtés et s'ouvrant en trois valves; il renferme des graines osseuses dont l'amande est blanche et très huileuse. L'huile qu'on en retire par expression est inodore et ne rancit point en vieillissant. Ces deux propriétés la font rechercher des parfumeurs, qui l'emploient à retirer et à conserver l'odeur des fleurs. Dans l'Inde on cultive cet arbre pour en vendre les semences. (D.)

BENJOIN. Espèce de résine provenant d'un BADAMIER, et espèce de laurier qu'on cultive dans les jardins d'agrément. *Voyez* au mot LAURIER.

BENNE. Panier fait avec des baguettes de la grosseur du pouce, et établi à demeure dans toute l'étendue d'un charriot. Il sert principalement à conduire le charbon. *Voyez* au mot BANNE.

BENOITTE, *Geum*. Genre de plante de l'icosandrie polygynie et de la famille des rosacées, qui renferme une douzaine d'espèces, dont deux sont assez communes pour mériter l'attention des cultivateurs. Ce sont des herbes vivaces à feuilles alternes, ailées avec une impaire très grande, et lobées, à stipules adnés au pétiole, et à fleurs jaunes portées sur des pédoncules axillaires et terminaux.

La BENOITTE COMMUNE a les fleurs droites et l'arête des semences nue. Sa racine a une odeur forte, agréable, une saveur âcre et amère. Elle passe pour astringente, fébrifuge, sudorifique et cordiale; mais ces vertus sont contestées et on en fait peu d'usage. Tous les bestiaux en mangent les feuilles, surtout quand elles sont jeunes; aussi est-elle du nombre des plantes que les ménagères, dans les pays de petite culture, vont ramasser dans les bois, le long des haies, des murs, au printemps, pour donner à manger le soir à leurs vaches auxquelles elle donne beaucoup de lait. Elle est haute d'un pied et fleurit au commencement de l'été.

La BENOITTE DES RIVAGES, ou AQUATIQUE a les fleurs penchées, et l'arête des semences velues. Elle se trouve dans les bois montagneux, le long des ruisseaux, dans les lieux humides et ombragés. Elle diffère très peu de la précédente pour sa forme et ses propriétés. (B.)

BENTA. On appelle ainsi, dans le département de Lot-et-Garonne, l'action de vanner le blé en le jetant en l'air avec une pelle un jour où il fait du vent. (B.)

BEON. Synonyme de bœuf dans le département de Lot-et-Garonne. (B.)

BEORAGE. Nom du petit vin dans le département de Lot-et-Garonne, c'est-à-dire du vin qu'on fait en mettant de l'eau sur le marc. *Voyez* VIN. (B.)

BEQUÈNE. Espèce de POIRE.

BÉQUILLER, se dit, dans le jardinage, quand on a fait un petit labour avec une houlette, ou une espèce de béquille, ou avec la serfouette ou la bêche, dans les caisses d'arbrisseaux, ou dans une planche de laitues, pois, fèves, chicorées, fraisiers, etc. Cela se fait pour ameublir la terre qui paroît battue, en sorte que l'eau de pluie ou les arrosemens puissent pénétrer jusqu'au fond de la motte qui est dans la caisse, ou du moins au-dessous de la superficie, pour servir de nourriture aux racines. *Voyez* aux mots BINER, SERFOUIR et LABOURER.

M. Duhamel, dans son ouvrage sur la culture des terres, observe que dans le pays d'Aunis on donne au blé qui est en terre deux petits labours avec l'instrument appelé *béquille* ou *béquillon*. Comme cette province est très peuplée, il en coûte peu pour faire donner cette culture par des femmes, et la récolte en devient beaucoup meilleure, quoique ces labours détruisent beaucoup de pieds de froment.

La béquille est un instrument de fer recourbé, moins large que le ratissoire, mais recourbé en rond, et dont le manche est plus court. La béquille a pris ce nom, dit M. Roger Schabol, parceque jadis, au bout de son manche, il y avoit un morceau de bois en travers, posé comme celui qui forme une béquille. Quelques jardiniers ont conservé jusqu'à présent cette forme de manche, qui embarrasse plus qu'elle ne sert. (R.)

On béquille aussi assez fréquemment dans les jardins sous le nom de petit binage. Regnier a béquillé, tous les quinze jours, la moitié d'une planche de betteraves, dont l'autre moitié ne recevoit que les façons ordinaires, et les racines des premières avoient acquis huit à dix pouces de diamètre, tandis que les secondes en avoient à peine trois. Qu'ont à objecter contre cette expérience ceux qui prétendent que les labours ne sont pas un amendement? Labourez donc, puis labourez, et labourez encore, vous qui voulez de belles récoltes, de beaux arbres, de belles fleurs. Les labours sont l'ame de l'agriculture, parceque, comme je le répèterai à chaque occasion, en divisant la terre, ils permettent aux racines de pénétrer plus facilement et plus loin, donnent à l'air les moyens de s'introduire en plus grande quantité dans le sein de la terre et de s'y décomposer, fournissent à l'eau des couloirs propres à la distribuer par-tout et également, et parcequ'ils empêchent les mauvaises herbes de croître. (B.)

BÉQUILLON. Terme de fleuriste pour désigner les feuilles étroites qui entourent le disque des fleurs des anémones. *Voyez* ANÉMONE. (R.)

BERCAIL. Enceinte où on renferme les moutons. Ce mot ne s'emploie plus guère qu'au figuré. *Voyez* au mot MOUTON et au mot FERME. (B.)

BERCE, *Heracleum*. Genre de plantes qui renferme une douzaine d'espèces, dont une est très commune en France, et intéresse les cultivateurs sous plusieurs rapports. Il est de la pentandrie digynie, et de la famille des ombellifères.

La BERCE BRANC-URSINE, *Heracleum spondylium*, Lin., qui est cette espèce commune, a les racines bisannuelles, fusiformes, assez épaisses, et remplies d'un suc jaunâtre; la tige droite, cylindrique, fistuleuse, velue, rameuse, presque toujours de plus d'un pouce de diamètre, et de trois à quatre pieds de haut; les feuilles de plus d'un pied de long, alternes, pinnées, à folioles à cinq lobes aigus et inégalement dentés; à pétiole membraneux, renflé et amplexicaule; les fleurs blanches, fort nombreuses, et s'épanouissant au milieu de l'été. Elle se trouve dans toute l'Europe, dans les bois, les prés, le long des haies, dans tous les endroits gras et frais. On la connoît dans quelques endroits sous le nom de *patte-d'oie*, et dans d'autres sous celui de *fausse branc-ursine*.

Cette plante, quoique mangée dans sa jeunesse par tous les bestiaux, nuit beaucoup aux prairies, où elle se multiplie quelquefois au point d'étouffer toutes les bonnes herbes, parce-qu'elle ne peut entrer dans les fourrages secs à raison de la dureté de sa tige; en conséquence, on doit chercher à l'empêcher de se propager. Pour cela il suffit d'en couper les tiges entre deux terres, au moment de la floraison, avec une pioche; car, comme elle ne vit que deux ans, elle disparoit bientôt lorsqu'on l'empêche de porter graine.

On fait en France quelque usage de la *berce branc-ursine* dans la médecine, où elle passe, ses feuilles pour émollientes et ses graines pour incisives et carminatives; mais dans le nord de l'Europe et de l'Asie, on en tire un parti bien plus important. Les Polonais en font une boisson qui sert généralement dans les campagnes, et les Kamtschatkales en mangent les pétioles, et en tirent de l'eau-de-vie. Ces derniers peuples, placés à l'extrémité de la terre habitable, la regardent comme la plante la plus utile qui existe. Steller dit qu'en effet ses pétioles, après avoir été ratissés, ont une saveur agréable, et corrigent les inconvéniens du régime animal de ces peuples (on sait qu'ils ne vivent presque que de poisson altéré), et que, lorsqu'ils ont été gardés, il se produit à leur surface une poussière qui n'est autre chose que du sucre; mais que l'eau-de-vie qu'ils en tirent, après les avoir fait fermenter dans l'eau, est d'un usage dangereux pour ceux qui n'y sont pas habitués. Elle jette dans la mélancolie, procure des songes affligeans, et affoiblit beaucoup.

J'ai désiré imiter les Kamtschatkales dans les préparations de la berce branc-ursine; mais je n'ai pas réussi à en rendre les pétioles agréables, et à en composer une liqueur potable.

C'est d'une plante de ce genre qu'on tire la gomme-résine opoponax dans l'Orient.

Une autre, originaire du Chili, a les racines tubéreuses, et est d'un manger très délicat, au rapport de Molina. (B.)

BERCEAU, espace de terre carré, ou parallélogramique, ou ovale, entouré d'arbres ou de plantes grimpantes, dont la partie supérieure est recourbée du côté intérieur par un moyen quelconque, de manière à intercepter les rayons du soleil dans un espace donné d'un jardin.

On divise les berceaux en deux sortes : ceux qui sont faits avec des arbres, des arbrisseaux ou des arbustes, au moyen de la taille ou de la courbure de leurs branches, et ceux dans lesquels on emploie des arbrisseaux ou des plantes grimpantes, vivaces ou annuelles.

La plupart des arbres peuvent être employés à former des berceaux ; mais la charmille est celui qu'on préfère parcequ'elle ne se dégarnit pas du pied, qu'on la conduit aisément par le moyen de la taille, qu'elle donne beaucoup d'ombre, que son feuillage est agréable, etc.

Lors donc qu'on veut faire un berceau avec cet arbre, on entoure le terrain qui y est destiné de plant de trois ans, écarté seulement de six à huit pouces, et on se garde bien de lui couper la tête, ainsi qu'on le fait le plus souvent. On ne touche point à cette plantation les deux premières années ; mais la troisième, lorsqu'elle a acquis huit à dix pieds de haut, on la taille au croissant en dehors et en dedans, et au moyen de baguettes ou perches fixées à des pieux, on dirige en dedans le sommet de la tige de tous les pieds qui la composent. L'année suivante on taille de nouveau au croissant, et de plus, on coupe tous les rameaux supérieurs qui n'ont pas pris la direction désirée. Ordinairement le berceau, à moins qu'il ne soit fort large, est complet la sixième année. On n'a plus qu'à le perfectionner, et ensuite à l'entretenir.

Si on faisoit usage du tilleul, il faudroit planter les pieds à une plus grande distance, au double par exemple, parceque cet arbre brave mieux, à raison de la porosité de son bois, les délétères effets de la tonte, que la charmille.

Quelques personnes construisent des berceaux avec des arbres fruitiers, disposés en contre-espaliers ; mais ces arbres, n'ayant d'air que du côté extérieur, donnent extrêmement peu de fruits, et des fruits d'une médiocre qualité. Je ne les approuve donc pas.

Lorsqu'on veut faire un berceau avec des arbrisseaux grimpans, comme la vigne, le chèvre-feuille, le jasmin, la clématite, etc. ou avec des plantes grimpantes, comme le houblon, les liserons, les haricots, les pois, les capucines, etc., il faut au préalable construire un treillage en forme de berceau pour servir d'appui aux rameaux de ces arbrisseaux ou aux tiges de ces plantes. *Voyez* au mot TREILLAGE.

La largeur et la profondeur à donner aux berceaux dépendent en partie du caprice du propriétaire, mais aussi en partie de la nature des arbres. On ne peut pas, par exemple, faire des berceaux de cent pieds de large. Il faut en les construisant consulter le coup-d'œil, c'est-à-dire, vouloir toujours que leur largeur ne soit pas trop disproportionnée à leur hauteur, et même à leur longueur, quoiqu'il y ait des allées en berceau d'une longueur indéterminée et qui ne blessent pas le goût.

Autrefois les jardins n'étoient presque composés que de berceaux. Aujourd'hui ils sont devenus plus rares. On trouve que, s'ils donnent de l'ombre, ils n'offrent qu'une terre nue, des troncs et des branches, et une humidité malsaine à ceux qui veulent s'y retirer. On préfère, et je crois avec raison, les angles rentrans des bosquets, tels qu'on les plante actuellement dans les jardins paysagers, angles dans lesquels on trouve, en les choisissant selon l'aspect du soleil, l'ombre des berceaux, et de plus, une pelouse verdoyante et des arbustes dont les troncs sont cachés par les feuilles ou les fleurs.

Comme les arbres tendent toujours à reprendre leur perpendicularité, il faut par des tailles annuelles retenir les branches de ceux qui forment berceau dans la courbure convenable; et quoi qu'on fasse, elles finissent toujours par l'emporter. Aussi n'est-il pas de vieux berceaux parfaitement réguliers et même agréables à la vue en dehors.

Ceux de ces berceaux formés par des arbustes grimpans, ou par des plantes de même disposition, peuvent être, il est vrai, facilement contenus, mais ils exigent du travail pendant six mois de l'année, et donnent par conséquent lieu à des dépenses d'entretien beaucoup plus considérables que ne le comportent les jouissances qu'ils donnent.

On appelle quelquefois berceaux des allées couvertes formées avec des grands arbres, mais c'est mal à propos. *Voyez* ALLÉE.

Il en est de même de ces grands arbres, en petit nombre, plantés régulièrement, et dont les sommets sont rapprochés. Ce sont des SALLES DE VERDURE. *Voyez* ce mot. (B.)

BERCEAU DE LA VIERGE. *Voyez* CLÉMATITE ODORANTE.

BEREAU. C'est le BELIER dans le département des Ardennes.

BERGAMOTTE. Variétés d'orange et de poire. *Voyez* ORANGER et POIRIER.

BERGE. On donne ce nom, tantôt aux rochers du bord de la mer, tantôt aux bords élevés des rivières, tantôt aux talus que forme la terre qu'on a tirée d'un fossé, tantôt aux tas de pierres que l'on forme au bord des champs et des vignes lors de l'épierrement du sol.

Les berges des rivières et des fossés pourroient être utilisées plus fréquemment qu'elles ne le sont par des plantations d'arbres et d'arbustes qui produiroient un revenu en solidifiant le terrain. Les premières sur-tout, qui sont si fréquemment exposées à être dégradées par les grandes eaux, devroient toujours être recouvertes d'osiers, de chalefs, de lyciets, et autres arbustes propres par leur nombreuses racines à les en défendre. *Voyez* au mot Fossé.

Quant aux berges de la dernière sorte, elles peuvent encore l'être par des plantations d'arbustes placés directement sur elles, lorsque les pierres sont ou peuvent être recouvertes d'un peu de terre ou de plantes grimpantes plantées sur leurs bords, et dont les pousses sont dirigées sur leurs surfaces. Il est très certain que des ronces, des rosiers rampans, des clématites, ne sont pas d'un grand profit; mais enfin ils chauffent le four, ils donnent de la potasse, et en agriculture aucun produit ne doit être regardé comme petit, lorsqu'il n'a rien coûté. Il est certaines parties de la France où ces sortes de berges emploient un terrain considérable, et généralement on le laisse perdre. J'ai vu cependant, dans quelques endroits, chercher à le ménager, soit en plantant des groseilliers, des épines-vinettes ou d'autres arbustes propres à brûler, soit en dirigeant dessus des haricots, des courges, soit enfin en laissant au milieu des trous dans lesquels on plaçoit des arbres fruitiers, qui, par leur ombrage, auroient fait perdre le même terrain dans un local propre à la culture. *Voyez* Merger.

Les berges des fossés nouvellement creusés dans une terre vierge sont le plus souvent infertiles pendant deux ou trois ans, parcequ'elles ne contiennent pas d'humus (de carbone). Les agriculteurs instruits, pour pouvoir les utiliser plus tôt, font mettre de côté la première terre retirée, c'est-à-dire celle de la surface, et en font ensuite recouvrir la berge, qui devient alors très productive dès la même année. (B.)

BERGER. Ce mot est consacré pour désigner l'homme qui soigne les troupeaux de bêtes à laine. Il diffère des mots *pâtre*, *pasteur*, *pastoureau*, qui s'appliquent aux gardiens de toute espèce de bétail. Ceux-ci sont des noms génériques; celui de *berger* est une dénomination particulière.

On a long-temps regardé la profession de berger comme de peu d'importance. Il y a même des pays en Europe où elle est encore avilie. Parmi nous, elle se relève et devient la plus distinguée de celles d'une exploitation rurale, depuis qu'on confie à cette classe d'hommes des animaux de prix. Les gens qui ne jugent que sur les apparences pensent qu'un berger n'a rien à faire, parcequ'ils le voient errer dans la campagne avec son troupeau d'une manière inactive; ils l'accusent de paresse et de fainéantise; dans quelques cantons, les bergers s'occupent à tricoter, et les bergères à filer; mais il vaudroit mieux qu'ils renonçassent à ces occupations capables de les distraire d'une surveillance qui ne doit pas être interrompue. D'ailleurs, tout le travail d'un berger ne consiste pas à mener son troupeau aux champs, à l'y accompagner et à le ramener à la bergerie; les détails qui vont suivre feront voir qu'un berger a de grandes occupations dans le cours de l'année, et qu'il ne perd pas même les momens où l'on imagine qu'il est entièrement oisif.

Les bergers se divisent en bergers voyageurs ou ambulans, et bergers sédentaires; ils ont des fonctions qui leur sont communes; ils en ont de particulières, dépendantes de leur genre de vie et de celui de leurs troupeaux.

En Espagne, en Italie et dans plusieurs parties de la France, il y a des bergers transhumans, c'est-à-dire qui, tous les ans, mènent en été leurs troupeaux dans les montagnes, et les ramènent passer les autres saisons chez les propriétaires qui les nourrissent dans l'hiver de fourrages réservés pour ces momens, ou dans des plages où ils trouvent à vivre, tels que la crau d'Arles dans la ci-devant Provence, etc. Ces troupeaux ont toujours de l'herbe à brouter, bivouaquent toute l'année; les autres, au retour des montagnes, couchent dans des bergeries. Les bergers transhumans, étant presque toujours loin des yeux des propriétaires, pourroient, s'ils n'étoient probes, leur causer beaucoup de pertes. Il faut donc prendre les précautions dans le choix qu'on en fait, et il est utile que le maître se transporte de temps en temps dans les endroits où ils stationnent pour les surveiller, et leur faire rendre compte, et qu'il ait un mayoral ou homme de confiance qui ne quitte pas les troupeaux.

Les bergers transhumans ne doivent pas, dans leurs voyages, presser la marche de leurs troupeaux, pour ne les point fatiguer. Quatre ou cinq lieues par jour, suivant les pays, est tout ce qu'ils leur feront faire. Ils éviteront qu'ils ne commettent des dégâts sur les fonds cultivés, voisins des routes. Ce que je dis ici de ces bergers s'applique aux hommes qu'on charge de conduire ou une troupe un peu considérable, ou quelques lots de mérinos qui sortent d'une bergerie pour aller en améliorer une autre. Ils veilleront à ce qu'aucune bête ne s'égare ou ne se blesse. Si le cas arrive, ils feront en sorte d'y remédier. Parvenus au pâturage qui leur est assigné dans la montagne, ils seront toujours en garde contre les voleurs, les loups et les ours lorsqu'ils ont à les craindre; ils établiront des barrières où ils écarteront les animaux des endroits dangereux d'où ils pourroient se précipiter. Ils n'affoibliront pas les brebis qui ont eu des agneaux ou qui sont pleines, en les trayant trop souvent et trop long-temps; ils les mettront, autant qu'il sera possible, à l'abri des grands orages et des grêles. Si quelque bête tombe malade, ils emploieront les moyens qu'ils croiront les plus propres à la guérir, ayant eu soin de se pourvoir des remèdes que la localité ne leur fournit pas.

Les bergers sédentaires appartiennent ou à des communes, ou à des propriétaires, ou à des fermiers ou métayers. Ceux des communes ont un sort très doux. Le seul service qu'ils aient à faire, pendant la plus grande partie de l'année, est, les jours où le temps le permet et aux heures convenables, de prendre les bêtes à laine de chaque habitant averti par le son d'une corne de vache ou de bœuf, de les mener à la pâture et de les ramener au village; chaque animal reconnoît sa maison et y rentre. Le reste de la journée, et tant que le troupeau ne peut sortir, ces bergers sont chez eux livrés à des travaux qui les concernent. Ils ne s'occupent ni du soin des agneaux nouveaux nés, ni de la tonte. Dans l'été, il est d'usage dans beaucoup de pays de faire parquer les troupeaux des communes, soit sur les champs de ceux qui louent tout l'engrais de l'année, soit, tour à tour, sur ceux des particuliers dont les brebis font partie du troupeau commun. Alors les bergers sont tenus à la surveillance et à une juste répartition de l'engrais. *Voyez* le mot PARCAGE. S'il naît quelques agneaux aux champs, ils doivent bien remarquer les mères, rapporter les petits pour les remettre aux habitans auxquels ces mères appartiennent. Les bergers, qui servent exclusivement un propriétaire, ou un fermier ou métayer, soignent les troupeaux qui leur sont confiés à tous les instans et pendant toute l'année sans jamais les perdre de vue.

On a souvent à se plaindre des troupeaux, soit des communes, soit des particuliers; de ceux des communes sur-tout, qui détruisent les bois ou dévorent les terres ensemencées et les prairies artificielles; ces dégradations n'ont lieu que par la négligence des bergers qui méritent d'être repris et punis.

Il est d'usage dans beaucoup de pays ou de ne donner aucuns gages aux bergers, ou de ne leur en donner que de foibles, mais de leur permettre d'avoir dans le troupeau un certain nombre de bêtes, dont la nourriture est aux frais du maître. Le croît de ces animaux et leur laine appartiennent aux bergers. Cette permission a de grands inconvéniens. Il ne faut jamais mettre les hommes dans le cas de tromper impunément et avec facilité. Les brebis des bergers sont toujours en très bon état; leur laine est la plus belle et la plus abondante; rarement la mort les frappe; les chiens qui les connoissent bien, les laissent manger dans les pâturages les plus succulens, et souvent dans les endroits en défense; eux-mêmes leur portent du pain qu'ils prennent à la ferme; le meilleur fourrage est pour elles à la bergerie. Cet abus, auquel on faisoit peu d'attention autrefois, est signalé maintenant; et les propriétaires sensés, ne voulant plus de ces mélanges, préfèrent avec raison de donner à leurs bergers de bons gages et des gratifications.

Il ne faut pas non plus qu'un berger tue aucune bête sans l'ordre de son maître, ni qu'on lui abandonne les peaux des bêtes mortes, ni qu'on le charge d'acheter et vendre du bétail, à moins qu'on ne soit très sûr de sa droiture et de son désintéressement.

Depuis que les mérinos ont pris faveur, on s'est aperçu que des bergers infidèles, profitant de la saison du parcage, prêtoient, la nuit, des beliers de leurs maîtres pour la monte des troupeaux voisins; que d'autres échangeoient des animaux de race pure contre des métis; que d'autres vendoient des agneaux naissans, prétextant que les mères avoient avorté ou que leurs agneaux étoient morts. Tant les moyens de tromper sont multipliés !

Il està désirer qu'un berger sache lire et écrire, pour prendre des notes, et constater de temps en temps le nombre de ses animaux. Quand il ne sait pas lire et écrire, sa mémoire doit y suppléer. Il y en a qui, non seulement reconnoissent les mères de tous les agneaux, mais les qualités de chaque individu existant, et celles de leurs ascendans morts ou vendus. En quelque nombre que soient les animaux d'un troupeau, un berger attentif les distinguera, et ce sera un grand avantage. Une conformation particulière, quelques nuances dans la couleur de la laine, des taches plus ou moins sensibles, une toison épaisse ou peu serrée, la taille, la manière de marcher, le son de la voix, voilà les signes qui facilitent ces distinctions. Par l'habitude, on va jusqu'à deviner à peu près l'âge d'une bête, à la seule inspection, sans lui ouvrir la bouche; les antenois sur-tout sont aisés à apercevoir. Au reste, lorsqu'il y a quelque motif pour qu'une bête ne soit pas confondue, le berger lui fait une marque, soit à l'oreille, soit sur quelque autre partie du corps.

Ce qui caractérise plus particulièrement le bon berger, c'est la conduite qu'il tient lors de l'agnelage. Cette circonstance est la plus intéressante pour le maître, parcequ'elle accroît sa propriété; la naissance d'un grand nombre d'agneaux donnant l'espérance de pouvoir vendre plus de laine et plus de bêtes. Pendant tout ce temps, un berger ne quitte pas son troupeau. Il est utile même qu'il couche dans la bergerie.

Une brebis qui a déjà fait plusieurs petits agnèle facilement et sans se plaindre; elle n'a besoin de secours que quand l'agneau se présente mal. Mais une brebis qui met bas pour la première fois a ordinairement de la peine, qu'elle exprime en se plaignant. Il est nécessaire, dans ce cas, que le berger vienne à son aide. Le plus souvent il suffit qu'il glisse ses doigts, graissés de beurre ou d'huile et ayant les ongles rognés, entre l'orifice du vagin et la tête du petit. Il ne faut aider la mere que quand elle fait des efforts pour pousser son agneau au dehors.

La situation naturelle du fœtus, à l'époque de la mise bas, est de présenter le bout du museau, qui s'avance en forme de coin, à l'ouverture de la matrice. Les deux pieds de devant sont au-dessous du museau ; ceux de derrière sont repliés sous le ventre ; ils s'étendent en arrière, à mesure que l'agneau sort de la matrice. Quelquefois l'agnèlement est difficile et impossible même. Trois mauvaises positions le rendent difficile. 1° Lorsque le fœtus présente le sommet ou un des côtés de la tête, le museau étant tourné de côté ou en arrière ; 2e lorsque les jambes de devant sont pliées sous le cou, ou étendues en arrière ; 3° lorsque le cordon ombilical passe devant l'une des jambes. Le berger, dans le premier cas, repousse la tête en arrière et attire le museau vers la matrice ; dans le second, il tâche de trouver les pieds de devant et de les attirer à l'ouverture de la matrice, ou de faire sortir la tête, et ensuite d'attirer les deux jambes de devant, ou seulement l'une d'elles, pour empêcher que les épaules ne forment un trop grand obstacle à la sortie de l'agneau. Dans le troisième cas, il faut rompre le cordon sans attirer le délivre, qui se rompt de lui-même dès que l'agneau est sorti. Après l'agnèlement on tire le cordon pour détacher le délivre s'il ne tombe pas seul, et on l'écarte de la mère, afin qu'elle ne le mange point. Il est bien essentiel que tous les mouvemens du berger soient très doux, ce qui malheureusement est très rare ; ces sortes d'hommes ont une manière d'agir si violente, qu'ils blessent souvent la mère et l'agneau.

Quand il y a trop peu d'ouverture au pubis, ou que le volume de l'agneau est très considérable, ou qu'il est encore plus mal placé que dans les trois cas précédens, l'agnèlement est impossible. On a vu des bergers assez adroits pour couper et extraire l'agneau par morceaux sans blesser la matrice ; il faut dans ces circonstances de grandes précautions.

Avant d'aller aux champs un berger doit examiner ses brebis, et laisser à la bergerie celles qui, par la grosseur du pis et d'autres signes, annoncent un agnèlement prochain, et les placer dans un enclos à part, attention qu'il aura également le soir quand il fera sa dernière ronde dans la bergerie. Les agnèlemens aux champs, en hiver, exposeroient les agneaux à être gelés. En cas de surprise, le berger, qui se sera pourvu d'une petite poche, y mettra l'agneau naissant à l'abri, jusqu'à ce qu'il revienne à la bergerie. Il peut arriver deux choses, ou que l'agneau d'une brebis, trop malade en mettant bas ou après avoir mis bas, s'éloigne de sa mère, en tête une autre, ou reste abandonné au milieu du troupeau, ou bien que la brebis souffrante soit tetée par un autre qui profite de sa foiblesse, de manière que le sien, après être né, ne trouve plus rien au pis; c'est à quoi le berger parera en mettant dans un enclos les brebis qui doivent agneler la nuit. Cette séparation est sur-tout nécessaire lorsque des brebis font leurs agneaux plus tard que les autres; alors on a à craindre qu'un agneau fort ne frustre le nouveau né du lait de sa mère. Il n'est pas rare encore de voir un agneau teter une brebis qui vient de mettre bas, en passant entre ses jambes de derrière. Les suites de l'agnèlement, dont il s'imprègne, trompent la brebis qui l'adopte, ou seul, ou concurremment avec le sien. Les brebis qui reviennent mouillées des champs sont exposées à ne plus reconnoître leurs agneaux. Ces petits animaux se jetant sous les toisons se couvrent d'eau, qui arrête les émanations par lesquelles les mères les discernoient. Un berger qui sait son état, et qui est capable d'une grande surveillance, prévient au moins la plupart de ces inconvéniens. Sans doute il ne les prévient pas tous quand le troupeau est nombreux. C'est au moment de la naissance d'un agneau qu'il est important de le veiller; quand il a pris de la force, il se tire d'affaire, soit en s'adressant toujours à sa mère, soit en tetant d'autres brebis dont les agneaux tètent aussi d'autres mères que les leurs.

Quand une brebis n'a point de lait, ou vient à mourir en agnelant ou peu après, le berger donne son agneau à une autre, qui a perdu le sien, ou qui peut en allaiter deux; si une mère foible met bas deux jumeaux, il lui en retire un, ou pour qu'une autre brebis le nourrisse, ou pour lui faire boire du lait par le moyen d'un biberon; on peut encore lui faire teter une chèvre. J'ai eu une chèvre qui m'a élevé quatre agneaux.

Les soins du berger dans l'agnèlement et l'allaitement ne se bornent pas à ceux que je viens d'exposer. Il ne doit pas négliger de traire les brebis dont le pis engorgé est si douloureux, qu'elles ne veulent pas se laisser teter, ou d'appliquer dessus des topiques relâchans, en faisant boire du lait à l'agneau, qu'il ne rendra à sa mère que quand elle sera soulagée, ni d'amener à suppuration les abcès laiteux qui se forment au pis et de les ouvrir quand ils sont à maturité, ni d'ôter la laine de celles qui en ont auprès des mamelons, afin que l'agneau tète facilement et n'avale pas de cette laine, capable de former des égagropiles dans ses estomacs, ni d'exprimer un peu de lait des mamelons pour en faire sortir des matières qui les obstruent, sur-tout quand les bergeries n'ont pas de la litière souvent renouvelée, ni de rapprocher le troupeau de la bergerie quand quelque bête est prête à agneler, ni de laisser le temps de se remettre un peu à celles qui mettroient bas aux champs, en n'éloignant pas d'elles le troupeau, pour que l'inquiétude ne les tourmente pas.

Il y a des brebis qui non seulement ne cherchent pas leurs agneaux, mais qui les rebutent quand ils approchent pour teter, soit défaut de caractère, soit parcequ'elles ont le pis chatouilleux. Le berger qui s'en aperçoit leur présente leurs agneaux chaque fois qu'elles reviennent des champs, et même lève une des jambes de derrière, pour mettre les agneaux à portée des mamelles; ce qui réussit le plus souvent. Il arrive encore au même but, en laissant un jour ou deux à la bergerie la mère et le petit seuls dans une enceinte particulière.

Lorsqu'une mère ne lèche pas son agneau naissant, le berger, pour l'y déterminer, jette sur lui un peu de sel; si elle s'y refuse, il l'essuie avec un peu de foin.

Un des plus grands mérites d'un berger est d'amener à bien le plus d'agneaux possible d'un nombre déterminé de femelles. J'en ai connu un, qui de cent seize brebis a eu cent douze agneaux, et un autre, qui de cent en a eu quatre-vingt-seize bien venans et en bon état.

L'afouragement d'herbes sèches doit être préparé dans les râteliers avant que les animaux n'entrent dans la bergerie; on évite par-là qu'ils n'avalent ou ne respirent de la poussière, et que leurs toisons ne soient salies par les ordures qui voltigent en l'air.

C'est au propriétaire du troupeau à régler la quantité d'alimens qu'il convient de lui donner. Il arrive souvent que les bergers, mauvais calculateurs pour leurs maîtres, en sont prodigues, dans l'intention de rendre leur troupeau plus beau, sans s'embarrasser s'il profitera en proportion de ce qu'il coûtera, et si cette surabondance de nourriture n'occasionnera pas un embonpoint mortel.

Pendant tout le temps de la nourriture sèche, si les bêtes à laine ne paissent pas en outre des herbes humides, le berger doit les mener à l'abreuvoir tous les jours, ou disposer dans les bergeries des baquets peu profonds qu'il remplira d'eau, et qu'il renouvellera pour qu'elle soit claire et sans ordure. Ces baquets sont toujours nécessaires pour les agneaux qui ne sortent pas.

Il est maintenant d'usage de couper la queue aux agneaux; c'est une fonction du berger. Il aura soin que ce ne soit ni trop loin, ni trop près de la naissance de cette partie du corps. Il leur laissera la longueur de trois à quatre pouces. Les Epagnols coupent les cornes de leurs beliers, et sur-tout de ceux qui font la monte. En France nous ne coupons que celles qui se pressent contre la tête ; au point de gêner l'animal. Le berger le fait ou avec une scie, ou avec une corde, ou avec un ciseau sur lequel on frappe, le belier étant renversé. Quoique dans beaucoup de pays il y ait des hommes qui vont de ferme en ferme pour châtrer les mâles dont on ne veut pas tirer production, cependant tous les bergers doivent pouvoir faire cette opération. Ils la font quelquefois si bien que, sur cent beliers que j'ai fait châtrer par mon berger, les uns jeunes, les autres plus ou moins âgés, les uns par l'enlèvement des testicules, les autres par la ligature, je n'en ai perdu que deux. *Voyez* le mot Castration. Il est bon aussi qu'ils sachent bien tondre, soit pour dépouiller le troupeau entier chaque année, quand il n'y a pas dans les environs des tondeurs de profession, soit pour ne pas perdre la toison des bêtes qui meurent dans l'intervalle d'une tonte à l'autre, et de celles qui, étant malades, en laissent tomber des portions. *Voyez* le mot Tonte. Là où le lavage à dos est pratiqué, ce sont les bergers qui le font. Si le temps est pluvieux immédiatement après la tonte, ils retiendront le troupeau à la bergerie pendant quelques jours.

Dans les petits troupeaux où l'on ne peut tenir à part quelques beliers dont on a besoin pour la monte, le berger les empêchera de saillir les brebis hors le temps qu'on aura jugé le plus convenable pour faire tomber l'agnelage à l'époque la plus favorable. Pour cela il leur mettra un tablier, morceau de toile qui, placé sous le ventre, descend presque à terre, et s'attache sur le dos par une corde ou un ruban. Il faut employer ce même moyen quand on fait voyager quelques beliers avec des brebis qu'on ne veut pas faire remplir. Si le propriétaire d'un troupeau de brebis a plusieurs beliers pour la monte, le berger aura soin de ne les employer que les uns après les autres, et de leur donner tour à tour du repos. Sur la fin de la saison de la monte il gardera dans le troupeau un belier environ un mois de plus, afin de servir celles des brebis qui, ou plus tardives, ou ayant avorté, pourront encore se trouver en chaleur.

On fait parquer les troupeaux dans bien des pays. Cette opération exige de l'attention de la part du berger. Outre la garde de nuit contre les voleurs et les loups, il faut savoir à quel degré le champ a besoin d'être amendé. Un berger instruit connoît l'étendue qu'il doit donner à son parc, la nature du terrain, et la manière de faire fienter ses bêtes où il veut.

En général les bergers mènent trop vite leurs troupeaux ; ce qui n'est qu'un léger inconvénient pour les moutons et pour les brebis qui ne sont pas pleines, en est un grand pour celles qui le sont, et pour les agneaux. Il vaut mieux qu'ils s'en fassent suivre que de les faire marcher devant : les chiens souvent sont nuisibles et favorisent la négligence des bergers, et blessent et tuent même les animaux. Les Espagnols sont habitués à se servir de moutons apprivoisés, qui, à la voix, observent et dirigent le troupeau entier ou les divisions du troupeau sur les points où l'on désire les porter. Qui empêche que la plupart de nos bergers, au moins dans quelques saisons, ne les imitent? On ne peut contester l'utilité des chiens dans les pays où les cultures sont variées et divisées, et par-tout où il faut une garde active de jour, et une grande surveillance de nuit.

Deux sortes de chiens sont employés par les bergers : les uns gros, forts et vigoureux, sont destinés à écarter les ours et les loups ; les autres, petits, mais vifs, ardens et pleins d'intelligence, font mouvoir les bêtes à laine, quand ils en ont l'ordre, comme un colonel fait mouvoir son régiment. Les premiers sont les gardiens des troupeaux contre leurs ennemis ; les derniers sont les gardiens des propriétés contre les troupeaux. La nature et l'instinct seuls forment les gros chiens pour ce genre de guerre ; leur courage leur suffit. Les autres ont besoin d'une éducation particulière. Pour s'en procurer de bons, le premier soin est de bien choisir la race ; celle dite *chien de berger* est la meilleure. Pour tirer des petits de l'accouplement d'un mâle et d'une femelle de cette race, il faut que la chienne ne soit couverte que par un seul chien. A six mois on commence à dresser les jeunes ; à un an ou à quatorze mois leur éducation est faite. Tant qu'on cherche à les former on auroit tort de les laisser courir avec les autres chiens après les moutons ; ils seroient gâtés pour jamais. Quand le berger fait manœuvrer les autres, il les tient en laisse et il les envoie seuls pour qu'ils ne soient pas troublés. Il les corrige chaque fois qu'ils désobéissent et mordent les animaux. Quelquefois il est obligé de leur casser les crochets. La première fois qu'un berger exerce un chien, il se met près du troupeau ; peu à peu il s'en éloigne, à mesure que le chien se forme ; à la fin, de quelque distance qu'on lui ordonne de courir, il suit ce qu'on lui demande, et ne manque pas de partir.

Les chiens, comme les autres animaux et les hommes, ont leur caractère qu'il faut étudier : il y en a qui veulent être caressés ; on n'obtient rien des autres sans les battre : parmi ceux-ci il s'en trouve de boudeurs qui ne valent rien, parceque si le berger les corrigeoit ils le laisseroient dans l'embarras. Les meilleurs sont ceux qui, après avoir été battus, reviennent caresser leurs maîtres.

J'ai vu des chiens qui ne vouloient aller qu'à la droite ou qu'à la gauche du berger. Il falloit qu'il se plaçât, à l'égard du troupeau, de manière que le chien se retrouvât toujours du côté où il étoit accoutumé d'aller ; c'étoit un vice d'éducation.

Un chien, dans les pays où il y a beaucoup de culture à conserver, ne dure pas dix ans, parcequ'il s'excède de travail ; si la terre est douce, si le pâturage est étendu et s'il est en plaine, il vit plus que dans les cas contraires.

Un bon chien doit obéir ponctuellement, ménager le bétail, et être très surveillant et même méchant au parc.

Les instrumens du berger sont une houlette, un fouet, un bâton. La houlette est composée d'un long manche de bois, de 5 à 6 pieds, d'un petit fer de bêche, un peu en cuillère, à un bout, et d'un crochet de fer recourbé ou très coudé à l'autre bout. Le berger se sert du fer de bêche pour lancer des mottes de terre contre ses chiens et contre les moutons, et pour amonceler des gazons, avec lesquels il se forme des abris. A l'aide du crochet il arrête une bête en la saisissant par une des jambes de derrière. Le fouet est nécessaire en été sur-tout et dans le temps du parcage ; il réveille mieux les animaux au milieu de la nuit que la voix du berger et les aboiemens des chiens. Le bâton est l'appui des mauvais temps et la défense ordinaire ; il faut qu'il soit gros et d'un bois dur. Dans le midi, les bergers ne font usage ni de la houlette, ni du fouet, parcequ'ils ont moins à garder et parcequ'on n'y parque pas. A ces instrumens joignez la pannetière, poche de cuir à plusieurs compartimens, pour serrer le pain, une lancette et un bistouri, pour saigner ou ouvrir un dépôt ; un grattoir pour détruire les boutons de gale ; du fil, du linge, en cas de blessure ; et vous aurez à peu près tout ce qui est utile à un berger quand il est aux champs. Dans la ci-devant Normandie, aux environs de la mer, où les grains de pluie sont fréquens dans plusieurs saisons, et souvent inattendus, les bergers portent sur le dos, à l'aide de bretelles, une espèce de couvercle, formé de bois léger, où l'on attache de la longue paille de seigle, posée en plan incliné, qui descend au-dessous des reins de l'homme. Celui-ci, quand il tombe de l'eau, se tourne du côté opposé à la pluie, qui coule le long des tuyaux de seigle, sans qu'il soit mouillé. Il peut même s'asseoir et se reposer, à la faveur d'une planchette, qui tient à l'assemblage et qu'il dresse et soutient avec un court bâton.

Il est à désirer qu'un berger soit instruit dans toutes les maladies des bêtes à laine, et plutôt encore qu'il ait l'art de les prévenir. Il peut long-temps garantir son troupeau de celle qu'on appelle *claveau* ou *picotte*, en n'approchant d'aucun autre troupeau, et en ne laissant approcher du sien aucune personne ni aucun chien qui auroit touché à des bêtes claveleuses. En cas que cette maladie le surprenne, il faut qu'il écarte des autres les premières bêtes attaquées, soit pour les tuer et les enfouir sur-le-champ, bien avant en terre, ce qui seroit le plus sûr, soit pour les traiter à part, sans permettre aucune communication avec les bêtes saines. S'il craint que la maladie gagne tout le troupeau, il procèdera à une inoculation complète, en choisissant le pus au moment, où il est blanc. Il doit en avertir son maître, et ne point mener son troupeau dans les lieux où d'autres viennent paître, afin de ne leur point donner cette maladie. Il évitera avec soin dans les temps humides les pâturages mouillés, qui procurent la *pourriture*, et dans les temps secs et chauds ceux qui, ayant des plantes aromatiques en grande quantité, donnent lieu à la maladie du *sang*, quoique ni l'une ni l'autre ne soit contagieuse. Il ne dépend de personne d'empêcher le *tournis*, qu'on parvient à guérir par le moyen de la perforation; mais il dépend du berger d'avertir aussitôt qu'il s'aperçoit qu'une bête en est attaquée, parcequ'il est plus facilement curable. Un berger seroit coupable s'il laissoit son troupeau en proie à la *gale*, dont les effets contagieux sont connus; les moyens de la guérir sont multipliés et dans les mains de tout le monde. A l'aspect d'un troupeau galeux on peut assurer que celui qui le garde est paresseux et négligent. *Voyez* les mots CLAVEAU, POURRITURE, SANG (maladie du), GALE. Le bon berger sait ouvrir un dépôt à maturité, remettre une jambe cassée, panser une blessure, arrêter une boiterie causée par de la boue durcie ou les petites pierres qui se fixent dans le fourchet, et tenir toujours son troupeau dans un état de propreté, qui le rend agréable à voir et fait honneur à ses soins.

D'après ce qui précède, il est aisé de voir que la profession de berger, pour être bien exercée, exige de l'intelligence, du zèle, une sorte d'instruction et de la surveillance. Le berger doit avoir aussi de la force de corps, pour travailler à afourager ses bêtes, pour les porter quelquefois, pour passer des nuits, et pour se tenir long-temps debout. Les propriétaires ont un grand intérêt à ce que les bergers qu'ils choisissent soient exempts de ces préjugés qui nuisent à tous les genres d'amélioration, et sur-tout à celui des troupeaux. Ces hommes sont rares, et il est nécessaire d'en former. On sait que tant vaut le berger, tant vaut le troupeau. Il y a deux ans, sur un rapport que je fis au ministre de l'intérieur, il arrêta qu'il y auroit une école de bergers dans chacune des bergeries nationales. Comme les régisseurs et leurs premiers bergers connoissent la véritable manière d'élever, de nourrir, de conduire et de soigner les animaux, les gens qu'on y enverra, non seulement n'y puiseront point d'erreur, mais y perdront les préventions de l'habitude et de la routine. On en a la certitude par ceux qui ont été formés à Rambouillet ; ce sont les meilleurs bergers du monde. L'influence de cet établissement est tel, à cet égard, que ceux-mêmes qui y viennent au temps de la vente, amenés par leurs maîtres, s'en retournent disposés à mieux faire, ayant remarqué la tenue des troupeaux et l'état des bergeries, et conversé avec les bergers de l'établissement. (Tes.)

BERGERIES. Architecture rurale. Une *bergerie* est un bâtiment destiné à loger les bêtes à laine. Les mauvais cultivateurs croient que les bergeries doivent être bien closes. Les gens sensés sont persuadés au contraire qu'elles doivent être aérées ; suivant M. d'Aubenton, qui d'ailleurs a tant contribué à l'amélioration du gouvernement des bêtes à laine, il faut les tenir toujours en plein air et sans aucun abri pour les conserver dans un parfait état de santé, et en obtenir des toisons plus fourrées et des laines plus fines.

La conformation des bêtes à laine semble les rendre susceptibles de supporter, sans aucun danger, les froids les plus rigoureux ; mais l'humidité et les frimas sont singulièrement contraires à leur tempérament, et lorsque leur toison est imprégnée d'eau pendant ces températures défavorables, le froid les saisit, supprime leur abondante transpiration ordinaire, et leur occasionne alors des maladies souvent incurables. D'ailleurs les agneaux en naissant souffriroient trop ; une grande partie de ces jeunes animaux, dans la race espagnole, a la peau presque nue. Certainement on en perdroit beaucoup, comme des expériences l'ont prouvé. Il n'est pas vrai non plus que la laine des individus qui sont toujours à l'air, soit plus fine, ni même plus fourrée, que celle de ceux qui, en hiver et dans les mauvais temps, sont enfermés la nuit, et toujours dehors en été.

Il faut convenir que la manière ancienne et encore trop ordinaire de les loger est très vicieuse. La plupart des bergeries sont de véritables étuves ; il est impossible d'y entrer sans être suffoqué par l'air délétère qu'on y respire, et les bêtes à laine ne peuvent pas prospérer dans une atmosphère aussi malsaine. Mais ce n'est pas une raison pour passer d'une extrémité à l'autre, et, comme il arrive souvent presque en toutes choses, le meilleur logement de ces animaux doit se trouver entre les deux extrêmes. L'expérience a confirmé cette opinion, et nous l'avons adoptée. Un ouvrage de M. Tessier, sur les maladies occasionnées par les constructions vicieuses des étables, éclaircit cette question et la décide par des faits.

Dans les moyennes cultures, une bergerie est un bâtiment de peu d'importance, parceque chaque métairie n'a ordinairement qu'un petit nombre de bêtes à laine.

Le perfectionnement des bergeries de cette classe de notre agriculture se réduit donc à en rendre le sol plus sain, et à y pratiquer des courrans d'air pour renouveler suffisamment celui de leur intérieur.

Mais dans la grande culture, les bergeries sont placées parmi les bâtimens les plus considérables de la ferme, sur-tout depuis l'adoption de la race précieuse des mérinos.

Il seroit à désirer que ces grandes exploitations pussent avoir des bergeries de deux espèces; savoir, une bergerie destinée à loger le troupeau particulier que les fermiers de cette classe conservent pendant l'hiver, et que, par cette raison, nous appelons *bergerie d'hivernage;* et une autre bergerie pour servir d'abri aux moutons qu'ils achètent au printemps, pour augmenter leurs moyens de parquer, et que nous nommons *bergerie supplémentaire.* Les bergeries d'hivernage doivent être construites, comme M. d'Aubenton l'a proposé, par forme de transaction sur la rigueur du régime qu'il croyoit le meilleur pour les bêtes à laine, c'est-à-dire, en *bergeries ouvertes*, et les secondes peuvent n'être que des abris ou hangars que l'on placera très économiquement en appentis le long des murs, dans l'enclos des meules. *Voy.* le mot FERME.

Les dimensions d'une bergerie sont subordonnées au nombre des bêtes à laine qu'elle doit contenir. Elles doivent être calculées *suivant la position des crêches*, de manière que toutes les bêtes à laine puissent en même-temps y prendre aisément leur nourriture, et sans qu'il y ait de terrain de perdu, ou de non-occupé. Nous disons *suivant la position des crèches*, car on ne les place pas de la même manière dans toutes les bergeries, et cette différence en apporte nécessairement dans leurs dimensions.

Par exemple, dans les bergeries qui ont peu de largeur, on fixe les râteliers le long de leurs murs de côtières, ou on les place dos à dos au milieu et dans le même sens; lorsqu'elles ne peuvent avoir que deux rangs de crèches, ou un double rang, on les appelle quelquefois *bergeries simples.* Mais lorsqu'elles sont assez larges pour y placer un plus grand nombre de rangs de crèches, on les y dispose tantôt dans le sens de leur longueur, tantôt dans celui de leur largeur; alors quelle qu'en soit la disposition, on les nomme *bergeries doubles.*

Nous pensons que la position la plus économique des crèches dans les bergeries est celle dans le sens de leur longueur, parcequ'il y a beaucoup moins de terrain de perdu en communications intérieures, et qu'alors sur la même surface il tiendra plus de moutons; mais aussi que les crèches placées dans le sens de la largeur des bergeries, en multipliant les communications, rendent leur service plus commode.

Quoi qu'il en soit, voici les données dont on se sert pour déterminer les dimensions des bergeries.

L'expérience apprend qu'une bête à laine, en mangeant à la crèche, y tient une place d'environ quatre décimètres (12 à 15 pouces), suivant sa grosseur. En multipliant cette dimension autant de fois qu'il doit y avoir de bêtes à laine dans la bergerie, on connoîtra la longueur développée qu'il faudra donner aux crèches pour que chacune puisse y trouver sa place.

D'un autre côté les crèches, y compris les râteliers, présentent ordinairement une largeur d'un demi-mètre (18 pouc.), et la longueur moyenne d'une bête à laine est d'environ un mètre et demi (4 pieds 6 pouces.)

Ainsi, en supposant que l'on doive placer les crèches dans le sens de la longueur d'une bergerie, et en additionnant la largeur du nombre de crèches et la longueur du nombre de bêtes à laine qui pourront tenir dans la largeur de la bergerie, on trouvera définitivement pour sa largeur totale, savoir, pour celle d'une bergerie à deux rangs de crèches, et deux longueurs de moutons, quatre mètres (12 pieds); pour celles à quatre rangs de crèches (une double et deux simples), huit mètres (24 pieds); pour celle à six rangs de crèches (deux doubles et deux simples), douze mètres (36 pieds), etc.

La largeur d'une bergerie étant ainsi déterminée, et la longueur développée qu'il faudra donner aux crèches étant connue par le nombre de moutons que la bergerie doit contenir, il sera facile d'en calculer la longueur définitive.

Par des calculs analogues on détermineroit aussi aisément ses dimensions si l'on devoit placer les crèches dans le sens de la largeur de la bergerie.

Quant à la hauteur, sous planchers ou sous voûtes, qu'il faut donner à ces logemens, elle doit être au moins de quatre mètres pour les bergeries d'hivernage, et de trois mètres pour les bergeries supplémentaires.

Les raisons qui nous ont déterminé à la fixer ainsi sont, 1° que cette hauteur de plancher, loin de compromettre la santé des bêtes à laine, contribuera au contraire à la salubrité intérieure des bergeries; 2° qu'elle donne la facilité de pouvoir faire servir les bergeries d'hivernage à resserrer en été des voitures de fourrages ou de gerbes qu'on n'auroit pas eu le temps de décharger; et les bergeries supplémentaires à remiser, en hiver, les voitures, charrues et autres instrumens aratoires; car ces deux espèces de bergeries sont respectivement vides pendant les saisons indiquées.

En construisant les bergeries de manière à remplir ces destinations, il n'est plus nécessaire de procurer aux fermes de grande culture une aussi grande quantité de hangars, qui n'avoient pas d'autre objet, et leur suppression devient une grande économie.

Les bergeries ouvertes sont aérées d'ailleurs par des fenêtres ou baies de trois mètres de largeur, que l'on y multiplie autant qu'il est possible, dont les appuis sont à environ un mètre à un mètre et demi au-dessus du sol, et dont la hauteur se termine au niveau du dessous du plancher, ou à la naissance de la voûte qui en tient lieu quelquefois.

Lorsque le plancher n'est point voûté, il faut en plafonner la surface, afin que les courans d'air établis par les baies puissent déplacer et chasser au dehors la totalité de l'air méphytique qui s'élève du fond des bergeries, et qui, sans cette précaution, seroit retenu par les poutres et dans les entrevous des solives.

On peut encore augmenter l'activité de ces courans en établissant dans la partie inférieure des murs, et même dans les intervalles des baies, des créneaux ou *barbacanes* d'un décimètre de largeur à l'extérieur, et de deux ou trois décimètres à l'intérieur.

Toutes ces précautions sont nécessaires pour parvenir à procurer aux bergeries ouvertes la salubrité la plus grande, sans laquelle les bêtes à laine ne pourroient pas y prospérer, tant à cause de leur abondante transpiration, qu'à cause du temps qu'il faut laisser le fumier dans les logemens pour lui faire acquérir toute sa bonté, ce qu'on ne doit pas porter trop loin; car on a la mauvaise habitude de laisser le fumier trop séjourner dans les bergeries.

Mais pour éviter que le froid rigoureux de l'hiver n'incommode les *portières* et leurs agneaux, il convient de fermer, pendant cette saison, toutes les ouvertures exposées au nord; savoir, les baies avec des paillassons, ou des volets, ou des planches qui entrent les unes dans les autres, comme cela se pratique dans la fermeture extérieure des boutiques; et les barbacanes avec de la paille. On laisse les baies du midi ouvertes; cependant on peut y placer des paillassons dans les temps de neige, ou pendant le plus grand froid.

On ne pave point le sol des bergeries, et on ne lui procure aucun égout, parceque le fumier de mouton demande à être saturé d'urines: d'ailleurs, l'excédant pénètre jusqu'au sol, et le terrain s'en trouve suffisamment imprégné pour devenir ensuite un excellent engrais sur les champs. On l'enlève alors, et on le remplace par de nouvelles terres.

Feu M. de Perthuis appeloit cette pratique un *parc domestique;* feu M. Chanorier l'avoit adoptée dans le gouvernement de son beau troupeau de mérinos.

Les bergeries étant ainsi construites, et leurs greniers supérieurs convenablement aérés, il sera possible d'y resserrer sans aucun inconvénient les fourrages secs destinés à la nourriture des bêtes à laine.

Pour la commodité de ce service, et par économie de temps dans la distribution de ces fourrages, il faudroit encore procurer aux bergeries des trapes extérieures semblables à celles dont il sera question pour les étables. *V.* le mot Étable.

On ne trouve aucun modèle de bergeries ouvertes dans les ouvrages étrangers récemment publiés sur les constructions rurales. Le recueil anglais n'en fait aucune mention, et même, dans le grand nombre de plans dont il est enrichi, on ne voit aucune espèce de bergerie. M. de Lasteyrie, traducteur de cet ouvrage, n'a point cherché à pénétrer le motif de cette omission ; il s'est contenté de la suppléer en donnant de bons préceptes sur la construction des bergeries.

L'auteur de l'ouvrage imprimé à Leipzick en a cependant parlé ; mais, après avoir établi quelques préceptes sur ce genre de construction, il s'excuse de ne pas offrir à ses compatriotes des modèles de *bergeries ouvertes*, en disant *qu'elles ne peuvent être d'aucune utilité en Allemagne, à cause de la rigueur du climat*, et, par une contradiction singulière, il donne un plan de *bergerie en appentis* projeté suivant les principes de M. d'*Aubenton*.

Les bergeries supplémentaires des fermes de grande culture ne sont, ainsi que nous l'avons dit, que des appentis appuyés sur les murs de clôture de l'emplacement, ou enclos des meules.

Elles doivent, autant qu'il est possible, communiquer directement avec la cour de la ferme, et sans que, dans aucun cas, les bêtes à laine soient obligées de traverser l'enclos des meules pour s'y rendre, ou pour en sortir, afin d'éviter les dommages ou les dégradations qu'elles pourroient commettre dans cet enclos.

Ces bergeries seront tracées intérieurement par un petit mur parallèle à celui de clôture, et à la distance intérieure de quatre mètres, largeur que nous avons fixée pour les bergeries simples, ou à deux rangs de crèche. Leur longueur sera ensuite déterminée d'après le nombre de moutons que le fermier sera dans le cas d'y placer annuellement au printemps.

On donnera à la nette maçonnerie de ce mur d'appui une hauteur d'un mètre à un mètre un tiers, que nous jugeons suffisante pour empêcher le fumier inférieur, ou la litière, d'être desséché par un contact trop immédiat avec l'air extérieur, ce qui nuiroit à la bonté de ce fumier.

Des poteaux placés de distance en distance sur le mur d'appui, et convenablement consolidés, supporteront de ce côté le toit de la bergerie ; et l'on garnira les intervalles entre les poteaux avec des claies de parc, ou autres, afin d'empêcher les moutons de sauter par-dessus le mur.

On conservera d'ailleurs, dans cette partie, un nombre suffisant de portes à claires-voies pour l'entrée des voitures, charrues, etc., que l'on doit y resserrer pendant l'hiver. (De Per.)

On donnera aux portes des bergeries d'hiver cinq pieds de largeur ; elles seront coupées dans leur hauteur et à deux battans. La largeur est nécessaire, parceque les bêtes à laine se pressant toujours trop, soit en entrant dans la bergerie, surtout lorsqu'elles savent qu'elles y sont afouragées, soit en sortant pour aller à la pâture. Lorsqu'il y a deux battans, le berger en ferme un quand il veut compter son troupeau. L'utilité de la coupure est de pouvoir donner de l'air, en ne fermant pas la partie supérieure des portes. Il faut les poser de manière qu'elles ouvrent en dehors et non en dedans, car autrement les brebis qui se placeroient auprès d'elles en grand nombre empêcheroient de les ouvrir. Enfin, je conseille d'arrondir et les jambages des portes et les bouts des râteliers et mangeoires, afin qu'il n'y ait aucun angle saillant capable de faire avorter les brebis pleines.

Dans beaucoup de fermes il n'y a que des râteliers sans auges ou mangeoires. Une partie des alimens tombe sur la litière, et est foulée par les pieds des animaux. Depuis quelques années on prend l'habitude des mangeoires. Ordinairement les râteliers en sont séparés. Dans ce cas on place les mangeoires ou dans les bergeries, ou en dehors, au moment où l'on a de la provende à donner. Si c'est en dehors, on a à craindre que la nourriture ne soit quelquefois mouillée ; si c'est en dedans, les bêtes peuvent se blesser. Les bons économes les ont réunis pour ne former qu'un seul corps, et de manière que les auges ou mangeoirs soient au-dessous des râteliers. Par cette disposition, aucune fleur ni graine, ni petite feuille, n'est perdue ; on évite l'embarras d'apporter et de remporter, et l'intérieur de la bergerie n'en est point obstrué. Les râteliers se composent de barreaux ou fuseaux de bois, supérieurement maintenus par une traverse et implantés inférieurement dans la mangeoire. Ces fuseaux, quand les râteliers sont destinés pour des beliers ayant des cornes, peuvent être écartés les uns des autres de douze à quinze pouces ; il suffit qu'ils le soient de huit à dix, s'ils sont pour des brebis. Quand ils ont un peu trop de largeur, les bêtes avides s'y prennent la tête qu'elles ne peuvent plus en retirer ; on incline les râteliers pour que les fourrages descendent à la portée des animaux ; mais en leur donnant une trop forte inclinaison, les débris tombent sur les toisons et les gâtent. Tantôt la mangeoire est d'une seule pièce, creusée en cuillère ou à vive arête, d'un pied de largeur; tantôt elle est de deux pièces, dont une est une bande qui fait bordure; la première coûte un peu plus cher, mais vaut mieux pour résister aux divers frottemens et aux violens coups de tête des beliers. Pour gagner du terrain et mettre plus de bêtes dans une bergerie, on ne pose pas les râteliers-mangeoires immédiatement sur le sol, mais on les élève en laissant de la place pour que les brebis ou les agneaux soient couchés à l'aise dessous. Les deux extrémités doivent être fermées pour qu'aucune bête n'y entre. Les uns fixent les râteliers simples dans les murs, et suspendent avec des cordes ceux qui sont doubles et placés au milieu; d'autres attachent seulement les simples à une hauteur relative à celle du fumier, pour les élever à mesure qu'il prend de l'épaisseur, et forment au milieu de la bergerie des murs minces, pour y adapter, comme le long des murs principaux, des râteliers simples de chaque côté. Cette dernière méthode est préférable à l'autre. Les râteliers d'une bergerie de M. Morel de Vindé sont faits ainsi. Ils ont en outre l'avantage de pouvoir être transportés facilement par-tout où l'on veut, parcequ'ils sont divisés par toises.

Un point qu'on ne peut négliger, c'est de mettre le berger à portée de surveiller son troupeau la nuit. Pour cela il faut qu'il ait une chambre qui y communique, ou qu'on lui en pratique une de planche en forme de soupente; dans l'intérieur une échelle ordinaire, ou un petit escalier de meunier, suffira pour monter et descendre. La porte n'en sera fermée que de jour.

Au temps de l'agnelage, il sera indispensable de tenir de la lumière dans la bergerie, dans une lanterne grillée pour éviter les incendies.

Il faut curer les bergeries de temps en temps, et non pas aussi fréquemment que quelques agronomes l'ont dit, parceque le fumier ne seroit pas fait. On sera averti du besoin quand en entrant on éprouvera de la chaleur et une odeur forte ammoniacale. (Tes.

BERGERONNETTE, ou BERGERETTE. Oiseau qui se fait remarquer par l'élégance et la légèreté de ses proportions et de sa démarche, et dont le nom indique l'habitude de suivre les troupeaux et d'accompagner les bergers. On le connoît aussi sous le nom de *hoche-queue*, parcequ'il abaisse et relève continuellement sa longue queue.

Cet oiseau est du genre de la fauvette, genre fort nombreux en espèces, et dont fait aussi partie la *lavandière*, qui porte souvent le même nom, mais qui s'en distingue parcequ'elle est blanche et grise, tandis qu'il est jaune et gris.

Il y a peu d'années que les ornithologistes ont reconnu deux espèces dans la bergeronnette. La jaune, *mortacilla boarula*, Lin., qui n'a de jaune qu'au ventre et au croupion. La printanière, *motacilla vernalis*, Lath., qui a du jaune par-tout le corps, et qui a une tache de cette couleur au-dessus des yeux et sur l'aile.

C'est uniquement d'insectes que vit la bergeronnette, et principalement d'insectes à deux ailes, comme tipules, cousins, stomoxes, empis, mouches et autres, qui tourmentent les bestiaux dans les pâturages. Elle rend par-là à l'agriculture un service qu'on sait apprécier dans certains pays et qui l'y fait respecter, mais auquel on ne fait pas attention dans d'autres. Dans quelques lieux on la renferme, avec des vases pleins d'eau, dans les greniers à blé, pour qu'elle mange les insectes qui les dévorent. *Voy*. ALUCITE. Comme la plupart des oiseaux insectivores, elle disparoît aux approches des froids, et va en Afrique chercher, pendant trois ou quatre mois, la nourriture que notre climat lui refuse.

La bergeronnette du printemps paroît la première au retour de la belle saison et annonce toujours la cessation des gelées. C'est elle qui est la plus abondante dans les environs de Paris. Elle fait, comme l'autre, son nid sur terre, ou mieux, sous terre contre les berges des fossés, les rivages des ruisseaux, sous les racines des saules. Ses œufs sont blanc sale et tachés de brun, au nombre de six à huit.

Regardant la destruction des bergeronnettes comme un mal pour l'agriculture, je désire que les cultivateurs ne se livrent point à sa chasse, et qu'ils recommandent même à leurs enfans et à leurs domestiques de n'en pas détruire les nichées. Le supplément de nourriture qu'elles peuvent leur donner n'est nullement en proportion avec l'utilité qu'ils en retirent. En effet, tous ceux qui savent combien la tranquillité est utile aux bestiaux qui paissent, et combien ils sont souvent tourmentés par les insectes qui vivent de leur sang, seront déterminés à croire que l'augmentation de graisse dans les bœufs, de lait dans les vaches, de force dans les chevaux, résultant d'une nourriture plus abondante et d'une perte de sang moins considérable, donnera un profit bien autrement important que les bergeronnettes qu'on aura pu tuer dans un automne, le seul moment où elles soient grasses, tel considérable qu'en soit le nombre. (B.)

BERGUÉ. Nom de l'aune dans le département de Lot-et-Garonne.

BERLE, *Sium*. Genre de plantes de la pentandrie digynie et de la famille des ombellifères, qui renferme une vingtaine d'espèces dont trois sont dans le cas d'intéresser le cultivateur sous le rapport de ses bestiaux, et dont une est cultivée dans beaucoup de jardins comme légume. Cette dernière est le CHERVI, *Sium sisarum*, Lin. *Voy*. ce mot.

La BERLE A LARGES FEUILLES, ou ACHE D'EAU, a les racines vivaces, fibreuses, les tiges noueuses, géniculées, striées, rameuses, hautes d'un à deux pieds, les feuilles alternes, pétiolées, ailées avec impaire, à sept ou neuf folioles sessiles, ovales, dentelées, et longues de deux pouces sur un de large; à fleurs blanches portées sur des ombelles axillaires et sessiles.

Cette plante croît dans les ruisseaux qui n'ont qu'un à deux pouces d'eau, sur le bord des étangs dont l'eau est pure. Elle fleurit pendant tout l'été. Ses tiges poussent des racines à tous leurs nœuds lorsqu'elles touchent la terre; de sorte qu'un seul pied couvre bientôt tout le sol d'un ruisseau. Elle a une odeur forte et une saveur âcre et aromatique. On la regarde comme apéritive, diurétique, tonique et antiscorbutique; mais quelques personnes la croient dangereuse pour l'homme et les animaux. Les mémoires de l'académie de Suède, année 1740, disent que les paysans d'Husby faisoient manger ses racines à leurs bestiaux pour les préserver d'une maladie contagieuse; mais quand elles furent devenues plus actives, c'est-à-dire à la fin de l'été, elles excitèrent des sueurs, firent naître des convulsions et causèrent la mort de plusieurs. Un enfant qui en mangea également eut des symptômes encore plus graves; mais cependant on le guérit avec des vomitifs et l'usage du lait. Il est cependant de fait que les vaches mangent, sur-tout au printemps, des quantités considérables de feuilles de cette plante. J'en ai connu qui les aimoient avec tant de fureur, que, dès qu'elles étoient libres, elles couroient à une fontaine où elle végétoit plutôt qu'ailleurs à raison de la température de l'eau, et qu'on fut obligé de les vendre par suite des inconvéniens qui étoient la suite de ce goût. Les cochons en recherchent également les racines, comme je m'en suis assuré dans le même endroit; et il n'est pas probable qu'elle leur occasionne des accidens, car la nature a donné à tous les animaux un instinct qui les éloigne de ce qui peut leur nuire.

La BERLE A FEUILLES ÉTROITES ne diffère presque pas de la précédente, avec laquelle elle est généralement confondue. On la trouve dans les mêmes lieux, et elle a les mêmes qualités bonnes ou mauvaises.

La BERLE FAUCILLIÈRE, *Sium falcaria*, Lin., a les folioles des feuilles inférieures linéaires, longues, finement dentées, et la terminale souvent trifide. On la trouve dans les haies, les champs arides et pierreux, parmi les seigles, auxquels elle nuit quelquefois par son abondance. Je n'ai pas été à portée d'observer si les bestiaux la mangeoient; mais j'ai lieu de croire ue non, car elle étoit intacte dans des endroits où les pâturages manquoient. (B.)

BERMUDIENNE, *Sysirinchium*. Genre de plantes qui renferme huit à dix espèces, dont une commence à être cultivée en pleine terre dans les jardins d'agrément, et qui par conséquent est dans le cas d'être mentionnée ici. Il est de la monadelphie triandrie, et de la famille des iridées.

La BERMUDIENNNE GRAMINÉE, *Sysirinchium bermudiana*, Lin, a les racines fibreuses; les feuilles linéaires; les tiges comprimées, distiques et engaînées par leur base; leurs fleurs bleues, peu nombreuses, et se développant successivement une par jour. Elle est vivace, s'élève d'environ un demi-pied, et forme, ainsi que je l'ai observé en Caroline, dans les sables humectés pendant l'hiver, des gazons extrêmement élégans auxquels les bestiaux ne touchent point. Elle fleurit pendant tout l'été. On la multiplie par semence ou par séparation des vieux pieds; et comme ce dernier moyen est le plus rapide, attendu qu'elle touffe considérablement et qu'il suffit aux besoins, on s'y réduit ordinairement.

Lorsqu'on veut établir une bordure de bermudiennes, on sépare donc les vieux pieds en autant de morceaux qu'il est possible, étant cependant bon de laisser au moins deux ou trois tiges à chaque morceau, et on les plante en automne ou au printemps, à deux ou trois pouces de distance, selon leur grosseur. On arrose fréquemment d'abord, et ensuite il n'y a plus qu'à donner les binages de propretés, comme dans les autres parties du jardin. Ces pieds, dès la troisième année, quelle que soit la nature du terrain (excepté l'argileuse), se sont réunis et forment une très bonne bordure qui peut rester cinq à six ans en place, si on a l'attention d'ôter tous les ans les accrus latéraux surabondans. (B.)

BERNAGE. Mélange de diverses espèces de grains qui se sème en automne pour être fauché au printemps et donné en vert aux bestiaux. (B.)

BEROT, petite voiture employée dans le département de l'Ain.

BESAIGRE. Se dit d'un vin qui a une tendance à devenir aigre et qui ne l'est pas encore, c'est-à-dire qu'il commence à absorber l'air atmosphérique, qui le convertira peu à peu en vin aigre. Jamais le vin d'un tonneau tenu toujours bien plein ne passera au *bésaigre*, à moins que le bouchon ou le fausset, etc., ne ferme pas exactement. Aux mots VIN, VINAIGRE, ces maximes seront mieux développées (R.)

BESI ou BÉZI. Espèce de poire.

BESOCHE ou HOYAU. C'est un outil de fer qui ressemble à une pioche, et n'en diffère que par son extrémité, qui, au lieu d'être en pointe aiguë, est au contraire élargie et forme un taillant de trois à cinq pouces de large. Il est terminé à la partie supérieure par un œil, dans lequel on adapte un manche de deux pieds et demi de long.

Cet outil est employé avec succès pour faire des trous d'arbres, des défoncemens dans les terrains-meubles, et surtout pour arracher des arbres dans les pépinières. (Th.)

BESOCHE. Houe dont le fer est triangulaire, et qu'on emploie dans le département des Deux-Sèvres. (B.)

BESSE. C'est la Vesce (B.)

BESTIAUX. Ce sont les quadrupèdes domestiques, en général, et particulièrement les bêtes à cornes. *Voyez* Bétail. (B.)

BETAIL. On donne généralement ce nom aux animaux à quatre pieds que l'homme s'est assujettis, et qu'il emploie aux travaux de l'agriculture ou à sa nourriture.

On appelle donc bétail les Taureaux, les Vaches, les Génisses, les Veaux, les Bœufs, les Chevaux, les Jumens, les Poulains, les Anes, les Anesses, les Anons, les grands Mulets, les petits Mulets dits Bardots et les Mules, les Béliers, les Brebis, les Agneaux, les Moutons, les Boucs, les Chèvres, les Chevreaux, les Verrats, les Truies, les Cochons coupés. *Voyez* ces mots et les mots Bêtes a cornes et Bêtes a laine.

De la multiplication du bétail résulte la plus grande prospérité de l'agriculture. Cette vérité a été prouvée un si grand nombre de fois, et résulte de tant de faits indiqués dans le cours de cet ouvrage, qu'il est superflu de vouloir l'appuyer sur de nouvelles considérations. Qu'un cultivateur, jaloux du bien-être de sa famille, fasse donc tous ses efforts pour rendre ses terres susceptibles de nourrir le plus grand nombre possible de bestiaux; car il le peut toujours plus ou moins. Quand on examine l'état de l'agriculture dans la plus grande partie de la France, on juge sans peine de l'immense richesse qui résulteroit de cette action réciproque d'une bonne culture sur la multiplication des bestiaux, et de la multiplication des bestiaux sur les produits de la culture. C'est en rendant plus fertiles les prairies naturelles, et proportionnant par-tout les prairies artificielles aux autres cultures de la même exploitation, en semant beaucoup de Choux, de Raves, de Betteraves, de Carottes, de Panis, de Pommes-de-terre, de Topinambours, de Fèves de marais, de Pois gris, de Vesces, de Lupins de Gênes, de Moutarde, de Chicorée, etc., suivant les pays et le terrain, qu'on peut arriver à cet important résultat. *Voyez* tous ces mots. (Tes.)

BÉTEL, *Piper betel.* Plante sarmenteuse du genre Poivrier

voyez ce mot) qui croît dans les Indes orientales sur les bords de la mer, et qu'on y cultive pour ses feuilles et son fruit, dont les Indiens font un grand usage. Ses feuilles ressemblent assez à celles du citronnier; mais elles sont plus longues, plus étroites à leur extrémité, et ont, comme le plantain, plusieurs nervures ou côtes longitudinales; son fruit ressemble en quelque sorte à la queue d'un lézard. Cette plante a besoin d'être soutenue comme la vigne; elle est cultivée à peu près de la même manière. Les Indiens mâchent continuellement les feuilles de bétel pour parfumer leur haleine. (D.)

BÊTES. Ce nom s'applique, en agriculture, aux animaux domestiques en général. Il a beaucoup de bêtes; ses bêtes sont en bon état, sont des expressions communes. *Voyez* les articles suivans. (B.)

BETES A CORNES. Quoique le belier, le bouc et autres animaux domestiques de ces deux genres soient pourvus de cornes, il est d'usage de n'appliquer cette dénomination qu'au TAUREAU, à la VACHE, à la GÉNISSE, au VEAU et au BŒUF qui tous appartiennent à la même espèce, et qui tous ont, dans cet ouvrage, un article particulier auquel je renvoie le lecteur.

Il existe une espèce de taureau et vache qui n'a pas de cornes. Cette race, qu'on dit originaire d'Asie, a passé en France par l'Angleterre. Elle est encore peu répandue. C'est dans l'établissement de Rambouillet qu'on s'est le plus occupé à la multiplier et à la faire connoître; elle a cela de particulier que des taureaux sans cornes, alliés avec des femelles de race à cornes, même avec des femelles de Romanie, dont les cornes sont extrêmement longues, donnent des produits ou absolument sans cornes, et c'est le plus grand nombre ou n'ayant que de petits cornichons sans adhérence au crâne qui quelquefois se séparent de la peau et tombent. Cette race, même le métis, acquiert de la taille et de la force, et donne beaucoup de lait; aussi commence-t-on à la rechercher.

Il résulteroit de cette observation que la dénomination générale de bêtes à cornes n'est pas bonne, puisqu'il y a des taureaux, bœufs et vaches qui n'en ont point. Jusqu'ici on n'avoit pas connoissance de cette race; au reste, je ne vois pas grand inconvénient à s'en tenir à l'usage et à la ranger aussi sous le nom générique de bêtes à cornes.

De tout temps l'utilité que l'homme, réuni en société, a retirée des bêtes à cornes les a rendues l'objet de ses soins les plus assidus. Le bœuf étoit autrefois adoré en Egypte. La vache est encore l'objet d'un culte religieux dans l'Inde. Belles allégories qui prouvent quelle importance les premiers peuples agricoles ont mise à la conquête de ces animaux.

Aujourd'hui on a oublié les anciennes théogonies; mais les

bêtes à cornes n'en sont pas moins regardées comme une des plus précieuses acquisitions que l'homme ait pu faire. En effet, le cheval ne les remplace que fort incomplètement, puisqu'on ne mange sa chair, qu'on ne boit son lait que dans un petit nombre de pays. Sans elles, il ne peut y avoir de véritablement bonne agriculture, quoiqu'on puisse rigoureusement s'en passer pour les labours et les transports, parcequ'aux produits de la terre qu'elles font naître, elles ajoutent ceux de leur chair, de leur lait, de leur peau, de leur fumier, etc.

C'est donc à multiplier les bêtes à cornes qu'un cultivateur éclairé doit principalement tendre pour peu que la nature de son sol le permette. Les propriétaires qui habitent loin des grandes villes et autres lieux de consommation sont particulièrement intéressés à se livrer à leur éducation, pour tirer de leurs terres le plus grand revenu possible; car un bœuf gras se transporte plus économiquement au lieu du marché le plus avantageux que le foin, les racines, les grains même qui ont servi à l'engraisser.

Mais, disent ces hommes subjugués par la routine, les plaines de la Normandie, les marais de la Vendée, les montagnes du Limousin, offrent d'abondans pâturages, et nous n'en avons pas chez nous. Faites-en, leur répondrai-je. Est-ce que vous n'avez pas la possibilité d'avoir de la luzerne, du sainfoin, du trèfle, des fèves de marais, de l'orge, de l'avoine, des panais, des carottes, des raves, des betteraves, des pommes de terre, des topinambours? etc. Dans beaucoup de pays, je le répète, on peut avoir abondance de bêtes à cornes. Il ne s'agit que de connoître la nature du sol, et de savoir lui appliquer les cultures qui lui conviennent. Tout canton où elles seront abondantes sera toujours plus riche que celui où elles seront rares. Cependant il y a telles combinaisons, telle nature de pays où il est plus avantageux d'avoir une grande quantité de moutons, et de restreindre le nombre des bêtes à cornes.

J'observerai que ce ne sont pas seulement des bêtes à cornes qu'il faut, mais de belles bêtes à cornes. On voit en France des bœufs depuis deux cents jusqu'à trois mille livres. Pourquoi cette énorme différence? parceque les pâturages sont les uns maigres et les autres gras, parceque quelques races sont d'une petite, et quelques autres d'une grande stature. Transformez donc, autant qu'il sera possible, vos maigres pâturages en pâturages ou en champs fertiles; choisissez donc les plus beaux individus de la plus belle race pour les mettre sur vos propriétés ainsi améliorées.

Les soins qu'exigent les bêtes à cornes sont en général beaucoup moins considérables que ceux qu'on est forcé de donner aux chevaux, et les maladies qui les affligent sont moins nombreuses. Ils coûtent donc moins, et le profit qu'on a droit d'en attendre est plus assuré. Ces deux circonstances sont encore très dignes de considération, et très propres à encourager leur multiplication.

Selon le vœu de la nature, les bêtes à cornes, qui sont indigènes à l'Europe, mais dont le type sauvage est aujourd'hui perdu, doivent paître toute l'année l'herbe des pâturages, et par conséquent ne rien coûter pour leur nourriture; mais la division des propriétés et le besoin de leur travail obligent de les nourrir en tout ou en partie à l'étable, avec du foin, des feuilles d'arbres, de la paille, des racines, des graines, etc. On a même mis en question si, pouvant les laisser dehors, il ne valoit pas mieux les nourrir au sec pendant toute l'année. J'ai discuté autre part cette question, et j'ai conclu qu'il étoit des positions où cette pratique est utile et peut-être même nécessaire; mais il n'en faut pas faire une règle générale. Si elle a quelques avantages, elle a de nombreux inconvéniens, comme tout ce qui s'écarte des lois de la nature.

La nourriture des bêtes à cornes peut être sans inconvénient plus grossière que celle des chevaux et des moutons; mais l'herbe qu'elles broutent doit toujours être plus longue lorsqu'ils la prennent sur le sol. En effet, n'ayant point de dents à la mâchoire supérieure, et même une langue mobile et capable de s'allonger, elles les prennent avec cette langue, les ramènent contre les dents de la mâchoire inférieure, et les cassent en les tordant sans les couper. C'est cette circonstance qui a fait dire avec vérité qu'elles amélioroient les prairies où elles étoient mises, tandis que les chevaux, pinçant l'herbe au collet même de sa racine, et la faisant mourir par-là, les détériorent toujours.

D'un autre côté, elles nuisent moins aux prairies avec leurs pieds, parcequ'elles ont toujours une marche tranquille, et avec leurs fientes qui ne brûle point l'herbe comme celle des chevaux.

La boisson des bêtes à cornes doit être abondante et saine. Tantôt elles en prennent toutes les fois qu'elles le désirent, tantôt on les mène à l'abreuvoir deux ou trois fois par jour. J'ai acquis la preuve qu'une vache de forte taille buvoit pendant l'hiver, lorsqu'elle étoit nourrie de foin et de son, jusqu'à cent livres d'eau par jour. Cette quantité doit être moindre, même en été, quand les bêtes à cornes sont dans les pâturages, et encore moindre au printemps et en automne, lorsque l'herbe est fort aqueuse.

Si l'on juge des bons effets du sel sur les bêtes à cornes par le plaisir qu'elles trouvent à en lécher, on n'hésitera pas à dire qu'il faut leur en donner. L'expérience de tous les temps et de tous les lieux prouve qu'il excite leur appétit ; mais il n'est pas prouvé qu'il soit nécessaire par-tout.

La domesticité a augmenté le nombre des maladies des bêtes à cornes comme celles de tous les animaux qui y sont soumis ; mais, comme je l'ai dit, elles en ont moins que les chevaux, et il est beaucoup plus facile d'en guérir la plupart.

Les produits des bêtes à cornes consistent dans leur travail, dans leur lait et ses parties constituantes, telles que la crème, le beurre, le fromage, le petit-lait, le sel de lait ; dans la vente qu'on fait de ces animaux, dans leur cuir, dans leur chair, enfin dans leur fumier.

La nature du fumier des bêtes à cornes le rendant plus propre que celui du cheval à conserver pendant long-temps l'humidité, il en résulte qu'il convient davantage aux terres sablonneuses ou crayeuses, dans lesquelles l'eau des pluies passe comme à travers un crible. Il est de fait qu'ils ne se suppléent pas toujours l'un et l'autre. Sous ce seul rapport la multiplication des bêtes à cornes doit être considérée comme un moyen de prospérité agricole dans certains cantons. (Tes.)

BÊTES ASINES. Ce sont les ânes, les ânesses et les ânons. *Voyez* Ane.

BÊTES A LAINE. Sous ce terme générique je comprends le belier, la brebis, l'agneau mâle et femelle, le mouton, la moutonne.

Il y a des bêtes à laine de plusieurs races, qui ont des caractères par lesquels on les distingue. Linné et Carlier en ont admis, le premier trois, et l'autre quatorze. Je crois qu'on peut les réduire à huit ; savoir,

1° La race d'Afrique. Elle est sans cornes, à taille élevée, à front busqué, à tête saillante par derrière et à poil ras. Sous la gorge elle porte un fanon comme celui du cerf, et sur le cou une crinière dans laquelle se forment et se succèdent des flocons de laine qui tombent pour faire place à d'autres. On en a nourri trois individus dans la ferme du parc de Rambouillet, que M. de Vergennes, ministre des affaires étrangères, avoit fait venir d'Afrique. J'avois commencé, sur ces animaux, des expériences dans le sens inverse de celles de M. Daubenton, c'est-à-dire que j'avois essayé de m'assurer en combien de générations, en croisant des brebis espagnoles avec un belier d'Afrique, la laine fine deviendroit poil.

2° La race d'Arabie, à large queue. On la trouve aussi en Égypte, puisqu'il en est venu en France de ce pays au retour de l'armée. Les voyageurs en ont vu au cap de Bonne-Espérance et dans le pays des Hottentots. Cette espèce se distingue des autres, parceque la base de sa queue est épaisse, large et pesante, moins à la vérité qu'on ne l'a dit. De cette partie sort un prolongement qui a la grosseur de la queue ordinaire. On assure que dans les pays où les vaches sont rares et où ces moutons sont communs, la graisse que fournit la queue remplace le beurre pour l'usage domestique. M. le président de La Tour d'Aigues (trimestre d'été de la société d'agriculture de Paris, 1787), qui en avoit nourri, prétendoit que des métis adultes ou agneaux de cette espèce étoient excellens pour la boucherie, et que la graisse de la queue ne sentoit pas le suif. On a placé une partie de ces animaux importés d'Egypte au jardin du muséum d'histoire naturelle de Paris, et l'autre partie dans le troupeau national de l'école vétérinaire d'Alfort, pour y servir à des expériences entreprises par la commission d'agriculture. On aura donc la facilité d'examiner par ce moyen tout ce qui en a été dit.

3° La race de Crète ou de Candie. On l'appelle *sterpsiceros*. Elle est, dit-on, nombreuse sur le mont Ida. On l'a transportée en Valachie, en Bohême, en Hongrie. Elle a la laine ondulée et propre à faire des pelisses. Ses cornes sont droites et entourées d'une gouttière en spirale. La plupart des naturalistes la regardent comme une espèce distincte.

4° La race des Indes, que les Hollandais ont les premiers apportée en Europe. D'abord on la plaça dans le Texel et dans la Frise orientale, puis en Flandre, aux environs de Lille et de Warneton ; ce qui l'a fait nommer *mouton du Texel*, *mouton flandrin*. Cet animal est long et très haut de taille ; il n'a point de cornes ; sa toison a un certain degré de finesse, et les filamens en sont longs. La brebis chaque année donne plusieurs agneaux.

5° La race des îles Feroë, de l'Islande et de la Norwège, à laquelle on peut rapporter celle de Schetland en Ecosse. Elle est très petite, sauvage et presque toujours au milieu des neiges. On trouve sur son corps trois sortes de filamens, l'un soyeux, un autre de laine commune, et le troisième de jarre ou poils.

6° La race mérinos, connue sous le nom de *mouton espagnol*. Sa taille est moyenne ; une laine abondante, tassée, très fine, courte et frisée couvre toutes les parties de son corps, excepté les oreilles, le museau et l'extrémité des pieds. Les mâles, pour la plupart, ont des cornes épaisses, larges, longues, contournées ; quelques brebis en ont aussi, mais plus petites ; il y a des individus mâles qui en sont privés. Ceux-ci, comme j'en ai fait l'expérience, produisent des mâles sans cornes et des mâles ayant des cornes. Plusieurs individus ont des fanons très prononcés, une sorte de collier et des plis. C'est sur-tout par la beauté de la laine que cette espèce est remarquable et la plus estimée de toutes. On croit qu'elle est originaire d'Afrique, d'où elle a été transportée en Espagne. Mais aucun fait ne l'atteste. Sans doute si cela étoit, des voyageurs l'auroient retrouvée en Afrique.

7° La race commune, plus ou moins élevée, qu'on peut diviser en différentes sous-races et variétés. Par exemple, la race roussillonne ne peut se confondre, ni avec la race solognote ou berrichonne, ni celles-ci avec les races de Brie, de Beauce, de Picardie, de Normandie, etc. La première a une laine ondulée, longue, rare et fine; la seconde et la troisième, qui ont bien du rapport entre elles, ont la laine droite, moins longue, moins fine que la roussillonne; leur taille est petite. Les autres ont la laine plus grosse et la taille plus forte, etc. Les mâles de toutes sont ordinairement sans cornes. Dans chacune de ces races se trouvent des variétés qui se distinguent par la couleur, puisqu'on voit des moutons blanc clair, blanc sale, roux, noirs; on en voit aussi qui sont pies de noir et de blanc, ou qui ont des taches éparses. Les cultivateurs de Normandie préfèrent ceux qui ont la tête et les pieds roux, comme on préfère, suivant les pays, des vaches rousses aux noires, etc.

On établit encore des différences entre les bêtes à laine, 1° à raison des endroits où elles paissent; de là les dénominations de troupeaux *vallois*, *montagnards*, *bocagers* ou *bosquins*, ou *bisquins*, ou *boquins*, selon qu'ils vivent dans les vallées, sur les montagnes, ou dans les bocages ou bois; 2° à raison de leur manière d'exister, les uns voyageant beaucoup, les autres ne s'écartant pas du pays auquel ils sont attachés. Voilà pourquoi il y a des troupeaux dits *transhumans* ou *voyageurs*, et des troupeaux *sédentaires* ou *estantes*. (Tes.)

BÊTES BRULÉES. On donne ce nom aux bestiaux qui ne sont pas susceptibles d'être engraissés. Ce sont le plus souvent des maladies des poumons qui s'opposent à leur engraissement. *Voyez* Engrais des animaux. (B.)

BETOINE, *Betonica*. Genre de plantes dont on connoît huit à dix espèces et dont une est si commune dans les bois qu'il n'est pas permis de se dispenser d'apprendre à la connoître. Elle est de la didynamie gymnospermie, et de la famille des labiées.

La bétoine officinale a les racines vivaces, pivotantes et traçantes en même temps, les tiges droites, quadrangulaires, articulées, hautes d'un pied et plus; les feuilles opposées, en cœur, allongées, obtusément dentées, velues, ridées, longues de deux à trois pouces sur un de large; les fleurs rougeâtres, disposées sur un épi solitaire à l'extrémité des tiges. Elle fleurit à la fin de l'été. Elle passe pour céphalique, apéritive, vulnéraire et sternutatoire; mais on ne doit en faire usage qu'avec prudence. Sa racine est désagréable au goût, excite des nausées et des vomissemens. Ses feuilles sont repoussées par tous les bestiaux excepté les brebis. Elles exhalent, quand il fait chaud, des émanations qui, comme je l'ai éprouvé, portent à la tête et agissent fortement sur les personnes nerveuses. (B.)

BÉTOIRE. Espèce de puisard, soit naturel, soit artificiel, destiné à recevoir les eaux de pluies, lorsque leur surabondance peut être nuisible. *Voyez* au mot GOUFFRE et au mot PUISARD. (B.)

BÉTON. Quelques uns prononcent BLÉTON. Genre de maçonnerie très économique, et pas assez en usage. Nous en devons la connoissance aux Romains; ils l'employoient particulièrement pour la conduite des eaux. Cette manière de maçonner s'est conservée dans le Lyonnais et dans quelques provinces voisines. Elles doivent encore aux Romains la manière de bâtir en PISÉ. *Voyez* ce mot.

Le béton n'est autre chose que le mélange de la chaux, du sable et du gravier. Il faut bien se garder de le confondre avec le mortier de M. Loriot, et avec le mortier de M. de La Faye; c'est une opération toute différente. En voici le procédé. On prend de la chaux la plus récemment tirée du four; on l'éteint dans un bassin proportionné à sa quantité, et ce bassin n'est autre chose que du gros gravier, mêlé de sable, disposé circulairement pour contenir l'eau de la chaux. Dès que la chaux est éteinte et encore toute chaude, et très chaude, c'est-à-dire qu'elle est bien infusée, plusieurs hommes, armés de *broyons*, broient ensemble cette chaux, ce sable et ce gravier; et lorsque le mélange est bien fait, c'est le moment d'employer ce mortier.

Supposons que ce soit pour la fondation d'un édifice quelconque. On commence par ouvrir les tranchées ou fondemens à la profondeur, la longueur et largeur convenables, non seulement pour les murs de face, mais encore pour ceux de refente. Toute la terre enlevée, et le tout bien préparé, on place de distance en distance des bassins de sable ou de gravier, où l'on éteint la chaux; aussitôt après qu'elle a été broyée, ainsi qu'il a été dit, les mêmes ouvriers, armés de pelles, poussent le tout dans les tranchées, se hâtent d'éteindre de nouvelle chaux, et de la même manière, et continuent l'opération jusqu'à ce que la tranchée soit remplie. Pendant ce temps, d'autres ouvriers, armés de longues pioches, tassent sans cesse le béton dans la tranchée, afin de chasser l'air qui peut rester entre les différentes couches; enfin quand la tranchée est remplie, elle est aussitôt recouverte de deux à trois pieds de terre, et reste ainsi pendant un an ou, ce qui vaut encore mieux, pendant deux ans. Dans cet intervalle, la masse totale se cristallise tout d'une pièce, quand même elle seroit dans l'eau; et quelques années après elle est si dure que le pic ne peut y mordre.

Il ne faut pas croire qu'on doive, pour cette opération,

choisir du gravier fin. Quand même il seroit gros comme le poing, quand même à la place de ce gravier on emploieroit des retailles de pierres, l'opération n'en seroit pas moins parfaite.

Lorsqu'on juge que la cristallisation, ou, pour me servir du mot le plus employé, lorsque la prise du mortier est faite, on enlève la terre, on mouille la surface, enfin on élève le reste de la maison en maçonnerie. C'est ainsi que les fondations de toutes les maisons qui couvrent actuellement les Brotaux, vis-à-vis de Lyon, ont été faites. Dix ouvriers font plus d'ouvrage dans un jour que quarante qui maçonneroient ces fondations. Il est vrai qu'il faut donner le temps au béton de se cristalliser; mais à la campagne, où l'on n'est pas si pressé de bâtir qu'à la ville, et où les loyers ne sont pas si lucratifs, cet espace de temps facilite les moyens d'apporter et de rassembler les autres matériaux à peu de frais, parceque l'on profite, pour les charrier, des jours pendant lesquels les animaux ne peuvent entrer dans les champs; d'ailleurs, il y a moins de dépense à faire tout à la fois, et c'est un grand point pour le cultivateur.

On a vu que les parois des tranchées ont servi de moule; ainsi, dans la supposition qu'on ait voulu faire plusieurs pièces souterraines, et communiquer les unes avec les autres, il aura suffi de laisser le noyau de terre qui doit former l'ouverture de la porte d'une pièce à une autre; de sorte qu'on peut dire qu'on jette au moule toute la partie inférieure d'un bâtiment. Consultez les mots CAVE, CITERNE, CUVE; ils offrent tous les détails à cet égard.

Le point essentiel pour faire un bon béton est qu'il soit encore chaud dans le moment où on le jette dans la tranchée.

Le second avantage du béton est pour la maçonnerie aquatique.

Faut-il élever un quai, empêcher qu'un ruisseau n'emporte le terrain, ne creuse sous les fondemens, le béton fournit le moyen le moins dispendieux et le plus sûr. Lorsque les pilotis sont enfoncés, on coule sur le devant et contre eux des revêtemens formés de vieilles planches, qui servent d'encaissement pour la partie extérieure. Si le courant est rapide et profond, on plante en avant quelques pilotis, qu'on enfonce peu. Ces premiers pilotis retiennent les planches d'encaissement, comme le feroit une coulisse. Tout étant ainsi disposé, on se hâte de remplir l'intervalle en béton jusqu'à la hauteur qu'on désire. Il prend aussitôt de la consistance; et quelques années après il faut faire jouer la mine pour le détruire. J'en ai vu l'expérience. Ce que j'ai dit des quais s'applique à toutes les maçonneries qu'on oppose à l'eau. Si l'encaissement devient trop dispendieux, on peut y suppléer en employant les mauvaises toiles fabriquées avec de la filasse. On en fait des sacs grossiers, et dès qu'ils sont remplis de béton, ils sont aussitôt précipités au fond de l'eau. C'est ainsi que les fondations du quai de Villeroi, de Lyon, ont été faites. Le courant de la rivière étoit si rapide, et la masse d'eau si considérable, que toute la chaux étoit délayée et entraînée, de sorte que le gravier seul arrivoit au fond. (R.)

BETTE. Genre de plante de la pentandrie digynie, et de la famille des chenopodées, qui ne renferme que cinq espèces, mais desquelles deux sont l'objet d'une culture générale, et qui est par conséquent dans le cas de fixer l'attention des cultivateurs.

De ces deux espèces, l'une, la BETTERAVE, sera l'objet de cet article; l'autre, la BETTE-POIRÉE, sera traitée au mot POIRÉE, qui est le nom sous lequel on la connoît le plus.

La betterave est regardée par les botanistes comme une variété de la *poirée;* mais il est très probable qu'elle est spécifiquement différente. Il paroît qu'elle est originaire des parties méridionales de l'Europe. Depuis un temps immémorial on la cultive dans les jardins pour la nourriture de l'homme, et depuis quelques années dans les champs pour celle des bestiaux. Je développerai les grands avantages dont elle peut être sous ce dernier rapport, et je parlerai des essais qui ont été faits dernièrement dans l'intention d'en tirer du sucre pour le commerce.

Comme cultivée depuis long-temps, la betterave offre beaucoup de variétés qu'on peut réduire à cinq principales : la *grosse rouge*, la *petite rouge*, la *jaune*, la *blanche*, et la *veinée de rouge*. Cette dernière, inférieure aux autres pour la bonté, est celle dont la végétation est la plus forte, celle que Commerell a préconisée sous le nom de *racine de disette*, et qu'on connoît aujourd'hui sous celui de *betterave champêtre*. Les plus sucrées sont la jaune et la blanche ; cependant beaucoup de personnes préfèrent la rouge, sur-tout la sous-variété foncée, appelée *rouge de Castelnaudari*, que quelques personnes confondent avec la petite rouge, mais qui est distincte. Il y a aussi une variété *jaune-blanche, de Castelnaudary*, fort estimée, comme plus nourrissante. Au reste, la saveur de toutes ces variétés change selon la nature du sol où on les cultive, selon le climat ou la température de l'année. Celles qui ont crû dans un terrain humide ou trop fumé, pendant une année froide ou pluvieuse, sont plus grosses, mais ne valent point celles des pays secs et chauds. On n'en mange jamais à Paris de comparables à celles qui faisoient mes délices dans la ci-devant Bourgogne. Au reste, la culture de toutes ces variétés ne diffère pas notablement.

Une terre légère, profonde, bien ameublie par les labours, ni trop sèche, ni trop humide, est celle qui convient le mieux aux betteraves. Lorsqu'elles sont destinées à être mangées, il ne faut jamais fumer le terrain l'année même de leur semis, pour qu'elles ne prennent pas le goût de fumier. En elles la grosseur n'est désirable que dans la culture en grand pour la nourriture des bestiaux.

Les plus foibles gelées du printemps peuvent faire périr les jeunes plants de betterave; c'est pourquoi il est des expositions qui leur sont contraires, telles que les vallées, la lisière nord des bois, etc. Il faut toujours semer tard, et encore réserver de la graine en cas d'accident. L'époque précise dépend du climat et des circonstances atmosphériques.

Un mois après, c'est-à-dire lorsque les plants ont cinq à six feuilles, on arrache les pieds qui sont trop près des autres pour les repiquer dans les places où il n'y en a point. La distance à laisser entre chaque pied doit être de douze à quinze pouces, selon que le sol est plus ou moins fertile; en même temps on débarrasse le terrain des mauvaises herbes qui y ont poussé. Ces opérations se font, autant que possible, par un temps pluvieux; plus tard on donne un binage, et ensuite un second si le temps le permet. Plus les binages sont multipliés, et plus les racines prennent de grosseur. Des arrosemens pendant la sécheresse sont toujours fort utiles.

Quelques personnes ont proposé de semer la betterave en pépinière pour la transplanter ensuite en quinconce; mais il est de fait que les pieds transplantés ne viennent jamais aussi beaux que ceux qui ont levé sur place.

Les feuilles de betterave pouvant être mangées en guise d'épinards, et étant du goût de tous les bestiaux, il arrive souvent qu'on les coupe une ou deux fois avant les gelées. Je ne m'opposerai point à cette pratique, car elle donne des produits qui ne sont pas à dédaigner; mais je me permettrai d'observer que la suppression des feuilles nuit nécessairement au grossissement et au bon goût des racines. Quand à la torsion de ces feuilles, elle n'est utile à rien; il faut donc s'y refuser. *Voyez* FEUILLE.

On peut manger les racines des betteraves dès le moment où elles ont acquis un pouce de diamètre; cependant on attend généralement les premières gelées pour commencer à en arracher, attendu que c'est seulement à cette époque qu'elles ont acquis toute leur saveur, et qu'elles cessent de croître.

Il ne faut pas attendre les fortes gelées pour tirer les betteraves de terre. On les arrache avec une pioche, en faisant des tranchées aussi profondes que leurs racines sont longues, puis on les lave. On les laisse à l'air pendant quelques jours, pour que leur surabondance d'eau de végétation s'évapore ; ensuite, après avoir arraché le reste de leurs feuilles, on les porte dans un cellier, dans une serre ou tout autre lieu, ni trop sec ni trop humide, où, à l'abri des gelées, elles se gardent pendant tout l'hiver.

Lorsqu'on n'a pas de localités de ce genre à sa disposition, on peut ou les mettre à la cave, enterrées dans du sable bien sec, ou dans un trou fait en terre, dans un endroit peu humide, en les stratifiant avec de la paille, ou enfin on en forme des meules recouvertes de paille et de terre dans un lieu sec.

Quand les gelées ne sont plus à craindre, on choisit les racines les plus grosses et les plus saines, et on les plante dans une bonne exposition pour avoir de la graine. Le reste est donné aux bestiaux ; car lorsque les feuilles nouvelles ont acquis un certain développement, les racines deviennent coriaces et perdent toute leur saveur.

Les betteraves pour graine doivent être replantées à trois pieds au moins de distance. On en coupe les tiges lorsque la plus grande partie des graines sont mûres, et on les porte dans un grenier où elles sèchent lentement. Il est bon de ne les battre qu'au moment de l'emploi, parcequ'elles s'échauffent facilement lorsqu'elles sont réunies en tas. Vingt racines fournissent un boisseau de graines.

On mange les betteraves cuites et assaisonnées de diverses manières. Elles sont excellentes en salade. Leur digestion est facile. Les fermiers devroient en garnir plus souvent leur table pendant l'hiver, car elles fournissent un antidote contre le lard et autres nourritures salées dont ils font alors usage.

Marcgraff, le premier, il y a près d'un siècle, a reconnu que la betterave contenoit du véritable sucre qu'on pouvoit en extraire. Achard, il y a quelques années, reprit les expériences de ce chimiste, et annonça qu'il avoit trouvé des procédés au moyen desquels il étoit possible de tirer d'une quantité donnée de racines une quantité de sucre assez considérable pour qu'il ne revînt pas à plus de cinq à six sous la livre. Tous les journaux retentirent de cette découverte, et annoncèrent que la culture de la canne à sucre alloit tomber ; mais une commission de l'institut, qui fut chargée de vérifier le fait, prouva, dans son rapport, qu'on ne pouvoit jamais espérer de tirer, en France, avec utilité pour le commerce, du sucre de la racine de betterave. Je n'entrerai point dans le détail des longues manipulations qui ont été employées pour arriver à ce résultat; dire qu'elles ont été exécutées sous les yeux de M. Deyeux suffira pour engager ceux qui connoissent son excellent esprit, et qui voudront les répéter, à se procurer le rapport (qui a été imprimé séparément) où elles se trouvent consignées ;

mais depuis M. le professeur Gottling a imaginé un procédé si simple et si concordant avec la théorie, que je ne puis me dispenser de le rapporter. Partant du principe que le sucre est dans la betterave mélangé avec une muquosité abondante qui l'empêche de cristalliser et qu'il est fort dissoluble dans l'eau, il coupe les racines en tranches longitudinales aussi minces que possible, et fait dessécher ces tranches sur des claies dans une étuve. Lorsqu'elles sont aussi desséchées que possible, il les met pendant quelques heures, et les unes après les autres, dans une petite quantité d'eau froide. Le sucre passe dans cette eau avant qu'elle ait pu seulement ramollir les tranches, et on l'en extrait par l'évaporation et la cristallisation. Si on laissoit dessécher les tranches à l'air libre elles se pourriroient la plupart. Si on les mettoit dans un four elles risqueroient de se cuire. Après l'extraction du sucre ces tranches peuvent être employées à la nourriture des bestiaux ou des volailles si on achève de les laisser se ramollir. Ce procédé est décrit en détail dans le sixième volume de la bibliothèque britannique. Il a été répété avec succès à Paris par M. Fouques.

La grande quantité de sucre et de mucoso-sucré que contient la racine de betterave la rend très propre à la fermentation vineuse et par suite à fournir de l'eau-de-vie. On dit qu'il y a en ce moment, dans le nord de l'Allemagne, plusieurs distilleries qui se livrent à ce genre de spéculation; mais je ne crois pas que tant qu'il y aura des eaux-de-vie de vin en France il puisse être avantageux de cultiver cette plante sous ce rapport.

Dans le nombre des expériences de M. Deyeux, il en est une que je crois devoir rapporter, parcequ'elle confirme ce que j'ai dit dans le commencement de cet article, et qu'elle s'applique à un grand nombre de cas dans la grande comme dans la petite agriculture. Ce savant et estimable chimiste sema de la graine de betterave dans deux carrés de son jardin, dont l'un fut abondamment fumé et fréquemment arrosé, et l'autre soumis simplement à la culture ordinaire. Les racines produites dans le premier étoient extrêmement grosses; mais lorsqu'il fut question d'en extraire du sucre il ne s'en trouva pas, ni même de mucoso-sucré, qui est le passage du muqueux au sucre. Elles étoient simplement visqueuses et de plus amères. Celles du second carré étoient moins grosses, mais réunissoient toutes les conditions qui leur appartiennent essentiellement.

Les Allemands cultivoient depuis long-temps la carotte en plein champ pour la nourriture de leurs bestiaux, lorsque Commerell, témoin de leur succès, voulut l'introduire en France. Non content de prêcher d'exemple, il publia une instruction rédigée avec emphase, d'après laquelle on devoit croire qu'il falloit renoncer à toutes les cultures usitées pour s'en tenir à celle de la racine *de disette*, nouveau nom qu'il donnoit à la dernière variété de betterave. Quelques cultivateurs firent, d'après ces magnifiques promesses, des semis qui réussirent bien; mais comme ils n'en tirèrent pas tous les avantages indiqués, ils y renoncèrent bientôt. Tel est l'inconvénient des exagérations. Aujourd'hui on cultive cette plante dans fort peu de fermes, et cependant on ne peut se refuser à croire qu'elle ne soit du goût de tous les bestiaux, et qu'elle ne les entretienne en bon état de santé et de graisse pendant l'hiver, époque où ils manquent généralement de nourriture fraîche. Quoique leur culture exige des binages, elle n'est pas cependant assez coûteuse pour que ses bénéfices soient absorbés par ses frais, lorsqu'elle est suivie avec l'intelligence convenable. Il suffit de voir la grande abondance des feuilles qu'elles jettent pour juger que ces feuilles seules doivent payer les dépenses du labourage. Les racines, dont il n'est pas rare d'en voir du poids de dix à douze livres, représenteront donc la rente de la terre et les avances du fumier et de la graine. Or chacun peut calculer d'après cela pour la localité où il cultive, n'y eût-il que l'utilité d'introduire une racine de plus dans la rotation des assolemens, qu'il faudroit rechercher celle-ci, car c'est dans les terrains qu'on laisse en jachères qu'il faut la semer. Cretté de Palluel, dans les rapports faits à l'ancienne société d'agriculture de Paris; Arthur Young, dans ses expériences d'agriculture, concourent à prouver, par des faits, que les résultats de sa culture sont plus considérables que ceux de toute autre plante fourrageuse. On trouve dans le sixième volume des mémoires de la société d'agriculture de la Seine un excellent mémoire de M. Richard d'Aubigny qui le prouve encore plus démonstrativement. Je conseille à tous les agriculteurs la lecture de ce mémoire principalement pour apprendre combien la culture de la betterave est avantageuse pour l'élève des cochons.

Quoi qu'il en soit, la terre destinée à la culture en grand de la betterave champêtre doit être labourée avant l'hiver aussi profondément que possible. Elle doit l'être encore à la fin de cette saison, enfin fumée et encore labourée au moment des semailles, c'est-à-dire en avril pour le climat de Paris. Trois livres de graines par arpent est la quantité qu'il faut dans les sols de bonne nature. On la répand à la volée, ou mieux, dans des sillons faits au cordeau et espacés de douze ou quinze pouces. Par cette dernière méthode on peut biner à la charrue, ce qui est un avantage considérable sous le rapport de l'économie. C'est, au rapport d'Arthur Young, celle qu'on suit généralement en Angleterre dans les fermes bien dirigées. Commerell avoit proposé de la placer dans des trous faits avec le doigt et également écartés ; mais il est évident que cette manière augmenteroit les frais de la culture sans augmenter de beaucoup les produits. Il faut attendre que la charrue à semoir soit plus répandue, si elle peut jamais l'être, pour pratiquer des semis ainsi disposés. Le hersage doit être aussi parfait que possible, et ne pas ménager les roulages, car plus le champ est uni et plus on est assuré du succès. Le plant levé se conduit positivement comme il a été indiqué pour celui cultivé dans les jardins. Dès la fin d'août on peut enlever toutes les semaines une ou deux des feuilles les plus inférieures pour les donner aux bestiaux. La dépense de cette opération empêche, il est vrai, les cultivateurs qui ont une grande exploitation de la faire faire; mais comme les plus petits enfans peuvent y être employés, il me semble qu'ils doivent se trouver rarement dans le cas d'y renoncer. (*Voyez* au mot Poirée un supplément à cette partie du présent article.) A l'époque de la première gelée blanche on coupe, ou mieux, on détache toutes les feuilles, et peu après on arrache les racines en se conformant aux indications détaillées plus haut à l'occasion de la betterave des jardins.

Quelques cultivateurs croient pouvoir se dispenser de biner les betteraves champêtres, mais ils sont dupes de leurs principes d'économie. Il est prouvé jusqu'à l'évidence, par des faits, que l'augmentation de produit qui résulte de binages donnés aux plantes à grosses racines, qu'elles soient charnues ou non, est toujours en raison du nombre de ces binages et toujours supérieur aux frais de ces mêmes binages. *Voyez* Binage. (B.)

Betteraves confites. On a fait beaucoup d'applications de la betterave à l'économie domestique. Dans le nombre, nous n'en citerons que deux praticables par les simples habitans de nos villes et des campagnes, les betteraves confites au vinaigre, les betteraves comme supplément du café. Bornons-nous à la première.

Les assaisonnemens aigrelets, loin d'être considérés comme des objets de luxe, deviennent salutaires dans certaines circonstances, et leur usage peut prévenir les maladies inflammatoires et scorbutiques si communes parmi les habitans des campagnes. Pourquoi les fermiers dédaigneroient-ils de former des provisions de ce genre, d'en distribuer de temps en temps à leurs ouvriers, pour diversifier et relever leurs alimens ? C'est dans cette vue que nous allons rapporter la manière de confire les betteraves, qui, dans cet état, sont fort du goût des Allemands, servies sur leurs tables en même temps que la otage, et que nous employons en France comme assaisonement de nos salades d'hiver.

On expose les betteraves au four dès que le pain en est ôté; uand elles sont cuites et refroidies, on les coupe par tranches inces, on les met dans un pot, et on verse assez de vinaigre our les recouvrir, ayant l'attention d'y ajouter un peu de sel. Iais comme on remarque que les betteraves confites ainsi ne e conservent pas long-temps, et que le vinaigre en moins de uinze ou vingt jours cesse d'être acide, et qu'il a par conséquent perdu toute sa force, on a grand soin de n'en confire ue peu à la fois, ou bien, lorsque cet inconvénient a lieu, on enouvelle le vinaigre, parcequ'alors il n'agit plus sur le tissu le la racine, déjà assez imprégnée et combinée avec l'acide. Cette précaution devient même indispensable, si on veut conserver un certain temps en bon état tout fruit confit au vinaigre. (PAR.)

BETTERAVE. Nom d'une variété de pêche et de poire.

BEURRE. Substance grasse, inflammable, à demi solide, d'une saveur douce, agréable, susceptible de se liquifier à une température de 18 à 20 degrés du thermomètre de Réaumur, et de prendre une consistance assez ferme dès qu'on l'expose au froid. L'art de le faire étoit connu de temps immémorial; mais quelle que soit la manière dont on y procède, elle exige toujours trois opérations essentielles, qui consistent,

1° A écrémer le lait,

2° A battre la crème;

3° A délaiter le beurre.

Ces différentes manipulations sont facilement praticables par-tout : elles influent tellement sur la nature des résultats, qu'on peut aisément juger, à la qualité du beurre et à la durée de sa conservation, si elles ont été parfaitement exécutées ou négligées dans quelques points.

Ecrémage du lait. C'est une vérité que la crème donne en général un beurre d'autant plus fin et délicat, qu'elle a été levée sur un lait plus nouveau, *et vice versá.* Ainsi l'intervalle e plus ordinaire qu'on met entre la traite et l'écrémage du ait est de douze heures en été, et de vingt-quatre heures en iver. Si en appuyant du bout du doigt sur la liqueur on le etire sans empreinte de lait, on peut alors l'écrémer.

On y procède de deux manières. La première consiste à ever doucement la terrine, à déchirer la pellicule crémeuse ui recouvre sa surface; alors le lait qui se trouve dessous 'échappe par cette ouverture dans une cruche destinée à le ecevoir, en sorte que la crème reste seule. Il s'agit dans la econde de boucher l'ouverture pratiquée à la partie inférieure de la terrine, et de laisser couler le lait jusqu'à ce qu'il ne reste plus que la crème.

Dans l'un et l'autre cas, les terrines remplies à la même heure doivent être ainsi vidées, et l'opération répétée autant de fois que les femelles ont été traites.

Battage de la crème. L'intervalle qu'on met entre le moment de la traite et celui fixé pour battre la crème doit nécessairement varier suivant la saison, et d'autres circonstances relatives au commerce du beurre et aux usages auxquels il est destiné. Dès que la crème est versée, soit dans la baratte, soit dans la serène, selon la quantité sur laquelle il s'agit d'opérer, on bouche l'un et l'autre instrument. La fille chargée d'imprimer à ce fluide le mouvement doit le continuer sans interruption, et faire en sorte qu'il soit toujours égal et modéré.

On sait que pendant l'hiver le beurre est si long-temps à se séparer, que, pour accélérer l'opération, il faut envelopper la baratte d'une nappe chaude, la plonger dans l'eau bouillante, ajouter à la crème du lait chauffé, enfin placer le vaisseau auprès du feu ; mais on ne sauroit être trop économe de l'emploi de ces différens moyens; ils sont tous aux dépens de la qualité du beurre.

Les temps excessivement chauds prescrivent une marche entièrement opposée. On place alors la baratte dans un bain d'eau fraîche, on choisit l'instant du jour et l'endroit du manoir le plus frais, enfin on met en œuvre tout ce qui peut tempérer la propension qu'a la crème de s'aigrir et de fournir trop promptement son beurre.

On reconnoît que le beurre est fait lorsqu'il tombe par grains ou par petites masses au fond de la baratte, pour lors on en sépare le fluide au milieu duquel il se trouve; mais cette séparation n'est jamais tellement complète, qu'il n'en reste quelques portions dans les interstices du beurre, et l'opération au moyen de laquelle on l'exécute s'appelle *délaitage.*

Le beurre d'hiver est assez généralement pâle ou blanc, mais il n'en a pas moins de qualité; cependant on a attaché la perfection de ce produit à la couleur jaune plus ou moins prononcée qu'il prend dans la saison de l'été, et il a bien fallu la lui procurer artificiellement, sur-tout au beurre apporté à Paris des départemens voisins, ou à celui qui se prépare journellement chez les crémières.

Coloration du beurre. La matière végétale qui sert à colorer la totalité du beurre qu'on fabrique en grand dans le ci-devant pays de Bray est la fleur de souci. A mesure qu'on la cueille on l'entasse dans des pots de grès, d'où il résulte au bout de quelques mois une liqueur épaisse foncée que l'on passe à travers un linge, et que l'on emploie dans une proportion qu l'usage apprend bien vite ; mais il en entre si peu dans le beurre, que celui-ci n'en reçoit aucune saveur particulière.

Cette substance est ordinairement délayée dans une portion de crème, et ajoutée ensuite à celle qui éprouve dans la baratte ou la serène le mouvement de la percussion. Or, c'est au moment où la cohésion du beurre avec le lait va être rompue que cette substance huileuse prend ce qu'il lui faut de matière colorante pour acquérir la nuance de jaune dont elle peut se charger à froid.

Une foule d'autres matières colorantes sont employées dans divers cantons de l'Europe pour atteindre ce but, tels sont le safran, les baies d'alkekenge ou coqueret, le roucou bouilli dans l'eau, la graine d'asperge, le suc exprimé de carotte jaune ; mais avec un peu de racine d'orcanelle on peut se procurer du beurre, depuis le rose léger jusqu'au rouge le plus foncé, en augmentant ou diminuant les proportions de la racine.

Cependant pour que le beurre puisse s'approprier ainsi la matière colorante qu'on lui présente, il faut nécessairement qu'elle appartienne à la classe des résines ; car les betteraves rouges et jaunes, la cochenille, mêlées à la crème, n'impriment aucune teinte à ce corps gras, par la raison que leur principe colorant est de nature extractive, soluble exclusivement dans l'eau.

Mais un fait bien connu des habitans des campagnes, c'est que quand la vache, la chèvre, la jument, la brebis et l'ânesse ont été nourries pendant l'été dans les mêmes pâturages, il n'y a que le beurre provenant du lait de vache qui soit constamment jaune, tandis que dans la même saison celui des autres femelles est plus ou moins blanc. Cette différence dépend vraisemblablement de la disposition des organes destinés à recevoir et à préparer le lait, organes qui varient dans tous les animaux, et sur les opérations desquels la nature a jeté un voile que peut-être nous ne viendrons jamais à bout de déchirer.

Délaitage du beurre. Quelques personnes restreignent cette opération à comprimer foiblement le beurre dans les mains. D'autres sont dans l'usage de le manier fortement et à diverses reprises, et de répéter les lavages jusqu'à ce que l'eau en sorte claire.

Ces deux méthodes ont leurs avantages et leurs inconvéniens. La première doit être préférée lorsqu'il s'agit de la préparation journalière du beurre avec le lait récemment trait ou une crème nouvelle, parceque les portions de lait qui y restent interposées concourent à donner à ce produit cette saveur douce et agréable qui caractérise la crème. Mais quand il est question de beurre de provision, on ne sauroit trop répéter les lavages ; car la présence du lait ainsi divisé à la surface du beurre peut lui faire perdre de sa qualité dès le soir même du jour où il a été battu.

Le procédé du délaitage ordinaire se réduit à jeter le beurre dans des terrines remplies d'eau fraîche, afin qu'il perde la chaleur qu'il a reçue du mouvement et de sa désunion avec le lait et se raffermisse à l'air ; on l'étend ensuite avec une cuiller de bois et on renouvelle l'eau fraîche, on pétrit et repétrit le beurre, on en forme des pelottes plus ou moins grosses, qu'on place dans un lieu frais pour leur faire acquérir de la consistance, et les diviser en poids d'une livre lorsqu'il s'agit de les vendre sur les lieux ou dans les marchés voisins, et en mottes de quarante à cinquante livres quand on a dessein de les conserver et de les transporter au loin.

Des différentes qualités de beurre. On n'est pas dans l'usage de fabriquer par-tout des beurres de différens degrés de finesse, mais la chose est possible, avec le même lait, en séparant la crème à mesure qu'elle s'élève à la surface. Il est encore prouvé que le lait d'une même traite, mais divisé en trois parties, la crème séparée de chacune et battue en même temps, présente trois nuances différentes de qualité ; mais on conçoit les difficultés de profiter de ces avantages dans les grandes fabriques, où les opérations compliquées entraînent toujours des inconvéniens majeurs. L'objet principal consiste donc à obtenir le plus de beurre possible, moyennant les procédés les plus aisés dans leur exécution ; mais comme le lait de vache, par exemple, n'est réellement au maximum de sa bonté que quatre mois après le vêlage, c'est aussi à peu près à cette époque qu'on s'occupe d'approvisionnemens de beurre.

Il existe encore d'autres motifs qui déterminent le choix de l'automne pour les provisions de ce genre ; c'est que le temps qui succède à cette saison est froid, et que rien n'est moins favorable à la conservation du beurre que la chaleur ; il devient mollasse, gras, huileux, et rancit beaucoup plus promptement. Toutes choses égales d'ailleurs, il n'est pas étonnant, d'après cela, que le *beurre de regain*, le *beurre de second pré*, le *beurre d'automne* jouissent d'une aussi grande réputation ; ils ne la doivent réellement en partie qu'à la circonstance dont nous parlons.

On peut établir comme une règle assez constante que dix-huit livres de lait donnent à peu près une livre de beurre, et que cette quantité est le produit d'une vache par jour. Il y a telle vache qui en a fourni jusqu'à deux et trois livres ; mais ces cas sont rares. C'est en automne, nous le répétons, qu'il réunit le plus de qualités ; cependant on le trouve dans le commerce sous différens états, qui déterminent ses usages et son prix : *beurre frais*, *beurre rance*, *beurre fondu*, *beurre salé*.

Beurre frais. Il est possible d'obtenir le beurre quelques heures après la traite : il suffit en été de verser le lait dans des bouteilles et de le secouer vivement. Les grumeaux qui se forment, jetés sur un tamis et rassemblés, offrent le beurre le plus fin et le plus délicat qu'on puisse se procurer.

Mais cette manière de battre le beurre sans avoir préalablement enlevé la crème de dessus le lait n'est pas à beaucoup près la plus économique, et l'expérience prouve que c'est à la crème qu'il faut imprimer immédiatement la percussion ; aussi est-ce le procédé le plus usité. On peut avoir dans toutes les saisons un beurre fin et délicat.

Un des grands moyens de conserver le beurre long-temps frais, c'est d'abord de le *délaiter* parfaitement, de le tenir ensuite sous l'eau fréquemment renouvelée, de le soustraire à l'influence de la chaleur et de l'air en l'enveloppant d'un linge mouillé.

Le froid est un autre agent susceptible de prolonger la bonne qualité du beurre; mais comme, parmi les corps gras, il n'en existe point qui perde plus aisément sa saveur agréable et qui soit plus propre à contracter celle des autres substances au milieu desquelles il se trouve, il ne faut jamais être indifférent sur le choix des endroits où l'on se propose de mettre en réserve sa provision.

Ce n'est qu'en privant le beurre frais de toute l'humidité qu'il a retenue dans les différentes lotions, et sur-tout de la matière caseuse avec laquelle ce produit du lait a plus ou moins d'adhérence, qu'on peut le garantir pendant un certain temps de cette tendance qu'il a de perdre plus ou moins promptement sa saveur douce et agréable, pour en prendre une tellement âcre que l'organe du goût le moins exercé peut la découvrir dans une masse énorme d'alimens auxquels une très petite portion de ce beurre a servi d'assaisonnement. Dans cet état il porte le nom de *beurre rance*, de *beurre fort*.

Beurre fort ou rance. Comme c'est la portion de lait disséminée dans la crème qui constitue l'état rance du beurre, il faut avoir l'attention, ainsi que nous l'avons recommandé, quand il est sorti de la baratte, de le malaxer partie par partie, et de la laver à plusieurs reprises, jusqu'à ce que l'eau en sorte claire et limpide.

Mais souvent le beurre est déjà rance avant d'être soumis à la baratte, parceque, suivant la mauvaise habitude de beaucoup de gens de la campagne, on ne le bat que sept à huit jours après la traite; or, séjournant trop long-temps dans la crème, il contracte un goût fort que la percussion, les lavages et les autres opérations subséquentes ne sauroient détruire en totalité.

Il n'est aucune bonne ménagère qui ne connoisse et ne mette en pratique quelques recettes pour adoucir les beurres forts quand la rancidité provient de l'imperfection du *délaitage* ou d'un trop long séjour du beurre dans la crème : la première, c'est d'y ajouter au moment de le battre plus ou moins de lait nouveau; la seconde, c'est de le faire fondre à grande eau, et ensuite sans eau, de le malaxer long-temps pour en séparer le peu d'humidité qu'il auroit pu retenir. On parvient moyennant ces deux procédés, faciles à exécuter par-tout, à atténuer les effets de la rancidité.

Nous en avons dit suffisamment pour démontrer que c'est un grand inconvénient de ne battre le beurre dans les fermes qu'une fois en sept à huit jours, quand on veut l'avoir de bonne qualité. Cette méthode, cependant toute imparfaite qu'elle soit, a trouvé des partisans qui ont prétendu que le beurre résultant d'une crème nouvelle étoit moins de garde que celui d'une crème plus ancienne.

Il en est sans doute des procédés dans les fabriques de beurre, comme de certaines pratiques défectueuses, qui, plus simples, plus commodes, sont vantées par la seule raison qu'elles favorisent la paresse et la cupidité de ceux qui les emploient le plus ordinairement.

Mais, il faut en convenir, le beurre le plus parfait placé dans un lieu frais et à l'abri de l'air perd insensiblement sa douceur naturelle, et acquiert une rancidité aussi désagréable au goût que préjudiciable à la santé ; on ne sauroit, malgré toutes les précautions, le garder d'une saison à l'autre et le transporter au loin en bon état, si on ne se hâte, dès qu'il est fait, de le fondre ou de le saler.

On pourroit se dispenser d'être aussi difficile sur le choix du beurre qui va subir cette préparation ; il n'y seroit pas moins propre, quand il auroit déjà contracté un goût un peu fort pendant son trop long séjour dans la crème : c'est un supplément du beurre qu'on a dessein de se ménager pour les momens où pareil assaisonnement est cher et rare.

Beurre fondu. Les pratiques journalières des ménagères qui tiennent le beurre sur le feu jusqu'à ce qu'il se soit précipité au fond des chaudières donnent une matière qui d'abord s'épaissit, se concrète, et ensuite se terrifie. Cette matière, qui n'est autre chose que la substance cailleuse existante dans le lait que contenoit encore le beurre, étant une fois complètement séparée et la chaleur ayant soustrait toute l'humidité, il se garde, comme le beurre salé, plusieurs mois, sans qu'il contracte le goût rance, et peut remplacer l'huile dans les salades, l'axonge dans les fritures, et le beurre frais dans les sauces blanches.

Il faut convenir cependant que, telle précaution qu'on prenne, le beurre le mieux fondu finit à la longue par se rancir, et que, dans ce cas, il éprouve le sort de toutes les matières grasses, végétales et animales, qui sont plus ou moins sujettes à la même altération. Comme on peut espérer que, quand on aura plus de données sur les affinités de l'oxigène avec différens corps, la chimie parviendra à enlever au beurre cette rancidité et le rappeler, par ce moyen, sinon à sa primitive perfection, au moins à un état qui permettra qu'on l'emploie à différens usages auxquels il est moins propre lorsqu'il est rance : ce résultat sera une nouvelle preuve des services que les sciences peuvent rendre à la société quand elles sont dirigées vers les objets d'utilité générale.

Il existe une autre méthode de prolonger la conservation du beurre, qui mérite, sans contredit, la préférence, parce-que, loin de changer ses qualités intrinsèques, elle y ajoute encore ; c'est celle qui a pour objet d'y introduire du sel.

Du *beurre salé*. On observe ordinairement deux saisons pour saler le beurre du commerce, l'une est le printemps pour la provision de l'été, l'autre est l'automne pour celle de l'hiver ; mais cette opération, quoique très simple, est souvent négligée et incomplète dans ses effets.

La nature du sel n'est pas une chose indifférente pour la qualité du beurre ; dans la ci-devant Bretagne on n'emploie que celui purifié et blanchi par le procédé usité dans nos cuisines pour saler le beurre fin, et de gros sel gris pour le beurre d'approvisionnement. Pour l'incorporer au beurre, il faut deux opérations préalables, le dessécher au four et ensuite le concasser sans le réduire en poudre ; une autre considération, c'est la proportion qu'il faut employer ; il en faut moins pour le beurre fin qu'on sale immédiatement après avoir été *délaité*, lorsqu'il doit être consommé sur les lieux ; il en faut davantage pour celui qu'on envoie au loin : c'est ordinairement depuis une once jusques à deux par livre de beurre.

Pour introduire le sel dans le beurre, on étend ce dernier par couche, qu'on pétrit par portion jusqu'à ce qu'il soit bien incorporé, ensuite on le distribue dans des pots de grès propres, de la continence de cinquante à soixante livres ; on foule le beurre dans ces pots, on les remplit jusqu'à deux pouces des bords ; sept à huit jours après, le beurre salé se détache des parois, se tasse, diminue de volume, et occasionne des interstices, qui ne manqueroient pas de déterminer l'altération du beurre, si on ne les remplissoit d'une saumure assez forte pour qu'un œuf puisse la surnager ; on recouvre alors le beurre d'un pouce de sel.

La fragilité des pots, leur forme incommode ne permettent pas qu'on puisse les employer à contenir le beurre destiné pour la navigation; on y substitue des vases de bois, mais ils lui font contracter bientôt un goût désagréable; il seroit donc à souhaiter qu'on trouvât un bois qui eût moins d'influence : cet objet est bien digne d'intéresser l'attention des hommes qui cultivent les sciences dans la vue de les rendre utiles à la société. (PAR.).

On a toujours cru que le beurre dit de la Prévalais, ou le beurre de Bretagne, différoit de saveur et même de couleur et de consistance des autres beurres, par l'effet des pâturages ou de la race des vaches. Désireux de me faire une opinion positive sur ce fait, j'ai demandé la liste des plantes qui couvrent les pâturages de la Prévalais et j'ai vu qu'il n'y en avoit aucune de particulière. J'ai cherché à acquérir des notions sur la sorte de vache qui s'y trouvoit, et j'ai appris que celle de Normandie, et autres, y donnoient du beurre semblable à celui que fournissoient celles du pays. Je désespérois donc de m'éclaircir sur ce point, lorsque mon collaborateur Tessier, dont la mémoire est chargée de tant de faits importans sur l'agriculture, m'a mis au fait par le rapport suivant :

« La nature particulière du beurre de Bretagne ne tient ni aux herbages, ni aux vaches; mais au mode de la fabrication.

« Ce beurre est d'une excellente nature, parcequ'on le fait avec de la jeune crème, et généralement en grande quantité à la fois. Dès qu'il est fabriqué et lavé, on le met, après l'avoir arrosé de lait frais, par gâteaux aplatis, plus ou moins gros, mais rarement de moins de trois et de plus de six livres, sur une espèce de tourtière placée sur des cendres chaudes, et on le couvre d'un four de campagne en cuivre, couvert de cendres semblables. Il y reste quelques minutes, plus ou moins, selon la force du gâteau et sa nature est changée. »

Aujourd'hui que cette pratique m'est connue, je m'étonne de ne l'avoir pas devinée, car le beurre de Bretagne indique par son aspect la demi-fusion qu'il a éprouvée.

Cette fabrication est un secret qui reste dans quelques familles, et elle demande sans doute une certaine habitude, un certain tour de main pour réussir, car on sent qu'elle doit manquer lorsque le beurre éprouve trop peu ou trop de chaleur. (B.)

BEURRÉ. Espèce de poire.

BEZOARDS. Concrétions qui se trouvent dans les intestins des animaux, et le plus souvent formées de phosphates et de carbonates de chaux. Elles ne diffèrent presque des calculs que par le lieu où elles se forment. Les concrétions sont assez rares. Jadis on leur attribuoit de grandes vertus, et on les payoit au poids de l'or; aujourd'hui on n'en fait aucun cas hors des écoles vétérinaires. (B.)

BICHE. Femelle du CERF.

BICHET, BICHERÉE et BICHOT. *Voyez* MESURE DES GRAINS ET DES TERRES. *Voyez* MESURE.

BIDENT, *Bidens*. Genre de plantes de la syngénésie égale et de la famille des corymbifères, qui renferme une vingtaine d'espèces, dont deux sont d'Europe et assez remarquables pour devoir être mentionnées ici.

La première, le BIDENT A CALICE FEUILLÉ, *Bidens tripartita*, Lin., est une plante annuelle, à tige cylindrique, rameuse, droite, haute de trois à quatre pieds; à feuilles opposées, divisées en trois parties, lancéolées, dentées, longues de deux à trois pouces; à fleurs jaunâtres, disposées en petits bouquets à l'extrémité des tiges et des rameaux, et pourvues de folioles calycinales très grandes. On la trouve dans les marais, les bois humides, le long des ruisseaux, sur le bord des fossés pleins d'eau stagnante. Elle fleurit au milieu de l'été. Sa grandeur et la forme de ses feuilles lui donnent quelques rapports avec le chanvre; aussi l'appelle-t-on vulgairement *chanvre aquatique*. On la regarde en médecine comme résolutive et sternutatoire. Elle donne une couleur jaune assez mauvaise à la teinture. Ses semences s'attachent aux poils des bestiaux et aux habits des hommes, lorsqu'elles sont arrivées à leur complète maturité, et c'est par ce moyen qu'elles sont transportées au loin. Les bœufs et les moutons la mangent sans la rechercher quand elle est jeune, mais n'en veulent plus quand elle est en fleur.

Cette plante est si excessivement abondante dans certains terrains, qu'elle est un fléau pour l'agriculture; cependant comme il est toujours facile de la détruire par la culture alterne, les personnes qui s'en plaignent doivent être blâmées. Je l'ai vu couper pour chauffer le four; mais je crois qu'on en tireroit un parti plus utile en l'apportant sur le fumier avant la maturité de ses graines.

Le BIDENT A FLEURS PENCHÉES, *Bidens cernua*, Lin., croît dans l'eau des marais et des fontaines boueuses, sur le bord des rivières. Ses racines sont annuelles et fort pourvues de chevelu; ses tiges grosses et rarement de plus d'un pied de haut; ses feuilles opposées, amplexicaules, lancéolées; ses fleurs grosses, jaunes, pourvues de larges folioles à leur base, souvent solitaires, et toujours penchées à l'extrémité des tiges et des rameaux. Elle fleurit en été. Ses feuilles sont plus âcres que celles de la précédente, et donnent une couleur jaune plus intense.

Comme elle ne croît que dans la vase, on peut avec un gros râteau ou avec une fourche l'arracher pour en former des tas qui fourniront naturellement, au bout d'un an, un excellent engrais pour les jardins. J'en ai fait l'essai. (B.)

BIDET. Petit cheval propre à la selle, et principalement à courir la poste à franc étrier. *Voyez* au mot CHEVAL.

BIEFFE. On donne ce nom dans quelques cantons à une terre noirâtre tirant sur le jaune.

BIENNE. *Voyez* BISANNUELLE.

BIENS DE CAMPAGNE. Les habitans des villes donnent ce nom aux terres qu'ils possèdent, et qui leur produisent ou peuvent produire un revenu direct ou indirect. (B.)

BIENS DE LA TERRE. Ce sont ordinairement les seuls produits de l'agriculture, tels que les blés, les fruits, etc., qu'on entend par cette expression; cependant quelques personnes la prennent dans une acception plus générale. (B.)

BIÈRE. Elle occupe le troisième rang parmi les boissons fermentées; son usage est fort ancien, et, sans contredit, le plus généralement adopté en Europe. Les peuples qui, par leur position géographique, ne pouvoient cultiver que des grains sur leur territoire, furent trop heureux de trouver dans cette ressource alimentaire de quoi suppléer le vin et remédier à l'insalubrité de leurs eaux. Les brasseries sont aujourd'hui si multipliées en France, qu'on en a même établi dans les contrées méridionales où prospère la vigne.

L'art du brasseur est du nombre des arts dont la description projetée autrefois par l'académie royale des sciences de Paris entre dans le plan des travaux que doit continuer l'institut. Si cet art existoit, nous y renverrions les lecteurs qui désireroient avoir plus de détails sur cet article. Nous les invitons, en attendant, de consulter les notes du sénateur *François* (*de Neufchateau*), ajoutées à la nouvelle édition d'*Olivier de Serres*; elles renferment des anecdotes historiques très intéressantes, et présentent le nom des auteurs qui ont le plus contribué à perfectionner la fabrication de la bière.

On ne peut se dissimuler que ce ne soit aux Allemands et aux Hollandais que nous sommes redevables des meilleures instructions qui existent sur la brasserie; mais il faut aussi l'avouer, les Français ont publié d'excellens mémoires concernant cet objet, et aucun ne l'a traité avec plus de clarté et de méthode que *Le Pileur d'Apligny*. Son procédé, au moyen duquel les habitans des villes et des campagnes des départemens où l'on ne boit que de la bière peuvent faire leur consommation, revient au plus à huit centimes la pinte (litre); et c'est précisément ce procédé que nous nous proposons de consigner ici, après avoir indiqué quelques vues générales sur l'eau, le grain et le houblon qui forment les principaux élémens des différentes sortes de bière, et dont la perfection dépend autant de la bonne qualité des ingrédiens, que de la conduite dans ces opérations, et du mode de les exécuter. C'est le cas de dire ici que c'est la manière de la faire qui fait tout.

La plupart des brasseurs sont heureusement revenus de l'idée, dans laquelle ils étoient autrefois, que la qualité de l'eau exerçoit une influence marquée sur la bière, puisque dans les lieux où ils lèvent aujourd'hui une brasserie, pourvu qu'ils y trouvent de l'eau bonne à boire, peu leur importe la source d'où elle provient; ils se servent donc indifféremment de l'eau de puits, de rivière, de fontaine ou de citerne.

On a aussi remarqué que les grains les moins propres à faire du pain sont ceux que la brasserie choisit de préférence : l'orge est le plus communément employé, et sur-tout la variété qu'on nomme *sucrion;* cependant le froment, l'épeautre, le seigle, l'avoine, le millet, le maïs, mélangés ou séparés, sont également employés pour fournir des bières plus ou moins fortes désignées sous des noms particuliers. On pourroit encore en préparer avec les semences légumineuses et certaines racines sucrées; mais cet objet est plus curieux qu'utile.

Le houblon nouveau et bien sec mérite la préférence; celui de l'année précédente n'est pas à mépriser quand il a les qualités requises : il communique à la bière une odeur et une saveur agréables, et la faculté de se conserver un certain temps. Le houblon long, blanc et bien odorant est la plus belle espèce, et celle qui produit davantage. C'est lui qu'il faut préférer lorsqu'on veut avoir une bière transparente et légère. On y substitue beaucoup d'autres amers; mais aucun n'a le parfum du houblon. Il y a des cantons en Allemagne où l'on fabrique jusqu'à trente-six espèces de bières; elles diffèrent les unes des autres, non seulement par rapport à la nature et à la proportion des ingrédiens, mais encore relativement à quelques points de manipulation. A la vérité, pour obtenir ces boissons vineuses si variées, qui toutes doivent leur existence à l'art, il faut absolument le concours de quatre opérations particulières, savoir, le *maltage*, le *brassage*, la *fermentation*, la *clarification*.

On se tromperoit en croyant que ces opérations demandent un grand emplacement et un attirail d'ustensiles pour leur exécution; elles ne doivent pas effrayer quiconque est disposé à faire la bière de sa consommation. Nous allons lui tracer les moyens les plus simples pour y parvenir.

Maltage. On remplit d'eau froide un cuvier dans lequel on fait macérer le grain pendant deux à trois jours. On juge qu'il est suffisamment imbibé lorsqu'il est bien renflé, qu'en le pressant sous le doigt il s'écrase facilement, qu'il a une saveur sucrée, et qu'il a communiqué à l'eau une couleur rougeâtre ou d'un brun luisant.

Le grain, dans cet état, est répandu sur un plancher sec et étendu par monceaux de deux pieds environ d'élévation. On retourne fréquemment ce grain avec des pelles de bois, afin qu'il s'échauffe également, se ressuie, et laisse évaporer une portion de l'humidité qu'il a contractée. On réitère ce travail deux ou trois fois; le grain alors pousse des fibres déliées qui s'entortillent les unes dans les autres. C'est dans ce moment qu'il faut arrêter la germination en retournant le grain dans tous les sens.

Au bout de douze à quinze heures, le germe et la chaleur ayant considérablement augmenté, on donne un coup de pelle au grain, en observant de l'éventer plus que la première fois. On finit ce second coup de pelle par remettre le grain en couches. Il y doit rester quinze heures. Ce temps lui suffit pour achever de pousser son germe au point qu'il convient.

Lorsque le grain est bien éventé, on le ramasse sur des claies de bois, afin de le faire sécher à une chaleur modérée, au moyen d'un fourneau qu'on place dans une petite pièce. C'est sur le plancher de cette touraille que l'on met le grain au sortir du germoir; on l'y étend par couches de cinq à six pouces d'épaisseur. On fait du feu dans le fourneau jusqu'à ce que l'humidité que le grain a prise dans le mouillage commence à s'évaporer; alors on le remue, on le change de place, et on le retourne sens dessus dessous, pelletée à pelletée.

Après que le grain est parfaitement éventé, séché et refroidi, on le passe au crible de fer pour en séparer les ordures; deux à trois jours après on le porte au moulin pour en faire une farine grossière désignée sous le nom de *malt* ou *drèche*.

Brassage. Le malt étant mis dans une tonne, on y ajoute l'eau dans l'état bouillant, et dont la quantité est réglée de manière à ce qu'on puisse remuer le mélange avec des râbles ou des rames : on laisse reposer le tout pendant un quart d'heure, après lequel on ajoute une nouvelle quantité d'eau, et on agite comme la première fois; enfin on met le restant de l'eau qu'on a dessein d'employer proportionnément au degré de force que l'on veut donner à la bière. Deux ou trois jours après, on fait couler la liqueur dans un vaisseau destiné à la recevoir, on remplit de nouveau la tonne avec de l'eau moins chaude que la première fois, on brasse le mélange, on le laisse reposer, mais la moitié moins de temps qu'on lui a donné la première fois.

On réunit ensemble ces deux liqueurs, et l'on y ajoute la quantité de houblon nécessaire; elle est proportionnée à la saison, au temps que l'on veut garder la bière, et à la force qu'on est dans l'intention de lui donner; c'est environ trois ou quatre livres par pièce. On verse le tout dans la chaudière, qu'on a soin de tenir couverte, et on la fait bouillir à un feu modéré pendant une heure ou deux, après quoi on verse la liqueur dans le récipient où elle se dépure, et d'où elle passe claire dans les réfrigérans, au moyen d'un filet adapté à l'orifice du robinet et destiné à retenir le houblon.

La manipulation pour la bière blanche et pour la bière rouge est absolument la même; elle n'en diffère que parcequ'on a fait beaucoup plus sécher le malt ou la drèche pour la bière rouge que pour la blanche, et que sa cuisson est beaucoup plus considérable; elle demande jusqu'à trente et quarante heures, tandis que la bière blanche se fait à plus grand feu, à la vérité, mais dans l'espace de trois ou quatre heures, selon la capacité des chaudières.

Fermentation. Lorsque la liqueur n'est plus que tiède, on la verse dans une grande cuve, on y ajoute une certaine quantité de levure de bière, on la laisse fermenter à découvert jusqu'à ce qu'elle soit en état d'être mise en tonneaux, où elle subit une seconde fermentation. On pourroit dans les pays éloignés des endroits où l'on brasse, et où il est par conséquent difficile de se procurer à bon compte de la levure, y substituer le levain de toutes les matières farineuses dans lesquelles on cherche à exciter la fermentation panaire, alors le levain de froment seroit à son tour celui de la bière.

Pour la mettre en tonneaux, on choisit des futailles ayant déjà contenu de la bière ou du vin, des fûts neufs ne la garderoient pas long-temps en bon état, à moins qu'on ne la fît plus forte qu'à l'ordinaire.

Le moment d'entonner la bière est lorsque la fermentation est bien établie dans la cuve, sans être néanmoins trop avancée, parceque, étant encore dans sa vigueur, elle facilite la dépuration de la bière qui, par ce moyen, se clarifie mieux dans le tonneau.

Il ne sort d'abord que de la mousse. Ce n'est guère qu'au bout de trois ou quatre heures que la levure commence à se former, alors la fermentation se ralentit et la mousse fondue en bière est employée à remplir les tonneaux. *Voyez* au mot FERMENTATION.

Clarification. En général, il règne dans les écrits qui traitent de la bière beaucoup d'incertitudes sur la véritable matière dont se servent les brasseurs pour le collage et la clarification de cette boisson. Les uns assurent qu'ils la clarifient comme le vin blanc avec la colle de poisson, et les autres avec la colle de Flandre blanche; mais il y a tout lieu de croire que le haut prix de la première substance les détermine à employer toujours la seconde dissoute dans de la bière. Une pinte de cette liqueur clarifiante suffit pour un muid de bière. Les brasseurs de Paris la remettent chez ceux qu'ils fournissent.

La gélatine animale peut servir à clarifier toutes les liqueurs vineuses, et être employée à défaut de colle de Flandre. M. *Baunach* a eu occasion de remarquer qu'on fait servir les pieds de bœuf ou de veau à coller la liqueur, et qu'on leur fait subir une décoction assez longue pour qu'il ne reste plus que le squelette de la fibrille et les os; il a encore remarqué que dans les endroits où la consommation de la bière est extrême, il arrive souvent que les boucheries, ne se trouvant pas suffisamment approvisionnées en pieds de bœufs ou de veau pour fournir aux brasseurs ce qui leur est nécessaire pour la grande quantité qu'ils en fabriquent, alors ils ont recours à d'autres substances de cette nature. Il se rappelle avoir vu dépecer et jeter dans la chaudière un veau tout entier après en avoir séparé la graisse. On fait aussi usage, pour le même objet, des poissons cartilagineux, lorsque les localités le permettent.

Les brasseurs faisoient entrer autrefois de l'ivraie dans la bière, ce qui leur a été défendu. Qui ne connoît pas en effet le désordre que ce gramen apporte dans l'économie animale. Il occasionne des assoupissemens, des vertiges, des nausées, des engourdissemens, des mouvemens convulsifs, la mort même, s'il se trouve en grande quantité dans le pain dont on se nourrit.

Lorsque la bière est éclaircie et qu'elle est en état d'être bue, il ne faut pas manquer de la tirer soit au tonneau si la consommation est grande, soit pour la mettre en bouteille. Dans ce dernier cas, il convient de laisser les bouteilles couchées pendant huit jours et de les relever ensuite, ce qui donne à la bière un caractère mousseux qui plaît sur-tout aux habitans de Paris; mais si elle subit une nouvelle fermentation, elle se trouble et recouvre rarement sa première qualité.

On ajoute à la bière différentes substances pour augmenter l'agrément et la force de cette boisson, la colorer et lui donner du montant, telles que la mélasse, la réglisse, la coriandre, le gingembre et d'autres racines aromatiques. On met encore en œuvre plusieurs poudres pour la faire servir quand elle est devenue aigre. Tous ces moyens, plus ou moins coûteux, n'intéressent que l'art du brasseur, et notre intention, encore une fois, n'a pas été de le décrire. *Voyez* Fermentation pour la théorie de la fermentation des grains. (Par.)

BIEUSSIR. *Voyez* Blossissement.

BIEUSSON. Nom de la poire sauvage dans les départemens de l'est, parcequ'on ne la mange que lorsqu'elle est bieussie. (B).

BIEVRE. Ancien nom du CASTOR.

BIGARADE. Variété de l'ORANGER.

BIGAREAU. Variété du CÉRISIER.

BIGAUDELLE. Variété du CÉRISIER.

BIGNE. *Voyez* VIGNE.

BIGNONE, *Bignonia.* Genre de plante qui renferme plus de cinquante espèces d'arbres ou d'arbrisseaux grimpans propres aux parties chaudes de l'Asie et de l'Amérique, remarquables, pour la plupart, par la beauté de leurs fleurs, et dont trois espèces se cultivent en pleine terre en Europe.

La première de ces espèces est la BIGNONE CATALPA, dont quelques botanistes ont fait un genre et qui sera mentionnée sous le nom de CATALPA.

La seconde est la BIGNONE RADICANTE, plus connue sous le nom impropre de *jasmin de Virginie.* C'est un arbrisseau grimpant et radicant, c'est-à-dire dont les tiges s'élèvent au sommet des plus grands arbres et s'attachent à leur tronc par le moyen de petits suçoirs radiciformes. Ses feuilles sont opposées, pétiolées, pinnées, à folioles ovales, aiguës, fortement dentées, d'un vert clair, longues d'environ deux pouces, ordinairement au nombre de neuf ou de onze. Ses fleurs sont d'un rouge mordoré très éclatant, de la grosseur, de la longueur du doigt, et placées en plus ou moins grand nombre, quelquefois une douzaine, à l'extrémité des rameaux, de manière à former un corymbe que son poids fait recourber.

Cet arbuste est originaire de l'Amérique septentrionale où j'en ai vu de grandes quantités. Il fournit une variété à plus petites fleurs. On le cultive depuis très long-temps dans les jardins d'Europe, qu'il orne beaucoup lorsqu'il est en fleur, c'est-à-dire pendant les grandes chaleurs de l'été. Il se place ordinairement au pied d'un mur, contre lequel il grimpe et dont il cache la nudité. D'autres fois contre un arbre au second ou troisième rang des massifs. J'ai vu, en Italie, le faire monter au sommet de colonnes de pierres brutes de quinze à vingt pieds de haut, d'où ses rameaux retomboient en festons. Je ne saurois décrire le bel effet qu'il produit dans cette disposition; il faut l'avoir vu pour s'en faire une idée exacte. On en fait aussi des portiques et des berceaux; mais comme ses fleurs sont toujours à l'extrémité des rameaux, ils ne sont beaux que de loin, et ceux qui se reposent sous leur ombrage n'en jouissent pas. Le diriger en cordon le long de la sommité d'un mur, de manière que les rameaux pendent de deux côtés de ce mur, est aussi une manière très avantageuse pour profiter de tous ses agrémens. Il gèle rarement dans le climat de Paris ; mais, si cela lui arrive, il ne s'agit que de le recéper pour lui faire pousser au printemps des rejets très vigoureux et qui ne tardent pas à réparer la perte.

Un terrain gras et frais est celui qui convient le mieux à la bignone radicante ; mais elle s'accommode de tous et même elle donne plus de fleurs, et des fleurs plus colorées, dans un terrain sec et aride, exposée à toute l'ardeur du soleil du midi.

On multiplie la *bignone radicante* de semences, de marcottes, de boutures et de rejetons. Rarement elle donne des semences dans le climat de Paris, et je puis même dire en Amérique, car les trois quarts au moins de ses fleurs y avortent ; en conséquence on emploie peu leur moyen, qui d'ailleurs est fort long, puisque les plants qui en proviennent ne fleurissent qu'au bout de sept à huit ans.

Pour se procurer des marcottes de *bignone*, on courbe des rameaux de deux ans et on les enterre, de huit à dix pouces, au commencement du printemps. Si elles sont en terrain frais ou bien arrosées, elles ont en automne assez de racines pour être relevées et mises en pépinière ou même en place. Elles peuvent donner des fleurs dès l'année suivante.

Pour faire des boutures on coupe au premier printemps des branches de l'avant-dernière pousse, en morceaux de six à huit pouces, de manière cependant qu'il y ait toujours au moins un nœud à chaque morceau, et on les place soit dans des pots sur couches à châssis, soit en pleine terre dans une terre légère et à l'exposition du nord. On arrose fréquemment, mais légèrement. Au printemps de l'année suivante on relève les pieds qui ont le plus vigoureusement poussé, et on les place en pépinière, d'où ils peuvent sortir deux ans après pour être mis en place. Ces plants de boutures fleurissent rarement avant la quatrième année.

Quant aux rejetons, ils se produisent naturellement et se relèvent la même année pour être mis en place s'ils sont assez forts.

En général, cet arbuste n'aime pas les transplantations fréquentes et a besoin d'être conduit avec raisonnement. J'en ai vu qu'on tailloit toutes les années comme la vigne et qui ne donnoient presque jamais de fleurs. Certainement il faut l'arrêter, car il couvriroit bientôt tout un jardin ; mais il faut aussi lui laisser remplir le but pour lequel il est planté.

La BIGNONE ORANGÉE, *Bignonia capreolata*, Lin., a les tiges très grêles, très rameuses, grimpantes, les feuilles conjuguées, c'est-à-dire composées de deux folioles lancéolées et en cœur, avec une longue vrille intermédiaire ; les fleurs grosses et longues comme le pouce, d'un rouge jaunâtre, et isposées deux ou trois ensemble dans les aisselles des feuilles ur de longs pédoncules. On la trouve dans l'Amérique septentrionale, où elle grimpe au sommet des plus grands arbres, et l'où ses rameaux, chargés de fleurs, retombent en festons très gréables. On la cultive dans quelques jardins ; mais elle est ensible à la gelée et demande à être couverte pendant l'hiver, ce qui lui ôte tous ses avantages. D'ailleurs ses fleurs, quoique plus grosses que celles de la précédente, ne sont jamais ssez nombreuses pour produire un grand effet.

Je voudrois encore parler de la BIGNONE TOUJOURS VERTE ou JASMIN ODORANT DE LA CAROLINE, que ses fleurs grandes, aunes, d'une odeur très suave, ses feuilles persistantes et d'un beau vert rendent le plus bel ornement des bois de la Caroine, où je ne me lassois jamais de l'admirer. Ce seroit une brilante acquisition pour nos jardins ; mais elle est très délicate, et n'a pas encore pu y être naturalisée. On n'en voit que quelques frêles pieds dans ceux du Muséum et de Cels. Il est reconnu en Amérique que le miel récolté sur ses fleurs donne des vertiges et des convulsions à ceux qui en mangent. Il en est de même à l'égard des autres espèces de ce genre. (B.)

BIGOT. Espèce de pioche à deux fourchons dont on se sert dans quelques cantons pour défoncer les terres fortes.

BILLES. Nom qu'on donne dans quelques endroits aux REJETONS qui croissent au pied des arbres. *Voyez* ce mot.

BILLON. Labourer en planches, c'est former des raies plus profondes, à six, huit, dix pieds de distance les unes des autres, de manière à former des planches distinctes et aplaties. Labourer en billon, c'est relever la terre des deux côtés dans une largeur d'un, deux, trois ou quatre pieds, de manière que le milieu soit plus élevé que les bords.

Deux motifs principaux déterminent le billonnage dans certains sols, l'abondance des eaux et le peu de profondeur de la terre.

On billonne à la charrue ou à la pioche.

Dans le billonnage à la charrue, le premier sillon est tracé à deux ou trois pieds en dedans du bord de la pièce ; on en ouvre un second à côté, qui le remplit ; ensuite en ouvrant un roisième de l'autre côté du premier, la terre de ce troisième st renversée sur ce premier ; un quatrième remplit ce troiième. Pour continuer à billonner le champ il faut revenir emplir le second sillon, puis le quatrième, jusqu'à ce qu'on oit arrivé à la largeur désirée.

Le billonnage à la pioche est plus étroit que celui à la charue ; rarement il a plus d'un pied de large.

Le labour en billon fait ordinairement perdre tout l'espace

qui forme la raie, ou le sillon entre deux billons, espace dont la terre a été portée sur le billon, ce qui détermine plusieurs agronomes à le repousser; mais ses avantages sont si certains dans les cantons où l'argile, où la roche dure se trouve à une petite profondeur au-dessous de la terre cultivable, à six pouces par exemple, qu'il faut n'avoir pas étudié avec suite l'agriculture de ces cantons pour ne pas l'approuver. Des pays fort étendus ne pourroient que très rarement récolter du blé, si on n'y suivoit pas la méthode de labourer par billon, parce-que, dans le premier cas, les eaux de l'automne, de l'hiver et du printemps en feroient périr les racines presque toutes les années; et que, dans le second, les chaleurs de la fin du printemps ou du commencement de l'été les feroient dessécher. Les plaines de la Loire, les landes de Bordeaux, offrent des exemples de terrains à fonds argileux, ainsi cultivés avec succès. Les montagnes granitiques et schisteuses de la ci-devant Bourgogne, du ci-devant Limousin, offrent des localités ayant à peine assez de profondeur de terre et qui ne pourroient rien produire sans la pratique du billonnage.

J'ai vu cultiver par billon en France, en Espagne, en Italie, en Suisse, en Amérique, et j'avoue que je regrette qu'on n'emploie pas plus généralement cette méthode, car elle a en sa faveur la théorie et l'expérience. Que de terrains en France pourroient devenir productifs par sa seule adoption? Mais comment engager les laboureurs de profession à abandonner celle qui se suit de temps immémorial dans leur canton? Le labour en billon, lorsqu'on fait sur-tout usage de la charrue à billonner (*voyez* au mot Charrue), n'est pas plus difficile que celui en planches Lorsqu'il est dirigé de l'est à l'ouest, outre les résultats indiqués plus haut, il a encore celui si important, dans certaines localités et pour certaines cultures, d'offrir de véritables Ados (*voyez* ce mot), que les rayons du soleil, en tombant perpendiculairement, échauffent au point de faire avancer la végétation, qu'ils portent de huit à quinze jours relativement aux champs voisins qui ne sont pas billonnés. Je ne doute pas qu'on dirige les billons, dans cette vue, en un grand nombre de lieux, quoique je ne me rappelle n'avoir observé cette pratique que sur les montagnes de la Galice, pour toutes les céréales, et aux environs de Paris, pour les pois de primeur seulement; mais dans les pays où on billonne habituellement, beaucoup de champs sont par hasard dans la même direction; et je dois dire qu'en Caroline, où tout le terrain est cultivé par cette méthode, j'ai observé que les billons opposés au midi me donnoient les premières pommes de terre et les premières patates, et en général les premiers légumes propres à être mangés.

Cette perte de terrain, contre laquelle s'élèvent ceux qui veulent proscrire la méthode de cultiver par billon, peut être évitée dans un grand nombre de cas par divers moyens, que je crains d'indiquer faute d'expérience, mais de la réussite desquels je ne doute pas. L'exemple des cultivateurs des landes de Bordeaux suffit pour le prouver. Dans ces landes, que j'ai parcourues, presque tout le terrain est billonné en automne, et semé en seigle sur le sommet des billons, qui n'ont guère plus d'un pied de large, autant que je puis m'en souvenir. Au mois d'avril on laboure l'intervalle de ces billons, et on y sème ou du maïs, ou du millet, ou des pommes de terre, etc. Ces plantes levées reçoivent une première façon dans ces intervalles; et lorsqu'en juin le seigle a été coupé, on les butte avec la terre des billons. Certes, cette culture en vaut bien une autre! Je la regarde comme une des plus savantes de celles qui se pratiquent en France.

On sait avec quel enthousiasme les écrivains anglais préconisent les avantages de la culture par Rangée (*voyez* ce mot) Eh bien! la culture par billon s'en rapproche infiniment, et même n'en diffère pas dans un grand nombre de cas, et même lui est souvent supérieure.

Je voudrois m'étendre plus longuement sur cet objet, tant je le trouve important; mais il faut me borner et me contenter de renvoyer pour le surplus aux mots Labours, Dessèchemens, Abri, Terrain, Sable, Granit, Schiste, Argile, etc. (B.)

BILLON (taille en). Les vignerons de la Côte-d'Or appellent ainsi la vigne taillée très court, c'est-à-dire sur le dernier œil du sarment. On taille en billon les plantes foibles, afin qu'elles donnent des bourgeons plus vigoureux. (B.)

BILLOT. On donne ce nom à un morceau de bois de huit pouces de long, de six lignes de diamètre, qu'on entoure de substances médicamenteuses, puis d'un linge clair, et qu'on fixe ensuite dans la bouche des animaux domestiques, principalement du cheval, au moyen de deux ficelles qui se lient derrière la nuque.

Dans les maladies pestilentielles et gangreneuses on met autour du billot de l'assa fœtida, du quinquina, du camphre. Dans les catarrhales on y met du miel, de l'iris de Florence en poudre, de la fleur de soufre.

Au reste, le billot n'est qu'un moyen de peu d'effet, et ne doit pas empêcher un traitement interne. Je n'en parlerai donc pas plus au long. (B.)

BILOQUER. On donne ce nom, dans le département des Ardennes à un premier et profond labour fait avant l'hiver, et fort irrégulier, de manière à faire présenter à la terre une grande surface à l'air. (B.)

BINA. Seconde façon qu'on donne aux terres dans le département de la Haute-Garonne.

BINAGE. En termes de jardiniers, les deux mots binage et béchottage expriment la même action, exécutée seulement avec des instrumens différens. Ainsi le binage ou béchottage est une opération qui consiste à remuer la surface de la terre avec une binette, ou avec une petite béche ou bêchot.

On donne des binages pour ameublir la terre d'un labour battue ou affaissée par les eaux, la rendre plus propre à recevoir les influences de l'air, des rosées, des pluies, et faciliter aux racines le moyen de pénétrer plus aisément. On les emploie également pour détruire les mauvaises herbes qui pourroient nuire aux plantes cultivées. Mais pour qu'ils produisent l'effet qu'on a lieu d'en attendre, il faut qu'ils soient donnés à propos, autrement ils sont presque toujours nuisibles, et quelquefois même dangereux. L'état des plantes, la nature du sol et la constitution de l'atmosphère sont autant de considérations qui doivent déterminer le jardinier.

Un binage donné à la suite d'une pluie qui a pénétré la terre à plusieurs pouces de profondeur, est très avantageux aux plantes nouvellement repiquées, en ce qu'il divise et ameublit la terre à la surface, et procure aux jeunes racines le moyen de s'étendre et de croître en tout sens. Il ne l'est pas moins aux plantes enracinées, dont il facilite le développement et la croissance. Mais il est sur-tout nécessaire à la végétation des plantes annuelles qui se trouvent placées dans des terres fortes, battues par des pluies d'orage; car alors ces terres, en se durcissant à la surface, serrent le collet des racines et empêchent les plantes de profiter. Cette opération au contraire seroit très dangereuse si on la faisoit par un temps sec dans une terre très légère, parcequ'elle occasionneroit une déperdition encore plus abondante de l'humidité de la terre, et donneroit à l'air, et sur-tout au soleil, le moyen de la dessécher à une plus grande profondeur. Il ne faut biner ces sortes de terres qu'à l'approche d'une pluie, afin que les inégalités que produit le binage à la surface puissent retenir les eaux et donner à la terre le temps de s'en imbiber plus profondément.

Lorsque la terre des caisses ou des vases est devenue dure et compacte à la surface, il est à propos de la béchotter à un pouce ou deux de profondeur, en se servant, pour les caisses, d'une houlette, et pour les vases, d'une petite bêche ou béchot; on choisit pour faire cette opération un temps chaud et couvert; lorsqu'elle est faite on a soin d'arroser la terre. Mais si l'on n'a pour but que de faire périr les plantes adventices qui commencent à croître dans les plates-bandes, et à gêner la végétation des plantes cultivées, il convient de biner par un temps sec, et lorsque la terre vient à se dessécher à la surface. Alors quelques heures d'un soleil ardent suffisent pour faire périr les herbes coupées entre deux terres par le binage, sur-tout lorsqu'on a eu la précaution de les éventer au moyen d'un léger coup de rateau, ou simplement avec les dents de la binette. Cette opération, très simple par elle-même, exige donc plusieurs considérations qu'il est important de ne pas négliger, si l'on veut en assurer le succès et atteindre le but qu'on se propose. (Th.)

BINAGE. Opération rurale par laquelle on laboure pour la seconde fois sur les champs déjà labourés. Le mot de binage vient de *bini*, dont la racine est *bis* deux fois. Le froment étant la principale plante, c'est sa culture qui sert de règle pour les opérations. Ainsi le binage est la seconde façon donnée à la terre qui doit être ensemencée en froment. Si la première commence en avril, le binage a lieu deux mois après; si elle commence avant l'hiver, on fait le binage après les froids. Il est moins difficile que la première façon, parceque la terre est déjà en labour ou divisée; aussi a-t-on besoin de moins de chevaux ou de bœufs pour le binage dans les pays où les terres ne sont pas compactes. Les labours suivans sont encore plus aisés. La plus grande partie des fumiers se mènent aux champs avant le binage; cette opération les enterre. Ils se consomment en partie jusqu'à la troisième façon qui les retourne il est vrai; mais s'il n'y a pas une quatrième façon, le hersage les enterre. Dans les terres humides et compactes, qui ont besoin d'être soulevées par de longs fumiers, il vaut mieux ne les conduire aux champs qu'après le binage.

Le binage est moins employé en France dans la grande agriculture que dans le jardinage, mais c'est à tort, car il y produit les mêmes bons effets. Les céréales, les prairies ne peuvent y être véritablement assujetties; cependant on doit considérer comme un léger binage l'opération d'y faire passer la herse au printemps. Varennes de Fenilles, peu de jours avant sa fin malheureuse, a indiqué ce hersage comme moyen d'augmenter les récoltes des blés, et j'ai observé plusieurs fois que celui qu'on pratiquoit sur les prairies n'avoit pas seulement pour résultat d'enlever, comme on le croit généralement, la mousse qui y a crû pendant l'hiver, mais qu'il donnoit une nouvelle vigueur à la végétation des graminées qui les composent. Il est des cultures en grand pour qui cette opération est indispensable, si on veut avoir de riches produits.

Les diverses façons de la vigne sont de véritables binages, et en portent même le nom dans la plupart des cantons de la France. On bine au moins deux fois le maïs, les pommes de terre, les topinambours, les raves, les fèves, les haricots, les choux, le colsat, la garance, la cardère, etc., etc.

Les Anglais ont proposé de semer les céréales et les prairies artificielles en rangées pour pouvoir les biner, et les expériences citées par Arthur Young prouvent l'excellence de cette méthode. Ils binent généralement les raves ou turneps que nous abandonnons le plus souvent à eux-mêmes. Les binages de ces plantes, en enlevant les mauvaises herbes, et en disposant la terre à recevoir et à décomposer les gaz qui flottent dans l'air, et que les pluies, principalement les pluies d'orage, précipitent, sont regardés par eux comme équivalens à une jachère par leurs effets. Ils ont même inventé des machines pour suppléer au manque de bras. Une de ces machines, le *schim*, est un ratissoir à pousser, appliqué sur des roues et que deux ou quatre chevaux font mouvoir. Ce ratissoir, dont la lame a un, deux, trois et même quatre pieds de long, s'enfonce d'un, de deux et de trois pouces, et coupe toutes les herbes qu'il trouve sur son passage. L'autre dont Arthur Young a donné la *fig. pl.* 3 du premier volume de son voyage à l'est, volume 4 de la grande édition française de ses Œuvres, est la réunion de six houes triangulaires parallèles au terrain et fortement assujetties dans une traverse attachée à l'essieu d'une paire de roues que deux chevaux font mouvoir. Cette machine ne détruit pas aussi bien les herbes que la précédente, mais elle doit être d'un usage plus facile et plus général.

Les binages d'été ont le précieux avantage d'approprier le sol. Ils donnent à nos voisins les moyens d'avoir des blés toujours exempts de mauvaises herbes, tandis que les nôtres en sont souvent surchargés au point d'en souffrir. On sait, en effet, que les plantes vivaces coupées alors entre deux terres meurent très souvent, et que les plantes annuelles ont alors rarement porté graine. Ce n'est que lorsque nous aurons adopté cette méthode, celle des prairies artificielles et l'emploi des plantes étouffantes, telles que la vesce, les pois, etc., que nos champs seront aussi dégarnis de plantes nuisibles que les leurs. *Voyez* ASSOLEMENT.

Il ne faut pas confondre cette opération avec ce qu'on appelle binage dans quelques uns de nos départemens; ce dernier binage n'est que le second labour, ou la seconde façon donnée à la terre qui doit être ensemencée en froment. *Voyez* au mot LABOUR. (TH.)

BINÉE. Petite auge dont on se sert dans le département des Ardennes pour donner à manger aux bœufs.

BINETTE. Instrument de jardinage. Petite pioche en fer, et armée d'un manche. Son nom propre, qui est un diminutif, indique à peu près son volume. Un de ses côtés est à deux pointes, et l'autre est tranchant. Il sert à remuer légèrement la terre autour des plantes. Ainsi, biner dans un jardin, c'est le travailler avec la binette. (R.)

BIOUTÉ. Nom du peuplier dans le département de Lot-et-Garonne.

BIQUE. Nom de la chèvre dans quelques lieux.

BIRD-GRASS. Graminée de l'Amérique septentrionale qu'on a transportée en Angleterre, et qu'on y cultive comme fourrage. Si la plante qui m'a été donnée comme telle l'est véritablement, c'est l'AGORSTIDE CAPILLAIRE. Mais en Amérique on donne ce nom à toutes les graminées dont les petits oiseaux mangent la graine. (B.)

BISAILLE. Nom qu'on donne aux pois gris et aux vesces dans quelques endroits, parcequ'on emploie principalement leurs graines à la nourriture des PIGEONS BISETS. *Voyez* ces mots (B.)

BISAN. C'est un des noms de l'IVRAIE

BISANNUELLE se dit d'une plante qui ne vit que deux ans. Presque toutes celles qui sont dans ce cas ne fleurissent que la seconde année. Il est extrêmement important à l'agriculteur de connoître si telle plante est annuelle, bisannuelle ou vivace, pour pouvoir régler sa conduite en conséquence; aussi je ne manque jamais de l'indiquer dans le cours de cet ouvrage. Une plante bisannuelle peut presque toujours être rendue trisannuelle en l'empêchant de fleurir. J'ai même vu des alcées roses durer cinq à six ans et plus, parcequ'on avoit soin chaque année de couper leurs tiges lorsqu'elles n'avoient encore donné qu'une partie de leurs fleurs; mais alors c'étoit des jeunes pieds poussant sur les racines des vieux qui conservoient la plante; ainsi ils pouvoient être considérés comme de nouvelles plantes. Il en est de même des ARTICHAUTS, qu'on perpétue avec leurs rejetons. (B.)

BISCUIT DE MER. Espèce de galette aplatie, de forme ronde ou carrée, du poids d'une demi-livre environ, d'un usage immémorial pour les voyages de long cours et les expéditions militaires; peu levée et fortement cuite; susceptible de se conserver dans tous les climats pendant des années, pourvu qu'elle soit tenue dans un lieu frais à l'abri de l'humidité et de l'accès de l'air, selon les bons procédés qui tiennent aux principes généraux de la boulangerie.

Sans prétendre donner ici un traité sur le biscuit, il nous a paru essentiel de faire connoître ce qu'il y a de plus essentiel dans sa fabrication, puisque la classe d'hommes intéressante pour laquelle cet ouvrage est destiné (les fermiers) pourroit avoir toujours en réserve une certaine quantité plutôt que de se nourrir de pain moisi et malsain, quand il leur arrive de n'avoir pas le temps de cuire, ou un local favorable à la conservation des approvisionnemens en pain. D'ailleurs le biscuit devroit servir dans tous les temps comme pain de soupe ; il conserve, il augmente la qualité des potages, que le meilleur pain détériore souvent.

Mais nous observerons qu'une des premières conditions, dans la préparation du biscuit, est de ne jamais y employer que des farines blanches de froment ; les grains naturellement humides et gras, tels que le seigle, le maïs et l'avoine ne sont pas aussi propres à ce genre de fabrication.

Le procédé consiste à délayer dans l'eau tiède cinq livres environ de levain un peu plus avancé que pour le pain, et à le mêler avec cinquante livres de farine bien blutée, et à pétrir le tout. Lorsque la pâte est au point de ne pouvoir plus être travaillée avec les mains, on la foule avec les pieds jusqu'à ce qu'elle soit parfaitement lisse, tenace et très unie.

Le pétrissage fini on manipule encore la pâte par parties, d'abord on en forme des rouleaux, qui, séparés en petits morceaux, repassent par la main de la ménagère ; quand le poids de chaque galette est déterminé, on lui donne la forme qu'elle doit avoir avec une bille, après quoi on l'arrange sur des tables ou sur des planches qu'on expose au frais, afin d'empêcher qu'il ne s'y établisse un mouvement de fermentation trop marqué.

On a soin que le four soit moins chauffé pour la cuisson du biscuit que pour celle du pain. Mais aussitôt que la dernière galette est tournée, on commence à enfourner la première après l'avoir percée de plusieurs trous au moyen d'une pointe de fer ; ce qui favorise son aplatissement et procure des issues à l'évaporation. Le séjour du biscuit au four est de deux heures environ.

A mesure qu'on retire les galettes du four, on les range avec beaucoup de précautions dans des caisses, de peur qu'elles ne se brisent, et on les porte dans un lieu chaud et propre, où le biscuit achève de se dessécher, et éprouve ce qu'on nomme le *ressuage.*

On reconnoît que le biscuit possède toutes les qualités désirables lorsqu'il est sonore, qu'il se casse net, qu'il présente dans son intérieur un état brillant qu'on nommé *vitré*, qu'il trempe et se gonfle considérablement dans le bouillon sans s'émietter ni gagner le fond du vase.

On voit que le biscuit n'est pas cuit deux fois comme son nom paroît l'indiquer, et comme l'ont avancé des auteurs graves qui ont voulu parler du biscuit, ainsi que d'une infinité d'autres choses, sans en avoir la plus légère notion ; il est donc absolument faux que pour les grands et petits voyages le biscuit soit cuit plus d'une fois. Quand on le tire du four, c'est pour le porter dans un lieu moins chaud où il achève de perdre son humidité surabondante, éprouve ce qu'on nomme le *ressuage*, et acquiert le degré de dessiccation requise. (PAR.)

BISE. Vent du nord ou du nord-est, qui, dans le climat de Paris, apporte toujours le froid et la sécheresse, et nuit souvent beaucoup au printemps aux productions de l'agriculture, en retardant la germination des graines et la pousse des plantes, et en BROUISSANT les feuilles des arbres. Il empêche aussi la ponte des poules et autres oiseaux de basse-cour. Des abris sont la seule ressource qu'on puisse lui opposer. Plantez donc des haies et des haies garnies d'arbres verts, cultivateurs qui voulez toujours voir lever vos avoines au temps convenable, qui craignez d'obtenir de foibles récoltes dans vos prairies! *Voyez* aux mots VENT, ABRI et HAIE. (B.)

BISER. On appelle ainsi les blés qui dégénèrent dans certaines terres, et donnent de la farine moins blanche (bise) qu'ils n'en donnoient dans l'origine. Cet effet tient presque toujours à la mauvaise culture, et doit avoir un grand nombre de causes qu'on ne peut assigner qu'à la vue du local. Le grain est plus exposé à biser dans les années pluvieuses et dans les sols aquatiques. *Voyez* au mot BLÉ. L'avoine bise aussi; mais on y fait généralement peu attention, puisqu'on la réduit rarement en farine. (B.)

BISET. C'est le pigeon sauvage, origine première de toutes les variétés du pigeon domestique. Dans beaucoup de cantons on appelle aussi de ce nom celui des pigeons domestiques qui s'écarte le moins de sa souche, c'est-à-dire à celui des colombiers peu soignés et presque abandonnés à la nature. *Voyez* au mot PIGEON. (B.)

BISQUINS. Dans quelques cantons on donne ce nom aux moutons qui vivent habituellement dans les bois. Ils ont une laine très grossière et peu abondante; mais leur chair contracte un goût de sauvageon qui la fait rechercher pour la table. (B.)

BISTORTE. Espèce du genre des RENOUÉES.

BISTOURNER. C'est tordre les vaisseaux spermatiques pour les désorganiser et empêcher les animaux de se reproduire. Cette sorte de châtrage n'est plus guère employée parcequ'elle est plus dangereuse que la section des testicules, et qu'elle ne remplit pas toujours complètement son objet. *Voyez* au mot CHATRER. (B.)

BITUME. Sorte de résine liquide ou solide qu'on trouve nageant à la surface de quelques eaux, ou qu'on va chercher dans la terre comme les minéraux.

Comme la HOUILLE, ou *charbon de terre*, est un véritable

bitume, et que c'est le seul dont les cultivateurs fassent usage en France, je renvoie à son article. (B.)

BLAIREAU. Quadrupède du genre des ours, qui vit dans les bois des parties montueuses de la France, et auquel on fait une chasse si permanente, qu'il est devenu presque par-tout fort rare. J'en voyois encore quelquefois dans ma jeunesse sur la chaîne qui s'étend de Langres à Dijon; mais aujourd'hui il n'y en a plus du tout. Ce quadrupède, qui passe les deux tiers de sa vie dans le terrier qu'il s'est creusé au milieu des fourrées en sol sablonneux, vit principalement de mulots, de taupes, de lézards, de serpens, de crapauds, de grenouilles, de hannetons, de guêpes et autres insectes, ainsi que de racines, de glands, de faînes, de pommes, de poires, et autres fruits des bois. Rarement il ose quitter sa retraite pour aller manger du raisin dans les vignes, qui en sont presque toujours très éloignées, encore moins pour venir manger les abeilles et le miel dans les ruches voisines de la maison, et ce sont les seuls dommages qu'il puisse faire aux cultivateurs. Aussi doit il être plutôt considéré comme leur auxiliaire que comme leur ennemi. On a donc tort de le détruire.

Comme l'ours, le blaireau peut passer et passe réellement, presque tous les hivers, un long temps sans manger. Il se nourrit de sa graisse, dont il est presque toujours très abondamment pourvu à cette époque de l'année, en léchant une petite poche située au-dessus de l'anus, et d'où elle suinte continuellement, accompagnée d'une liqueur très fétide.

La fourrure du blaireau est recherchée par les rouliers pour en couvrir le collier de leurs chevaux. Elle est épaisse, rude et peu brillante. On la reconnoît aux deux taches noires très allongées, et à la tache intermédiaire blanche qu'elle offre sur la tête. (B.)

BLANC, COULEUR BLANCHE. Cette couleur est considérée par les physiciens, et avec raison, comme l'absence de toute couleur, c'est-à-dire que les corps blancs repoussent tous les rayons du prisme, au contraire de la couleur noire qui les absorbe.

Il résulte de ce fait, et de l'intime rapport qu'il y a entre les rayons du soleil et la lumière, que la couleur blanche doit être la moins chaude de toutes; aussi, un habit noir porté au soleil est-il plus chaud qu'un habit blanc; aussi, pour accélérer la fonte de la neige, suffit-il de la saupoudrer de terreau; aussi une cloche de verre blanc favorise-t-elle moins la végétation qu'une cloche de verre brun; aussi une pêche placée contre un mur de plâtre mûrit-elle plus tard qu'une pêche placée contre un mur en pisé; aussi les terres noires, lorsqu'elles ne sont pas humides, sont-elles plus précoces que les autres.

Je voudrois donc que les cultivateurs s'habillassent de blanc pendant l'été, qu'ils repoussassent sur-tout les chapeaux de feutre noir pour que les travaux qu'ils exécutent au soleil fussent moins pénibles; qu'il entrât toujours du charbon en poudre dans le plâtre ou la chaux qui doit servir à recrépir les murs destinés à recevoir des espaliers, etc. etc.

La pierre calcaire, la chaux et le plâtre, étant les matières qui servent le plus généralement à la bâtisse, et étant blanches, nous sommes plus accoutumés à cette couleur qu'aux autres dans l'intérieur de nos maisons, quoiqu'elle fatigue un peu la vue lorsqu'elle est pure. Les animaux sont dans le même cas, et on dit même que les pigeons abandonnent les colombiers qui ne sont pas blanchis. Les cultivateurs qui, pour la plupart, n'ont pas le moyen de couvrir les murs de leur demeure de tapisseries ou de boiseries, ou qui craignent de les voir pourrir trop rapidement, doivent donc blanchir ces murs.

La chaux à raison, 1° de son bon marché dans la plupart des localités; 2° de la facilité de son emploi; 3° de sa propriété de décomposer les miasmes dangereux, doit être préférée. Il seroit même à désirer que l'intérieur des chambres, des écuries, des étables, des bergeries, des poulaillers, des colombiers et des toits à porc fût blanchi tous les ans au milieu de l'été. La propreté et la salubrité y gagneroient beaucoup. Il est des pays où on le fait, et où cela ne paroît ni une dépense ni une peine; mais ces pays ne sont malheureusement ni très multipliés ni très étendus.

Le seul inconvénient du blanchissage à la chaux, sur-tout quand la chaux n'est pas bonne, c'est de s'enlever au plus léger frottement et de tacher les mains et les habits. La colle ou l'huile qu'on y ajoute, pour l'éviter, sont très chers. On a reconnu, il y a quelques années, que le lait caillé, à moitié égoutté, ou le *fromage à la pie*, pouvoit les suppléer avec économie. En conséquence, quelques jours après que la chaux aura été appliquée sur les murs, qu'elle sera sèche, et aura produit son effet relativement à la salubrité, on passera dessus une ou deux couches de ce fromage.

Si on vouloit peindre des boiseries de la même manière, il faudroit mettre la chaux en poudre dans le fromage et l'appliquer sur-le-champ.

On voit encore en ce moment à Paris, dans la cour du Louvre, cinq demi-colonnes qui ont été ainsi peintes il y a trente ans, et qui ont conservé la couleur de la pierre, tandis que tout le reste du bâtiment est devenu noir. Ce moyen pourroit donc être avantageusement appliqué aux statues, aux vases, et autres ornemens des jardins. (B.)

BLANC. Les cultivateurs ont donné ce nom à deux sortes de maladies des végétaux, dont on n'a connu la cause que dans ces derniers temps.

La première s'annonce par des taches blanches irrégulières qui naissent sur les feuilles, les tiges et même les fruits des arbres et des plantes. Ces taches sont formées par la réunion de petites plantes parasites de la famille des champignons, et appartenant aux genres UREDO et ERYSIPHÉ. *Voyez* ces deux mots.

Il est des blancs qui ne prennent presque jamais les caractères de ces genres, soit parcequ'il est de leur nature de croître lentement, soit parcequ'ils ne se trouvent pas dans des circonstances favorables. J'en citerai un qui couvre souvent les feuilles de l'aubépine.

Les plantes qui forment le blanc, vivant aux dépens de la sève des arbres ou des herbes, lorsqu'elles sont très abondantes, ce qui arrive fréquemment, retardent beaucoup leur croissance, arrêtent le développement de leurs fruits, les empêchent même de fructifier, et les font quelquefois mourir On doit s'opposer à leur multiplication par le retranchement des feuilles et des tiges qui en sont infectées; mais cela n'est pas toujours facile, car il faudroit quelquefois enlever toutes les feuilles ou couper toutes les branches. C'est au jardinier à se conduire à cet égard selon l'importance qu'il met à la conservation de ses arbres ou de ses plantes. On a remarqué, il y a long-temps, et je l'ai vérifié, que les années pluvieuses et les lieux humides étoient les plus sujets au blanc. Cela vient sans doute de ce que ces circonstances développent plus sûrement le germe des plantes qui le causent. *Voyez* ROUILLE.

L'autre sorte de blanc est produite par les gouttes d'eau qui s'arrêtent sur les feuilles ou sur les jeunes bourgeons, et y occasionnent une désorganisation qui décolore leur surface et la fait paroître parsemée de taches blanchâtres. Les physiologistes ne sont pas d'accord sur les causes de cet effet, qui n'est, selon moi, qu'un commencement de brûlure; car comme il n'a lieu qu'à la suite de l'apparition du soleil, la chaleur de cet astre y concourt certainement. L'explication basée sur la réfraction des rayons ne peut se soutenir quand on connoît les lois des verres convexes. Celle qui regarde ce phénomène comme le résultat d'une légère fermentation paroît plus probable *Voyez* aux mots BRULURE et ROSÉE.

BLANC DE CHAMPIGNON. Filets blancs, arrondis et spongieux, qui s'allongent et se ramifient en forme de réseau, et produisent des champignons. Necker, qui les croyoit le résultat de la décomposition des autres végétaux, a bâti sur eux un système qui est déjà tombé dans l'oubli.

Quelques personnes confondent le blanc de champignon avec le blanc de fumier, parceque ces deux blancs se trouvent quelquefois ensemble, et diffèrent peu l'un de l'autre au premier aspect; mais il suffit de remarquer, d'une part, que le blanc de champignon se trouve dans des terres où il n'y a jamais eu de fumier, puisque l'AGARIC ESCULENT, le seul qu'on cultive, est aussi très commun sur les pelouses des montagnes, et que l'AGARIC MOUSSERON, ainsi que la plupart des autres champignons, ne viennent jamais sur le fumier, et de l'autre qu'il est beaucoup de fumiers attaqués du blanc qui ne donnent jamais de champignons.

Le blanc de champignon peut être considéré comme des filamens radiciformes d'où sortent successivement de nouvelles productions lorsque les circonstances propres à leur développement, c'est-à dire la chaleur et l'humidité, se présentent simultanément. J'ai fréquemment observé que les *agarics mousserons* croissoient plusieurs années consécutives dans le même endroit, et que cet endroit, fouillé, offroit de la terre imprégnée de blanc, même pendant l'hiver, même pendant les chaleurs de l'été, époques où il ne naît jamais de mousserons. Ce blanc, examiné à la loupe au printemps et en automne, fait voir, de distance en distance, des tubercules qui sont l'origine des champignons à venir, et qui paroissent ne différer de la semence, ou mieux, des bourgeons séminiformes de l'agaric mousseron, que parcequ'ils sont plus gros et qu'ils sont fixés sur un filament. *Voyez* CHAMPIGNONS. Aussi ai-je, dans ma jeunesse, créé plusieurs mousseronières en transportant quelques pelletées de terre imprégnée de ces filamens, ou en enterrant dans un lieu convenable des extrémités de pédicules des mousserons que je venois de cueillir.

De même les jardiniers qui ont des couches a champignons ont soin, lorsqu'ils les détruisent, de ramasser et de mettre dans un lieu sec et aéré les parties de fumier les plus abondamment pourvues de ce blanc, pour en larder celles qu'ils doivent construire pour les remplacer. Sans cette précaution ce ne seroit que par hasard qu'ils auroient des champignons. *Voyez* COUCHES. (B.)

BLANC DE FUMIER. Lorsque le fumier est assez fortement comprimé pour que l'eau des pluies ou les arrosemens ne puissent pas pénétrer dans son intérieur, ou que la saison est très sèche, et qu'on ne l'arrose pas, la paille qui le compose se couvre de filets blancs, d'une espèce de moisissure; elle devient cassante au plus petit effort, et toutes, ou presque toutes les parties animales dont elle étoit imprégnée se décomposent. Cet état s'appelle *le blanc*.

Le fumier affecté de blanc a perdu la plus grande partie

de ses propriétés. Il ne fermente plus et améliore fort peu les terres dans lesquelles on le met. Le seul usage auquel il soit plus propre qu'auparavant, c'est pour la composition des couches à champignons, encore faut-il qu'il soit mêlé avec du *fumier neuf*, c'est-à-dire sortant de l'écurie. *Voyez* CHAMPIGNONS.

La perte qui résulte, pour les cultivateurs, du fumier attaqué de blanc, sembleroit devoir les engager à surveiller davantage la fabrication de ce puissant agent de leur fortune ; mais dans la plus grande partie de la France on n'y fait aucune attention. J'ai plus vu de fumiers trop desséchés, trop pourris, ou attaqués de cette espèce d'altération, que je n'en ai vu de bien conditionnés. *Voyez* au mot FUMIER.

Il n'y a pas de doute que le blanc du fumier ne soit une plante de la famille des champignons, même du genre des moisissures ; mais je n'ai jamais pu le voir pourvu de caractères propres à fixer sa place d'une manière indubitable. Ses rapports avec les filamens qui donnent naissance à l'agaric esculent ou champignon ordinaire sont nombreux, mais il ne faut cependant pas le confondre avec ces filamens, car il arrive très souvent que le fumier attaqué de blanc ne peut plus servir, seul, à faire des couches à CHAMPIGNONS. *Voyez* ce mot. (B.)

BLANC BOIS. Nom commun aux diverses espèces de peupliers et de saules.

BLANC D'EAU. *Voyez* NÉNUFAR BLANC.

BLANC DES FEUILLES. *Voyez* ÉTIOLEMENT et PANACHURE.

BLANC DE HOLLANDE. *Voyez* PEUPLIER.

BLANCHARD. Nom vulgaire de la HOUQUE LAINEUSE. *Voyez* ce mot.

BLANCHE D'ANDILLY. POIRE.

BLANCHETTE. Nom vulgaire de la MACHE.

BLANCHIMENT et BLANCHISSAGE. *Voyez* LESSIVE.

BLANCHIR LES LEGUMES. C'est les ETIOLER (*voyez* ce mot) par des moyens artificiels. Ainsi on blanchit les laitues qui ne pomment pas, les chicorées, etc., en rapprochant leurs feuilles par le moyen d'un lien ; le pissenlit, le scorsonère, le cerfeuil, en les couvrant de paille ; les cardons, le céleri, etc., en les enterrant jusqu'au sommet. On blanchit la chicorée sauvage, les betteraves, etc., en les faisant pousser dans une cave.

Toutes les plantes sans exception, qui sont privées de la lumière, n'importe comment, blanchissent, et par-là perdent une partie de la solidité et de la saveur qui leur est propre. Les légumes trop durs et trop amers prennent donc, dans cette opération, les qualités qu'on désire leur trouver quand on les uange, c'est-à-dire qu'ils deviennent plus tendres et plus doux, nais aussi ils deviennent plus indigestes.

On accélère le blanchîment des légumes en les arrosant fréquemment et peu à la fois.

Il ne faut jamais couvrir les plantes qu'on veut blanchir avec lu fumier, ni les enterrer dans du terreau, ni les placer dans ıne cave qui ait une mauvaise odeur, parcequ'alors on risque le leur voir prendre un mauvais goût. Il ne faut pas non plus es mettre sous de la paille toujours mouillée, dans une terre rop humide, dans une cave sans courant d'air, crainte qu'ils ne pourrissent. Combien de provisions de légumes se perdent chaque année faute de faire attention à ces circonstances! On rouvera à chaque article les détails qu'il convient de connoître pour blanchir les légumes dont il traite; on y renvoie le lecteur, ainsi qu'au mot Étiolement pour l'explication du phénomène. (B.)

BLANCHIR LE FIL ET LA TOILE. Les cultivateurs sont souvent dans le cas de faire blanchir le fil qu'ils ont fait filer dans leurs maisons, ou les toiles qu'ils ont fait fabriquer pour leur usage avec ce fil. Il y a dans les environs de quelques grandes villes de commerce des établissemens uniquement consacrés à cet objet, où les opérations se font plus rapidement, plus économiquement et mieux qu'ils ne peuvent les faire, et ils doivent y envoyer les produits de leur filage ou de leur tissage; mais ceux qui sont éloignés ne le peuvent pas sans grands frais. C'est pour ces derniers que je vais parler des procédés reconnus les meilleurs pour blanchir les fils et les toiles.

Dans la plupart des cantons de la France que j'ai parcourus, les cultivateurs riches ou pauvres, qui font filer le fil et tisser la toile destinée à leur consommation, blanchissent l'un et l'autre simplement en les mettant sur l'herbe et en les retournant de temps en temps. Ce procédé suffit, mais il est long; et souvent, avant qu'il soit complet, le fil ou la toile sont pourris: aussi le plus souvent se contentent-ils d'un demi-blanc.

Dans les blanchisseries bien dirigées, après avoir lavé les fils ou les toiles écrues à grande eau, après les avoir laissées quelques jours étendues sur le pré au printemps ou en automne, époques de l'année les plus favorables, on les met à la lessive, et on les *coule* pendant au moins une demi-journée; on les lave ensuite grande eau, et on les remet sur le pré. Quelques jours après n recommence la même opération, et cela cinq à six fois. Lorsque le blanc commence à venir, on les trempe pendant vingt-quatre heures dans du petit lait; puis on les lave, puis on les tend sur le pré. Cette opération se renouvelle trois à quatre fois, et dans l'intervalle on passe encore autant de fois les fils u les toiles dans la cuve à lessive. Au bout d'un mois ou d'un mois et demi, la blancheur est parfaite, et la solidité du fil ou de la toile est conservée dans toute son intégrité.

Tous les fils ou les toiles ne se blanchissent pas aussi facilement, et ce ne sont pas toujours les plus noires qui sont dans ce dernier cas. Cela tient à la nature du suc gommo-résineux qui est resté attaché au chanvre.

Il y a fort peu d'années qu'on sait que c'est à l'oxigène de l'atmosphère qu'est dû le blanchîment des fils et des toiles écrues. Bertholet, dont le nom est attaché à tant de découvertes importantes pour les arts, s'est rendu immortel par l'application de l'acide muriatique oxigéné au blanchîment des fils, des toiles écrues et des cotons, ainsi qu'à la destruction des couleurs végétales appliquées sur leurs tissus. Par ses procédés, on en blanchit en peu d'heures telle quantité qu'on désire. Je n'entrerai pas dans le détail de ces procédés qui sont hors de la portée des cultivateurs; mais je dirai que si quelquefois la bonté des tissus qui y ont été soumis a été altérée, c'est toujours par la faute de l'opérateur. Ils en doivent toujours sortir bien moins fatigués que par la méthode ordinaire.

Les soies jaunes se vendent bien moins cher que les blanches, et ce sont les plus abondantes; je crois me rendre agréable aux cultivateurs des départemens méridionaux en leur faisant part du procédé imaginé par Beaumé pour les blanchir.

Il fait périr les chrysalides dans les cocons en les arrosant d'alcohol; puis il les fait sécher, en tire la soie, et la met en écheveaux selon la méthode ordinaire. Il dispose ensuite un plus ou moins grand nombre de vases de terre de grès, percés à leur fond d'un trou où est un bouchon de liège traversé d'un tube de verre également fermé avec du liège. Sous chacun de ces vases en est un autre à orifice étroit et dans lequel entre le tube en question. Il met dans chacun de ces vases six livres de soie jaune et quarante-huit livres d'alcohol mêlé avec douze onces d'acide muriatique très pur. Au bout de vingt-quatre heures, on laisse écouler le liquide, et on en remet du nouveau. Lorsque la soie est blanche, on fait aussi écouler ce dernier, et on le remplace par de l'alcohol pur. On n'a plus ensuite qu'à laver la soie à grande eau, à la tordre et à la faire sécher.

L'alcohol employé n'est pas entièrement perdu, attendu qu'on le retire par la distillation, après avoir saturé, par le moyen de la cendre ou de la chaux, l'acide qui lui est uni. (B.)

BLANQUETTE. Vin blanc assez renommé, que l'on fait dans la Gascogne et dans le bas Languedoc, avec le raisin qui y est appelé *blanquette*. Ce nom lui a été donné par rapport au duvet blanc et cotonneux qui recouvre la feuille par dessous. Son grain est petit, allongé et tirant sur le roux lors de sa maturité. La chair du grain est pulpeuse; son suc est doux, sucré, assez aromatisé. Le raisin mûrit facilement ; mais il faut attendre sa complète maturité avant de le couper pour faire la *blanquette*. C'est un vin doux, assez spiritueux, et de l'espèce de ceux qu'on nomme *vin de femme ;* il s'éclaircit difficilement, et par conséquent a besoin d'être collé et fouetté. La blanquette de Limoux a beaucoup de réputation. (R.)

BLANQUETTE. Poire.

BLANQUETTE. C'est l'ANSERINE MARITIME.

BLATIER. C'est le nom des personnes qui vont acheter le blé dans les campagnes, pour le revendre dans les villes ou l'exporter. Aujourd'hui que les fermiers, plus éclairés sur leurs intérêts, portent eux-mêmes leur blé au marché, le nombre des blatiers est beaucoup diminué. On dit blater ou blatrer le grain, c'est-à-dire le sophistiquer. (B.)

BLATIER. C'est pour ainsi dire le colporteur des graines d'un marché à l'autre. Il en achète une certaine quantité, et spécule sur cette quantité, en observant que la mesure de tel marché est plus grande ou plus petite que celle de tel autre, et le prix n'est pas toujours en raison de la différence de grandeur des mesures; c'est ce qui assure son bénéfice. La loi lui défend d'exposer aucun blé mélangé, et lui ordonne que celui du fond du sac soit aussi beau que celui de dessus. Dans le cas de contravention prouvée, la marchandise est confisquée et il paye 50 liv. d'amende. (R.)

BLATTAIRE ou BLAVERLE. *Voy*. BOUILLON BLANC.

BLATTE. Insecte de l'ordre des orthoptères, appelé aussi *bette noire*, *ravet*, *kakerlat*, qu'on trouve dans les boulangeries, les cuisines, et autres lieux chauds et abondans en nourritures animale ou végétale.

La BLATTE DES CUISINES, *Blatta Orientalis,* Fab., a environ deux pouces de long, et la couleur d'un brun foncé. Elle se sert rarement de ses ailes, mais court très vite. Son odeur est nauséabonde et se communique à tout ce qu'elle touche. Pendant le jour, elle se réfugie dans les trous de mur, sous les planches, etc., et butine pendant toute la nuit. La plupart des substances qui servent à la nourriture de l'homme sont de son goût, et la consommation qu'elle en fait n'est que la moindre partie du dommage qu'elle cause, parcequ'elle en gâte bien plus qu'elle n'en mange. Paroît-on avec une lumière, elle disparoît en un clin-d'œil. Elle pond pendant presque tout l'été ; aussi lorsqu'elle est bien pourvue de vivres, et qu'elle n'est pas exposée à être inquiétée, pullule-t-elle avec une incroyable rapidité. Elle est la peste des pays chauds.

Il est de l'intéret des cultivateurs, et sur-tout des boulangers chez qui elle se trouve le plus abondamment, parcequ'elle aime beaucoup la farine et la chaleur, de la détruire. Les moyens à employer sont de leur tendre des piéges, tel qu'une planche soulevée de deux lignes, sous laquelle elle se réfugie et avec laquelle on l'écrase; tel qu'une poignée de farine ou un morceau de lard mis sur un support, au milieu d'un long vase de verre ou de terre vernissé, à moitié plein d'eau, vase dont on leur rend l'accès facile et dans laquelle elles se noient faute de pouvoir en sortir lorsqu'elles y sont tombées. On les empoisonne aussi, soit en mêlant de l'arsenic, ce qui peut avoir des inconvéniens, soit de la suie, ce qui n'en a pas, avec les choses qu'elles aiment le mieux. On peut encore rechercher leurs œufs qui sont fort gros, pour les écraser. Quelques chats, les belettes, les rats, les tuent. Elles se mangent même entre elles lorsqu'elles manquent de nourriture.

Dans le climat de Paris, les blattes disparoissent presque toutes des boulangeries pendant l'hiver; mais il n'en est pas de même des parties méridionales de la France, où les froids ne sont pas assez considérables pour les faire mourir. (B.)

BLAVETTE. Nom vulgaire du BLEUET dans quelques cantons.

BLÉ MÉTEIL. *Voy*. MÉTEIL.

BLÉ. Les laboureurs appellent ainsi non seulement tous les graminées, mais encore les semences légumineuses; ils rangent même dans cette classe plusieurs plantes qui n'appartiennent à aucune de ces deux familles, tels sont par exemple le sarrasin, le *melampirum* ou blé de vache. Cependant comme le froment est le blé par excellence, nous croyons devoir y renvoyer ce qui concerne ses espèces, ses variétés, sa culture, ses accidens, les maladies et les insectes qui l'attaquent avant, pendant et après la moisson, pour nous renfermer dans l'exposé succinct des pratiques les plus usitées pour sa conservation, sauf à traiter, à l'article grain, tout ce qui est relatif à son transport et à son commerce. *Voyez* aux mots SEIGLE, FROMENT, ORGE, AVOINE, MAÏS, MILLET et GRAINS.

C'est d'après la pesanteur spécifique du blé qu'on peut juger s'il sera plus ou moins susceptible de se garder; le moins lourd, à volume égal, contient toujours le plus d'élémens de destruction; mais il faut le concours de nombreuses circonstances pour obtenir cette précieuse qualité. Pline entre autres assure que dans la Sicile il existe un blé qui ne rend presque point de son et qui a la faculté de braver un temps infini sans s'altérer. Cet homme sublime, à qui rien ne paroît avoir échappé, prétend que cette propriété particulière résulte moins du climat et du sol que de la nature de la semence.

Cependant il faut convenir, malgré cette autorité, que le blé des contrées méridionales a assez constamment une supériorité sur celui du nord, et que les blés d'Italie, cultivés dans un bon fonds, sur des hauteurs, dans de belles plaines découvertes, et récoltés en temps sec, valent mieux que ceux des contrées septentrionales, toutes choses égales d'ailleurs, car le climat seul ne donne pas le degré de perfection et de bonté à toutes les productions de la terre; le sol exerce également son influence. La plupart de nos départemens cultivent la même espèce de blé plus ou moins abondamment; mais quelle différence de l'un à l'autre pour la valeur du grain, la quantité et l'espèce de farine qu'on en obtient, quoique l'art de moudre et de pétrir puisse, étant perfectionné d'une extrémité à l'autre de ce vaste empire, faire disparoître toutes ces nuances de qualité!

Des différentes pratiques adoptées pour la conservation du blé. Il est possible, d'après les connoissances acquises sur les qualités spécifiques des blés, d'en former deux grandes classes, savoir, les blés fins ou tendres, les blés durs ou glacés. La premiére appartient aux pays froids et aux sols compacts et humides; la seconde aux climats chauds et aux terres sèches et légères: l'une, ayant un excédant d'eau de végétation, tend toujours vers la détérioration si on n'arrête sur-le-champ cette disposition par l'application de l'air frais et du feu; l'autre a un ennemi non moins redoutable à combattre, ce sont les insectes dont elle devient la proie; il faut donc des mesures de conservation déterminées d'après leur nature, comme aussi de l'état où se trouve le blé au moment où il vient d'être coupé, de la provision qu'on en a et des contrées qui l'ont produit. Cet objet intéresse trop directement les grandes administrations en général, et tous les ordres de consommateurs en particulier, pour nous permettre à cet égard la plus légère omission.

Conservation du blé par l'intermède de la soustraction de l'impression de l'air extérieur. Il seroit difficile de faire, des connoissances acquises sur les effets de l'air, un emploi plus utile à toutes les classes; et ce moyen est sans contredit le meilleur qu'on puisse mettre en usage et en même temps le plus conforme aux lois de la nature.

Blé dans la gerbe. Dès que le blé est coupé et réuni en gerbes, on le laisse dans le champ même où il a été récolté plus ou moins long-temps, afin qu'il perde son humidité superflue; soit que l'on en arrange les gerbes dans la grange ou sous des hangars, soit qu'on les amoncelle dans les meules à demeure, il y acquiert le dernier degré de la maturité, se perfectionne à peu près comme les fruits à pepins dans le fruitier; il conserve long-temps la faculté germinative et le goût de fruit qui caractérise sa nouveauté, avantage que l'on retrouve dans le pain qu'on en prépare; enfin il devient plus propre à se garder au grenier et à se transporter au loin sans avaries.

Le blé conservé ainsi dans les granges, ou en meules, est dans un état qu'on peut comparer à celui de l'amande dans la coque; les deux moyens ne diffèrent qu'en ce que l'un est moins accessible aux animaux et abrité par un toit, et qu'il est plus sous la main du propriétaire, tandis que le reste exige une plus grande surveillance et davantage de frais; mais dans tous les cas il est prouvé que le blé conservé par cette méthode s'améliore, qu'il perd une portion de son humidité surabondante, et que l'autre se concentre insensiblement avec les différens principes d'où résulte cet effet qu'on appelle le *ressuiement*, c'est-à-dire que, suivant l'expression familière du cultivateur, *le blé a jeté son feu*.

Ces moyens de conservation, malgré leur bonté reconnue, ne sont pas, il est vrai, praticables dans toutes les circonstances; par exemple, lorsque le blé a été récolté humide, qu'on n'a pas d'emplacement hors de la ferme, et que le prix des matériaux pour bâtir est excessif, ils ne sont pas praticables, sur-tout dans les cantons du midi de la France, où la totalité de la moisson est dépiquée au moyen du pied des animaux; le procédé suivant doit être préféré quand on n'a besoin que des pailles et qu'on ne manque point de grains.

Blé dans la petite paille. Quand on a battu et vanné le blé, on le remet ensuite dans la petite paille, on étend le tout dans la grange ou le grenier, ou dans tout autre endroit sec et froid. On le conserve un temps infini sans avoir besoin de le remuer; il est même possible de le transporter ainsi; chaque grain se trouve isolé et recouvert d'une matière sèche et lisse qui ne s'humecte pas à l'air, qui réfléchit les rayons du soleil plutôt qu'elle ne les absorbe, et empêche qu'il ne se tasse. S'il reste du blé adhérent à la balle quand on bat en temps humide, c'est la portion du grain où se trouve le germe qui produit l'effet d'un hygromètre, se gonfle et se resserre dans son alvéole.

Blé en couches. La méthode la plus généralement pratiquée de conserver le blé, dès qu'une fois il est battu, vanné et criblé, consiste à le répandre sur le carreau ou le plancher du grenier en couches plus ou moins épaisses, à le remuer à la pelle et à le passer souvent au crible; cependant les grains, ainsi abandonnés à l'air, à la poussière, aux insectes qui s'y introduisent et s'y multiplient, exigent un travail d'autant plus soutenu, qu'ils proviennent d'années humides, et que les masses sont plus considérables.

Pour prévenir les effets funestes de cette méthode, on ne donne au tas qu'un pied ou dix-huit pouces d'épaisseur, et on à soin de placer aux deux extrémités un crible pour le remuer continuellement ; par cette opération on fait passer successivement le grain d'un lieu dans un autre, d'un étage supérieur à un étage inférieur, en le rafraîchissant par de l'air nouveau qui dissout et emporte une partie de l'humidité.

Mais on ne doit jamais attendre, pour remuer le blé, qu'il exhale de l'odeur, et que la main introduite dans le tas éprouve de la chaleur, car le grain auroit déjà subi un commencement de fermentation qu'il seroit difficile ensuite de corriger ; il faut donc passer le blé à la pelle tous les quinze jours en été, et tous les mois en hiver ; le criblage demande à être répété tous les deux mois.

Blé ventillé. Pour donner plus d'activité à l'air, et favoriser une plus grande introduction de cet agent dans les couches horizontales du blé répandu sur l'aire du grenier, Hales est le premier qui ait songé à exciter un courant par le jeu des soufflets, et à faire traverser l'épaisseur du tas par de l'air froid et sec qui renouvelle à l'infini celui qui se trouve interposé entre les grains. Duhamel s'est assuré de l'efficacité de ce moyen en éventant un petit grenier qui contenoit quatre vingt-quatorze pieds cubes de froment. On trouve dans son *Traité de la conservation des grains* la description de greniers de toutes sortes de dimensions, et la forme des caisses qu'il propose pour rafraîchir le blé et le nettoyer.

Blé dans les paniers de paille. Fondé sur ce que la paille est le plus mauvais conducteur de la chaleur, l'abbé Villin a imaginé d'en former des paniers d'une certaine grandeur pour y conserver le blé. Ces paniers ont la figure d'un cône renversé et peuvent en contenir jusques à deux setiers environ, mesure de Paris.

Chaque panier est composé de rouleaux de paille de seigle, unis les uns aux autres par des liens flexibles d'écorce de tilleul ; vers l'endroit où le panier se rétrécit, il y a extérieurement un rebord de paille qui les retient sur les montans ; le haut du panier, qui est la base du cône, est recouvert d'un clayon dont l'usage est d'empêcher les chats d'y faire leurs ordures.

Ces paniers se démontent ; ils sont de deux ou trois pièces, liées par attaches, et par ce moyen on peut les entrer même par des portes étroites de grenier. Au milieu du panier, M. l'abbé Villin avoit coutume de placer du haut en bas un tuyau de paille formé de différens faisceaux.

Les avantages de ces paniers sont, 1° de tenir le froment net ; 2° de le mettre à l'abri des chats qui peuvent y chasser les souris sans le gâter, parcequ'ils n'ont pas la liberté d'y entrer ; 3° d'en écarter la mite et le charançon qui n'y trouvent pas leur retraite comme dans les murs et les planchers, et dont la multiplication ne peut y être grande, parceque ce froment est remué très facilement; pour cet effet on débouche toutes les planches à coulisses de chaque panier, on place des corbeilles sur ceux du plus bas étage, pour recevoir environ un huitième du grain. On remonte ce grain dans les paniers inférieurs ; on conçoit que les paniers ayant une forme conique, si on laisse échapper un peu de blé, tout ce qui y est contenu est remué dans l'instant, les grains coulent les uns sur les autres, le blé a de l'air par les parois du panier, il en a par le tuyau de paille qui est au centre et qui sert en outre de thermomètre quand le froment s'échauffe et fermente. Ce tuyau se couvre à son extrémité d'une humidité qui l'annonce; alors on ôte les coulisses pour le remuer.

Blé dans les souterrains. On a imaginé de soustraire le blé à l'impression de l'air en le mettant dans des fosses profondes, dans des puits, dans des citernes; il y a plusieurs méthodes pour réussir. La première, c'est d'asperger à plusieurs reprises la surface du monceau avec une certaine quantité d'eau; le grain mouillé gonfle et germe, les radicules présentent insensiblement une masse de racines et de tiges, qui, se desséchant, forment une croûte universelle.

Une autre méthode, préférable à la première à tous égards, consiste à couvrir le monceau de deux pouces de chaux ou de plâtre réduits en poudre très fine, à mouiller par aspersion la partie extérieure de cette couche; celle-ci alors ne permet plus l'accès de l'air extérieur.

S'il existoit des insectes dans le monceau de blé, ils périroient à cause du défaut d'air libre pour respirer, ou bien parceque leurs dégâts, une fois faits, ils ne pourroient pas en recommencer de nouveaux, attendu que leur accouplement et leur régénération deviendroient impossibles.

En 1707 on découvrit dans la citadelle de Metz un magasin de blé qui y avoit été déposé en 1523. Le pain qu'on en prépara parut assez bon. A Sedan on trouva pareillement une masse de blé qui existoit depuis cent dix ans : tous ces blés étoient recouverts d'une croûte épaisse de quelques pouces qui interdisoit la communication entre l'intérieur du monceau et l'air extérieur.

Ces moyens de conserver le blé le préservoient bien des alternatives du chaud et du froid, de la lumière et des insectes; mais ils le racornissoient et lui communiquoient les défauts qu'on reproche *aux blés durs de plancher;* ils en altéroient la couche supérieure, et faisoient contracter à la couche inférieure une odeur de moisi, de chanci, d'où il résultoit un produit médiocre en farine et en pain.

Maintenant que la composition physique du blé est mieux connue, qu'on a su apprécier les effets des agens conservateurs qu'on leur applique aujourd'hui, qu'il est facile de le garder en bon état un certain temps sans en sacrifier une partie, pourquoi tous nos efforts ne tendroient-ils pas vers les moyens de perfectionner ces agens, puisqu'il n'en coûteroit ni soins ni frais de plus ?

Blé en sacs isolés. Parmi les moyens proposés et adoptés pour conserver de grands approvisionnemens, il n'en est pas de plus économique et de plus conforme à la saine physique, à l'expérience, que celui qui consiste à mettre le blé, dès qu'il est sec, bien criblé et ressuyé, dans des sacs propres et fermés, à distribuer ces sacs par rangées droites dans le grenier, dont nous donnerons incessamment la description, en ne laissant que la place nécessaire pour passer entre les murs. Ces sacs doivent être isolés au moyen de petits morceaux de bois qu'on fixera à leur circonférence par un petit crochet attaché à leur extrémité, et qu'on mettra à la partie la plus saillante du sac.

Cette méthode de conservation n'est pas seulement applicable aux graminées, elle convient encore aux semences légumineuses, telles que les pois, les fèves, les haricots, les lentilles, etc. Elle épargne du temps, des soins, des dépenses employées souvent en pure perte, pour les pratiques les plus vicieuses quoique les plus usitées; elle ménage de l'emplacement; car c'est une vérité démontrée que les grains, divisés en petites masses, s'échauffent fermentent moins aisément que quand ils sont amoncelés, les sacs isolés doivent être considérés comme autant de petits greniers renfermés dans un grand, et que le même local peut contenir du blé en sacs une fois autant que lorsqu'il est répandu sur le plancher en couches plus ou moins épaisses.

Parcourons l'histoire des siècles les plus reculés, et nous verrons que ces urnes, ces jarres, ces corbeilles dans lesquelles les anciens serroient leurs provisions de blé; que les différens procédés mis en usage par les modernes pour le conserver en épi, dans la paille, au vent, dans des nattes en forme de paniers, dans des citernes revêtues intérieurement de paillassons, dans des barils, dans des caisses, des magasins à compartimens, sont fondés absolument sur le principe de la méthode des sacs isolés que nous proposons. Quand cessera-t-on d'abandonner le blé en couches, plus ou moins épaisses, à l'action de tous les élémens, à la voracité des insectes, ou d'entasser les sacs qui le contiennent à plus de vingt pieds de hauteur, en plusieurs piles réunies? Dans quels lieux, dans quel temps cette pratique défectueuse est-elle suivie sur un sol humide, lorsqu'il fait chaud, quand les grains proviennent de récoltes pluvieuses ou du nord, et après leur transport par eau ou par terre des bateaux ou des voitures mal couvertes ? Faut-il s'étonner que des masses énormes de grains qui auroient suffi pour la nourriture d'un canton se soient détériorées et que leur perte ait occasionné la cherté et souvent la disette?

Conservation du blé par l'intermède de la chaleur. Il a bien fallu chercher à dépouiller le blé de son humidité surabondante, quand il en contient assez pour menacer ruine peu de temps après la moisson, et qu'il ne peut se moudre convenablement.

Blé exposé au soleil. Quelque parfait que soit le blé au moment de la récolte, il est toujours avantageux que l'hiver ait passé dessus pour le consommer; mais le pauvre habitant de la campagne, qui n'a pas le temps d'attendre, se jette sur le grain aussitôt qu'il est coupé; peu de temps après les maladies l'assiègent de toutes parts, il ignore que c'est à l'usage des grains nouveaux qu'il faut en attribuer la cause; pressé alors de le faire servir à sa nourriture, il devroit avoir toujours la précaution, avant de l'envoyer au moulin, de profiter de quelques jours de beau temps, et de l'étendre sur des draps au soleil qui en fait dissiper l'eau de végétation qu'il perd insensiblement, à la grange ou au grenier, dans l'espace de six mois.

Quand bien même il ne devroit résulter de la précaution d'exposer les grains trop nouveaux au soleil qu'un avantage pour la santé, ne seroit-ce pas une raison suffisante pour s'empresser de l'employer? Mais l'économie y trouvera également son compte; le blé humide se comprime au moulin au lieu de se rompre; en le desséchant comme nous le recommandons, la farine qui en proviendra sera plus abondante et donnera du pain de meilleure qualité.

Les blés mal criblés qui ont contracté à leur superficie une odeur de moisi ou d'insectes, qui sont recouverts par la carie ou le charbon, ou salis par une poussière, ne donnent que des résultats médiocres, à moins qu'on ne les lave à grande eau dans des baquets; ceux qui ont à leur disposition une fontaine doivent s'en servir de préférence, l'opération va plus vite et est plus efficace; le grand point est de remuer et froisser vivement les grains les uns contre les autres, et le courant de l'eau entraîne la poussière et les œufs des insectes. Ce grain égoutte au moyen de mannes d'osier à mailles serrées.

Blé à l'étuve. L'humidité ayant été regardée de temps immémorial comme un des principaux instrumens de l'altération du blé, et le transport ne pouvant s'en faire au loin, sur-tout quand la récolte a été pluvieuse, et que le grain provient des pays froids, sans subir des avaries, l'air sec et toutes les opérations du grenier deviendroient insuffisantes pour enlever ou combiner sur-le-champ cette humidité surabondante, et prévenir la germination qui en est la suite inévitable; il faut donc lui administrer un secours plus actif que le pelage et le criblage; le feu dans cette circonstance est le moyen le plus efficace; il le met d'abord en état de se conserver, de se transporter et de se moudre avec plus de profit, et de fournir ensuite des résultats moins médiocres; car il est inutile de se faire illusion, un blé qui n'a point été récolté sec ne pourra jamais réunir toutes les qualités que possède celui qui n'a pas été nourri d'eau; il est impossible aux soins, à l'intelligence et à l'art, de restituer à l'un de ses principes constituans (la matière glutineuse) ce qu'une disposition à la germination lui a enlevé, matière qui joue le plus grand rôle dans la panification, et sans la présence de laquelle le pain sera toujours compacte, d'une cuisson difficile et peu savoureux.

Le blé à l'étuve augmente d'abord de volume; l'humidité qui tient le grain dans cet état, qu'on appelle *blé nouveau*, s'évapore, mais celle qui lui appartient essentiellement, et qui n'auroit fait que disparoître à la longue en se combinant plus exactement, est forcée de quitter son aggrégation par un degré de chaleur que n'a aucun climat, ce qui opère le dessèchement désiré qu'on ne peut obtenir, soit en Italie, soit dans les pays septentrionaux, que par le moyen de l'étuve qui, évaporant ces deux espèces d'humidité, apporte dans la constitution du grain un dérangement réel, dérangement dont le germe se ressent le premier.

Toute l'Europe a applaudi aux opérations que Duhamel a exécutées en petit et en grand sur cette matière, mais je n'ai pu me dispenser de faire du vivant de l'auteur quelques objections contre l'étuve, contre cette invention qu'on ne se lasse pas d'admirer tout en relevant ses défauts; et en effet, quelque familier que l'on soit avec elle, il est impossible de fixer le temps que le grain doit séjourner dans l'étuve, ni de déterminer au juste le degré de chaleur convenable pour sa parfaite dessiccation la plus modérée; elle préjudicie toujours au commerce par le déchet sensible qu'elle occasionne au poids et à la mesure, par les frais de construction, de chauffage et de main-d'œuvre qu'elle entraîne; elle enlève en outre au blé cet état lisse et coulant qu'on nomme *la main;* elle le ronge et elle efface les traits, les signes d'après lesquels on décide du terroir qui l'a produit, des qualités et des défauts que la saison et les négligences lui ont conciliées; enfin, la farine qui résulte d'un grain étuvé est toujours terne, et le pain qu'on en prépare manque de ce goût de fruit qui caractérise les bons blés non étuvés.

Mais les partisans de l'étuve ont étendu son pouvoir beaucoup trop loin, en prétendant qu'elle étoit encore en état de mettre le grain à l'abri des insectes, de faire même mourir ceux qui s'y étoient déjà introduits; qu'on pourroit ainsi l'abandonner au grenier, sans avoir besoin de le remuer ni de le travailler: une suite d'expériences et de recherches ont prouvé que le blé étuvé n'en est pas moins susceptible de devenir la proie des insectes, et que, pour en faire périr la totalité, il falloit pousser la chaleur jusqu'à quatre-vingt-dix degrés, ce qui desséchoit trop le grain et le torréfioit pour ainsi dire; qu'enfin le grain, dépouillé de son humidité par la chaleur de l'étuve, ne tarde pas à reprendre une grande partie de celle qu'elle a perdue; abandonné en couches dans un grenier sec, il n'en étoit pas moins propre à s'échauffer, à fermenter si on oublie de l'y remuer; tous ces faits, attestés par les témoignages les plus irréprochables, et constatés par des procès-verbaux d'expériences, sont justifiés par de nouveaux essais.

Blé au four. Le succès des expériences faites par Duhamel et Tillet démontre que quand le criblage est insuffisant pour débarrasser le blé des insectes qui s'en sont emparés il faut préférer le four; sa forme explique les raisons pour lesquelles une chaleur moins considérable peut produire un effet plus intense que l'étuve; d'ailleurs cette opération éloigne toute idée d'embarras et de dépense : le four est un instrument placé dans presque toutes les maisons, chacun peut disposer de la chaleur de celui de son voisin, qui seroit perdue sans cet emploi; mais nous ne saurions trop souvent rappeler aux particuliers accoutumés à préparer le pain à la maison l'invitation pressante que je leur ai faite de se ménager au-dessus du four une espèce de chambre, dût-on, comme chez beaucoup de boulangers de Paris, baisser le four au-dessous du sol, en le faisant égaliser et carreler, en élevant des murailles de six pieds, en prolongeant les ouvas par le moyen des tuyaux de poêle; c'est ainsi qu'on auroit l'avantage de se procurer une étuve évidemment économique, dans laquelle les grains trop humides, ou naturellement gras et visqueux, acquerroient en moins de vingt-quatre heures la faculté de se moudre avec plus de profit, et de fournir, moyennant cette dessiccation préalable, une farine plus parfaite, plus susceptible de se garder et de se manipuler; mais dans tous les cas il seroit difficile de se servir des fours de boulangers des grandes villes, qui la plupart cuisent plusieurs fournées, puisque quand le pain en est une fois retiré, ils y jettent du bois pour le sécher et favoriser son ignition. (Par.)

BLÉ. Sous ce nom, dans le Médoc, on ne comprend que le seigle et non le froment.

BLÉ AVRILLET. On donne ce nom dans quelques endroits

BLÉ CHARBONNÉ. Maladie du FROMENT. *Voyez* ce mot et le mot CHARBON.

BLÉ CORNU ou ERGOTÉ. *Voyez* ERGOT et SEIGLE.

BLÉ D'ABONDANCE. Nom sous lequel on connoît dans quelques cantons le FROMENT TOUZELLE.

BLÉ DE CANARIE. C'est l'alpiste. *Voyez* au mot PHALARIDE.

BLE DE MARS. Variété de *froment* qu'on sème au printemps. *Voyez* au mot FROMENT.

BLÉ NOIR. Nom vulgaire du SARRASIN.

BLÉ DE TURQUIE. Blé d'Inde ou d'Espagne. C'est le MAÏS.

BLÉ DE VACHE. C'est le MÉLAMPYRE DES CHAMPS.

BLEIME. Infiltration de sang ou de sérosité qui se produit à la sole du cheval, vers le talon, par suite d'une contusion, et qui est souvent suivie de la supuration.

On ne reconnoît pas toujours facilement l'existence de la bleime, parceque beaucoup d'autres causes peuvent comme elle faire naître le boitement, seul symptôme qu'elle offre d'abord. Ce n'est généralement qu'en la mettant à découvert en abattant du pied, qu'on est certain de son existence.

Les chevaux qui travaillent peu, qui par conséquent n'usent pas assez leurs pieds, ceux qui ont les sabots secs, encastelés, sont le plus dans le cas d'être affectés de la bleime, lorsqu'ils font des courses forcées ou qu'ils traversent des pays pierreux. Les pieds de derrière en sont rarement atteints, à raison de la conformation de leur sole.

Pour traiter la bleime, il faut déferrer le cheval et abattre du pied, c'est-à-dire amincir la sole jusqu'à ce qu'on l'ait découverte, en évitant cependant d'atteindre la chair. On panse ensuite la plaie avec de l'essence de térébenthine.

Souvent la bleime se guérit d'elle-même. Souvent aussi elle prend un caractère plus grave, et donne naissance à un abcès, même à la carie de l'os du pied; mais ces cas sont rares.

On se tromperoit fort si on croyoit qu'un repos absolu est ce qui convient pour accélérer la guérison de la bleime qui a été opérée. Il faut promener le cheval, même le fatiguer un peu. On a vu des chevaux de régiment, qui y sont plus sujets que les autres à raison de leurs alternatives de repos presque absolu et de fatigues excessives, se guérir par une marche forcée. (B.)

BLESSURE. Lésion faite à une partie du corps des animaux domestiques par une chute, un coup, un choc, un frottement, etc. *Voyez* aux mots PLAIES, FRACTURES et CONTUSIONS.

On ne peut prévoir le plus souvent les chutes, les chocs qui doivent causer des blessures aux chevaux, aux bœufs; mais aussi on ne peut excuser les cultivateurs qui blessent ces animaux pour les exciter à travailler au-delà de leurs forces, qui ne prennent pas la plus petite peine pour leur éviter les blessures que leur font leurs harnois. Qui n'a pas vu des brutaux se plaire sans raison à maltraiter ceux confiés à leur conduite, se rire des plaies dont leur corps étoit couvert? Il semble que ces pauvres bêtes sont insensibles, tant on fait peu attention à leurs maux. Si ce n'est pas pour eux, dirai-je à ces ames insensibles, que ce soit pour vous. Vous avez beau assommer votre cheval, votre âne, votre bœuf; exténués par le défaut de nourriture et l'excès du travail, vous ne leur rendrez pas la vigueur qu'ils ont perdue. C'est en leur donnant du manger et du repos que vous parviendrez à en tirer de nouveaux services. Mais c'est de l'instruction dans le bas âge qu'on peut seulement espérer une amélioration en France à cet égard. (B.)

BLETTE. C'est le nom de la POIRÉE dans quelques endroits.

BLEUET. On donne quelquefois ce nom à l'AIRELLE.

BLEUET ou BLUET. Plante annuelle, à racine pivotante, pourvue d'un grand nombre de fibrilles, à tige grêle, anguleuse, cotonneuse, branchue, haute d'un à deux pieds, à feuilles alternes, linéaires, lancéolées, sessiles, velues; les inférieures souvent dentées, à fleurs ordinairement bleues, larges de près d'un pouce, et solitaires à l'extrémité des tiges et des rameaux, qui faisoit partie des CENTAURÉES de Linnæus (*Centaurea cyanus*); mais que Jussieu a fait servir de type à un nouveau genre qu'il a appelé de son nom, et qui est de la syngénésie frustranée et de la famille des cynarocéphales.

Les cultivateurs de la grande, comme ceux de la petite culture, doivent connoître cette plante, qui s'appelle encore *barbeau*, *aubifoin*, *blaverole*, *casse lunette*, etc., les uns pour la détruire et les autres pour la multiplier, parcequ'elle fait autant de mal dans les champs de blé, lorsqu'elle s'y trouve en trop grande abondance, qu'elle produit un bel effet par ses variétés lorsqu'elle est semée dans un parterre.

Les fleurs du bleuet ont très peu d'odeur, et sont regardées comme ophtalmiques et apéritives. On en faisoit autrefois un grand usage en médecine; on en tient même encore une eau distillée dans les pharmacies, qu'on emploie dans les maladies des yeux, mais qui passe, chez les praticiens éclairés, pour n'avoir pas plus de vertus que l'eau pure. Elles fournissent une belle couleur, propre à peindre en miniature et à colorer les crèmes et autres sucreries. Ses feuilles et ses tiges sont amères et astringentes. Les vaches et les brebis les mangent avec plaisir, sur-tout quand elles sont jeunes; mais les chevaux n'en veulent point.

Toute espèce de terre, à moins qu'elle ne soit trop aquatique, convient au bleuet, mais sur-tout celle qui est sèche et légère. Il n'est personne qui n'ait été frappé de son abondance dans certains cantons et dans certaines années. Souvent il domine dans un champ au point de réduire à peu de chose le produit de la plante qu'on y cultive. Il est en fleur pendant une grande partie de l'année, et se resème de lui-même, ce qui rend sa destruction fort difficile dans la méthode commune de culture, c'est-à-dire dans la culture avec jachères, mais dans la culture alterne; c'est-à-dire avec assolement, cela devient très facile, puisque tous les pieds qui ont levé dans un champ où on a planté des haricots, par exemple, doivent être coupés par les binages que demandent ce légume; que ceux qui ont levé dans un champ semé de trèfle seront étouffés par la fane de ce fourrage.

La graine du bleuet n'est presque jamais en assez grande quantité dans le blé qu'on porte au moulin pour influer sur la qualité de la farine, parcequ'elle est tombée avant la récolte, et que l'autre passe à travers le crible. Elle peut cependant quelquefois y porter un principe d'amertume, mais qui n'a point de dangers pour la santé.

La belle couleur du bleuet a engagé à l'introduire dans les jardins, où il a acquis plus de volume et où il a varié dans toutes les nuances possibles de bleu, de violet, de rouge et de blanc, souvent de deux de ces nuances sur le même pied et même sur la même fleur. C'est un extrêmement beau coup-d'œil que celui d'un parterre où toutes ces nuances se trouvent réunies. Pour les obtenir, on ne peut que semer leurs graines au hasard, car la graine d'une fleur blanche donne souvent un pied à fleurs bleues et un à fleurs violettes, etc. C'est ce qui fait que rarement elles sont mélangées également. Les beaux pieds résultent des semis d'automne; cependant ceux du printemps sont plus communs, parcequ'on veut faire en plein les labours d'hiver. Afin que leur floraison se prolonge plus long-temps, il faut en semer à deux époques éloignées d'un mois. Le même objet est rempli en coupant une partie des pieds avant leur floraison, parcequ'alors ils repoussent et fleurissent plus tard. On peut par ces moyens avoir des fleurs depuis le mois d'avril jusqu'aux gelées; mais en général on se contente de celles du printemps. Comme leur transplantation n'est jamais avantageuse, on ne doit la faire qu'à la dernière extrémité. Il vaut mieux semer épais et ensuite éclaircir. Ordinairement on les place en touffes de quatre à cinq tiges, et on les éloigne de deux à trois pieds. Ils forment aussi dans les corbeilles des jardins paysagers de très agréables effets en masse et vus de loin. (B.)

BLOSSISSEMENT. État voisin de la pourriture et par lequel passent les nèfles, les cormes, les poires sauvages, et beaucoup de poires d'été lorsquelles sont arrivées à leur complète maturité.

L'astriction qu'offre les trois premiers de ces fruits avant qu'ils soient parvenus à cet état, astriction qui ne permet pas de les manger et qui disparoît alors, donne à penser que le blossissement n'est que la décomposition du principe astringent; mais les poires d'été, presque toutes si agréables au goût, prouvent que cela n'est pas. Il paroît au contraire que c'est le principe sucré, puisque ces poires ont alors perdu leur goût, en tout ou en partie.

Comme on n'a aucune idée positive de la marche de la nature dans cette circonstance, je ne puis que faire des vœux pour que quelque ami de l'agriculture l'étudie et nous la fasse connoître.

Les fruits qui blossissent arrivent successivement, et plus ou moins rapidement, à cet état, qui les fait devenir plus ou moins bruns. Je ne connois pas d'autres moyens de l'empêcher de se développer que la dessiccation, la cuisson ou l'immersion dans l'eau-de-vie. La pourriture véritable en est immanquablement et plus ou moins promptement la suite.

Il est des personnes qui aiment beaucoup les fruits et sur-tout les poires blossies, qu'on appelle, à Paris, POIRES MOLLES, parcequ'elles prennent cette consistance, quelque dures qu'elles soient auparavant, comme on en a un exemple dans le messire-jean.

Les pommes passent aussi quelquefois par une sorte de blossissement, principalement les pommes à cidre, et il est reconnu que l'existence d'une certaine quantité de ces pommes dans une pressée de cidre le rend plus délicat. *Voyez* au mot CIDRE.

BLUTEAU, BLUTOIR. Il y en a de deux sortes : le premier est un sac de crin, ou d'étamine, ou de toile, qui sert à séparer le son de la farine; le second a la même forme et agit par les mêmes principes. C'est également un cylindre composé par des feuilles de fer-blanc, trouées comme des râpes, ou par des fils de fer placés circulairement les uns à côté des autres, et à une distance assez rapprochée pour ne pas laisser passer le grain, mais seulement les ordures auxquelles il est uni. Ce seroit un crible s'il étoit plat et découvert. Tous les deux sont utiles et même nécessaires dans un ménage un peu considérable. *Voyez* CRIBLE.

Des bluteaux simples.. Il est inutile de décrire séparément

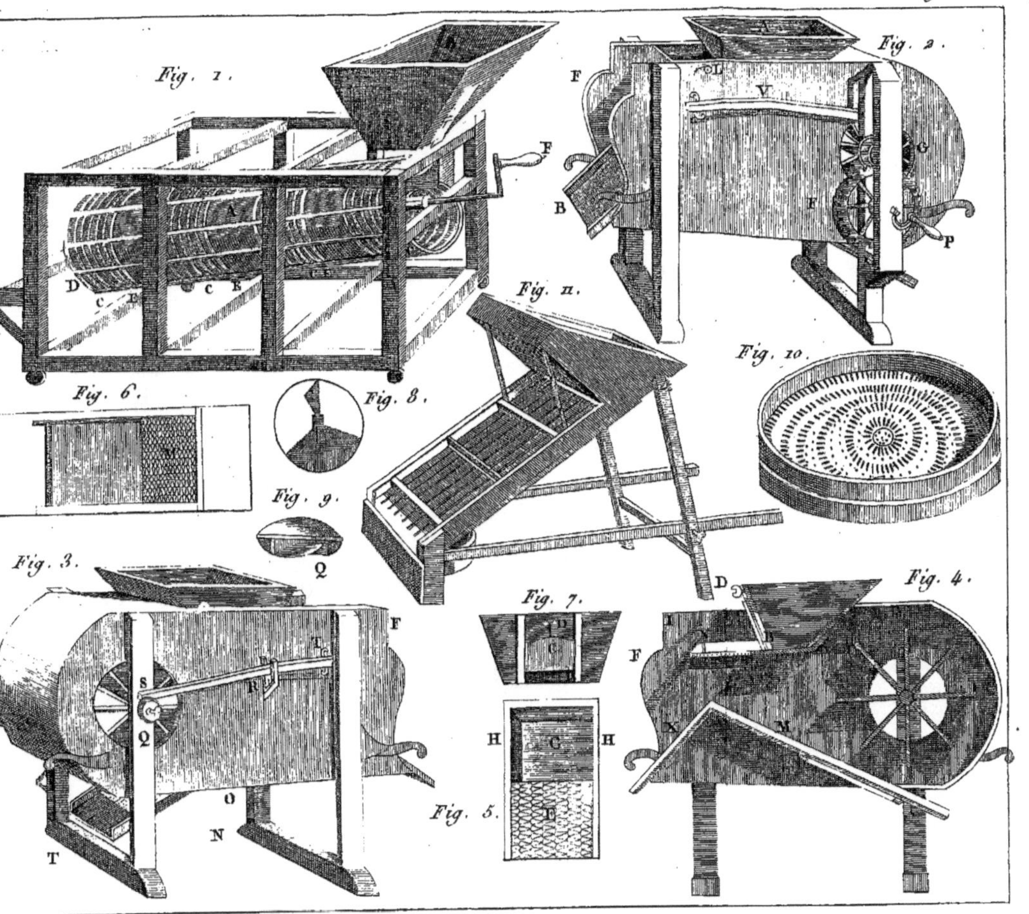

...esevre del et Dir.

Bluteau.

un et l'autre, puisqu'ils ne diffèrent que par les toiles de finesse différente, par les trous dans le premier et par les griffes dans le second. En parlant de celui-ci j'indiquerai les différences.

Les bluteaux sont nécessairement composés de deux pièces principales; le bluteau proprement dit, ou cylindre, et la grande caisse ou coffre de bluteau. *Voyez* pl. 3, fig. 1re. La caisse qui renferme le bluteau n'est pas représentée ici, parcequ'il est aisé de s'imaginer le cadre recouvert de planches; quelquefois même on supprime les planches, et on recouvre le tout par de grosses toiles à plusieurs doubles. La caisse du bluteau à farine est un grand coffre de bois, long de sept à huit pieds, large de dix-huit ou vingt pouces, d'environ trois pieds de haut, élevé sur quatre, ou six, ou huit soutiens de bois en forme de pieds. Ces proportions doivent être plus étendues pour les bluteaux à grains.

Le cylindre A, ici représenté, est pour le grain; il est alternativement garni de feuilles de tôle percées à jour comme des râpes CC, et de fils d'archal EEE, posés parallèlement les uns aux autres.

Dans les bluteaux à farine il existe trois ou quatre divisions, suivant l'espèce de pain qu'on veut faire, et le bahut est coupé par autant de divisions faites avec des planches, qu'il y a de différentes toiles pour recouvrir le cylindre, en sorte que chaque division de planches forme une espèce de coffre séparé, qui renferme une farine relative à l'étamine qui couvre le cylindre dans cette partie, ce qui donne la première, la seconde, la troisième farine, et le gruau que quelques personnes appellent *fine fleur de farine*, *farine blanche*, *farine*, *enfin grains*. *Voyez* FARINE.

Dans les ménages un peu considérables, la farine, telle qu'elle vient du moulin, est transportée dans l'appartement au-dessus du bluteau: on ménage une ouverture dans le plancher; on y pratique un couloir, soit avec des planches, soit avec de la toile qui laisse tomber la farine dans la tremie B. Si le couloir est en bois, son extrémité inférieure est bouchée par une tirette ou coulisse qu'on ouvre et ferme à volonté; elle sert à ne laisser couler à la fois que la quantité suffisante de farine qui doit entrer dans le bluteau. Si au contraire le couloir est de toile, une simple ficelle suffit pour la fermer. La trémie elle-même peut être garnie d'une tirette à la base. Lorsque la farine est versée dans la trémie, elle coule dans le cylindre qui est en plan incliné; alors on le fait tourner avec la manivelle F, et la pente détermine la farine à passer de l'étamine la plus fine sur l'étamine la plus grossière; enfin le son tombe par l'ouverture D, et quelquefois contient une cinquième case plus grande que les autres pour le recevoir, ou bien on attache un sac à cette ouverture, qui le reçoit.

Si c'est un bluteau à grains, tel qu'il est représenté ici, les cases sont inutiles. Le grain dans son trajet est fortement gratté toutes les fois qu'il rencontre alternativement la tôle piquée. La poussière et les mauvais grains s'échappent par les cribles de fil d'archal, et le grain en sortant est clair et brillant. Ce crible est sur-tout excellent pour nettoyer les grains niellés, charbonnés ou mouchetés. Les meilleurs cribles en ce genre sont ceux qui ont le plus grand diamètre; ainsi on peut leur donner jusqu'à trois pieds.

Du Bluteau composé, ou *crible à vent*. J'ignore pourquoi on appelle crible l'instrument dont on parle; il s'éloigne de l'idée ordinaire qu'on a du *crible*; c'est pourquoi j'en parle au mot BLUTEAU, sauf à le rapporter au mot CRIBLE. M. Duhamel, ce travailleur infatigable, et à qui le public doit la plus grande reconnoissance, pour son *traité de la conservation des grains*, en a donné une très bonne description, et c'est ce qu'on connoît de mieux en ce genre. C'est d'après lui que le bluteau à vent sera décrit; il ne sert que pour le grain. *Voyez* pl. 5.

On met comme aux autres le grain dans une trémie A, fig. 2; il en sort par une ouverture B, fig 4 et 7, qu'on rend plus ou moins grande en ouvrant plus ou moins une porte à coulisse C, fig. 7, ce qui s'execute aisément en tournant un petit cylindre D, même figure, placé au-dessus, autour duquel, est une ouverture qui répond à la petite porte.

Au sortir de la trémie le froment se répand sur un crible E, fig. 5, qui est fait par des mailles de fil de laiton, assez larges pour que le bon froment y puisse passer. Les grains avortés et la plupart des charbonnés passent avec le bon froment et sont chassés vers F, fig. 2 et 4, par le courant d'air dont on parlera dans la suite.

Ce crible est reçu dans un châssis léger de menuiserie G, fig. 5, et bordé des deux côtés et au fond par les planches minces HH.

On fait en sorte que le crible E penche un peu par le devant; et comme cette circonstance fait que le froment coule plus ou moins vite, on est maître de régler convenablement la pente du crible en tournant une traverse cylindrique I, fig. 4, qui porte à un de ses bouts une petite roue dentée L, fig. 2, qui est retenue par un linguet. En tournant cette traverse on accourcit ou on allonge une ficelle N, fig. 4, qui élève ou abaisse le bout antérieur du crible.

Malgré cette pente du crible le froment ne couleroit pas, si l'on négligeoit d'imprimer au crible un mouvement de trémoussement. Voici par quelle mécanique on produit cet effet.

Au bout O de l'essieu, fig. 3, opposé à celui où est la manivelle P, fig. 2, il y a une roue Q, fig. 8 et 9, qui a des coches sur la face verticale tournée du côté de la caisse : un morceau de bois ou un long levier un peu coudé en R répond à ces coches par un bout S. Ce levier touche et est attaché à la caisse par le sommet R de l'angle fort obtus que forment ces deux branches : à l'extrémité T du levier, opposée à la roue cochée, est attachée une ficelle qui, traversant la caisse, va répondre au crible. De l'autre côté de la caisse est un autre morceau de bois V, fig. 2, qui fait ressort et répond, comme le levier dont on vient de parler, au crible par une ficelle qui traverse la caisse. Il est clair que si l'on fait tourner l'essieu, les coches de la petite roue Q donnent un mouvement d'oscillation au bout du levier R qui lui répond ; ce mouvement se communique à son tour au bout T, et de là au crible, au moyen de la ficelle T, ce qui lui donne le trémoussement qu'on désire.

Ce mouvement détermine le grain à couler peu à peu sur le crible qui est un peu incliné ; et ce qui n'a pu passer au travers des mailles tombe par l'extrémité, en forme de nappe, sur un plan incliné X, fig. 4, qui le jette dehors et vis-à-vis la partie antérieure du crible. Ce qui a passé par le crible supérieur tombe en forme de pluie sur un plan incliné d'environ quarante-cinq degrés, où le froment en roulant trouve une grille ou treillis de fil d'archal M, fig. 4 et 6, semblable au premier E, fig. 5, mais dont les mailles sont un peu plus étroites, pour que le petit grain tombe sur la caisse en N, fig. 3, pendant que le gros se repand derrière le crible en T.

On aperçoit sur un des côtés de la caisse une manivelle P, fig. 2, qui fait tourner une roue dentée F, laquelle engrène dans une lanterne G, fixée sur l'essieu qui fait tourner la petite roue cochée Q, fig. 3, dont on a parlé.

Ce grand essieu qui, au moyen de la lanterne, tourne fort vite, porte huit ailes, fig. 2, 3 et 4, HHH, formées de planches minces qui, imprimant à l'air qu'elles frappent une force centrifuge, produisent un vent considérable, qui chasse bien loin vers F toute la poussière, la paille et les corps légers qui se trouvent dans le grain ; soit que les corps étrangers aient passé par le crible, ou qu'ils se trouvent dans les mottes et les immondices qui tombent en nappe devant le crible.

Pour se former une idée juste de cet instrument, il faut se représenter un homme appliqué à la manivelle P, fig. 2, elle fait tourner une roue dentée ou hérisson N. Cette roue engrenant dans la lanterne G, qui est placée au-dessus, imprime un mouvement de rotation assez vif au grand essieu qui fait tourner les ailes HHH, figures 2, 3 et 4, renfermées dans la caisse K, et à la petite roue cochée Q qui est de l'autre côté de cette même caisse. Cette petite roue Q imprime un mouvement de trémoussement au levier TRS, fig. 3, qui fait mouvoir le crible supérieur L, fig. 4, tant qu'on tourne la manivelle.

Un homme verse du froment dans la trémie A. Ce froment coule peu à peu sur le crible supérieur L, fig. 4, qui, ayant un peu de pente vers l'avant, et étant dans un trémoussement continuel, tamise le froment et le passe peu à peu en forme de pluie. Dans cette chute, il traverse un tourbillon de vent occasionné par les ailes HHH, fig. 2, 3 et 4, attachées au grand essieu, et il tombe sur un plan incliné, où il y a un second crible B, fig. 3, et M, fig. 4, nommé *crible inférieur,* qui sépare le gros grain du petit.

Comme les pièces qui composent ce crible n'exigent pas une exacte proportion, l'échelle fig. 12 suffira pour indiquer à peu près quelle doit être leur grandeur; mais il est bon d'être prévenu que le grand essieu doit être de fer, et les fuseaux de la lanterne G de cuivre, sans quoi ces deux pièces ne dureroient pas long-temps; il seroit encore avantageux d'augmenter encore la grandeur du crible inférieur, et l'on pourroit avoir des cribles dont les mailles seroient différemment lozangées, pour séparer les différens grains et les différentes graines.

Ce crible est admirable pour séparer du bon grain la poussière, la paille, les graines fines, les grains charbonnés, en un mot, tout ce qui est plus léger et plus gros que le bon froment. Il sépare encore exactement toutes les mottes formées par les teignes, les crottes de chat, de souris, etc.....

Pour que ce bluteau-crible produise le meilleur effet possible, il faut que le grenier soit percé de fenêtres ou de lucarnes de deux côtés opposés; car en plaçant le bout F du crible, fig. 4, vis-à-vis la croisée qui est opposée au vent, le vent qui traverse le grenier se joignant à celui du crible chasse bien loin les immondices. Ainsi c'est un bon instrument dont on doit se pourvoir, lorsqu'on se propose de faire des magasins considérables de blé.

Ce n'est pas à ce seul point que se borne son utilité. Je lui en reconnois une au moins aussi précieuse, qui est celle de séparer le bon grain de toutes les immondices à mesure qu'il vient d'être battu, et par conséquent de ne pas le porter et le reporter de l'aire au magasin, et du magasin qu'on nomme dans quelques endroits la *Saint-Martin*, à l'aire. Pour *venter* ou *vanner* le blé, on est forcé d'attendre un beau jour, et un jour pendant lequel la force du vent ait quelqu'activité, ce qui est assez rare pendant les grandes chaleurs de l'été. Si le grain este long-temps amoncelé sans être battu, il court de grands risques de s'échauffer, pour peu que la moisson ait été levée par un temps humide. Ce bluteau-crible prévient tous ces inconvéniens. Pour vanner, on est obligé de jeter en l'air et au loin le grain chargé d'ordures. Le grain, par sa pesanteur spécifique, tombe le premier et le plus près, mais mêlé avec les petites mottes de terre, égales à son poids; la poussière et les pailles, plus légères, sont entraînées plus loin par le vent : la ligne de démarcation entre le bon grain, le mauvais et les ordures, n'est pas exacte; de manière qu'on est obligé de revenir plusieurs fois à la même opération. Voici comme je m'y prends pour nettoyer mon grain avec le bluteau-crible.

Tout le grain que j'ai à nettoyer est rangé sur une ligne de trois à quatre pieds de largeur, deux pieds environ de hauteur, et la longueur de ce parallélogramme est indéterminée, si c'est en plein air, ou proportionnée à la grandeur du local du bâtiment, si le grain y est renfermé; le premier est convenable à tous égards. A cinq pieds d'un des bouts du parallélogramme, je place une grille de fer de quatre pieds de largeur, sur cinq pieds de hauteur; elle est soutenue de chaque côté, dans la partie supérieure, avec un piquet en bois, terminé dans le bas par une pointe de fer qui entre dans la terre, à la profondeur d'un pouce; par ce moyen les deux piquets une fois assujettis, la grille est solide, parcequ'également à sa base elle est garnie de deux pointes de fer d'un pouce, qu'on enfonce de manière que sa traverse inférieure touche la terre par tous les points. L'inclinaison de trente degrés est celle qu'on doit donner à la grille, et ses mailles n'ont que six à huit lignes de diamètre.

Deux hommes armés de pelles sont placés à la tête du monceau de blé, et en jetent alternativement une pellée contre la grille. Lorsque le monceau de blé passé, lorsque celui des débris de la paille et que la grille sont trop éloignés des travailleurs, alors les deux hommes enlèvent avec leur pelle le monceau de paille, et rapprochent la grille à une distance convenable du blé, pour continuer leur opération. Le blé passé est en état d'être porté au bluteau.

Si on demande pourquoi ce premier travail? je répondrai que, lorsqu'on jette dans le bluteau les débris de la paille, et les épis pêle-mêle avec le grain, il faut répéter à plusieurs fois le blutage, au lieu qu'une fois suffit lorsqu'on a pris la première précaution. Si on repasse une seconde fois son grain au bluteau, il en sortira de la plus grande netteté. Cette opération occupe deux hommes, et les deux mêmes suffisent pour le blutage; un seul cependant suffit pour cette dernière, si au-dessus de la trémie on a ménagé une espèce de magasin ou réservoir à blé; une fois plein, l'ouvrier pourroit travailler toute la journée, et d'un seul trait, s'il n'avoit besoin de repos de temps à autre Pour qu'il prenne ce repos, il tire une petite corde qui tient à une tirelle ou coulisse; et la coulisse, en s'abaissant, ferm l'ouverture de ce réservoir. J'ai fait vanner du blé de toute les manières, et je n'en ai point trouvé de plus économique e de plus expéditive que celle dont je viens de parler. Qu'or ne perde jamais de vue qu'il n'y a point de petite économie à la campagne. (R.)

BLUTERIE. C'est une partie très intéressante de l'art du meunier; elle avoit déjà fait des progrès que le boulanger ne la connoissoit pas encore; son objet est de mettre à part la farine e l'écorce, ou le son, deux substances très distinctes dans toute les semences céréales.

La bluterie a eu comme tous les arts son enfance. Il y avoi des hommes qui alloient de maison en maison opérer cette épu ration; et ils étoient connus sous le nom de tamisiers, parce qu'alors les bluteaux dont on se servoit avoient la forme de tamis.

Les paniers d'osier et de jonc ont été les premiers bluteaux connus; mais trop clairs ils laissoient passer presque la totalité du grain quoique grossièrement moulu, de manière que la farine entraînoit avec elle presque la totalité du son que le grain contenoit. Tel fut néanmoins pendant des siècles l'état de la mouture chez les peuples les plus anciens; il y en a encore qui n'ont rien imaginé de mieux.

L'augmentation du diamètre des meules broyant les grains d'une manière moins imparfaite, il fallut tenir les bluteaux plus serrés pour obtenir une farine moins grossière, plus pure, et ne pas laisser autant de farine dans le son. Le crin des animaux le fil d'archal, la laine, la soie, le chanvre et le lin furent successivement employés à en former le tissu. On en verra les figures pl. 3. Aujourd'hui ils sont composés de plusieurs lez de diverses grosseurs pour tirer à part, spécialement du froment, la farine, les gruaux blancs, les gruaux bis et les sons; on leur a même ajouté le *sas* et le *lanturlu*, deux instrumens qui ont pour objet de séparer les rougeurs, c'est-à-dire la pellicule interne du son, confondues avec les gruaux, et qui ternissent leur blancheur.

Quelle que soit la perfection que la bluterie ait atteint, il lui est impossible de restituer à une farine les qualités qu'un moulage défectueux lui aura fait perdre; mais la bluterie la mieu conditionnée et la plus économique sera celle qui s'exécuter en même temps que l'on moud, parceque le double transport les déchets, les frais de main-d'œuvre, etc., entraînent toujour dans des embarras et des dépenses que le boulanger qui blut chez lui peut éviter sans aucun inconvénient.

Dans les moulins ordinaires il y a un blutoir; mais le tournant du moulin fait toute l'opération, et ne sert qu'à séparer la farine d'avec le son. Dans les moulins économiques, au contraire, cette partie de la mouture est bien plus étendue : on y a établi des bluteaux frappans pour séparer la première farine des dodinages pour les gruaux fins, et des bluteaux particuliers pour les sons demi-gras; les premiers ne sont qu'une espèce de sac formé avec une étamine de laine, l'orifice du côté de l'anche est mi-plat, soutenu par un palonnier attaché à ses deux bouts par deux accouples de cuir; c'est par ce bout que le grain moulu entre dans le bluteau, en sortant de l'anche, et un mouvement convulsif que lui communiquent la batte et la baguette secoue le bluteau d'un bout à l'autre, de manière que la farine s'échappe par les trous de l'étamine, tandis que le son gras va tomber dehors par l'ouverture du bluteau, qui en cet endroit est rond; le son se rend dans le dodinage, qui est un bluteau de la même forme du premier, dont l'étamine est un peu plus grosse pour séparer le gruau fin d'avec le son, qui porte alors le nom de son demi-gras.

Mais ces bluteaux ont des inconvéniens, en ce que le moulin leur est subordonné, et qu'ils ne peuvent exploiter ce que les meules sont dans le cas de broyer, d'où il suit un engorgement qui oblige le meunier de ralentir son moulin, soit en modérant la force de l'eau, soit en lui donnant moins de grains. En sorte qu'il est prouvé par l'expérience que le moulin écrase un quart de moins. Pour éviter cet engorgement quelques meuniers ont adopté l'usage des bluteaux plus gros; mais ils sont tombés dans un plus considérable, celui de répandre dans le commerce des farines piquées, c'est-à-dire mêlées de son.

Un des changemens que propose M. Dransy dans le Mémoire qui a remporté le prix de l'Académie royale des Sciences, en 1785, relativement à la nouvelle manière de construire les moulins à farine, que j'ai inséré en entier dans mon ouvrage sur *les avantages que la France peut retirer de ses grains, considérés sous leurs différens rapports avec l'agriculture, le commerce, la meunerie et la boulangerie*, c'est de substituer aux bluteaux frappans des bluteaux tournans, dont la forme est octogone; ils sont formés de quatre étoffes différentes : la première est plus fine que celle employée pour les autres bluteaux, en sorte que la farine dite fleur de farine passe sans mélange de son, et n'est jamais piquée. (PAR.)

BOCAGE. C'est un bouquet de bois planté dans la campagne, et non cultivé; en quoi il diffère du bosquet. Ces bouquets font un joli effet dans un grand parc, si on sait bien ménager le point de vue et assortir les espèces d'arbres qui doivent les composer. Dans un terrain humide, l'aune planté indistinctement avec le saule, et sur-tout le saule de Babylone, qui laisse retomber ses branches, fait un joli effet, par le contraste du vert et par celui de la disposition des branches; le tremble et le chêne se marient très bien ensemble dans les terrains secs, ainsi que l'ormeau avec le frêne, le frêne avec l'érable, l'érable avec les sorbiers, les alisiers, les acacias, etc. Le site seul et la nature du terrain décident de l'espèce des arbres qu'on peut livrer à eux-mêmes, et ne pas soumettre au terrible ciseau ou au croissant du jardinier, qui dévaste tout. Le mérite du bocage consiste dans son air champêtre et dans l'ombre qu'il fournit. On ne sauroit donc trop laisser monter les arbres et se fourrer de branches. Il faut qu'il fasse masse, qu'il se détache exactement des objets qui l'environnent, et que, dans aucun point de vue, il ne puisse se confondre avec eux. Le bocage environné de prairies est très agréable. (R.)

BOCTIER. Nom du plant de pommier sauvage arraché dans les forêts aux environs de Charleville.

BOEUF. C'est le taureau châtré, 1° pour adoucir son caractère; 2° pour rendre sa chair plus facile à prendre le gras et plus tendre et plus savoureuse.

L'utilité du bœuf pour les peuples cultivateurs l'a fait de temps immémorial regarder comme le plus précieux d'entre les animaux. Il fut adoré en Égypte, et reçoit encore des hommages religieux dans quelques parties de l'Inde, comme je l'ai dit au mot *vache*. Le cheval, son orgueilleux rival, l'emporte sur lui en beauté, en légèreté, même en vigueur, mais il n'a pas sa force, mais il n'a pas sa patience, et la fin de sa vie est celle des services qu'il rend, tandis qu'elle est dans le bœuf le moment du plus grand produit qu'il donne.

Mais je ne puis mieux faire que d'emprunter la plume de Buffon pour peindre cet animal. « Sans le bœuf, dit cet éloquent écrivain, les pauvres et les riches auroient beaucoup de peine à vivre, la terre demeureroit inculte, les champs et même les jardins seroient secs et stériles; c'est sur lui que roulent tous les travaux de la campagne; il est le domestique le plus utile de la ferme, le soutien du ménage champêtre; il fait toute la force de l'agriculture; autrefois il faisoit toute la richesse des hommes, aujourd'hui il est encore la base de l'opulence des états, qui ne peuvent se soutenir et fleurir que par la culture des terres et par l'abondance du bétail, puisque ce sont les seuls biens réels, tous les autres, même l'or et l'argent, n'étant que des biens arbitraires, des représentations, des monnoies de crédit, qui n'ont de valeur qu'autant que le produit des terres leur en donne. »

Comme mon projet est de traiter ce qui concerne le TAUREAU, la VACHE et le VEAU aux articles particuliers qui portent le nom de ces animaux, je ne parlerai ici que de ce qui a particulièrement rapport au bœuf.

La couleur, la taille, et même la forme et les qualités des bœufs varient considérablement, offrent un grand nombre de races qui se perpétuent, lorsque les taureaux ou les vaches ne sont pas croisés avec d'autres. *Voyez* aux mots Taureau, Vache et Veau, où ce qui a rapport à leur génération sera détaillé.

Dans quelques cantons on attribue une grande influence à la couleur du poil des bœufs sur leurs bonnes ou mauvaises qualités; mais c'est une erreur causée par le concours de deux circonstances qui appartiennent en même temps à la race. Il peut y avoir de bonnes races de toutes les couleurs, et il y en a en effet, ainsi qu'on peut s'en assurer seulement en France. Les bœufs bai clair et bai brun sont les plus communs, et passent généralement pour durer plus long-temps; cependant dans quelques endroits on préfère les rouges; dans d'autres les blancs, ou ceux dont la robe offre beaucoup de blanc.

La taille des bœufs dépend et de la race dont ils sortent et de l'abondance des pâturages dans lesquels ils ont passé leurs premières années. Le climat y influe aussi; car ceux des pays très chauds et ceux des pays très froids sont plus petits que ceux des pays tempérés. Les plus grands de tous sont ceux du Danemarck, de la Podolie, de l'Ukraine et de la Tartarie. Après viennent ceux d'Irlande, d'Angleterre, de Hollande et de Hongrie. Les plus beaux de France ont quatre pieds huit pouces de haut. Ceux de la Romagne, en Italie, ont les cornes démesurément grosses, trois fois comme celles des nôtres.

Quoiqu'on ne mette pas autant d'importance aux belles formes et au caractère des bœufs qu'à celles des chevaux, cependant elles sont fort dans le cas d'être considérées lorsqu'on en achète, car elles décident de la bonne ou mauvaise nature des services qu'on en attend. Les plus dans le cas d'être recherchés sont ceux qui ont la tête courte et ramassée, le front large, les oreilles grandes, bien velues et bien unies, les cornes fortes, luisantes et de moyenne grandeur, les yeux gros et noirs, le mufle gros et camus, les naseaux bien ouverts, les dents blanches et égales, les lèvres noires, le cou charnu, les épaules grosses, la poitrine large, le fanon pendant sur les genoux, les reins larges, les flancs grands, les hanches longues, la croupe épaisse, les jambes et les cuisses grosses, courtes, nerveuses, le dos droit et plein, la queue pendante jusqu'à terre et garnie de poils touffus, luisans et fins, les pieds fermes, le cuir épais et maniable, les ongles courts et larges. Il faut de plus qu'ils soient d'un caractère doux, obéissans à la voix, sensibles à l'aiguillon, et ni trop ni trop peu mangeurs. On connoît qu'un bœuf est d'une mauvaise constitution à son poil hérissé, rude et terne.

On connoît l'âge des bœufs à leurs dents et à leurs cornes.

Les dents mâchelières des bœufs sont au nombre de vingt-quatre, six de chaque côté à chaque mâchoire. Il en a seulement huit incisives, toutes implantées sur le bord antérieur de la mâchoire inférieure, de sorte qu'il n'y en a pas à la mâchoire supérieure, et que pour manger l'herbe il est obligé de la prendre avec sa langue, et, comme je l'ai déjà dit, de la casser plutôt que de la couper.

Les deux dents incisives intermédiaires tombent à six mois, et sont remplacées par deux autres plus larges et moins blanches. A dix-huit mois les deux plus voisines de celles-ci sont également remplacées, et à trois ans il n'y a plus de dents de lait. Alors les cornes poussent. A la fin de la quatrième année il se forme une espèce de bourrelet à la base; l'année suivante ce bourrelet s'éloigne du crâne, poussé par un autre qui se forme, et ainsi de suite chaque année. Ainsi en ajoutant trois ans au nombre des bourrelets, on est certain d'avoir à peu près l'âge de l'animal, je dis à peu près, parceque ce signe n'est pas toujours constant et trompe quelquefois.

L'époque où on châtre les veaux pour les transformer en bœufs varie depuis six mois jusqu'à deux ans. Plus ils sont jeunes et plus il est dangereux de leur faire subir cette opération; on en perdroit beaucoup; ils ne seroient pas aussi forts; mais aussi ils deviendroient grands, gras et doux. Lorsqu'elle a lieu très tard, ils conservent plus de courage, plus d'activité, de méchanceté et de maigreur. Il en est de même à quelque âge que ce soit, lorsqu'on se contente de les bistourner. *Voyez* au mot Castration.

Une nourriture très abondante et choisie doit être donnée aux veaux qu'on destine à devenir bœufs, afin qu'ils acquièrent toute la grosseur dont leur race est susceptible. Une fausse économie, sous ce rapport, peut par la suite influer d'une manière ruineuse sur les services qu'ils rendront, et sur leur valeur lorsqu'on les vend pour la boucherie. En conséquence, c'est seulement dans des pâturages gras qu'il faut les mettre, puisque leur manière de manger ne leur permet pas de se bien nourrir dans ceux dont l'herbe est courte ou rare. En général ils souffrent plus que les autres animaux domestiques du changement de pâturage, soit lorsqu'on les tire de la montagne pour les employer dans les plaines, soit qu'on les achète dans les plaine pour les transporter dans les montagnes: il faut au moment d la transition, et pendant quelques mois, leur donner chaqu jour des fèves concassées, de l'orge bouillie, de l'avoine et autre graines pour qu'ils n'en souffrent pas. Ce conseil est même applicable à toutes les époques de leur vie.

On commence à dresser les jeunes bœufs à l'âge de trois ou quatre ans. Pour cela on leur impose un nom, et on les met sous le joug avec un bœuf de leur taille et déjà formé. Pendant quelques jours on ne leur fait rien traîner. Ensuite on ajoute au joug une chaîne ou un timon. Plus tard on y ajoute des pièces de bois d'une certaine grosseur; enfin on leur fait traîner la charrette ou la charrue. Pendant tout ce temps il faut les traiter avec la plus grande douceur, leur parlant continuellement; éviter de les rebuter en les forçant trop au travail. Souvent l'éducation devient longue et difficile, uniquement par cequ'on s'y est mal pris dès le jour où elle a commencé. La seule correction qu'on doive se permettre, c'est de les faire jeûner après un acte de rébellion, de ne leur donner à manger qu'après qu'on a été content d'eux. On ne les fait d'abord travailler qu'une heure tous les deux jours, ensuite une ou deux heures tous les jours. Ce n'est qu'après environ une année de ménagement qu'on doit les regarder comme des animaux faits. Un excès de fatigues anticipées peut les affoiblir au point de s'en ressentir pendant toute leur vie.

Quelque brut que paroisse un bœuf, il est très susceptible d'attachement pour l'homme lorsqu'il le traite bien, à plus forte raison pour le compagnon de ses travaux. Il est très fréquent d'en voir se refuser à tout lorsqu'on les attelle avec des individus différens de ceux auxquels ils sont accoutumés, maigrir et même mourir de chagrin. C'est un inconvénient grave, puisqu'il est une infinité de circonstances où on est obligé de ne pas faire attention à cette disposition. Il est donc important d'accoutumer, dès la première année de leur éducation, ce qu'on ne fait pas toujours, les jeunes bœufs à être accouplés tantôt avec un individu, tantôt avec un autre. La seule attention qu'il faille avoir, c'est de mettre ensemble, autant que possible, deux animaux égaux en taille, en force et en courage.

Dans quelques endroits on coupe les deux cornes aux bœufs à six ou huit pouces de hauteur; dans d'autres, comme dans la ci-devant Guienne, on ne leur en coupe qu'une, tantôt la droite, tantôt la gauche, selon la place qu'ils tiennent lorsqu'ils sont accouplés; on prétend que cette opération rend leur attelage plus facile, ce que l'expérience des lieux où on ne la pratique pas prouve être exagéré.

Un bœuf ne travaille ordinairement que depuis trois jusqu'à dix ans. A cet âge on l'engraisse pour les boucheries. Cependant il n'est pas rare, sur-tout dans les pays de montagnes, que leurs propriétaires emploient ces animaux pendant quinze, vingt et même, dit-on, trente ans, ce que j'ai peine à croire.

On attelle les bœufs à la charrette ou à la charrue de diverses manières. Le plus souvent on les place deux à deux parallèlement, c'est-à-dire on les accouple et on en met autant de paires l'une devant l'autre qu'on le croit nécessaire. Il y a des pays où ils sont l'un devant l'autre, ou accouplés avec un cheval. Dans la plus grande partie de la France on les attelle par les cornes, c'est-à-dire qu'on pose sur la tête des deux une pièce de bois entaillée qu'on appelle Joug (*voyez* ce mot), et on l'affermit avec de grandes courroies dont on entoure les cornes. Un tampon de paille, ou mieux un petit coussinet rempli de bourre, de crin ou de laine, sert d'intermédiaire entre le joug et la tête, afin que l'animal ne soit pas blessé. La forme du joug varie de village à village, et chacun prétend avoir la meilleure. Décrire tous les jougs seroit impossible, et n'en décrire que quelques uns seroit inutile. Le point important est qu'ils ne blessent pas les bœufs, qu'ils soient solidement fixés, car leurs vacillations les fatiguent considérablement; enfin qu'ils soient d'un bois en même temps solide et léger. On les fabrique généralement ou d'orme, ou de hêtre, ou de frêne. Les premiers sont certainement les meilleurs, mais on ne trouve pas par-tout de l'orme. Il seroit bon qu'ils fussent faits pour les bœufs qui doivent les porter, et il faut au moins les leur essayer avant de les acheter. On doit en avoir toujours quelques uns de rechange en cas d'accident.

Dans quelques endroits on fait tirer les bœufs du poitrail comme les chevaux, soit par le moyen d'une bricole de cuir soutenue par une courroie attachée aux cornes ou sur le cou, soit par celui d'un collier qui s'ouvre par sa partie supérieure ou inférieure, soit en leur passant une HART au cou, etc.

On a beaucoup disputé sur la question de savoir s'il convenoit mieux d'atteler les bœufs par les cornes ou par le cou. Les motifs donnés par les partisans des deux opinions sont fondés en raison. Ainsi il y a des avantages et des inconvéniens dans l'une et l'autre méthode, ce qui rend à peu près indifférent sur le choix, et ce qui me dispense d'entrer ici dans de plus grands développemens; je dirai seulement que le tirage du poitrail gêne moins la marche de l'animal que le tirage par les cornes, et qu'il l'expose moins aux effets de la chaleur de la terre et de la poussière.

La marche des bœufs est lente, mais continue : on l'accélère par des paroles, sur-tout en prononçant leur nom, ou par des coups de fouet ou d'aiguillon. Le fouet fait peu d'effet sur eux à raison de l'épaisseur de leur peau, à moins qu'on ne le fasse *pincer*, ce qui demande de l'habitude. L'aiguillon est un long bâton, ou aiguisé en pointe, ou armé d'un clou avec lequel on les pique en différentes parties du corps. On en fait fréquemment usage en France ; quoiqu'on puisse dire que les bœufs sont moins maltraités que les chevaux par leurs conducteurs, cependant on peut se plaindre souvent de l'injustice et de la barbarie de ces derniers, qui exigent d'eux plus qu'ils ne peuvent, et les mettent en sang sans utilité. On les surcharge souvent beaucoup trop. Si, dans des cas extraordinaires, une paire de bœufs ne suffit pas pour traîner un chariot et défricher un champ, on en doit mettre deux, trois, quatre, six, plutôt que de les excéder. Il y a des pays où on en emploie le double de ce qui est nécessaire.

Lorsque la chaleur est peu considérable, on met les bœufs à l'ouvrage depuis neuf heures du matin jusqu'à cinq heures du soir; et ils suffisent sans peine, lorsqu'ils sont bien nourris, à ce long travail; mais pendant l'été on doit diviser leur journée en deux tâches, qui réunissent le même temps, afin de leur donner quelques heures de repos au milieu du jour. En général on gagne toujours à ne les pas outrer de fatigue, parcequ'ils se rebutent, et qu'alors on ne peut plus rien en obtenir, quelle que soit la violence des moyens qu'on emploie. Lorsqu'une fois ils ont pris en grippe leur conducteur, il n'y a plus souvent de meilleur moyen, pour en tirer parti, que de les vendre. Des exemples fort singuliers des effets de leur haine ont été cités à différentes époques. Leur douceur habituelle se change quelquefois en fureur, soit permanente, soit déterminée, par la vue de l'objet de cette haine, du lieu où elle a commencé, etc.

On nomme *bouvier* l'homme qui soigne et conduit les bœufs. Dans les grandes exploitations, où il y en a plusieurs, l'un d'eux a la prééminence sur les autres et les commande.

Dès le matin, le bouvier attentif et soigneux étrille, peigne et bouchonne ses bœufs. Il leur lave les yeux, leur donne de la nourriture et les conduit à l'abreuvoir; il nettoie bien leurs auges, il enlève la vieille litière, leur en donne de nouvelle; il est à désirer, pour leur santé, qu'on la change souvent et non pas toutes les semaines, tous les quinze jours, tous les mois, même tous les semestres, comme on le pratique dans trop de pays. Pendant le travail, le bouvier veille à ce que ses bœufs n'aient pas trop chaud et à ce que les TAONS, les ASILES, les STOMOXES, les MOUCHES et les COUSINS (*voyez* ces mots) ne les tourmentent pas trop, si, comme c'est malheureusement l'usage dans la plus grande partie de la France, leur corps n'est pas défendu de leurs attaques par une toile. Dès qu'ils sont de retour, il leur donne à manger et à boire. Pendant l'été il est utile qu'il leur donne de temps en temps de l'eau légèrement acidulée avec du vinaigre. Le froid leur est nuisible lorsqu'il les saisit quand ils sont en sueur ; en conséquence, dans ce cas, il faut ne les laisser rentrer qu'après qu'ils ont été bouchonnés. Pendant l'hiver, dans le même cas, du foin aspergé d'eau salée les réjouit et favorise leur digestion.

C'est un absurde préjugé de croire qu'une étable bien fermée soit préférable à une qui le seroit moins.

Un AIR chargé de GAZ de toutes espèces et d'une HUMIDITÉ surabondante (*voyez* ces mots) est aussi nuisible à la santé des bœufs qu'à celle des autres animaux et de l'homme. Combien en est-il péri ASPHYXIÉS dans ces écuries basses et fangeuses où on les loge exclusivement dans quelques cantons? Combien encore plus y ont perdu leur embonpoint et leur force? Le bœuf, étant originaire des parties moyennes de l'Europe, doit pouvoir supporter sans inconvénient les plus grands froids. Mouroit-il pendant l'hiver lorsqu'il étoit sauvage dans les forêts qui couvroient nos plaines il y a trois à quatre mille ans? (*Voyez* au mot TAUREAU.) Je voudrois donc que toutes les étable eussent des fenêtres et qu'elles fussent constamment tenues ouvertes, excepté pendant l'été au moment où ils rentrent d'un travail qui les a échauffés, ou à l'heure où les mouches sont dans le cas de les tourmenter le plus, et en hiver pendant les plus fortes gelées. (*Voyez* au mot ÉTABLE.)

Dans les pays dont le sol ne contient pas ou renferme peu de pierres, on ne ferre pas les bœufs; mais dans les montagnes on est presque toujours forcé de le faire. Là, une des attentions du bouvier est de visiter tous les matins leurs pieds, pour juger de l'état de leurs fers, pour nettoyer, s'il est nécessaire, l'intervalle de leurs ongles de la terre qui s'y seroit accumulée, pour huiler leur paturon, etc.

Quand les bœufs ne travaillent pas, ce qui arrive pendant une grande partie de l'hiver, on les nourrit plus économiquement. On leur donne plus de paille que de foin, et quelquefois même de la paille seule. S'il y a du foin de bas pré, ou du foin altéré, c'est eux qui le consomment alors. Aussitôt qu'ils sont remis à l'ouvrage il faut améliorer leur nourriture, tant pour la qualité que pour la quantité, même leur donner des graines, comme l'orge, l'avoine, les fèves, les vesces, etc. Le son, qui est aussi recommandé dans ce cas, n'est bon qu'autant qu'il contient beaucoup de farine, et le perfectionnement de la mouture rend ce cas de plus en plus rare. (*Voyez* SON.)

Jamais le bœuf ne fait d'excès de foin et de paille, de sorte qu'il est peu nécessaire de fixer rigoureusement sa ration; mais quant à la luzerne, au trèfle et au sainfoin, même secs, il en mange de manière à se donner des indigestions souvent accompagnées d'un dégagement d'air tel, qu'ils enflent et périssent en peu d'heures si on n'y apporte pas un prompt remède.

Il est beaucoup de pays où on ne nourrit pas les bœufs à l'étable tant qu'il y a de l'herbe dans les pâturages ; mais alors il faut ne les faire travailler que la moitié du temps fixé plus haut, afin qu'ils puissent suffisamment paître. En général les bœufs craignent plus que les chevaux d'être tenus long-temps au sec, et il est toujours bon, lors même que l'emploi qu'on en fait oblige de les nourrir ainsi, de les mettre quelquefois au vert. A défaut d'herbe, on leur donne des feuilles d'arbres, qu'ils aiment beaucoup ; des racines et des fruits, comme raves, betteraves, carottes, panais, pommes de terre, topinambours, etc. ; courges, pommes, poires, châtaignes, glands, etc. Les marcs des graines dont on a tiré l'huile, marcs qu'on appelle TOURTEAUX, (*Voyez* ce mot), sont également beaucoup de leur goût.

L'âge le plus favorable pour engraisser les bœufs est entre sept et dix ans. Lorsqu'ils sont au-dessous de sept ans, une nourriture plus abondante ou plus substantielle ne serviroit qu'à les faire grossir davantage. Si on attendoit plus que dix ans, leur chair seroit moins bonne et prendroit graisse plus difficilement. Par-tout où on cultive avec des bœufs, tous ceux qui en ont plus de huit à dix paires en réforment chaque année une ou deux pour la remplacer par de jeunes. Ceux qui en ont moins les réforment à mesure qu'ils sont arrivés à cet âge. Des cultivateurs les engraissent eux-mêmes, d'autres les vendent pour être engraissés par des personnes qui en font métier.

Toutes les variétés de bœufs ne sont pas également propres à être promptement engraissées. J'ai remarqué, par exemple, que ceux de Suisse étoient plus difficiles à amener à cet état que ceux de France. Parmi ces derniers, il est des individus qui exigent aussi beaucoup plus de temps que d'autres. Les engraisseurs de profession, ou les marchands qui sont commissionnés par eux, savent les reconnoître, et ils ne sont achetés que par les bouchers de campagne. De larges côtes, de grosses veines et un poil doux sont ce qui indique la bonne qualité des bœufs pour l'engrais.

Il y a trois manières d'engraisser les bœufs. Ou seulement dans les pâturages, ce qu'on appelle *engrais* ou *graisse d'herbe* ; ou en partie dehors et en partie dans l'étable ; ou seulement à l'étable. Cette dernière manière est l'engrais de *pâture* ou *pouture*, ou engrais au sec.

Une bonne nature et une grande abondance d'herbes sont les conditions les plus importantes pour pouvoir engraisser les bœufs uniquement au vert ; c'est pourquoi la basse Normandie jouit presque exclusivement en France de cet avantage. On donne dans ce canton aux prairies qui y sont consacrées le nom d'*herbages*, et aux personnes qui se livrent à cet objet le nom d'*herbagers*.

On met deux fois par an des bœufs à l'engrais.

Ceux qui y entrent en automne s'appellent bœufs d'hiver. On n'en place que douze dans un herbage qui pendant l'été en engraisseroit cinquante. Ce n'est que pendant les temps de neige qu'on leur donne du foin ou des racines. Ils sont gras dans le mois de juin et se vendent à Paris après ceux du Limousin.

Ceux qui y entrent au printemps sont de petits bœufs amenés de loin et qui sont arrivés à la fin de l'été. On a cru remarquer qu'ils s'engraissoient plus vite lorsqu'ils étoient dans les pâturages les plus maigres, c'est-à-dire dans ceux où les bœufs normands arrivoient le plus lentement à cet état.

On proportionne le nombre des bœufs à l'étendue et à la qualité de l'herbage, qualité qui varie dans le même fonds selon les années et les saisons, ce qui ne permet pas de dire combien on en doit mettre dans un tel espace. Il est bon d'avoir des herbages de plusieurs qualités pour y faire successivement passer les bœufs des inférieurs aux meilleurs; car à mesure qu'ils engraissent, ils deviennent plus difficiles sur la nature des plantes. *Voyez* au mot Herbage. Les herbes qu'ils ont laissées se fauchent, et le foin qui en provient s'appelle Laisse ou Refut. *Voyez* ces mots.

Quelques herbagers font tirer du sang à leurs animaux, afin de les disposer à prendre plus promptement la graisse.

S'il n'y a pas de ruisseau dans l'herbage on y pratique des marres où on mène trois fois par jour les bœufs à un abreuvoir voisin.

La tranquillité est une circonstance essentielle à un prompt engraissement. On cite, dans la vallée d'Auge, une année où on ne réussit pas, parceque des ouvriers qui travailloient pour le compte du gouvernement passoient continuellement à travers les herbages.

Ces herbages, qui sont presque tous clos de haies, sont sous la garde d'un maître valet qui y demeure; il est chargé de compter et de visiter tous les jours les animaux qui s'y trouvent.

Les individus qui n'engraissent pas assez promptement dans l'herbage reçoivent de plus tous les jours une ou deux rations de foin et de farine de graine de lin.

Ces bœufs sont envoyés à Paris comme les premiers. Ce pays fournit pendant huit mois les trois quarts de la provision de cette grande ville, ce qui y amène un argent considérable. Il est peu de marchands et d'engraisseurs de bœufs qui n'y fassent fortune.

Dans le Limousin on engraisse les bœufs et dans les pâturages et dans les étables, et la localité l'exigeoit ainsi.

On doit à M. Desmarets un excellent mémoire sur l'engrais de ces bœufs, mémoire dont j'ai vérifié les principaux faits, et c'est d'après lui que je vais parler.

Dans ce pays, comme en Normandie, on distingue à l'inspection d'un bœuf s'il s'engraissera promptement. Outre les caractères ci-dessus indiqués, les engraisseurs veulent que celui qu'ils achètent ait la tête grosse, les pieds courts, et surtout le ventre large, ce qu'ils appellent *un bon dessous*. On les achète à la fin de l'hiver, et on les nourrit au sec jusqu'à ce que l'herbe soit assez forte pour qu'ils puissent trouver une nourriture abondante dans les pâturages. Dans les commencemens on les assujettit à un léger travail, et on ne les met dehors que lorsque la rosée est dissipée. Après le mois de mai on les laisse jour et nuit dehors dans les mêmes pâturages qui sont tous enclos de haies, et où ils ne s'occupent plus qu'à manger. Quelquesuns d'entre eux engraissent assez promptement pour être vendus avant l'hiver. Les autres, ainsi que ceux qu'on a employés aux labours d'été, sont renfermés au mois d'août dans d'autres enclos où ils trouvent un regain abondant jusqu'aux gelées, ou, autant que le temps le permet, jusqu'au premier novembre.

A cette époque donc on fait rentrer tous les bœufs à l'étable, on les examine, et ceux qui n'ont pas assez profité sont saignés à la jugulaire. Tous sont appareillés aux deux cotés d'une aire, et chaque couple a une auge ou baquet devant soi, auge dans laquelle le bouvier met des raves coupées en morceaux plusieurs fois par jour, de manière qu'il y ait juste ce qu'il faut, car ces animaux les aiment tant, qu'ils se donneroient des indigestions si on les leur distribuoit jusqu'à satiété. Cette nourriture aux raves dure un mois; si on la continuoit plus long-temps, elle relâcheroit trop les bœufs et nuiroit à leur engraissement.

La nourriture qu'on substitue aux raves c'est de la farine de seigle mêlée avec de la farine de sarrasin. On en donne trois livres par jour, pour chaque tête, en deux fois et délayée dans de l'eau.

Pendant tout le temps qu'on donne des raves et de la farine aux bœufs on leur distribue aussi du foin quatre fois par jour, en tout environ trente livres. Quelques personnes mouillent ce foin avant de le leur offrir ; mais cette méthode est sujette à inconvénient. On suspend à la crèche un sachet de sel, afin que leur appétit se développe en le léchant. Lorsque les châtaignes sont abondantes on leur en donne aussi.

On envoie les bœufs du Limousin à Paris, où ils arrivent successivement pendant les mois de mars, avril et mai.

Aux environs de Chollet et dans toute la partie du ci-devant Anjou, qu'on appelle le Boccage, on engraisse les bœufs seulement à l'étable.

Là, lorsque les semailles sont terminées, c'est-à-dire vers les premiers jours de novembre, on ne fait plus sortir les bœufs que pour se promener, et on les nourrit abondamment avec du foin choisi, des choux, des raves, du seigle, du froment, de l'avoine, et quelquefois des glands ou des châtaignes. On partage leur journée en douze repas, de manière qu'ils n'aient pas deux fois de suite le même aliment. Chaque repas n'est que d'une petite quantité : ainsi dès quatre heures du matin ils ont du foin, ensuite des choux, puis des raves, puis du foin, etc. Au printemps on fait entrer dans leur régime du seigle, des vesces, et autres plantes coupées en vert. Sur la fin on ne les fait plus sortir, même pour boire, et c'est alors qu'on leur distribue les graines indiquées plus haut, le plus souvent grossièrement moulues et délayées dans l'eau. On croit qu'il faut le produit de trois arpens pour engraisser complètement une paire de bœufs.

Une propreté scrupuleuse est indispensable; aussi lave-t-on la crèche et renouvelle-t-on la litière, étrille et bouchonne-t-on tous les jours; on enlève le fumier tous les huit jours.

Avec tous ces soins il faut cinq à six mois pour engraisser complètement un bœuf. On a de la peine, mais aussi le profit en dédommage. Lorsqu'on fait l'opération sur plus de six, le profit est de 100 à 200 fr. sur chaque. Aussi l'aisance règne-t-elle dans tous les cantons qui se livrent à cette branche d'industrie agricole.

Ces bœufs sont pour la plupart envoyés à Paris, à l'approvisionnement duquel ils servent en juin et juillet. On a remarqué que ce voyage, loin de nuire à leur chair, l'amélioroit, parceque la fatigue distribuoit la graisse plus également dans le tissu cellulaire. Je fais cette remarque ici, parceque ce sont eux qui font le trajet le plus long.

Beaucoup d'autres cantons de la France se livrent aussi à l'engrais des bœufs; mais j'ai dû me réduire à parler des trois ci-dessus, parceque ce sont ceux qui en mettent le plus dans le commerce, et qu'ils offrent des méthodes différentes. Il est possible d'arriver par-tout au même but par une de ces méthodes, et il est étonnant qu'on ne le fasse pas dans plus d'endroits; car cette opération est assez lucrative pour que les propriétaires doivent l'entreprendre toutes les fois qu'ils ont une étendue de terrain suffisante pour leur procurer les subsistances nécessaires.

On a, de temps immémorial, discuté la question de savoir s'il étoit plus avantageux d'employer des bœufs que des chevaux au charroi et au labour. On reconnoît assez généralement par le fait que la lenteur de leur marche ne permet pas de les préférer pour un roulage de long cours ou très rapide,, puisqu'on ne les y emploie nulle part; mais aussi partout on est persuadé qu'ils donnent beaucoup plus de profit que les chevaux, lorsqu'on ne s'en sert que pour labourer et faire des charrois de circonstance. Il est certain que ceux qui sont toujours attelés à un chariot durent moins que ceux qui le sont à la charrue, et qu'ils s'engraissent ensuite plus difficilement. Il est certain encore que si le bœuf n'offroit pas le bénéfice de sa vente, après dix ans de service, il ne faudroit l'employer aux cultures qu'en cas d'impossibilité absolue d'avoir des chevaux. Quelques personnes ont prétendu que les bœufs étoient destinés par la nature à travailler dans les plaines, je le crois; mais il n'en est pas moins vrai qu'il y a beaucoup de bœufs en France, dans les pays de montagnes, qu'ils y sont même plus exclusivement employés que les chevaux. Reste donc à savoir si le labour des bœufs est meilleur que celui des chevaux; matière qui sera discutée au mot Labour. Je dirai seulement ici que leur labour est plus égal, mais plus lent.

Dans l'Inde on fait usage des bœufs pour porter des fardeaux. Les hommes mêmes les montent.

Les maladies des bœufs sont moins nombreuses que celles du cheval; cependant la domesticité a aussi développé sur eux sa triste influence. On trouvera l'indication du traitement qui leur convient à l'article de chacune de ces maladies.

Les personnes accoutumées à acheter des bœufs savent distinguer s'ils ont toujours vécu dehors ou dans les étables, s'ils ont été engraissés au vert ou au sec, et dans quel pays ils sont nés.

Les principales variétés de bœufs de France sont les *normands*. Ils sont de haute taille, et pèsent jusqu'à 1200 livres. Les fermiers du Cotentin, qui fournissent les meilleurs, préfèrent le poil truité, qu'ils appellent *bringé;* mais dans les autres cantons on ne s'attache pas à la couleur. Ces bœufs travaillent peu et s'engraissent aisément.

Les *bretons* sont petits et pèsent au plus 500 livres. Leurs cornes sont grandes, leur poil est ou blanc, ou blanc et noir, ou blanc et rouge.

Les *manceaux* sont ramassés, de moyenne taille, et du poids de 700 livres. Leurs cornes sont courtes, et leur poil est ou blond, ou blanc et rouge.

Les *solognaux* sont petits, et pèsent au plus 450 livres. Leur poil est le plus ordinairement rouge ou brun.

Les *tourangeaux* sont de taille élevée ; leur poids est de 4 à 500 livres. Leur poil est ou brun ou blond. Ils n'engraissent pas beaucoup.

Les *angevins* sont bruns ou gris. Ils ont des cornes de moyenne grandeur dont le bout est toujours noir. Ils pèsent de 500 à 800 livres ; ils engraissent facilement. On les appelle des *cholets*, du nom de la ville du plus fort marché.

Les *poitevins* sont gros. On les appelle bœufs de grands et petits marais. Ceux de la Mothe-St.-Heraye et de Vaux-de-Bie sont supérieurs aux autres, et connus sous le nom de *bœufs mothois*. Ils ont le poil d'un rouge vif, les cornes grandes, et pèsent 6 à 800 livres.

Les bœufs de l'*Angoumois*, de l'*Aunis* et de la *Saintonge* ont la taille grande ; mais leur poids n'y est pas proportionné ; ils pèsent de 5 à 700 livres. Leurs cornes sont grandes.

Les *gascons* sont les plus hauts de tous. Ils ont pour la plupart le poil blond ; il y en a cependant de gris et de rouges. Leur cornes sont grandes. Ils varient de poids entre 600, 800 livres et plus.

Les *périgourdins* sont de taille au-dessous des précédens, mais pèsent autant. Leurs cornes sont grandes ; leur poil est d'un rouge blond.

Les *limousins*, dont la taille est assez haute et qui ont le poil d'un blond rouge. Leur cornes sont courtes ; ils pèsent de 600 à 1000 livres.

Les *berrichons* sont de moyenne taille, et ont le poil blond, et pèsent 5 à 600 livres.

Les *auvergnats* sont gros et ont les cornes de moyenne taille. Leur poil est en général d'un rouge vif. Il y en a cependant de toutes les autres couleurs. Ils pèsent de 5 à 600 livres.

Les *bourguignons*, qui comprennent ceux du Morvant, du Charolois, du Beaujolois, etc., sont blancs et rouges, et soupe au lait. Ils varient de 4 à 700 en poids. On les engraisse à l'herbe pour les vendre à Lyon.

Les *francomtois* sont de deux sortes. Ceux de la plaine petits, blonds et à grandes cornes. Ceux de la montagne gros, rouges, et à cornes moyennes. Les premiers pèsent 4 à 500 livres, et les seconds 6 à 800.

Les *lorrains* ont les cornes courtes. Ils sont petits et de couleur ordinairement rouge, quoiqu'il y en ait d'autres couleurs. Ils pèsent 4 à 500 livres.

Les *champenois* sont petits et rouges ; leurs cornes sont courtes. Ils pèsent 5 à 600 livres.

Les *alsaciens* ont la taille forte, le poil ordinairement rouge ou brun. Ils pèsent 6 à 700 livres.

Les bœufs de la *Camargue* sont noirs et à demi sauvages. Ils iennent beaucoup du buffle, par la difficulté de les soumettre au joug et par la mauvaise qualité de leur chair. On doit à Latour d'Aigues un bon mémoire sur leurs mœurs.

Si la nécessité de me restreindre ne m'arrêtoit, je parlerois des bœufs des différentes contrées de l'Europe, et des manières de les conduire différentes de celle en usage en France; je parlerois sur-tout des belles expériences faites par Arthur Young, relativement à leur engrais en Angleterre. Je suis donc forcé de renvoyer, pour le surplus de ce que peut désirer le lecteur, au travail détaillé que j'ai fait sur cet objet au mot *Bêtes à cornes* de l'Encyclopédie méthodique.

Je dois cependant ajouter qu'il vient quelquefois dans les marchés de Paris des bœufs du Palatinat, de la Franconie, de la Suisse et de la Hollande, qui s'y font remarquer par leur grosseur et l'excellente qualité de leur chair, qualité qu'ils doivent à ce qu'ils sont engraissés, pour la plus grande partie, avec des graines, des racines ou du foin.

Outre ces variétés de bœufs, qui ne forment que des variétés, il y en a qui appartiennent à d'autres races; par exemple,

Le bœuf à cornes très longues de la Romagne; le poil en est gris plus ou moins foncé; les cornes, grosses à leur base, ont jusqu'à deux pieds de la racine à la pointe; j'en ai vu qui portoient plus de vingt pouces d'envergure, c'est-à-dire d'espace entre les deux pointes. Cette race a été transportée en France, où on a essayé d'en tirer parti. Comme elle donne peu de lait, assez cependant pour nourrir son veau, on l'a rejetée et on a eu tort; car étant moins lente que la race de France, les bœufs qu'on en feroient auroient une marche plus avantageuse pour le travail. J'en ai eu la preuve. Ces bœufs grossissent beaucoup et prennent bien la graisse. Tous les veaux en naissant ont le poil roux; peu à peu ce poil change. Le tour des yeux, de la bouche, de l'anus prend la couleur grise, puis l'épine du dos, etc.

Le bœuf sans cornes; il se distingue des autres parcequ'il a, au lieu de cornes, un crâne épais avec une éminence au milieu, peu apparente sur l'animal vivant, mais sensible quand on examine la bête dépouillée de sa peau et de ses chairs. On ne peut l'attacher que par le cou; mais ce n'est pas un inconvénient, puisqu'en Suisse on n'attache pas les vaches autrement. Cette race prend aussi un gros volume. J'en ai vu un taureau qui pesoit au moins 1200 livres.

Je ne dirai qu'un mot de six autres connues et sauvages dans les différentes parties du monde.

L'aurochs qui existoit autrefois sur le sol de la France, mais qu'on ne trouve plus que dans les vastes forêts de la Pologne. Il n'est pas vrai qu'il soit le type du bœuf domestique comme on l'a cru. C'est une espèce distincte.

Le bonasus qui est originaire de l'Inde.

Le bison qui se voit en troupeaux dans le nord de l'Amérique.

Le gruniens et le frontale, le zèbu et le bubale, habitans des montagnes de l'Inde.

Ils sont tous recherchés pour leur chair, mais ne sont nulle part réduits en domesticité.

Outre sa chair, le bœuf fournit après sa mort, 1° sa peau qu'on tanne, qu'on courroie, qu'on chamoise, qu'on hongroie, etc. pour faire des chaussures, des harnois, etc.; 2° sa graisse solide, c'est-à-dire son suif avec lequel on fabrique des chandelles; 3° sa graisse liquide dont on fait usage dans la lampe et dans les arts, sous le nom d'*huile de pieds de bœufs*; 4° son poil, qui s'utilise de diverses manières sous le nom de BOURRE. *Voyez* ce mot. 5° Ses cornes qui servent à faire des peignes, des lanternes, des boîtes, etc., et ses ongles dont les arts chimiques tirent parti, et qui sont, ainsi que les cornes, un excellent engrais; 6° son sang qui sert dans les rafineries de sucre et à la confection du bleu de Prusse; 7° ses excrémens pour entrer dans les fumiers, servir à brûler, etc.

Il sera question au mot VIANDE des préparations qu'on fait subir à la chair du bœuf pour la conserver. En conséquence, je me contenterai de faire ici quelques remarques sur les différences qu'elle offre dans sa qualité.

Les bouchers ont remarqué que la viande du bœuf engraissé de pouture étoit plus savoureuse, et se conservoit plus longtemps que celle de ceux engraissés à l'herbe; que dans le même cas le suif étoit plus abondant et plus ferme. Il est des années où les bœufs du même canton ont plus de suif, ce qui dépend par conséquent de la nature des herbes. Un bœuf de moyenne taille donne communément 100 livres de cette substance.

Il y a une grande différence entre la viande des bœufs qui ont été châtrés très jeunes et par l'enlèvement entier des testicules, et celle de ceux qui ont été seulement bistournés. Les causes en seront indiquées au mot CASTRATION.

Le poids des bœufs engraissés en France varie depuis 400 jusqu'à 1200 livres. On en a vu de 3000 livres, et on prétend qu'il y en a eu de 5000 livres; ce qui est difficile à croire, car il y a un terme à tout. (TES.)

BOGUETTE. Nom du sarrasin dans quelques cantons.

BOGUIN. On donne vulgairement ce nom, dans quelques endroits, aux moutons qui viennent dans les bois.

BOIRS. On donne ce nom, dans la partie inférieure du cours de la Loire, aux anfractuosités, ou mieux, aux petits golfes que forme cette rivière. Dans ces lieux les eaux sont presque stagnantes et nourrissent une grande quantité de plantes aquatiques, principalement des macres, et les poissons y trouvent un abri favorable pendant les chaleurs de l'été, ce qui fait que la pêche y est avantageuse. (B.)

BOIS. (*Administration des*) (ART. DU FORESTIER.) Le mot *bois* a deux significations dans notre langue : par la première, on entend ce qui constitue la substance dure, ligneuse et compacte d'un arbre ; et sous la seconde, on parle d'un lieu planté d'arbres propres à la construction des édifices, à la charpente, à la menuiserie, au charronnage, au chauffage, etc.

Lorsqu'un bois a une grande étendue, on l'appelle une *forêt*, et quand il n'a qu'une très petite superficie, on le nomme *boqueteau*, *bosquet*, *buisson* ou *garenne*. Sous ce mot général, nous ne parlerons point de la culture des bois, on en trouvera les détails à l'article *forêts*. Il ne sera ici question que de notions générales sur l'administration des bois.

Section Ire. *Principales dispositions des ordonnances et des lois relatives aux bois des particuliers.* Avant la révolution, les bois des particuliers étoient soumis à un régime établi par l'ordonnance de 1669. Les propriétaires ne pouvoient couper leurs taillis qu'à l'âge de neuf ou dix ans ; ils étoient obligés d'y réserver seize baliveaux de l'âge par arpent, et ils ne pouvoient faire abattre ces réserves qu'après une révolution de quarante ans, et avec la permission du grand-maître des eaux et forêts de leur arrondissement. Pendant la révolution, et aux termes de l'article 6 du titre Ier du décret de 1791, « chaque propriétaire est libre d'administrer ses bois et d'en disposer à l'avenir comme bon lui semblera. » Mais l'abus que l'on a fait de cette liberté illimitée a motivé les restrictions suivantes, qui sont extraites textuellement de la loi du 9 floréal an 11.

« Titre Ier. *Du régime auquel seront soumis les bois des particuliers.*

« Section Ire. *Des défrichemens.* Article Ier. Pendant vingt-cinq ans, à compter de la promulgation de la présente loi, aucun bois ne pourra être arraché et défriché que six mois après la déclaration qui en aura été faite par le propriétaire devant le conservateur forestier de l'arrondissement où le bois est situé.

« II. L'administration forestière pourra, dans ce délai, faire mettre opposition au défrichement du bois, à la charge d'en référer, avant l'expiration de six mois, au ministre des finances, sur le rapport duquel le gouvernement statuera définitivement dans le même délai.

« III. En cas de contravention à l'article précédent, le propriétaire sera condamné par le tribunal compétent, sur la réquisition du conservateur de l'arrondissement, et à la diligence du procureur impérial, 1° à remettre une égale quantité de terrain en nature de bois ; 2° à une amende qui ne pourra être au-dessous du cinquantième, et au-dessus du vingtième de la valeur du bois arraché.

« IV. Faute par le propriétaire d'effectuer la plantation ou le semis dans le délai qui lui sera fixé après le jugement par le conservateur, il y sera pourvu à ses frais par l'administration forestière.

« V. Sont exceptés des dispositions ci-dessus les bois non clos, d'une étendue moindre de deux hectares, lorsqu'ils ne seront pas situés sur le sommet ou la pente d'une montagne, et les parcs ou jardins clos de murs, de haies ou fossés, attenant à l'habitation principale.

« VI. Les semis ou plantations des bois des particuliers ne seront soumis qu'après vingt ans aux dispositions portées en l'article Ier et suivant.

« Section II. *Du martelage pour le service de la marine dans les bois des particuliers.*

« VII. Le martelage pour le service de la marine aura lieu dans les bois des particuliers, taillis, futaies, avenues, lisières, parcs, et sur les arbres épars. La coupe des arbres marqués aura lieu comme pour les bois nationaux.

« VIII. Le paiement s'effectuera avant l'enlèvement, qui ne pourra être retardé plus d'un an après la coupe, faute de quoi le propriétaire sera libre de disposer de ses bois.

« IX. En conséquence des dispositions des articles précédens, tout propriétaire de futaies sera tenu, hors le cas d'une urgente nécessité, de faire, six mois d'avance, devant le conservateur forestier de l'arrondissement, la déclaration des coupes qu'il est dans l'intention de faire, et des lieux où sont situés les bois.

« Le conservateur en préviendra le préfet maritime dans l'arrondissement duquel sa conservation sera située, pour qu'il fasse procéder à la marque en la forme accoutumée.

« Titre II. Section II. *Des gardes des bois des particuliers.* XV. Les gardes des bois des particuliers ne pourront exercer leurs fonctions qu'après avoir été agréés par le conservateur forestier de l'arrondissement, et après avoir prêté serment devant le tribunal de première instance.

« XVI. En cas de refus par le conservateur d'agréer lesdits gardes, celui qui les aura présentés pourra se pourvoir devant le préfet du département, qui statuera. »

Voilà toutes les formalités que les propriétaires de bois aient à remplir pour pouvoir ensuite en jouir comme bon leur semblera.

Section II. *Conservation des bois et forêts.* La conservation des bois est un objet d'une bien grande importance pour les propriétaires; et c'est en vain qu'ils adopteroient dans leurs ocalités respectives les aménagemens les plus avantageux, leurs bois se dégraderoient bientôt si la surveillance la plus exacte, a police la plus sévère et l'administration la plus intelligente n'en assuroient pas la durée.

C'est à la nature presque seule que la France doit l'étendue des bois qu'elle possède, et si rien ne dérangeoit sa marche ordinaire, elle sauroit les entretenir par les graines des étalons, et même en agrandir la superficie par la voie des accrus.

Suivant les anciens cosmographes, les Gaules étoient couvertes de forêts, et les six millions d'hectares environ qu'on compte encore en France ne sont que les restes de peut-être plus de quarante millions d'hectares qu'elle possédoit il y a deux mille ans. Le surplus a été détruit successivement par différentes causes qu'il est nécessaire d'indiquer, afin de pouvoir en paralyser les effets par une bonne administration. Les causes de la destruction des bois peuvent être réduites à six principales : savoir, 1° les besoins de la culture; 2° le pâturage des bestiaux; 3° les différens droits d'usage et les jouissances indivises; 4° le défaut de bornage et les anticipations; 5° les mauvais aménagemens; 6° une mauvaise exploitation.

§. Ier. *Besoins primitifs de la culture.* Vivre est le premier et le plus impérieux de tous les besoins; pour le satisfaire, nos ancêtres ont dû brûler d'abord les bois qui entouroient leurs habitations, afin de pouvoir en consacrer le terrain à la culture. Cette conduite est conforme à celle que tiennent les nouvelles colonies dans les commencemens de leur établissement, c. elles détruisent ensuite les bois à mesure que leur population augmente.

Mais comme le bois est aussi un objet de première nécessité, sa destruction a dû avoir pour limites naturelles celles de l'augmentation de la population. Maintenant si l'on réfléchit sur la grande étendue de friches communales et de terrains incultes que l'on voit encore en France, et qui, dans l'origine, étoient en plus grande partie couvertes de bois, et que, malgré son immense population, les disettes réelles y deviennent de plus en plus rares, on est forcé de convenir que la destruction de ces bois n'est point due entièrement aux besoins de la culture et qu'elle tient à des causes encore plus actives. Aujourd'hui, cette première cause de destruction n'existe plus; le défrichement des bois est défendu pendant vingt-cinq ans.

§, II. *Pâturage des bestiaux.* La fréquentation habituelle des bestiaux dans les bois est la cause la plus active de leur destruction; ils les ruinent en plus ou moins de temps, suivant l'âge plus ou moins avancé auquel on les livre à leur pâturage.

Pour donner une idée juste de la rapidité avec laquelle les animaux broutans détruisent les bois, nous en citerons deux exemples authentiques. Premier exemple. *Forêt d'Orléans*, par un procès-verbal de réformation des bois de cette forêt, fait en 1671, elle contenoit, tant en bois du domaine qu'en bois tenus en gruerie, etc., cent vingt-un mille arpens (ou à peu près soixante mille cinq cents hectares); et par un autre procès-verbal de réformation de 1721, on ne lui a plus trouvé que quatre-vingt-sept mille sept cent vingt-sept arpens, ou environ quarante-trois mille neuf cents hectares. Ainsi, en cinquante ans cette forêt avoit déjà perdu plus du quart, et près du tiers de sa superficie. L'ingénieur Plinguet, qui a donné ces détails dans son *Traité sur la réformation et l'aménagement des forêts* (Orléans, 1789), attribue cette perte à six causes, dont la principale est *l'exercice du droit qu'ont quarante-huit communes de mener paître leurs bestiaux dans cette forêt.* Il observe ensuite que ces pertes successives n'ont été éprouvées que sur les contours de la forêt, *comme étant plus exposés au broutement journalier des bestiaux*, et qu'il n'y a point compris les vides nombreux de l'intérieur, et qui se trouvoient très agrandis par la même cause en 1721.

2e Exemple. *Bois et forêts du pays de Foix, du Couscrans et de Mirepoix.* Suivant un procès-verbal de réformation des bois de ces pays, fait en 1667 par M. de *Froidure*, ils y alimentoient quarante-quatre forges et huit martinets roulans; et aujourd'hui, dit M. le baron de Dietrich dans *sa description des mines et minerais des Pyrénées*, publiée en 1786, le plus grand nombre de ces usines ne marche plus *à cause de la destruction des bois opérée par le pâturage des bestiaux.*

On doit donc regarder la suppression de ce droit comme étant le principe fondamental d'une bonne conservation des bois.

Un autre avantage qui en résulteroit seroit de préserver les bois des incendies, dont le plus grand nombre doit être attribué à la négligence des gardiens des bestiaux.

§. III. *Différens droits d'usage et de jouissances indivises.* Il existe encore différens droits dans les bois, ou des jouissances indivises qui sont des germes de leur destruction, et dont la suppression est également nécessaire.

Le premier de ces droits est celui *d'essartage*, ou *d'écobuage* qu'exercent certaines communautés usagères dans les coupes ordinaires des bois qui les environnent. *Voyez* le mot ESSARTAGE.

Cet usage fait périr beaucoup de souches et une grande quantité de glands; il éclaircit les bois et diminue progressivement leurs produits.

Le second est connu sous le nom d'*affectations* pour le service des usines.

Les maîtres de forges ne voient dans l'usage des bois qui leur sont affectés que la faculté de se procurer, presque gratuit ment, la quantité de charbon nécessaire à la consommation annuelle de leurs usines. Ces bois sont généralement mal exploités, parcequ'on néglige tout ce qui n'est pas susceptible d'être converti en charbon; ils sont d'ailleurs aménagés à des âges trop peu avancés, ce qui en diminue les produits; et si ces bois sont d'ailleurs grevés de droit d'usages et de pâturage au profit des communautés environnantes, ils sont bientôt détruits par le concours des abus des charbonniers, des maîtres de forges et de ces communautés. (Le Baron de Dietrich, ouvrage déjà cité.) Il en est de même de l'exercice d'autres droits connus sous le nom d'*usages* et de *chauffages*, ainsi que des jouissances indivises, telles que les bois tenus en *gruerie*, *grairie*, *tiers et dangers*, etc.; tous présentent de grands abus de jouissances et sont de véritables causes de la destruction des bois.

Tous ces droits devroient donc être supprimés, en indemnisant cependant d'une manière convenable les particuliers ou les communautés qui en jouissent à un titre légitime.

Il ne seroit pas aussi difficile qu'on pourroit le croire de concilier ces différens droits de propriété avec la nécessité impérieuse de restaurer les bois de la France.

§. IV. *Défaut de bornage.* Les anticipations de la culture sont aussi une cause de la destruction des bois. Leur bornage extérieur doit donc être établi de la manière la plus invariable; on ne doit pas même négliger le bornage intérieur, afin d'éviter les procès.

Pour l'exécution de ces opérations, *voyez* l'art. FORÊTS.

§. V. *Mauvais aménagement.* A proprement parler, il n'y a que les aménagemens trop longs, relativement aux essences et à la qualité du sol, qui soient une cause de destruction des bois, et les particuliers se rendent bien rarement coupables de ce délit; ils pêchent le plus souvent par des aménagemens trop rapprochés. Par cette conduite, ils font tort à leur bourse et à la consommation générale; mais cet abus ne nuit pas à la reproduction du bois.

§. VI. *Mauvaise exploitation.* La manière dont on coupe les bois influe plus qu'on ne le pense sur leur reproduction; et c'est dans cette opinion que les rédacteurs de l'ordonnance de 1669 ont établi, pour l'exploitation des bois, des règles que les propriétaires doivent adopter, parceque l'expérience en a constaté la bonté.

Ces règles salutaires devroient donc être insérées dans les cahiers des charges des différentes ventes de bois que les particuliers sont dans le cas de faire. Ces ventes sont de cinq espèces, dont l'exploitation est soumise à des règles particulières; savoir, 1° vente de bois taillis; 2° vente de baliveaux sur taillis; 3° vente par pieds d'arbres, ou d'arbres épars; 4° vente par éclaircissement; 5° vente de recépages.

1° *Vente de bois taillis.* 1° Ces bois doivent être vendus tant pleins que vides, y compris même la superficie des fossés de limites, et sous la condition d'y conserver les arbres de réserves qui seront marqués, et dont le nombre sera déterminé, afin que chaque procès-verbal d'adjudication devienne un titre nouveau de la propriété.

2 les adjudicataires ne pourront les *embûcher*, ou commencer leur coupe, qu'après la chute des feuilles. Ils auront *temps de coupe* jusqu'au 15 avril suivant, et pour *vider* jusqu'en octobre ou novembre de la même année, afin d'avoir le temps de rafraîchir les fossés de limites avant le commencement de la végétation de leur seconde *feuille*.

3° Les taillis seront coupés à la cognée, et non autrement, à fleur de terre et en bec de flûte, sans en *écuisser* ni éclater les souches, en sorte que les brins des cepées n'excèdent pas la superficie de la terre, s'il est possible, et que tous les anciens nœuds recouverts et causés par les précédentes coupes ne paroissent aucunement.

4° Les adjudicataires ne pourront essoucher aucun bois, sous peine de toutes pertes et indemnités.

5° Ils ne pourront faire paître les bestiaux servant à la vidange ni dans les ventes, ni sur aucune des propriétés du vendeur, et même, pour éviter que les bestiaux ne puissent brouter le recru en traversant la vente, les adjudicataires sont tenus de les faire museler.

6 Le vendeur ne s'oblige en aucune manière de fournir aux adjudicataires, pour la vidange, d'autres chemins que ceux d'usage; et si, pour l'opérer, ils étoient obligés de traverser des champs, ils seront tenus d'en payer le dommage.

7° Les adjudicataires sont encore tenus de faire couper, recéper et ravaler le plus près de terre que faire se pourra toutes les souches et estocs de bois pillés et rabougris étant dans les ventes, sous les peines de droit.

8° Les temps de coupe des bois et de leur vidange étant expirés, s'il se trouve dans les ventes des bois sur pied ou abattus, ils seront confisqués au profit du propriétaire.

9° Les adjudicataires sont tenus de faire exécuter à leurs frais, ou de rafraîchir les fossés de limites, dans les dimensions qui leur seront prescrites.

10° Ils demeurent responsables, pendant tout le temps de leur exploitation, des délits qui pourroient se commettre au son et à l'ouïe de la cognée, tant dans la vente en *usance* que dans les *triages* qui l'avoisinent.

Nous ne parlons point ici de la clause facultative de faire de l'écorce dans les taillis, on en trouvera la discussion et les dispositions à l'art. ECORCE.

En tenant rigoureusement à l'exécution de ces mesures, les taillis repousseront avec d'autant plus de vigueur, que les brins en auront été coupés plus bas.

D'ailleurs, la coupe entre deux terres des souches et estocs anciennement abattus trop haut nous paroît absolument nécessaire pour en restaurer la végétation.

2° *Vente de baliveaux sur taillis.* Cette vente doit être faite dans le même temps que celle du taillis, et les arbres en seront abattus immédiatement après la coupe du taillis, afin que leur exploitation ne nuise point à son recru.

Clauses de cette vente. 1° Les arbres seront coupés le plus bas qu'il sera possible, et les arbres seront abattus de manière qu'ils tombent dans la vente sans endommager les réserves, à peine contre l'adjudicataire de tous dommages et intérêts.

2° S'il arrivoit que ces arbres fussent *encroués*, il ne pourra faire abattre l'arbre sur lequel celui qui sera tombé se trouvera encroué sans la permission du vendeur, et après être convenu de l'indemnité qui doit en résulter à son profit.

3° Si pendant l'usance de la vente, aucuns des arbres réservés et marqués étoient arrachés ou abattus par les vents et orages, ou par autre accident, l'adjudicataire les laissera sur place, et en donnera avis au propriétaire, afin de les remplacer parmi les arbres abandonnés qui ne seroient point encore abattus.

4° L'adjudicataire est tenu de laisser sur pied tous les baliveaux et autres arbres marqués pour réserves, à peine d'une amende au profit du propriétaire, qui sera localement proportionnée à la valeur du bois, par chaque pied d'arbre de réserve qui se trouveroit de moins lors du récollement. L'amende ne pourra être moindre du double de la valeur du délit.

3° *Article commun à ces deux premières ventes.* Le récollement des baliveaux et arbres de réserves aura lieu dans le cours du mois d'octobre de l'année d'usance; et dans le cas où les adjudicataires voudroient faire réarpenter le taillis, ils seront obligés de se servir de l'arpenteur du vendeur, et à leurs frais.

Les souches des baliveaux et des modernes repoussent toujours de belles cepées; mais celles des arbres anciens périssent presque toutes. Pour prévenir cet inconvénient, qui établit souvent de grands vides dans les bois, nous avons adopté avec assez de succès l'usage de recouvrir les vieilles souches d'environ un décimètre d'épaisseur de terre, immédiatement après l'abattage des arbres.

Un de nos voisins vient de nous assurer que, lorsque les vieilles souches ne sont point tout-à-fait gâtées, elles repoussent des cepées, si l'on a l'attention d'en couper les arbres en sève, mais cependant avant le développement des feuilles. Si ce fait particulier étoit constaté par l'expérience sur un grand nombre de vieux arbres, et sur-tout sur les souches des futaies pleines, il ne seroit plus nécessaire de les replanter en totalité, comme on est obligé de le faire aujourd'hui après leur coupe, et il suffiroit d'en repeupler les vides. Cet avantage considérable doit attirer l'attention des forestiers sur le fait en lui-même, et les engager à le vérifier.

3° *Vente par pieds d'arbres.* Les clauses de ces ventes sont les mêmes que celles de la vente des baliveaux sur taillis. Seulement, si les arbres sont en avenues, on y joint la faculté de l'arrachement des souches et le remplissage des trous, parcequ'on ne peut pas replanter dans les mêmes places. Quelquefois aussi on charge l'adjudicataire de replanter à ses frais ces avenues, sous les conditions et avec les précautions qui seront indiquées pour la plantation des avenues. *Voyez* le mot FORÊTS.

4° *Vente par éclaircissement ou par expurgade.* On connoît les bons effets que les éclaircissemens produisent sur la végétation des taillis trop fourrés, lorsqu'ils ont atteint l'âge de huit à dix ans.

Les propriétaires intelligens les font exécuter sous leurs yeux avec sagesse et mesure; ils en retirent des liens, des rouettes, des fagots, des bourrées, dont la vente les indemnise amplement des frais de cette exploitation, et ils y trouvent ensuite un très grand avantage, lorsque le taillis est arrivé à son âge d'aménagement.

Mais autant cette opération favorise le grossissement des taillis, lorsqu'elle est bien faite, autant elle leur fait de tort lorsqu'on en abuse. C'est pourquoi les éclaircissemens des taillis ne devroient jamais être l'objet d'une vente par adjudication, et qu'ils sont défendus dans les forêts impériales.

5° *Vente de recépages.* On ne peut se dispenser de recéper les bois incendiés, pillés, et abroutis par le bétail, ainsi que ceux qui ont été très endommagés par la gelée ou par la grêle. dans ces cas, l'adjudication de ces recépages se fait dans les mêmes termes que celles des ventes de bois taillis.

Ces adjudications n'ont aucun inconvénient lorsque les recépages se font en masse; mais s'ils ne doivent avoir lieu que par parties séparées, ils deviennent de véritables éclaircissemens, et alors il n'est pas prudent de les mettre en adjudication.

Une clause qu'il faut rendre commune à toutes les ventes de bois, c'est de réserver au propriétaire la faculté de ne point adjuger définitivement, si le dernier enchérisseur n'en porte pas la valeur au taux de l'estimation, afin de prévenir les coalitions entre les marchands.

Nous terminerons cet article en observant que, pour compléter ces différens moyens de conserver les bois, il faut se procurer des gardes intelligens, capables de suivre les exploitations, de faire exécuter les clauses des adjudications, de surveiller exactement tous ceux qui fréquentent les bois, et d'empêcher les chercheurs de bois morts de se servir d'aucun instrument tranchant. (De Per.)

BOIS. Economie rurale et domestique. L'acception sous laquelle mon savant collaborateur a traité l'article précédent n'est pas la seule, comme il le dit au commencement, que le mot bois ait dans notre langue. On appelle aussi de ce nom la substance des arbres, substance qui est d'un si grand emploi dans l'économie domestique, dans les constructions des bâtimens et des vaisseaux, dans les manufactures, les arts, etc. Je dois donc présenter aussi des considérations générales sur le bois pris sous ce point de vue, renvoyant les détails aux articles de chaque espèce.

Le bois est cette partie du tronc qui est placée sous le liber, qui paroît composé de fibres ou de vaisseaux, qui renferme pendant la vie de l'arbre la sève et les sucs propres. Dans certains arbres on distingue le bois proprement dit de l'Aubier qui l'entoure. *Voyez* ce dernier mot.

Je renvoie pour l'anatomie du bois aux mots Fibres, Couches ligneuses, Vaisseaux, Trachée, Parenchyme, Sève, Suc propre, etc.

L'analyse du bois au moyen du feu a été faite par un grand nombre de chimistes anciens et modernes; mais leurs résultats sont très différens. C'est toujours une eau plus ou moins odorante, des huiles plus ou moins épaisses, une quantité plus ou moins considérable de gaz acide carbonique, de gaz hydrogène et azote, avec quelques acides, un peu d'alkali, de terres calcaire, magnesiène, siliceuse, quelques atomes de fer, d'or, et beaucoup de charbon. C'est à une analyse par la voie humide qu'il conviendroit de soumettre les bois. Elle a été tentée par divers savans, mais complétée par aucun d'eux. Je ne crois pas devoir m'étendre plus longuement sur cet objet, qui n'intéresse que fort légèrement les cultivateurs. J'ajouterai cependant que les bois mélangés, comme chêne, charme, hêtre, etc., à quinze ans d'âge et après quinze mois de coupe, pèsent, d'après N. J. B. Mollerat, 325 à 350 kilogrammes le mètre cube; et cette quantité donne, par la distillation, dans un fourneau de son invention, de 95 à 100 kilogrammes de charbon (*voyez* au mot Charbon), environ cent litres d'acide pyro-ligneux, et 25 à 30 kilogrammes d'huile épaisse. Avec l'acide, M. Mollerat forme de l'acide acéteux parfaitement pur et limpide, analogue au vinaigre radical, lequel sert aux manufactures de toiles peintes, aux ateliers de teintures, etc., et au moyen duquel on peut composer, en l'affoblissant et l'aromatisant, des vinaigres de table excellens.

L'huile sert à brûler, à peindre, et, mêlée avec vingt pour cent de résine, forme un goudron excellent pour caréner les vaisseaux.

On range les bois relativement aux services qu'ils peuvent rendre en neuf classes principales, savoir, le chauffage, la charpente, le charronnage, la menuiserie, la fente, la cerclerie, le tour, l'ébenisterie et la sculpture, classes que je vais successivement passer rapidement en revue.

Tous les hommes ont besoin de feu, au moins pour la cuisson de leurs alimens. Sans le feu la moitié des jouissances de la société seroit anéantie, et la moitié de l'univers seroit inhabitable. L'emploi de bois qu'on fait en France, soit pour le chauffage, soit pour la cuisson des alimens, soit pour les manufactures à feu, telles que forges, verreries, faïancerie, etc., etc., peut être évalué aux sept dixièmes de la consommation totale. Aujourd'hui que la production du bois n'est plus en proportion avec les besoins, que son prix augmente au-delà de toute mesure, il est du devoir de tout bon citoyen de chercher les moyens d'en restreindre l'emploi et d'en multiplier les plantations. Dans tout le cours de cet ouvrage je n'ai pas manqué une occasion d'indiquer ces moyens. Ici, de nouveau, j'invite le lecteur, père de famille et propriétaire, de diriger sérieusement son attention vers cet important objet.

De tout temps on a su que chaque espèce de bois donnoit au feu une chaleur différente, se consumoit plus ou moins promptement, que les très jeunes et les très vieux arbres étoient moins bons à brûler que ceux d'un âge moyen (*voyez* au mot Exploitation des bois); mais nos connoissances sur ces objets étoient vagues; nous avions même adopté des erreurs. Par exemple, nous croyons que l'intensité de la chaleur, produite par les différentes espèces de bois parfaitement sèches, étoit proportionnelle à leur densité. Il étoit réservé a M. Hartig de nous éclairer à cet égard. Son petit ouvrage, intitulé *Expérience physique sur les rapports de combustibilité des bois entre eux*, est rempli de faits nouveaux d'une grande importance pour la science de l'économie. Je ne puis trop en recommander la lecture à tous ceux qui font une grande consommation de bois. Dans l'impossibilité de le copier, je me contenterai de donner le tableau ci-après qui en est le résumé, tableau qu'on doit à M. Baudrillard son traducteur. Il est à regretter que M. Hartig n'ait pas poussé plus loin ses expériences, qu'il ne les ait pas étendues aux bois de dix à quinze ans, qui sont ceux qu'on emploie en plus grande quantité pour le chauffage, avec lesquels on fait ordinairement le charbon, même à ceux d'un an ou deux.

Bois d'un accroissement parfait.

	fr.	c.
Sycomore de 100 ans.	17	57
Pin commun de 125 ans.	15	67
Frêne de 100 ans.	15	51
Hêtre de 120 ans.	15	40
Charme de 90 ans.	14	86
Alizier de 90 ans.	14	38
Chêne rouvre de 200 ans.	13	14
Mélèze de 100 ans.	12	71
Orme de 100 ans.	12	59
Chêne pédonculé de 190 ans.	12	32
Epicea de 100 ans.	12	32
Bouleau de 60 ans.	11	90
Sapin commun de 100 ans.	10	99
Saule marceau de 60 ans.	10	81
Faux acacia de 34 ans	10	31
Tilleul de 80 ans.	9	64
Tremble de 60 ans.	8	91
Aune de 70 ans.	8	13
Peuplier noir de 60 ans.	7	23
Saule blanc de 50 ans.	7	8
Peuplier d'Italie de 20 ans.	6	84

Bois d'un accroissement moyen.

	fr.	c.
Sycomore de 40 ans.	13	13
Charme de 30 ans.	12	27
Pin commun de 50 ans.	11	97
Frêne de 30 ans	11	70
Hêtre de 40 ans.	11	58
Chêne pédonculé de 40 ans.	11	21
Alizier de 30 ans.	11	14
Acacia de 8 ans.	9	75
Orme de 30 ans.	9	55
Saule marceau de 20 ans.	9	53
Bouleau de 25 ans.	8	39
Tremble de 20 ans.	8	30
Epicea de 40 ans.	7	65
Aune de 20 ans.	7	57
Saule blanc de 10 ans	7	47
Tilleul de 30 ans.	7	24
Mélèze de 25 ans.	7	3
Sapin commun de 40 ans.	6	97
Peuplier noir de 20 ans	5	76
Peuplier d'Italie de 10 ans.	5	7

La difficulté d'une rigueur mathématique dans ces expériences peut être facilement sentie, aussi ne sont-ce réellement que des approximations que donne M. Hartig; mais elles suffisent pour l'objet qui nous occupe.

Voici la manière dont M. Hartig opère.

Il fait sceller une chaudière de cuivre sur un fourneau circulaire, y met la même quantité d'eau, et dans cette eau un thermomètre. Il allume, avec la même quantité de paille, la même masse de bois parfaitement sec, c'est-à-dire deux cents pouces cubes seulement, pour que l'eau n'arrive pas à ébullition. Ensuite il observe le plus haut degré du thermomètre, le temps qu'emploie le bois à se réduire en charbon, le moment où les charbons sont consumés, la quantité d'eau perdue par l'évaporation, la quantité de cendre, s'il brûle vivement ou long-temps, s'il produit beaucoup de fumée, s'il pétille, etc. Voici un exemple de rédaction. *Orme*. Il donna en trente-cinq minutes cinquante-cinq degrés de chaleur. En trois heures vingt-huit minutes les charbons étoient éteints et le thermomètre descendit à trente-huit degrés. En douze heures la perte de l'eau par l'évaporation fut de trois livres douze onces quatre gros. Il resta sept gros de charbons et trois gros et demi de cendres.

Le bois brûla assez bien sans craqueter ni donner beaucoup de fumée; cependant ce feu tendoit à s'éteindre quand il n'étoit pas fortement entretenu. Les charbons isolés à l'air n'y restoient pas long-temps embrasés, d'où il résulte que ce bois convient mieux à un feu considérable, dans un espace clos, qu'au feu d'un foyer.

On voit par les tableaux, dont la valeur comparative a été établie en francs, comme plus facile à sentir par les marchands, que l'ordre est interverti dans les deux âges, pour quelques espèces, comme le pin, le mélèze, l'acacia, mais qu'il est en général concordant; que le chêne, qu'on est habitué à regarder comme le meilleur bois à brûler, cède sous ce rapport à six ou huit autres; quels avantages ne peuvent donc pas trouver les propriétaires à semer du pin commun, qui croît si rapidement, qui se contente des sables les plus arides, qui ne demande presqu'aucun frais de culture! *Voyez* au mot Pin. Pourquoi ne remplaceroient-ils pas les forêts épuisées par les chênes au moyen des sycomores qui viennent également très vite. *Voyez* au mot Erable.

M. Hartig dans le cours de ses expériences parle, comme on l'a vu dans l'exemple ci-dessus, de la FLAMME, de la FUMÉE, du CHARBON et de la CENDRE; mais il n'offre à leur égard que des résultats extrêmement vagues. Plusieurs personnes ont fait sur ces sujets des expériences plus positives, mais ayant pour objet des recherches purement scientifiques ; ce qu'ils nous ont appris n'est pas dans le cas d'être rapporté ici. J'en dirai cependant un mot aux articles que je viens de citer.

On sait, à Paris, que le bois flotté est bien moins avantageux pour le chauffage que le bois qui ne l'a pas été, et que l'on appelle *bois neuf* dans cette ville. Il est donc certain que l'eau, en dissolvant la partie muqueuse laissée par la sève, lui ôte une partie de sa qualité comme combustible. Le flottage endommage beaucoup plus les bois blancs que les bois durs, parceque l'eau les pénètre plus facilement. Les bois flottés brûlent plus vite, donnent moins de chaleur, et leurs cendres ne contiennent presque pas de potasse.

Il est des bois qui, comme le FRÊNE (*voyez* ce mot) brûlent aussi bien verts que secs.

Le chêne est presque le seul arbre qu'on emploie dans la grande charpente, parceque c'est celui qui joint à la plus grande force la plus grande durée, et qu'il est très peu sujet, lorsqu'il est dépouillé de son aubier, à être rongé par les vers, ou à être altéré par la décomposition spontanée. Dans les pays de montagnes on emploie aussi avec avantage le châtaigner, le mélèze, le sapin, l'épicea et le pin commun pour la même sorte de charpente. Toute espèce de bois est employée dans la charpente des chaumières et autres constructions rurales de peu d'importance.

Le pilotage fait partie de la charpente : on n'y emploie aussi que le chêne, comme ayant le plus de force et pourrissant le plus difficilement dans l'eau ou dans la terre. L'aune, qui a le même avantage, est aussi employé pour faire des pieux dans des terrains marécageux. Son branchage sert à combler les fossés, qu'on creuse dans ces lieux, lorsqu'on veut les dessécher, et qu'on n'a pas assez de pente pour donner de l'écoulement aux eaux, branchages qu'on recouvre ensuite de terre.

Duhamel, dans son important ouvrage, intitulé *Du transport, de la force et de la conservation des bois*, ouvrage qui doit être entre les mains de toutes les personnes qui sont dans le cas de vendre ou d'acheter des bois, a prouvé combien il étoit utile de connoître la pesanteur de chaque espèce de bois, soit en vert, soit en sec, en combien de temps il se desséchoit, combien il perdoit de volume par la dessiccation, quelle étoit leur force relative, etc.; et il a fait beaucoup d'expériences propres à nous donner des idées positives sur ces objets. Depuis lui, Buffon et Varennes de Feuilles ont repris ces expériences. Le dernier leur a donné plus d'étendue, et il en est résulté les tables ci-dessous, qui, si elles offrent des nombres différens de ceux trouvés par les deux premiers, c'est que le climat, la nature du sol, l'exposition, l'âge, etc., influent sur les qualités du bois ; ensuite, relativement au chêne, c'est qu'on ne savoit pas alors distinguer ses diverses espèces. *Voy.* mon mémoire inséré parmi ceux de l'institut, année 1807.

De plus, Duhamel a observé, par suite de nombreuses expériences, que le cœur de l'arbre étoit toujours moins fort que la circonférence (l'aubier enlevé), ce qui est contraire à l'opinion généralement reçue parmi les ouvriers qui emploient le bois, et que les bois trop desséchés étoient plus foibles que ceux qui l'étoient moins.

La forme a aussi une action puissante dans ce cas ; car Duhamel a encore acquis la preuve que les bois carrés résistoient moins que les ronds ; résultat qui semble contraire à la constitution même du bois, et que ce savant physicien explique par la disposition des fibres, qui sont, les unes en dilatation, les autres en contraction, lorsqu'on soumet une solive et un rondin à des expériences comparatives pour mesurer leur force de résistance.

Noms des arbres.	Le pied cube sec.			Le pied cube vert.			Volume perdu par le dessèchement d'un pied cube.	Force comparée.
	liv.	o	g	liv.	o	g		
Sorbier cultivé, n° 1,	72	1	1					
Lilas,	70	11	»					
Cornouillier,	69	9	5					
Chêne vert,	69	9		84	11	»	$\frac{1}{12}$	
Olivier,	69	7	4					
Buis d'Espagne,	68	12	5					
Buis de France,	68	12	2	80	7	»		
Pommier court-pendu,	66	3	3	80	6	»	$\frac{1}{8}$	
Sorbier cultivé, n° 2,	63	11	5	80	7	4	$\frac{1}{12}+\frac{1}{96}$	
Mahaleb,	62	2	6					
Chêne de Provence,	62	2	4				$\frac{1}{24}+\frac{1}{90}$	
If,	61	7	2	80	9	»	$\frac{1}{48}+$ [illegible]/128	
Chêne blanc (pédonculé), n° 4,	60	2	2	80	3	»	$\frac{1}{12}$	180
Chêne mâle (rouvre),	59	7	4	79	10	»	$\frac{1}{16}+\frac{1}{192}$	
Prunier, n° 1,	59	1	7				$\frac{1}{16}+$ [illegible]/96	
Oranger,	57	14	»					
Chêne blanc, n° 2,	57	11	3					
Le même, immergé,	57	11	2	80	11	»	$\frac{1}{16}+\frac{1}{192}$	
Aubépine,	57	5	6	68	11	4	$\frac{1}{8}$	
Acacia,	55	15	7	58	11	»		
Néflier,	55	11	1					
Prunier, n° 2,	55	7	5				$\frac{1}{16}+\frac{1}{96}$	
Alouchier,	55	6	6					
Chêne mâle, n° 2,	54	7	»					

Noms des arbres.	Le pied cube sec.			Le pied cube vert.			Volume perdu par le dessèchement d'un pied cube.	Force comparée.
	liv.	o	g	liv.	o	g		
Mérisier, n° 1,	54	15	»	61	13	»	$\frac{1}{16}+\frac{1}{64}$	
Hêtre,	54	8	3	63	4	»	$\frac{1}{4}+\frac{1}{128}$	162
Nerprun,	54	4	»					
Chêne mâle immergé,	53	2	2	79	5	»	$\frac{1}{12}$	
Poirier sauvage,	53	2	»	79	5	4	$\frac{1}{2}$	
Chêne cerris,	52	13	»					
Pommier sauvage,	52	12	»					
Cytise des Alpes,	52	11	6					
Érable duret,	52	11	1					
Mélèze,	52	8	2					
Pêcher,	52	6	6					
Chêne à pédoncules en fouet,	51	12	»	76	5	»	$\frac{1}{16}+\frac{1}{192}$	
Alier,	51	11	7				$\frac{1}{12}+\frac{1}{48}$	
Prunelier,	51	10	5					
Charme,	51	9	»	61	3	»	$\frac{1}{4}+\frac{1}{48}$	228
Reinette franche,	51	9	»					
Platane,	51	8	7	74	11	4	$\frac{1}{6}+\frac{1}{24}$	
Sycomore,	51	7	3	60	15	3	$\frac{1}{12}+\frac{1}{32}$	127
Prunier, n° 3,	51	3	4					
Petit érable,	51	1	3	61	9	1		
Frêne,	50	12	1	62	8	»	$\frac{1}{12}$	189
Orme,	50	10	4	82	12	»	$\frac{1}{16}+\frac{1}{64}$	
Broussin de frêne,	49	12	8					
Abricotier,	49	12	7					
Gleditzia,	49	2	4					
Noisetier,	49	1	»					
Chêne mâle, n° 3,	48	12	1	75	10	»	$\frac{1}{16}+\frac{1}{192}$	
Pommier sauvage, n° 2,	48	7	2				$\frac{1}{12}$	
Bouleau,	48	2	5					190
Tilleul,	48	2	1	52	1	»	$\frac{1}{4}$	
Chêne mâle immergé,	48	»	2	76	14	»	$\frac{1}{12}$	
Arbre de Judée,	47	15	4					
Cérisier, n° 2,	47	11	7					
Houx,	47	7	2					
Sorbier des oiseleurs,	46	2	2					
Pommier cultivé,	45	12	2					
Chêne, n° 4,	44	7	2					
Noyer,	44	1	»	60	4	»	$\frac{1}{24}+\frac{1}{96}$	
Mûrier blanc,	43	13	3	81	10	3	$\frac{1}{10}+\frac{1}{40}$	
Érable plane,	43	4	4					
Sureau,	42	3	6					
Érable des Alpes,	42	3	3					

Noms des arbres.	Le pied cube sec.			Le pied cube vert.			Volume perdu par le dessèchement d'un pied cube.	Force comparée.
	liv.	o	g	liv.	o	g		
Mûrier noir,	41	14	7					
Marceau,	41	6	6	69	9	»	$\frac{1}{12}$	
Châtaignier,	41	2	7	68	9	»	$\frac{1}{24}+\frac{1}{64}$	
Genevrier,	41	2	»					
Chêne rouge, n° 5,	41	1	»	80	4	4	$\frac{1}{16}+\frac{1}{96}$	
Mûrier de la Chine,	40	2	1					
Érable de Hollande,	39	9	6					
Lierre,	39	9	5					
Hyppreau,	38	14	2	54	3	4	$\frac{1}{4}+\frac{1}{96}$	
Pin de Genève,	38	12	2	74	10	»	$\frac{1}{12}$	127
Peuplier blanc,	38	7	7	58	3	4	$\frac{1}{4}+\frac{1}{96}$	147
Tremble,	37	10	2	52	13	»	$\frac{1}{6}+\frac{1}{24}$	132
Aune,	35	10	1	61	1	»	$\frac{1}{32}$	135
Maronnier d'Inde,	35	7	1	60	4	4	$\frac{1}{16}+\frac{1}{128}$	116
Peuplier gris,								
Peuplier noir,								144
Peuplier de Caroline,	34	7	»					
Tulipier,	34	5	3					
Catalpa,	32	10	5					
Sapin,	32	6	6	48	8	5		
Maronnier d'Inde, écorcé,	31	1	3	57	9	»	$\frac{1}{24}$	
Peuplier noir,	39	1	»					
Saule,	27	6	7					
Peuplier d'Italie,	25	2	7	63	8	4		93

L'écorcement des arbres sur pied transforme leur aubier en bois parfait, et augmente par conséquent la grosseur de leur échantillon, mais ne concourt que fort peu à leur force, ainsi que l'a fait voir Varennes de Fenilles par sept expériences comparatives, dont le détail peut se lire dans le recueil de ses mémoires, mémoires qui ne peuvent être trop médités par les agriculteurs. Cependant d'autres expériences, faites par M. Malus, annoncent que cette circonstance influe beaucoup sur cet effet. *Voyez* l'intéressant mémoire de ce dernier, tome 10 des *Annales d'agriculture*. *Voyez* aussi le mot AUBIER.

Varennes de Fenilles plaçoit les solives qui avoient 7 pieds 8 pouces de long dans un trou de même grandeur, creusé dans une pierre de taille d'une muraille, de sorte qu'il ne lui falloit que la moitié du poids employé par Duhamel, Buffon, Lislet-Geoffroy, Malus, etc. Si on veut rendre ses expériences comparatives avec les leurs, il faut donc doubler le nombre de livres sous lesquelles ont rompu les solives.

J'aurois pu, en faisant le relevé des expériences de plusieurs autres physiciens, compléter davantage le tableau ci-dessus; mais ces derniers ayant employé, comme je viens de le dire, des procédés différens, ayant agi sur des échantillons d'autres dimensions, soit en longueur, soit en largeur, les résultats n'eussent pu être comparables.

Duhamel, dans l'ouvrage cité plus haut, a donné la pesanteur et la force relative de quelques bois de l'île de France et de l'Inde. Je crois devoir, à son imitation, publier le tableau des expériences faites par M. Lislet Geoffroy, extrait du Voyage de M. Peron aux terres australes. Ce tableau n'est pas en parfaite concordance avec celui de Duhamel, mais il s'en rapproche suffisamment pour qu'on doive lui accorder toute confiance.

Noms vulgaires.	*Noms botaniques.*	*Poids du pied cube.*		*Force relative.*
		liv.	onces.	
Bois de fer noir.	Stadmania.	87	12	3872
puant.	Fœtidia.	75	2	3141
de natte à petite feuille.	Imbricaria.	74	1	3100
d'olive blanc.	Olea.	65	2	2917
de teck tackamaca rouge.	Tectona grandis.	53	2	2720
de natte à grandes feuilles.	Imbricaria.	72	1	2660
de fer rouge.		84	10	2567
de canelle blanc.	Laurus.	56	8	2517
de canelle noir.	Elococarpus.	41	14	2290
d'olive rouge.	Rubentia.	56	6	2037
de colophane rouge.	Colophonia.	59	2	2087
de pomme blanc.	Eugenia.	61	4	2015
de benjoin.	Terminalia benjoin.	57	4	2005
de natte pomme de singe.	Syderoxylon.	58	4	1900
de canelle marbré.	Elcocarpus.	38	14	1880
de fer blanc.	Syderoxylon.	58	4	1783
de pomme rouge.	Eugenia.	60	»	1750
de lousteau.	Antirrhœa.	56	8	1750
de chêne.	Quercus robur.	56	1	1702
de sapin tackamaca rouge.	Calophyllum calaba.	52	5	1618
de bigaignon.	Eugenia.	64	3	1500
de ballin.	Blackwellia.	47	11	1500
de colophane blanc.	Moringia.	49	3	1350

M. Lislet plaçoit, comme Buffon, ses solives sur deux points d'appui, et appliquoit des poids dans leur milieu pour connoître la force relative; mais on ne dit point quelle étoit la longueur et la grosseur des échantillons employés; ce qui ne permet pas de comparer, ainsi que je l'ai remarqué plus haut, les expériences importantes dont il vient d'être question à celles du même genre, faites en France par Varennes de Fenilles. On en tire seulement la conclusion que bien des bois croissant entre les tropiques sont supérieurs à notre chêne si vanté.

Je trouve dans Duhamel des séries d'expériences de plusieurs autres natures, des résultats desquelles je pourrois enrichir cet article; mais comme elles ont principalement leur application dans les constructions navales, je préfère renvoyer à l'ouvrage même de cet estimable savant ceux qui voudroient les connoître. Je passe en conséquence à d'autres objets.

Les poutres qui sont de bois vert offrent plusieurs inconvéniens graves; 1° elles plient plus facilement sous la charge et ne se relèvent pas en séchant; 2° elles pourrissent très rapidement en totalité lorsqu'elles sont recouvertes de plâtre, ou par leurs extrémités lorsqu'elles sont enchâssées dans un mur; il en est de même des mortaises, des planches peintes, etc.; 3° les insectes destructeurs des bois secs, c'est-à-dire les VRILLETTES, les PLILINS les attaquent avec plus de succès.

C'est à l'ombre et à l'abri de la pluie qu'il est bon de faire dessécher les bois destinés au service des constructions civiles et navales, de la menuiserie, du charronnage, du tour, etc.; et il faut un nombre d'années souvent considérable. Duhamel a trouvé qu'une poutre n'étoit pas encore sèche à son centre au bout de quinze ans d'exposition à l'air libre. Il n'est pas possible de fixer l'époque où ce dessèchement est complet, puisqu'outre la grosseur de la pièce, il faut encore considérer l'espèce d'arbre, son âge, l'époque où il a été coupé, le climat et le terrain où il a crû, etc. *Voyez* les intéressantes expériences de Duhamel sur ce sujet, dans l'ouvrage ci-dessus cité, expériences que j'aurois rapportées en détail si je n'eusse pas craint trop allonger cet article. Je dirai seulement que leur résultat est que les bois verts perdent, en se desséchant, entre le tiers et les deux cinquièmes de leur poids.

Les bois desséchés en plein air se fendillent et s'altèrent davantage à leur surface que ceux placés sous des hangars. C'est donc là qu'il faut les déposer; et lorsqu'on ne le peut pas, ce qui arrive souvent, on les empile en écartant chaque pièce de ses voisines, et on couvre la masse de planches pour la garantir de la pluie.

Dans un four chaud, ou dans une étuve, l'humidité du bois, comme on le pense bien, se dissipe plus promptement et plus complètement. On emploie dans les boulangeries et autres lieux, où on peut disposer d'une chaleur inutile, ce moyen de dessiccation pour du bois à brûler ou des petites pièces propres au tour ou à la charpente; mais je ne sache pas qu'on fasse usage nulle part des étuves imaginées par Duhamel et autres.

Le bois employé dans les arts n'est jamais trop sec. Généralement l'exigence des besoins fait qu'on le met en œuvre avant qu'il le soit assez, par exemple seulement après deux ans de coupe et d'exposition à l'air libre; aussi combien peu durent aujourd'hui les charpentes, les menuiseries, etc.? C'est un sujet général de plaintes.

On a de tout temps désiré pouvoir en peu de mois, en peu de jours, en peu d'heures même, dessécher les bois de service. Les moyens qui ont le mieux réussi ont été de les mettre dans l'eau douce ou salée, ou de les faire bouillir dans l'eau. Ces procédés remplissent leur objet; mais en enlevant la partie muqueuse de la sève ils diminuent la cohésion des fibres ligneuses, et les rendent plus foibles et plus susceptibles de pourriture. On ne doit donc les employer que dans des cas rares.

Les effets les plus avantageux de la mise à l'eau des pièces de bois nouvellement abattues, c'est de les empêcher de se fendre et de se tourmenter, c'est de les rendre plus légères et moins susceptibles d'être attaquées par les vers. Ces faits résultent positivement des expériences de Duhamel.

L'eau courante agit plus promptement sur les bois que l'eau dormante, l'eau douce que l'eau salée.

Les bois se fendillent d'autant plus qu'ils sont plus verts et se dessèchent plus rapidement. Toutes choses égales, ce sont les meilleurs bois qui se fendillent davantage. Il ne faut donc jamais laisser au soleil, ni même dans des hangars trop aérés, les belles grumes de chêne qu'on veut conserver dans toute leur perfection.

Les bois desséchés font hygromètre, c'est-à-dire qu'ils se chargent non seulement de l'eau des pluies, mais encore de l'humidité de l'air, et les bois mous plus que les bois tendres. C'est ce qui fait qu'ils pèsent davantage et sont plus gonflés, moins fendus dans certains temps que dans d'autres.

On croit communément que l'époque de l'année où on abat des arbres a de l'influence sur la conservation des bois; mais le résultat des expériences de Duhamel prouve que c'est une erreur. Je ne veux pas pour cela qu'on abandonne l'usage de ne les couper que pendant l'hiver, car c'est la saison où cette opération est la moins nuisible à la reproduction, la plus facile et la moins coûteuse.

Je ne crois pas nécessaire de prouver l'absurdité de l'opinion qui veut qu'on coupe les bois pendant le décours de la lune pour assurer leur conservation.

Les bois qui commencent à s'altérer par suite de leur vieillesse ou de quelque autre cause achèvent de se décomposer par une action insensible, lorsqu'ils sont employés. Souvent une poutre, qui paroît saine au moment où on la met en place, est réduite en poudre au bout de quarante à cinquante ans, sans qu'on puisse en deviner la cause et le mode. On appelle ces sortes de bois, *bois échauffés*. Des yeux exercés jugent assez sûrement de cette disposition du bois par sa contexture plus tendre, et par sa couleur plus blanche. Cette singulière maladie commence le plus souvent par le centre et par le bas de l'arbre, quelquefois par tout autre point. Toujours elle se développe en cône plus ou moins allongé, souvent elle a lieu dans une poutre sans qu'on puisse le préjuger par l'inspection de ses deux bouts et de ses surfaces. On peut la regarder comme une sorte de CARIE. (*Voyez* ce mot) Mais comment la carie se continue-t-elle dans un arbre mort? L'amputation ou le feu peuvent seuls arrêter ses effets.

Un excellent procédé pour assurer la durée des bois seroit de les faire bouillir dans une huile chargée d'oxide de plomb ou de fer; mais la dépense de cette opération ne permet de le faire que pour de petites pièces. La peinture à l'huile qu'on emploie si souvent, comme je l'ai dit, est déjà trop coûteuse dans un grand nombre de cas.

On a très souvent préconisé des moyens à l'effet d'empêcher les bois de brûler. Le plus certain est de les faire tremper dans une dissolution d'alun (sulfate d'alumine), a raison de la propriété qu'a ce sel de se boursouffler en perdant son eau de cristallisation par l'action du feu, et par conséquent d'ôter toute communication du bois avec l'air et le feu, communication sans laquelle il n'y a pas de combustion.

On est généralement dans l'usage de charbonner l'extérieur des bois, sur-tout des pieux qu'on met dans la terre, parce-qu'on croit que cette opération les garantit de la pourriture. Duhamel, à qui nous devons des expériences positives à cet égard, a reconnu que la durée des pieux carbonisés surpassoit de si peu celle des pieux non carbonisés, que cet avantage ne dédommageoit pas des dépenses et des embarras de la carbonisation. Ce qui a induit à erreur, c'est que les pieux qui ont été carbonisés paroissent plus sains à l'extérieur, à raison de la lenteur de la décomposition du charbon; mais on voit, en enlevant le charbon, que l'humidité a pu pénétrer à travers ses fentes ou ses pores et attaquer la fibre. Cependant il est quelques espèces de bois, le hêtre, par exemple, qu'il est très avantageux d'exposer au feu, non pour les carboniser, mais pour les durcir par une sorte de fusion. Le bois du chêne aquatique d'Amérique, qui a tant de rapport de contexture avec celui du hêtre, offre le même phénomène à un degré encore plus éminent. Ma hache pouvoit très difficilement entamer une bûche verte que j'avois fait brûler en partie, et j'ai cependant le bras vigoureux. Les sauvages, comme on sait, chauffent leurs casses-têtes, leurs flèches, etc., pour les durcir. Les manches de couteau de bois, faits avec du hêtre, fondu par leur compression entre deux moules de fer presque rouge, sont trois à quatre fois plus durs et plus denses qu'un morceau du même hêtre qu'on n'a pas soumis à cette opération.

La chaleur, avant de durcir le bois, l'attendrit, le rend susceptible d'être courbé sans se rompre. Cette précieuse propriété, sur laquelle Duhamel a fait un grand nombre d'expériences, est mise à profit dans plusieurs arts, entre autres dans les constructions navales, dans la fabrication des tonneaux, des cercles, etc., lorsqu'on veut faire des HARTS (*Voyez* ce mot) avec des bois susceptibles de se casser; en effet, il suffit d'exposer quelques instans ces harts au feu pour pouvoir les plier dans tous les sens.

Mais la chaleur sèche n'est pas indispensable, comme quelques personnes l'ont cru, car les bois chauffés dans l'eau se plient comme ceux chauffés sur des barres de fer et dans du sable brûlant.

L'expérience journalière des constructeurs de navires, des tonneliers et des fabricans de cercles, prouve que les bois courbés artificiellement par le moyen du feu ne se redressent pas lorsqu'on leur rend la liberté de le faire. Ils étoient donc de mauvaise foi ou ignorans ces écrivains qui ont jeté des doutes sur l'utilité de cette pratique.

En France le charronnage emploie un assez grand nombre d'espèces de bois, mais peu y sont réellement propres. La ténacité et la légèreté sont les qualités qu'on demande aux pièces les plus importantes ou les plus nombreuses; la dureté et la flexiilité sont très secondaires dans ce cas.

Dans tout le nord de la France, l'orme, je crois, et sur-tout a variété appelée tortillard, est seul employé dans la construcion des moyeux et des jantes des roues. Dans les pays des monagnes, on lui substitue le hêtre pour ces objets. Presque touours les moyeux sont durcis par l'action du feu. Dans le plus rand nombre des lieux le chêne est préféré pour faire les raies, omme ayant la fibre plus roide qu'aucun autre bois. Toutes es parties devant être assemblées avec la plus grande exactitude our assurer la durée de leur service, il faut que le bois dont on es fait soit aussi sec que possible avant d'être mis en œuvre. C'est de l'oubli de cette précaution que résulte le peu de durée de la plupart des voitures qu'on construit en ce moment.

Le frêne, le charme et le chêne conviennent pour la fabrication des essieux. Aux environs de Paris, l'orme est encore employé de préférence pour les autres parties des charrettes, mais dans le reste de la France on se sert indifféremment du frêne, du chêne et autres bois communs, même du pin et du sapin, qui joignent la force à la légèreté, les deux conditions les plus importantes et les plus difficiles à réunir dans ce cas.

Le frêne et le micocoulier, à raison de leur force et de leur élasticité, sont les seuls convenables aux brancards des cabriolets, qui doivent avoir éminemment ces deux propriétés.

Les charrues, selon les pays, se construisent avec les mêmes bois que les charrettes.

La menuiserie ne rebute que les bois qui ne sont pas susceptibles d'être rabotés, ceux qu'on appelle *rebours*. Mais cependant elle préfère, quand elle peut choisir, le chêne, le hêtre, le châtaigner, le merisier, le noyer, le sycomore, le mélèze, le sapin, le pin, les peupliers et le tilleul. Ces derniers se débitent ordinairement en voliges, c'est-à-dire en planches minces, propres à être employées dans l'intérieur. D'entre eux tous, le plus léger est le peuplier d'Italie, et par conséquent le plus propre à la fabrication des caisses destinées à l'emballage des objets qu'on veut envoyer au loin.

Les bois pour la menuiserie sont débités en planches ou en solives, le plus souvent dans les forêts mêmes. Ils ne peuvent être trop secs lorsqu'on les emploie en assemblage. La plupart se *déjettent*, c'est-à-dire se courbent, se contournent quand ils ont été mis en œuvre avant leur dessiccation complète. Ceux fournis par les peupliers, les saules, les tilleuls, ont l'inconvénient, quelque secs qu'ils soient, lorsqu'on les met en œuvre, d'augmenter et de diminuer de volume, selon qu'il fait humide ou sec.

Les articles de fente se réduisent presque au mèrrain pour faire les tonneaux, aux bardeaux propres à couvrir les maisons, aux lattes et aux échalas. Le chêne pédonculé ou chêne blanc, le châtaignier, le sapin et le pin sont presque les seuls qu'on puisse employer aux trois premiers objets. Quant au quatrième, outre les quatre espèces ci-dessus, qui doivent toujours êtr préférées à raison de leur force et de leur durée, on peut encore se servir du frêne, du saule, du peuplier, etc.

Ce sont les jeunes arbres, depuis six ans jusqu'à vingt cinq, qui sont les meilleurs pour la cercleric. (Voici leurs nom dans l'ordre de leur importance. Le châtaignier, le chêne, l frêne, le bouleau, le merisier, le saule marceau, le coudrier On travaille ces bois en vert. On leur donne la forme circu laire dans les forêts mêmes, lorsqu'on en veut faire des cercles, ou on les redresse, en les liant en faisceaux, lorsqu'on les destine à faire du treillage.

Les bois à grains fins sont les meilleurs pour le tour; en conséquence le buis, le merisier, le noyer, l'alisier, le poirier, le pommier, le prunier, le frêne, le chêne sont les plus recherchés. Cependant le hêtre, le sycomore, le charme sont souvent employés. On fabrique beaucoup de chaises communes en tilleul, en aune, en bouleau et autres bois blancs, à raison de leur légèreté et de leur bas prix.

Jusqu'à présent l'ébenisterie a fort peu su tirer parti des bois indigènes. Cependant Varennes de Fenilles a prouvé que nous pouvions faire avec eux des meubles de la plus grande beauté sans en employer d'étrangers. Ceux dont elle fait usage le plus ordinairement sont le noyer, l'alizier, le merisier, le poirier, le prunier, le pêcher, l'if. Les brouzins de buis, de sycomore, d'orme même, fournissent des planches de placage fort précieuses. (*Voyez* BROUZIN.)

On teint le bois en diverses couleurs pour l'usage de l'ébenisterie. En rouge, après l'avoir aluné avec le bois de Brésil. En bleu, par l'indigo dissous dans l'acide sulfurique, en le faisant ensuite bouillir dans une eau légèrement alkalisée. En jaune, avec la gomme gutte. En noir, en le faisant bouillir avec du sulfate de fer et le plongeant ensuite dans une dissolution de noix de galle. En brun, en le faisant bouillir avec du brou de noix. Chaque espèce de bois a une capacité différente pour prendre la couleur.

On fait aujourd'hui peu de statues de bois, mais on le sculpte beaucoup pour ornement de boiseries, de meubles, de cadres de tableau, pour planches de gravures, planches d'impression des étoffes et des papiers, etc. Le chêne, le hêtre, le noyer sont préférés pour les deux premiers de ces objets; le tilleul, le maronnier, les peupliers, pour le troisième; le poirier, le pommier, l'alizier, le prunier pour le dernier.

Il est encore beaucoup d'objets pour lesquels certains bois sont préférables à d'autres; ainsi on fabrique des sabots solides avec le noyer et le hêtre, des sabots légers avec les peupliers, le bouleau, l'aune, le tilleul; le pin et l'aune sont meilleurs pour forer des corps de pompe, parcequ'ils ne pourrissent que fort lentement dans la terre; le frêne, le micocoulier, les chênes, le cytise des Alpes, sur-tout les chênes verts valent mieux pour des manches d'outils, parcequ'ils cassent très difficilement; les articles de boisselerie, c'est-à-dire les petites planches avec lesquelles on fabrique les mesures à grains, les seaux légers, les cercles de cribles, de tamis, les moules à fromages, les copeaux des gainiers, etc., sont le plus souvent en hêtre, et quelquefois en sapin ou tremble; les ételles des colliers de chevaux, les charpentes de selles, les jougs de bœufs sont meilleurs en hêtre qu'en tout autre bois; on fabrique encore de préférence en hêtre ou en buis les égrugeoirs à sel, les écuelles, les plats, les cuillers, etc., etc.

J'allongerois encore beaucoup cet article si je voulois rapporter tous les services que l'homme retire ou peut retirer seulement des bois qui croissent naturellement en France; que seroit-ce donc si j'entreprenois de détailler les usages de tous ceux qui y ont été ou peuvent y être naturalisés! Il faut cependant m'arrêter. Le lecteur trouvera à chaque nom d'arbre ce qu'il peut désirer pour compléter ce qui manque au rapide exposé que je viens de mettre sous ses yeux. (B.)

BOIS. (*Maladie de bois, mal du bois, mal de brou.*) Maladie qu'éprouvent souvent au printemps les bestiaux qu'on mène pâturer dans les bois.

Cette maladie, sur laquelle M. Chabert a publié un mémoire en 1787, dans les trimestres de la société d'agriculture de Paris, est produite par l'avidité avec laquelle les bestiaux mangent les jeunes pousses du bois et par la qualité astringente de cette nourriture. Ces deux circonstances amènent la suppression de toutes les évacuations, puis la fièvre, ensuite l'inflammation de l'estomac et des intestins, suivie de la gangrène et de la mort.

Dans les commencemens il est facile d'arrêter les symptômes, après avoir retiré les animaux des bois, par les lavemens et des boissons rafraîchissantes et émollientes, par une diète sévère; quand l'inflammation est devenue à un certain degré, on ne peut se flatter de sauver l'animal, et autant vaut le tuer, car il n'y a aucun inconvénient d'en manger la chair.

Au reste, c'est toujours ou presque toujours la faute des propriétaires s'ils perdent des animaux par cette cause, puisqu'ils connoissent le danger du pâturage dans les bois à cette époque de l'année. (B.)

BOIS POURRI. Altération qu'éprouve le bois exposé à l'humidité. Il y a lieu de croire qu'elle se produit par la dissipation du carbone. Son résultat est du terreau qui seroit pur s'il ne contenoit pas beaucoup de sels, entre autres du sulfate de soude et de potasse. On manque encore de données suffisantes pour expliquer le mode et la cause de cette altération, qui commence par affoiblir l'union des fibres ligneuses, et qui finit par l'anéantir complètement.

Le bois entièrement pourri n'est plus bon qu'à servir d'engrais aux terres sablonneuses et calcaires qui manquent d'Humus. *Voyez* ce mot et le mot Terreau. (B.)

BOIS D'ARC. *Voyez* Cytise des Alpes.

BOIS BALAI. C'est le Bouleau.

BOIS A BOUTON. Nom vulgaire du céphalanthe.

BOIS CARRÉ. On appelle ainsi, dans quelques cantons, le fusain commun.

BOIS DE HOLLANDE. Peuplier blanc.

BOIS GENTIL. Nom spécifique d'une lauréole.

BOIS DE SAINTE-LUCIE. *Voyez* Cerisier mahaleb.

BOIS JAUNE. On donne ce nom au sumach fustet.

BOIS A LARDOIRE. C'est le fusain.

BOIS PUNAIS. Le cornouiller sanguin porte ce nom, à raison de sa mauvaise odeur.

BOIS PUANT. *Voyez* Anagyre.

BOISQUETEAU. Petit bois isolé. *Voyez* Bois.

BOISSEAU. Ancienne mesure de capacité qui servoit principalement pour les grains, et dont la contenance varioit considérablement. *Voyez* au mot Mesure. (B.)

BOISSELÉE. Mesure de terre autrefois usitée dans quelques parties de la France, et qui désignoit un terrain susceptible d'être ensemencé avec un boisseau. *Voyez* Mesure. (B.)

BOISSELON. Espèce de petite bêche ou de houlette avec laquelle on sarcle les blés dans quelques cantons.

BOISSON. Tout liquide que l'homme ou les animaux boivent ou peuvent boire, pour apaiser leur soif, doit être appelé une boisson; mais dans quelques cantons on applique spécialement ce nom à de l'eau qu'on a jetée sur le marc de raisin ou de pomme, et qui s'est chargée des restes de vin ou de cidre qui s'y trouvoient encore. Dans d'autres, on appelle boisson l'eau blanche qu'on donne aux chevaux et aux vaches à lait pour les rafraîchir. Je crois devoir entretenir un moment le lecteur de toutes les sortes de boissons en usage en France.

L'eau est la boisson donnée par la nature, celle qui est la plus généralement employée, qui a le moins d'inconvéniens, qui sert exclusivement aux animaux sauvages. Toutes les autres l'ont pour base principale. Pour être bonne, elle doit être pure, ni trop fraîche ni trop chaude. *Voyez* Eau.

Les eaux contiennent quelquefois en dissolution des sels et des substances terreuses, telles que la chaux carbonatée et la sélénite, qui les rendent malsaines et impropres à cuire les légumes, dissoudre le savon, etc.; mais comme dans ce cas elles perdent rarement leur limpidité, on ne les appelle pas impures. Ce nom est réservé pour celles qui tiennent en suspension de la terre ordinaire, ou des substances animales ou végétales séparément ou ensemble. Ces dernières doivent toujours être épurées, au moins jusqu'à un certain point, pour servir de boisson aux hommes et aux animaux. Le simple repos suffit pour rendre potable l'eau la plus chargée de terre; mais les agens chimiques les plus habilement employés ne peuvent souvent pas améliorer les autres. Le moyen qui réussit le mieux est de la faire passer à travers de la poussière de charbon avec le plus de lenteur possible.

Comme toutes les eaux impures sont désagréables au goût et nuisibles à la santé, les cultivateurs doivent éviter d'en abreuver eux, leur famille et leurs bestiaux. Combien de mortalités, appelées du nom impropre d'épizootie, ont eu pour cause de mauvaises eaux? Il faut donc ne point épargner les dépenses quand il s'agit de cet objet. Malheureusement tous les pays ne sont pas également favorisés de la nature à cet égard. Il en est où il n'y a pas de sources, où on ne peut creuser de puits, bâtir de citernes, où il faut enfin se contenter de l'eau des pluies amassées dans des étangs ou même des marres infectes. De toutes les eaux les meilleures sont celles du ciel; mais il est difficile de les avoir exemptes de mauvais goût, ainsi que je l'ai remarqué par-tout où on fait usage des citernes; après elles viennent celles des grandes rivières, prises au milieu de leur cours et reposées; puis celles des fontaines, des puits, des étangs, etc. Il y a de si grandes différences dans ces sortes d'eaux, selon les localités et les temps, qu'il est impossible d'en trouver deux parfaitement semblables; mais ce n'est pas avec une rigueur minutieuse qu'il faut juger de leur salubrité; la vue d'abord, l'odorat ensuite, puis le goût en décideront toujours suffisamment bien.

Comme les animaux ne sont pas, dans l'état de domesticité, toujours libres d'aller chercher leur boisson, il faut en mettre de la bonne à leur portée. Toujours l'eau, lorsqu'elle provient d'une source ou d'un puits, doit être amenée à une température à peu près égale à celle de l'atmosphère; car un cheval et un bœuf qui, échauffés, boivent de l'eau trop froide, sont saisis d'une crispation général qui suspend toutes les excrétions, roidit leurs muscles au point de ne pouvoir plus remuer, leur cause des douleurs de ventre aiguës, l'inflammation des poumons (pleurésie), et enfin la mort.

Les boissons artificielles, dont on fait le plus fréquemment usage en France, sont le vin, la bière, le cidre, le poiré, à quoi il faut ajouter le vinaigre et l'eau-de-vie.

Ces boissons sont utiles à l'homme en ce qu'elles donnent à son estomac, et par suite à tous ses organes, un principe surabondant d'activité vitale qui lui fait digérer mieux et plus rapidement, et qui lui permet de supporter une plus grande somme de fatigues de corps et d'esprit. Aussi tous les hommes, sans exception, qui ont une seule fois éprouvé les bons effets des liqueurs fermentées, ne peuvent-ils plus s'en passer; aussi les vieillards en ont-ils plus besoin que les jeunes gens, les hommes de peine que les désœuvrés.

Mais s'il y a de la variété dans les eaux, il y en a bien davantage dans les boissons artificielles. Il semble qu'il ne s'agit que de savoir choisir les meilleures ; mais comme tout le monde les recherche également, elles appartiennent nécessairement à celui qui peut les payer au plus haut prix, c'est-à-dire au plus riche. Le simple cultivateur est donc obligé de se restreindre aux qualités inférieures.

Presque par-tout la misère d'une partie des habitans des campagnes, ou la nécessité d'une économie sans laquelle il n'est pas de véritable agriculture, force les cultivateurs à renoncer même à la dernière qualité des boissons fermentées. Ainsi dans les pays de vignoble, l'homme qui a fait naître à la sueur de son front le vin le plus restaurant est obligé de se contenter du marc duquel il a été exprimé. Il le met dans un tonneau avec trois ou quatre fois son volume d'eau ; et cette eau, qui extrait encore quelques parcelles de matières muqueuses et sucrées de ce résidu, lui sert de boisson. Heureux encore s'il en a pendant toute l'année ? Il en est de même dans les pays à cidre et à bière. Dans d'autres cantons, encore moins favorisés, on fait une *boisson* en mettant dans un tonneau des pommes et des poires sauvages, des prunelles, des sorbes, des cormes et autres fruits ou baies des bois, et en le remplissant d'eau qu'on renouvelle à mesure qu'on la boit. Ce tonneau est pendant une année entière une perpétuelle fabrique de boisson.

Ces boissons sont rarement agréables, parcequ'elles sont rarement bien faites ; mais elles sont toujours saines et préférables certainement à ces vins empoisonnés avec lesquels on s'enivre dans les cabarets des grandes villes et des villages qui les avoisinent. On ne fait plus attention à leur astriction, lorsqu'on y est une fois accoutumé. Elles remplissent en partie l'objet des liqueurs fermentées, c'est-à-dire donnent du ton aux fibres, picotent la bouche et rafraîchissent beaucoup dans les chaleurs. Il est vrai qu'à cette époque de l'année presque toutes se changent en vinaigre.

Ce vinaigre, ainsi que celui de vin, de cidre et de bière, mêlé avec de l'eau, forme une boisson fort utile aux habitans des campagnes pendant les grandes chaleurs de l'été, et dont ils ne font pas généralement assez usage. Bien des maladies putrides, des maladies inflammatoires, c'est-à-dire la moitié de celles auxquelles ils sont sujets, seroient évitées par son moyen. Je ne puis trop le recommander aux propriétaires et fermiers jaloux de la santé de leurs domestiques. La dépense est si peu considérable, qu'en vérité il ne faut pas la mettre en ligne de compte.

Je ne parlerai pas ici des effets des liqueurs fermentées bues en trop grande quantité. Il n'est personne qui n'ait un grand nombre d'exemples des suites de l'ivrognerie, soit qu'elle soit circonstancielle ou habituelle. C'est des chefs de famille que dépend principalement la répression de cette malheureuse habitude; car celui qui a été bien dirigé dans sa jeunesse est bien plus rarement dans le cas de la prendre que celui qui a été abandonné à lui-même dans de mauvaises sociétés dès l'époque de son adolescence.

Quant à l'eau-de-vie, malgré les propriétés qu'on lui attribue, je crois qu'il faut en restreindre l'usage aux cas extraordinaires. Rien n'use plus la machine que l'habitude d'en boire, comme le prouve l'exemple des hommes de peine des grandes villes. C'est un poison lent qui, s'il semble un moment relever les forces vitales, finit toujours par les anéantir. Heureusement que son abus n'est pas aussi répandu en France dans les campagnes que dans celles des états situés plus au nord. J'en félicite mon pays.

La boisson, qu'outre l'eau, on donne quelquefois aux bestiaux est l'eau blanche, qui les rafraîchit et les nourrit. C'est simplement du son éparpillé dans l'eau et dont la farine se sépare.

Un peu de sel, quelques gouttes de vinaigre mis dans l'eau destinée à la boisson des bestiaux, produit souvent de bons effets, et encore plus souvent que quand c'est de l'eau blanche; car cette dernière tend beaucoup à la putridité, pour peu qu'on la garde dans les chaleurs.

Je pourrois m'étendre encore beaucoup sur cette matière; mais je craindrois de répéter ce qu'on trouve dans les articles qui ont trait à la matière ici en question. J'y renvoie donc le lecteur. (B.)

BOITELÉE. Mesure de terre à Landrecy. *Voyez* MESURE.

BOITER, BOITERIE. *Voyez* CLAUDICATION.

BOL, *terre sigillée*. Morceaux d'argiles sur lesquels on a empreint un cachet, et qui autrefois étoient regardés comme possédant de grandes vertus. Il en venoit de tous les pays et il y en avoit de toutes les couleurs. Aujourd'hui on n'en fait plus aucun cas en Europe, mais ils jouissent encore d'une grande réputation en Asie. *Voyez* au mot ARGILE. (B.)

BOLASSE. Nom d'une sorte de terre dans le département de l'Ain. Elle tient le milieu entre les terres fortes et les terres légères. Toutes espèces de productions y croissent, mais ces productions sont d'une médiocre beauté. *Voyez* TERRE. (B.)

BOLET, *Boletus*. Genre de champignons dont le caractère consiste à avoir la surface inférieure du chapeau percée de trous, ou composée de tubes réunis les uns aux autres.

Ce genre, qui étoit appelé *agaric* par les anciens botanistes, renferme un grand nombre d'espèces (plus de cent) qui se divisent en bolets à substance molle, et en bolets à substance subereuse ou presque ligneuse. Parmi les uns et les autres il s'en trouve qui intéressent l'homme ou, comme dangereux, ou comme propres à être mangés, ou comme propres à être employés dans l'économie domestique, la médecine et les arts.

Il est difficile de fixer les caractères qui distinguent les bolets bons à manger de ceux qui sont dangereux. La couleur bleue ou verdâtre que prennent quelques uns lorsqu'on les entame, qu'on a indiquée comme propre à cet objet, n'est pas suffisante, puisque celui qui est pourvu de cette propriété au plus haut degré n'est pas un poison. Le mieux, dans l'embarras, seroit de ne point manger de bolet; car malgré les analyses faites dans ces derniers temps, qui semblent indiquer que les champignons contiennent beaucoup de gélatine animale, je suis persuadé qu'ils ne fournissent point de substance nutritive, et qu'en conséquence il faut les regarder comme une superfluité. Mais comment se refuser un mets dont des cantons entiers font leur principale nourriture pendant une partie de l'été? Au reste, les bolets dangereux sont en petit nombre; Bulliard prétend même que tous ceux à chair tendre peuvent être mangés sans autres inconvéniens que ceux résultant de l'excès; les vomitifs, suivis du vinaigre en lavage, sont les moyens à employer vis-à-vis de ceux qui auroient été empoisonnés par eux.

Les espèces à substance molle les plus généralement employées comme aliment sont :

Le BOLET COMESTIBLE. Il a le pédicule fort gros, le chapeau large, très voûté, la couleur d'un brun roux. Ses tubes sont jaunâtres dans leur vieillesse. On le trouve pendant presque tout l'été dans les bois, les pâturages, sous les arbres des lieux en friche. Il est extrêmement commun dans les lieux qui lui sont propres, et se mange sous les noms de CEPS, GIROULE, BRUGUET; son goût et son odeur sont fort agréables. Il fait dans certains cantons le fond de la nourriture des habitans de la campagne pendant deux mois de l'année. Il a souvent plus d'un demi-pied de diamètre et entre deux et trois pouces d'épaisseur. On préfère les individus dont le chapeau est foncé en couleur et les jeunes, parceque leur chair est plus ferme et d'un meilleur goût. On le mange crû et cuit. On le fait sécher pour le conserver pendant l'hiver. Pour cela, après avoir séparé le pédicule, avoir ôté ses tubes et sa peau, on le coupe en tranches qu'on enfile et qu'on suspend au plancher d'un appartement.

Le BOLET ORANGÉ. Il a un pédicule fort gros et hérissé, un chapeau rouge-brun en dessus et blanc en dessous. Il se trouve avec le précédent auquel il ressemble beaucoup pour la couleur, les qualités et les dimensions. Il est plus rare. On le mange sous les noms de *roussile* et de *girole rouge*.

Le BOLET BRONZÉ. Il a un pédicule exactement cylindrique, un chapeau d'un brun noirâtre en dessus et jaune en dessous. On le mange dans quelques endroits sous le nom de *ceps noir*, et on le regarde comme plus délicat que le ceps commun.

Le BOLET POIVRÉ a la chair très piquante, et le BOLET CHICOTIN l'a fort amère. Ils ne sont cependant dangereux ni l'un ni l'autre. Il en est de même du BOLET INDIGOTIER, dont la chair devient subitement toute bleue lorsqu'on le casse.

Les espèces à substance subéreuse les plus importantes à connoître sont :

Le BOLET DU NOYER a un pédicule latéral très court, un chapeau écailleux d'un jaune roux, des tubes courts et larges. Il croît sur le noyer et sur quelques autres arbres. Son odeur est très pénétrante, et porte à la tête lorsqu'il se trouve dans un endroit renfermé. Sa chair est compacte, paroît d'abord salée et ensuite mielleuse lorsqu'on la met dans la bouche. On le mange dans quelques endroits sous les noms de *mielin, langou, oreille d'ours ;* mais il semble devoir être fort indigeste.

Le BOLET DU MÉLÈZE, *Boletus laricis*, est sessile, ne présente jamais qu'une moitié blanche, conique et circulairement frangée en dessous. Il croît sur le mélèze. Son goût paroît d'abord douceâtre et finit par être amer. On l'emploie comme émétique et pour déterger les ulcères sous le nom d'*agaric blanc*. On en faisoit beaucoup plus d'usage autrefois qu'aujourd'hui à Paris ; mais dans les montagnes les habitans l'emploient encore pour se purger.

Le BOLET ODORANT est sessile, ne présente jamais qu'une moitié, blanche dans sa jeunesse et brune dans sa vieillesse. Il croît sur le saule et exhale, dans la chaleur, une odeur très suave, qu'il conserve en partie lorsqu'il est desséché. Il vit un grand nombre d'années. Les femmes laponnes, au rapport de Linnæus, en portent toujours sur elles comme parfum. J'en ai souvent fait usage sous le même rapport. On l'a préconisé, comme utile dans la phthisie.

Le BOLET ONGULÉ est coriace, sessile, et ne présente qu'une moitié noire, luisante et très dure, lorsqu'il est vieux. Sa chair est d'un brun fauve, d'abord filandreuse, mollasse, et ensuite ligneuse. On le trouve sur un grand nombre d'arbres, principalement le hêtre, le frêne, le peuplier et les arbres fruitiers à noyau. Il vit un grand nombre d'années. Il varie beaucoup dans sa forme, mais représente le plus souvent le sabot d'un cheval. Il parvient quelquefois à une grosseur considérable, plus d'un pied de diametre par exemple.

Cette espèce a été confondue par la plupart des auteurs, et entre autres par Linnæus, avec le BOLET AMADOUVIER, *Boletus ignarius*, et avec le BOLET FAUX AMADOUVIER, qui lui ressemblent beaucoup en effet, mais qui en diffèrent, le premier par sa chair constamment subéreuse, et le second par sa chair friable. C'est avec lui et avec lui seul, ainsi que l'a constaté Bulliard, que l'on fait l'*agaric chirurgical* qu'on emploie pour arrêter les hémorragies, et l'*amadou à feu* dont tout le monde connoît l'usage.

Comme ces deux objets sont d'une grande importance pour les cultivateurs, je vais emprunter de Bulliard même l'exposé des préparations qu'on fait subir au BOLET ONGULÉ, appelé *agaric*, ou simplement *champignon* dans le commerce, pour le rendre propre à les remplir.

« Pour faire l'agaric chirurgical on choisit, parmi les plus jeunes individus, ceux qui présentent le plus de surface; on en ôte l'écorce et les tubes pendant qu'ils sont encore frais, ou après les avoir fait tremper dans l'eau. On coupe ensuite la chair par tranches. On la bat avec un maillet; on la détire de droite et de gauche. On la mouille de temps en temps. On la fait ensuite sécher, puis on la bat encore, mais à sec. On la frotte entre les mains jusqu'à ce qu'elle soit bien douce, bien moelleuse. Plus elle est molle, et mieux elle absorbe le sang, le fait cailler promptement, et par-là, remplit son objet qui est d'arrêter la sortie de ce sang. «

Rien ne peut remplacer complètement l'*agaric* dans les cas de blessures, d'hémorragies naturelles; en conséquence, on ne peut trop recommander aux cultivateurs d'en avoir toujours une provision chez eux. Comme il se vend à bon marché, et se conserve toujours également bon pour peu qu'il soit à l'abri de la poussière et de l'humidité, ils n'ont point d'excuses pour être dispensé de s'en précautionner.

« Lorsqu'on veut faire de l'amadou avec le BOLET ONGULÉ, il ne suffit pas de le préparer comme il vient d'être dit, car il ne prendroit pas l'étincelle, ou s'il la prenoit, elle ne la conserveroit pas. Il faut, après l'avoir coupé par tranches, et l'avoir bien battu et détiré, le faire tremper dans une eau salpêtrée, ou une eau dans laquelle on auroit fait dissoudre de la poudre à canon. On le manie et travaille un grand nombre de fois, soit à la main, soit avec un instrument qu'on appelle *fouloir*, ayant soin de la toujours faire sécher dans l'intervalle. Il est des manufacturiers qui emploient d'abord une lessive alkaline pour faire tremper les tranches de bolet, et il est à croire que cette pratique est bonne. »

La fabrication de l'amadou est un état particulier auquel se livrent un petit nombre d'hommes, parcequ'il est possible d'en fabriquer beaucoup en un jour, et que la consommation en est lente. Ces manufacturiers tirent les bolets qu'ils emploient des grandes forets des pays de montagnes. Ceux de Paris, du pays de Liège, de la Suisse, de l'Allemagne. Quoique communs en France, ils n'y sont pas assez gros pour être employés avec avantage. C'est dans les pays froids et humides qu'ils se développent avec le plus de force et de rapidité.

L'amadou fauve est celle qui est préparée avec du salpêtre. L'amadou noire, celle dans la fabrication de laquelle on a fait entrer de la poudre à canon. Elles ont chacune leurs avantages et leurs inconvéniens. Toutes deux demandent à être conservées dans des lieux secs, et même dans des boites bien fermées, pour se conserver long-temps en état de service, car elles attirent l'humidité de l'air (sur-tout la noire), s'éventent, comme disent les ménagères, et alors ne prennent plus l'étincelle. Une amadou ainsi altérée peut être facilement rétablie, puisqu'il ne s'agit que de la laver dans de l'eau fraîche, la froisser quelque temps dans les mains, la mettre dans une eau chargée de salpêtre ou de poudre, et la faire sécher; c'est-à-dire qu'il faut lui faire de nouveau subir les dernières opérations de sa fabrication.

Ce n'est qu'imparfaitement qu'on suppléé l'amadou par d'autres matières. Les Espagnols emploient les poils d'une plante de la famille des chardons, qui m'a été indiquée par eux pendant que j'étois dans leur pays, mais dont le nom est sorti de ma mémoire; j'ai lieu de croire cependant que c'est l'onoporde. Les Italiens se servent de linge brûlé à moitié; mais ces deux peuples préfèrent l'amadou, dont ils n'ont pas de fabriques, parceque le bolet ongulé est rare et presque entièrement ligneux dans les pays chauds. Dans les autres parties du monde on se sert de diverses autres substances propres au climat, mais dont aucune, je le répète, n'est ni aussi commode, ni aussi sûre que l'amadou; aussi en porte-t-on par-tout. (B.)

BOLTONE, *Boltonia.* Genre de plantes de la syngénesie superflue, et de la famille des corymbifères, qui renferme deux espèces fort ressemblantes à des ASTÈRES, et qui commencent à devenir communes dans les jardins, qu'elles ornent pendant l'automne par leur beau feuillage et leurs nombreuses fleurs, et où elles passent l'hiver en pleine terre.

La BOLTONE GLASTIFEUILLE a les feuilles inférieures dentées, et s'élève de cinq à six pieds.

La BOLTONE ASTÉROÏDE, *Matricaria asteroïdes*, Lin., a toutes les feuilles entières, et s'élève au plus à deux pieds.

Toutes deux viennent de l'Amérique septentrionale, sont vivaces, ont les fleurs jaunes au centre, bleues à la circonférence, et disposées en vaste corymbe à l'extrémité des tiges. Elles se multiplient de graines, et par déchirement des racines des vieux pieds. Comme le premier de ces moyens est très lent, et le second très rapide, on préfère ce dernier. Il suffit donc d'enlever, en automne ou au printemps, à un vieux pied, autant de rejets qu'on le juge à propos, et de les planter séparément, pour avoir autant de jeunes pieds qui, l'année suivante, seroient assez forts pour être mis en place. La facile croissance de ces plantes permet même de se dispenser de les mettre en pépinière ; car, en coupant avec le fer de la bêche un vieux pied en plusieurs morceaux, on peut les planter sur-le-champ à demeure, avec l'assurance, pour peu que le terrain soit léger et frais, qu'ils donneront des fleurs la même année, et pourront être de nouveau divisés en automne. (B.)

BOMBER. On dit qu'un champ, qu'une plate-bande de jardin est bombée, lorsque la terre est plus élevée au milieu que sur les bords.

On bombe, soit à la charrue, soit à la bêche. Le premier moyen est lent, le second dispendieux. Ce dernier l'est encore moins cependant que celui de rapporter des terres avec des brouettes, des tombereaux ou autrement.

Le plus général et le plus important motif de cette opération est de donner de l'écoulement aux eaux pluviales dans les terres qui reposent immédiatement sur l'argile. Il est beaucoup de cantons où on n'obtiendroit que de foibles récoltes, ou des récoltes fort incertaines, si on ne garantissoit pas, par son moyen, les céréales des eaux, qui les feroient avorter et même pourrir.

Outre le même motif, il a aussi pour objet, dans les jardins, de former des abris et des étagemens favorables à la croissance et à la beauté du coup-d'œil des fleurs qu'on y cultive.

Ce que je viens de dire annonce que le bombement des champs arides et sablonneux est nuisible, et que les plates-bandes des jardins, placées dans un sol de cette nature, demandent des arrosemens plus fréquens lorsqu'elles sont bombées que quand elles ne le sont pas. TH.)

BOMBICE, BOMBIX. Genre d'insectes de l'ordre des lépidoptères, parmi les nombreuses espèces duquel les cultivateurs trouvent un grand moyen de richesse et de dangereux ennemis, lorsqu'elles sont sous la forme de larves ou de chenilles, et qu'il doit par conséquent étudier pour apprendre à connoître les moyens de tirer le meilleur parti possible d'une (le ver à soie), et de détruire facilement toutes les autres.

Les caractères généraux des lépidoptères sont d'avoir quatre ailes couvertes de petites écailles pulvériformes qui s'enlèvent facilement en les touchant. Ceux particuliers aux bombices, plus connus sous les noms de *papillons de nuit* ou *phalènes*, noms qui appartiennent aussi à d'autres genres, sont d'avoir les ailes courtes relativement à leur corps, qui est presque toujours gros et lourd, sur-tout dans les femelles ; les antennes pectinées ou au moins ciliées, principalement dans les mâles ; les antennulles au nombre de deux seulement, petites et très velues ; une trompe très courte ou nulle. Leurs larves, vulgairement appelées *chenilles*, ont le corps allongé ; la plupart velues et pourvues de seize pattes ; d'autres sans poils et avec quatorze ou douze pattes. Toutes ont deux fortes mâchoires cornées, propres à couper les feuilles dont elles se nourrissent, et plus bas un trou appelé filière, d'où sort la soie avec laquelle elles forment l'enveloppe dans laquelle elles se métamorphosent en nymphes, et d'où l'insecte parfait sort au bout d'un temps plus ou moins long.

Ce que je viens de dire indique déjà que les bombices ne sont point dangereux pour les cultivateurs sous l'état d'insectes parfaits ; en effet, ils n'ont aucun moyen de nuire. Cachés pendant le jour sous les branches ou les feuilles des arbres, ils ne volent que la nuit pour chercher à s'accoupler. La plupart ne vivent que deux ou trois jours, pendant lesquels ils ne prennent aucune sorte de nourriture, n'ayant point véritablement les organes disposés pour cette fonction si générale parmi les êtres animés. Le mâle meurt dès qu'il a rempli le vœu de la nature, et la femelle aussitôt qu'elle s'est débarrassée de ses œufs. Encore un très grand nombre d'individus n'arrivent-ils pas naturellement au terme de leur carrière, parcequ'ils sont très recherchés par les oiseaux, les autres insectes, quelques quadrupèdes et les poissons, et qu'ils sont sujets à des accidens très variés et à des maladies particulières ou générales très graves.

La manière dont les bombices déposent leurs œufs varie selon les espèces, mais toujours elle est accompagnée de circonstances propres à faire admirer le soin que prend la nature d'assurer la reproduction de l'espèce. C'est sur la plante, ou à proximité de la plante, aux dépens de laquelle doivent vivre les larves ou chenilles qui en sortiront qu'ils sont placés. Quelquefois ils sont recouverts d'un duvet propre à les garantir de la pluie, souvent d'un enduit gommeux qui remplit le même objet. La plupart les cachent sous les feuilles, dans les crevasses de l'écorce, et dans les autres endroits où ils seront défendus des accidens et de leurs ennemis.

La plupart des chenilles des bombices vivent solitaires et éclosent au printemps ; mais il en est plusieurs qui se réunissent en société, et éclosent en automne. Parmi les unes et les autres il en est qui ne filent qu'une fois en leur vie, et qui filent sans discontinuer, c'est-à-dire qui ne marchent pas sans avoir un fil tout prêt pour les soutenir en l'air s'il leur arrivoit de tomber, et pour remonter sur l'arbre par son moyen. Elles vivent plus ou moins de temps sous cette forme, c'est-à-dire les unes, celles qui passent l'hiver, six mois, et les autres deux ou trois. Pendant cet intervalle elles changent trois ou quatre fois de peau.

Les ennemis des chenilles sont nombreux. Il est beaucoup

d'oiseaux qui les mangent, et quelques uns qui ne nourrissent leurs petits qu'à leurs dépens. Les lézards, les grenouilles les mangent. Un grand nombre d'insectes les recherchent pour le même objet. Parmi ces derniers, ceux qui en font une plus grande destruction sont les ichneumons, qui déposent leurs œufs dans leurs corps, dont les larves se nourrissent de leur substance même, sans pour cela qu'elles cessent de croître, jusqu'à l'époque où ces larves, ayant pris toute leur grosseur, percent leur peau pour aller se transformer ailleurs en insectes parfaits. Il est aussi des mouches qui agissent de même.

Plusieurs maladies attaquent aussi les chenilles, et parmi elles il en est une qui semble endémique, et qui fait quelquefois mourir, en un jour ou deux, toutes celles d'un canton. C'est une espèce de dyssenterie qui m'a paru provenir de l'excès de l'humidité de l'air, car je l'ai souvent observée à la suite des pluies froides du printemps, et les chenilles que, pour avoir leur insecte parfait, je renfermois trop exactement avec les feuilles dont elles se nourrissoient, en étoient très fréquemment attaquées.

Les lieux où les chenilles se retirent pour se métamorphoser en nymphes varient beaucoup. Tantôt c'est la terre, tantôt une crevasse de l'écorce des arbres, le trou d'un mur, le dessous d'une branche, etc. Quelques unes lient ensemble des feuilles, au milieu desquelles elles se cachent. La forme et la composition de leur *cocon* (on donne ce nom à l'enveloppe de soie dont elles s'entourent) sont également fort différentes. Souvent il est ovale, mais cet ovale n'est jamais le même dans des espèces différentes. Beaucoup n'y font entrer que de la soie et une gomme propre à la fortifier; mais beaucoup aussi y réunissent leurs poils, une gomme plus abondante, de la terre, des fragmens de bois, de feuilles, etc.

Les nymphes restent plus ou moins long-temps dans leur cocon, selon les espèces et la chaleur de l'atmosphère. Il en est à qui huit ou quinze jours suffisent pour se modifier, d'autres à qui il faut six à huit mois. On peut toujours avancer ce terme en les mettant dans une serre chaude, et le reculer en les plaçant dans un endroit frais. Les grandes espèces sont même quelquefois deux et trois ans en cet état par le seul effet du peu de chaleur de l'été.

L'opération par laquelle une chenille devient un papillon a de tout temps excité l'étonnement des hommes. Il faut en effet la voir pour y croire, parceque nous sommes accoutumés à ne juger que par comparaison, et que nous nous regardons comme le chef-d'œuvre de la nature. Il n'est point dans le but de cet ouvrage de développer les causes de la métamorphose qui s'opère dans ce cas; en conséquence je renvoie aux ouvrages d'histoire naturelle ceux qui désireroient en avoir l'explication.

Comme toutes les espèces de chenilles des bombices ont des caractères et des mœurs différentes, qu'elles exigent par conséquent des moyens différens de conservation ou de destruction, je n'étendrai pas plus ces généralités, et j'entre dans le détail des espèces qu'il est le plus important au cultivateur de connoître sous le rapport de son intérêt, ou qui, par leur singularité, sont propres à le frapper.

1° Chenilles rases, qui ont un tubercule pointu sur la partie postérieure et supérieure du corps.

Le BOMBICE DU MURIER. Elle est blanchâtre et longue de plus de deux pouces. C'est le *ver à soie proprement dit.* Elle vit sur le mûrier blanc, et est originaire de la Chine. L'insecte parfait est également blanchâtre, avec trois raies peu remarquables de couleur brune. *Voyez* au mot VER A SOIE, où on trouvera tous les détails désirables sur cet insecte précieux, sur la manière de l'élever, etc., etc.

2° Chenilles rases, verticillées par des tubercules garnis de quelques poils.

Le BOMBICE GRAND PAON. Elle est verte, avec les tubercules rouges, bleus et jaunes. Sa longueur est de plus de trois pouces. Elle vit sur les arbres fruitiers, l'orme et quelques autres arbres. Quelque considérable que soit la consommation de feuilles qu'elle fait, ses dégâts ne sont pas bien dangereux, parcequ'elle n'est jamais très commune. Elle file un cocon brun, ovoïde, contre un arbre, un mur, ou autre endroit abrité de la pluie, au petit bout duquel elle a réservé en le tissant, une sortie en forme de nasse ; sa soie est extrêmement grosse, mais cassante. On a essayé sans succès d'en tirer un parti utile. L'insecte parfait est cendré, varié de brun, avec des lignes et des zigzags de diverses nuances, une bordure presque blanche, et sur chaque aile une tache noire entourée de cercles d'autres couleurs imitant un œil de paon. C'est le plus grand lépidoptère d'Europe, ayant généralement plus de quatre pouces de large. Il jette quelquefois l'épouvante dans les lieux où il vole, et où on ne le connoît pas. Il paroît au mois de mai.

3° Chenilles noueuses, c'est-à-dire qui ont des tubercules chargés de faisceaux de poils, et l'intervalle ras.

Le BOMBICE DU SAULE. Elle est noire, avec une série de taches blanches, accompagnée de deux rangées de taches fauves sur le dos. Les faisceaux de poils sont également fauves. Elle est longue d'un pouce et demi. Elle vit sur le saule et le peuplier, et est quelquefois si abondante, qu'elle les dépouille entièrement de leurs feuilles. Elle se change en nymphe au milieu de l'été dans un cocon fort peu garni de soie, mais fortifié par des feuilles qu'elle courbe et réunit. L'insecte parfait est tout blanc, comme argenté ; il est extrêmement bon pour la pêche à la ligne des gros poissons de rivière, sur-tout des barbeaux, ainsi que je l'ai souvent expérimenté ; il est très lourd et facile à tuer, quoique, contre l'usage de ses congénères, il vole le jour comme la nuit : aussi est-ce en l'empêchant de se propager qu'on peut le plus utilement arrêter les ravages de ses chenilles.

Le BOMBICE COMMUN, *Bombix chrysorhoea*, Fab. Elle est noirâtre, avec deux lignes longitudinales rouges sur le dos, et des taches latérales blanches sur les côtés. Ses faisceaux de poils sont fauves. Quelques uns de ses poils sont courts, se détachent aisément, et, en s'insinuant dans la peau de la main ou du visage, causent des démangeaisons souvent suivies d'inflammation. De là vient la réputation de venimeuse dont elle jouit, et dont on a étendu l'effet à toutes les chenilles, même à celles qui sont totalement rases. Elle est longue de plus d'un pouce, vit sur presque tous les arbres, principalement les fruitiers, l'épine, l'orme, etc. ; se transforme au commencement de l'été dans une coque très lâche, fortifiée par ses poils, et fixée dans les crevasses des arbres, dans les trous des murs, etc. C'est elle qui, dès sa naissance, c'est-à-dire à la fin de l'automne, file des espèces de tentes de soie blanche qu'on voit si fréquemment l'hiver à l'extrémité des rameaux des arbres, et qu'on appelle communément *nids de chenilles*, tentes où elle se retire pendant les froids et lorsqu'il pleut. Ces tentes sont l'ouvrage commun de toute une nichée souvent composée de plus de cent individus, et s'augmentent à mesure que les chenilles grossissent, jusqu'à ce qu'au mois d'avril ou de mai l'état de vigueur où elles se trouvent, et la douce température de l'atmosphère, ne les rendent plus nécessaires.

Cette chenille est appelée la commune, parcequ'en effet c'est celle qui est la plus constamment abondante, soit parceque sa manière de vivre la met plus à l'abri des malignes influences des variations de l'atmosphère et des attaques de ses ennemis, soit parcequ'elle est réellement plus robuste. J'ai remarqué qu'à l'époque même où elle a quitté sa tente elle est rarement mangée par les oiseaux, probablement à cause des poils dont elle est couverte, et qu'il est très rare qu'elle soit piquée des ichneumons. C'est véritablement le fléau de l'agriculture, sur-tout aux environs des villes et des villages, où elle dépouille quelquefois tous les arbres de leurs feuilles, et les empêche par-là, non seulement de porter du fruit pendant deux ans, mais même de croître, puisque les végétaux vivent autant par leurs feuilles que par leurs racines. Les arbres isolés, sur-tout ceux plantés le long des routes, y sont bien plus sujets que ceux disposés en massifs. J'ai cherché à reconnoître la cause de ce fait, et je crois qu'il est possible de l'attribuer à l'humidité constante dont sont enveloppés ces derniers, aux vapeurs fraîches qui s'élèvent chaque jour du sol des forêts. C'est aux pluies froides qui arrivent quelquefois après qu'elles ont abandonné leur tente, que sont dues les grandes mortalités, qui en réduisent de temps en temps le nombre avec une telle rapidité, que du jour au lendemain l'arbre le plus chargé n'en présente plus une seule. Une autre cause naturelle de leur destruction est leur abondance même, parcequ'elles consomment toutes les feuilles avant que leur accroissement soit arrivé au dernier terme, et elles meurent de faim. Cependant comme l'homme sage ne doit pas établir la conservation de ses récoltes sur des espérances éventuelles, lorsqu'il peut l'assurer par des moyens dépendans de lui et certains, il faut qu'il enlève les nids au moment où toutes les chenilles sont dedans, c'est-à-dire pendant les gelées, et qu'il les brûle. Cette opération s'appelle l'*échenillage*, et est par-tout l'objet de règlemens généraux de police ; car on sent bien que lorsqu'un cultivateur détruit les chenilles dans son jardin, il faut que son voisin en fasse autant, sans quoi il aura travaillé en pure perte et pour lui et pour la société.

On *échenille*, soit avec une serpette, soit avec un croissant, soit avec une espèce de ciseaux dont une des branches est fixée à une perche, et l'autre, naturellement tenue ouverte par son propre poids, se ferme instantanément au moyen d'une ficelle qui roule sur une poulie, et qui suit la direction de la perche. Avec de l'habitude on expédie beaucoup de besogne en un jour au moyen de cet instrument. Il faut non seulement détruire la masse des chenilles nées, et qui, au printemps suivant exerceroient leurs ravages, mais encore tenter de détruire même les générations futures, en ne laissant pas le plus petit nid. Mais je sais que ce n'est pas la pratique de certains échenilleurs banaux, qui veulent se réserver du travail pour les années suivantes. J'ai remarqué qu'en général on faisoit l'échenillage trop tard aux environs de Paris, c'est-à-dire lorsque l'orme entroit en fleur ; or à cette époque beaucoup de chenilles sortent déjà pour aller entamer l'écorce des jeunes bourgeons.

L'insecte parfait de la chenille commune est tout blanc, avec les antennes et l'extrémité du ventre fauve ; il paroît au commencement de l'été, et on peut lui faire une chasse utile, car il est lourd, et vole rarement le jour. On le trouve contre le tronc des arbres où ont vécu les chenilles, etc. La femelle, en déposant ses œufs en larges tas sur les mêmes arbres, les recouvre des poils roux dont l'extrémité de son ventre est garni, de sorte qu'on les voit de loin, et qu'on peut souvent les détruire en les raclant avec un couteau.

Le BOMBICE DISPAR. Elle est brune, avec trois lignes longitudinales blanchâtres, et, dans leurs intervalles, des taches dont les antérieures sont bleues et les postérieures rouges. Ses faisceaux de poils sont noirs et fort longs; les deux latéraux les plus près de la tête sont plus grands que les autres, ce qui lui a valu le nom de *chenille à oreilles*, que lui a donné Réaumur. Sa longueur est d'environ deux pouces. On la trouve sur tous les arbres fruitiers, les ormes, les chênes, etc., etc. C'est une des plus dévastatrices et des plus difficiles à détruire, parce-qu'elle vit solitaire et sait se cacher; mais c'est aussi celle sur laquelle les influences atmosphériques agissent le plus. Il est très rare de la voir en grande abondance deux ou trois années de suite; cependant ses retours ne sont que trop fréquens pour les cultivateurs. J'ai déjà vu cinq à six fois les bois de Boulogne et de Vincennes, près Paris, être entièrement dépouillés par elle de leurs feuilles. Un dangereux ennemi pour elle est le *carabe sycophante*, qui en mange des quantités considérables, et qui semble se multiplier exprès dans les années où elle est abondante. Elle est aussi bien plus fréquemment attaqué d'ichneumons que la précédente. On ne peut la détruire qu'en la tuant une par une; mais elle semble se prêter à ce moyen lorsqu'elle est arrivée à une certaine grosseur, en se réfugiant tous les jours, lorsqu'elle est rassasiée, sous les grosses branches ou dans les crevasses de l'écorce des arbres sur lesquels elle vit. C'est à la fin de mai qu'elle se file, dans les mêmes endroits, un cocon de soie peu serré, et dans lequel elle fait entrer ses poils, pour s'y transformer en nymphe, et ensuite en insecte parfait. On peut encore détruire assez facilement ces cocons au moyen d'un bâton à crochet, en tournant autour des arbres.

L'insecte parfait a cela de remarquable, que le mâle ne ressemble en aucune manière à la femelle. Le premier est petit, léger, brun de diverses nuances, avec des lignes transversales en zigzag encore plus brunes, et a les antennes très pectinées. Il vole avec la plus grande facilité, même le jour. La seconde est grosse, lourde, blanchâtre, avec des lignes en zigzag brunes, et a les antennes filiformes. Elle peut à peine se remuer, et se laisse plutôt tuer à coups d'épingles que de s'envoler; aussi attend-elle patiemment le mâle, reçoit ses caresses et dépose ses œufs sur le tronc de l'arbre, peu loin de l'endroit où elle s'est métamorphosée. Ses œufs sont bleus et recouverts avec le poil de son ventre. Ils forment des plaques souvent de plus d'un pouce de diamètre. Ces circonstances indiquent encore deux moyens de destruction; savoir, de tuer les femelles avant leur ponte, et de racler les œufs pour les brûler ; ainsi on peut espérer, avec des soins et de la constance, pouvoir diminuer suffisamment cet insecte dévastateur pour n'avoir plus à se plaindre de ses ravages.

4° Chenilles hérissones, c'est-à-dire qui ont des touffes de poils, mais point situées sur les tubercules.

Le BOMBICE CAJA. Elle est noire, avec trois tubercules bleues et nus sur chaque anneau, les poils très longs et fauves, ceux de la partie supérieure du dos du côté de la queue noirs ; sa longueur est de plus de deux pouces. On la trouve presque toute l'année courant à terre dans les jardins, les bois, et vivant d'un grand nombre de plantes, principalement de laitues. Elle est rarement assez commune pour causer des dommages sensibles, et je ne la cite que parcequ'on la rencontre souvent, et qu'elle est remarquable par sa grandeur et la propriété qu'elle a de se mettre en boule lorsqu'on la touche, positivement comme les hérissons. C'est l'*ecaille martre* de Geoffroy. Elle fait un gros cocon dans lequel entrent ses poils, qu'elle applique dans les crevasses d'un mur, sous la saillie d'une pierre, etc.

L'insecte parfait a les ailes supérieures brunes avec de larges bandes irrégulières blanches ; les ailes inférieures et le corps d'un rouge de vermillon fort vif avec quelques taches noires. C'est un très bel insecte, mais fort lourd, quoiqu'il vole asssz bien.

Le BOMBICE DU PLANTAIN. Elle est noire, avec le milieu du dos fauve ; sa longueur est d'un pouce. Elle vit en société sous des toiles qu'elle établit dans les prairies sèches, les pâturages où il y a beaucoup de plantain, aux dépens duquel elle vit. J'ai vu, dans des pays de montagnes, ces toiles si multipliées qu'elles empêchoient les bestiaux de paître. C'est sous ce seul rapport qu'elle peut être mise au rang des chenilles nuisibles, car le plantain dont elle se nourrit n'est presque d'aucun avantage pour l'homme.

L'insecte parfait est noir avec des taches allongées irrégulières, blanches ou jaunâtres aux ailes supérieures, une grande tache rouge et deux points noirs aux ailes inférieures, et le bord du ventre rouge. Il se montre au milieu de l'été.

5° Chenilles à brosses, c'est-à-dire qui ont des faisceaux de poils semblables à ceux qui composent une vergette.

Le BOMBICE ÉTOILÉ, *Bombix antiqua*, Fab. Elle est brune, avec la moitié antérieure du dos noire, et la moitié postérieure rougeâtre ; quatre longs faisceaux de poils aux deux côtés de la tête, autant à la queue, un très grand au-dessus de l'anus, deux sur les côtés, tous de couleur brune et étagés, quatre blancs et coupés net sur la tache noire du dos. Elle a un peu plus d'un pouce de long, vit solitaire sur plusieurs arbres, entre autres sur le prunier, qu'elle dévaste quelquefois par son abondauoe. Cependant elle est ordinairement rare. Elle se transforme en nymphe dans une coque légère, à la construction de laquelle ses poils sont employés, et paroît, sous la forme d'insecte parfait, au milieu de l'été.

Le mâle et la femelle de cet insecte parfait sont fort différens; le premier a des ailes rougeâtres, avec un croissant blanc aux antérieures et le corps svelte; il vole aisément, même le jour. La seconde a le corps très gros, est lourde, grise et sans ailes. On les trouve au milieu de l'été. La femelle dépose des œufs gris, très nombreux, en petits tas dans les crevasses des arbres.

6° Chenilles à colliers, c'est-à-dire qui ont au-dessus du cou des bandes qui ressemblent à des colliers.

Le BOMBICE FEUILLE MORTE, *Bombix quercifolia*, Fab. Elle est velue, avec des faisceaux de poils au-dessus de toutes les pattes, et sur-tout des écailleuses; offre une corne sur la partie postérieure de son dos; sa couleur est grise ou bège, avec deux taches transversales ovales et bleues sur le cou. Sa longueur est de quatre pouces. Elle vit sur le poirier, le pommier, le prunier et autres arbres fruitiers, et y fait quelquefois de grands dégâts, moins par son abondance que par sa grosseur. Elle s'applique sur les grosses branches, dont elle a la couleur, et y reste immobile tout le jour, de manière qu'il est fort difficile de la distinguer des lichens qui couvrent ordinairement ces branches. Elle passe l'hiver sans manger, ou du moins en ne vivant que de l'écorce du jeune bois. Elle se file, à la fin du printemps, une grosse coque, dans la composition de laquelle elle fait entrer une espèce de bave et ses poils.

L'insecte parfait, qui se montre au milieu de l'été, est très gros et très lourd, sur-tout la femelle. Il reste fixé pendant le jour sur l'écorce des arbres, et ressemble réellement à un paquet de feuilles sèches. Ses ailes sont très dentées, et, dans l'état de repos, relevées, ou mieux, abaissées en toit. Leur couleur est d'un roux plus ou moins brun avec trois lignes noires transversales en zigzag plus foncées. Ses antennes et ses pattes antérieures sont noires.

On ne peut détruire la chenille du bombice feuille morte qu'en la recherchant une à une. On est assuré de sa présence lorsqu'on voit des branches entières dépouillées de toutes leurs feuilles, du jour au lendemain, et que d'autres chenilles ne peuvent pas être accusées de ce dégât. D'abord on perd beaucoup de temps avant de la trouver, mais lorsqu'on en a pris l'habitude, c'est l'affaire d'un instant.

7° Chenilles velues ou couvertes de poils longs sur tout leur corps, sans aucune marque particulière.

Le BOMBICE DE LA RONCE. Elle est noire en dessous, fauve, avec des cercles noirs en dessus. Sa longueur est de trois pouces. Elle vit des feuilles sèches d'un grand nombre de plantes, principalement de ronces, et ne monte jamais sur elle, mais court toujours sur l'herbe. Elle passe l'hiver dans la terre, et ne se change en nymphe qu'au printemps. C'est la *chenille des gazons* de Réaumur.

Elle ne cause aucun dommage aux plantes utiles à l'homme, mais elle est quelquefois si abondante à la fin de l'automne, dans les bois situés en terrain sec, dans les pâturages des montagnes, que les bestiaux sont exposés à la manger, et comme ses poils sont très irritans, elle leur cause des toux inquiétantes quoique sans dangers.

L'insecte parfait est gris-brun de diverses nuances, avec deux lignes transversales blanches aux ailes supérieures. Le mâle vole très rapidement le soir. La femelle est très lourde.

Le BOMBICE LIVRÉE, *Bombix neustria*, Fab. Elle est d'un gris bleuâtre, avec une ligne blanche longitudinale sur le dos, et trois lignes rouges parallèles sur les côtés. Ses poils sont de deux sortes, les uns longs et rares, les autres courts et serrés. Sa longueur est de deux pouces; elle vit sur tous les arbres fruitiers et la plupart des forestiers; souvent les dommages qu'elle cause sont très considérables, et il est difficile de les prévenir. Quoique solitaire, elle aime à se réunir avec celles de son espèce dans les crevasses des arbres, sous les grosses branches, et là seulement on peut en tuer, les jours froids et pluvieux sur-tout, plusieurs à la fois. Elle est fort exposée à ressentir les impressions de l'atmosphère, et souvent, à la suite des temps brumeux, on les voit presque toutes périr par la dyssenterie. Les ichneumons l'attaquent si fréquemment, que quelquefois je n'obtenois pas un insecte parfait sur dix lorsque je l'élevois pour l'étudier. Ce sont principalement ces deux causes qui font qu'elle ne devient dangereuse que par époque. Rarement on a à s'en plaindre plus de deux années de suite. Vers la fin du printemps elle file, entre deux feuilles, un tissu peu serré, fortifié par ses poils et une espèce de bave, et paroît sous la forme d'insecte parfait une vingtaine de jours après.

Cet insecte parfait est d'un blanc jaunâtre, avec deux lignes transversales parallèles et fauves sur les ailes supérieures. Il reste le jour appliqué contre le tronc des arbres, et peut être facilement tué avant ou pendant l'accouplement. Ses œufs sont disposés en anneau autour des petites branches des arbres, et réunis par une gomme extrêmement tenace. Les jardiniers qui, en taillant leurs arbres, les rencontrent, ne doivent point les ménager. Ils appellent ces anneaux des *bagues*.

Le BOMBICE PROCESSIONNAIRE. Elle est de couleur grise avec le dos noirâtre et chargée de tubercules jaunes. Sa longueur est d'un pouce. Elle a deux sortes de poils, les uns longs et fixes, les autres très courts et susceptibles d'être enlevés au moindre attouchement, même lancés à la volonté de l'animal. Ces derniers sont sur les tubercules. On la trouve sur le chêne, contre le tronc duquel elle bâtit un nid commun où elle se retire pendant le jour, et d'où elle sort le soir et le matin pour aller manger les feuilles du sommet de l'arbre. C'est l'ordre qu'elle suit en y allant qui lui a fait donner le nom qu'elle porte; en effet, une ouvre la marche, deux la suivent, puis trois, quatre, etc., toujours rigoureusement de front. Elle se transforme en nymphe dans le nid au milieu de l'été. Les ravages de cette espèce, quoique quelquefois considérables, ne s'exerçant que sur un arbre des forêts, sont peu inquiétans; aussi n'est-ce pas sous ce rapport que je la mentionne, c'est pour mettre en garde contre ses poils qui sont si irritans, que quand on en touche une, et encore plus, quand on déchire un nid, on est assuré d'en être tourmenté pendant plusieurs jours, et même, s'il y en a beaucoup, d'avoir une inflammation fort douloureuse au visage ou aux mains. L'huile est le seul remède qui m'ait réussi dans ce cas.

L'insecte parfait est d'un gris-brun avec trois lignes transversales plus obscures.

Il y a une autre espèce qui vit sur le pin, *Bombix pithyocampa*, qui diffère fort peu de celle-ci, et qui a positivement les mêmes mœurs et présente les mêmes inconvéniens.

Je pourrois encore beaucoup augmenter la liste des bombices qui peuvent nuire aux récoltes, car Fabricius, dans son *Entomologia systematica*, en mentionne plus de cent espèces en Europe, et j'en possède quatre-vingt-dix des environs de Paris seulement, dans ma collection, qui toutes vivent aux dépens des plantes; mais il faut s'arrêter à celles qui viennent d'être mentionnées. On verra au mot chenille quelques nouvelles considérations générales à leur égard, et qui compléteront ce qu'il convient de savoir, pour apporter le plus d'obstacles possible à leurs ravages. (B.)

BON CHRÉTIEN. Variété de POIRE.

BONDON. On nomme ainsi tout ce qui sert à boucher les tonneaux, barriques, etc.

L'ouverture des tonneaux étant faite avec une tarière qui forme son trou circulairement, le *bondon* doit avoir exactement la même forme, être un cône tronqué. S'il a des angles saillans, il ne touchera jamais par tous les points ceux de la circonférence du trou, et le vin, perdant alors une partie de ses qualités, finira par s'aigrir En vain on envelopperoit le bondon de filasse ; celle-ci, ne faisant que remplir d'une manière lâche les cavités, deviendroit insuffisante.

L'expédient le plus court est de travailler les bondons au tour ; le bois doit en être dur et très sec, leur hauteur doit tout au plus égaler celle des cerceaux les plus rapprochés du trou, autrement la barrique court risque d'être débouchée au moindre obstacle.

Si vous mettez ces bondons dans la cuve pendant la fermentation du vin, retirez-les lorsqu'on l'écoule, et faites-les sécher à l'ombre, dans un lieu où il y ait un courant d'air, vous pourrez ensuite vous en servir avec la plus grande confiance ; il suffira d'envelopper leur partie inférieure avec un linge lorsqu'il faudra vous en servir. (R.)

BONDUC, *Guilandina.* Nom générique de quelques arbres épineux qui croissent naturellement dans les deux Indes, et qui appartiennent à la décandrie monogynie, et à la famille des LÉGUMINEUSES. Leurs feuilles sont deux fois ailées, et leurs fleurs disposées en grappes ou en panicules. Chaque fleur a un calice divisé en cinq parties, cinq pétales concaves, dix étamines, et un style à stygmate simple. Le fruit est une gousse à peu près rhomboïdale, et a une seule loge. Il renferme des semences dures, osseuses et un peu comprimées. On distingue principalement deux espèces de *bonduc* ; savoir, le BONDUC ORDINAIRE, G. *Bonduc*, appelé vulgairement quenìquier, dont la tige croît d'abord erigée, et demande ensuite un appui ; et le BONDUC SARMENTEUX, G. *Bonducella*, dont la tige se roule autour de tous les corps voisins. Celui-ci a deux épines sur le pétiole de ses feuilles, et l'autre n'en a qu'une. Leurs tiges et leurs rameaux sont aussi armés d'une grande quantité d'épines ou aiguillons qui rendent ces arbres très propres à faire des clôtures défensives. En Europe, on ne peut les avoir qu'en serres chaudes. Comme leurs graines sont fort dures, il faut, avant de les semer, les faire tremper dans l'eau pendant trois ou quatre jours. Quand elles ont germé, on donne à ces plantes les mêmes soins qu'aux autres plantes exotiques des pays chauds. Elles sont très sensibles au froid et à l'humidité ; par cette raison on doit les arroser peu en hiver.

Le Bonduc des jardiniers est le CHICOT. (D.)

BONHENRY. Nom d'une ANSERINE. *Voyez* ce mot. (B.)

BONHOMME. On donne quelquefois ce nom à la MOLÈNE.

BONIER. Mesure de terre autrefois en usage dans la ci-devant Flandre. *Voyez* au mot MESURE.

BONIFIER UN CHAMP. C'est la même chose que l'AMENder. *Voyez* ce mot et le mot Engrais. On peut cependant encore le bonifier en le défendant des bestiaux et des voleurs par des fossés, des haies, en le garantissant des mauvais vents par des plantations d'arbres, en faisant écouler ses eaux par des rigoles, etc., etc. Bonifier doit être l'objet constant de l'agriculteur; car rien n'est stationnaire dans la nature, et dès qu'un champ cesse d'être bonifié il se détériore. (B.)

BONNE-DAME. *Voyez* Arroche des jardins.

BONNE DE SOULERS. Variété de poire.

BONNE VILAINE. Poire.

BONNET D'ELECTEUR. Espèce de Courge. *Voyez* Pépon.

BONNET DE PRÊTRE. C'est le fusain, et une autre espèce de courge. *Voyez* Pépon.

BONTÉ. Tous les animaux, ou produits d'animaux domestiques, ont un plus ou moins grand degré de bonté relativement à l'objet pour lequel on les a acquis. Les végétaux, ou partie de végétaux ou produits des végétaux cultivés, sont dans le même cas. Le but d'une parfaite agriculture doit être de chercher la perfection en tout. Il faut donc qu'un cultivateur éclairé se distingue par la bonté de ses chevaux, de ses bœufs, de ses vaches, de ses cochons, comme par la bonté de ses blés, de ses fruits, de ses légumes, etc.

Tous les articles de ce Dictionnaire tendent à donner les moyens de parvenir à ce but. Il devient superflu d'allonger davantage celui-ci; je me contenterai donc d'observer que la beauté est presque toujours la compagne de la bonté, et que la bonté morale s'unit souvent dans les animaux avec la bonté des services qu'on en attend, peut-être même avec celle de leur chair, s'il m'est permis d'étendre jusque-là les considérations dont je m'occupe. (B.)

BORDAGE. On appelle ainsi dans les départemens du sud-ouest de la France les fermes louées à moitié fruit. Un bordier est ainsi une espèce de fermier. Ce mot est celtique; aussi considérablement de fermes s'appellent les Bordes, la Borde, etc.

BORDER. On borde un champ d'arbres, une allée de charmille, une plate-bande de buis; on borde une couche en mettant autour du long fumier pour empêcher que le terreau ne s'éboule. (B.)

BORDIER. *Voyez* Bordage.

BORDURE. Semis ou plantation d'une petite largeur qu'on forme avec des plantes annuelles ou vivaces, ou avec des arbustes nains, autour d'une plate-bande ou d'un carré de jardin.

Les plantes qu'on emploie le plus généralement pour border dans les jardins d'agrément sont, le gazon, les petits œillets, le staticé, les violettes, les pensées, la giroflée de Mahon, la petite cynoglose, le buis, le thim, la sariette vivace, la sauge à petites feuilles, la lavande, l'hyssope, etc.; et, dans les jardins potagers, l'oseille, le persil, le cerfeuil, la ciboulette, la chicorée sauvage, la pimprenelle, etc., etc.

Il est avantageux, d'après les principes des assolemens, à la beauté des bordures, de ne pas les semer deux années de suite avec des graines de la même espèce, si elles sont en plantes annuelles, et de changer de place, tous les trois ou quatre ans, celles qui sont en plantes vivaces.

Les bordures de buis, si estimées de nos pères, ne sont plus de mode aujourd'hui; mais elles n'en ont pas moins des avantages qu'on chercheroit vainement dans les autres plantes. Je n'entreprendrai point un plaidoyer en leur faveur, parceque je fais profession d'aimer la variété dans les jardins; mais je ne puis me dispenser d'observer que les reproches qu'on leur fait d'épuiser le terrain et de donner retraite à des insectes leur est commun avec toutes les plantes.

On borde aussi les plates-bandes et les carrés des jardins d'agrément avec des dalles de pierre ou des planches de chêne peintes en vert ou autrement. (B.)

BORNAIS. Sorte de sol argilo-sablonneux sur un fonds calcaire, qu'on trouve dans le département d'Indre-et-Loire. Il est d'un fort médiocre rapport dans les années très sèches, comme dans les années très humides. (B.)

BORNER. Opération par laquelle on fixe les limites d'une propriété. Ordinairement elle est accompagnée de formalités judiciaires, telles que arpentage de terrain, rédaction de procès-verbal, signature de témoins, etc., etc.

Les bornes, ches les Romains, avoient été déifiées sous le nom de dieux Termes. Dans l'Europe moderne elles sont consacrées. L'intérêt de la société veut que par-tout elles soient respectées, et elles le sont, excepté de ces hommes déhontés pour qui l'estime publique n'est d'aucune valeur, et qui sont toujours prêts à la sacrifier à la plus petite augmentation de fortune.

On borne généralement avec de grosses pierres qu'on enterre en partie, et sous lesquelles on en place d'autres plus petites qu'on appelle des témoins, et qu'on recherche en fouillant lorsque le temps ou de mauvaises intentions ont fait disparoître la grosse. Les lois sur le déplacement et l'enlèvement des bornes doivent être et sont en effet très sévères.

On borne aussi par des plantations d'arbres, et cette manière, quoique moins durable, est peut-être plus certaine, parcequ'on ne peut pas abattre une suite d'arbres sans qu'on s'en aperçoive et sans qu'on ne puisse, par conséquent, à l'instant même, réclamer ses droits. Il est des arbres qui sont plus propres que d'autres à remplir ce but; ce sont ceux qui ne meurent jamais, c'est-à-dire qui repoussent toujours de leurs racines, quelque évènement qui arrive à leur tronc; et parmi eux on doit placer au premier rang l'olivier et le cornouiller mâle. Le premier de ces arbres ne croît que dans les parties méridionales de l'Europe; mais le second est de tous les climats et de tous les sols : aussi nos pères l'ont-il fréquemment employé pour borner les héritages, sur-tout les bois; aussi en voit-on qu'on peut supposer avoir plusieurs siècles, tel est celui qui séparoit la propriété du prieuré de Radegonde, forêt de Montmorency, de celle des ducs de Montmorency; cornouiller qui existe encore, et que les titres font croire avoir mille ans, ce que son aspect ne dément pas. *Voyez* aux mots Olivier et Cornouiller.

Souvent ce sont des fontaines, des ruisseaux, des rivières, des étangs, des bois, des chemins, des montagnes, des rochers, etc., etc., qui servent de bornes aux héritages, et quoique plusieurs de ces objets soient dans le cas de changer par le laps du temps, on est habitué à les regarder comme plus certains que les bornes de pierre ou de bois.

La première opération qu'un père de famille honnête et sage doive faire quand il entre en possession d'un domaine, c'est d'en faire vérifier le bornage par autorité judiciaire, en appelant tous les propriétaires attenants, ou de le faire faire s'il n'existe pas. Combien de procès il évitera par ce moyen!

Je renvoie au Code rural ceux qui désirent connoître les lois relatives au bornage. (B.)

BORRAGINÉES. Famille de plantes à fleurs monopétales, régulières, à quatre semences nues renfermées dans le calice qui persiste; à feuilles alternes, le plus souvent rudes au toucher; qui comprend un assez grand nombre de genres, et dont les espèces se plaisent généralement dans les terrains secs et sablonneux.

La grande agriculture ne tire aucun parti des plantes de cette famille, que les bestiaux repoussent, et qui ne fournissent rien à la nourriture de l'homme; mais quelques unes des espèces qui lui appartiennent, telles que l'héliotrope du Pérou, le gremil des marais, la petite cynoglosse, se cultivent pour l'agrément, et un grand nombre d'autres, comme la bourrache, la buglose, la consoude, la vipérine, la cynoglosse, etc., s'emploient en médecine. (B.)

BORYE, *Borya*. Genre de plantes de la dioecie décandrie, et de la famille des jasminées, qui renferme cinq arbres ou arbustes de l'Amérique septentrionale; à feuilles opposées ou presque opposées ; à fleurs petites, réunies en tête dans les aisselles des feuilles, dont on cultive trois ou quatre dans quelques jardins de Paris. Il avoit été confondu avec les adélies par Michaux.

La BORYE PORULEUSE a les feuilles sessiles, ovales, lancéolées, obtuses, repliées en leurs bords, et percées en dessous de petits trous.

La BORYE LIGUSTRINE a les feuilles légèrement pétiolées, oblongues, très entières, et le fruit ovale et court.

La BORYE A FEUILLES POINTUES, *Adelia acumianta*, Michaux, a les feuilles rhomboïdales, lancéolées, pointues ; le fruit oblong et recourbé.

Cette dernière espèce, qui est figurée, pl. 48 de la Flore de l'Amérique, par Michaux, a été cultivée par moi en Caroline ; c'est un arbre d'une vingtaine de pieds de haut, qui ressemble infiniment au cornouiller mâle. Ses jeunes rameaux paroissent toujours terminés par une épine ; ses fleurs sont jaunes et se développent avant les feuilles ; ses fruits sont violets dans leur maturité. Il ne craint point les hivers du climat de Paris. On en voit des pieds à la pépinière de Trianon, chez Cels, etc. Un jour peut-être il fera partie des arbres d'agrément de nos jardins ; mais comme il ne porte pas encore de graines, qu'il ne se multiplie que de marcottes, il est encore fort rare.

La BORYE CELSIANE, Bosc, a les feuilles pétiolées, ovales, oblongues, obtusément dentées, et longues d'un pouce et demi. Il est cultivé chez Cels en pleine terre. Michaux, qui en a envoyé les graines, ne l'a pas mentionnée. Elle ressemble beaucoup à la précédente.

La BORYE A FEUILLES ONDULÉES, Bosc, a les feuilles ovales, aiguës, dentées, luisantes, ondulées en leurs bords, et accompagnées de stipules subulées. Cels la cultive en pleine terre de graines envoyées par Michaux, qui ne l'a pas non plus décrite dans sa Flore. C'est un fort joli arbuste. (B.)

BOSQUET. Massif d'arbres et d'arbustes exotiques disposés pour l'agrément dans un jardin.

Un bosquet diffère d'un bocage en ce que ce dernier est extérieur au jardin et composé d'arbres du pays.

La formation d'un bosquet demande des connoissances de botanique et de culture assez étendues pour pouvoir reconnoître les espèces qui y entrent, ainsi que les effets du contraste de leur feuillage, l'époque de leur floraison, la couleur et la disposition de leurs fleurs, de leurs fruits, etc., la nature du terrain qui leur convient, les soins qu'elles exigent à toutes les époques de l'année, etc. Il demande aussi un goût sûr, afin de donner à l'ensemble l'ordonnance la plus agréable pour la localité, et à chaque partie la concordance la plus convenable relativement à leur position.

Plusieurs auteurs ont donné des principes sur la formation des bosquets ; mais je n'en connois point dans les environs de Paris, le canton sans doute où il y en a le plus, qui soient plantés d'après ces principes. La cause en est qu'ils ont été dessinés et plantés par des architectes qui n'étoient ni botanistes, ni cultivateurs, ou plantés par des jardiniers, ou même des entrepreneurs de terrasserie, qui n'avoient aucun goût ni aucune idée de l'importance du placement d'un arbre dans un lieu plutôt que dans un autre. L'unique objet de ces derniers est de garnir le terrain pour satisfaire aux ordres du maître. Ils prétendent tous que ce dernier doit être content lorsqu'ils ont entassé des arbres à côté les uns des autres, quelque contraire à la raison et au goût que soit leur disposition respective. Les uns mettent tous les pieds de la même espèce ensemble; d'autres les divisent de manière à ne former jamais de groupes. La plupart ne font pas même attention à la nature des arbres, et placent sur le devant les plus grands et les moins agréables. Que de fois j'ai gémi en voyant procéder ainsi !

Il y a quelque temps qu'il étoit convenu qu'il devoit y avoir dans un jardin des bosquets de printemps, d'été, d'automne et d'hiver. Cette classification, qui sacrifioit les effets à une convenance le plus souvent illusoire ou au moins passagère, est heureusement abandonnée, parcequ'on s'est aperçu qu'elle ne remplissoit pas l'objet désiré, et que les trois quarts du local étoient rendus inutiles à l'agrément sans véritables raisons. Les arbres verts se marient si bien avec les autres, même pendant l'hiver, que je ne conçois pas comment on a pu croire qu'il fût bon de les réunir en un seul point. Ce sont les groupes et les contrastes qui font le charme des bosquets; c'est donc à créer de ces contrastes que doivent tendre tous les compositeurs. Leurs bords, dans les jardins paysagers, doivent être très anguleux, et toujours garnis d'arbustes très bas et remarquables par la beauté de leurs fleurs ou par quelque singularité. Par ce moyen, on a toutes les expositions et on trouve des gazons ombragés, et cependant secs, pendant la plus grande partie de l'année et de la journée.

Tout arbre ou arbuste qui peut passer l'hiver en pleine terre a droit d'entrer dans la composition d'un bosquet; mais il ne faut pas vouloir les entasser dans un espace trop circonscrit.

La grandeur d'un bosquet doit toujours être proportionnée à celle du jardin. Il vaut beaucoup mieux en faire un grand que plusieurs petits. Ces derniers ne sont tolérables que lorsqu'ils sont destinés à cacher un mur, à faire valoir une fabrique.

Lorsqu'ils sont réduits à une ou deux toises de diamètre ils prennent le nom de BOUQUET.

Un défaut qui se remarque généralement dans les bosquets plantés dans ces derniers temps, c'est la multitude des allées ou sentiers dont ils sont coupés ; car il faut un but réel ou apparent à toutes choses. Cela gâte souvent l'ordonnance du bosquet le mieux dessiné; mais cela a au moins l'avantage de donner un peu d'air aux arbres et arbustes qui le composent; et qui, comme je l'ai observé plus haut, sont presque toujours plantés beaucoup trop près les uns des autres.

Je n'offrirai ici des détails ni sur la forme à donner à un bosquet, forme qui peut varier à l'infini, et qui est presque toujours subordonnée essentiellement à la localité, ni sur les effets que produisent en chaque saison les arbres et arbustes qui peuvent entrer dans leur composition. Chaque article particulier remplira ce second objet, et le bon goût des propriétaires ou des compositeurs satisfera au premier.

On doit préparer cinq à six mois à l'avance le terrain destiné à être planté en bosquet, c'est-à-dire qu'on doit le défoncer de quinze à vingt pouces au moins, et même de trente, si le sol est très mauvais, au commencement de l'automne, pour le planter à la fin de l'hiver. La forme qu'il doit avoir sera indiquée par des piquets ou jalons, et ses allées tracées ou par le même moyen ou avec la pioche. La plantation effectuée, il faudra donner deux ou trois binages la première année, et un seul pendant l'hiver des suivantes. Les arbres et arbustes seront débarrassés de leur bois mort et élagués à la serpette, lorsque cela deviendra indispensable, mais non taillés au croissant. Les amateurs du vrai beau doivent être convaincus que jamais la nature n'est plus belle que lorsqu'elle est abandonnée à elle-même. Les pieds manquans doivent être remplacés lorsqu'on juge que cela peut se faire avec succès. Cette dernière remarque est fondée sur ce que les plantations sont ordinairement si serrées que ces remplacemens deviennent impossibles et par conséquent inutiles. Je connois des jardins où, depuis un grand nombre d'années, on sacrifie chaque hiver un grand nombre de jeunes arbres et arbustes à des remplacemens de cette nature. (TH.)

BOSSE, MÉDECINE VÉTÉRINAIRE. Nous donnons ce nom à un engorgement des glandes comprises entre les branches de la mâchoire postérieure du cochon, avec tension, chaleur et douleur. Cet animal est plus exposé à cette maladie que tous les autres ; il perd l'appétit, respire difficilement, son cou devient très gros; il éprouve une chaleur considérable, s'agite, se couche, se lève, et quelquefois meurt le troisième ou quatrième jour.

Le froid subit qu'éprouve le cochon après une course violente, ou après avoir été forcé de se mouiller dans une eau vive et froide ; des coups portés sur les glandes, une disposition particulière à l'inflammation, de l'eau froide prise en boisson, sont les principes qui peuvent donner lieu à cette maladie. Une mauvaise nourriture, de l'eau impure pour boisson, un terrain marécageux la rendent épizootique.

Pour diminuer la vélocité et la quantité du sang vers ces glandes, et empêcher que l'animal ne suffoque, comme il arrive assez souvent, il faut le saigner une fois ou deux aux veines de la cuisse, et aux veines superficielles du bas ventre, exposer la partie malade à la vapeur de l'eau-de-vie et du vinaigre, donner pour nourriture du son mouillé, et pour boisson de l'eau blanche contenant du sel de nitre, administrer quelques lavemens émolliens, appliquer sur les glandes tuméfiées des cataplasmes de levain, d'oignons de lis et de basilicum, n'ouvrir l'abcès que lorsque les duretés et l'inflammation sont considérablement diminuées, et panser l'ulcère suivant la quantité du pus et l'état de la tumeur. Cette maladie étant souvent épizootique, si l'on voit un cochon prendre le cou gras, et la tuméfaction de cette partie s'accroître, on ne doit pas hésiter de le séparer des autres, de lui donner pour seule nourriture un peu de son mouillé avec un peu de sel de nitre, et un breuvage d'environ une chopine de décoction de baies de genièvre, de parfumer le cou avec le mélange ci-dessus décrit, de l'envelopper d'une peau de mouton, la laine en dedans, de parfumer l'écurie avec les baies de genièvre macérées dans le vinaigre, d'empêcher exactement toute communication immédiate ou médiate de l'animal infecté avec les porcs sains, et de passer un séton au poitrail de tous ceux qui sont soupçonnés avoir communiqué avec les malades. (R.)

BOSSE. On donne ce nom, dans quelques cantons, à la maladie du blé, plus généralement connue sous le nom de CHARBON. *Voyez* ce mot.

BOTANIQUE. La botanique, prise dans l'acception la plus générale de ce mot, désigne cette partie des sciences naturelles qui traite de l'histoire des végétaux ; mais comme les plantes peuvent être considérées sous divers points de vue, on distingue, 1° l'étude des végétaux considérés comme *êtres vivans*, où l'on observe la forme de leurs organes et leur manière de se nourrir et de se multiplier. Cette branche de la science porte le nom de *physique* et de *physiologie végétale*. 2° L'examen des végétaux considérés comme *êtres distincts* les uns des autres, ce qui comprend l'étude de leurs ressemblances, de leurs différences, de leur classification, de leur nomenclature ; on a coutume de donner plus spécialement à cette étude le nom de botanique. 3° L'histoire des végétaux considérés *dans leurs rapports avec le globe terrestre ;* savoir, leurs relations avec les climats, les pays, les terrains, la connoissance de leur patrie, de leur habitation, etc. : cette branche de l'histoire des végétaux porte le nom particulier de *géographie botanique.* 4° La connoissance des végétaux considérés *dans leurs rapports avec les besoins de l'homme et des animaux*, ou la *botanique appliquée*, qui renferme l'étude des propriétés médicales, économiques ou industrielles des végétaux, et les moyens que l'homme emploie pour se procurer les plantes dont il a besoin, soit en les cherchant dans la nature, soit en les cultivant autour de lui.

On voit, par cet exposé des parties dont se compose l'histoire des végétaux, que l'agriculture elle-même n'est qu'une fraction de cet immense ensemble. Mais cette partie est tellement vaste, tellement importante, qu'elle a mérité d'être étudiée et exposée séparément. En la rappotant ainsi à la place qu'elle occupe dans l'ensemble des connoissances, on voit plus facilement combien l'étude de la botanique doit être utile pour éclairer l'agriculture. C'est ce que je me propose d'exposer avec un peu plus de détails dans cet article, après avoir rappelé brièvement l'histoire de chacune des parties de la science botanique.

La physique végétale, quoique la première dans l'ordre méthodique, est loin d'avoir ce rang en suivant l'ordre des époques. Pour qu'elle ait pu être cultivée avec quelque soin, il a fallu que les autres branches de la botanique et d'autres sciences qui lui fournissent des documens importans, telles que la physique, la chimie et la zoologie, fussent elles-mêmes très perfectionnées. Parmi les anciens, le seul écrivain qui donne quelques idées précises sur la vie végétale est Théophraste ; on y trouve déjà quelques connoissances du sexe des plantes, de leur nutrition par la surface inférieure de leurs feuilles, de la distinction de l'épiderme et de l'écorce, et de quelques maladies des arbres. Chez les Romains, le sexe des plantes paroît avoir été généralement reconnu, puisque les poëtes mêmes, tels que Claudien, Pontanus, etc., en font mention ; mais d'ailleurs leurs naturalistes ne nous ont rien transmis sur la végétation qui mérite d'être relaté. A l'époque de la renaissance des lettres et de la botanique en particulier, on s'occupa beaucoup plus des autres branches de la science que de la physique végétale ; le perfectionnement du microscope donna naissance aux premières recherches régulières sur la structure des plantes ; en 1661, Henshaw découvrit leurs trachées ; mais peu après Grew et Malpighi, travaillant chacun de leur côté, et publiant leurs observations presque en même temps, dévoilèrent la structure intime des végétaux d'une manière si lumineuse, que pendant plus d'un siècle on n'a rien ajouté à leurs découvertes. Lorsque, par les travaux de ces deux célèbres observateurs, la structure des parties fut connue, on s'occupa à déterminer leur usage; de là les discussions de Dodart, de Mariotte, de Perraut sur la marche des sucs; de là le renouvellement des idées antiques sur le sexe des plantes. Burckard, dans une lettre à Leibnitz, en 1701, proposa le premier cette théorie, depuis confirmée par Knaut en 1616, par Vaillant en 1718, popularisée et appuyée d'expériences par Linnée en 1730. A peu près à la même époque, Hales, en publiant la statique des végétaux, ouvrit un nouveau champ aux naturalistes, leur apprit l'art de mettre de l'exactitude dans les expériences sur les corps vivans, et dévoila plusieurs lois importantes sur la marche de la sève: Bonnet, dans ses recherches sur l'usage des feuilles (1754), éclaira encore cet important sujet. Linnée, dont le génie embrassoit la nature entière, fit connoître plusieurs phénomènes curieux de la vie végétale, tels que le sommeil des fleurs et des feuilles. Duhamel accrut les connoissances physiologiques d'un grand nombre de faits nouveaux, et en publiant sa physique des arbres (1758), il a eu la gloire d'avoir le premier coordonné en un corps de science tous les faits connus jusqu'alors sur la végétation. Depuis cette époque, la science, régularisée et aidée par les progrès étonnans de la chimie, a fait des pas sûrs et rapides; Priestley découvre que les plantes mises sous l'eau au soleil dégagent du gaz oxigène; Senebier fait de cette observation la base de la chimie végétale, en prouvant la décomposition de l'acide carbonique par les plantes, et en étudiant avec soin tous les effets de la lumière sur elles. Théod. de Saussure, portant dans des recherches analogues toute la précision de la chimie la plus délicate, prouve que l'eau entre pour une grande part dans le tissu solide des plantes, et montre l'origine et le sort de la plupart des matières qui composent les végétaux. Pendant le cours de ces travaux chimiques, Hedwig étendoit aux mousses la théorie du sexe des plantes, et tendoit à éclaircir les points les plus délicats de l'anatomie végétale, l'origine des fibres et la forme des vaisseaux; Mirbel, Link, Treviranus et Rudolphi, quoique souvent d'avis contraires, font, par la masse de leurs découvertes, entrevoir l'époque prochaine où l'anatomie des parties intimes du végétal sera tout-à-fait éclaircie; dans cette même époque, Gœrtner, par un ouvrage également utile à la botanique et à la physique végétale, fait connoître la structure des fruits et des graines; Desfontaines, en observant les différences de la structure intérieure des plantes monocotylédones et dicotylédones, lie la physique végétale à la botanique, et pose les fondemens de l'anatomie comparée des végétaux.

Aucune partie des connoissances humaines n'est aussi importante pour l'agriculture que la physique végétale : ce sont les lois de cette science qui régissent toutes les opérations agricoles relatives aux végétaux. Si une pratique aveugle suffit pour diriger les opérations mécaniques d'un laboureur, il n'en est pas de même de ceux qui sont à la tête d'une exploitation considérable, de ceux qui, transportés dans un climat ou un terrain nouveau, ne peuvent suivre une routine établie, de ceux qui tentent d'améliorer la culture de leurs champs, de ceux enfin qui, placés au-dessus du commun des hommes, doivent dicter à l'agriculture des lois ou des règlemens. Toutes ces classes d'hommes ont besoin d'être guidées par la théorie, qui n'est autre chose que l'ensemble raisonné des expériences et des observations faites avant nous. Tous ceux qui lisent ce livre sont déjà convaincus de cette vérité; et s'il étoit nécessaire d'en donner les preuves détaillées, je demanderois si toutes les opérations, des semis par exemple, ne sont pas fondées sur la connoissance de la germination, ou bien s'il est possible d'avoir une idée de l'action et de l'emploi des divers engrais sans connoître la nutrition des plantes. L'utilité de la physique végétale dans l'agriculture est trop évidente pour m'arrêter à la développer : je passe à l'histoire de la botanique proprement dite.

Pour mettre quelque ordre dans cet exposé, il convient d'observer que la botanique, dans le sens le plus restreint de ce mot, se compose encore de trois ordres de connoissances; savoir, la connoissance individuelle des plantes, l'art de les nommer, et l'étude de leur classification.

Les anciens ne connoissoient qu'un petit nombre de végétaux. Ils ne s'occupoient que de ceux de leur propre pays, et encore ils confondoient sous des noms communs tous ceux dont les différences sont peu apparentes : on trouve à peine 400 plantes indiquées dans Théophraste, et 600 dans Dioscoride. A la renaissance des lettres on s'occupa d'abord plus à commenter Dioscoride qu'à observer la nature; mais bientôt les travaux successifs de Brunfels, Tragus, Fuchs, Dodoens, Mathiole, Pona, Lobel, Clusius, Camerarius, Dalechamp, Tabernamontanus, Columna, Taube et Gaspard Bauhin firent connoître presque toutes les plantes indigènes de l'Europe. Cependant la route des Indes étoit ouverte par Vasco de Gama, et le Nouveau-Monde découvert par Colomb, la fondation du jardin botanique de Pise en fit créer de semblables dans plusieurs villes et donna le moyen de conserver les richesses acquises. L'Amérique commença à être explorée par

Ovildus de Valdès et Monardes, l'Orient par Belon et Prosper Alpin, l'Inde par Garcias de Orto. Gaspard Bauhin eut le premier l'idée importante de réunir en un seul corps d'ouvrage toutes les plantes, et publia en 1623 son Pinax, qui contient l'indication d'environ 6000 plantes. Cet ouvrage donna une nouvelle impulsion à l'étude de la botanique. Des voyages lointains furent entrepris et augmentèrent beaucoup le nombre des végétaux connus; parmi ces voyages utiles à la botanique on doit sur-tout distinguer ceux d'Hernandès, de Pison, de Marcgraf et de Sloane dans l'Amérique; celui de Dampier dans la mer du sud; ceux de Bontius, de Clayer, et sur-tout de Van Rheed et de Rhumph (1) dans les Indes. Les botanistes, restés en Europe, ne contribuèrent pas moins à augmenter le nombre des végétaux, soit en décrivant les plantes crues dans les jardins, comme Herman, Jean et Gaspard Commelyn; soit en visitant les provinces européennes, comme Magnol, Boccone et Barrelier; soit en étudiant les échantillons mêmes desséchés des plantes exotiques, comme Plukenet et Pétiver; soit en réunissant en de grands corps d'ouvrages les plantes connues, comme Morison, Ray et Tournefort. Ce dernier publia, en 1719, ses *Institutiones rei herbariæ*, qui, quoique beaucoup moins complètes pour leur temps que le Pinax de Bauhin ne l'étoit pour le sien, contient déjà 10,000 plantes.

Cependant Knaut, Vaillant, Bradley, Dillenius, Scheuzer, Micheli, etc., décrivoient tous les jours de nouvelles plantes; les voyages de Plumier, Feuillée et Catesby en Amérique; de Buxbaum et de Gmelin dans l'Orient; de Kampfer dans la Chine, etc., avoient encore ajouté un grand nombre de végétaux à ceux qui étoient déjà publiés; mais la confusion régnoit dans la botanique; toutes ces descriptions incomplètes, incohérentes, souvent inexactes, confondues dans la masse des livres, ne pouvoient être que d'un foible secours. Linnée parut, et avec lui l'ordre s'introduisit dans la science; il établit que l'on ne devoit regarder comme espèces distinctes que les plantes dont les caractères se conservent, sans altération sensible dans la multiplication, par le moyen des graines, et par cette loi il raya du catalogue des végétaux toutes les variétés qui y avoient été consignées avant lui; il se décida de plus à n'y admettre que les espèces qu'il connoîtroit suffisamment pour pouvoir en tracer les caractères avec précision, et par suite de cette circonspection il regarda comme non avenues toutes les indications succinctes et les des-

(1) Il appartient à cette époque, quoique la liste n'ait été publiée qu'en 1740.

criptions vagues des auteurs. Aussi voit-on que, quoique le nombre des plantes décrites se fût beaucoup accru depuis Tournefort, le catalogue en fut réduit par Linnée à 7000 espèces.

La précision et la lucidité de l'ouvrage de Linnée le firent cependant admettre avec enthousiasme comme livre classique, et presque tous les ouvrages se publièrent d'après la méthode linnéenne. Dès-lors les descriptions devinrent exactes et comparatives, et on put intercaler sans difficulté, dans le catalogue des êtres, tous ceux qu'on découvroit journellement; on retrouva et on décrivit avec plus de soin les plantes déjà connues des anciens; on en distingua plusieurs qui étoient confondues sous des noms communs; on scruta avec ardeur toutes les parties de l'Europe, et on y décrivit jusqu'aux végétaux microscopiques; on parcourut toutes les parties du globe pour en étudier les plantes; on institua une foule de jardins de botanique; on recueillit, dans de vastes herbiers, des échantillons desséchés de toutes les plantes; on perfectionna l'art de représenter par le dessin les objets naturels. Grace à la réunion de tous ces moyens, et aux travaux d'une foule de botanistes qu'il seroit trop long d'énumérer, le nombre des plantes connues s'accrut dans une progression étonnante; on en compte plus de 20,000 dans le dernier catalogue général qui en a été publié par Person; et si l'on réunissoit toutes les descriptions éparses dans les livres et toutes les plantes qui existent dans nos collections, on en porteroit le nombre à près de 30,000.

Sans doute ce nombre immense de végétaux en renferme une multitude d'inutiles aux besoins de l'homme; mais peut-on dire pour cela qu'il est inutile de les connoître? Quand nous n'y apprendrions que l'art de distinguer avec précision ceux qui nous servent, de manière à ne point les confondre avec d'autres; quand nous n'y chercherions que l'indication détaillée des plantes que nous pouvons substituer à d'autres, ou dont nous pouvons tenter l'usage; quand enfin nous n'y trouverions qu'un tableau propre à faire concevoir l'immensité de la nature, seroit-il inutile à l'homme d'avoir tracé ce vaste catalogue? Les agriculteurs, naturellement sédentaires, ne doivent-ils pas voir avec intérêt, et encourager par tous les moyens possibles, des hommes qui, animés par une véritable passion (car la botanique en devient une), vont parcourir le monde entier, s'exposer à toutes les fatigues, à tous les dangers, pour rapporter quelques végétaux inconnus, qui puissent augmenter la masse de nos richesses territoriales, ou du moins embellir nos demeures?

Toutes les plantes communes ou utiles dans certains pays y ont été désignées par des noms particuliers; les premiers botanistes ont simplement conservé ces dénominations dans leurs ouvrages. C'est ainsi que les noms employés par Théophraste et Dioscoride pour les plantes d'Europe, par Hernandès et Pison pour celles d'Amérique, par Rheed et Kampfer pour celles d'Asie, sont simples et d'un seul mot. Bientôt on trouva certaines espèces trop voisines des premières pour oser leur donner un nom différent, et on leur conserva le même en y ajoutant une épithète; c'est ainsi que les noms de *verbena fœmina*, *sambucus sylvestris*, *phu Germanicum*, *symphytum petræum*, etc., se trouvent dans les botanistes du seizième siècle, tels que Brunfels, Tragus, Fuchs, Mathiole, etc. A mesure que le nombre des espèces augmenta, on se crut obligé d'allonger ces sortes de noms et d'y accumuler plusieurs épithètes et plusieurs caractères pour faire reconnoître la plante. Au commencement du dix-huitième siècle on arriva au point que le nom d'une plante étoit une phrase toute entière; ainsi, par exemple, la tubéreuse se nommoit du temps de Bauhin *hyacinthus Indicus tuberosus flore hyacinthi orientalis*. Il seroit facile de choisir telle plante dont le nom occupoit trois lignes d'écriture; les livres devenoient d'une longueur effrayante; aucune mémoire humaine ne pouvoit suffire à retenir le nom des plantes, et ces noms si embarrassans ne pouvoient point se populariser. Linnée proposa, et son système a été depuis universellement suivi, de rejeter tous les caractères dans des phrases qu'on ne devroit ni citer ni savoir par cœur, et de réduire les noms de toutes les plantes à deux termes : l'un toujours substantif qui indique le genre; l'autre ordinairement adjectif qui désigne l'espèce, par exemple, *hordeum distichum* et *hordeum hexastichum*. Au moyen de ce système de nomenclature, dont on sent tous les jours la supériorité, l'étude de la botanique est devenue plus facile et plus applicable. L'agriculture tire de la nomenclature botanique plusieurs avantages précieux : tandis que chaque plante reçoit dans chaque langue, dans chaque patois, dans chaque village un nom particulier, qui n'est pas connu dans le pays voisin; les noms botaniques, reçus par l'universalité des gens instruits, offrent un moyen sûr et facile de communication entre les différens pays; ils nous mettent aussi en rapport avec les temps antérieurs aux nôtres, puisque par leur moyen et par le soin qu'ont les botanistes de citer dans leurs livres la nomenclature ancienne, on peut en un instant connoître tous les noms qu'une plante a reçus, et lire tout ce que les auteurs en ont écrit. Pour parvenir plus complètement à cet heureux résultat, la facilité et la certitude de la connoissance et de la communication des idées agricoles, il est à désirer, et la marche des sciences le fait espérer, que les communications se multiplient entre les botanistes et les agriculteurs;

que les premiers ne négligent pas autant qu'ils l'ont fait d'indiquer dans leur synonymie les noms vulgaires des plantes, et d'étendre le système heureux de leur nomenclature aux variétés cultivées, tandis que de leur côté les agriculteurs instruits emploieront constamment, ou du moins citeront toujours en marge les noms botaniques des plantes dont ils auront à parler.

Les anciens botanistes ne songèrent point d'abord à mettre de l'ordre dans leurs ouvrages. Théophraste, Dioscoride, Pline, et parmi les modernes Brunfels, Tragus et plusieurs autres, ont placé les plantes comme au hasard dans leurs livres. Conrad-Gesner paroît être le premier qui, dans le milieu du 16e siècle, a pensé à l'utilité d'une classification et à l'avantage de l'établir d'après les parties de la fructification des plantes. Dodoens, Lobel, Clusius, les Bauhins, ne firent autre chose que de grouper, en un certain nombre de livres, les plantes qui se ressembloient le plus entre elles. Casalpin, devançant de beaucoup son siècle, distingua le premier les plantes d'après le nombre de leurs cotylédons. Morison et Ray se contentèrent encore de grouper les plantes d'après leur port en sections assez naturelles, au moins pour les plantes d'Europe. Rivin présenta quelques classes fondées sur des caractères positifs, tirés de la fleur; Magnol, auteur d'un ouvrage peu apprécié dans son temps, proposa une classification assez philosophique, et désigna ses groupes sous le nom de familles naturelles. Tournefort domina la science, pendant la première moitié du 18e siècle, par sa classification, qui présente des classes généralement naturelles, distinguées par des caractères faciles, précis et comparatifs : entre autres services dont la science lui est redevable, il a le premier établi les genres d'après des caractères positifs et bien exprimés; il a su les subordonner aux ordres, et ceux-ci aux classes générales. Pour rendre ses caractères comparatifs, Tournefort les avoit presque tous tirés d'un seul organe, la corolle : alors une foule de botanistes crurent avancer la science en imaginant une multitude de méthodes tirées de chaque organe des plantes. Il est facile de concevoir que deux plantes peuvent avoir les feuilles ou les étamines semblables, et différer beaucoup par le reste de leur structure : de là vint que tous ces systèmes, fondés sur un seul organe, et où l'on ne pense qu'à ranger les êtres dans un ordre facile à retrouver, réunissoient les plantes les plus hétérogènes et séparoient les plus semblables. On les désigna sous le nom de systèmes artificiels : parmi ceux-ci, le plus célèbre de tous fut le système sexuel de Linnée, non pas peut-être qu'il soit ni le plus facile ni le plus sûr, mais c'est qu'il étoit séduisant par sa régularité, par la facilité de retenir le nom et le caractère des classes, parcequ'il étoit lié avec l'heureuse innovation des noms spécifiques, avec l'introduction d'une nouvelle langue botanique, avec la description d'un nombre immense de plantes nouvelles. Toutes ces causes réunies firent admettre le système sexuel, et il est encore admis universellement dans la plus grande partie de l'Europe par les botanistes qui se disent linnéens. Linnée étoit loin cependant d'avoir pour les systèmes artificiels l'estime exclusive que ses disciples ont conçue : il croyoit qu'à l'époque où il écrivoit on avoit essentiellement besoin de préciser les descriptions, d'augmenter le nombre des plantes connues, et d'en trouver facilement le nom, avantages qui se trouvent dans les systèmes artificiels ; mais il a dit à plusieurs reprises que la méthode naturelle étoit le véritable but du botaniste ; il a tenté de distribuer les plantes en groupes naturels ; et tandis qu'il donnoit ses leçons publiques d'après le système artificiel, il enseignoit à ses élèves choisis la méthode naturelle. Sous ce mot on désigne la méthode qui tend à distribuer les végétaux de manière à grouper toujours ceux qui se ressemblent par la plus grande masse de leurs rapports. Les anciens, et Linnée lui-même, ont cru que ces rapprochemens ne pouvoient s'établir sur aucune règle ; chacun suivoit à cet égard une espèce de tact, et se guidoit principalement d'après le port des plantes. Haller, entraîné par l'analogie avec le règne animal, tenta de classer les plantes d'après le degré de complication de leurs organes ; et quoique l'ensemble de son système soit sujet à une foule d'objections, on ne peut nier qu'il y a consigné plusieurs rapprochemens ingénieux. Adanson pensa que les plantes qui devoient être voisines dans l'ordre naturel devoient être celles qui se ressembloient par le plus grand nombre de leurs organes ; en conséquence il fit, d'après chaque organe des végétaux, une classification artificielle, puis réunissant ces soixante-douze systèmes, il en déduisit ses familles des plantes. Cette idée, qui est grande, et qui paroît exacte, est cependant soumise à de graves objections ; elle suppose que tous les organes des végétaux sont connus, ce qui n'est point ; mais sur-tout elle suppose que tous ont le même degré d'importance dans la structure de la plante : or, il est bien évident que les parties des êtres organisés sont plus ou moins importantes, selon que leur fonction est plus ou moins indispensable, que leur présence est plus ou moins constante ; c'est dans ce principe que Bernard de Jussieu, véritable fondateur de la classification naturelle, en a trouvé la base. Il a pensé que rien dans un végétal ne devoit être aussi important que l'embryon, puisqu'il est à la fois et le but de la végétation, et le gage de la reproduction. Il a donc établi ses premières divisions d'après la forme de l'embryon ; il a cherché les divisions secondaires dans les organes de la graine du fruit et de la fleur dont l'importance lui paroissoit la plus grande. A force de recherches et de méditations, il est parvenu à établir un certain nombre de familles d'après des caractères invariables. Son neveu, Antoine Laurent de Jussieu, a publié, en 1789, les pensées de son oncle, auxquelles il a lui-même ajouté plusieurs observations importantes. A mesure que cette structure des plantes est mieux connue, à mesure que de nouveaux végétaux sont découverts, on ajoute à la base établie par Bernard de Jussieu, et on en perfectionne quelques détails.

La méthode naturelle, beaucoup plus avantageuse et plus commode que toute autre pour les botanistes, offre quelques difficultés pour les commençans, étant fondée sur les caractères les plus importans et les plus intimes; devant toujours sacrifier la facilité à la vérité, elle est nécessairement plus difficile qu'un ordre artificiel : de là vient que dans la troisième édition de la Flore française on a tenté de réunir les avantages de ces deux méthodes; les plantes y sont rangées d'après l'ordre naturel; mais l'ouvrage est précédé par une espèce de clef artificielle, au moyen de laquelle on est conduit au nom de la plante d'après les caractères les plus faciles.

Les deux méthodes de classification dont je viens de tracer l'histoire offrent en effet des avantages précieux, soit au botaniste, soit aux hommes qui, comme les agriculteurs, s'occupent des végétaux sous un rapport quelconque. Dans la méthode artificielle on a l'avantage de trouver avec facilité le nom de la plante qu'on a sous les yeux, et de se mettre ainsi en rapport avec les autres hommes; dans la méthode naturelle l'agriculture puise des renseignemens importans. Tout porte à admettre que les plantes qui se ressemblent le plus par leurs formes extérieures se ressembleront aussi par la structure interne, par le mode de végétation et par les propriétés : aussi l'étude bien entendue des rapports naturels fournit des indices utiles sur les plantes qu'on peut substituer les unes aux autres dans les usages médicaux ou économiques, sur les moyens de préjuger, sans de trop graves erreurs, les propriétés des plantes inconnues, sur les végétaux qu'on peut, avec probabilité de succès, greffer les uns sur les autres, et même sur l'importante théorie des ASSOLEMENS. *Voyez* ce mot.

Mais l'étude des classifications botaniques mériteroit encore l'examen de tous les hommes sous un autre point de vue, savoir, comme une véritable étude de logique : ces classifications sont tellement nécessaires et parfaites, que leur examen doit habituer l'esprit à classer avec ordre, et c'est sur-tout sous ce rapport que l'histoire naturelle devroit s'introduire dans l'éducation. Pour ne point sortir du sujet qui nous occupe, je crois que l'étude des variétés cultivées, si importante pour l'agriculture, ne sera jamais bien faite que d'après les principes de la classification botanique, et par des hommes qui aient habitué leur esprit à ce genre d'analyse.

La géographie botanique, c'est-à-dire la connoissance des lieux dans lesquels les plantes croissent, et des causes qui influent sur cette distribution des plantes, a été tout-à-fait négligée par les anciens. Avant le dix-huitième siècle, Clusius est le seul qu'on puisse remarquer pour le soin avec lequel il indique la patrie de ses plantes. C. Bauhin et Tournefort négligeoient même le plus souvent d'en faire mention. Linnée est le premier qui ait eu l'idée heureuse d'indiquer la patrie des plantes dans les ouvrages généraux de botanique, par la perfection avec laquelle il a rédigé les Flores de Suède et de Laponie; il a donné l'idée et fourni le modèle d'une classe d'ouvrages très précieux pour la géographie botanique; savoir, des flores locales; enfin, il est encore le premier qui ait tenté de donner quelques vues générales sur les stations et les habitations des plantes. Depuis Linnée, il a paru un grand nombre d'excellentes flores parmi lesquelles je distinguerai celles de Haller, de Desfontaines, de Smith, pour les descriptions et la synonymie; celles de Pollich et de Michaux, pour la manière d'indiquer les localités des plantes; celles du Danemarck et de l'Angleterre, pour le nombre et la perfection des figures. Malgré ces divers travaux, on n'avoit point encore tenté de réunir en un corps de doctrine ce qui est relatif à l'habitation des plantes. M. Hoffman-Bang l'a tenté le premier, en publiant le programme d'un ouvrage important, qui malheureusement n'a point encore paru. M. de Humboldt a donné, sur la géographie des plantes, un Essai riche de faits, et rempli des vues piquantes et ingénieuses qui se trouvent dans toutes les productions de ce savant; il a entre autres le premier examiné avec attention l'influence de la hauteur du sol sur la végétation. J'ai moi-même présenté quelques vues relatives à la géographie des plantes de France, dans la troisième édition de la Flore française. On trouvera les principaux résultats de ces travaux à l'article géographie botanique. Cette branche de la science est très importante pour l'agriculture, car sans elle toutes les naturalisations seroient presque impossibles, ou se feroient du moins sans méthode et comme à tâtons.

Pour compléter le plan que nous nous sommes prescrit, il nous resteroit à parler de la botanique appliquée; mais son histoire se compose de trop de petits faits minutieux, et dont l'origine est souvent obscure, pour qu'il soit possible d'en tracer un tableau rapide; son utilité est trop évidente pour qu'il soit nécessaire de la prouver, et d'ailleurs tout l'ensemble de ce

Dictionnaire est un développement de cette utile partie de l'histoire des végétaux. *Voy.* en particulier les mots Agriculture, Economie domestique, etc., etc.

Dans tous les articles de ce Dictionnaire relatifs à la botanique, les plantes seront rapportées aux deux classifications les plus généralement admises, celle de Linnée et celle de Jussieu. Nous croyons en conséquence devoir terminer cet article général par l'exposé de ces deux méthodes :

Linnée a donné à sa classification le nom de système sexuel ; en ne considérant que la fonction de la fécondation, il a tiré ses divisions primitives ou ses classes des organes mâles, c'est-à-dire des étamines ; et ses divisions secondaires, des organes femelles, c'est-à-dire des pistils. Son système renferme vingt-quatre classes ; les vingt-trois premières sont composées des plantes où les parties sexuelles sont visibles ; la vingt-quatrième, qu'il a nommée *cryptogamie*, comprend celles où les parties sexuelles ne sont pas visibles ; parmi les plantes *phanorogames* ou à fructification apparente, il distingue celles qui ont les fleurs mâles et femelles dans la même fleur, et celles qui les ont dans des fleurs différentes ; il donne aux premières le nom de *monoclines*, et aux secondes celui de *diclines* ; parmi les monoclines, il distingue encore les plantes où les organes sexuels n'ont entre eux aucune adhérence, et celles où les organes mâles adhèrent, soit entre eux, soit avec les pistils ; dans ceux qui n'ont aucune adhérence, il observe enfin si tous les organes mâles sont sensiblement égaux, ou si quelques uns sont régulièrement plus grands que les autres. Dans ces différentes divisions sont rangées les classes presque toutes déterminées d'après le nombre des parties. Pour plus de clarté, je les présenterai en un seul tableau.

- **PLANTES** considérées d'après leurs organes sexuels.
  - Fructification apparente....
    - Organes mâles et femelles dans la même fleur.
      - Étamines n'adhérant ni entre elles ni avec le pistil.........
        - Étamines égales entre elles ou ne gardant aucunes proportions relatives déterminées.....
          - 1 étamine.................. *Monandrie.*
          - 2 étamines.................. *Diandrie.*
          - 3 étamines.................. *Triandrie.*
          - 4 étamines.................. *Tetrandrie.*
          - 5 étamines.................. *Pentandrie.*
          - 6 étamines.................. *Hexandrie.*
          - 7 étamines.................. *Heptandrie.*
          - 8 étamines.................. *Octandrie.*
          - 9 étamines.................. *Enneandrie.*
          - 10 étamines.................. *Décandrie.*
          - De 11 à 20 étamines.............. *Dodécandrie.*
          - 20 étamines ou plus
            - attachées au calice..... *Icosandrie.*
            - attachées au réceptacle. *Polyandrie.*
        - Quelques étamines régulièrement plus grandes que les autres.........
          - 4 étamines dont 2 plus longues.. *Didynamie.*
          - 6 étamines dont 4 plus longues.. *Tetradynamie.*
      - Étamines adhérant entre elles ou avec le pistil.
        - Entre elles
          - par les filets
            - Toutes en un seul faisceau....... *Monadelphie.*
            - En deux faisceaux.............. *Diadelphie.*
            - En plusieurs faisceaux.......... *Polyadelphie.*
          - par les anthères......................... *Syngénésie.*
        - Insérées sur le pistil... *Gynandrie.*
    - Organes mâles et femelles dans des fleurs différentes.
      - Fleurs mâles et fleurs femelles portées sur la même plante.................. *Monœcie.*
      - Fleurs mâles et fleurs femelles sur des plantes différentes.................. *Diœcie.*
      - Fleurs mâles, femelles et hermaphrodites dans la même espèce.............. *Polygamie.*
  - Organes sexuels non apparens.. *Cryptogamie.*

Les ordres ou les divisions secondaires sont déduits des organes femelles et principalement de leur nombre; ainsi, dans les classes de monandrie, diandrie, triandrie, tétrandrie, pentandrie, hexandrie, heptandrie, octandrie, enneandrie, décandrie, dodécandrie, icosandrie, polyandrie, les ordres déduits uniquement du nombre des pistils portent les noms de *monogynie*, lorsqu'il y a un pistil; *digynie*, deux pistils; *trigynie*, trois pistils; *tétragynie*, quatre pistils; *pentagynie*, cinq pistils; *hexagynie*, six pistils; *heptagynie*, sept pistils; *octogynie*, huit pistils; *enneagynie*, neuf pistils; *décagynie*, dix pistils; *polygynie*, plusieurs pistils.

Dans la didynamie il y a deux ordres : la *gymnospermie*, qui comprend les plantes didynames à graines nues; l'*angiospermie*, qui renferme les plantes didynames dont les graines sont renfermées dans un péricarpe.

Dans la tétradynamie, les ordres au nombre de deux sont déduits de la longueur du fruit : les *siliqueuses* ont le fruit quatre fois au moins plus long que large; les *siliculeuses* ont le fruit qui n'est jamais quatre fois plus long que large.

Dans la monadelphie, la diadelphie, la polyadelphie, la gynandrie, la monœcie et la diœcie, les ordres sont tirés du nombre des étamines, et portent par conséquent les noms de *monandrie*, *diandrie*, etc.

Les ordres de la syngénésie sont très compliqués et au nombre de six : la *polygamie égale* comprend les plantes syngénèses dont tous les fleurons d'une tête sont hermaphrodites; la *polygamie superflue*, celles dont les fleurons centraux sont hermaphrodites, et ceux du bord, femelles et fertiles; la *polygamie frustranée*, celles dont les fleurons centraux sont hermaphrodites, et ceux du bord dépourvus d'organes sexuels et par conséquent stériles; la *polygamie nécessaire*, celles où les fleurons du centre sont mâles et ceux du bord femelles; la *polygamie ségrégée*, où les fleurons réunis dans un involucre ou calice commun sont chacun muni d'un calice particulier; enfin, la *monogamie* qui comprend les plantes syngénèses dont les fleurs ne sont pas réunies dans un calice commun.

Dans la *polygamie*, Linnée distingue la *polygamie monœcie*, où le même individu porte des fleurs hermaphrodites et unisexuelles; la *polygamie diœcie*, où les fleurs hermaphrodites sont sur un individu, tandis que les fleurs unisexuelles sont sur un autre; la *polygamie triœcie*, où les fleurs hermaphrodites, mâles et femelles, sont sur trois individus différens.

Les ordres de la cryptogamie sont au nombre de quatre : les *fougeres*, les *mousses*, les *algues* et les *champignons*, qu'on reconnoît d'après le port, et que Linnée indique sans caractères distinctifs.

La méthode de Jussieu a pour objet de ranger les végétaux

d'après leur plus ou moins grand degré de ressemblance, et d'établir les divisions premières d'après les caractères les plus importans. La division primitive est déduite de l'absence ou de la présence des cotylédons : les plantes dépourvues de cotylédons y portent le nom d'*acotylédones*; elles correspondent aux cryptogames de Linnée. Les plantes munies de cotylédons en ont un ou deux : les premières se nomment *monocotylédones*; les secondes, *dicotylédones* : on réunit aux dicotylédones le petit nombre de plantes qui ont plusieurs cotylédons, parce-qu'on les considère comme les lobes de deux cotylédons primitifs. Les monocotylédones sont divisées en trois classes, selon qu'elles ont les étamines insérées sous le pistil, au réceptacle, ou *hypogynes*, autour du pistil, sur l'enveloppe florale, ou *périgynes*, sur le pistil même ou *épigynes*. Les dicotylédones plus nombreuses ont été soumises à un plus grand nombre de divisions : Jussieu a séparé celles qui sont essentiellement diclines ou unisexuelle de celles qui sont hermaphrodites, ou qui ne deviennent unisexuelles que par avortement. Parmi celles-ci il disitingue celles qui n'ont qu'une seule enveloppe florale, laquelle, selon lui, est toujours un calice; celles qui ont un calice et une corolle monopétale; celles enfin qui ont un calice et une corolle polypétale : chacune de ces trois divisions est elle-même divisée en trois classes, selon que les étamines sont hypogynes, périgynes ou épigynes. Pour plus de clarté je présenterai ces divisions en tableau.

					Classe
PLANTES	Acotylédones				1.
	Monocotylédones		Étamines hypogynes		2.
			—— perigynes		3.
			—— epigynes		4.
	Dicotylédones	sans pétales.	Étamines épigynes		5.
			—— perigynes,		6.
			—— hypogynes		7.
		monopétales.	Corolle hypogyne.		8.
			—— perigyne.		9.
			—— epigyne	Anthères soudées	10.
				— libres	11.
		polyptales.	Étamines epigynes		12.
			—— hypogynes		13.
			—— perigynes		14.
		Diclines irrégulières			15

Les classes n'ont reçu aucun nom, sans doute parceque l'auteur les a jugées lui-même trop artificielles pour les consacrer par un nom quelconque; mais chacune de ces classes comprend un certain nombre d'ordres ou familles naturelles : c'est dans la perfection avec laquelle les plantes sont groupées dans ces familles, et ces familles groupées entre elles que gît le mérite de cette méthode. Nous allons parcourir rapidement chaque classe, pour indiquer les familles qui s'y rapportent; mais dans cet exposé nous suivrons non l'ouvrage primitif de Jussieu, que les progrès de la science ont déjà fait vieillir, mais le tableau des genres qu'il vient d'insérer dans les Annales du Muséum d'histoire naturelle, et qui comprend la plupart des perfectionnemens faits par divers auteurs, et par M. de Jussieu même, à sa classification primitive (1). (Déc.)

BOTTE. C'est le nom de tous les produits de l'agriculture réunis en masse et attachés par le moyen d'un lien circulaire. On dit une botte de paille, de foin, d'oignons, etc.

Presque par-tout la contenance de la botte est arbitraire, mais cependant se rapproche d'un certain taux par l'habitude ou l'usage. Dans quelques cantons cependant elle est fixée pour la plupart des objets par des règlemens de police. A Paris, par exemple, la botte de paille doit peser dix livres, celle de foin dix livres, etc. En général les bottes diminuent de grosseur à mesure que la denrée devient rare, parcequ'il est toujours difficile, jusqu'à un certain point, au vendeur, de forcer l'acquéreur à payer le prix commun ou habituel. Les premières bottes de petites raves sont de moitié plus petites que celles qui sont apportées au marché quinze jours plus tard.

La disposition en botte favorise la fraude. On trouve souvent des herbes pourries ou de mauvaise nature au centre d'une botte de foin, des asperges très petites au milieu d'une botte dont celle du tour sont fort belles. Il faut donc, lorsqu'on est prudent, et qu'on ne connoît pas le vendeur, visiter les objets qu'on achète en botte. (B.)

BOTTE. C'est en quelques endroits le ver du CHARANÇON du blé.

BOTTE. On appelle ainsi à Aix et pays voisins les grandes barriques d'huile de la contenance de onze à douze cents livres.

Ces espèces de tonneaux imbibés d'huile ne sont plus propres à conserver des liqueurs et se vendent en conséquence bon marché. Les maraîchers de Paris les achètent, les défoncent par les deux bouts et les adaptent à la suite des uns des autres pour soutenir les terres des puits qu'ils creusent

---

(1) L'ouvrage nouveau, annoncé par M. de Jussieu n'ayant pas encore paru, je renvoie au mot PLANTE la suite de cet article.

dans leurs jardins. Ils durent dix à douze ans sans avoir besoin de réparation, et sont alors presque aussi propres à être brûlés qu'ils l'étoient à leur sortie de chez l'épicier. Ce moyen peu dispendieux de revêtir les puits devroit être plus généralement employé ; les tonneaux à vin peuvent y être également employés, mais comme ils ne sont pas imbibés d'une matière conservatrice comme l'huile, ils durent moitié moins. (B.)

BOTTELAGE. M. Gilbert, dans la feuille du cultivateur du 14 avril 1792, s'élève beaucoup contre l'usage de botteler dans les prés. Ses raisons sont les dangers des pluies qu'un jour de retard peut amener, le plus grand espace que les bottes occupent dans les greniers, la meilleure conservation du foin, etc. Il pense que c'est quelques jours seulement avant la consommation ou la vente qu'on doit faire cette opération. Ses raisons sont plausibles et méritent d'être prises en considération. (B.)

BOTTELEUR. Homme qui met en botte le foin et la paille dans les grandes exploitations rurales.

Il semble que rien n'est plus facile que de réunir une certaine quantité de ces denrées et de les lier avec une branche de bois appelée HART, ou avec une corde de paille ; mais cependant peu de personnes peuvent le faire convenablement ; au moins d'abord. Dans cette opération, comme dans toutes les autres, la pratique est nécessaire pour remplir bien et vite toutes les données convenables. Il faut qu'un botteleur sache prendre juste la quantité de foin ou de paille nécessaire pour composer une botte afin qu'elles soient toutes égales, qu'il dispose ses parties de manière qu'il n'y en ait pas plus d'un côté que de l'autre, qu'il la lie de manière à ne pas craindre qu'elle se défasse en route, qu'il en passe, c'est-à-dire en unisse la surface, etc., etc. On voit au premier aspect d'une voiture de foin si les bottes qu'elle contient ont été faites par un botteleur habile. Il y a un avantage dans la vente pour le foin le mieux bottelé ; aussi un agriculteur soigneux doit-il veiller à cet objet ; aussi dans les environs de Paris les fermiers ont-ils toujours un botteleur en titre. (B.)

BOUC. Mâle de la CHÈVRE. *Voyez* ce mot.

BOUCAGE, *Pimpinella*. Genre de plantes de la pentandrie digynie et de la famille des ombellifères, qu'il est de l'intérêt des cultivateurs de connoître, parceque les bestiaux en mangent la plupart des espèces, et que l'une d'elles, dont les graines ont une odeur très suave, est l'objet d'une culture de quelque importance pour le midi de l'Europe.

Les espèces les plus communes sont :

Le BOUCAGE A FEUILLES DE PIMPRENELLE, *Pimpinella saxi-*

fraga, Lin., qui a la racine vivace, les feuilles alternes, pinnées, à folioles des inférieures rondes et dentées, à folioles des supérieures presque linéaires, la tige haute d'un pied et les fleurs blanchâtres. Elle se trouve sur les montagnes, le long des chemins, dans les pâturages secs. Elle fleurit à la fin du printemps et souvent en automne. Tous les bestiaux et sur-tout les moutons la mangent avec plaisir. Elle est quelquefois si abondante sur les sols calcaires les plus arides, que je suis surpris qu'on n'ait pas encore cherché à l'utiliser pour en faire des prairies artificielles propres à cette nature de terrain, où il est si difficile de faire croître des productions utiles. Il est vrai que son fourrage est très peu abondant, mais il se reproduit aisément, mais sa racine est vivace, mais enfin on n'a rien de mieux à mettre à sa place. J'ai toujours désiré être à portée de faire des essais à cet égard sur les collines brûlées de la ci-devant Champagne, où un très petit nombre de moutons étiques trouvent à peine à vivre pendant quelques jours du printemps et de l'automne, et où cette plante croît cependant naturellement. Il seroit digne du zèle de la société d'agriculture de Châlons de sacrifier quelque argent à cet important objet, et je lui en soumets la proposition.

On regarde en médecine le boucage à feuilles de pimprenelle comme apéritif, détersif, sudorifique et vulnéraire. On en fait assez fréquemment usage. Ses feuilles, ses graines et sur-tout ses racines ont une odeur et une saveur forte qui n'est pas désagréable. On m'a dit qu'on mangeoit ces dernières dans quelques endroits.

Le BOUCAGE A FEUILLES D'ANGÉLIQUE, *Ægopodium podagraria*, Lin., a la racine vivace, les feuilles inférieures pétiolées, pinnées ou deux fois ternées, celles du sommet simplement ternées, les folioles ovales, grandes et dentées, la tige haute de deux pieds et les fleurs blanchâtres. Il croît dans les bois argileux et humides et couvre quelquefois des espaces très considérables. Tous les bestiaux le mangent quand il est jeune et sa fane est très abondante. Il jouit des mêmes propriétés et a les mêmes qualités que le précédent.

Le BOUCAGE A FRUITS ODORANS, *Pimpinella anisum*, Lin., a la racine annuelle, les feuilles inférieures trifides, la tige haute de deux à trois pieds et les fleurs blanches. Il est originaire d'Afrique. On le cultive dans plusieurs endroits des parties méridionales de la France pour son fruit qui, sous l nom d'ANIS, est très employé dans les arts du médecin, d parfumeur et du confiseur. J'en ai traité au mot ANIS; j' renvoie le lecteur. B.)

BOUCAUT. Moyen tonneau ou vaisseau de bois qui ser à renfermer diverses sortes de marchandises. On se sert éga lement du boucaut pour le vin et autres liqueurs. Quelquefois ce mot est pris pour la chose contenue, et on dit, un boucaut de vin, de girofle, de morue. (R.)

BOUCHON. Il est économe d'avoir de bons bouchons, quoiqu'ils soient un peu plus chers.

La partie du liège qui a été noircie par le feu doit être enlevée. Un bouchon mou et celui qui est aussi gros par un bout que par l'autre ne valent rien. Un bouchon bien fait a dix-huit lignes de hauteur; sa partie inférieure est plus étroite de deux lignes, et doit entrer avec peine dans l'ouverture de la bouteille. Si le bouchon étoit mou, il plieroit et n'entreroit pas comme il faut. Il ne faut pas cependant que les bouchons soient par trop durs, ni que le liège ait les pores trop gros, parcequ'ils entrent mal dans le goulot de la bouteille, et que souvent, après qu'elles sont bouchées, le vin fuit à travers le bouchon.

Il convient de mouiller le bouchon avec du vin; il entre mieux. La méthode de l'imbiber d'eau est défectueuse: car l'eau fait naître des fleurs qui, cependant sans nuire à la qualité du vin, le rendent désagréable à la vue. *Voyez* au mot GOUDRON différentes recettes pour conserver les bouchons.

Les bouchons doivent être conservés dans un lieu sec, car l'humidité leur fait prendre un goût de moisi qu'ils communiquent au vin. (R.)

BOUCHON. La toile sous laquelle la chenille du BOMBICE COMMUN se retire pendant l'hiver porte ce nom dans quelques cantons. (B.)

BOUCHON. HYGIÈNE DES ANIMAUX. Poignée de paille ou de foin qu'on tortille et qu'on emploie pour frotter les chevaux, les mulets, les ânes et les bœufs, lorsqu'ils sont mouillés par la pluie ou par la sueur. Cette opération est très avantageuse à la santé de ces animaux, en ce qu'elle les débarrasse d'une humidité qui pourroit arrêter leur transpiration et leur occasionner de graves maladies, et en ce qu'elle cause sur la peau une irritation qui en ouvre les pores et qui favorise cette transpiration. On ne peut donc trop la recommander aux cultivateurs. (B.)

BOUCLE. Pioche à large fer et à court manche, dont on se sert dans l'est de la France. Elle diffère fort peu de la MARRE.

BOUCLE. Nom du CHANCRE dans quelques cantons.

BOUCLER. On donne ce nom à l'opération par laquelle on ferme, au moyen d'un fil de laiton ou d'un anneau de cuivre, la vulve des jumens pour empêcher les approches du mâle.

Ce moyen est peu employé à cause de ses suites, qui sont presque toujours la mort. Il est bien plus simple, lorsqu'on ne veut pas qu'une jument produise, de veiller sur elle, et de ne pas la laisser sortir de l'écurie pendant qu'elle est en chaleur. (B.)

BOUDRIÈRE. Nom de la CARIE de froment dans quelques cantons.

BOUE. On donne principalement ce nom à la terre délayée dans une certaine quantité d'eau ; mais on l'applique aussi quelquefois aux immondices des villes, parcequ'avec une grande variété de substances animales ou végétales, il s'y trouve beaucoup de boue.

Comme terre très divisée, la boue est toujours un bon amendement. On pourra bien porter de la boue argileuse sur des terres sablonneuses, et des boues sablonneuses sur des terres argileuses ; mais on ne trouve véritablement de l'avantage à utiliser la boue que lorsqu'elle peut servir comme engrais. Ainsi un cultivateur attentif à ses intérêts fera ramasser la boue de la grande route, qui est mêlée des débris du crottin des chevaux, de la fiente des bœufs, etc., qui ont passé dessus, celle des rues de son village, de la cour de sa maison qui est encore plus chargée des mêmes ingrédiens. Il fera plus s'il lui est possible ; il dirigera les eaux pluviales qui lavent ces rues vers une vaste fosse qu'il établira sur sa propriété, et tous les ans il la videra des boues qui s'y seront accumulées. Ces boues seront un excellent engrais, lorsque sur-tout elles auront passé un an exposées à l'air, et qu'elles auront été remuées une ou deux fois dans cet intervalle pour faciliter l'absorption des gaz atmosphériques et par suite la mise en état dissoluble de l'humus qu'elles contiennent.

Les boues des grandes villes, comme Paris, Lyon, etc., outre les substances animales et végétales qui leur sont mêlées, contiennent encore une grande quantité de fer à l'état métallique qui, en se décomposant, dégagent de l'hydrogène sulfuré et phosphoré d'une nature particulière; ce qui est cause de l'odeur infecte qu'elles répandent. Des règlemens de police défendent à Paris d'employer ces boues dans les jardins légumiers (les marais), dans la crainte qu'elles communiquent un mauvais goût, une qualité malfaisante aux légumes. Il n'y a pas de doute pour moi qu'employées fraîches elles ne produisent le premier de ces effets, et l'exemple des cultivateurs et des vignerons des environs qui apportent leurs productions au marché le prouve. J'ai plusieurs fois mangé des pommes de terre, des petits pois, des raves qui en avoient évidemment le goût. J'ai vu le foin d'un trèfle, qui avoit été semé sur un sol très fumé par ce moyen, être refusé par les chevaux et les vaches. Il est généralement reconnu à Argenteuil, à Surène et ailleurs, que le vin des vignes qui ont reçu trop de cet engrais se reconnoît facilement à l'odeur seule, et à plus forte raison à la dégustation. Il n'en est plus de même lorsqu'elles ont passé un an à l'air, et sur-tout qu'elles ont été stratifiées avec de la terre et des substances végétales. La manière dont on les dispose dans les voieries, où on les transporte à grands frais, ne remplit que fort imparfaitement ce but; mais la nécessité de calculer, dans les opérations agricoles, est un obstacle aux améliorations désirables à cet égard. Il est fort remarquable qu'à Paris l'enlèvement des boues est d'une dépense immense; qu'à Lyon il ne coûte presque rien, les habitans des campagnes voisines se chargeant, pour leur utilité, d'en enlever la plus grande partie; et qu'à Genève il est une ferme qui rapporte beaucoup à la commune. Il en est de même dans la plupart des villes de la ci-devant Flandre.

Les boues de Paris passent pour un engrais très chaud, et en effet la grande quantité de substances animales qui s'y trouvent doit fournir prodigieusement de carbone. Il est même quelques unes de ces substances, comme les cheveux, les laines, les cornes, les os spongieux, etc., etc., qui se décomposent avec tant de lenteur, qu'ils agissent encore après dix à douze ans de séjour dans la terre.

Cultivateurs, ne négligez donc pas de ramasser les boues, mais ne les employez que le plus tard possible; et si vous avez des journées d'hommes sans emploi pendant les temps doux de l'hiver, faites-les mélanger avec de la terre et remuer le plus exactement possible!

On donne fréquemment le nom de boue aux currures des rivières, des étangs, des fossés, etc.; mais il est bon de le réserver aux objets dont il vient d'être traité. *Voyez* au mot CURRURE. (B.)

BOUFFER. Les jardiniers appliquent quelquefois ce mot, qui est synonyme de gonfler, aux fruits qui prennent d'un côté une amplitude plus considérable qu'à l'ordinaire. Quelques fruits à noyaux, tels que les abricots, les pêches, les prunes et les cerises, dont l'accroissement de l'amande est plus rapide que celui de la chair, sont principalement sujets à bouffer. (B.)

BOUFFISSURE. MÉDECINE VÉTÉRINAIRE. Symptôme de différentes maladies que les animaux éprouvent; c'est une tuméfaction des tégumens par l'air. Ces symptômes sont dus, ou à des causes extérieures, ou à des causes intérieures.

Des causes extérieures. L'animal peut être bouffi, ou à la suite d'une MORSURE ou PIQURE d'une bête venimeuse (*voyez* ces mots), ou lorsqu'une plaie pénètre dans la cavité de la poitrine; par exemple, par la fracture d'une côte, lorsque l'extrémité de la côte cassée touche la poitrine, ou enfin lorsque pour guérir d'un écart, de la fourbure ou mal de cerf, etc. Les ignorans font une incision à la peau et introduisent dans l'ouverture, au moyen d'un chalumeau, une certaine quantité d'air. Rien de plus vicieux que cette pratique.

Si la côte cassée porte sur le poumon, le plus court est de vendre l'animal au boucher, et si c'est un cheval ou une mule, etc., de les tuer. Le mal est incurable. Dans l'autre cas, il faut se hâter de donner issue à l'air soufflé par des scarifications à la peau, et avec la main de pousser légèrement l'air vers ces issues, de faire aussitôt après baigner l'animal dans l'eau la plus froide, et même d'appliquer de la glace sur les parties les plus tuméfiées.

Des causes intérieures. Elles sont toutes très graves; la *première* marche à la suite d'une dyssenterie longue et opiniâtre. La bouffissure ou tuméfaction se manifeste peu à peu sur le dos et les lombes; et lorsque l'on comprime la partie affectée l'animal éprouve de la douleur; on entend et on sent un petit craquement sous les doigts. Cette tuméfaction est une preuve que la dyssenterie a épuisé les forces de l'animal, que sa substance tend à une décomposition générale, puisque l'air principe s'en dégage, ainsi que des fluides. Il est très rare, dans cette circonstance, de rappeler l'animal à la santé. Dès qu'on s'aperçoit de cette maladie, il faut le séquestrer et le séparer des autres animaux de son espèce, cette dyssenterie étant presque toujours épidémique. La prudence et l'intérêt du propriétaire exigent que le fumier sur lequel étoit l'animal avant sa séparation des autres soit enlevé avec soin, l'écurie bien balayée, les auges, les râteliers, les cordes, en un mot tout ce qui lui a servi soit lavé à plusieurs reprises, frotté, ratissé, enfin, pour la dernière fois, soit lavé avec du vinaigre très fort. Quant à l'animal malade, il est indispensable de l'enterrer dans une fosse profonde, et de le recouvrir de plusieurs pieds de terre. Sans une sévérité très rigoureuse on risqueroit de faire périr tous les bestiaux d'une province. *Voyez* le mot ÉPIZOOTIE.

Le cultivateur qui, après avoir écorché l'animal malade, ira de la même main panser ceux qui restent dans l'écurie, reconnoîtra bientôt le préjudice de son économie par la perte de ses bestiaux. Cette même peau peut encore donner lieu à l'épizootie par-tout où elle sera transportée. C'est par attouchement et non par l'air que le mal se propage. Il en est des maladies des animaux comme de la peste, que des mesures sages et prudentes circonscrivent dans un lieu.

La seconde cause intérieure de la bouffissure vient de la dépravation des humeurs. On la nomme *venin dormant.* Voici comme M. Vitet s'explique dans son excellent ouvrage intitulé : *Medecine veterinaire.* Le défaut d'appétit, la sécheresse de la langue, la tuméfaction du dos et des lombes, le bruit qui se fait entendre lorsqu'on touche la partie tuméfiée, sont les premiers symptômes qu'éprouve l'animal; ensuite il perd entièrement l'appétit, les tégumens se gonflent considérablement, même jusqu'à effacer les creux que l'on voit aux flancs, et à rendre un son, lorsqu'on les frappe, semblable à celui que donne un cuir tendu.

Quelquefois il sort par le fondement des bœufs et des moutons une espèce d'écume accompagnée d'une fréquente déjection ; alors les bouviers donnent le nom de *venin hâté* à cette maladie. La mauvaise qualité de l'air, des plantes, du terrain, particulièrement les grandes chaleurs et le défaut de boisson, passent pour les principes les plus fréquens du *venin hâté*, auquel le bœuf est plus exposé que le cheval.

La première indication à remplir est la diminution du sang par la saignée à la veine jugulaire, plus ou moins réitérée, selon l'âge, le tempérament et l'espèce de sujet, selon la constitution de l'air, la nature du sol et le genre de vie. L'eau qui doit servir de boisson sera animée par des plantes aromatiques, telles que les feuilles d'absinthe, les plantes amères, les fleurs de camomille romaine, etc. Lorsque la langue est sèche, et que les humeurs paroissent tendre vers la putridité, ajoutez à l'eau destinée pour boisson une once de nitre, ou demi-once de crème de tartre, ou simplement du vinaigre, jusqu'à ce que l'eau ait acquis une agréable acidité ; c'est dans les cas où il y a chaleur. Gardez-vous de purger l'animal, de le faire saliver, de lui donner de l'urine pour boisson, de le faire suer dans les orties, c'est-à-dire de le placer dans une fosse, où on le couvre de feuilles, et ensuite de fumier, excepté la tête pour le laisser respirer. Ce remède, quoiqu'avantageux dans une infinité de cas, ne sert qu'à augmenter la dépravation des humeurs. Je n'approuve point le breuvage composé d'une pinte d'eau-de-vie, où l'on aura fait macérer quatre gousses d'ail pour faire suer l'animal ; il échauffe beaucoup, rarement fait suer, malgré les couvertures les plus chaudes. Si l'indication est d'augmenter les forces, les fonctions vitales, et de déterminer la sueur, je préférerois une infusion d'absinthe et de suie de cheminée, chacune à la dose de quatre onces sur trois livres de vin, parceque le vin est moins capable d'exciter l'inflammation des viscères que l'eau-de-vie. (R.)

BOUGE. Terme de tonnelier pour désigner le milieu de la futaille dans sa partie la plus bombée. Les tonneaux espagnols, et après eux ceux de Bordeaux, passent pour être les mieux faits. Par-tout ailleurs ils n'ont pas assez de bouge, quoique cependant ils ne sauroient trop en avoir. Lorsqu'on roule un tonneau bien bougé, ne portant alors que sur quelques points, il est plus facile à rouler ; si, au contraire, il touche la terre sur une surface de deux pieds, la résistance est en raison de cette surface. La bouge renforcée ajoute à la solidité du vaisseau, les douves joignent beaucoup mieux et font plus la voûte. Il faut plus de peine, il est vrai; mais un coup de tourniquet de plus fera l'affaire.

Le vide qui reste entre la surface de la liqueur et le trou du bondon n'est rien. Il est constant que le vin et l'eau-de-vie, occupant moins de place après une fermentation insensible, augmentent le vide; alors si le tonneau de quatre pieds de longueur n'a qu'un pouce de bouge, un demi-pouce de vin de moins laissera un vide de plus de trois pieds de surface sur la longueur, et sa largeur sera proportionnée; mais si le vaisseau a trois pouces de bouge de chaque côté, le vide ne s'étendra pas à un pied. L'évaporation ne se faisant que par les surfaces, plus il y aura de vide, plus l'évaporation sera considérable. *Voyez* Tonneau. (R.)

BOUGRANE. *Voyez* Bugrane.

BOUGRANÉ. On appelle quelquefois ainsi le seigle ergoté.

BOUILLIE. Après le pain, la forme sous laquelle on mange plus communément les farineux, c'est la bouillie. Il y a même des pays qui ne se nourrissent que de ces deux alimens dans des proportions relatives, et leurs habitans ne s'en lassent jamais.

On peut établir comme une règle générale que le grain le plus propre à la boulangerie est celui qui fournira constamment la bouillie la plus lourde et la plus visqueuse; ainsi, le froment, avec lequel on prépare le meilleur pain, donne la bouillie la moins saine; le sarrasin et le maïs au contraire, dont le pain est le plus compacte, fournissent la bouillie la plus délicate.

C'est donc absolument contre le vœu de la nature que l'on s'obstine à vouloir faire subir à tous les farineux indistinctement le même genre de préparation; attachons-nous à chercher celle qui leur convient le mieux; tachons ensuite de la perfectionner. Ainsi, toutes les fois que les farineux n'offriront pas les avantages du pain, qu'ils ne seront ni collans ni visqueux, il faudra préférer de les réduire sous forme de bouillie.

Un moyen de rendre la bouillie de froment moins lourde et plus digestible, c'est de la tenir sur le feu jusqu'à ce qu'elle n'exhale plus l'odeur de colle de farine, d'y ajouter des assaisonnemens, et de la tenir un peu claire; mais il vaudroit mieux renoncer à son usage, sur-tout pour les enfans dont les organes sont si foibles et si délicats, et y substituer celle préparée avec la farine de sarrasin, d'orge, de ris, d'amidon, de pommes de terre, avec tous les farineux en un mot dont l'on ne pourra obtenir que de très mauvais pain.

Mais la bouillie la plus généralement usitée en Europe est celle qu'on prépare avec le maïs; elle porte différens noms.

On l'appelle *pollenta* au midi de l'Europe; *miliasse* et *cruchade* dans nos départemens de l'ouest, et *gaude* dans la ci-devant Franche-Comté et Bourgogne. A la vérité, c'est toujours la farine de ce grain grillée ou non, plus ou moins moulue, délayée et cuite avec de l'eau ou du lait, relevée par différens assaisonnemens, d'où résulte une bouillie plus ou moins épaisse, que l'on mange chaude ou refroidie, grillée ou frite, mélangée ou non.

Pollenta. Elle forme l'aliment de la campagne des différentes contrées de l'Italie, qui en consomment beaucoup. On met de l'eau dans un chaudron, et dès qu'elle bout on prend la farine de maïs qu'on verse peu à peu, et qu'on remue sans discontinuer. Lorsque la totalité est employée, elle ne tarde pas à prendre de la consistance et à adhérer au fond, alors il faut l'agiter dans tous les sens. Quinze à vingt minutes après on verse cette bouillie sur une table couverte d'une nappe, autour de laquelle toute la famille se rassemble pour manger de la pollenta; cette manière simple de la préparer est celle du peuple: on la voit étalée dans les boutiques sur des tables, et on la vend par livre.

Les gens riches ont trouvé le moyen de faire avec la pollenta des mets de luxe et de fantaisie; ils y emploient souvent pour excipient de l'ail, du lait d'amande; et pour assaisonnement du sucre, de l'eau de fleurs d'orange, des écorces de citron et de bigarade. Quand la bouillie est préparée, on la coupe encore par tranches très minces de l'épaisseur de deux lignes; on les étend dans une casserole, en mettant du beurre et du fromage de parmesan à chaque couche, et par dessus du poivre, du girofle et de la cannelle en poudre.

Miliasse ou Cruchade. La préparation de cette bouillie est à peu près la même que celle usitée pour la *pollenta*, avec cette différence qu'elle paroît avoir un peu moins de consistance, que par conséquent il faut la servir dans des assiettes et la manger à la cuillère. La miliasse qu'on a intention de garder est mise dans des corbeilles garnies de toile et saupoudrées de farine; le lendemain on la coupe par tranches plus ou moins épaisses; on les mange ainsi, ou bien on les fait chauffer sur un gril, ce qui leur donne une espèce de croûte et augmente leur saveur.

Gaude. C'est ainsi que dans la ci-devant Bourgogne et Franche-Comté on nomme la bouillie préparée avec le maïs; mais ce grain a toujours passé au four avant d'être converti en farine, et cette torréfaction préalable est un des moyens les plus certains de perfectionner la préparation dont il s'agit. Les gaudes sont en si grand honneur parmi les domestiques, qu'une de leurs conditions, avant de s'engager, c'est qu'on leur donnera des gaudes à déjeûner.

On met dans un chaudron trois livres environ de farine de maïs qu'on délaye peu à peu dans une pinte et demie de lait ; on fait bouillir le tout légèrement pendant une demi-heure, en remuant sans discontinuer, en ajoutant vers la fin une once de sel commun et quelquefois un peu de beurre.

Les gaudes sont devenues également un mets très recherché des riches, et il n'y a point de petites maîtresses qui n'échangent quelquefois leur café à la crème contre la bouillie de maïs. Elle paroît sur les meilleures tables, et, depuis la femme du plus grand ton jusqu'à la ménagère la plus obscure, toutes mangent des gaudes. Les unes, il est vrai, avec un apprêt que la fortune des autres ne leur permet en aucun temps.

Bouillie de sarrasin. On la prépare avec la farine de ce grain obtenue par le moyen d'un moulin à bouquette très connu dans la Belgique et dans la Hollande, qui en sépare complètement le son, avec le lait doux, le lait caillé, ou le cidre. Cette farine donne une nourriture très substantielle, dont se régalent à la campagne et à la ville les personnes même les plus aisées. Elle se mange chaude et froide, frite et grillée, coupée par tranches, mises à la poêle comme le poisson. C'est toujours sous la forme de galette ou de bouillie qu'il faut consommer ce grain, vu qu'il n'a pas été destiné par la nature à être panifié.

Il en est de même du millet et du sorgho, avec lesquels on fait une bouillie fort délicate, et qui ne produiroient que de mauvais pain.

Les farineux qui ne peuvent pas également subir la fermentation panaire exigent d'autres formes : les uns sont mangés entiers comme le ris, l'orge mondé et perlé ; les autres prescrivent une mouture particulière pour être grossièrement divisés : ce sont précisément les gruaux. Nous en parlerons à cet article. (Par.)

BOUILLON. Jardinage. Roger Schabol, qui a introduit dans le jardinage la plupart des dénominations usitées dans la médecine et la chirurgie, appelle ainsi de l'eau de fumier simple, ou celle faite avec du crottin de cheval et de la bouse de vache, avec laquelle il veut qu'on arrose les arbres souffrans pour les fortifier, comme un bouillon de viande fortifie les hommes affoiblis par la maladie.

Ce moyen est quelquefois avantageux, mais il demande à être employé avec prudence, les expériences de Th. de Saussure prouvant qu'il peut devenir dangereux dans un grand nombre de cas. *Voyez* Arrosement. (B.)

BOUILLON. Eau dans laquelle on a fait bouillir de la viande, et qui par conséquent contient de la GÉLATINE, de la GRAISSE, etc. *Voyez* ces mots.

Par suite on a appelé bouillon toute eau chargée de graisse, d'huile, ou de beurre, et de quelque principe des végétaux.

Voyez au mot SOUPE. (B.)

BOUILLON BLANC, *Verbascum*. Genre de plantes de la pentandrie monogynie et de la famille des solanées, qui renferme des espèces tellement remarquables par leur grandeur et quelquefois leur abondance, qu'il n'est personne qui ne désire le connoître, et que je suis d'autant plus fondé à les mentionner, qu'on en fait fréquemment usage en médecine, que l'agriculteur intelligent peut en tirer parti, etc.

On compte une vingtaine d'espèces de bouillons blancs. On les appelle aussi *molène*, *bonhomme*. Les plus communes sont :

Le BOUILLON BLANC OFFICINAL, *Verbascum thapsus*, Lin., qui a la racine pivotante, bisannuelle, la tige droite, cylindrique, presque ligneuse, haute de quatre à cinq pieds ; les feuilles alternes, sessiles, même décurrentes, ovales, aiguës, dentées, blanches, fortement velues des deux côtés, souvent longues de près d'un pied ; les fleurs jaunes, larges de près d'un pouce, disposées en épis, presque toujours simple, à l'extrémité des tiges, et accompagnées de longues bractées lancéolées. Il se trouve dans les champs en friche, autour des maisons, le long des haies, dans tous les endroits où la terre a été remuée. Les sols secs et sablonneux lui conviennent sur-tout beaucoup ; et il s'y voit quelquefois en si grande abondance, qu'il semble qu'on l'a semé exprès. Les bestiaux ne le mangent pas. On regarde toutes ses parties, et sur-tout ses fleurs, comme émollientes, adoucissantes, antispasmodiques, béchiques, vulnéraires et détersives, qualités qu'il est possible qu'il doive au principe narcotique propre à toutes les plantes de sa famille. On en fait un fréquent usage. Il est employé en Carniole, au rapport de Scopoli, contre une maladie de poitrine des bêtes à cornes. Sa racine cuite peut être mangée et servir à nourrir les bestiaux et les volailles. Ses graines servent, dit-on, dans quelques endroits pour enivrer le poisson. Un cultivateur actif ne doit point laisser perdre les pieds de cette plante qui croissent sur sa propriété, sur-tout lorsqu'elle y est en certaine abondance ; car elle est très propre à augmenter la masse de ses fumiers, et à être brûlée pour chauffer le four ou en tirer de la potasse. Le moment le plus avantageux pour la faire couper est celui où elle est à moitié en fleur. Je la regarde comme si digne de considération, que je n'hésite pas à conseiller de la semer exprès dans ces sables arides qu'on est dans l'usage de laisser en jachères plusieurs années de suite, soit pour en tirer parti sous les rapports ci-dessus, soit pour l'enterrer à la charrue au bout de la première année. Ses racines épaisses et charnues, ses feuilles nombreuses et aqueuses, ne pourroient, dans ce dernier cas, que porter un principe fertilisant dans le sol au moins pour deux ou trois ans.

Cette plante a assez d'élégance et de beauté pour faire décoration dans les jardins paysagers, où on la place quelquefois en petits groupes à une certaine distance des massifs. La couleur blanche de toutes ses parties contraste avec le feuillage noir des arbres et arbustes.

Le BOUILLON BLANC LYCHNITE, et le BOUILLON BLANC NOIR, dont le premier a les feuilles ovales, lancéolées, peu velues, et le second les a ovales, pétiolées et encore moins velues, et qui tous deux ont les fleurs blanches, disposées en panicules, croissent exclusivement dans les terrains les plus arides et les plus secs. Ils méritent encore plus, par conséquent, d'être cultivés que le précédent; mais ils viennent moins hauts, et leurs feuilles sont moins grandes. Les abeilles trouvent sur leurs fleurs d'abondantes récoltes.

Le BOUILLON BLANC BLATTAIRE a les feuilles amplexicaules, oblongues, ridées, glabres, et les fleurs jaunes disposées en épis, le plus souvent solitaires à l'extrémité des tiges. Il est bisannuel et croît dans les bois, le long des haies, dans les sols argileux et ombragés. On en fait usage en médecine comme des précédens. Il s'élève souvent à plus de deux pieds, mais ne présente pas une masse végétale aussi considérable; par contre, il est plus svelte dans son ensemble, et peut, par conséquent, convenir mieux, dans quelques cas, pour la décoration des jardins paysagers. (B.)

BOUILLON D'EAU. Jet d'eau, qui s'élève à une très petite hauteur et qui a une certaine largeur. Il imite assez bien une source vive. *Voy*. JET D'EAU. (B.)

BOUILLOT. On done ce nom à la CAMOMILLE PUANTE. *Voyez* ce mot.

BOUILLOTS. Nom qu'on donne aux RUCHES dans quelques parties de la France.

BOUIS. *Voyez* BUIS.

BOUISSEL. C'est dans le département de la Haute-Garonne la trente-deuxième partie d'un arpent *Voyez* MESURE.

BOUJEAU. Ce nom est donné, dans quelques cantons, à l'assemblage de deux bottes de lin placées en sens contraire, afin de tenir moins d'espace au rouissoire.

BOULA. C'est le BOLET ONGULÉ, celui dont on fait l'amadou.

BOULBENNE. Terre blanchâtre semblable à de la cendre dans la sécheresse et à de la bouillie après la pluie. Elle est composée d'une petite quantité d'argile et de beaucoup de fragmens quartzeux de la plus grande ténuité. Sa fertilité est au-dessous du terme moyen dans les années les plus favorables. La grande sécheresse et l'abondance des pluies lui sont également contraires. Ce nom est employé aux environs de Toulouse, dans le département du Gers et autres voisins. (B).

BOULE. Nos pères permettoient rarement aux arbres et arbustes de leurs jardins de développer leurs formes naturelles. Ils croyoient qu'il étoit mieux de les tailler en boule, en cône, en pyramide, etc., etc.

Les arbres en boule se tailloient deux fois par an et toujours le plus près possible du vieux bois. Il en résultoit que ces arbres ne portoient ni fleurs ni fruits, et qu'ils restoient foibles toute leur vie. J'ai vu dans un jardin des tilleuls taillés en boule et qui étoient âgés de soixante ans, n'avoir que trois à quatre pouces de diamètre, tandis que d'autres tilleuls du même âge, qui n'en étoient séparés que par un mur, mais qui, étant plantés dans le parc, avoient été laissés à eux-mêmes, offroient un diamètre de quinze à dix-huit. Les faits de ce genre sont très communs. Ils tiennent à ce que les arbres vivent autant par leurs feuilles que par leurs racines, et qu'en coupant les branches on diminue le nombre des premiers.

Heureusement pour l'honneur du bon goût que la mode des arbres taillés en boule est passée, et que ceux qui se trouvent encore dans les jardins possédés par des personnes âgées sont proscrits d'avance par leurs héritiers. Je ne m'étendrai pas, en conséquence, plus longuement sur ce qui les concerne. Je dois cependant citer un fait rapporté par Tournefort, dans un mémoire sur les maladies des plantes inséré dans ceux de l'académie des sciences, année 1705. « Dans les pays chauds, dit-il, les extrémités des arbres taillés en boule se chargent de tumeurs qui se carient très facilement et donnent lieu petit à petit à la mort de l'arbre. » Je suppose que ces tumeurs sont analogues à celles qu'on remarque assez fréquemment sur les quenouilles de poiriers et de pommiers de nos jardins. (B.)

BOULE DE NEIGE. On donne ce nom à la VIORNE OBIER dégénérée par la culture. *Voyez* OBIER STÉRILE.

BOULEAU, *Betula*. Genre de plantes de la monœcie tétrandrie, et de la famille des amentacées, qui se rapproche beaucoup de celui de l'AUNE (*voyez* ce mot), et qui renferme huit à dix arbres d'un grand intérêt, et dont l'espèce commune principalement est l'un de plus précieux de l'Europe, à raison du grand nombre d'avantages qu'il réunit.

Le BOULEAU COMMUN, *Betula alba*, Lin., s'élève de quarante à cinquante pieds, a le tronc droit, couvert dans sa jeunesse d'une épiderme blanche, et dans sa vieillesse d'une écorce rude et crévassée. Il a les branches nombreuses et blanches, les rameaux très flexibles et grisâtres, les feuilles alternes, pétiolées, deltoïdes, aiguës, inégalement dentées, glabres, et de moins de deux pouces de long sur quinze lignes de large. Ses chatons de fleurs sont solitaires, ou geminés, sur des pédoncules glabres, très courts et axillaires.

C'est principalement dans les terres où les autres arbres ne profitent pas que croît naturellement le bouleau. Tantôt on le trouve dans les sables les plus arides, où tout ce qui végète est brûlé par le soleil, tantôt il semble disputer la possession des marais les plus fangeux à l'aune et au saule. Rarement on le voit dans les bois situés en bon sol, à moins qu'il n'y ait été planté. Il ne refuse pas de croître dans des craies, où il trouve à peine six pouces de terre perméable à ses racines, ni dans les fentes des rochers qui n'ont pas un pouce d'écartement. Il est le dernier arbre qu'on rencontre en avançant vers le pôle et en montant sur le sommet des hautes Alpes; il fait par conséquent l'unique ressource de plusieurs peuples pour le chauffage, la bâtisse, etc. Il est d'un beau vert, d'un beau port, d'une branchure élégante, d'un feuillage agréable; aussi produit-il, même l'hiver, des effets propres à être sentis par les hommes les moins exercés. Une de ses variétés, dont les rameaux sont pendants, a, sur-tout pendant cette saison, des avantages marqués sur tous les autres arbres de pleine terre. Il fleurit au commencement du printemps, avant le développement complet de ses feuilles, et ses graines ne sont mûres qu'à la fin de l'été.

L'épiderme du bouleau ne devient blanc qu'à trois ans et ne se lève qu'à cinq. Il est fort mince, mais très fort. On l'a souvent employé pour écrire avant l'invention du papier, auquel il ressemble beaucoup. Son écorce est épaisse, rougeâtre, solide, presqu'incorruptible, et donne considérablement de chaleur dans son incinération. Les habitans du nord en tirent un grand parti; ils en couvrent leurs maisons, en font des corbeilles, des vases à contenir des liquides, même propres à faire cuire du poisson dans l'eau, des souliers, des cordes, des torches pour s'éclairer. On en obtient, 1° par l'infusion, une couleur rougeâtre propre à teindre des filets et autres articles de cette nature; 2° par la combustion, une huile empyreumatique qui sert à corroyer les cuirs; 3° par la perforation, une eau légèrement acide, agréable au goût, qui se change en vin, en vinaigre, et dont on fait de l'eau-de-vie. Il sera parlé plus bas en détail de ces deux derniers objets. Enfin on la mange et on l'emploie en médecine pour guérir la gravelle. Sa saveur est aromatique et agréable, mais elle est peu nourrissante; et ce n'est qu'à défaut d'autres alimens, ou pour corriger les mauvais effets du régime de poisson pourri auquel ils sont presque exclusivement condamnés, que les Lapons, les Groenlandois, les Kamtchadales et autres peuples de l'extrême nord en font usage. Pour la faire entrer dans leurs mets, ils la réduisent en poudre grossière.

Le bois du bouleau est blanc, tendre, léger. Son grain n'est ni fin ni grossier; il est assez solide. Sec il pèse quarante-huit liv. deux onces cinq gros par pied cube. Lorsqu'il est vert il se travaille aisément; mais quand il est sec il se mâche sous l'outil. Il brûle bien et dure peu au feu. Son charbon, quoique léger, peut s'employer dans les forges et dans les usines. On en fait de la poudre à canon. Ce bois s'emploie au charronnage et à la bâtisse quand on n'en a pas d'autre. On en fait des ustensiles de ménage de toute espèce, tels qu'assiettes, gobelets, et autres, des sabots qui sont passablement bons, mais qui prennent l'eau à la longue. Il est sujet à des loupes dont l'intérieur est marbré, et qui sont plus propres que le bois à cet usage. Les jeunes tiges sont excellentes pour faire des cercles pour les tonneaux et les cuves. Ces derniers surtout, qui sont plus mûrs, si je puis employer ce terme, résistent très long-temps à l'humidité, sur-tout si on leur a laissé leur écorce, comme on le doit toujours. Avec les brindilles de ses branches on fait les meilleurs balais de ménage qu'on connoisse en Europe, et, sous ce rapport seul, quelque petit qu'il paroisse, le bouleau est d'une grande importance.

On fait aussi des paniers et autres ustensiles analogues avec les mêmes brindilles.

Enfin les feuilles de bouleau, qui ont une odeur agréable, sont du goût de tous les bestiaux, soit fraîches, soit sèches; aussi peut-on utilement le cultiver, seulement pour la nourriture des moutons. On en tire une couleur jaune propre à la peinture en détrempe et à la teinture des laines, mais dont l'usage est peu étendu.

Tous ces avantages, je le répète, rendent le bouleau un arbre extrêmement utile pour tous les pays où il croît, et extrêmement précieux pour ceux où il croît exclusivement. Il est vrai que dans ces derniers pays ce n'est plus cet arbre très gros, très élevé, d'une rapide végétation qu'on trouve en France; il est tortu, rabougri, au plus de la grosseur du bras, ne croît que de quelques lignes par siècles; mais enfin c'est toujours un bouleau; et, tel qu'il est, il satisfait au petit nombre de besoins des habitan, il remplit complètement tous les genres de services auxquels il est propre.

J'ai déjà dit que le bouleau produisoit des effets fort agréables dans les jardins, dits anglais, par sa forme, sa couleur, la précocité de son feuillage, etc.; c'est sur-tout quand il est isolé et qu'on le regarde de loin qu'il frappe le plus les amis de la belle nature et les artistes. Souvent je me suis arrêté dans les forêts de Montmorency, de Fontainebleau et autres des environs de Paris, à admirer certains pieds qui marquoient plus que les autres, et dont les brindilles retomboient avec une grace qu'on ne retrouve pas dans le saule de Babylone et autres arbres à rameaux pendans. On le place ordinairement au troisième rang des massifs, mais il est bon d'en planter quelques uns au milieu des gazons, soit isolés, soit en petits groupes. Il fait également bien en buisson, que l'on coupe tous les deux ou trois ans.

On multiplie le bouleau de semence, de marcottes, de rejetons et même de boutures. Quoiqu'il arrive fréquemment qu'il ne réussisse pas, parcequ'on en enterre trop la graine, ou elle est desséchée par le hale.

Lorsqu'on veut faire un semis de bouleau dans un jardin, il faut, au moment même où on vient de la cueillir, répandre la graine sur le sol sans l'enterrer, et la recouvrir de mousse ou de paille. L'exposition du nord doit être choisie de préférence. Les plants peuvent être levés dès l'année suivante pour être repiqués à un pied ou un pied et demi de distance, selon la bonté du sol, ou rester deux ans sur la planche, selon qu'on a du terrain, ou selon la destination qu'on veut leur donner. Ils ne demandent que les soins généraux des pépinières.

Par la raison ci-dessus, lorsqu'on veut faire un semis en grand de bouleau, il faut au préalable donner de l'ombrage au terrain, soit par des plantations d'arbres, soit par des plantations de grandes plantes vivaces. *Voyez* au mot TOPINAMBOUR.

En général, plutôt que de faire un semis qui, je le répète, manque souvent, on fait arracher du plant de deux ou trois ans dans les forêts où il se trouve abondamment; il reprend assez facilement, et lorsqu'il donne des graines susceptibles de garnir le terrain, ce plant est déjà assez fort pour ombrager.

De tous les regarnis d'arbres dans les forêts celui du bouleau est le plus facile. Il suffit de gratter la surface du sol avec un râteau à dents de fer pour déraciner une partie de la mousse qui le couvre, et d'y jeter la graine à la volée pour réussir.

Une plantation de bouleau dans un mauvais sol est toujours une opération très fructueuse pour le propriétaire. On l'effectue soit en faisant des trous pour chaque plant, soit en creusant des rigoles de six à huit pouces de large et d'autant de profondeur, sans labourer la terre. Si le sol est sec l'automne devra être préféré; s'il est humide, le printemps sera plus convenable. Le plant sera espacé de quatre à six pieds, c'est-à-dire plus rapproché dans les mauvais terrains, et plus écarté dans les bons.

Ainsi faite avec des plants de deux ou trois ans, qui n'ont point été étêtés, et dont les racines n'ont point été raccourcies, une plantation de bouleau n'a plus besoin de soins; mais il faut en éloigner les bestiaux avec la plus grande rigueur. Elle peut être coupée à dix ou douze ans, pour faire des cercles, du bois pour chauffer le four, du charbon, alimenter les verreries, etc., Lorsqu'on emploie du plant de quatre à cinq ans ou plus, il est toujours avantageux de la recéper l'année suivante pour donner de la force aux racines et leur faire pousser du nouveau bois; et alors, ou l'année suivante, on coupe tous les jets foibles pour n'en laisser qu'un ou deux, ou on abandonne à la nature le soin de faire mourir ceux qui sont de trop, ce qui n'est pas le plus avantageux.

Le bouleau se coupe généralement entre deux terres, parceque chacune des racines isolées poussant de nouveaux rejets, forme autant de pieds distincts, de sorte que la perte est souvent réparée au décup'e. Il n'en est pas de même des vieux pieds; ils se coupent rez terre, parceque leurs racines meurent toujours, ou ne donnent naissance qu'à de foibles rejets qui ne subsistent pas long-temps.

La végétation du bouleau est très rapide en général, comme je l'ai déjà observé, mais c'est principalement dans la jeunesse que son accélération se remarque le plus. Il est telle cépée qui s'élève de huit à dix pieds la première année. Aussi, dans les mauvais terrains est-il beaucoup plus fructueux de couper ces arbres tous les cinq à six ans pour en faire du fagotage propre à la fabrication des balais, à chauffer le four, à cuire la chaux, etc., que de les laisser venir en taillis, et encore moins en futaie; cependant, dans ce cas même, il faut toujours conserver des baliveaux de réserve pour la reproduction.

Miller dit avoir vu des terrains dont la location n'étoit pas d'un schellin (24 sous) par acre et par an, produire dix à douze livres sterling chaque douzième année (9 à 10 louis). Je n'ai point eu occasion de pouvoir faire des calculs de ce genre; mais j'ai vu des terrains d'une si mauvaise nature rapporter des produits avantageux à leurs propriétaires, parcequ'ils étoient plantés en bouleaux, que je ne puis trop engager à en planter ou à en semer.

Je dois prévenir que les bouleaux épuisent plus rapidement la terre que plusieurs des autres arbres, c'est-à-dir qu'ils viennent mal et meurent jeunes dans les lieux o il y en a depuis un grand nombre d'années, ou lorsqu'ils so trop près les uns des autres; en conséquence il est bon de n pas les planter seuls. Il faut donc les entremêler de saules marceaux, de cerisiers mahaleb et autres arbres qui se plaisent dans les terres analogues à celles qui lui conviennent.

Cet article sur le bouleau commun ne peut pas être mieux terminé que par les notes suivantes que Lasteyrie a eu occasion de prendre pendant son voyage dans le nord de l'Europe.

« Les familles de Lapons nomades que nous avons vues en Norwège, à l'est de Drontheim, construisent leurs cabanes avec les tiges de bouleau; ses branches répandues sur le sol, et recouvertes de peaux de rennes, leur servent de siège durant le jour, et de lit pendant la nuit. Ils emploient indistinctement le sapin ou le bouleau pour faire les vases dans lesquels ils conservent le lait, le beurre, l'eau, ou ceux qui leur servent au tannage des peaux. Ils font encore avec le bois de bouleau des brosses, des gobelets, des cuillers, des assiettes, des coffres et autres meubles à leur usage. Ils enlèvent l'écorce de l'arbre et ils en forment des provisions, soit pour allumer journellement le feu, soit pour faire des ceintures ornées avec des plaques de métal; des souliers, des paniers, des nattes, des cordes et des boîtes, dont ils réunissent les différentes pièces avec du fil d'étain. Tous ces produits du loisir et de la patience sont ordinairement exécutés avec plus d'adresse que de goût.

« L'art que les Lapons possèdent le mieux, et celui qu'ils ont porté à sa perfection, est l'art de tanner les peaux. Comme le chêne et les autres arbres qui nous donnent une écorce propre au tannage ne croissent pas dans le nord, les Lapons emploient l'écorce du bouleau au même usage; ils la coupent par petits morceaux, et ils la mettent dans un chaudron avec de l'eau; lorsqu'ils peuvent avoir du sel ils en ajoutent une poignée par chaque peau de renne qu'ils se proposent de tanner. Après avoir laissé macérer ces substances durant quarante-huit heures, ils les font bouillir pendant une demi-heure, et ils versent une partie de l'infusion qu'ils ont obtenue sur les peaux en les frottant avec force; ils les plongent ensuite dans l'infusion, qui doit être tiède, et ils les laissent dans cet état pendant deux ou trois jours; après quoi ils font tiédir de nouveau la liqueur, et ils y laissent les peaux le même espac de temps. Ils les font ensuite sécher au grand air, ou auprè du feu dans leurs cabanes.

« La peau de renne ainsi préparée a une couleur roussâtre elle est très souple, dure long-temps, et se laisse difficilemen pénétrer par l'eau. Les paysans de la Norwège, qui préparen eux-mêmes le cuir dont ils se servent pour les usages domes tiques, emploient également l'écorce du bouleau pour cett préparation; ils en font aussi une décoction avec laquelle il teignent en brun leurs filets, ce qui leur donne plus de consistance et une plus longue durée.

« Les feuilles et les jeunes branches du bouleau offrent une nourriture abondante aux troupeaux des Lapons ; ceux-ci ne font aucune provision de fourrages pour la mauvaise saison, soit par imprévoyance, ou plutôt à cause que leur vie errante s'oppose à tout soin de ce genre ; tandis que les cultivateurs norwégiens ou suédois ramassent les branches du bouleau pour afourager, pendant l'hiver, leurs vaches et leurs moutons.

« On nourrit aussi la volaille dans quelques parties du nord avec les jeunes feuilles du bouleau ; on les conserve, après les avoir fait sécher dans des fours ou dans des étuves, et on les donne aux poules, aux oies et aux canards, en les mélangeant avec d'autres nourritures. Il nous seroit aussi facile qu'avantageux d'employer au même usage une grande quantité de plantes que nous laissons perdre habituellement.

« Les Finlandais récoltent les feuilles de bouleau pour faire une infusion qu'ils prennent à défaut de thé. Les paysans suédois et norwégiens font des paniers avec ses racines, et des torches avec des bandes d'écorce qu'ils roulent les unes sur les autres ; leurs femmes savent extraire de cette même écorce une substance insoluble dans l'eau, dont elles se servent pour enduire les fentes des pots de terre. Elles toréfient légèrement l'écorce, et elles en obtiennent la substance par la mastication. Cette écorce, presque incorruptible, imperméable à l'eau et même à l'humidité, est employée avec avantage pour différens usages économiques. On s'en sert pour couvrir les maisons dans la Norwège ; et dans le nord de la Suède on forme les toits en planches sur lesquels on pose des écorces de bouleau, qu'on recouvre avec des gazons très épais. Ces toits durent long-temps ; ils rendent les habitations saines et pittoresques.

« Lorsqu'on pose en terre des pièces de bois pour la construction des maisons, ou qu'on enfonce des pieux pour former un enclos, on entoure avec l'écorce du bouleau la partie du bois qui doit rester en terre ; cette enveloppe la garantit de l'humidité, et sert aussi à prolonger la durée de ces sortes de constructions.

« L'écorce de bouleau, mince et flexible, offre aux habitans des campagnes une matière très propre à faire des semelles de souliers ; aussi l'usage en est-il général dans quelques parties de la Suède et de la Norwège. On coud plusieurs plaques d'écorce entre deux semelles de cuir, et l'on a ainsi des souliers moins coûteux, plus chauds et moins sujets à l'humidité que les souliers ordinaires.

« Un voyageur rapporte que certains peuples du nord, et sur-tout les habitans du Kamtschatka, se servent de l'écorce du bouleau comme d'une substance alimentaire. Ces peuples, moins délicats que les nations civilisées de l'Europe, coupent cette écorce en petits morceaux, et ils la mangent après l'avoir mêlée avec des œufs de poissons. L'écorce de sapin triturée, et mêlée avec la farine d'avoine, sert également à apaiser la faim des paysans norwégiens, lorsque la récolte ne peut suffire à leurs besoins journaliers.

« Les habitans des campagnes, en Suède et en Norwège, qui sont industrieux, et qui d'ailleurs peuvent difficilement se procurer les objets nécessaires à leur consommation, exercent dans leurs ménages différentes espèces d'arts. Les femmes emploient l'écorce de bouleau pour donner à la toile une teinte roussâtre, et elles se servent des feuilles pour teindre la laine en jaune.

« Le bois de bouleau qui croît promptement, et qui acquiert une plus grande dureté dans les pays du nord que dans ceux du midi, est propre à plusieurs ouvrages, et s'emploie dans différens arts, tels que ceux du tourneur, du tabletier, du menuisier, du charron et du tonnelier; on en fait toutes sortes d'instrumens aratoires, des cercles de roue d'une seule pièce, des échelles, des balais, et des cerceaux qui résistent mieux à l'humidité que ceux de bois de châtaignier.

« Ce bois est très propre au chauffage, et il est sur-tout employé pour les fours et pour les poêles suédois, où il faut une combustion vive et un brasier durable. Il produit une assez grande quantité de potasse, et son charbon sert à faire une poudre à canon de bonne qualité; enfin, il remplace le chêne dans les pays où ce dernier arbre ne peut croître. Gilibert dit, dans ses *Démonstrations élémentaires de botanique*, que les feuilles du bouleau sont la base de la couleur rouge que donne la garance, et qu'en les faisant bouillir avec l'alun on obtient une pâte couleur de safran. Le même auteur ajoute qu'on retire des chatons une espèce de cire et le noir de fumée utile aux imprimeurs.

« Je terminerai cet article en parlant des usages auxquels on emploie la sève du bouleau. Les Russes s'en servent pour faire la bierre, en place de la liqueur qu'on obtient après avoir fait infuser la drèche dans l'eau chaude; ils y ajoutent du houblon, de la levure, et lui font subir les manipulations qu'on donne ordinairement à la bière.

« On a fait en Suède, avec cette sève, un sirop qui sucre moins que celui de l'érable, mais qui peut cependant remplacer le sucre dans plusieurs usages domestiques. On a obtenu six livres de sirop sur quatre-vingts cannes, ou deux cent quarante bouteilles de sève.

« Les habitans du nord, cherchant à suppléer au vin que la nature leur a refusé, ont appris à composer des liqueurs spiritueuses avec le suc de certaines plantes, de certains fruits indigènes. Ils font, avec la sève du bouleau, un vin blanc et mousseux qui a à peu près le même goût que nos vins de Champagne, et qui est réputé très salubre. On met ordinairement au fond du verre un morceau de sucre, sur lequel on verse la liqueur, afin de produire une plus grande quantité de mousse, ou afin de donner au vin une saveur plus douce et plus agréable.

« On emploie plusieurs méthodes pour obtenir la sève du bouleau. Celle qui est la plus usitée consiste à perforer le tronc de l'arbre à la profondeur d'un ou deux pouces, et un peu obliquement, de bas en haut. Le trou doit être fait à peu de distance du sol et à l'exposition du midi. Un seul trou suffit, quoiqu'on puisse en faire un plus grand nombre ; mais, dans tous les cas, on doit craindre d'épuiser l'arbre par une soustraction trop abondante de la sève. On ajuste dans chaque trou un tube de bois, ou un tuyau de plume, qui sert à conduire la liqueur dans des vases qu'on place au-dessous.

« Quelques personnes coupent l'extrémité des branches de l'arbre, et laissent couler la sève dans des vases destinés à la recevoir. Lorsqu'on a obtenu une quantité suffisante de sève, on bouche les trous avec des chevilles de bois, ou bien l'on enduit l'extrémité des branches avec de la poix.

« Cette opération se pratique toujours au commencement du printemps, et l'on obtient d'autant plus de sève que l'hiver a été plus rigoureux. Les arbres de moyen âge et ceux qui croissent dans les lieux élevés produisent une plus grande quantité de sève. C'est vers l'heure de midi que cette sève coule en plus grande abondance.

« Si l'on veut conserver l'arbre dans toute sa vigueur, et en retirer chaque année une récolte, il faut arrêter l'écoulement lorsqu'on a obtenu cinq ou six bouteilles de liqueur ; une plus grande extraction épuiseroit l'arbre, et pourroit même le faire périr.

« Lorqu'on a rassemblé une assez grande quantité de sève, on en fait du vin avec une addition de sucre, de levure de bière et d'aromate ; on met sur cinquante bouteilles de sève six ou huit livres de cassonade ; on fait bouillir ce mélange à un feu également soutenu, jusqu'à ce qu'il soit réduit aux trois quarts, ayant soin d'enlever l'écume qui se forme à la surface ; on passe la liqueur à travers une flanelle ; on la met dans un tonneau ; on y ajoute, lorsqu'elle est encore tiède, six ou sept bouteilles de vin blanc, et deux cuillérées à bouche de levure de bière ;

on jette dans le tonneau six citrons coupés par tranches, et dont on a ôté les pepins. On peut aromatiser cette liqueur avec de la cannelle, de la muscade, des clous de girofle, etc. Quelques personnes y mettent, au lieu de sucre, du miel ou des raisins secs. On laisse fermenter la liqueur pendant vingt-quatre heures, après quoi on la verse dans un tonneau qui a contenu du vin. Ce tonneau étant bien fermé est déposé dans une cave où on le laisse pendant trois ou quatre semaines; le vin ayant alors fini son travail, on le soutire et on le met dans des bouteilles dont les bouchons doivent être goudronnés.

» Si le règne végétal offre des plantes dont les usages économiques soient d'une importance plus grande que ceux du bouleau, il n'en existe aucune qui puisse lui être comparée par la multitude et la variété de ses usages. »

Pour obtenir l'huile empyreumatique avec laquelle les Russes préparent les cuirs appelés *cuirs de Russie*, et dont on fait un si grand commerce, on brûle très lentement le bouleau, lorsqu'il est en sève, dans des espèces de fourneaux. L'huile ou plutôt la résine qui abonde dans toutes ses parties, et sur-tout dans son écorce, coule avec la partie aqueuse et l'acide pyroligneux, par des conduits ménagés à cet effet, dans des réservoirs pratiqués autour du fourneau. C'est ce mélange dans lequel on met les peaux. L'odeur forte de cette huile se conserve longtemps dans les cuirs qu'on a préparés par son moyen.

Outre le bouleau commun dont il vient d'être question, les botanistes connoissent encore huit autres espèces, dont plusieurs sont des arbres beaucoup plus grands. On cultive dans les jardins de Paris les espèces suivantes :

Le BOULEAU NOIR a les feuilles coriaces, en cœur, rhomboïdales, doublement et largement dentées, au moins longues de trois pouces et larges de deux, légèrement velues sur leur pétiole, et en dessous sur leur nervure; l'écorce de ses rameaux est glabre, noire, ponctuée de blanc. C'est un des plus grands arbres de l'Amérique septentrionale. Son port est fort différent de celui du bouleau commun, ses branches formant un angle aigu avec le tronc, et ses feuilles étant toujours relevées. On le multiplie de semences qu'on reçoit de son pays natal, car je n'en connois aucun pied en France qui en donne. On le multiplie aussi par marcottes et par greffes en écusson à œil dormant, qui réussissent fort bien.

Il existe dans les jardins de Versailles un bouleau à qui la description du bouleau noir, telle qu'elle a été donnée par Linnæus, convient assez, mais qui est une espèce fort différente. Il a les feuilles de moitié plus petites, bien moins aiguës, bien plus velues sur leur pétiole et leurs nervures inférieures,

Le bois des jeunes rameaux est brun, sans taches et très velu. Je l'appellerai BOULEAU BRUN, *Betula fusca*. Ses chatons sont allongés; j'ignore s'il s'élève beaucoup. Il vient d'Amérique.

C'est le bouleau noir qui est principalement connu sous le nom de *bouleau à canot*, parcequ'on emploie son écorce au Canada pour faire les bateaux de ce nom. Cette écorce passe pour incorruptible. On fait un grand usage de son bois dans la construction des maisons, des vaisseaux, etc.

Le BOULEAU LANUGINEUX a les feuilles en cœur allongé, doublement dentées, même presque lobées, velues, ou mieux, lanugineuses en dessus et en dessous, longues de près de trois pouces sur deux de large. Les pétioles et les jeunes rameaux sont encore plus velus que les feuilles. Il est originaire de l'Amérique septentrionale, et n'est cultivé, à ma connoissance, que chez Cels. Ce bouleau paroît devoir être un fort grand et bel arbre fort distinct de tous les autres, et sur-tout du suivant, sous le nom duquel ses graines ont été envoyées.

Le BOULEAU A PAPIER a les feuilles ovales, aiguës, presque également dentées, très légèrement velues sur leurs nervures et leurs pétioles. Son bois est brun et légèrement velu. Il a beaucoup de rapports avec le bouleau commun, et donne comme lui du papier par l'exfoliation de son liber. J'ai un morceau de ce papier de près d'un pied de long sur trois à quatre pouces de large sans aucun trou, qui m'a été donné par Michaux. C'est principalement de lui, dit-on, que les habitans de l'Amérique septentrionale tirent une liqueur bien plus abondante et bien plus sucrée que celle qu'on obtient dans le nord de l'Europe du bouleau commun, qui sert de boisson, soit fraîche, soit fermentée, et qui, par la simple évaporation, fournit un sucre d'assez bonne qualité. J'ai lieu de croire qu'on l'appelle dans quelques cantons de son pays natal *bouleau a canot*, parcequ'on en fait le même usage que du précédent. En effet, c'est un grand arbre dont le bois est propre à une infinité d'usages.

Le BOULEAU A FEUILLES DE PEUPLIER a lés feuilles en cœur, très allongées ou acuminées, doublement et inégalement dentées, longues de plus de trois pouces sur plus de deux de large; leurs pétioles et leurs nervures sont sans poils, mais parsemes de glandes jaunâtres; leur couleur est d'un vert très clair; ses jeunes rameaux sont fauves, avec des tubercules blancs. Il est originaire de l'Amérique septentrionale. Son aspect le rapproche si fort du bouleau commun, qu'il faut être prévenu ou les voir l'un à côté de l'autre pour le distinguer. On doit croire qu'il donne du papier comme le précédent, peut-être même est-il le véritable *bouleau à papier* des Américains, et un des bouleaux à canots. On cultive beaucoup de pieds de ce bouleau dans les pépinières impériales.

Le BOULEAU A FEUILLES DE MERISIER, *Betula lenta*, Lin.; *Betula carpinifolia*, Michaux, a les feuilles en cœur, oblongues, dentées, longues de plus de deux pouces sur un de large; leurs pétioles et leurs nervures sont légèrement velus et pourvus de glandes. C'est un arbre de l'Amérique septentrionale, dont on fait un grand usage pour la charpente et la menuiserie. J'en ai vu de très beaux pieds en Caroline. Lorsqu'on mâche ses jeunes bourgeons, on leur trouve une saveur et une odeur fort agréable, et qu'on ne peut comparer à aucune autre. On m'a dit qu'on en faisoit une très bonne liqueur de table, mais je n'ai pas réussi à imprégner de cette saveur et de cette odeur l'eau-de-vie dans laquelle j'en avois fait infuser des morceaux. Malsherbe dit que cette espèce ne peut se greffer sur le bouleau commun, et cela est facile à croire. Tous les pieds que je connois, et ils sont en grand nombre, viennent de graines.

Le BOULEAU TRÈS ÉLEVÉ a les feuilles ovales, aiguës, dentées; les lobes latéraux des écailles des chatons arrondis; les pétioles pubescens plus courts que les pédoncules. Il parvient à une très grande hauteur dans l'Amérique septentrionale, dont il est originaire. Je n'en ai vu que de jeunes pieds. Ses feuilles sont presque toujours contournées; leur longueur est d'environ trois pouces sur un et demi de large; elles se rapprochent de celles du charme.

Le BOULEAU A FEUILLES DE MARCEAU, *Betula pumila*, Lin., a les feuilles presque ovales, crénelées, pourvues de quelques poils en dessus, très velues en dessous, longues de quinze lignes et larges de dix; leurs pétioles et leurs nervures sont très garnis de poils ainsi que les jeunes rameaux. Il est originaire de l'Amérique septentrionale, s'élève un peu plus que le suivant, et ne se cultive, comme lui, que dans les jardins de botanique.

Le BOULEAU NAIN a les feuilles orbiculaires, crénelées, très glabres, et au plus de six à huit lignes de diamètre. C'est un petit arbrisseau des marais du nord de l'Europe et de l'Amérique septentrionale, qui ne s'élève qu'à quelques pieds, et dont les branches sont toujours couchées. On s'en sert pour brûler. On ne le cultive que dans les jardins de botanique.

Je possède dans mon herbier des échantillons du *betula frutescens* de Pallas, cultivé anciennement dans les jardins de Paris, mais que je crois perdu. Il diffère peu du précédent; ses feuilles sont seulement un peu en cœur et presque entièrement glabres.

J'ai rapporté de Caroline le BOULEAU LANULEUX de Michaux, dont les feuilles sont ovales, deltoïdes, peu aiguës, doublement dentelées, longues de dix-huit lignes sur dix de large; dont les pétioles et les nervures inférieurs sont très velus; ses chatons sont ovales et très velus. C'est un très grand et très bel arbre qui vient dans les endroits humides, et du bois duquel on tire un bon parti. Ses graines n'ont pas levé en France. (B.)

BOULEAU. On donne ce nom à un terrain planté en bouleaux.

BOULECH. Nom de la CAMOMILLE DES CHAMPS aux environs de Toulouse. Cette plante est la peste des moissons dans une partie des départemens méridionaux. (B.)

BOULERAIS. C'est un terrain planté en BOULEAUX.

BOULET. Jointure inférieure, située entre le canon et le paturon. Nous disons qu'un cheval est bien planté quand la face antérieure du boulet se trouve environ deux ou trois doigts plus en arrière que la couronne. S'il avance autant que cette dernière partie, s'il est sur une ligne perpendiculaire au genou et au canon, le cheval est droit sur ses membres, et cette situation défectueuse annonce qu'il est ruiné; dans le cas aussi où le boulet est sur une ligne perpendiculaire à la pince, le cheval est bouté ou bouleté. *Voyez* BOULETÉ. Cette position est si contraire à sa conformation primitive, qu'il est totalement à rejeter. Il en est encore une vicieuse à laquelle on ne sauroit trop faire attention, c'est celle où cette partie se trouve, par une erreur de la nature, rejetée trop en dehors ou trop en dedans; alors le cheval est d'autant plus mal articulé, qu'elle ne répond pas d'une manière juste et positive à la ligne du canon, et l'extrémité dans ce cas perd une grande partie de sa force. S'il est mal tourné, si sa face antérieure est dévoyée intérieurement, le pied suivant cette direction, nous disons que le cheval est cagneux, et panard lorsqu'elle regarde la face extérieure. Ces défauts peuvent encore provenir du genou et du coude. Des boulets menus et petits sont la plupart trop flexibles, et cette flexibilité est un indice presque certain de leur foiblesse. Cette partie ainsi conformée, l'animal communément se lasse et se fatigue dans le plus léger travail; elle est bientôt gorgée; et l'enflure dissipée, il y reste ou il survient des molettes. *Voyez* MOLETTE. Son enflure provient aussi d'un travail excessif; assez fréquemment alors le boulet est couronné, c'est-à-dire qu'on y observe une tumeur qui l'environne; elle provient encore d'un repos trop long, d'une infinité d'autres causes, telles que d'une LUXATION, d'une ENTORSE, d'une CONTUSION. *Voyez* ces mots. Tout cheval foible des reins, dont les membres sont peu proportionnés, qui est mal planté, serré, cagneux, panard, se coupe et s'entre-taille. La lassitude, la paresse, le défaut d'habitude de cheminer, une vieille ou mauvaise ferrure, des rivets qui débordent, la froideur de l'allure, sont encore autant de points à observer dans l'animal auquel on peut reprocher ce défaut. Le cheval qui s'entre-taille s'atteint toujours au même endroit; de là la chute du poil et l'atteinte. *Voyez* Atteinte. Celui qui s'attrape, se frappe au contraire en différens lieux, et la partie atteinte n'étant pas toujours la même, il n'y a aucune impression apparente du coup; selon l'endroit où il a porté, l'animal boite dès le premier pas qu'il fait, et la claudication cesse après qu'il en a fait quelques autres. Quand il est las, il bronche en s'attrapant; il tombe même s'il chemine avec vitesse ou s'il galope. Ce défaut, qui est une preuve d'une foiblesse naturelle, et qui provient d'une mauvaise action des jambes qui se croisent sans cesse, doit faire rejeter un cheval, parceque ce vice tient à sa constitution, et qu'il est irréparable. (R.)

BOULETÉ. Nous entendons par cheval bouleté celui dont le tendon fléchisseur du boulet a souffert et s'est retiré, et quelquefois celui dont le tendon extenseur du pied s'est relâché.

Cette maladie arrive aux chevaux de tirage et de labour à la suite d'un travail forcé, mais principalement de la ferrure. Un cheval, par exemple, auquel on aura mis des fers longs à fortes éponges, et dont on aura paré la fourchette, y est très exposé, parceque le tendon fléchisseur de l'os du pied étant toujours obligé de toucher à terre, d'être tendu, est nécessairement obligé à tenir le paturon droit sur l'os coronaire, et successivement, avec le temps, de porter la partie supérieure de cet os en avant.

Il est possible de remédier à ce mal dans le commencement par la ferrure qui convient au cheval bouleté ou qui se boulette. *Voyez* Ferrure. (R.)

BOULIN. On appelle ainsi dans quelques cantons les trous qu'on pratique dans les colombiers pour que les pigeons y pondent et y élèvent leurs petits.

BOULINGRIN. Mot emprunté de l'anglais et francisé, pour désigner un terrain semé avec de l'herbe fine très serrée que l'on coupe plusieurs fois dans l'année, et sur laquelle on fait aussitôt après passer un rouleau de pierre afin de tenir le terrain aplati, et même quelquefois sur l'herbe; en un mot, tout tapis vert forme le boulingrin, sur-tout s'il est arrondi, pour répondre à la signification du mot anglais composé de deux mots; savoir, de *bowling*, qui veut dire *rond*, et *green*, qui signifie *pré*, *verdure*. En France, le mot boulingrin a une signification différente: on nomme ainsi certains renfoncemens et glacis couverts de gazon. La forme de ces renfoncemens et des glacis qui les accompagnent varie suivant la main qui les trace. Souvent la superficie de ces renfoncemens est coupée par de petits sentiers sablés de différentes couleurs, et forment des compartimens. Ce genre de décoration suppose un pays où les chaleurs sont peu fortes, les pluies ou l'humidité assez abondantes, et il est presque impossible d'en former dans les provinces méridionales du royaume.

Les boulingrins sont simples ou composés. Les simples sont en gazons; les composés sont garnis de sentiers, de plates-bandes, et les plates-bandes enrichies de fleurs, d'arbustes. Leur véritable place est dans les bosquets, au milieu d'une forêt, dans un parc, près des parterres, ou mêlés avec le parterre; alors l'émail des fleurs contraste à merveille avec leur agréable verdure. (R.)

BOUQUET. Petite branche chargée de fleurs ou de fruits, ou réunion artificielle de plusieurs fleurs.

Il fut un temps où on coupoit les fleurs aussitôt leur épanouissement pour les porter sur soi, ou les mettre dans des vases pleins d'eau; ainsi elles se fanoient et se desséchoient en peu de minutes, en peu d'heures, en peu de jours, et ne remplissoient qu'instantanément le but qui les faisoit cultiver.

Aujourd'hui cet usage est beaucoup tombé de mode. Les hommes ne portent plus de bouquets, et les belles fort rarement. On préfère avoir dans son appartement des plantes en pots, qui y restent pendant toute la durée de leur floraison, à des fleurs coupées et tenues dans l'eau, qu'on est obligé de changer presque tous les jours, et qui y perdent la plus grande partie de leur aspect et de leur odeur agréable. Grace soit rendue à la mode, puisqu'elle est dans cette circonstance conforme à la raison.

Je ne prétends pas cependant blâmer ceux, encore moins celles qui cueillent des fleurs pour jouir de leur odeur ou de leur beauté hors du lieu où elles végétoient, car je me condamnerois moi-même. L'excès seul est un mal dans ce cas comme dans tant d'autres. (B.)

BOUQUET ou NOIR MUSEAU. Médecine vétérinaire. Cette maladie reçoit un nom très différent dans chaque province. Ici elle est connue sous la dénomination de *bouquin*, de *biquet*, de *barbouquet*, de *faux museau*, de *charbon*, de *faux nez*, de *poëre* : là, sous celle de *verveine*, de *feu sacré*, etc. C'est une espèce de gale qui affecte ordinairement le museau des brebis, et qui s'étend quelquefois jusqu'aux tempes, au-dessous de l'oreille. Quand cette maladie est récente, elle se guérit en frottant seulement une fois par jour la partie affectée par un onguent de soufre et d'huile d'olive; si au contraire elle est invétérée, elle est plus difficile et plus rebelle au traitement; il faut pour lors frotter l'endroit affecté avec un mélange de parties égales de chenevis, de soufre, d'ellébore noir et d'euphorbe.

Ce mal survient aussi aux lèvres et quelquefois dans l'intérieur de la bouche des agneaux et des chevreaux. Ils n'en sont attaqués que lorsqu'on leur a laissé brouter l'herbe toute couverte de rosée. Cette maladie est mortelle pour ceux qui tètent. On y remédie en pilant ensemble de l'hyssope ou toute autre plante aromatique et du sel, et en frottant de ce mélange la partie, qu'on lave ensuite avec du vinaigre.

Cette maladie se communique. Les bêtes qui en sont attaquées sentent continuellement une vive démangeaison qui les oblige à se frotter contre les râteliers, et les impregnent de l'humeur qui les dévore. Le reste du troupeau, cherchant à manger au ratelier, touche de ses lèvres le virus qui le couvre; il s'attache à sa peau et s'y insinue peu à peu, de manière que quelques jours après le troupeau est infecté. Dès qu'on s'aperçoit de la maladie, il faut sur-le-champ saigner l'animal malade, et interdire toute communication.

Le berger qui a pansé l'animal devroit, avant de rentrer dans la bergerie, se laver les mains avec de l'eau, et ensuite avec du vinaigre; et il seroit plus prudent encore de confier le pansement de l'animal à un valet de la ferme qui n'auroit aucun rapport avec le troupeau. (R.)

BOUQUET PARFAIT. C'est l'œillet de poëte. *V.* Œillet.

BOUQUETIN. *Voyez* Bouc.

BOUQUETTE. C'est le sarrasin dans les parties septentrionales de la France. *Voyez* Sarrasin.

BOUQUIN. Vieux bouc et vieux lièvre. *Voyez* Chèvre et Lièvre.

BOURACHE. *Voyez* Bourrache.

BOURBILLON. Flocon fibreux qui se forme dans les javarts, les furoncles, les clous, etc., et qu'on a pris souvent pour un animal. *Voyez* Javart. (B.)

BOURBONAISE. Variété double et rouge de la lychnide dioique.

BOURDAINE. *Voyez* Bourgène.

BOURDELAIS. Variété de raisin. *Voyez* Vigne.

BOURDIN. Pêche.

BOURDON, *Bombus*. On donne vulgairement ce nom à des insectes de l'ordre des hyménoptères, que Linnæus avoit confondus avec les abeilles, mais que Latreille en a séparés pour en faire un genre particulier, auquel il a conservé la même dénomination.

On l'applique également, dans les ouvrages d'agriculture, aux mâles des abeilles domestiques, parcequ'ils sont plus gros et font plus de bruit en volant que les ouvrières.

Je ne parlerai ici des bourdons proprement dits que parcequ'ils sont généralement connus dans les campagnes, et que pour rappeler (*voyez* au mot Abeille) que presque tous les insectes de cette famille, nommée famille des apiaires par le savant précité, rendoient de grands services à l'agriculture, en facilitant la fécondation des plantes par leur perpétuelle affluence sur les fleurs ; car, quoique presque tous fassent de la cire et du miel, leurs sociétés sont trop peu nombreuses et leurs retraites trop difficiles à découvrir, pour pouvoir être de quelque utilité.

Ces insectes offrent trois sortes d'individus dans leurs sociétés, comme les abeilles domestiques ; savoir, des mâles plus petits et sans aiguillons, des femelles très grosses et des mulets moyens ; mais il y a quelques différences dans leur manière d'être respective. Ici la société est peu nombreuse, composée, dans la mieux partagée à cet égard, de cent ou deux cents individus, et souvent de moins d'une douzaine ; et elle est dissoute par l'hiver, c'est-à-dire que les femelles seules survivent à cette saison pour pouvoir propager l'espèce l'année suivante. Pour cela il a fallu que cette femelle fût fécondée avant la mort des mâles, et que les mâles et les femelles ne fussent créés qu'à la fin de l'automne pour avoir moins de chances de destruction à craindre. Voilà comme les choses se passent.

Les femelles abandonnent le nid où elles ont pris naissance, ou mieux, n'y retournent plus dès qu'elles en sont sorties pour se faire féconder (car cette opération se passe dans l'air, ainsi que je l'ai plusieurs fois observé), et se cachent pendant les froids dans les trous de mur, dans les fentes des arbres et autres lieux où elles sont à l'abri de la pluie et des vents. Elles ne mangent point alors ; mais dès que la température est un peu douce, que le soleil se montre, elles sortent pour aller butiner sur les fleurs de la saison, et commencent à fabriquer un nid, à construire des alvéoles ovales, semblables à un dé à coudre, et irrégulièrement placées à côté les unes des autres, où elles pondent successivement des œufs de mulet de grande et petite taille, dont elles nourrissent les larves jusqu'à ce que la naissance de ces mulets lui donne des aides et les dispense enfin de ce soin. C'est pourquoi au printemps on ne trouve que des femelles dans les campagnes, et qu'en été on ne voit que des mulets. A la fin de l'été la mère bourdon cesse sa ponte d'ouvrières qu'elle remplace par des œufs de mâle, et les ouvrières fabriquent de grandes alvéoles où elle ne tarde pas à pondre des œufs de femelles. Les époques de ces opérations varient selon le climat ou selon la chaleur circonstancielle de la saison. Ce qu'on a vu dans l'histoire des abeilles domestiques s'applique ici avec assez d'exactitude pour qu'il soit superflu de le répéter.

Les espèces de bourdons les plus communes sont :

Le BOURDON TERRESTRE qui est noir, avec une bande jaune transversale sur le corselet et sur la partie antérieure du ventre, et qui a l'extrémité du ventre blanc. La femelle a quelquefois un pouce de long. Il fait son nid sur la terre et le recouvre de mousse. Réaumur a donné son histoire dans le sixième volume de ses mémoires. On voit rarement plus de cinquante à soixante de ces nids ensemble. Les faucheurs, qui en trouvent fréquemment, savent qu'il y a toujours quelques alvéoles pleines de miel, et ne manquent pas d'en faire leur profit. Les enfans tuent fréquemment cette espèce pour avoir la vésicule de miel qui est dans son ventre, vésicule qui quand elle est pleine a près de deux lignes de diamètre.

Le BOURDON CAVOSEUX a le corselet jaune, avec une bande transversale noire, et le ventre noir avec la partie antérieure jaune et l'extrémité blanche. Il vit dans la terre et les trous des murs et des rochers. On le trouve rarement aux environs de Paris, mais très fréquemment dans les parties méridionales de la France. Il diffère fort peu du BOURDON RUDERATE de Fab.; mais si l'insecte que j'ai sous ce dernier nom est lui, il forme certainement une espèce distincte, quoique encore inconnue des naturalistes. La longueur du mulet, seule sorte que je possède, est de six à sept lignes.

Cette espèce offre des sociétés plus nombreuses qu'aucune des autres que je connoisse. Elles sont quelquefois de plus de deux cents, et font des provisions de miel que j'ai trouvées équivaloir à un gobelet de moyenne taille, et être d'une saveur particulière, mais agréable. Plusieurs fois j'ai démoli, dans ma jeunesse, des portions de mur pour le récolter. Elle pourroit suppléer en partie l'abeille domestique; mais comme, ainsi que chez les autres bourdons, il n'y a que les femelles qui se conservent l'hiver, il est presque impossible de les rendre domestiques.

Le BOURDON DES PIERRES, qui est noir, avec l'extrémité du ventre fauve. Il fait son nid sous les pierres.

Le BOURDON DES MOUSSES, qui est fauve, avec le ventre moins coloré. Il fait son nid dans la mousse. (B.)

BOURDON MUSQUÉ. Variété de poire.

BOURDON DE SAINT-JACQUES. *Voyez* ALCÉE.

BOUREGS. C'est la même chose qu'un ANTENOIS. *Voyez* BREBIS.

BOURET. Bœuf à poil rouge et assez blanc, qu'on préfère dans le département des Deux-Sèvres.

BOURGÈNE, Arbuste du genre des NERPRUNS, qui croît fréquemment dans les lieux humides et dont le bois fournit le charbon le plus léger de tous les bois indigènes. On l'appelle aussi BOURDAINE et AUNE NOIR, *Rhamnus frangula*, Lin. *Voyez* au mot NERPRUN.

Le tronc de la bourgène a quelquefois huit à dix pieds de haut et la grosseur du bras. Son écorce est brune et unie; ses rameaux alternes, grèles et peu nombreux; ses feuilles sont alternes, pétiolées, ovales, aiguës, dentées, glabres, longues de deux pouces sur un de large ; ses fleurs petites, verdâtres, naissent solitaires, ou deux ou trois ensemble, de l'aisselle des feuilles supérieures, et s'épanouissent à la fin du printemps ; ses fruits sont des baies d'abord vertes, ensuite rouges et enfin noires, d'environ deux lignes de diamètre.

L'écorce inférieure de la bourgène est jaune, un peu gluante, d'une odeur désagréable et d'une saveur amère. Fraîche, elle est détersive et émétique. Desséchée, elle est apéritive et purgative. Dans les deux cas son emploi est dangereux et doit être guidé par des mains exercées. On en obtient, par la décoction, une mauvaise couleur jaune. Avec son fruit, qui partage les propriétés de l'écorce, on fait un *vert de vessie*, mais il est moins bon que celui fabriqué avec les baies des *nerpruns cathartiques* et *puans*, et en conséquence on l'emploie peu.

La bourgène a le bois blanc, tendre et cassant. Il ne sert guère qu'à brûler. Son charbon, comme je l'ai déjà dit, est le plus léger des indigènes, aussi est-ce lui qu'on préfère pour la fabrication de la poudre à canon ; ce qui fait qu'on la met souvent en réquisition pour le service du gouvernement.

La fabrication de ce charbon diffère de la manière commune. On creuse une fosse de six pieds de profondeur sur autant de longueur, au fond de laquelle on allume quelques fagots, et lorsqu'ils sont bien allumés on y jette successivement la bourgène coupée en bâtons de trois à quatre pieds de long. Il faut ordinairement trente-six heures pour remplir la fosse de charbon, et pendant ce temps on ne doit pas discontinuer un instant de la charger. Lorsque la bourgène est sèche, il faut moins de temps, mais il y a plus de perte. En général on l'emploie à demi sèche. La fosse pleine, on la recouvre exactement de gazons ou simplement de terre, et deux ou trois jours après on enlève le charbon. J'observe de plus que lorsque le charbon a été mouillé il perd beaucoup de sa qualité ; qu'en conséquence il faut d'autant plus le charger de couverture que le temps est plus disposé à la pluie. Dans les manufactures de poudre cette opération se fait toujours à l'abri, dans des fosses revêtues de briques, et on ne perd rien ; mais les frais de transport obligent souvent de la faire sur le lieu même, et alors il faut abandonner ce qui est sali par la terre et ce qui est réduit en poussière. Il y a, ainsi que je l'ai observé, près d'un tiers de perte. Cent livres de bois ne fournissent que douze livres de charbon dans la meilleure fabrication.

La bourgène étant peu garnie de branches et de feuilles produit peu d'effets dans les jardins d'agrément, en conséquence on l'y emploie rarement ; cependant comme elle a l'avantage de croître à l'ombre des autres arbres, et qu'elle aime les terrains humides, il est quelquefois utile d'y en placer. On la multiplie ordinairement de graines, qu'on sème, à leur chute de l'arbre, dans un endroit frais et dans une terre légère. Souvent, malgré ces précautions, elle ne lève que la seconde année. Le plant se repique à sa seconde année et n'est propre à être mis en place qu'à sa quatrième ou cinquième. On peut aussi la reproduire de marcottes, et, dit-on, de boutures, mais on emploie rarement ces moyens.

J'ai vu la bourgène plus ou moins abondante dans les bois, sur-tout dans les montagnes des parties moyennes de la France; mais je ne l'ai jamais vue y dominer, et encore moins par conséquent former seule un bois. Elle est réputée *mort bois* dans l'administration forestière, et est abandonnée aux usagers dans les pays où elle n'est pas employée par le gouvernement. Le feu qu'elle donne a peu de chaleur et de durée.

La bourgène des Alpes est un arbuste de cinq à six pieds de haut et peu branchu, dont les feuilles sont alternes, pétiolées, ovales, dentées, glabres, coriaces, et les fleurs petites, ramassées en bouquets dans les aisselles des feuilles supérieures. Elle croît sur les montagnes élevées de l'Europe. Les touffes d'un beau vert et bien garnies qu'elle forme la rendent très propre à orner les jardins paysagers, où elle se place sur le second rang des massifs. Toute terre lui convient pourvu qu'elle ne soit pas marécageuse.

La Bourgène de Bourgogne a les feuilles plus grandes, plus rondes, plus plissées que celles de la précédente. Elle croît sur les montagnes des environs de Dijon. On la cultive dans les pépinières.

La bourgène naine, *Rhamnus pumilus*, Lin., s'élève de deux à trois pieds, est très rameuse, ses feuilles sont alternes, pétiolées, ovales, dentées, un peu velues; ses fleurs verdâtres et ses fruits noirs. Elle croît sur les montagnes élevées de l'Europe. Son aspect est moins beau que celui de la précédente, aussi la voit-on rarement dans les jardins.

La bourgène glanduleuse s'élève à six ou huit pieds, a les feuilles alternes, pétiolées, ovales, obtusément dentées, glabres, luisantes, d'un vert foncé, avec deux glandes à leur base. Elle est originaire des Canaries et se cultive dans les jardins des environs de Paris, sous le nom de *bourgène toujours verte*, parcequ'elle conserve ses feuilles la plus grande partie de l'hiver. C'est un très agréable arbuste qui mérite d'être recherché pour l'ornement des jardins paysagers, où il se place au second rang des massifs, ou isolé au milieu des gazons. Toute terre paroît lui convenir, mais il profite davantage dans celle qui est substantielle et fraîche sans être humide. Il ne craint point les hivers ordinaires du climat de Paris. On le multiplie très facilement de marcottes qui prennent racines en peu de mois, et qui sont dans le cas d'être transplantées à demeure dès l'hiver suivant. Si, comme je le présume, les bestiaux mangent ses feuilles, il augmentera le nombre des arbustes utiles à multiplier dans les mauvaises terres pour servir en même temps de fourrage et de chauffage, car il en fournit immensément, et il croît avec une grande rapidité. Tous les pieds que j'ai vus étoient mâles, quoique Aiton dise qu'il est hermaphrodite; cependant il est très probable que l'espèce dont il est ici question est la sienne. (B.)

BOURGEON. Bien des auteurs, voulant désigner ces petits corps que l'on remarque entre la branche et le pédicule des feuilles, emploient indifféremment ces trois mots *œil*, *bouton* et *bourgeon*. De là naît une espèce de confusion qui nous rend incertains sur ce qu'ils veulent dire. Pour éviter ce reproche, nous y mettrons cette distinction que la nature a si bien su leur donner.

L'*œil* est ce petit filet verdâtre, pointu, et qui n'est, pour ainsi dire, que le germe du bouton. *Voyez* le mot Œil.

Le *bouton* est ce même germe développé, porté déjà sur une tige ligneuse, encore tendre, et qui, par sa forme, annonce si l'on peut fonder sur lui ses espérances. *Voyez* Bouton.

Le *bourgeon* enfin est ce même bouton beaucoup plus développé, plus avancé, dont la tige a acquis de l'accroissement tant en grosseur qu'en longueur. C'est une jeune pousse, une branche naissante non encore ligneuse; en un mot, c'est la pousse d'une année qui a eu pour mère une branche, pour père un bouton, et pour nourrice une feuille.

Trois saisons bien distinctes sont l'espace de temps que la nature a prescrit pour le passage de l'œil à son entier développement dans son état de bourgeon. La fin du printemps ou le commencement de l'été voient naître l'œil; il croît, acquiert de la force, et devient *bouton* vers le solstice; il se fortifie de plus en plus, se nourrit dans l'automne, où l'on peut déjà y distinguer les rudimens des feuilles et les germes des fleurs. Enfin, vers la fin de l'hiver, au retour du printemps, lorsque la chaleur *vernale* développe tout, le bouton grandit et devient *bourgeon*. Le froid resserre les pores du bourgeon, le fait changer de couleur; et lorsque le bois en est trop tendre, à l'approche des gelées, toute la partie encore imparfaite périt. Après l'hiver, lorsque la végétation prend de la force, on observe, sur la majeure partie des arbres, que l'écorce prend une couleur différente de celle qu'elle avoit eue jusqu'alors, par exemple, sur l'ormeau le bourgeon rougit, sa couleur est vive, ardente; sur le saule, elle devient verte, etc., etc. Mais dès que cette seconde année est passée, l'écorce acquiert une couleur semblable à celle du reste de l'arbre.

D'après cette distinction exacte, nous renvoyons au mot BOUTON tous les détails qui le concernent; nous nous contenterons d'exposer, d'après Grew, comment les bourgeons se forment et croissent. *Voyez* ACCROISSEMENT. Grew attribue l'accroissement de la tige aux parties du suc les plus grossières, poussées du centre à la circonférence par un mouvement *latéral*, en même temps qu'elles s'élèvent jusqu'en haut par un mouvement perpendiculaire. Les parties les plus légères et les plus volatiles servent à produire les bourgeons. La force du mouvement, qui les porte du centre à la circonférence, se communique aussi aux fibres du corps ligneux qui sont mêlées avec la moelle : ces fibres sont ainsi emportées avec elle; et comme le corps ligneux n'est pas également serré par-tout, elles passent à travers les endroits les moins serrés; non seulement elles forment alors dans la circonférence du corps ligneux ces cercles nouveaux qui le font grossir, mais, s'avançant quelquefois encore au-delà, elles poussent le parenchyme de l'écorce, lui font prendre le même mouvement et obligent la peau de le suivre aussi; et c'est de cette manière que les bourgeons se forment. C'est par un mouvement semblable qu'ils croissent et acquièrent de la grandeur.

Cette explication peut bien suffire pour la formation et l'accroissement de la partie ligneuse du bourgeon; mais pour celle des feuilles et des fleurs qu'il renferme, c'est un secret de la nature que l'on a tenté plusieurs fois de découvrir; mais les solutions que l'on a données sont peut-être bien éloignées de la vérité. Nous renvoyons au mot GERME le détail de nos connoissances sur cet objet. Il faut distinguer un second ordre de bourgeons, et appeler faux-bourgeon celui qui ne sert pas directement au bouton, mais qui perce de l'écorce; il est toujours maigre, poreux et n'est point assez élaboré pour donner un bon bourgeon. On doit les supprimer à la taille, à moins que la nécessité n'oblige de les conserver pour garnir un vide.

Pour mieux s'entendre et avoir des idées claires, le mot bourgeon est ordinairement accompagné d'une épithète, qui désigne la manière dont il est placé sur la branche. Ainsi on l'appelle *bourgeon vertical* ou *bourgeon direct*, lorsqu'il est perpendiculaire à la branche, et cette espèce de bourgeon fait ce qu'on nomme *gourmand*, *bois gourmand*, qui emporte l'arbre, absorbe une si grande quantité de sève qu'il appauvrit et exténue les autres branches. Il est absolument nécessaire de ne pas les conserver; les cas d'exceptions sont infiniment rares. Les *bourgeons latéraux* sont ceux qui croissent de droite et de gauche et qui demandent à être conservés. Il y a encore les *bourgeons antérieurs* et *postérieurs*. Les uns et les autres doivent être abattus.

Dès que les bourgeons commencent à prendre une certaine consistance, ils demandent à être palissés. Le grand point est de conserver leur direction naturelle, de ne les point forcer, de ne les point couder, ou courber, et de les disposer sur les places vides, en conservant entre eux un espace proportionné. Au mot PALISSAGE on trouvera tout ce qui concerne cette opération. Pour éviter toute confusion, il faut se souvenir que la jeune tige sortie du bouton, se nomme *bourgeon ;* que si elle part du bas de la tige, elle est appelée *surgeon*, et *drageon* si elle s'élève des racines. (R.)

On accélère la maturité (*lignification*) des bourgeons en arrêtant leur croissance en longueur, c'est-à-dire en cassant ou coupant leur extrémité. Cette opération est fréquemment employée dans les pépinières lorsqu'on a besoin de greffes ou de boutures d'une telle espèce d'arbre avant l'époque indiquée par la nature pour cette espèce. *Voyez* aux mots AOUTER, GREFFE et BOUTURE.

De même dans les plantes à racines ou simplement à tiges annuelles, dans les arbres qui portent leurs fruits sur les bourgeons, comme la VIGNE (*voyez* ce mot), on augmente la quantité des fruits, leur grosseur, et on accélère leur maturité en coupant l'extrémité des bourgeons. *Voyez* PINCEMENT, EBOURGEONNEMENT, ARRÊTER, POIS, FÈVE et MELON. (B.)

BOURGOGNE. Nom vulgaire du SAINFOIN dans quelques départemens. (B.)

BOURGUINOTE. Nom qu'on donne en Bourgogne, en Beaujolais, et dans quelques provinces voisines, aux barriques qui renferment le vin. Elles sont garnies de neuf cerceaux, ou cercles, de chaque côté, c'est-à-dire trois vers le bondon, trois vers l'extrémité, et trois dans le milieu. Leur défaut est de ne pas avoir assez de BOUGE (*voyez* ce mot), d'être d'un bois trop mince, et d'être cerclées très légèrement. (R.)

BOURLET. *Voyez* BOURRELET. (B.)

BOURNAI. Nom de la ruche dans le département des Deux-Sèvres. (B.)

BOURRACHE, *Borago*. Genre de plantes de la pentandrie monogynie et de la famille des borraginées, qui renferme sept à huit espèces annuelles ou vivaces, dont une est indispensable à connoître à cause du grand usage qu'on en fait en médecine.

La BOURRACHE COMMUNE, *borago officinalis*, Lin., est originaire de l'orient, et s'est naturalisée depuis long temps dans nos jardins. Sa racine est annuelle, pivotante et pourvue de fort peu de fibrilles; sa tige est cylindrique, fistuleuse, velue, branchue, haute de deux pieds; ses feuilles sont alternes, ovales, oblongues, velues, ridées, et rudes au toucher. Les inférieures sont pétiolées; ses fleurs sont bleues, quelquefois rouges ou blanches, et disposées en corymbes à l'extrémité des tiges, et des rameaux sur des pédoncules recourbés. Elles sont larges de plus d'un pouce et se développent pendant presque toute l'année.

Dans les parties méridionales de l'Europe, en Turquie et sur la côte d'Afrique, on mange la bourrache comme les épinards, et on la met dans les potages comme le chou. En France on n'emploie que ses fleurs en aliment, et est-ce encore comme ornement. On les met sur la salade avec celles de la capucine, et leurs couleurs, qui tranchent sur le vert des feuilles de laitue, produisent un effet agréable. Les Anglais, dit Miller, la pilent et en tirent une boisson rafraîchissante dont ils font usage dans les chaleurs de l'été.

L'usage le plus général de la bourrache est, comme je l'ai déjà dit, pour la médecine. Toutes ses parties sont visqueuses, fades et passent pour être éminemment rafraichissantes, diurétiques, expectorantes et béchiques. On l'emploie en conséquence dans les pleurésies, les inflammations des viscères. On en prépare un sirop, une conserve, etc. Cependant ces propriétés sont contestées, et les bons praticiens ne l'ordonnent plus que lorsqu'il est utile de faire croire aux malades qu'ils prennent des remèdes.

La culture de la bourrache est extrêmement facile, attendu qu'elle se sème d'elle-même, et qu'il ne s'agit que de la débarrasser des herbes qui l'étouffent. Ordinairement on se contente en effet de laisser dans les jardins quelques uns des pieds qui ont ainsi crû spontanément et qui suffisent aux besoins de la maison; mais autour des villes où il se consomme une plus grande quantité de bourrache, où elle est l'objet d'un petit commerce, on la sème exprès. Celle qui l'est en automne lève avant l'hiver et commence à fleurir au mois de mai. Celle qui l'est au printemps fleurit au milieu de l'été. On sarcle, éclaircit et arrose le plant dans le besoin; mais il n'est pas bon de le transplanter, attendu qu'il languit toujours à la suite de cette opération.

Toute espèce de terre convient à la bourrache; cependant elle vient incomparablement mieux dans les terres substantielles et humides et dans les lieux ombragés qu'autre part.

Quoiqu'on ne cultive jamais la bourrache comme plante d'ornement, elle n'est pas sans agrément lorsqu'elle est garnie de fleurs et qu'on la regarde de loin.

Il semble que cette plante est du nombre de celles qu'on devroit semer dans les terres à blé, pour l'enterrer lorsqu'elle entre en fleur, et ainsi augmenter la masse d'humus de cette terre, suppléer aux fumiers et autres engrais. (B.)

BOURRE. On donne ce nom aux poils courts des bœufs et des chevaux qu'on a enlevés, par le moyen de la chaux, dans l'opération du tannage ou du corroyage, ou autrement, et qu'on emploie pour garnir les coussins des fauteuils, les selles, les colliers des chevaux, pour fortifier les torchis d'argile, de chaux, de plâtre, etc.

Le grand usage qu'on fait de la bourre la rend un objet important pour le cultivateur; il ne doit donc pas laisser perdre, comme il le fait souvent, celle qui entre dans ses meubles ou dans les harnois de ses animaux; il doit donc rassembler avec soin toute celle qu'il peut tirer des peaux qu'il prépare chez lui, et même celle qui reste à l'étrille lorsqu'il panse ses chevaux et ses bœufs. C'est peu de chose chaque fois, mais au bout de l'année cela fait une masse qui a de la valeur, et ce n'est que par de petites économies de ce genre, qu'on parvient à s'assurer du bénéfice là où d'autres trouvent leur ruine.

La bourre blanche est le jars des moutons joint à la laine qui s'est brisée dans l'opération du cardage. Elle est peu estimée.

La bourre de soie est la partie du cocon qui a été filée la première par la chenille, et qu'il n'est pas possible de dévider. On la carde pour en faire du fil, ou pour l'employer à d'autres usages.

On appelle encore de ce nom les poils de quelques plantes, les bourgeons de quelques arbres, la graine d'anémone, les capsules du lin après le battage, les bales des graminées qui composent le foin, etc., etc., à cause de leur ressemblance avec la bourre.

La canne, ou le canard femelle, se nomme *bourre* et ses petits *bourrets*, dans les environs de Rouen. (B.)

BOURRECH ou BOURRET. On appelle ainsi, dans les parties méridionales de la France, l'agneau de plusieurs mois.

BOURRÉE. On donne ce nom à la litière dans le département des Deux-Sèvres.

BOURRÉES. Nom des fagots qui sont faits avec les plus petites branches des arbres ou avec des arbustes épineux, tels que l'épine, la ronce, l'ajonc, etc. Elles se distinguent des fagots proprement dits, parcequ'il entre dans ces derniers des morceaux de bois d'une certaine grosseur et d'une longueur égale. On les emploie à chauffer le four, à cuire la chaux, le plâtre, à faire des haies sèches, et autres objets.

On met ordinairement une couche de bourrée de chêne sous le tan, qui sert à enterrer les pots des plantes dans les serres chaudes.

C'est d'aune que doivent être faites les bourrées qu'on enterre dans un sol marécageux pour le dessécher.

L'emploi des bourrées est extrêmement fréquent dans les campagnes. Malheureusement on en fait beaucoup avec les pousses de l'année des arbres; mais c'est un mal, car elles brûlent vite, ne donnent presque point de chaleur, et privent les cultivateurs des fagots de bonne nature que leur eussent donnés ces mêmes arbres deux ou trois ans plus tard. Le besoin pressant nous y oblige, diront par-tout les ménagères. C'est ainsi que la misère force toujours les hommes à faire tout ce qu'il faut pour devenir encore plus misérables. (B.)

BOURRELET. Toutes les fois que la circulation est gênée dans une partie quelconque d'une plante de la classe des dicotylédons, principalement dans un arbre ou un arbrisseau, il se forme, au-dessus et au-dessous de cette partie, par la stagnation de la sève, un renflement qu'on appelle *bourrelet*. Toutes les fois qu'on enlève une portion de l'écorce d'un arbre, de manière à mettre à nu le corps ligneux, il se forme autour de la plaie une extravasion qui finit par la remplir entièrement si elle n'est pas trop considérable, et cette extravasion s'appelle aussi, dans ses commencemens, un *bourrelet*.

M. Duhamel, à qui on doit d'excellentes observations sur les bourrelets, s'est assuré que, dans la seconde sorte de bourrelets, l'extravasion se faisoit entre le bois et l'écorce; qu'elle étoit d'abord molle, se solidifioit petit à petit, prenoit un renflement au-dessus de son bord, s'appliquoit exactement sur le bois sans y adhérer, et finissoit par rétablir complètement l'écorce.

Mais la progression de l'accroissement de cette extravasion n'est pas la même dans toutes les parties de la même plaie. Elle sort d'abord, pendant peu de temps, par les côtés, ensuite par la partie supérieure, et en dernier lieu, souvent même d'une manière à peine sensible, par la partie inférieure. De sorte que l'extravasion de la partie supérieure paroît, en définitif, être celle qui concourt presque exclusivement à la guérison de la blessure.

Cette circonstance a naturellement dû conduire et a conduit en effet Duhamel à regarder la sève descendante comme opérant seule la reproduction de l'écorce, et cette opinion est aujourd'hui généralement adoptée.

M. Lancry, qui s'est utilement occupé de rechercher, après Duhamel, les circonstances qui accompagnent la formation des bourrelets, a observé que la substance qui, dans ce cas, sort la première, est du tissu cellulaire tout pur, ensuite il se produit de la substance fibreuse, ligneuse et corticale; mais que la sorte d'écorce qui paroît être le résultat de ce travail de la nature n'a ni trachées, ainsi qu'on peut s'en convaincre sur la vigne où ces vaisseaux sont si amples, ni vaisseaux propres comme on peut le voir sur l'amandier, l'abricotier, le pêcher, le cerisier et autres arbres à gomme. Sa surface paroît grenue, sans stries longitudinales, et son intérieur sans fibres longitudinales. Ce n'est que lorsque le bourrelet a rempli la capacité entière de la plaie que la circulation s'est rétablie dans sa direction naturelle, que cette écorce prend et l'aspect extérieur et tous les caractères intérieurs de son espèce.

On a nié que le bourrelet supérieur fût le résultat des efforts de la sève descendante, parceque très souvent, comme je l'ai dit, ce sont les parties latérales qui développent ses premiers élémens. A cela, M. Lancry répond, 1° que la sève tend toujours à augmenter le diamètre de l'arbre, et que par conséquent les vaisseaux sont disposés à s'élargir toutes les fois que la résistance que leur oppose l'écorce cesse. Or, cette résistance est évidemment moindre dans le cercle où se trouve la plaie, et il y a toujours quelques vaisseaux rompus sur les bords latéraux de cette plaie; 2° qu'il ne sort certainement que du tissu cellulaire des côtés de la plaie, ainsi qu'il s'en est assuré par l'observation.

Toute protubérance ou cavité qui se trouve dans une plaie retarde toujours considérablement, si elle n'empêche pas complètement sa guérison, parceque la sève descendante a fort peu de disposition à s'écarter de sa marche naturelle qui est la perpendiculaire. J'ai cru remarquer que, dans ce cas, une blessure faite au bord supérieur du bourrelet supérieur, en déterminant une seconde extravasion de la sève, facilitoit la continuation de son action. Je suis au moins certain que, dans ceux où cette circonstance n'existoit pas, l'enlèvement de l'épiderme de leur extrémité accéléroit singulièrement leur croissance.

La présence de l'humidité et la privation du contact de l'air produisent ce dernier effet d'une manière bien plus marquante encore, probablement par la même cause, c'est-à-dire en diminuant la résistance que l'épiderme du bourrelet oppose à la descente de la sève; de là vient l'utilité des bandages, de l'onguent de S.-Fiacre, et des englumens de toutes espèces dont l'agriculture fait usage.

Un autre avantage de l'emploi de ces moyens, c'est qu'ils déterminent souvent, pour ne pas dire toujours, la sortie des pores du bois d'un réseau cellulaire qui fait partie de sa substance, et qui s'incorpore avec l'écorce nouvellement formée, de manière que, dans ce cas, il n'y a pas solution de continuité dans ce bois, solution qui se remarque pendant toute la vie de l'arbre, lorsque cette circonstance n'a pas lieu, ainsi qu'il sera dit aux mots LIBER, AUBIER et ÉCORCE.

Presque toujours, dans les jeunes arbres, il se fait un renflement de l'écorce, qui est immédiatement au-dessus de la plaie, de sorte qu'on y voit réunies les deux sortes de bourrelets. Le résultat de la ligature d'une branche avec une ficelle ou autre chose est la formation de deux bourrelets semblables, un en dessus, plus gros, et un en dessous. Ces circonstances peuvent être assimilées à celles qui se remarquent dans les plaies et les ligatures dans les animaux. Comme chez ces derniers l'enflure disparoît sans laisser de traces, soit avec sa cause, soit par suite de la mort. Ce qui prouve qu'elle est due à la présence d'un fluide dans un tissu cellulaire.

Les suites de la stranguration de la sève sont, comme il sera dit ailleurs, d'accélérer la floraison des arbres, d'assurer la fécondation des fleurs, d'augmenter la grosseur des fruits pendant la première année, et ensuite pendant les suivantes de faire languir, et enfin mourir les arbres.

Le bourrelet supérieur d'une plaie, quelle que soit la cause qui détermine son existence, est toujours d'autant plus gros, que le côté de l'arbre, ou de la branche sur lequel il se trouve, est plus garni de feuilles, et que l'écorce est moins épaisse et moins ligneuse.

L'écorce des racines étant moins dure que celle des branches, et ces racines étant nourries par toutes les feuilles de l'arbre, il s'y forme, par les mêmes causes, de bien plus gros bourrelets. Duhamel a observé qu'un arbre planté dans un petit pot, et conservé sans renouvellement de terre jusqu'à sa mort naturelle, avoit l'extrémité de la plupart de ses racines terminée par un tubercule qui n'étoit autre qu'un bourrelet produit par la stagnation de la sève.

Il est assez fréquent de voir le bord inférieur d'une plaie faite à certains arbres, aux ormes par exemple, pousser, au lieu d'un bourrelet, de petits bourgeons. Il en est de même du bord du tronc des arbres coupés; mais ces productions sont toujours foibles.

Lorsqu'on fait une bouture, il se forme toujours à son extrémité inférieure un bourrelet, duquel sortent des mamelons et ensuite des racines; cependant je dois faire remarquer que ce n'est pas de ce bourrelet que partent celles qui, dans les arbres, doivent devenir les plus grosses; c'est de tumeurs supérieures, principalement de la base des boutons, boutons qui, dans ce cas, s'oblitèrent toujours.

Puisqu'il se forme toujours un bourrelet à l'extrémité des branches qu'on met en terre dans l'intention de leur faire pousser des racines, il est naturel de penser que lorsqu'on force ces branches encore sur l'arbre à en produire, les boutures qu'elles fourniront reprendront plus promptement et plus sûrement. Aussi ce moyen est-il fréquemment employé dans les pépinières bien conduites pour les arbres rares et d'une multiplication difficile.

Il en est de même des marcottes. Lorsqu'on enlève une portion annulaire d'écorce, même qu'on fait une simple plaie à la partie qui est en terre, ou lorsqu'on comprime dans ce lieu cette écorce avec un lien de fil de laiton ou autre matière, il se forme un bourrelet qui fait toujours gagner du temps, et sans lequel souvent il n'y auroit pas production de racines.

La formation des bourrelets est donc d'un intérêt majeur pour l'art agricole.

Mais à quoi est due la formation des bourrelets? à la sève, sur-tout à la sève descendante, c'est-à-dire à celle produite par les principes nutritifs fournis par les feuilles. Cela est prouvé d'une manière indubitable par une multitude de faits qui seront développés au mot SÈVE. Ici je me contenterai d'observer que toutes les parties d'une branche, au-dessus d'une plaie annulaire, augmentent en grosseur et en nombre dans une proportion bien plus considérable que celles d'une branche semblable qui n'a pas été mise dans la même situation, ce qui indique que les principes nutritifs s'y sont accumulés.

Le temps de la formation des bourrelets varie à raison de la nature des arbres, du sol et de la saison. Il suit les mêmes règles que celles de l'accroissement en hauteur et en grosseur, c'est-à-dire qu'une plaie annulaire se comble plus vite dans les arbres qui poussent rapidement, qui sont dans un bon fonds et pendant un printemps humide et chaud. Ainsi quand on veut user de ce moyen pour amener des arbres à fruits, il faut proportionner la largeur de la plaie à la vigueur de ces arbres, de manière qu'elle puisse se remplir dans l'année; car sans cela la branche seroit exposée à périr.

Les protubérances qu'on remarque souvent au-dessus ou au-dessous du point d'insertion d'une greffe sont aussi des sortes de bourrelets. Lorsque la greffe appartient à un arbre plus vigoureux que le sujet, la protubérance est au-dessus; lorsque le sujet est au contraire mieux constitué que l'arbre qui a fourni la greffe, elle est au-dessous. Les poiriers greffés sur cognassier ou épine, offrent souvent des exemples des premiers, et on en voit fréquemment des seconds dans les pépinières d'arbres d'agrément.

On peut conclure de là que tous les arbres et même les plantes qui ont des tiges articulées comme la vigne, la clématite, la belle de nuit, etc., ne sont si cassantes à leurs articulations que parceque le renflement qui les forme est encore une sorte de bourrelet, par suite que le renflement qui se voit à la base de chaque feuille, principalement des arbres qui se dépouillent tous les ans, est encore une nouvelle sorte.

On trouvera de plus grands développemens aux principes ci-dessus aux mots PLANTE, ARBRE, BOUTURE, SECTION ANNULAIRE, ECORCE, etc. (B.)

BOURRET. C'est dans quelques endroits le nom du veau âgé d'un an. *Voyez* VACHE.

BOURRIER. Nom de la balle de blé, ou menue paille, dans quelques cantons.

BOURRIOL. Galette faite de farine de sarrasin, dont se nourrissent les pauvres cultivateurs de certains cantons.

BOURRIQUE. Nom vulgaire de la femelle de l'âne dans quelques cantons de la France.

BOURRU. (Vin.) C'est le vin blanc tel qu'il sort du pressoir. *Voyez* au mot MOUT et VIN.

BOURSE. On appelle ainsi les capsules des ANTHÈRES, et l'enveloppe dans laquelle sont d'abord renfermés les CHAMPIGNONS. *Voyez* ces mots.

C'est aussi le nom de bourgeons courts et coniques qui se trouvent fréquemment sur les pommiers, les poiriers et autres arbres, et qui ne donnent que des boutons à fleurs. Quelquefois ces arbres, les pommiers sur-tout, n'ont que de ces sortes de bourgeons, et donnent par conséquent une immense quantité de fruits, ce qui réjouit le propriétaire, mais ce qui est presque toujours l'annonce de la mort de l'arbre qui s'épuise et ne pousse plus de nouvelles branches. Dans ce cas, il n'y a d'autre parti à prendre que de le rajeunir; c'est-à-dire de couper ses branches à peu de distance du tronc pour lui faire donner du nouveau bois. *Voyez* au mot ARBRE et au mot POMMIER.

Quelquefois cependant une bourse pousse naturellement une branche à bois. Il faut qu'elle soit taillée à plusieurs yeux, si on veut conserver la bourse, et à un seul œil quand on veut la supprimer. D'autres fois elle pousse une LAMBOURDE (*v.* ce mot) qui demande à être taillée positivement dans le sens contraire.

L'art peut aussi faire naître une branche à bois en place d'une bourse, en coupant cette dernière à un œil; mais cela ne réussit pas toujours, à moins qu'on ne s'y soit pris de loin. C'est une des parties les plus savantes de la taille que de changer ainsi une branche à fruit en branche à bois, et une branche à bois en branche à fruit. *Voyez* au mot TAILLE. (B.)

BOURSE A PASTEUR, *Thlaspi bursa pastoris*, Lin., Plante du genre des THLASPIS, extrêmement commune dans les jardins, les champs, le long des haies, des chemins, et en général dans tous les lieux cultivés, et que par conséquent les cultivateurs doivent connoître.

Le caractère de cette plante s'éloigne assez de celui des

autres thlapis, pour que Jussieu en ait fait un genre sous le nom de *capselle*. Elle a une racine annuelle, pivotante; une tige rameuse variant en hauteur selon le terrain et l'exposition, depuis deux pouces jusqu'à deux pieds; des feuilles radicales, ordinairement pinnatifides et un peu pétiolées; des feuilles caulinaires, presque amplexicaules et le plus souvent entières; des fleurs blanches, petites, disposées en épis à l'extrémité des tiges et des rameaux.

On trouve la bourse à pasteur dans toutes sortes de terrains, excepté ceux qui sont trop marécageux, et elle varie par-tout de manière à n'être pas reconnoissable. Plus le terrain est gras, plus elle est grande et a les feuilles entières; plus il est maigre, plus elle est petite et a les feuilles divisées. Elle fleurit pendant toute l'année, même pour ainsi dire sous la neige. Souvent elle est un fléau pour les cultivateurs, qui ne peuvent la détruire. Ses graines jouissent plus que d'autres de la propriété de se conserver un grand nombre d'années dans la terre sans germer et sans perdre leur faculté végétative. J'ai vu celle enfouie sous un mur de jardin renversé depuis trente ans, pousser deux ou trois jours après qu'il fut relevé, comme si on l'avoit semée exprès dans le lieu qu'il recouvroit. Ce n'est qu'en la sarclant exactement, avant que ses graines soient arrivées à maturité, qu'on peut parvenir, encore après plusieurs années, à en débarrasser un jardin. Pour les champs, il faut nécessairement employer les cultures étouffantes, comme les pois, les gesses, les vesces, ou celles qui demandent de fréquents binages, telles que les pommes de terre, les fèves, le maïs, etc. Son abondance dans quelques jardins et dans quelques champs fait qu'on peut l'enterrer avec utilité lorsqu'elle est en fleur pour en améliorer le fonds. Tous les bestiaux la mangent sans beaucoup la rechercher. Elle est un peu amère, et passe en médecine pour astringente et antiscorbutique. On la connoît dans quelques cantons sous les noms de *tabouret*, *malette*, etc. (B.)

BOURSE. Médecine vétérinaire Les deux sacs membraneux qui renferment les testicules dans les animaux ont reçu le nom de bourses. Ces deux sacs sont formés par deux membranes, dont la plus externe est appelée *scrotum*, et la seconde, *dartos*.

Il est des cas où les parties sont enflées. Les bourses et le fourreau sont extrêmement dilatés; il n'y a ni chaleur, ni douleur, ils cèdent à l'impression du doigt, *gênent les fonctions des testicules et de l'urètre*. Nous avons vu un âne dont l'enflure du prépuce étoit si considérable que l'urine ne pouvoit s'échapper qu'avec beaucoup de difficulté, et qu'après de très grands efforts de la part de cet animal.

L'enflure des bourses disparoît en les fomentant avec une décoction de rue, d'absinthe ou d'autres plantes aromatiques dans le vin; on y ajoute même sur la fin un peu d'eau-de-vie. Si quelques jours après ce traitement il n'y a aucun changement, il faut scarifier la peau assez profondément avec un bistouri pour donner issue aux eaux contenues, ayant surtout le soin de fomenter les portions scarifiées avec la même infusion. Le sel de nitre dans une décoction de pariétaire, et le foin abondant en plantes résolutives, doivent être donnés en plus ou moins grande quantité pour nourriture durant le traitement de la maladie. Il y a quelquefois un amas d'eau dans le scrotum : on le connoît à la tension des tégumens, *à l'impression du doigt qui reste plus ou moins*, et à la fluctuation qui est sensible. Ce mal est ordinairement produit, dans les ânes et les chevaux, par l'enflure œdémateuse des jambes, et le plus souvent, dans ces derniers, par un vice interne, tel que le Farcin, la Morve, etc. *V.* ces mots. Lorsque la maladie est locale, c'est-à-dire lorsqu'elle dépend seulement de la foiblesse des vaisseaux absorbans de la partie, ou de la mauvaise qualité du fluide propre aux bourses, les fomentations réitérées de feuilles de romarin, de sauge, de rue bouillies dans le vinaigre, des breuvages d'eau de pariétaire et de sel de nitre, sont les médicamens capables d'accroître la force des vaisseaux absorbans. Si la maladie ne cède pas à tous ces remèdes, il faut évacuer promptement les eaux contenues par le moyen d'un trocar.

Il se fait quelquefois par les bourses un écoulement d'humeur qui subsiste quand un âne ou un cheval ont été coupés. Cet accident vient de ce qu'on a laissé une partie des épididymes. La plaie se cicatrise fort rarement, à moins qu'il ne fût possible de couper les cordons une seconde fois, ce qui seroit très difficile, vu qu'ils se retirent dans le bas ventre. (R.)

BOURU. On donne ce nom dans quelques cantons aux menues pailles (balles) qui sont séparées du grain par l'opération du Vannage. *Voyez* ce mot.

BOUSE ou BOUZE. On appelle ainsi les excrémens des bêtes à cornes, excrémens toujours à demi liquides, qui couvrent quelquefois jusqu'à un pied de diamètre de terrain et ont deux à trois pouces de hauteur ou d'épaisseur.

Ces excrémens forment un engrais qu'on appelle froid par comparaison avec ceux que fournissent les autres animaux, mais qui n'en convient pas moins à toutes espèces de terre. Il ne s'agit que de les dessécher et de les mélanger avec de la paille ou d'autres détritus de végétaux, pour les faire jouir de tous les avantages qu'ils offrent à l'agriculture. En effet, il n'est personne qui n'ait remarqué que les bouses tombées dans une prairie dessèchent d'abord l'herbe, la brûlent, pour me servir de l'expression vulgaire, mais qu'ensuite elles la font pousser avec plus de vigueur qu'autrefois. Ce phénomène est dû à la privation de l'air qu'éprouve cette herbe, ensuite à l'excès d'azote qui se produit. Il n'auroit pas lieu ou auroit lieu d'une manière moins prononcée, si ces bouses étoient moins épaisses. Aussi dans les pâturages bien réglés les bergers sont-ils obligés de les diviser, pour les répandre également sur le sol. Aussi, dans les pays encore plus jaloux d'en faire un bon emploi, a-t-on soin de les ramasser chaque jour pour les apporter sur les fumiers dont ils augmentent la masse avec un grand avantage.

Des bousiers, des escarbots, des sphéridies, des staphylins, des mouches, des tipules, et d'autres myriades d'insectes vivent dans les bouses, accélèrent leur décomposition, et les rendent plus tôt propres à servir d'engrais.

On se sert de la bouse de vache desséchée comme de combustible dans les pays où le bois est rare. Là elle fait l'objet d'un commerce d'une certaine importance. En France on l'emploie, en la mélangeant avec moitié de terre franche, pour recrépir les murs, former l'aire des granges, enduire les ruches, recouvrir les plaies des arbres : dans ce dernier cas on l'appelle l'*onguent de St.-Fiacre*. Délayée avec de l'eau en forme de mortier, elle est très propre à garantir les racines des arbres délicats, et sur-tout des arbres résineux qu'on vient d'arracher et qu'on désire envoyer au loin. Il suffit de tremper deux à trois fois, à différentes reprises, les racines de ces arbres dans ce mortier, et il s'y en attache suffisamment pour qu'elles conservent l'humidité qui leur est nécessaire. On en couvre quelquefois aussi les caisses ou les pots de la terre desquels on craint le trop prompt dessèchement.

Plusieurs arts, entre autres celui du fabricant d'indienne, font usage de la bouse pour différens objets.

Lorsqu'on la mêle avec de la chaux vive, on augmente son activité comme engrais; voilà pourquoi on en répand sur es fumiers de vache, en grande partie formés de bouse, lans quelques cantons où l'agriculture est éclairée. En génér'al, la chaux fait bien avec toute espèce d'engrais, mais il 'aut qu'elle soit employée avec modération. (B.)

BOUSIER, *Copis*. Genre d'insecte de l'ordre des coléoptères, ui faisoient autrefois partie des scarabées, et que les culti'ateurs doivent désirer connoître, parceque les espèces qui le omposent, ainsi que leurs larves, vivent aux dépens des exrémens des animaux, sur-tout des bouses des bêtes à cornes, t les rendent plus tôt propres, en les décomposant, à servir 'engrais aux terres.

On en connoît près de deux cents espèces qu'on divise en

deux sections, d'après la présence ou l'absence de l'écusson.

Les bousiers de la première section sont presque cylindriques et déposent leurs œufs dans la terre sous les bouses. Leurs espèces les plus communes sont :

Le BOUSIER LUNAIRE, qui a le corselet armé de trois cornes dont celle du milieu est obtuse et bifide ; la tête armée d'une seule corne droite ; le chaperon émarginé. On le trouve dans les bouses dès le milieu du printemps.

Le BOUSIER ÉMARGINÉ ne diffère presque du précédent que parceque la corne de sa tête est courte et émarginée. Il se trouve avec lui.

Le BOUSIER PHALANGISTE, *Copris typhœus*, a trois cornes au corselet, dont l'intermédiaire est la plus courte, et la tête sans cornes. Il se trouve au printemps dans les bouses.

Le BOUSIER STERCORAIRE n'a point de cornes; son chaperon est recourbé et un peu saillant postérieurement. Il se trouve pendant une partie de l'année dans les bouses et autres excrémens. Il est très commun.

Ces quatre espèces sont noires, de six à huit lignes de long, et striées sur leurs élytres.

Le BOUSIER VERNAL n'a point de corne ; son chaperon est rhomboïde et un peu saillant postérieurement ; ses élytres sont très unies. Il est noir, quelquefois doré, et un peu plus petit que les précédens. Il est très commun au printemps et à l'automne dans les bouses.

Le BOUSIER FOSSOYEUR a le corselet tronqué ; trois tubercules sur la tête, dont l'intermédiaire plus long. Il est noir, a les élytres striés et une longueur de quatre à cinq lignes. Il se trouve dans les bouses pendant une partie de l'année. Il n'est pas rare.

Le BOUSIER FIMETAIRE a des tubercules sur la tête, le corps noir, les élytres rouges et striés. Sa longueur est de deux lignes. C'est le *bedeau* de Geoffroy. Il se trouve très abondamment dans les bouses pendant presque toute l'année.

Le BOUSIER SOUTERRAIN est noir, a trois tubercules sur l tête, et ses élytres sont crénelés. Il se trouve dans les bouse pendant toute l'année. Sa grandeur est presque la même qu celle du précédent.

Le BOUSIER SALE, *Copis conspurcatus*, est noir, a trois tu bercules sur la tête, les bords du corselet pâles, les élytre striés, gris, avec des points noirs oblongs. Il se trouve pendan toute l'année dans les bouses, et quelquefois en immense quantit à la fois. Sa grandeur est la même que celle des précédens.

Le BOUSIER SORDIDE est noir, avec trois tubercules sur l tête, les bords du corselet, les élytres et les pattes d'un gris sal Il est également souvent très commun dans les bouses.

Il y a huit à dix espèces qui ressemblent beaucoup à ces derniers et qu'on peut confondre avec elles. Je ne les mentionnerai pas, comme plus rares et n'offrant point de différences marquées par leurs mœurs.

Les bousiers de la seconde section sont plus ou moins aplatis et arrondis, et déposent leurs œufs dans des boules de bouse qu'ils enterrent ensuite. On peut entre autres y remarquer,

Le BOUSIER SACRÉ. Il est noir, avec le chaperon à six dents et les élytres unis. On le trouve dans les parties méridionales de l'Europe, en Asie et en Afrique, dans les bouses. Les services qu'il rendoit à l'agriculture égyptienne l'avoit fait placer au rang des animaux sacrés. On voit très fréquemment sa figure sur les monumens antiques de ce pays.

Le BOUSIER LARGE-COU. Il ne diffère du précédent que parcequ'il a les élytres striés. Il étoit confondu avec lui par les Egyptiens.

Le BOUSIER PILULAIRE est noir, lisse, avec le chaperon échancré, le corselet grand, relevé, et un point enfoncé de chaque côté. On le trouve au printemps et en automne dans les bouses. Sa longueur est de quatre lignes.

Le BOUSIER DE SCHEFFER est noir, a le chaperon bidenté, le corselet grand, relevé, les pattes postérieures longues et dentées. On le trouve avec le précédent. Il est un peu plus petit.

Le BOUSIER DE SCHREBER est noir, luisant, avec deux taches rouges sur les élytres. Sa longueur n'est que de deux lignes. Il se trouve très communément dans les bouses, sur-tout dans les terrains sablonneux.

Le BOUSIER NUCHICORNE est bronzé, a les élytres testacés, la tête avec une corne postérieure élevée et déprimée à sa base. Il se trouve très fréquemment dans les bouses en été. Sa longueur est de trois lignes.

Le BOUSIER TAUREAU est noir et a sa tête armée de deux longues cornes arquées ou recourbées. Il est de même forme et grandeur que le précédent avec lequel on le trouve.

Quatre ou cinq autres bousiers sont si peu différens de ces deux derniers qu'ils peuvent être confondus avec eux.

Le BOUSIER FOURCHU est noir avec la tête armée de deux cornes droites. Il se trouve avec les précédens, mais est deux fois plus petit.

Dès qu'un animal a rendu ses excrémens, on voit les bousiers arriver de toutes parts, attirés par l'odeur, et s'en emparer. Ils se glissent dessous et y déposent leurs œufs. Souvent au bout de peu de jours une bouse de vache, si homogène, si mollasse qu'elle soit, est perforée de milliers de trous, est à moitié desséchée, et plus tard n'est plus qu'un amas de poussière que les vents peuvent disperser facilement.

Dire si les bousiers, en pompant la partie dont ils se nourrissent, n'affoiblissent pas la faculté engraissante des excrémens, est chose que je ne me permettrai pas; mais il est certain que cette faculté n'est pas détruite et qu'elle agit plus promptement et sur une plus grande étendue de terrain que si les bousiers n'eussent pas existé. Il seroit important sans doute de tenter quelques expériences sur cet objet, et je les propose aux agronomes zélés qui liront cet article.

C'est une chose fort remarquable que la rapidité avec laquelle tous les bousiers creusent la terre avec leurs pattes antérieures, pour entrer sous les bouses ou enterrer leurs œufs. J'ai vu des individus des grandes espèces se cacher à mes yeux en moins de deux minutes dans des terres sablonneuses, terres qu'ils préfèrent ou du moins dans lesquelles on les rencontre en plus grande quantité.

Cependant il est encore bien plus remarquable de voir les espèces qui font des pilules rouler ces globules, souvent deux fois plus grosses qu'elles, pour les arrondir et les transporter dans leur trou quelquefois fort éloigné de la bouse où elles en ont pris la matière. Je me suis souvent amusé à suivre leurs manœuvres. Tantôt un seul bousier travaille, tantôt c'est le mâle avec sa femelle; mais toujours, s'il fait chaud, l'activité est au premier degré. (B.)

BOUSIGUE. Synonyme de terre inculte dans le département de Lot-et-Garonne, et autres voisins. (B.)

BOUSIN ou BOUZIN. Espèce de pierre calcaire, le plus communément produite par la décomposition des autres, et nouvellement déposée par les eaux à une petite profondeur ou même à la surface de la terre. Elle diffère peu ou point du TUF, c'est-à-dire qu'elle est poreuse, tendre et légère.

Souvent le bousin est si tendre, que les gelées d'un seul hiver suffisent pour le rendre propre à servir d'amendement; souvent aussi il durcit à l'air de manière à devenir à jamais impropre à cet objet. Dans ce cas, il peut être avantageusement employé à la bâtisse. Quelquefois il est si superficiel, que la charrue peut l'atteindre et en détacher des fragmens qui se mêlent avec la terre.

Le bousin est infertile par lui-même lorsqu'il est pur, et rend souvent les terres infertiles en absorbant trop rapidement l'eau des pluies; souvent aussi il est naturellement une sorte de marne, ou le devient par la calcination, et produit des effets étonnans lorsqu'on le mêle avec la terre végétale. *Voyez* a mot CALCAIRE. (B.)

BOUSSEROLE. Espèce d'ARBOUSIER. *Voyez* ce mot.

BOUTE. Grande outre faite avec la peau d'un bœuf. C'est aussi une grande futaille dans laquelle on met l'eau douce destinée à la boisson de l'équipage des navires. (B.)

BOUTÉ. Mot qu'emploient les cultivateurs de la Beauce pour indiquer les blés cariés, parcequ'un des bouts de chaque grain est plus noir que l'autre. (B.)

BOUTE EN TRAIN. On appelle ainsi le cheval qu'on présente à une jument, dans certains haras, avant de lui amener l'étalon, pour s'assurer si elle est en chaleur. Cette ridicule pratique est aujourd'hui inusitée. (B.)

BOUTEILLE. Vaisseau à large ventre, à col étroit, fait de verre, ou de grès, ou de bois, ou de cuir, propre à contenir de l'eau, du vin, des liqueurs, etc. Nous ne parlerons ici que de la bouteille destinée pour le vin.

Sa forme varie suivant les pays. En Angleterre, le col est court, écrasé; le corps presque aussi large dans toutes ses parties. En France, la forme est arbitraire, et la contenance varie. Toute bouteille devroit renfermer la valeur d'une *pinte*, c'est-à-dire deux livres d'eau, et cependant celles qui sont à long col, à corps court et à cul enfoncé, n'en contiennent tout au plus que les trois quarts; ce qui est contre toute équité. En Champagne on n'a pas à craindre cette fourberie. Chaque bouteille doit être d'une égale épaisseur dans sa circonférence, contenir *pinte*, et ne pas peser plus de vingt-cinq onces, et tout vase et carafon être proportionné à leur grandeur. D'après cette déclaration toutes les voitures chargées de bouteilles, par exemple à Rheims, sont à leur arrivée conduites au bureau de la douane pour y être mesurées et pesées. A Paris, la bouteille contient un neuvième de moins. C'est, sur la vente de neuf bouteilles, une de gagnée par le marchand de vin. A Bordeaux, le bouchon est d'une longueur disproportionnée, ce qui n'est autre chose qu'une ruse pour épargner la quantité de vin. En Hollande, il est défendu aux marchands de vin de se servir de bouteilles qui ne soient pas étalonnées. Une bande de plomb, empreinte d'une marque, indique sur le col de chaque bouteille jusqu'où le vin doit monter. Par ce moyen on ne peut être trompé sur la quantité.

La couleur n'influe en rien sur la bouteille si la vitrification est parfaite. L'embouchure de ce vase doit être ouverte à l'extrémité de deux lignes plus qu'au-dessous de l'anneau où le bouchon doit pénétrer. Son ouverture bien ménagée est ronde et sans saillie, et son col a quatre pouces au plus de longueur.

Que les bouteilles soient neuves ou non, il ne faut jamais 'en servir sans les rincer. Les premières exigent une opération e plus que les secondes, du moins celles qui viennent des rreries, où l'on emploie le charbon de terre et non le bois, soit pour la fusion du verre, soit pour sa recuite lorsque la bouteille a été soufflée. Dans le fourneau de recuite, lorsqu'on y porte la bouteille qui vient d'être soufflée, et par conséquent qui a perdu la plus grande partie de sa chaleur, puisqu'elle forme déjà un corps presque solide, cette bouteille, qui n'est pas au même degré de chaleur que le fourneau de recuite, attire sur son extérieur la fumée et les principes de charbon de terre que l'ignition fait enlever. Il se forme alors à l'extérieur du vase une poudre d'un gris noir qui le recouvre et le tapisse. Si cette poudre venoit à entrer dans la bouteille sans que l'eau l'en fasse sortir, le vin contracteroit un mauvais goût. Ce défaut n'a pas lieu pour le verre fondu au feu de bois. Il faut donc laver d'abord avec une éponge l'extérieur de la bouteille en bouchant avec le doigt l'embouchure.

La manière ordinaire de rincer les bouteilles est d'y introduire du plomb ou une chaîne de fer, de les passer ensuite dans plusieurs baquets d'eau que l'on change chaque fois qu'elle commence à se charger d'ordures; ce plomb doit être agité sur tous les sens afin d'enlever toute espèce d'impureté qui seroit attachée à la bouteille.

J'ai vu pratiquer en Champagne une méthode bien plus simple et plus expéditive, sur-tout lorsqu'on a un grand nombre de bouteilles à rincer. Placez sur un trépied d'un pied et demi ou deux de hauteur une barrique défoncée par un bout, ou un grand cuvier, suivant le besoin. Adaptez une ou plusieurs cannelles au bas de ce cuvier, et assez éloignées les unes des autres, pour qu'un homme puisse commodément manœuvrer; les cannelles doivent être garnies de leur piston. L'homme s'assied sur un petit tabouret, étend les jambes sous le trépied; alors d'une main il ouvre le robinet ou biston, l'eau coule sur les parois du verre, et une éponge lave l'extérieur du verre; ensuite, au moyen d'un entonnoir, il laisse couler dans cette même bouteille la quantité d'eau suffisante pour la rincer, ferme le robinet, y jette la chaîne ou le plomb, l'agite en tout sens, écoule cette eau dans un baquet, retient la chaîne, présente de nouveau la bouteille sous le robinet, y laisse couler de l'eau, l'agite, l'écoule, et enfin il en passe de nouvelle jusqu'à ce que le verre soit parfaitement net. Comme cet homme ne sauroit se déplacer, un aide lui approche les bouteilles et remporte celles qui sont rincées. Il résulte de cette opération bien simple qu'il faut beaucoup moins d'eau, et que l'eau dont on se sert est toujours propre et nette.

Si les bouteilles ont contenu des essences spiritueuses, de odeurs, il est très difficile de les en dépouiller. On n'y réussi qu'à la longue et par des lavages répétés. Si elles ont renferm des substances huileuses, les *lessives alcalines* (*voyez* Alcali les plus fortes peuvent seules les en dépouiller. L'alcali uni à l'huile en fait le savon, et cette huile, dans son état de combinaison, devient soluble dans l'eau, et cède aux lavages réitérés. Ainsi une forte lessive faite avec des cendres, aiguisée par la chaux, est un moyen expéditif. On peut encore se servir de la cendre Gravelée ou Clavelée (*voyez* ce mot), ou de l'alcali fixe du tartre. Ces deux dernières substances ont la même action sur l'huile.

Il est de la dernière importance qu'une bouteille soit bien rincée, sans quoi le vin contracte un mauvais goût

On est souvent étonné de trouver à un vin un goût différent de celui qu'on en attendoit, de voir un sédiment étranger au fond de la bouteille. Cela provient souvent de la nature des substances qui sont entrées dans la composition du verre en surabondance, et quelquefois de l'union de certaines substances qui lui sont étrangères. Le plus communément c'est l'excès ou de potasse, ou de soude, ou de cendres, qui est entré dans sa composition. Voici un moyen de le reconnoître. Prenez un verre d'eau, jetez-y un peu d'acide nitreux ou d'acide vitriolique, et videz le tout dans la bouteille. Placez-la au bain-marie et faites bouillir. Si la vitrification est bien faite, l'eau de la bouteille ne perdra pas de sa transparance, et se dissipera sans laisser de sédiment. S'il reste encore de l'alcali ou de la terre non vitrifiée dans la bouteille, l'acide les dissoudra, et formera une certaine quantité d'un sel plus ou moins blanc, et un *sel neutre* (*voyez* le mot Sel), qui prouvera la mauvaise qualité de la bouteille. (R.)

BOUTEILLIER. Nom du berger en chef qui soigne une vacherie sur les montagnes élevées du centre de la France.

BOUTIERS. C'est le nom des gardiens de bœufs dans quelques lieux.

BOUTOIR. C'est le museau du Cochon. *Voyez* ce mot.

BOUTON. Saillie le plus souvent ovale, ordinairement entourée d'écailles, qui renferme ou des feuilles plissées de différentes manières, ou des embryons de fleurs, et qu'on remarque à l'aisselle de la plupart des feuilles des arbres et arbustes, et de quelques plantes vivaces.

Le bouton naît le plus généralement avec la feuille, ou aussitôt que la feuille a achevé de se développer. Il grossit d'abord lentement au moyen des sucs que lui fournit la feuille. Au commencement il n'est qu'un tubercule qu'on appelle œil; mais à la chute de la feuille, en automne, on reconnoît déjà s'il contient une branche, des feuilles ou des fleurs. Pendant l'hiver il continue de croître lorsqu'il fait doux; enfin il s'ouvre au printemps, et pousse avec rapidité la branche, la (ou les) feuille la (ou les) fleur qu'il renfermoit. Toujours il est implanté sur un petit BOURRELET. *Voyez* ce mot.

Pendant toute la durée de la première sève les feuilles sont si nécessaires aux boutons, que celui auquel on enlève la sienne s'oblitère, ou au moins avorte immanquablement. Pendant la seconde sève cet effet est moins sensible, cependant presque toujours il y a, dans le même cas, affoiblissement de vigueur dans le bouton. Que penser donc de ces jardiniers qui effeuillent les arbres fruitiers à toutes les époques de l'année? En vérité, si la nature n'avoit pas de ressources, il y a long-temps que l'homme, par le fait de son ignorance ou de son irréflexion, auroit anéanti tout ce qui sert à sa nourriture, à son habillement, à ses jouissances de toutes sortes!

Il est des arbres, les poiriers et les pommiers, par exemple, dans lesquels les boutons à fleurs sont trois ans à se former. La première année ils portent trois feuilles inégales; la seconde, quatre à cinq; la troisième, huit à dix. C'est alors qu'ils sont complets. *Voy.* aux mots FLEURS et BOURSE.

Les boutons de chaque arbre ont une évolution qui leur est propre. Linnæus d'abord, ensuite Grew, Duhamel, Bonnet, ont commencé des observations dans le but d'en faire connoître le mode. Deramatuel les avoit continuées avec ardeur pendant dix ans, et ce que j'ai vu de son travail m'en avoit donné la meilleure idée; mais ce botaniste est mort, et j'ignore si son manuscrit sera publié. Quelque intéressant que soit cet objet, il est peu utile aux cultivateurs, en conséquence je ne m'étendrai pas sur ce qui le concerne.

Les écailles des boutons servent à défendre les organes qu'ils contiennent des rigueurs de l'hiver; aussi sont-elles d'une nature particulière, et tombent-elles dès qu'elles n'ont plus cette fonction à remplir. Il a été reconnu qu'elles étoient des feuilles avortées. Les plantes annuelles et les arbres des pays chauds, qui n'ont pas à craindre les gelées, n'offrent point d'écailles à leurs boutons, même n'ont pas proprement de boutons, ou mieux, leurs boutons ne subsistent que quelques instans, et deviennent BOURGEONS. *Voyez* ce mot.

Tous les boutons du même arbre ne se développent pas en même temps. Généralement ce sont ceux qui sont à l'extrémité des rameaux qui s'ouvrent les premiers; ceux qui sont les plus foibles, les plus garantis des rayons du soleil, s'ouvrent les derniers; cependant le bouton terminal, c'est-à-dire celui qui doit allonger le rameau, sur-tout celui qui doit prolonger la tige, est souvent le plus lent à se développer; cela se remarque sur-tout dans les arbres résineux. Admirable pré caution de la nature, qui a voulu que le bourgeon le plu essentiel fût le moins exposé aux gelées; qu'il parcourût soi évolution avec plus de rapidité par l'effet d'une plus grande chaleur !

Les boutons varient, comme les feuilles et les branches, relativement à leur disposition. Les uns sont petits, les autres gros ; les uns très pointus, les autres très obtus ; les uns ronds, les autres anguleux ; les uns velus, les autres gommeux, résineux, etc. Tantôt ils s'appliquent contre les branches, tantôt ils leur sont presque perpendiculaires ; souvent ils sont solitaires, géminés, ternés, ou réunis en plus grand nombre. Il y en a qui ne donnent que des branches, d'autres que des feuilles, d'autres que des fleurs, d'autres de tout cela, deux par deux ou ensemble. Enfin, ils varient tant, sous tous leurs rapports, qu'il est possible de reconnoître les arbres d'après la seule considération des caractères qu'ils présentent.

Il est beaucoup d'arbres qui ont des boutons surnuméraires ou adventices, qui sont destinés à remplacer ceux qui périssent par quelque accident. Ces boutons, dans leur état naturel, ne donnent ordinairement qu'une feuille ; cependant il en est de cette sorte qui percent souvent l'écorce sur les grosses branches, et qui donnent naissance à des GOURMANDS. *Voyez* ce mot.

Une branche privée de tous ses boutons latéraux s'en regarnit de deux manières ; ou il en pousse, sur la longueur, de la nature de ceux dont il vient d'être question, ou le terminal végète hors de saison, et forme une nouvelle branche. Les arbres à fruits dont les feuilles ont été mangées par les chenilles, au printemps, les mûriers effeuillés à la même époque, etc., et dont par conséquent les boutons ont péri, se regarnissent principalement par ce dernier moyen. Les PLANÇONS (*voyez* ce mot) emploient le premier.

Les agriculteurs doivent étudier avec soin la forme des boutons des arbres à fruits, pour savoir distinguer, pendant tout le temps de leur évolution, ceux qui doivent fournir des branches, ceux qui doivent fournir des feuilles seulement, et ceux qui doivent donner des fleurs, soit seules, soit accompagnées de feuilles, et même de branches. Il est de ces arbres qui, comme le pêcher, ont des boutons de ces trois sortes fréquemment réunis à l'aisselle de la même feuille, et leur réunion est indispensable pour la réussite du fruit. *Voyez* PÊCHER.

On distingue facilement à la fin de l'hiver, dans les arbres fruitiers, les boutons à fleurs des boutons à bois et à feuilles. Ils sont beaucoup plus courts, plus gros, plus arrondis. Les derniers se distinguent entre eux par la grosseur et la longueur, moindre dans les boutons simplement destinés à donner des feuilles.

C'est d'après la connoissance des boutons que se dirige la TAILLE. *Voyez* ce mot.

La greffe en écusson n'est autre chose que l'insertion d'un bouton, entièrement formé, sous l'écorce d'un arbre de son espèce, de son genre ou de sa famille. Lorsque ce bouton n'est pas assez avancé (*aoûté*, comme disent les jardiniers) pour être employé, on accélère sa formation en coupant l'extrémité de la branche qui le porte, ce qui y fait affluer la sève. Quant au contraire il avance trop pour la greffe à laquelle on le destine, on le retarde en privant l'arbre qui le porte de l'aspect du soleil, en l'arrosant avec excès, en coupant la branche, etc. *Voyez* GREFFE.

L'art transforme un bouton à fleurs en boutons à bois, en réduisant le plus possible la longueur de la branche où il se trouve, c'est-à-dire en le laissant, s'il se peut, seul sur cette branche. *Voyez* au mot TAILLE. De même il peut faire devenir branches à fruit des branches chargées de boutons à bois, en les COURBANT, en les INCISANT, en les LIGATURANT, etc. Dans le premier cas, on augmente l'activité de la sève, et dans le second on la ralentit. *Voyez* ces mots et SÈVE.

Il est des boutons à fleurs qui ne se développent que sur les bourgeons de l'année, ceux de la vigne, par exemple; dans ce cas l'art ne peut influer sur la production du fruit qu'en accumulant la sève dans les racines, par la courbure des branches avant qu'elle se développe.

Que de considérations présentent encore les boutons! Mais il faut m'arrêter. (B.)

BOUTON D'ARGENT. C'est la RENONCULE A FEUILLES D'ACONIT, et L'ACHILLÉE STERNUTATOIRE, l'une et l'autre doublées par la culture.

BOUTON DE BACHELIER. Lychnide visqueuse.

BOUTON DE CULOTTE. Variété des radis.

BOUTON D'OR. Variété double de la RENONCULE ACRE, de la RENONCULE RAMPANTE et autres à fleurs jaunes.

BOUTON ROUGE. GAINIER.

BOUTONNER. On dit qu'un arbre boutonne lorsque ses boutons à bois ou à fruits commencent à se gonfler, que leurs écailles s'écartent et laissent voir l'origine des feuilles ou des fleurs sous une couleur bleuâtre, verdâtre ou rougeâtre.

BOUTONS. Elévations peu considérables, mais quelquefois très nombreuses, qui se développent sur toutes les parties visibles des animaux, qui reconnoissent un grand nombre de causes, et qui par conséquent exigent des traitemens fort variés.

La plupart des sortes de boutons portent des noms particuliers. Ainsi, on trouvera aux mots AMPOULE, ÉCHAUBOULURE,

FARCIN, ŒSTRE, APHTHE, VACCINE, CLAVEAU, GALE, DARTRE, POIREAU, VERRUE, la description des maladies que leur sortie caractérise, et le traitement qui leur convient. (B.)

BOUTURE. Branche d'une plante vivace, ou le plus souvent d'un arbre ou d'un arbuste, qu'on sépare du tronc et qu'on met en terre dans l'intention d'en faire un nouvel individu. *Voyez* au mot MARCOTTE.

Tous les animaux, aux polypes près, qui se rapprochent infiniment des plantes, ont un centre unique de vie et des fonctions organiques essentielles. Il n'en est pas de même des végétaux, puisque la tige de la plupart peut être coupée sans que les racines en souffrent, et que, dans l'opération dont il est ici question, une tige, ou portion de tige, peut être séparée de ses racines sans qu'elle meure. Ces phénomènes prouvent la merveilleuse fécondité de la nature, qui, non contente de prodiguer aux plantes les graines et les autres moyens ordinaires de propagation, les a, de plus, pourvues de la faculté de ne jamais mourir, en leur donnant celle de se reproduire de boutures.

Comme il ne paroît pas que les plantes, et sur-tout les arbres et arbustes, soient souvent dans le cas de se reproduire par boutures dans les forêts; que l'homme en fait plus peut-être que tous les autres moyens naturels réunis; il semble que c'est principalement pour son avantage que cette sorte de multiplication existe.

Le principe des boutures est fondé sur la capacité dont jouit la sève existant dans les vaisseaux d'une branche, de faire pousser, au moyen de la chaleur et de l'humidité, des racines à la portion de cette branche qui est en terre, et des feuilles à celle qui est hors de terre. Il faut donc, 1° qu'il y ait assez de sève; 2° que cette sève ne soit pas susceptible de s'écouler ou de s'évaporer trop promptement; 3° qu'elle soit chargée d'une assez grande quantité des matériaux de la partie solide des végétaux pour fournir à la nutrition des racines et des feuilles dans les premiers momens de leur existence, c'est-à-dire jusqu'à ce que ces deux sortes d'organes soient suffisamment développés pour en puiser de nouveaux dans la terre et dans l'air. C'est la privation de quelques unes de ces circonstances qui empêche beaucoup d'espèces de plantes de pouvoir être multipliées par bouture, quoiqu'organisées convenablement pour cela. Je dis quoiqu'organisées, parceque toutes les plantes qui n'ont point de tige, et le nombre en est considérable, par cela seul, ne sont pas susceptibles d'en fournir. C'est principalement dans la division des acotylédons et des monocotylédons que se trouvent le plus grand nombre de ces plantes. On peut même dire qu'il n'y a dans cette dernière division que celles de ces plantes qui sont pourvues d'articulations qui ne se rangent pas dans la série des non bouturables.

L'observation a prouvé que toutes les fois qu'il y avoit production de racines dans une bouture, il y avoit eu auparavant formation d'un BOURRELET à sa partie inférieure. *Voyez* ce mot, qui sert de complément à l'article actuel.

Il n'en est pas de même de la production des feuilles. Elle peut avoir lieu sans formation de bourrelet; mais, dans ce cas, cette production n'est que le dernier effort de la nature; aussi ces feuilles n'atteignent-elles jamais leur complet développement, et la bouture meurt-elle bientôt. Les jardiniers qui en connoissent la cause appellent ces feuilles *poussées de la sève*, et ne regardent la bouture véritablement reprise que lorsqu'elle a développé des bourgeons. Il n'est personne qui n'ait vu des peupliers, des saules et autres arbres abattus et couchés sur le sol, donner ainsi, au printemps, des poussées de sève.

« La théorie de la confection des boutures consiste, dit Thouin, à choisir avec discernement les époques de l'année et la sorte de rameau la plus propre à la réussite de cette sorte de multiplication, relativement à la nature des végétaux et à la densité de leur bois; à leur donner l'air, l'humidité et la chaleur propres à exciter le mouvement de leur sève, et à modérer ou activer ces agens suivant l'exigence des cas.

« Les époques pour faire des boutures varient en raison des climats et des années plus ou moins hâtives. On peut dire en général que la fin de l'hiver convient le mieux pour les arbres et arbustes de pleine terre; le printemps pour les végétaux d'orangerie, et la fin de l'automne pour quelques arbres résineux.

« On laisse quelques boutures telles qu'on les cueille sur l'arbre, on coupe les feuilles aux autres et on les étête pour la plupart.

« Leur plantation est sujette à varier à raison de leur grosseur, de leur longueur et de l'état de leur bois. On les enfonce de trois pieds, de six à dix pouces, de deux à cinq pouces. On les place verticalement ou horizontalement, ou dans toutes les positions intermédiaires, tantôt en plein champ, tantôt en planches, en costières, sur couche, sous cloches, sous châssis, etc., suivant leur nature et le climat d'où elles viennent.

« On leur donne une terre composée de telle manière, des arrosemens plus ou moins nombreux, de l'air, de la lumière et de la chaleur, conformément aux mêmes données.

« On compte dix espèces de boutures propres aux arbres et arbustes.

« 1° La *simple*, c'est-à-dire faite avec une jeune branche de la dernière pousse. Elle est propre à la multiplication d'une grande quantité d'arbres et d'arbustes d'orangerie, de serre chaude, et de quelques uns de pleine terre. On la place sur couche et sous cloche, et on l'entretient dans une douce chaleur humide et à l'abri du soleil.

« 2 *A bois de deux ans*, c'est-à-dire faite avec une jeune branche, sur laquelle se trouve une portion de bois de deux ans et de l'année précédente. On l'emploie à la multiplication des arbres et des arbustes au printemps, et on la place en rigole en pleine terre et au nord.

« 3° *A talon*, c'est-à-dire faite avec une jeune branche de l'année précédente et avec la nodosité qui la joignoit à sa tige. Elle est propre à la multiplication des bois durs soit de pleine terre ou de serre au printemps; on la met en pleine terre à l'ombre ou sur couche et sous cloche.

« 4 *En plançon*. C'est une branche de huit à dix pieds de haut en forme de pieu, propre à la multiplication des arbres aquatiques, tels que le saule, le peuplier. On la fiche en terre dans un trou fait avec un grand pieu.

« 5 *En rameau*. C'est une jeune branche ramifiée enterrée dans toute sa longueur, excepté le gros bout qui saille hors de terre de deux pouces; elle est favorable pour multiplier certaines espèces d'arbres qui se dépouillent, le grenadier, le groseillier et beaucoup d'arbres et arbustes de pleine terre. On doit la mettre au printemps en terre franche et en exposition chaude; et pour les plantes d'orangerie, sur couche sourde.

« 6° *En ramée*. Grande branche avec tous ses rameaux, propre à fournir des pépinières d'oliviers, à garnir des berges de rivières, de marais, à affermir et exhausser le terrain. Les oliviers, les saules, les peupliers, le tamaris, le chalef, l'aune, etc., sont propres à cet usage. On les plante horizontalement à la fin de l'hiver, à quatre ou cinq pouces de profondeur, en ayant soin de laisser sortir l'extrémité des rameaux de trois à quatre pouces.

« 7° *En fascines*. Ce sont de jeunes branches de la dernière ou de l'avant-dernière pousse, réunies en fagots de deux pieds de long et ployées sur elles-mêmes. On s'en sert lorsqu'on veut retenir des berges sur le point d'être enlevées par les eaux. On enterre ces fascines de manière à n'en laisser sortir que l'épaisseur de quatre pouces, et on les assujettit avec un pieu passé à travers. Ce sont les osiers ou les saules qu'on plante ainsi.

« 8° *Avec bourrelet par étranglement*. C'est une branche sur laquelle on a déterminé la formation d'un bourrelet, par une ligature faite dans la saison précédente. On l'emploie pour les arbres durs, soit indigènes, soit étrangers, les fruitiers particulièrement.

« 9° *Avec bourrelet par incision*. C'est la même que la précédente, avec la modification de l'incision. On l'emploie pour les espèces à bois plus dur, ou à la possession desquelles on attache plus de prix.

« 10° A *crossette*. Elles ont la forme de petites crosses; elles sont formées du bois de la dernière et de l'avant dernière sève. Le bois le plus ancien ne doit former que le quart de la longueur de celui de l'année précédente, et la longueur totale de la crocette ne doit pas passer quinze pouces. Un certain nombre d'arbres et d'arbrisseaux se multiplient par la voie des crossettes, principalement ceux dont la consistance du bois est aussi éloignée de l'extrême dureté que de la mollesse. On se procure des crossettes pendant l'hiver, lors de la taille des arbres. On choisit autant que possible des rameaux crus sur des branches vigoureuses, et on les coupe le plus près qu'il est possible de la tige, de manière à emporter avec elles le bourrelet qui les unit ensemble. On nomme ce bourrelet le *talon* de la bouture. Il est tout disposé à produire des racines, et par conséquent infiniment utile à la reprise de la bouture. Les crossettes se lient par bottes et se gardent dans une cave jusqu'à ce que les gelées soient passées, époque où on les met en terre. »

Ces généralités sur les boutures ne sont susceptibles ni de modification ni d'extrait, tant elles sont exactes et précises. Je les ai copiées, pour rendre témoignage à l'excellent esprit de leur estimable auteur, qui vient de donner un travail complet sur le même objet, dans le 59e vol. des Annales du Muséum, travail dont j'aurois voulu profiter et auquel je renvoie le lecteur.

Une terre humide, meuble, chaude, et bien pourvue de principes nutritifs, sont les trois conditions qui assurent le mieux la reprise des boutures. Il faut, autant que possible, les réunir naturellement ou artificiellement quand on veut arriver certainement au but. Le soleil est presque toujours contraire à celles qui sont délicates, parcequ'il dessèche la partie qui est hors de terre, et que sa mort entraîne ordinairement celle de l'autre. Aussi toutes celles qui sont dans ce cas, et qui se contentent de la pleine terre, se placent-elles au nord, et celles qui exigent la chaleur de la couche ou du châssis se couvrent-elles, pendant que le soleil brille, avec des paillassons, ou mieux, avec des toiles claires.

Cette même considération de l'inconvénient de la dessiccation des tiges doit faire employer tous les moyens de l'empêcher. En conséquence on coupera toutes les feuilles, comme favorisant trop l'évaporation; on tiendra le plus court possible la partie qui est hors de terre, et on arrosera fréquemment mais foiblement, car l'excès d'humidité fait également périr les boutures en pourissant leur écorce. Il est cependant beaucoup d'arbres et d'arbustes qui craignent d'avoir la tête coupée, sur-tout ceux qui ont une flèche, comme les frênes, les érables, les cornouillers arborescens, etc.

La manière de placer les boutures dans la terre n'est rien moins qu'indifférente : la position oblique, et même un peu courbée, est la plus favorable à leur reprise. Comme, ainsi que je l'ai observé plus haut, la terre la plus meuble leur convient le mieux, on doit, autant que possible, éviter, ce qu'on fait rarement, d'employer le plantoir, même dans les terres les mieux labourées, à plus forte raison dans les lieux en friche. Combien de millions de plantards de saule périssent chaque année pour avoir été placés dans des trous dont la terre, déjà si compacte, a été encore davantage tassée par l'effet du pieu de fer employé à faire le trou. Je préfère à toute autre méthode, lorsque ces boutures doivent être très rapprochées, celle de creuser une tranchée longitudinale de six à huit pouces de profondeur sur une largeur de moitié, pour, après les y avoir placées, les recouvrir avec la terre de la tranchée suivante; et lorsqu'elles doivent être écartées d'un pied ou plus, de faire faire avec une pioche, à fer étroit, des trous de la profondeur indiquée, d'y placer la bouture, et de la recouvrir avec la terre tirée du trou.

Il est des boutures qui gagnent à être exposées quelque temps à l'air, à éprouver un commencement de dessiccation pour reprendre promptement; la plupart veulent être tenues dans un lieu très frais, être enterrées en paquet, en attendant l'époque de l'être isolément, et quelques unes exigent d'être mises sur-le-champ en état de végéter.

Ces dernières, qui s'appellent *boutures forcées*, se font sur une couche à châssis, dans des pots remplis de terre de bruyère mêlée avec un peu de terre franche et de terreau. On les recouvre avec des entonnoirs de verre, de manière qu'elles sont dans une atmosphère extrêmement chaude et humide, c'est-à-dire dans la position la plus favorable pour pousser rapidement. L'air leur vient, mais en très petite quantité à la fois, par le goulot de l'entonnoir. Tous les jours cependant, même souvent deux à trois fois, on leur en donne de nouveau en levant l'entonnoir et le replaçant sur-le-champ : ce sont les plantes des pays chauds, celles qui demandent la serre ou au moins l'orangerie, qu'on traite ainsi. La difficulté est de saisir le vrai point de chaleur et d'humidité et de donner l'air à propos; aussi ne réussit-on pas toujours à arriver au but. L'incertitude du résultat fait qu'on met ordinairement une grande quantité de boutures dans le même pot, d'où on les ôte dès qu'elles ont assez de racines pour pouvoir être regardées comme assurées.

Les boutures à bourrelets qui, après celles dont il vient d'être question, exigent plus de soin, ne se pratiquent guère que dans des circonstances particulières, quoiqu'elles soient très avantageuses, parcequ'on préfère de marcotter les arbres ou arbustes pour lesquels elles sont nécessaires.

Pour les faire, on interrompt six mois, quelquefois même une année d'avance, la circulation de la sève dans une branche d'un à deux ans au plus, soit par une ligature avec de la ficelle, du fil de laiton, etc., soit par une section annulaire de l'écorce de deux à trois lignes de large. Au printemps de l'année suivante, on coupe cette branche au-dessous de la ligature ou de la section, et on la met en terre, soit à l'air libre, soit sous châssis. On verra au mot BOURRELET la théorie de cette méthode de multiplication.

Celles des boutures qu'on appelle à *crossette* ou à *talon*, et en général toutes celles qui sont faites avec des branches où il y a du bois de deux pousses, peuvent être considérées comme ayant des bourrelets, parceque la sève qui est dans cette bouture est moins disposée à s'épancher, forme plus promptement et plus sûrement des racines. On doit donc profiter de cette circonstance toutes les fois qu'on le peut, et c'est ce qu'on ne fait pas assez généralement, uniquement pour épargner un peu de travail. Sans doute il est bon d'éviter une peine inutile; mais dans un grand nombre de circonstances on n'est pas bon juge à cet égard. Ainsi je ne conseillerai pas de couper en talon des boutures de peuplier d'Italie, de saule de Babylone, etc., mais bien des boutures dont la reprise est un peu plus incertaine, telles que celles de platane, de poirier, etc.

L'évaporation de la sève étant, comme je l'ai déjà dit plusieurs fois, la circonstance la plus défavorable à la reprise des boutures, il semble que la multiplication par ramée devroit être la plus employée, et cependant elle ne l'est presque jamais dans les pépinières des environs de Paris. C'est dans celles de la ci-devant Belgique et de la Hollande qu'il faut aller pour juger de ses grands avantages. Je dois ici la conseiller à tous les propriétaires qui veulent regarnir leurs bois, ou avoir en peu de temps de petits bouquets de bois.

Comme la jeune écorce est plus susceptible de former des bourrelets que la vieille, il est beaucoup d'espèces d'arbres et d'arbustes dont on ne peut faire de bouture qu'avec des branches de l'année précédente, ou de deux ans au plus. Quelques uns cependant, dont le bois est mou et l'écorce d'une facile distension, tels que le saule, le peuplier noir, etc., sont susceptibles d'être employés à un âge plus avancé. Ce sont ces sortes de boutures qu'on appelle *plançons*. On en fait un fréquent usage, parcequ'on croit gagner du temps; mais des expériences comparatives ont prouvé qu'il y avoit réellement de l'avantage d'employer des boutures d'un à deux ans et de les tenir en pépinières jusqu'à ce qu'elles fussent défensables. L'augmentation de dépense qu'elles occasionnent est bien compensé par la beauté et la durée des arbres qui en résultent. Il est contre la raison de planter des boutures de la grosseur du bras et plus dans des terres qui n'ont peut-être jamais été labourées, et où les foibles racines qu'elles doivent pousser ne pourront pénétrer qu'à grande peine. Un autre motif qui doit faire rejeter les plançons, et sur-tout les plançons à tête coupée, c'est que les boutons qui n'existoient pas, qui sortent latéralement et à travers une écorce très épaisse, ont beaucoup plus de peine à se développer que ceux des boutures d'un à deux ans; aussi ces plançons restent-ils quelquefois plusieurs mois, même une année, avant de donner des signes de végétation. Les entailles que dans quelques lieux on fait à leur partie inférieure, loin de favoriser leur reprise, la retardent en augmentant les moyens de déperdition de leur sève.

Si je voulois entrer dans toutes les considérations qui favorisent le succès de la reprise des boutures, cet article deviendroit un volume. Je renvoie donc aux articles de chacune de ces espèces d'arbres et d'arbustes pour ce qui les concerne, en observant que ce n'est véritablement que par la pratique qu'on apprend à bien faire dans ce cas, comme dans bien d'autres. Ces petits procédés, ces tours de main, qui assurent la réussite, peuvent bien s'indiquer dans un livre; mais le lecteur n'y attache jamais la même importance que celui qui agit, parcequ'il n'en sent pas l'utilité. Par exemple, les peupliers reprennent tous de boutures; mais cependant celui qui voudroit les multiplier de la même manière par ce moyen, ne réussiroit certainement pas aussi bien que celui qui sait que le peuplier de Canada demande à être très enfoncé en terre, le peuplier d'Italie à n'avoir par la tête coupée, le peuplier baumier à être muni d'un talon, le peuplier blanc à être en ramée, le peuplier de Caroline à être pourvu d'un bourrelet, le peuplier argenté à être placé sur couche et sous châssis, etc.

Je finis par quelques observations que je n'ai pas eu occasion de placer plus haut.

Les boutures sont plus sujettes à la gelée que les rameaux qui tiennent encore à l'arbre. Il périt par cette cause des quantités de boutures de saule de Babylone; perte qu'on pourroit éviter si on les faisoit en ramée, parceque le bois couché en terre pousseroit des rejetons après la mort des extrémités saillantes.

Lorsque les boutures sont placées dans un lieu exposé à l'action des vents, il est utile de les en garantir pendant les premiers jours par des paillassons, des fagots ou autres moyens, car ces vents sont quelquefois plus desséchans que le plus ardent soleil.

On le fait rarement; mais il est souvent nécessaire de mettre de la cire, du suif, de l'argile ou autre englument sur la plaie supérieure des boutures dont on a coupé la tête, afin d'empêcher la déperdition de sève qui se fait toujours par cette plaie. Faire la même chose sur la plaie inférieure, ou la brûler, produit également de bons effets, ainsi que j'en ai l'expérience.

C'est parceque la quantié de sève qui se trouve dans une bouture est presque toujours insuffisante pour nourrir la tige et les feuilles, lorsque la première est trop longue et les secondes trop abondantes, et supporter en même temps la déperdition qui a lieu par l'évaporation, qu'il faut, dans les cas les plus ordinaires, couper, à deux ou trois yeux au plus, la tête de toutes les boutures qui peuvent souffrir cette opération sans inconvéniens, qu'il faut retrancher toutes les feuilles de celles qui en ont lorsqu'on les met en terre.

Cependant si on pouvoit empêcher cette évaporation de la sève par les feuilles et par l'écorce, il seroit très avantageux de faire les boutures pendant la plus grande force de la végétation et avec les branches les plus garnies de rameaux et de feuilles, parcequ'il est prouvé que la grosseur du bourrelet qui se forme, ainsi que le nombre et la grosseur des racines qui en sortent, sont toujours proportionnels à la quantité de ces rameaux et de ces feuilles. *Voyez* au mot BOURRELET.

C'est pendant ce temps seul que se font et même peuvent se faire les boutures des plantes herbacées à racines vivaces et même des plantes bisannuelles et annuelles, telles que les campanules, les giroflées, les juliennes, etc., ainsi qu'il sera dit aux articles de chacune de ces plantes.

La physiologie végétale relativement aux boutures est loin d'être complète, et de nombreuses expériences restent encore à faire pour pouvoir l'appuyer sur de solides bases. On ne sait pas encore avec certitude, par exemple, si les boutures, avant la sortie de leurs racines, tirent ou non quelque nourriture de la terre. J'ai rédigé cet article dans le système de la négative, parceque beaucoup de boutures réussissent fort bien dans l'eau distillée et même quelques unes simplement dans l'air.

Il est indifférent pour le succès d'une bouture que son extrémité inférieure soit coupée net, ou en biseau, ou en pointe. Cette dernière forme cependant convient lorsqu'on veut employer la mauvaise méthode qu'on suit pour les plantards, mais uniquement à raison de la facilité qu'elle donne pour les enfoncer plus profondément en terre.

Les morceaux de racines de beaucoup de plantes et sur-tout d'arbres et d'arbustes, poussant des fibrilles et des tiges, quoique dépourvues de collet et de bourgeons, peuvent être considérées comme de véritables boutures. Il en est de même des écailles de lis et autres bulbes.

Les feuilles de presque toutes les plantes grasses mises en terre poussant également des racines peuvent l'être de même. (B.)

BOUTURER. Mot employé par les jardiniers pour indiquer qu'un arbre ou arbuste pousse des drageons.

BOUVERIN. ETABLE A BŒUF. *Voyez* ce mot.

BOUVIER. Celui qui conduit les bœufs, les garde et en prend soin dans l'étable. Cet homme doit être fort, vigoureux, adroit, patient et doux. S'il brusque ses bœufs, s'il les maltraite, s'il les bat, il aigrit leur caractère, les rend méchans, intraitables et souvent dangereux pour ceux qui les approchent. *Voyez* BŒUF et VACHE.

Les devoirs d'un bouvier sont, 1° chaque matin d'ÉTRILLER ses bœufs, de les BOUCHONNER, de leur laver les yeux. Ces petits soins sont indispensables, et contribuent autant à leur santé qu'à celle du cheval.

2° De se lever de grand matin pour leur donner à manger, de cribler l'avoine avant de la leur présenter.

3° De les conduire à l'abreuvoir avant de les mener aux champs.

4° De voir, au moins une fois par semaine, si les jougs, les courroies, les paillassons sur lesquels portent les jougs contre la tête de l'animal, sont suffisamment rembourrés.

5° Dans les pays où l'on ferre les bœufs, d'examiner si les pieds sont en état.

6° Au retour des champs, après le travail du matin, de leur donner une nourriture suffisante pour un repas, et de les mener boire. Ce n'est point assez de les faire boire deux fois par jour, même en hiver, quoique le temps ne leur permette pas de sortir de l'étable, et à plus forte raison pendant l'été. A l'approche des chaleurs, et sur-tout pendant l'été, il leur donnera, de temps à autre, des seaux remplis d'eau rendue légèrement acidule par le vinaigre, et quelquefois de l'eau nitrée. C'est le moyen le plus sûr de prévenir les maladies putrides, et putrides inflammatoires, auxquelles ils sont sujets plus que les autres animaux. L'eau rendue blanche par l'addition du son leur est encore très utile.

7° S'ils reviennent des champs le matin ou le soir, couverts de poussière et de sueur, il doit les bouchonner jusqu'à ce que la sueur soit dissipée, et pendant ce temps de ne point les tenir exposés à un courant d'air frais.

8° Chaque soir il doit remplir les râteliers, afin que l'animal ait suffisamment de quoi se nourrir pendant la nuit.

9° Leur faire une litière avec de la paille fraîche et propre.

10° Deux fois par semaine faire enlever la vieille litière;

la porter au tas de fumier, et ce seroit encore mieux si chaque jour il la sortoit de l'écurie, pour lui en substituer une toute fraîche. C'est le plus grand des abus que celui de laisser accumuler la litière, ou plutôt le fumier sous l'animal. Il s'en élève une chaleur qui lui est très nuisible, et ce fumier lui ramollit la corne. Il est presque toujours la cause des maladies qui se jettent sur leurs jambes.

11° Tous les bouviers, en général, s'imaginent que les bêtes confiées à leurs soins doivent, pendant l'hiver, être renfermées dans une espèce d'étuve. Presque toujours les étables ne prennent du jour que par des larmiers si étroits, qu'il est impossible que l'air s'y renouvelle. J'en ai vu où le thermomètre montoit à vingt-quatre degrés de chaleur, tandis qu'à l'extérieur le froid étoit de huit à dix degrés. Si l'animal sort de son étable, il éprouve donc un changement de climat de trente-deux à trente-quatre degrés, et après cela comment veut-on que l'animal n'éprouve pas des suppressions de transpiration, etc., etc.

Au mot Étable nous donnerons les proportions qui lui conviennent.

12° Dès que les bœufs sortent pour aller aux champs, ou pour travailler, le bouvier doit ouvrir les portes et les fenêtres, afin de renouveler l'air, et lorsque l'animal est rentré, laisser une fenêtre ou deux ouvertes, suivant leur grandeur, à moins que la rigueur du froid ne soit excessive

13° En été, suivant la chaleur du pays, il convient de laisser entrer le moins de clarté qu'il sera possible; l'étable en sera plus fraîche, et les animaux ne seront pas abîmés et persécutés par les mouches.

14° Il convient, dans cette saison, sur-tout dans les provinces méridionales, que les animaux passent la nuit dans les pâturages, et que le bouvier, logé dans sa cabane près d'eux, ne les quitte pas un instant. La chaleur et les mouches sont les deux plus grands fléaux de cet animal. Les mouches les fatiguent souvent au point qu'ils refusent de manger; la chaleur les accable, et l'un et l'autre réunis sont la cause de leur maigreur dans cette saison.

15° Quoique les Araignées (*voyez* ce mot) ne soient pas venimeuses, un bouvier qui aime la propreté aura soin, au moins une fois par mois, de passer le balai sur tous les murs, et sous tous les planchers.

16° C'est encore au bouvier à veiller sur le fourrage distribué chaque jour. Il examinera sa qualité, fixera sa quantité, il verra s'il n'est pas mêlé avec des chardons et autres plantes épineuses, capables de piquer la bouche et le palais de l'animal.

17° Si on est dans la louable coutume de donner du sel,

c'est à lui à régler la quantité, suivant la nature de l'animal, et sur-tout suivant la saison. Dans les temps humides et pluvieux, lorsque l'herbe des pâturages est trop imbibée d'eau, le sel diminue ou détruit sa qualité trop relâchante. Au contraire, dans les chaleurs, il faut en user avec modération.

18° Un bouvier doit savoir saigner, donner un lavement; cependant méfiez-vous de ces hommes qui ont cinq ou six recettes de médicamens, et qu'ils donnent le plus souvent sans connoissance de causes. Une légère indisposition devient souvent une maladie grave par le remède donné ou à contre-temps ou à contre-sens.

19° Il seroit fort à désirer que le bouvier eût une connoissance exacte des symptômes des maladies, de leur marche, de leur terminaison, etc. Un pareil bouvier seroit un trésor pour une grande métairie. (R.)

BOUZER ou BOUSER. C'est former l'aire d'une grange avec un mélange de bouze de vache et de terre franche. Cette manière de construire les aires, lorsqu'elle est bien pratiquée et qu'on répare à mesure de la dégradation, est très durable. On l'emploie dans beaucoup de parties de la France. (B.)

BOYAU. Nom vulgaire des intestins des animaux. Presque par-tout on laisse perdre les boyaux des bœufs et des moutons, cependant on en peut tirer un parti avantageux. On mange sous le nom d'andouilles ceux des cochons, on s'en sert pour faire des boudins, pourquoi n'emploie-t-on pas de même dans les campagnes ceux des animaux dont je viens de parler et encore plus ceux du veau? Pourquoi n'en fait-on pas de la colle forte par exemple? Lavés et grattés, ils peuvent servir à plusieurs usages domestiques. En Espagne on y conserve le beurre, le saindoux; de sorte que dans ce pays on vend véritablement ces denrées à l'aune. A Paris les gros boyaux de bœufs sont recherchés par les batteurs d'or, ceux de moutons pour faire des cordes à violon. Il y a même un métier qui ne s'exerce que sur eux, et qui prend leur nom, les *boyaudiers*. (B.)

BOZAN. On donne ce nom, aux environs de Bourg, au lé rachitique.

BRACTÉE. Sorte de feuille souvent différente des autres n forme, en consistance et en couleur, qui accompagne ceraines fleurs, et de l'aisselle de laquelle sort ordinairement le édoncule.

Il est des bractées qui subsistent aussi long-temps que les euilles, d'autres qui tombent au moment de l'épanouissement e la fleur. Leur usage paroît ne pas beaucoup différer de celui es feuilles, cependant celles qui sont d'une autre couleur que verte émettent moins d'oxigène qu'elles. On les mentionne toujours dans les descriptions des plantes, parcequ'elles fournissent de bons caractères.

Les collerettes des ombellifères, et les calices commun des composées, des scabieuses et de quelques autres plantes sont de véritables bractées auxquelles on est convenu de donne un autre nom.

Les stipules qui accompagnent si souvent les feuilles différen très peu des bractées.

Certaines bractées sont très remarquables. Celles des sauges des melampyres, des amaranthes, etc., sont dans certaine espèces vivement colorées et plus ornantes que les fleur mêmes. (B.)

BRAI GRAS. C'est la poix liquide qu'on retire du pin pa la combustion. Brai sec, c'est la résine du pin dont on ôté l'huile essentielle par la distillation. *Voyez* Pin, Sapin Gaudron, Poix, Galipot. (B.)

BRAILLE. C'est dans quelques cantons la balle du blé séparée du grain.

BRAN. C'est le son dans divers départemens.

BRANCE. Variété de blé qu'on cultive aux environs de Grenoble. Tessier soupçonne que c'est la touzelle des départemen méridionaux.

BRANCHAGE. Nom collectif qui indique toutes les petite branches d'un arbre.

BRANCHÈRE. On donne ce nom à toutes les espèces d vesces dans certains cantons; dans d'autres on le restreint à celle qui est cultivée, et dans d'autres à celle qui croît naturellement dans les blés, et qui communique de l'amertume au pain, c'est-à-dire à la vesce a fleurs nombreuses. (B.)

BRANCHES. Parties latérales d'un arbre ou d'une plante et qui ne sont que des subdivisions du tronc.

La différence des branches et des rameaux n'est pas bien établie; cependant on appelle assez généralement de ce dernie nom les subdivisions des branches.

L'organisation des branches ne semble pas différer de cell du tronc : cependant, comme les vaisseaux séveux et autre qui les fournissent s'écartent plus ou moins de la perpendiculaire, les sucs y affluent en moins grande quantité, proportion gardée, et sur-tout y circulent avec plus de lenteur. Ce dernie fait est prouvé par des milliers d'observations qu'il seroit superflu de citer ici. *Voyez* au mot Plante.

Chaque branche est donc un arbre implanté sur un autr qui lui fournit la nourriture provenant de la terre, et à qui ell rend celle qu'elle prend dans l'air au moyen de ses feuilles. S forme est toujours conique ou pyramidale.

Les branches de la plus grande partie des arbres, lorsqu'ell sont jeunes et qu'on les met en terre avec certaines précautions, poussent des racines et reproduisent le même arbre. Celles qu'on destine à cette opération s'appellent des BOUTURES. *Voyez* ce mot.

Le plus souvent les branches sortent successivement des boutons qui se développent sur les pousses de l'année précédente, mais aussi quelquefois du vieux bois. Dans ce dernier cas, on les appelle branches de *faux bois*. Pour leur donner passage, les fibres du vieux bois sont forcées de s'écarter. C'est cette déviation qui cause ce que les menuisiers nomment *bois rebours*.

M. Duhamel a cherché quel étoit le rapport entre le volume du tronc d'un arbre et celui de ses branches. Il a trouvé, 1° sur un mûrier, dont le tronc se partageoit en deux branches, que l'épaisseur ou l'aire du tronc étoit à la somme de celle des deux branches comme 5 est à 6; 2° sur un cerisier, dont le tronc portoit trois branches, que le rapport de l'épaisseur du tronc étoit moindre que la somme de l'épaisseur des trois branches de presque d'un quart; 3° sur un cognassier, qui portoit six branches, que le rapport de l'épaisseur du tronc étoit aux épaisseurs des branches à peu près comme 4 est à 5. Ainsi, la somme des branches qui sortent immédiatement du tronc excède le tronc d'environ un cinquième.

Poussant plus loin ses expériences, le même savant a trouvé que les branches du second ordre, c'est-à-dire celles qui sortent des branches dont il vient d'être question, avoient la somme de leurs diamètres non seulement moindre que celle des branches mères, mais même que celle du tronc. Cette espèce d'anomalie s'explique, selon lui, par la mort de quantité de menues branches qui auroient dû entrer dans les élémens du calcul. Je pense qu'il seroit bon de recommencer ses expériences, en faisant attention à cette circonstance, et de les varier sur un plus grand nombre d'espèces d'arbres, et sur des arbres crus dans des sols et des expositions différentes.

La tendance générale des branches vers le ciel et la faculté qu'ont cependant quelques unes de prendre une direction contraire sont dignes d'exercer les méditations des scrutateurs de la nature. Jusqu'à présent on n'a rien écrit de parfaitement satisfaisant sur cet objet.

Les branches sont le plus souvent cylindriques; mais il y en a beaucoup qui présentent des angles soit irréguliers soit réguliers, angles qui s'oblitèrent ordinairement par l'effet de l'âge.

Relativement à leur position ou direction on distingue les branches en alternes, en opposées et en verticillées; en droites, en pendantes, en ramassées, en écartées ou divergentes, en dichotomes, etc.

Comme les arbres fruitiers intéressent plus particulièrement les cultivateurs que les autres, on a donné des noms propres à toutes celles de leurs branches qui se distinguent par quelque chose de particulier. Je suivrai la nomenclature employée à Montreuil près Paris, village qu'on est toujours dans le cas de citer avec éloge lorsqu'il s'agit de la culture de ces sortes d'arbres.

Branche a bois. C'est en général celle qui ne produit pas de fruit; mais à Montreuil c'est particulièrement celle qui naît du dernier œil de la branche taillée, et qui doit allonger l'arbre. Elle est destinée uniquement à porter d'autres branches.

Branche gourmande. Elle est grosse, longue, fort épatée à sa base, couverte de boutons écartés. C'est principalement sur les arbres assujettis à la taille qu'elle se développe, quoique les arbres en plein vent et même ceux des forêts en montrent quelquefois. Elle absorbe la nourriture des branches voisines par la vigueur avec laquelle elle pousse, et ne tarde pas à les faire périr, si on ne l'arrête pas en coupant, ou mieux, tordant son extrémité dès qu'on s'aperçoit de son existence. Lorsqu'on la coupe à sa base, comme le font ceux qui n'ont pas de connoissance dans la théorie ou la pratique du jardinage, on occasionne ou une grande extravasion de sève, ou la production d'un grand nombre d'autres branches gourmandes. Quelquefois les branches gourmandes sont réservées pour renouveler l'espalier qui dépérit. Lorsqu'on coupe la tête d'un arbre pour le rajeunir, on détermine la pousse de beaucoup de gourmands, ou mieux, des bourgeons qui leur ressemblent.

Branches mères. C'est ainsi qu'on appelle à Montreuil les deux branches qui forment le V, et qui servent de base à toutes celles qui constituent un espalier. On les nomme aussi *branches tirantes*.

Branche descendante et ascendante. On donne cette épithète aux branches qui sortent des branches mères en dessous et en dessus. On les distingue aussi par le nom de *membres*.

Branche de réserve. On indique par cette dénomination une branche à bois qu'on réserve entre deux branches à fruit, pour qu'elle en fournisse d'autres l'année suivante. On la taille ordinairement très courte.

Branche a fruit. Son écorce est vive; ses yeux gros et peu écartés; son empatement est garni d'anneaux ou rides circulaires. La petite *branche à fruit ou bouquet* est propre aux arbres à noyaux. Elle est courte et terminée par un groupe de fleurs au centre duquel se trouve un paquet de feuilles. Lorsque ces feuilles ne se développent pas les fruits avortent. Sa durée n'est que de quelques années. Elle naît sur une branche de l'année précédente.

Branche lambourde ou simplement lambourde. Ressemble

à la petite branche à fruit; mais elle naît sur le gros bois. Les poiriers et les pommiers en offrent très fréquemment.

BRANCHE BOURSE ou simplement BOURSE. Ne diffère de la précédente que parcequ'elle naît sur du jeune bois, et qu'elle est plus courte et plus grosse. Elle produit abondamment et long-temps du fruit sans donner de nouveau bois. Quelques vieux pommiers n'offrent plus que des bourses lorsqu'ils sont disposés à mourir.

BRANCHE BRINDILLE. Petite branche mince et longue, qui fournit de très beaux fruits, et des fruits qui manquent rarement, principalement sur le pêcher.

BRANCHE CHIFFONNE. Branche à fruit qui ressemble à la précédente, mais qui est si foible, qu'elle ne peut nourrir son fruit. On la coupe ordinairement; mais quelquefois lorsqu'on a besoin d'une nouvelle branche à bois, on la taille à un ou deux yeux. On l'appelle aussi *branche folle*.

BRANCHE A CROCHET. C'est à Montreuil la branche à fruit du pêcher. (B.)

BRANCURSINE. *Voyez* ACANTHE.

BRANDES. Altération du mot *landes*, qu'on emploie dans quelques cantons.

BRANDEVIN. C'est la même chose qu'EAU-DE-VIE.

BRANDONS. C'est le nom qu'on donne aux branches d'arbres ou aux bouchons de paille fixés au sommet d'un bâton, et qu'on place çà et là dans les champs, pour indiquer que le chaume est réservé par le propriétaire, ou que les bestiaux ne doivent pas y entrer pour paître.

BRAS. Quelques jardiniers donnent ce nom aux branches des melons.

BRASSE. Mesure de terre anciennement employée dans le midi de la France. *Voyez* au mot MESURE.

BRASSICOURT. On donne ce nom aux chevaux ARQUÉS de naissance (*voyez* ce mot). Ils rendent quelquefois d'aussi bons services que ceux qui n'ont pas cette vicieuse conformation, mais leur valeur est fort inférieure. (B.)

BRAYE ou BROYE. Nom de l'instrument qui sert à séparer le chanvre de sa tige en brisant cette dernière. On l'appelle mâche dans quelques endroits, parcequ'en effet il semble mâcher. C'est la réunion de deux ou trois leviers de l'épaisseur de six ou huit lignes, qui se meuvent en même temps et qui entrent dans l'intervalle de trois ou quatre planches de même épaisseur. (B.)

BREBIS. C'est la femelle du belier. Quoiqu'elle ait moins d'influence sur les résultats de l'accouplement, cependant elle mérite plus d'attention et de soins, à cause de la foiblesse de sa constitution, et parcequ'elle conçoit, met bas et allaite; je placerai donc à cet article la plupart des détails que j'ai à donner sur les bêtes à laine. Beaucoup d'auteurs les ont placés au mot MOUTON ; mais celui-ci n'étant utile que pour sa toison, l'engrais et la chair, et ne servant point à la reproduction, ne doit pas à cet égard avoir la préférence sur la brebis.

Avant de parler de l'accouplement et de la naissance des agneaux, objets les plus importans, je dirai quelque chose des grands troupeaux en Espagne et en Angleterre, et je traiterai de l'introduction des mérinos en France, des moyens d'en tirer le meilleur parti pour l'amélioration, et du régime qu'il convient de leur faire suivre. Ce régime est applicable à toutes les autres races qu'on voudroit multiplier.

Il y a en Espagne deux variétés de bêtes à laine, les mérinos ou moutons *voyageurs* ou transhumans, et les *estantes* ou moutons sédentaires. Parmi les premiers, ceux qui fournissent les laines léonaises et ségoviennes jouissent de la plus grande renommée. Après les races léonaises viennent celles de Soria. Dans les estantes sont les troupeaux recrutés dans les réformes des moutons voyageurs, et les *charras*, race dégradée et à laine grossière.

Les races léonaises hivernent dans l'Estramadure. Elles arrivent dans le mois de mai aux environs de Ségovie, pour y être dépouillées de leurs toisons. Après une station de quelques jours, elles reprennent leur marche et se rendent à leurs pâturages d'été, dans les montagnes septentrionales de la Vieille Castille et du royaume de Léon. Quelques divisions de ces troupeaux restent jusqu'en automne cantonnées dans la Sierra, montagne qui sépare les deux Castilles.

Les races sorianes passent aussi l'hiver en Estramadure. Au printemps elles se dirigent par Madrid vers la province de Soria. Après la tonte, qui n'a lieu que vers le mois de juin, une partie se disperse dans les montagnes qui bordent la rive droite de l'Ebre, et l'autre traverse ce fleuve pour gagner la Navarre et les pâturages des Pyrénées.

Les troupeaux estantes les plus estimés se rencontrent sur les deux revers, dans les gorges de la Guadarama, de Sommo-Sierra, et sur-tout aux environs des Esquileos (maisons de tonte), près de Ségovie.

Quoique les races léonaises l'emportent sur toutes les autres par la beauté des formes, la finesse et l'abondance de la laine, il existe cependant entre les différentes cavagnes (troupeaux particuliers) de cette race des nuances de perfection qui assurent à quelques unes une supériorité bien reconnue sur les autres. Je citerai seulement celles du prince de la Paix et de Negrette, remarquables par l'élévation de la taille, l'extrême finesse et le nerf de la laine ; celle de Montarco, dont les animaux se distinguent par des collets à plis redoublés et à fanons tombans; celles de Peralès, de Turbietta, de Fernand-Nunez, de l'Infantado et autres, qui participent plus ou moins des qualités qui brillent dans les premiers.

La différence qui existe entre les variétés est plus sensible entre cette race et la race soriane; quoique les troupeaux qui composent celle-ci soient soumis au même régime que les autres, qu'ils passent l'hiver dans le midi et l'été dans le nord de l'Espagne, et que les bergers aient souvent l'attention de remplacer leurs étalons par des beliers qu'ils se procurent en Estramadure, dans les cavagnes léonaises, cependant ils n'ont pu jusqu'ici atteindre la beauté de la race, ni balancer sa réputation. Le prix des laines sorianes est un tiers ou un quart au-dessous des laines léonaises.

Ces détails exacts et ces distinctions m'ont été fournis par M. Poyferé de Cère, propriétaire dans le département des Landes, et auquel nous devons une des plus belles importations de mérinos qui ait été faite.

En Espagne les bêtes à laine sont toujours à l'air, excepté pendant quinze jours où on les tient enfermées aux Esquileos, avant la tonte. Celles qui voyagent font quatre à cinq lieues par jour. La distance qu'elles parcourent, tant en allant qu'en revenant, est de plus de cent cinquante lieues. Les motifs de ces voyages ne sont pas, comme quelques écrivains l'ont annoncé, pour entretenir la santé des animaux et perfectionner leurs laines. Les estantes, toutes choses égales d'ailleurs, se portant bien, la laine de la même race qui ne voyageroit pas pourroit être au si belle. Les mérinos ne changent ainsi de lieu que pour trouver dans toutes les saisons de la nourriture, comme font certaines espèces d'oiseaux. En été il n'y a rien dans les plaines, tout y est grillé; en hiver les montagnes sont inaccessibles et couvertes de neige. Il faut donc, pour que ces animaux vivent, qu'ils passent l'hiver dans les plaines et l'été dans les montagnes.

Les propriétaires des troupeaux de ce royaume ont le plus grand soin de se procurer les plus beaux beliers, et de les accoupler avec les plus belles brebis. Ni les uns ni les autres ne servent à la reproduction avant trois ans et après huit. Un belier ne couvre jamais que quinze à vingt brebis. On laisse teter les agneaux autant qu'ils veulent, et on tue quelquefois un petit mâle pour donner double ration à un autre du même âge qu'on veut fortifier.

On divise la masse des troupeaux en petites troupes de mille à douze cents chacune, auxquelles on attache cinq gardiens subordonnés les uns aux autres, et sous les ordres d'un chef commun, nommé *mayoral*, qui dépend du propriétaire d'un troupeau particulier, et en outre répond à son tour au gardien général de tous les mérinos d'Espagne, place très importante et très lucrative à laquelle le roi nomme.

Les troupeaux ambulans ou transhumans appartiennent à de grands propriétaires. Il s'est formé, sous le nom de la *mesta*, une société de riches monastères, de grands d'Espagne, d'opulens particuliers auxquels le gouvernement a accordé des privilèges et des prérogatives relativement à leurs troupeaux.

Cette association a trouvé pour contradicteurs tous ceux qui n'en faisoient pas partie; mais elle a été utile pour la conservation de la race pure. Il seroit à désirer qu'il y en eût une semblable en France.

C'est dans les pâturages d'hiver que les brebis mettent bas. A cette époque on ralentit la marche des troupeaux, pour donner aux agneaux le temps de se fortifier.

En général, trois toisons de beliers pèsent vingt-cinq livres (environ douze kilogrammes). Il en faut quatre de moutons coupés et cinq de brebis les plus belles pour le même poids.

On croit que chaque tête de bête à laine rapporte au moment actuel à son propriétaire, l'impôt payé et tous frais faits, environ trois francs par an; ce qui n'est dans le pays d'un bon produit, vu sa modicité, que par la quantité d'animaux dont sont composés les troupeaux.

Cette méthode de diriger les bestiaux est exclusive à l'Espagne, et oblige de laisser presque complètement sans culture une grande étendue de pays. Elle ne pourroit pas s'introduire dans les autres états de l'Europe, où l'on veut faire marcher de front toutes les branches de l'agriculture.

Les Anglais tirèrent anciennement, à différentes reprises, des beliers et des brebis d'Espagne. Mais Henri VIII et Elisabeth sa fille doivent être regardés comme les principaux fondateurs du système qui régit encore à cet égard l'Angleterre, puisque ce sont eux qui firent venir le plus de moutons, rédigèrent les règlemens et les instructions les plus sages relativement à leur conduite, et commencèrent à promulguer la série de lois prohibitives qui tendent à assurer à ce pays la possession exclusive des moutons perfectionnés et la fabrication également exclusive de leur laine.

Le système agricole de l'Angleterre ne permettant pas de faire voyager les moutons en grands troupeaux sur toutes sortes de terres, on a été obligé de se contenter de les faire constamment parquer, été comme hiver, chacun sur sa propriété ou sur celles affermées à prix débattu. La différence du climat, des pâturages, et peut-être du régime, a altéré la laine des moutons importés d'Espagne: mais si cette laine a perdu quelque chose en finesse, elle a beaucoup gagné en longueur; ce qui fait une sorte de compensation. Quoi qu'il en soit, les Anglais sont persuadés, et non sans quelque raison peut-être, que c'est aux soins qu'ils se donnent depuis trois siècles pour perfectionner leurs races qu'ils doivent l'opulence et la puissance qu'ils ont acquises.

Leurs laines, après celle des mérinos, passent pour les plus belles de l'Europe, et ont de plus l'avantage d'être également propres à la carde et au peigne; ce qui ne se peut dire des laines d'Espagne, généralement trop courtes pour faire des étoffes rases.

Au reste, il y a en Angleterre des races de bêtes à laine de tous les degrés de croisement, et même encore des races pures indigènes; de sorte que quand on veut parler exactement des laines anglaises, il faut indiquer le canton d'où elles proviennent, et même les caractériser par leurs qualités. Ainsi, les laines du Lincolnshire et de Kent sont les plus longues, mais non les plus fines; celle des troupeaux qui paissent dans les montagnes de Levées et de Bouzae, à l'ouest du Sussex, est plus fine et plus courte; celle de ceux des environs de Cantorbéry tient le milieu, et sert également à la carde et au peigne. C'est par le croisement des races, le choix toujours sévère des plus beaux beliers et des plus belles brebis pour la multiplication, et en faisant venir de temps à autre de nouveaux beliers des côtes d'Afrique, que les Anglais soutiennent la supériorité de leurs laines, dont celles de Hollande seules approchent pour la longueur. Ces derniers ont, à peu près dans le même temps, relevé leur race indigène par des croisemens avec des beliers de l'Inde.

La France, comme l'Espagne, a aussi des troupeaux transhumans, qui habitent les prairies en hiver et les montagnes en été. Leur marche est également régulière. C'est le régime de ceux des ci-devant Provence, Roussillon, Landes, etc. Les premiers vont jusque dans les montagnes de la Savoie. Il y en a qui font aussi plus de cent cinquante lieues. Les troupeaux qui vivent de cette manière, quelque nombreux qu'ils soient, ne sont que la moindre partie de ce que la France en entretient; les autres sont disséminés, et ne quittent pas les pays qu'habitent les particuliers qui en sont propriétaires.

Nous possédons de temps immémorial des races de *moutons* qui donnent des laines d'une assez grande finesse ou d'une longueur remarquable, telles que celles du Roussillon et du Berri, pour les premières, et de la Flandre, pour les secondes. Nous fournissions même autrefois exclusivement tous les draps fins qui se consommoient chez les peuples qui nous entourent; mais les Anglais et les Hollandais, en perfectionnant de plus en plus leurs races, sont parvenus à entrer en partage avec nous à cet égard.

Le mode de conduite auquel on assujettissoit par-tout en France les *bêtes à laine* étoit si contraire à leur nature, qu'il n'a pas peu contribué à les abâtardir sous tous les rapports; aussi est-il constaté que nos laines, au lieu de s'améliorer, se détérioroient graduellement, et seroient peut-être arrivées à un degré d'infériorité absolue, si, vers le milieu du siècle dernier, quelques hommes éclairés n'avoient jeté les yeux sur les vices de notre pratique, publié de bons écrits, et engagé le gouvernement à s'occuper particulièrement de cet important objet.

On fit à différentes époques des essais pour perfectionner nos *bêtes à laine;* mais les premiers ne furent pas suivis avec la constance nécessaire; ce ne fut réellement qu'en 1750 qu'on commença à faire, aux frais du gouvernement, des expériences comparatives sur des troupeaux tenus selon la méthode ordinaire, c'est-à-dire enfermés tous les soirs, et pendant l'hiver dans des écuries basses, infectes, et sur des troupeaux qu'on tint une grande partie de l'année en plein air. Le résultat fut tout-à-fait à l'avantage de cette dernière méthode, et en conséquence quelques propriétaires riches l'adoptèrent; mais la masse des cultivateurs resta attachée, comme elle l'est encore, à son ancienne routine. Cependant les écrits se multiplièrent, et avec eux le nombre des partisans de la bonne pratique: et si ces derniers ne perfectionnèrent pas la laine, ils améliorèrent au moins la santé de leurs animaux, et jouirent de tous les avantages qui en sont la suite.

Douze ou quinze ans après, Daubenton commença, sous les auspices de Trudaine, à s'occuper des moyens d'améliorer cette branche de l'agriculture. Ses profondes connoissances en physiologie et en histoire naturelle ne lui permettoient pas de s'égarer. Il croisa d'abord des femelles de la race commune de l'Auxois avec des béliers du Roussillon, et ensuite des brebis du Roussillon et d'autres provinces de France avec des béliers espagnols.

Le résultat des efforts de Daubenton a été, 1° un petit troupeau de bêtes à laine fine qui, pendant plus de vingt ans, a fourni des *béliers* et des *brebis* à tous ceux qui ont voulu améliorer les leurs; 2° un plus grand troupeau de bêtes déjà croisées avec les races françaises, et dont l'emploi annuel étoit le même; 3° plusieurs mémoires sur les objets qu'il importe de bien connoître pour guider dans la conduite d'une bergerie, tels qu'un sur la rumination et le tempérament des bêtes à laine; d'autres sur les bêtes à laine parquées toute l'année; sur les remèdes les plus nécessaires aux troupeaux, et sur le régime qui leur convient le mieux; sur les laines de France comparées aux laines étrangères; 4° enfin une bonne instruction par demandes et par réponses pour les bergers et les propriétaires de troupeaux.

Daubenton eut la satisfaction de voir avant sa mort une partie de ses principes adoptée par tous les hommes éclairés, le nombre des troupeaux particuliers de race pure et de race métisse s'augmenter chaque année en progression rapidement croissante, et le gouvernement entrer dans ses vues, et employer des moyens dont lui seul est capable pour accélérer la régénération des moutons en France. Il a pu jouir de l'établissement d'un superbe troupeau de race pure d'Espagne à Rambouillet, et des brillans succès qui en ont été la suite. Il est bon d'en tracer ici l'histoire exacte, qui souvent a été dénaturée.

En 1785, Louis XVI ayant acheté de M. de Penthièvre la terre de Rambouillet, M. le comte d'Angiviller, qu'il en avoit nommé gouverneur, lui inspira le désir de bâtir une ferme dans le parc, et d'y faire faire des cultures expérimentales pour l'utilité publique. J'y fus appelé pour cet objet, et je conseillai de meubler cette ferme de bestiaux de choix et de prix, et particulièrement d'un troupeau de mérinos qu'on tireroit d'Espagne. M. le comte d'Angiviller, doué d'un très bon esprit, saisit promptement cette idée, et à sa demande le roi de France écrivit au roi d'Espagne pour permettre que ce troupeau fût acheté dans les plus belles cavagnes de son royaume. M. de La Vanguyon, alors notre ambassadeur, fit remplir parfaitement les intentions de Louis XVI. On acheta un troupeau de trois cent quatre-vingts bêtes les plus belles qu'on put trouver; quatorze moururent en chemin, et il en arriva trois cent soixante-six à Rambouillet, où je les ai reçues et surveillées jusqu'à la révolution. Par un concours de circonstances heureuses, malgré les orages qui tomboient sur tout ce qui pouvoit être avantageux à la nation, l'établissement de Rambouillet et le troupeau furent épargnés. La commission d'agriculture qu'on chargea de le faire soigner ne négligea rien pour conserver et augmenter un trésor aussi précieux. Les ministres de l'intérieur qui succédèrent à cette commission s'en rapportèrent à des membres de leurs conseils pour entretenir une source pure qui devoit féconder toute l'agriculture française. Je me bornerai à dire ici que ces membres de la commission, qui depuis l'ont été des conseils du ministre, étoient d'abord MM. Cels, Dubois, Gilbert, Huzard, Parmentier, Rougier-la-Bergerie et Vilmorin. M. Parmentier ayant donné sa démission pendant que la commission existoit, je le remplaçai, et je me vis chargé, avec deux de mes collègues, d'inspecter de temps en temps la ferme de Rambouillet et le troupeau qui en étoit l'ornement et la richesse.

Ces animaux étoient arrivés au mois d'octobre 1786, partis en mai de la Vieille Castille ; ils avoient pris du repos en séjournant quelque temps dans les landes de Bordeaux, et avoient été amenés par quatre bergers et un mayoral espagnols, qui restèrent à Rambouillet jusqu'au mois d'avril suivant. Peu à peu on les accoutuma à la pâture du pays et à la nourriture à la bergerie. Ce troupeau a servi pour un grand nombre d'observations et d'expériences, qui ont éclairé sur la valeur des mérinos, sur le régime qui leur convient et sur les avantages que devoit procurer leur multiplication.

Les individus du troupeau du roi étoient d'une beauté extraordinaire et inconnue jusqu'alors dans tous ceux de la même race qu'on avoit précédemment tirés d'Espagne à différentes époques ; je n'en excepte pas même l'importation, belle cependant, qui avoit été faite en 1776 par M. de Trudaine, et dont une partie fut envoyée dans ses terres, une autre donnée à M. Daubenton, et une autre cédée à M. de Barbançois, capitaine aux gardes-françaises.

Les personnes qui ont tenté d'introduire en France des mérinos, antérieurement à ces époques, sont sans doute très estimables, et on leur doit bien de la reconnoissance, ne fût-ce que pour en avoir eu la pensée ; mais on ne peut dater la véritable amélioration qu'à compter du temps où l'établissement de Rambouillet a été formé et en pleine activité.

Par-tout les commencemens sont difficiles ; on repousse toujours les innovations ; la défiance oppose de grands obstacles ; le cultivateur est celui qui craint le plus de risquer ; il a été trompé tant de fois, qu'il n'ose croire qu'on lui propose quelque chose pour ses propres intérêts. Il est résulté de là que l'utilié des mérinos a été méconnue pendant plusieurs années, que des hommes à préjugés l'ont combattue, et qu'on a même calomnié ou tourné en ridicule ceux qui s'attachoient à les faire apprécier à leur valeur. Mais l'examen des toisons, la connoissance de leur poid, celle du prix auquel on les achète, les *ventes annuelles et publiques de Rambouillet* et des autres établissemens, de la patience et des publications répétées sont venus à bout de faire triompher la vérité, à la grande satisfaction des propriétaires qui ont donné l'exemple. Plusieurs écrits intéressans sur cet objet ont paru depuis ceux de M. Daubenton, et particulièrement une instruction publiée par la commission d'agriculture, et rédigée par Gilbert, qui, par ce travail, par un zèle ardent, et par son voyage en Espagne, où il est mort, a fait des sacrifices qui lui ont mérité l'estime et la reconnoissance des amis de l'agriculture. Les Annales de l'Agriculture française sont remplies d'observations, de réflexions et d'expériences, qui tendent toutes à l'amélioration des laines et des troupeaux, et aux moyens les plus sûrs de l'opérer. La France devra à ces causes la plus belle industrie et la plus riche amélioration qu'on ait pu lui procurer. Il est bien certain qu'en France les mérinos se sont perfectionnés. En voici la preuve. En Espagne, suivant ce qui a été dit, les beliers ne donnent guère au-delà de huit à neuf livres de laine en suin; en France, le poids commun est de dix livres, et le poids extrême de quinze à vingt livres. Nos laines sont plus longues que celles d'Espagne; la finesse, le nerf et la douceur n'ont pas changé; j'en atteste les échantillons des laines de Rambouillet, que je rassemble chaque année, depuis 1786 sans interruption, et l'emploi qu'en font les meilleurs fabricans, qui maintenant les recherchent. L'animal lui-même, en conservant ses formes, devient plus gros, et fourniroit à la boucherie plus de viande et plus de suif.

Les animaux issus du troupeau de Rambouillet ne le cèdent point à leurs pères et mères sous aucun rapport. Les manufacturiers qui se rendent à Rambouillet pour acheter le produit de la tonte de ce troupeau conviennent unanimement de la beauté de la laine, qui a de plus l'avantage de contenir moins de jarc que la laine achetée en Espagne. Aussi les ventes qui se font dans la ferme nationale de Rambouillet, de *beliers* et de *brebis*, acquièrent-elles chaque jour plus de faveur.

Dans les premières années, on donna gratuitement les animaux et ils furent négligés; quelque temps après on les vendit environ 50 fr. pièce. Les troubles politiques firent suspendre ces ventes qui se faisoient de gré à gré. En 1797 (an 5), on commença à les vendre à l'encan; et voici les prix moyens des mâles et des femelles depuis cette année.

En l'an 1797 (an 5 de la république), les beliers ont été vendus, *prix moyen*, 72 fr., et les brebis, 107 fr.

En 1798 (an 6), les beliers, 64 fr., et les brebis, 80 fr.

En 1799 (an 7), les beliers, 60 fr., et les brebis, 78 fr.

En 1800 (an 8), les beliers, 80 fr., et les brebis, 68 fr.

En 1801 (an 9), les beliers, 333 fr., et les brebis, 209 fr.

En 1802 (an 10), les beliers, 412 fr., et les brebis, 236 fr.

En 1803 (an 11), les beliers, 243 fr., et les brebis, 348 fr.

En 1804 (an 12), les beliers, 369 fr., et les brebis, 259 fr.

En 1805 (an 13), les beliers, 479 fr., et les brebis, 413 fr.

En 1806 (an 14), les beliers, 394 fr., et les brebis, 272 fr.

En 1807, les beliers, 444 fr., et les brebis, 305 fr.

En 1808, les beliers, 605 fr., et les brebis, 286 fr.

Loin de s'épouvanter de ce haut prix, on doit s'en féliciter: Il prouve que les cultivateurs, sentant l'importance d'améliorer leurs races, savent calculer les avantages qu'ils doivent tirer des animaux pour lesquels ils le donnent. D'ailleurs, chaque année, la toison d'un *belier* paie au moins l'intérêt de la mise dehors; et au bout de deux ans, le prix des animaux qu'il a produits le rembourse et même au-delà. C'est donc une véritable économie dans ce cas, comme dans bien d'autres, que de payer plus cher. Les Anglais, à qui une longue expérience donne quelque avantage sur nous à cet égard, payent souvent, par une plus grosse somme, un seul saut de certains *beliers* réputés par leur beauté et la finesse de leur laine. Ces insulaires ne connoissent pas de parcimonie lorsqu'il s'agit d'améliorer leurs *moutons* et leurs *chevaux*.

Le gouvernement français avoit aussi formé un troupeau destiné à répandre des lumières sur le plus ou moins de facilité qu'on auroit, et le plus ou moins de temps qu'il faudroit pour perfectionner telle ou telle race, en la croisant par le moyen de beliers espagnols. Le troupeau établi d'abord au Raincy, puis à Sceaux, puis à la ci-devant ménagerie de Versailles, sous la surveillance de la commission et du conseil d'agriculture, est maintenant transféré à l'école vétérinaire d'Alfort, où les expériences se suivent.

Aujourd'hui, les moyens de se procurer des *beliers* et *des brebis* de pure race espagnole viennent d'être augmentés par l'établissement de sept troupeaux nationaux, dont un à Perpignan (Pyrénées-Orientales); un près d'Arles (Bouches-du-Rhône); un près le Mont-de-Marsan (Landes); un près de Clermont (Puy-de-Dôme); un près Nantes (Loire-Inférieure); et un près de Trèves (Sarre); un près de Lyon (Rhône); deux autres vont être formés dans deux points de la ci-devant Belgique et départemens de la rive gauche du Rhin.

Quelques particuliers même en ont de race pure qu'ils soignent très bien et qui rivalisent ceux du gouvernement. Je suis du nombre de ces particuliers. Si l'avidité, qui gâte tout, ne parvient pas à substituer des beliers métis à des beliers de race pure; et si en France, le zèle qui se manifeste se soutient, il est à croire qu'on ne tardera pas à y être mieux fourni en moutons à laine fine qu'en Angleterre; il est certains que nous possédons plus de mérinos que n'en possède cette nation.

La suite des faits qui intéressoient l'établissement des troupeaux de *mérinos* en France n'a pas permis de parler encore des soins que s'est donnés M. Delporte pour introduire en France les moutons anglais perfectionnés. C'est près de Boulogne-sur-Mer que le troupeau, tiré d'Angleterre par ce cultivateur, a été placé; là, il s'est trouvé sous le même climat, et on l'a mis sous le même régime auquel il étoit accoutumé. M. Delporte a répandu quelques *beliers* et quelques *brebis* dans ses environs; mais il ne paroît pas qu'il ait produit tous les effets d'amélioration qu'on en attendoit. L'expérience étoit bonne à faire; elle n'a pas réussi, parcequ'en général les animaux perdent étant importés du nord au midi, et gagnent étant importés du midi au nord.

Les états du nord de l'Europe ont aussi pris des moyens propres à perfectionner leurs bêtes à laine, et y sont plus ou moins parvenus. On trouvera dans un ouvrage de M. Lasterie, rédigé dans la vue de faire valoir les avantages que présente l'introduction des *mérinos* dans les pays froids, quelle est la position dans laquelle se trouvent, à cet égard, ces divers états.

On voit, par ce qu'on vient de lire, qu'il existe sur le territoire de la France plusieurs grands troupeaux, et un très-grand nombre de petits de race pure d'Espagne; que nos cultivateurs ont enfin reconnu de quelle importance il étoit pour eux de substituer à leurs races avilies, misérables, dégradées, couvertes d'une laine peu abondante et grossière, une race forte, vivace, robuste, bien constituée et revêtue d'une toison épaisse, fine, pesant plus ou moins, suivant le sexe et la taille, et se vendant trois à quatre fois autant que la laine commune.

Le développement de ces germes précieux nous présage le prochain affranchissement de l'énorme tribut que nos manufactures ont trop long-temps payé à l'étranger, et les avantages qui en seront la suite.

Le résultat de tableaux que j'ai faits, en 1805, de la régé-ération en France, des bêtes à laine de races communes, et le la propagation de la race pure *mérinos*, par le moyen des eculs beliers et de brebis provenant de l'établissement rural de ambouillet, depuis 1787 jusqu'à la naissance des agneaux le l'année 1805, porte le nombre de mérinos, alors existans, 1 66,000, et celui des métis à 3,000,000. Ces résultats sont onsignés dans les Annales de l'Agriculture française. Les calculs qui ont servi de base à ces tableaux sont d'autant moins ttaquables, que les pertes y sont forcées et les produits dimi-ués. En supposant que cette quantité ne fût alors que la moitié de ce qu'ont produit tous les animaux de pure race de cinq autres importations, on voit à quel point on en étoit déjà à cette époque. D'autres plus ou moins belles, plus ou moins pures, mais considérables, ont eu lieu depuis 1805. Les productions des premières se sont accrues en même temps avec une grande rapidité. Quand la France n'auroit plus la possibilité d'en tirer encore d'Espagne, elle seroit donc assurée de l'amélioration générale et de pouvoir multiplier de beaux troupeaux, dans des pays qui n'en nourrissoient que de chétifs ou de peu de valeur, et jamais assez pour y utiliser tous les pâturages.

Dire ce qu'il convient de faire pour se procurer et pour diriger le plus avantageusement possible des troupeaux de cette race, c'est remplir toutes les données, satisfaire à toutes les vues. Ainsi on va traiter cet article comme si tous les propriétaires vouloient posséder ou possédoient déjà des *mérinos*.

On a proposé un assez grand nombre de voies d'améliorations; mais il n'y en a réellement que deux entre lesquelles on puisse fixer son choix.

La première consiste à se procurer des *beliers* et des *brebis* de pure race d'Espagne bien choisis; à les placer convenablement, à les multiplier entre eux, en écartant soigneusement du troupeau les mâles d'une race moins parfaite; à leur donner enfin des soins dont on sera amplement dédommagé par les grands bénéfices qu'on ne tardera pas à en retirer.

La seconde se réduit à acquérir des *beliers espagnols*, et a les allier à *des brebis* du pays; cette dernière méthode, à laquelle on peut donner le nom de *métisage* ou *croisement*, arrive plus lentement à une amélioration; mais elle y arrive et elle offre l'avantage d'agir à la fois sur un très grand nombre d'individus; en sorte que le temps se trouve compensé par le nombre.

Elle exige à peu près les mêmes soins que la première, et s'il en est quelques autres qui lui sont particuliers.

On sent aisément que l'amélioration sera d'autant plus rapide, que les *brebis* communes dont on aura fait choix seront plus parfaites dans leur race.

Si la race commune est grande et couverte d'une laine longue, grosse et épaisse, l'amélioration sera plus tardive; mais elle le sera moins si on se procure dans cette race des individus qui aient de la force, de la taille, et le plus possible de finesse.

Si l'on commence avec une race petite, dont la laine ait déjà de la finesse, mais soit très rare, telles que sont les races du Berri, de la Sologne et quelques autres, on arrivera bien plus tôt à des croisés dont la laine sera égale en beauté à celle du père;

mais il faudra beaucoup plus de temps pour obtenir sa taille et sa conformation.

On peut au reste donner comme règle générale qu'avec les brebis les plus grossières, alliées de génération en génération à des beliers espagnols purs, on arrive à la perfection de la laine à la quatrième génération.

Il n'est pas rare que dès la première on ait des productions égales en beauté à leur père, non seulement par la finesse de la laine, mais même encore par les formes; ce n'est là qu'un jeu de la nature, qu'une exception qui ne détruit pas la règle qu'on vient d'établir : il seroit dangereux de se laisser tromper par ces apparences séduisantes, et d'employer dans son troupeau à la reproduction des beliers métis, quelle que puisse être leur beauté ; les productions tenant tout aussi souvent, et plus souvent même peut-être, de leurs ascendans que de leurs pères, il pourroit en résulter, et il en résulteroit même très probablement, une dégénération très prompte. Tous les mâles métis seront ou coupés ou écartés soigneusement du troupeau avant qu'ils soient en état de se reproduire, et les femelles seront toujours alliées à des beliers de race pure. Sans cette attention on fera rétrograder l'amélioration.

Des motifs très puissans doivent déterminer les cultivateurs à faire marcher de front l'une et l'autre méthode, c'est-à-dire à multiplier la race pure sans aucun mélange, et à travailler à se procurer un grand nombre de belles femelles par le croisement des beliers purs avec des brebis communes. C'est par ce procédé qu'ils seront toujours pourvus de superbes beliers, qu'ils ne seront plus obligés de recourir aux troupeaux où l'on conserve la race dans toute sa pureté, et qu'ils auront même à vendre, pendant quelque temps, un certain nombre de beliers issus de leurs mâles et femelles de race pure, très propres à servir à de nouvelles améliorations, si les souches dont ils seront descendus sont douées des qualités requises.

M. Morel de Vindé, auquel nous devons un excellent mémoire sur l'exacte parité des laines mérinos de France et des laines mérinos d'Espagne, et sur la vraie valeur que devroient avoir dans le commerce les laines mérinos françaises, en a fait un second non moins intéressant que le premier, pour donner la manière de généraliser les troupeaux purs dans toutes les grandes propriétés, sans occasionner l'emploi de capitaux plus forts, ni plus de temps qu'il n'en faudroit pour former un troupeau métis parvenu à la cinquième génération. Ce dernier mémoire est accompagné de tableaux, qui démontrent les assertions de l'auteur. Ses vues annoncent jusqu'à quel point on est avancé dans la connoissance de ce genre d'amélioration.

Ce ne sont point les caractères d'un beau belier ou d'une belle brebis qu'on se propose d'indiquer ici, ces caractères étant aussi variés que les races disséminées sur tous les points du globe, et tenant infiniment plus aux caprices, aux fantaisies, aux habitudes des hommes, qu'à des idées réfléchies, qu'à des règles certaines sur le vrai beau. Dans les premiers temps, et même encore dans beaucoup de pays, les fermiers, les métayers et bergers préféroient la forme des bêtes communes à celle des mérinos. L'œil éclairé par les avantages s'est tellement accoutumé à les voir, que ceux qui se sont familiarisés avec eux dédaignent tout ce qui appartient aux races communes.

Si on compare un troupeau arrivé récemment d'Espagne avec un troupeau mérinos acclimaté et perfectionné depuis un certain nombre d'années, on trouvera que la hauteur des beliers mérinos varie de vingt-quatre pouces à trente; la longueur, de trente-six pouces à quarante-huit; et la grosseur, de quarante à cinquante, la hauteur prise de terre au garrot; la longueur, du sommet de la tête à la naissance de la queue; et la grosseur, dans la plus grande rondeur du ventre, le matin à jeun. Les dimensions les plus fortes sont celles de bêtes anciennement importées. J'ai fait cet examensur des beliers nés à Rambouillet et à Perpignan, dont l'importation ne datoit que de quelques années, car les mérinos qui arrivent d'Espagne sont en général petits. Le poids moyen des beliers de Rambouillet étoit de cent dix-sept livres, et celui des beliers de Perpignan de cent sept livres. On peut porter plus haut ce poids, si les animaux sont nourris dans des pâturages de première qualité. A quelques lieux de Dieppe, un belier antenois, race mérinos, dont j'avois vendu le père et la mère, pesoit cent quarante-cinq livres; enfin, ayant comparé en l'an 1802 des beliers et des brebis venant d'Espagne avec des beliers et brebis de Rambouillet, perfectionnés depuis quatorze ans, les rapports de ces derniers avec les animaux nouvellement importés étoient, pour le poids des beliers, comme de soixante-cinq à cinquante-un; pour celui des brebis comme quarante huit à trente-cinq; pour la hauteur des beliers, comme soixante-douze à soixante-quatre; pour celle des brebis, comme soixante-quatre à soixante-un; pour la longueur des beliers, comme cent trente-deux à cent dix-neuf; pour celle des brebis, comme cent trente à cent dix-huit; pour la grosseur des beliers, comme cent huit à cent quatre, et pour celle des brebis, comme cent dix à quatre-vingt-seize. Les mesures ont été prises sur les trois plus beaux beliers et les trois plus belles brebis de chaque importation. On doit chercher les petites bêtes dans tous les lieux où les pâturages sont maigres et le sol aride. Il est de fait que sur des terrains de cette nature, deux cents bêtes à laine de petite taille trouvent leur nourriture où cinquante de grande taille ne pourroient pas vivre.

Le beau *belier espagnol* de race pure a l'œil extrêmement vif et tous les mouvements prompts ; sa marche est libre et cadancée, observation qui, à ce que je pense, n'a pas été faite, et qui est commune au cheval de cette contrée, et peut-être même à toutes les autres espèces. Sa tête est large, aplatie, carrée ; son front, au lieu d'être busqué et tranchant, comme dans toutes nos races françaises, est en ligne droite, arrondi sur les côtés et très évasé. Ses oreilles sont très courtes, ses cornes très épaisses, très longues, très rugueuses et contournées en spirale redoublée. Son chignon est large et épais ; son cou est court, ses épaules rondes, son dos cylindrique, son poitrail large, son fanon descendant très bas, sa croupe large et arrondie, tous ses membres gros et courts.

Son corps trapu est couvert d'une laine très fine, courte, serrée, tassée, imprégnée d'un suint beaucoup plus abondant que dans les autres races ; elle s'étend sur toutes les parties du corps, depuis les yeux jusqu'aux ongles ; elle réfléchit extérieurement une couleur grisâtre et quelquefois même noirâtre, due à la poussière et autres corps étrangers, qui, s'attachant au suint dont la toison est remplie, forment une sorte de croûte rembrunie ; divisée avec la main, elle laisse apercevoir une laine blanche, frisée, dont les brins sont d'autant plus serrés qu'elle est plus fine ; la peau sous la laine est presque couleur de rose.

Il arrive quelquefois que si l'on examine avec soin les joues des beliers ou des brebis, on aperçoit un grand nombre de petits poils assez gros, de couleur gris-perlé, très brillante ; c'est ce qu'on appelle *jarre* ou *poil de chien*. Ces poils font peu de tort à la toison ; mais il n'est pas rare de voir les beliers et les brebis dans lesquels ils se trouvent donner des productions dont la laine est jarreuse. L'homogéinité de la laine, si je puis m'exprimer ainsi, est, à finesse égale, tout ce qu'on peut désirer de plus dans les individus qu'on accouple.

Une remarque qui ne nous a pas échappé, c'est qu'il y a plus de jarre dans les bêtes qu'on importe d'Espagne que dans celles qu'on nourrit en France depuis quelque temps. La raison en est simple ; les Espagnols perfectionnent moins que nous. Les propriétaires des beaux troupeaux de mérinos en France ont grand soin d'en écarter les individus dans lesquels ils voient de ce poil au front, aux joues et aux cuisses sur-tout. Il ne faut pas confondre le jarre avec ce poil follet dont sont couverts en naissant la plupart des agneaux que donnent des brebis nouvellement importées d'Espagne, et qui trompent les personnes qui n'ont pas l'habitude des mérinos. Ce poil tombe un mois ou deux après la naissance, et ce sont souvent les plus fins qui en avoient le plus.

Dans les beliers de race bien pure, les testicules sont très gros, très pendans, et séparés par une ligne d'intersection parfaitement bien marquée.

On doit éviter que le belier n'ait sur la peau la plus légère tache noire, l'expérience ayant démontré que ces taches s'étendoient dans ses productions, et que quelquefois même il en provenoit des agneaux tout noirs. On porte le scrupule jusqu'à rejeter les beliers qui ont des taches noires sur la langue, ce qui n'est pas très rare; mais quelque ancienne que soit l'opinion où l'on est qu'il en résulte des agneaux noirs ou bigarrés, je ne la crois pas moins une erreur. Il est d'expérience que des beliers qui avoient quelques taches noires dans la bouche n'ont donné que des agneaux très blancs.

La hauteur de la brebis mérinos comme celle du belier varie de vingt-deux pouces à vingt-six; la longueur, de trente-huit pouces à quarante-quatre, et la grosseur, de quarante-deux à quarante-six; le poids moyen de celles de Rambouillet est de quatre-vingt-seize livres, et de celles de Perpignan, de quatre-vingt-quatre livres.

Pour qu'une brebis soit en état de donner un bel agneau, il faut qu'elle ait le corps grand, la croupe arrondie, le dos large, les mamelles amples, les tétines longues, les jambes menues et courtes, la queue épaisse, la laine fine.

Les brebis âgées sont celles qui donnent les plus beaux agneaux et qui les nourrissent le mieux.

On doit, pour le mâle comme pour la femelle, s'attacher sur-tout à la vigueur. Outre les signes généraux qui l'indiquent dans toute l'habitude du corps, il est facile de s'en assurer en saisissant l'animal par une des jambes de derrière; s'il la retire avec force, que ses saccades soient brusques, promptes et long-temps continuées, on peut se dispenser de tout examen ultérieur; si au contraire il ne retire point sa jambe, où s'il ne la retire que foiblement, il importe beaucoup alors de l'examiner avec plus d'attention.

On met l'animal entre ses jambes; on lui ouvre l'œil, que l'on comprime très légèrement du côté du grand angle pour l'obliger à le renverser : si le blanc de l'œil est parsemé de vaisseaux sanguins bien marqués et d'un rouge vif, l'animal est sain pour l'ordinaire; si au contraire les vaisseaux sont effacés, et que l'œil ait une couleur terne, blafarde ou bleuâtre, on peut assurer que l'animal porte le principe de la *tachexie*, connue sous le nom très impropre de *pourriture*. On l'en soupçonne attaqué avec beaucoup de raison si, lorsqu'on appuie fortement la main sur sa croupe, il foiblit facilement.

Avec quelques soins que j'indiquerai tout à l'heure, on acclimate la race d'Espagne par-tout, et à quelque âge qu'on transporte les individus.

L'humidité étant en général le fléau des bêtes à laine, on doit les écarter, autant qu'il est possible, des terrains mouillés : ce n'est pas que ces sortes de terrains ne puissent nourrir des bêtes à laine ; mais comme elles y engraissent promptement et qu'elles sont ensuite attaquées de la *pourriture*, on y tient ordinairement des moutons sous le rapport de l'engrais, et on les change tous les ans.

On est bien assuré de réussir en faisant des élèves sur des terrains bien sains : ceux qui présentent des pentes conviennent le mieux ; l'herbe, à la vérité, y est courte, rare ; mais elle est substantielle et propre à la constitution molle et lâche de la bête à laine. En général, on doit préférer pour les troupeaux des sols sablonneux, crayeux et tous ceux qui laissent échapper ou filtrer les eaux, et qui se couvrent de chiendent, fétuque, ovine ou coquiole, pimprenelle, etc.

Voilà la règle, qui n'empêche pas qu'avec des soins on ne puisse réussir à élever la race espagnole, même sur des terrains un peu frais. Le parc de Rambouillet en offre l'exemple ; depuis que le troupeau espagnol y est établi il n'y a pas contracté la pourriture, ce qui est dû à l'attention sévère qu'on a dans la conduite et la nourriture de ce troupeau. L'usage des pâturages est tellement subordonné à la saison, à la température, à l'heure du jour, aux alimens que les bêtes trouvent à l'étable, et à plusieurs autres circonstances, qu'on prévient tous les dangers qu'entraîneroit nécessairement une administration imprévoyante et peu éclairée. Il est telle pièce de terre que le troupeau ne parcourt jamais en sortant de la bergerie ; telle autre où il ne fait que passer légèrement ; dans l'une, il n'est conduit que pendant les jours humides ; dans l'autre, que dans les grandes sécheresses : tel champ peut être pâturé le matin ; tel autre ne peut l'être que l'après midi. Pour peu que les propriétaires veuillent bien se donner la peine de réfléchir sur les effets de l'humidité sur la bête à laine et d'éclairer leurs bergers, ils seront assurés du succès, même sur des terrains qui ne réunissent pas les circonstances les plus désirables.

Il est vrai de dire qu'il est souvent possible d'accommoder le terrain de manière qu'il puisse nourrir les bêtes à laine sans leur nuire. Quelques fossés, des puisards, des saignées, une retenue d'eau, des changemens dans la culture, l'introduction des plantes fourrageuses, suffisent pour opérer un heureux changement. Au reste, quelle que soit la nature de l'emplacement, quelque favorable qu'il puisse être au genre de spéculation auquel on s'est arrêté, on doit s'attendre à échouer si on le charge d'un plus grand nombre d'animaux qu'il n'en peut nourrir, à moins d'avoir des moyens d'y suppléer. Il y a bien moins d'inconvénient à rester au-dessous du nombre qu'à le porter au-dessus.

Le mérinos se nourrit de toutes les plantes qui conviennent aux races communes. Je crois même avoir remarqué, et les bergers de Rambouillet m'ont confirmé cette observation, que les bêtes de race d'Espagne mangeoient plusieurs sortes de plantes que dédaignent les bêtes à laine du pays. Il ne sauroit entrer dans le cadre de cet article d'indiquer toutes les substances qui peuvent servir à la nourriture des moutons, il suffit de dire que la luzerne, le trèfle, le sainfoin, les bons foins de prés hauts, les pois, les vesces, les gesses, les lupins, la pimprenelle, la lupuline, etc., mais avant tout les regains de luzerne et de trèfle bien récoltés, conviennent à merveille aux bêtes à laine de race. On peut y joindre des racines, telles que pommes de terre, carottes, navets, topinambours, betteraves, et même des herbes potagères.

Quelques personnes croient devoir donner aux beliers un peu d'avoine vers le temps de la monte et avant la monte; cela n'est pas nécessaire s'ils trouvent de quoi vivre abondamment aux champs.

Un mois avant le part il convient de donner aux *brebis* un peu d'avoine, ou de pois de *brebis*, ou de féverolles, ou de toute autre espèce de graines, soit seules, soit mêlées; on y joint aussi du son gras. On les tiendra à ce régime suivant le besoin. Lorsque les agneaux sont en état de manger, on leur donnera aussi de cette même provende.

Quand on nourrit entièrement à la bergerie, on donne à chaque bête deux livres à deux livres et demie de fourrage par jour, ce qui suffit pour les beliers et les moutons; mais on ajoute pour les brebis pregnantes, ou allaitantes, environ une livre de mélange de grains en diverses proportions. L'agneau ne doit avoir que la moitié de la dose.

On observera qu'à l'époque où l'on commence à remplacer pour les animaux en nourriture sèche ce qu'ils trouvent de moins en herbe aux champs, on ne leur donne d'abord qu'une petite partie de cette ration, et qu'on l'augmente à mesure que la saison avance et que la terre se dépouille, pour la diminuer graduellement en approchant du printemps. Ainsi la consommation de fourrages et de graines est relative au temps et au pays. Les racines des plantes tubéreuses, les feuilles des arbres, etc., doivent être comptées pour la moitié d'un poids égal de luzerne, trèfle, sainfoin, lupuline, etc.

On ne doit point être effrayé de la dépense, on en est amplement dédommagé par la beauté et le prix des élèves. Au reste, ces supplémens en son gras, en avoine et autres grains, doivent être relatifs à la quantité et à la qualité des fourrages; s'ils sont abondans et substantiels, les supplémens sont peu nécessaires; dans le cas contraire, ils sont indispensables.

L'usage du sel, si recommandé pour les bêtes à laine, ne me paroît pas d'une nécessité absolue; car on n'en donne jamais à Rambouillet, où le troupeau est cependant toujours en bonne santé. Si on croit devoir en donner, il faut que ce soit rarement et à petite dose, quelques gros seulement par individu; de plus fortes doses les purgeroient.

Dans un grand nombre de cantons on n'abreuve jamais les bêtes à laine : il est difficile d'imaginer une pratique plus désastreuse; les troupeaux doivent être abreuvés tous les jours, et s'ils sont bien conduits aux abreuvoirs, sans y être tourmentés par les bergers ni par les chiens, on ne doit pas craindre qu'ils ne boivent avec excès.

Les eaux claires, légères, courantes, sont celles qu'on doit préférer; mais on se sert de celles qu'on a; il faut seulement observer que s'il n'y en avoit que de corrompues ou chargées de jus de fumier, il vaudroit mieux donner au troupeau de l'eau de puits dans des auges ou des baquets; on en tient dans les bergeries pendant tout le temps que ces animaux y sont retenus par l'intempérie de l'atmosphère.

On n'est point d'accord sur la nécessité de donner un abri aux bêtes à laine, par la raison qu'on veut toujours généraliser des méthodes qui doivent varier suivant les circonstances locales; cependant les longues pluies étant infiniment contraires à ces animaux, on a reconnu la nécessité de les abriter. Des hangars peuvent certainement suffire; mais je n'hésite point à leur préférer des bergeries assez spacieuses pour que les bêtes à laine n'y soient jamais serrées, assez élevées pour que l'air n'en puisse être altéré, assez bien percées pour qu'elles puissent être traversées dans tous les sens par des courans d'air. Si des bergeries ainsi construites sont placées sur un terrain bien sec; si elles sont attenantes à une cour close, un peu vaste, dans laquelle les animaux aient la faculté de sortir toutes les fois que leur instinct les y porte; si elles sont soigneusement nettoyées, si on en renouvelle souvent la litière, on ne peut douter qu'elles n'offrent l'abri le plus sûr, le plus commode, le plus sain qu'on puisse procurer, et dans tous les lieux et pour toutes les saisons.

On n'est guère plus d'accord sur les avantages du parcage que sur ceux des bergeries. On peut parquer sans inconvénient, et même avec beaucoup de bénéfice, toutes les terres parfaitement saines, pourvu qu'on ne commence à parquer qu'après le temps des froids et des pluies, qu'on laisse les bêtes à laine à la bergerie pendant les premières nuits qui suivent la tonte, et qu'on les y fasse rentrer toutes les fois qu'on est menacé de quelque orage, ou seulement d'une pluie un peu forte.

Au moyen de ces précautions on préviendra les rhumes auxquels ces animaux sont si sujets pendant le temps du parc, le flux opiniâtre qui a lieu par les narines, et plusieurs autres accidens qui sont l'effet de l'arrêt de la transpiration, auquel le parcage expose si souvent les animaux. Le parcage est une des pratiques agricoles qui mérite beaucoup d'attention. *Voyez* ce mot.

Que le troupeau ait passé la nuit dans une bergerie, ou qu'il l'ait passée dans l'enceinte d'un parc, il est, en général, de la plus grande importance de ne le faire jamais sortir avant que la rosée ne soit entièrement dissipée. Peu de bergers ont cette attention : dans la crainte que leur troupeau ne souffre de la faim, ils le font sortir de bonne heure, et le perdent. On a souvent observé que les moutons laissés libres dans les pâturages ne pâturent jamais l'herbe mouillée ; mais il n'en est pas ainsi de ceux qu'on a enfermés pendant la nuit : pressés par la faim, ils dévorent avec avidité les plantes chargées de rosée ; cette nourriture, en relâchant les fibres, accélère l'embonpoint du mouton ; mais cet engrais factice est bientôt suivi de la *pourriture*. C'est donc sur-tout relativement aux troupeaux d'*élèves* qu'est indispensable la conduite qui vient d'être prescrite. Il est aisé d'imaginer que l'humidité dont les plantes seroient chargées, quelle qu'en puisse être la cause, doit produire plus ou moins le même effet que la rosée. Cependant cette règle générale souffre pour exception le cas où la grande sécheresse des herbes devenant nuisible au troupeau, il vaut mieux qu'il la broute le matin que dans le milieu du jour, parcequ'alors, humectée par la rosée, elle n'est pas si dure et se digère mieux.

Lorsqu'on est forcé de faire sortir le troupeau par des temps humides, on doit toujours le conduire sur les terrains les plus élevés, dans les genêts, les bruyères, sur les coteaux les mieux exposés, et, autant qu'il sera possible, ne le conduire au pâturage qu'après avoir apaisé la grande faim avec des fourrages donnés au râtelier.

Les terrains bas et humides, ceux qui sont couverts d'eau l'hiver, et se dessèchent l'été, doivent être interdits sévèrement aux moutons. Si l'on est forcé de s'en servir, on ne doit les faire pâturer que vers le milieu du jour, lorsqu'ils sont parfaitement secs, encore doit-on avoir la précaution de n'y laisser, chaque fois, le troupeau que pendant un temps très court.

Dans les grandes chaleurs il est nécessaire de retirer le troupeau du pâturage pendant les heures les plus ardentes de la journée, et de lui procurer un abri, soit celui des arbres, soit celui d'une bergerie, dont on ne laisse ouvertes, dans ce cas, que les fenêtres qui sont opposées au soleil.

On peut établir au reste, comme règle générale, que la température la plus modérée est celle qui convient le mieux au mouton, tant relativement à sa santé qu'à la beauté et à la bonté de sa laine. Un berger, bien pénétré de ce principe, trouve bientôt, pour peu qu'il soit intelligent, la conduite la plus propre à assurer la conservation de son troupeau.

Les pâturages les plus riches, les plus abondans en herbe, sont toujours ceux dont il faut se défier le plus; il est sur-tout extrêmement dangereux de faire paître les troupeaux sur les prairies artificielles; la luzerne, et le trèfle encore plus, occasionnent aux bêtes à laine des gonflemens qui les font périr en très peu d'heures, pour peu que ces plantes soient mouillées. On ne peut donc les en écarter avec trop de soin, et si on est forcé de les y conduire, on doit seulement les y faire passer, sauf à y revenir plusieurs fois, et toujours pour peu d'instans seulement.

Comme il est à craindre que les productions provenant d'un *belier* trop jeune ne tendent vers la dégénération, il est important de n'employer les *beliers* que lorsqu'ils sont à peu près arrivés au dernier degré de leur accroissement, c'est-à-dire lorsqu'ils touchent à la fin de leur deuxième année. Ils sont plus long-temps en état de féconder des brebis. On peut s'en servir pour la monte jusqu'à l'âge de huit et dix ans même; suivant les individus, on leur donne de trente à cinquante femelles. Ils en féconderoient bien davantage si on ne vouloit pas les ménager. L'attention d'attendre l'âge adulte est peut-être plus nécessaire encore pour les *brebis*. Elles conçoivent à dix ou onze mois; mais leurs productions sont d'autant plus belles, qu'on attend jusqu'à trois ans. Cependant dès la deuxième année de leur vie elles sont capables de donner de beaux agneaux, quand elles sont vigoureuses et bien nourries. Si quelques unes de celles qui prennent le mâle étant trop jeunes se trouvoient pleines, il faut leur ôter leurs *agneaux* immédiatement après le part, et les donner à d'autres brebis, sauf même à les nourrir avec du lait de vache ou de chèvre, dans le cas où l'on n'auroit pas de *brebis* disponibles. L'expérience a appris que la gestation fatiguant infiniment moins que l'allaitement, les jeunes brebis qui sont fécondées étant trop jeunes n'éprouvoient aucune altération dans leur accroissement, lorsqu'on leur retiroit ainsi leurs agneaux. On peut donc, lorsqu'on veut faire marcher rapidement son amélioration, et qu'on est jaloux en même temps d'arriver au plus haut point de perfection, employer à la réproduction les *antenoises* de dix-huit mois, pourvu qu'on ait le soin de se procurer en même temps de bonnes nourrices de race commune, dont on livre les propres productions à la boucherie, à moins que l'on n'aime mieux les élever avec du lait de vache ou de chèvre. J'ai vu une brebis de race de mérinos donner un agneau à dix-neuf ans, et une autre jusqu'à vingt-trois; mais ce cas est rare. Communément cette race en donne jusqu'à douze et quinze ans. Les races françaises vieillissent beaucoup plus tôt. On ne garde les brebis de celles-ci que jusqu'à sept et huit ans.

Si l'on abandonnoit les choses à la nature, il y auroit de temps en temps des brebis en chaleur dans tous les troupeaux, parceque la présence des beliers l'exciteroit ; dans ce cas il y auroit des agneaux toute l'année, comme cela a lieu dans quelques troupeaux de France, en Espagne, en Russie, etc. Mais en général les propriétaires des troupeaux ont intérêt à faire naître les agneaux tous à peu près dans la même saison; on tient les beliers séparés, où on les empêche de saillir les brebis jusqu'à une certaine époque, qui varie selon le climat, l'état où sont les brebis et les moyens qu'on a de les bien nourrir. Du midi au nord de la France, le temps de la chaleur naturelle est du mois de juin au mois d'octobre. Les brebis bien portantes et vigoureuses commencent les premières ; les autres sont plus tardives. On doit, pour faire faire la monte, se régler sur les ressources qu'on a, pour bien nourrir, soit aux champs, soit à la bergerie, les brebis quand elles sont à la fin de la gestation et quand elles allaitent.

Il ne faut pas mettre un trop grand nombre de beliers avec les brebis qu'on désire faire couvrir. Ils se battent entre eux vigoureusement et souvent ils s'épuisent inutilement ; un belier en renverse un autre au moment de l'accouplement. Quand on a un troupeau considérable de brebis, on n'y introduit pendant quelques jours que cinq à six beliers, qu'on retire ensuite pour les remplacer par d'autres, qui le sont à leur tour par les premiers.

Si les bergers s'aperçoivent que toutes les brebis n'aient pas pris le belier après un mois de cohabitation, ils en laissent un seul pendant quelque temps pour couvrir celles qui tardent à entrer en chaleur.

Pendant la gestation des brebis, on doit veiller plus particulièrement sur elles pour empêcher qu'elles n'avortent. Indépendamment des causes naturelles de l'avortement, qui dépendent de la constitution, ou trop sanguine, ou trop molle de la femelle, il y en a d'accidentelles qu'on peut éviter ; telles sont une marche forcée ou accélérée, une nourriture trop abondante ou insuffisante, un temps défavorable, des coups donnés sur le ventre, sur les flancs, sur les reins, des herbes de la classe des emménagogues, la frayeur, une bergerie trop en pente, des portes étroites, etc.

Les brebis portent cinq mois. J'ai voulu faire quelques observations pour savoir si ce terme est de rigueur, et s'il n'y a pas des cas où la durée de la gestation se prolonge au-delà ; mais je n'ai pu le faire, parcequ'il faudroit avoir plusieurs locaux, s'assurer du jour ou du moment où les brebis ont été saillies, et n'en posséder qu'une petite quantité, ce qui ne rempliroit pas le but ; car pour avoir des résultats certains, il faut réunir beaucoup de faits.

Lorsque le temps de l'agnèlement approche, il est bon de séparer, si on le peut, les bêtes qui ne sont pas pleines, et de faire paître dans de bons pâturages celles qui le sont. On s'assure de la plénitude par l'état du ventre et celui du pis.

Ordinairement l'agnèlement se fait sans difficulté ; quelquefois, soit à cause de la disposition ou du volume du fœtus ou de l'état de la mère, il est très laborieux et exige des secours qui varient suivant la cause ; un berger instruit s'en aperçoit et sait les donner convenablement. Si le part est absolument impossible, il ne balance pas à extraire l'agneau par morceaux, et il sauve la mère. Mais il faut s'y prendre adroitement pour ne pas blesser la matrice, etc. *Voyez* le mot Berger.

Il ne suffit pas d'avoir bien nourri les mères pendant leur gestation, il faut encore les bien nourrir quand elles ont mis bas, afin de leur procurer plus de lait et donner par-là aux agneaux les moyens de prendre un plus grand et un plus prompt accroissement.

Dans la plupart des races, une brebis n'a communément qu'un agneau à la fois ; cependant quelques unes en ont deux. Il y a des races, telles que la *flandrine*, etc., qui le plus souvent donnent deux agneaux et même trois. On assure que d'autres, qui portent deux fois par an, mettent bas deux et trois agneaux à chaque fois ; en sorte que cinq brebis en un an donneroient vingt-cinq agneaux.

Dans les pays méridionaux il est d'usage de traire les brebis pour faire des fromages. Si on ne les trait qu'après le temps où les *agneaux*, n'ayant plus besoin de lait, peuvent être sevrés, il n'y a pas d'inconvénient ; mais il y en a un grand pour l'accroissement des agneaux quand on trait les mères qui allaitent.

On sèvre les agneaux à deux mois quand on les fait naître

tard, c'est-à-dire près de la saison où il y a de l'herbe aux champs. Si on les fait naître de bonne heure, par exemple en janvier, on doit retarder le sevrage. On les laisse teter quelquefois jusqu'à quatre et cinq mois ; quand on les sépare de leurs mères, ils ont alors l'habitude de manger à la bergerie et de paître aux champs. Car on les nourrit de très bonne heure pendant qu'ils tètent, de manière qu'ils ne souffrent pas du sevrage.

On sait que pour sevrer des animaux, il suffit de les écarter pendant quelque temps de leurs mères ; ils s'oublient les uns les autres, et le lait se tarit peu à peu.

Il faut séparer les jeunes beliers de leurs mères et des agnelles, à 4 ou 5 mois, pour qu'ils ne les couvrent pas ; ils s'énerveroient, fatigueroient les agnelles ou ne donneroient que de foibles productions. Les mâles, inutiles pour la reproduction, sont châtrés, ou par l'enlèvement des testicules, ou en bistournant les organes, c'est-à-dire en les tordant fortement, ou en liant d'une manière très serrée les cordons spermatiques, en sorte que les testicules et les bourses tombent en gangrène et se séparent du corps. On pratique cette opération ou sur des mâles encore agneaux, ou sur des beliers qui ont plusieurs années. *Voyez* le mot CASTRATION. On sait qu'un des résultats de la castration des mâles est de rendre leur chair plus agréable et de les disposer à engraisser. Leur chair est meilleure, s'ils sont châtrés jeunes, que quand ils le sont étant âgés ou après avoir servi à la monte. Il y a des pays où l'on châtre aussi les brebis. Les beliers châtrés s'appellent MOUTONS et les brebis châtrées MOUTONNES. *Voyez* ces mots. Plusieurs motifs doivent déterminer à couper la queue aux agneaux ; opération qu'on leur fait vers l'âge de deux mois. Dans beaucoup de pays et en certaines saisons, les bêtes à laine qui vivent d'herbe tendre contractent des diarrhées qui saliroient leur queue, et celle-ci saliroit la laine des cuisses et d'autres parties du corps. Un inconvénient semblable auroit lieu lorsque ces animaux vont aux champs, quand la terre molle peut s'attacher à leur queue. Les brebis qui ont la queue coupée reçoivent plus facilement le mâle, agnèlent sans que le cordon ombilical s'embarrasse, ce qui ne cause point de difficulté au berger, obligé de leur donner quelquefois du secours.

Pour couper la queue, le berger prend l'animal entre ses jambes, et se sert d'un couteau ; après la section, il le lâche, sans rien appliquer sur la plaie, qui saigne un peu et se sèche bientôt.

Les cornes que la nature a données au belier pour se défendre lui deviennent non seulement inutiles, mais encore incommodes et nuisibles dans l'état de domesticité ; elles l'empêchent d'engager sa tête entre les fuseaux du râtelier pour prendre le fourrage et sur-tout les épis et les fleurs des plantes; elles blessent très fréquemment les brebis dans le passage des portes, et il n'est pas rare qu'elles deviennent funestes aux beliers dans les combats qu'ils se livrent entre eux; il y en a qui périssent sur-le-champ.

On a deux manières d'amputer les cornes : ou se sert de la scie ou du ciseau. Dans le premier cas on emploie une scie à *main très friande;* les scies anglaises à poignées sont les plus commodes pour cette opération. Un homme tient ferme la tête du belier, un second fait l'amputation, qui ne demande qu'un instant très court, lorsque l'opérateur sait se servir de la scie. Une corde qu'on contourne sur la corne et qu'on tire rapidement produit le même effet.

L'amputation par le ciseau, dont se servent les Espagnols, est moins simple. On creuse une fosse de la longueur et de la largeur de la bête à laine; on lui donne cinq à six pouces de profondeur. On en creuse une seconde moins large à l'un des bouts de la première, avec laquelle elle forme une croix. On place dans cette dernière fosse, qui est peu profonde, un madrier qui doit servir de point d'appui, pour soutenir la tête du *belier*, qu'on renverse sur le dos dans la fosse qui forme l'arbre de la croix. Un homme appuie fortement la tête de l'animal sur le madrier, tandis qu'un autre tient un long et large ciseau, pesant quatre ou cinq livres, qu'il fixe successivement sur les cornes, et sur lequel un troisième frappe un ou deux coups de maillet de bois, ce qui suffit pour emporter très net la partie de la corne qu'on a dessein de retrancher. L'appareil qu'exige cette méthode doit lui faire préférer celle de la scie.

C'est à un an que se fait ordinairement cette opération : il n'est pas rare que les cornes en repoussant ne viennent à toucher quelques parties de la tête qu'elles gênent beaucoup, dans lesquelles même elles finiroient par s'enfoncer, si l'on n'avoit l'attention de faire une seconde amputation.

Pour éviter la confusion dans les troupeaux ou pour distinguer les animaux qui appartiennent à différens propriétaires, on fait des marques particulières sur quelques parties du corps, à l'oreille, au chanfrain, sur le dos, la croupe, le flanc, la tête. Les uns font des coupures ou des trous à l'oreille avec un emporte-pièce; les autres appliquent un fer chaud sur le chanfrain; d'autres emploient des couleurs ou du goudron, soit pour mettre des chiffres ou les lettres initiales de leur nom sur les animaux. Les Espagnols marquent leurs bêtes à laine au feu sur le chanfrain et au goudron sur un des flancs. Celle au feu est durable et ne s'efface jamais, quand elle est bien faite et sur des parties sans laine. Les lois du pays punissoient sévèrement celui qui prenoit la marque d'un autre. Il seroit à désirer parmi nous qu'on adoptât cet usage, et que chacun des propriétaires de troupeaux purs fût autorisé par le gouvernement à se servir d'une marque qu'on ne pourroit contrefaire sans être coupable. Ce seroit un préservatif contre les fraudes et les friponneries.

Le but principal qu'on se propose dans l'entretien des troupeaux est de profiter de leurs dépouilles, c'est-à-dire de leurs toisons. Daubenton et beaucoup d'autres avant lui ont cru que la nature indiquoit la nécessité de tondre les bêtes à laine, parceque ces animaux, comme les oiseaux, éprouvoient chaque année une sorte de mue. Ils se sont fondés sur ce qu'en effet beaucoup d'individus perdent, si on tarde de les tondre, des portions de leurs toisons qui semblent être repoussées par la nouvelle laine. Mais, d'après les expériences que nous avons faites, cette perte n'est qu'accidentelle et n'appartient qu'à quelques individus malades ou mal nourris. Ce qu'il y a de certain, c'est que des mérinos ont conservé trois ans leurs toisons, sans qu'on eût trouvé de diminution dans le produit en laine, c'est-à-dire qu'ils ont donné trente livres de laine en une seule coupe faite à la troisième année, quantité égale à celle qu'ils auroient donnée en trois coupes annuelles. Si on ne peut les laisser plus long-temps sans les tondre; c'est moins parceque la nouvelle laine chasse l'ancienne, qu'à cause de la gêne qu'éprouvent les animaux chargés d'un poids trop pesant.

Cette facilité de conserver long-temps la laine sans la perdre n'est pas particulière aux mérinos. J'ai vu dans le cimetière des Juifs de Metz un belier qu'ils y entretenoient par une pratique de leur religion, jusqu'à ce qu'il mourût naturellement, sans qu'il fût permis de le tondre. Sa laine tomboit jusqu'à terre et s'usoit même par l'extrémité; la toison étoit énorme, et comme feutrée; c'étoit un animal de race du pays; on le nourrissoit bien; excepté dans les très mauvais temps, il restoit dehors et vivoit en grande partie de l'herbe abondante que produisoit le cimetière.

Le moment le plus avantageux pour la tonte varie selon le climat et l'âge des animaux. Dans les pays chauds, on tond plus tôt que dans les pays tempérés et froids. Les bêtes adultes doivent être tondues les premières. On attend pour les agneaux trois semaines de plus pour qu'ils soient plus forts, qu'il fasse plus chaud, et que leur laine ait acquis plus de longueur. La tonte fatigue, et l'agnelin (laine d'agneau) trop court n'est pas d'une défaite aussi facile. *Voyez*, pour la manière de tondre, le mot Tonte; pour tout ce qui a rapport aux laines le mot Laine.

Les trop grandes chaleurs, les pluies froides sont dangereuses pour les bêtes à laine pendant la première huitaine qui suit la tonte, pour ceux qui sont accoutumés à vivre dans des étables bien closes; et pour ceux qui parquent, avant que de les y exposer; il faut donc que leur laine commence à repousser un peu.

Dans les bêtes à laine, comme dans les chevaux, et dans les bêtes bovines, l'âge est indiqué par l'état des dents. Ces animaux n'en ont qu'à la mâchoire inférieure; un bourrelet cartilagineux en tient lieu à la mâchoire supérieure.

La première année, les huit dents de devant paroissent; l'animal porte alors le nom d'*agneau mâle* ou *femelle*; ces dents ont peu de largeur et sont pointues; la deuxième année, les deux du milieu tombent et sont remplacées par deux nouvelles, plus larges que les six autres qui restent; durant cette année l'animal est appelé *antenois* ou *antenoise*, c'est-à-dire né l'année d'avant; la troisième année, les deux dents qui étoient à côté de celles du milieu, tombent à leur tour, et il leur en succède deux larges; en sorte qu'il y a alors quatre dents larges et quatre pointues. La quatrième année, deux autres dents pointues éprouvent le même sort, et disparoissent pour faire place à deux larges. Enfin, la cinquième année, les deux pointues qui restent, et qui étoient les plus écartées du milieu, ne subsistent plus, et les huit dents sont toutes des dents larges. Dans cet ordre général de la nature, il y a exception pour la race espagnole, sur-tout quand elle est bien nourrie. La chute des deux dents pointues du milieu, dans cette race, devance de quelques mois la chute de ces dents dans nos races indigènes; il en est de même de celle des six autres et de leur remplacement. Après la cinquième année, on n'a pour reconnoître l'âge que le plus ou moins d'usure des dents mâchelières. On croit qu'il est possible de tirer quelques renseignemens du nombre des cercles qu'on observe sur les cornes des beliers qui en ont; mais ce signe, qui ne pourroit servir que pour certaines races, ou pour les seuls mâles, est fort équivoque.

Les bêtes à laine sont sujettes à plusieurs maladies. Les plus considérables sont le claveau, ou clavelée, ou picotte, la pourriture, maladies dont on assure qu'en Russie elles sont exemptes. Elles sont aussi sujettes à la *falère*, effets d'un gaz, qui les tue subitement, au charbon et au tournis ou tournoiement; quelquefois elles deviennent boiteuses, ou par fatigue, ou parcequ'elles ont les ongles trop ramollis, ou la goutte, ou des panaris. Il se forme souvent des abcès ou clous sur diverses parties de leur corps. Elles éprouvent des diarrhées, des constipations, des rhumes, des affections de poitrine, des gonflemens subits, ou météorisations de ventre, des engorgemens du pis, des paralysies, la gale et quelques autres éruptions à la peau, sans parler des blessures, luxations et fractures; différentes espèces d'insectes les attaquent au dehors ou naissent dans l'intérieur. Ces différentes maladies seront traitées à leurs articles.

La chair de l'agneau est un mets délicat qu'on sert aux gens riches; elle est blanche, s'il n'a vécu que de lait; s'il a brouté, elle ne l'est plus. Pour qu'il soit bon, il doit être gras. Toutes les issues en sont fort recherchées pour des ragoûts. Il y a des fermiers qui n'élèvent des agneaux que pour les vendre avant qu'ils soient sevrés. Si leurs mères ont bien du lait, elles suffisent à leur engraissement; si elles en ont peu, pour y suppléer on fait teter encore celles qui ont perdu ou dont on a vendu les agneaux; on tient la bergerie propre. Comme ils sont sujets à avoir des acides dans la panse, qui les incommoderoient et leur donneroient du dévoiement, on met à leur portée une pierre de craie qu'ils lèchent, et dont ils se trouvent bien.

A quinze jours on châtre les mâles, dont la chair devient aussi bonne que celle des femelles; ils sont moins gros que s'ils n'étoient pas châtrés, mais meilleurs.

Dix-huit jours ou quinze jours après leur naissance ils sont en état de prendre une autre nourriture. Alors on leur donne de la provende, et plus particulièrement des pois tendres ou de l'orge bouillie, du foin le plus fin, des gerbées d'avoine. Les meilleurs agneaux gras sont ceux des brebis de trois à six ans; on reconnoît qu'ils sont bons, quand ils ont le haut de la queue large et moelleux. A l'âge de trois mois un agneau pèse de dix-huit à vingt livres. J'ai calculé, d'après un relevé des barrières de Paris, de 1787, 1788 et 1789, qu'année commune on consommoit dans cette ville 7400 agneaux de lait, sans compter ce que la fraude en introduisoit. Je doute que maintenant on en tue autant, depuis que la race des mérinos s'est multipliée dans les environs de Paris. La peau de l'agneau se passe en chamoi et en blanc pour faire des gands, des bas; etc. Sa toison, suivant la race, est du poids d'une livre à trois en suint. Elle est employée par des hommes qui préparent les ouettes, par les chapeliers pour des chapeaux, et par d'autres ouvriers pour des serges. Je présume que les fabricans de drap la font aussi entrer dans leurs étoffes, en la mêlant avec des laines d'adultes.

La brebis qui n'est plus en état de produire sert à la nourriture de l'homme, quoique sa chair soit bien inférieure à celle du mouton; elle ne peut entrer que dans la basse boucherie. La brebis avancée en âge n'est pas susceptible d'engraisser; le peu de suif qu'elle donne est mou. Sa peau se travaille pour différens objets de mégisserie; sa laine est plus fine que celle des mâles et des jeunes femelles de sa race. On fait des cordes à boyau de ses intestins. Le lait de brebis qu'on ne laisse pas boire aux agneaux est employé pour faire du fromage, dans les pays où les vaches sont rares, parceque les herbes des pâturages y sont courtes et ne peuvent être pincées que par la brebis ou la chèvre. Chaque brebis peut donner le matin un gobelet de lait et un le soir; enfin sa fiente est un très bon engrais. Le pacage des brebis est préférable à celui des moutons. (Tes.)

BRECHAIAIQUES. On donne ce nom aux jumens qui ont des crochets. (B.)

BREDES. On appelle ainsi dans l'Inde toutes les plantes dont on mange les feuilles en guise d'épinards, telles que les Amaranthes, les Arroches, les Baselles, et sur-tout la Morelle a fruits noirs. *Voyez* ces différens mots. (B.)

BREGUA. Vendange dans le departement de Lot-et-Garonne. (B.)

BRELIN. Synonyme de troupeau de moutons dans le département des Deux-Sèvres. (B.)

BRÊME. Poisson du genre des cyprius (*Cyprinus brama*), qui est du petit nombre de ceux que les propriétaires d'étangs doivent le plus chercher à multiplier, attendu qu'il se plaît beaucoup dans les eaux stagnantes, et que sa fécondité est prodigieuse.

On reconnoît la brême à son corps très large et très aplati, à une tache noire en croissant au-dessus des yeux, et à ses nageoires de même couleur, dont celle de l'anus a vingt-neuf rayons. Sa longueur surpasse rarement un pied.

C'est dans les étangs et les lacs du nord de l'Europe que les brêmes semblent avoir fixé leur séjour de prédilection. Elles y sont si abondantes qu'on cite un coup de filet qui en a amené jusqu'à cinquante mille. En France on les prend tout au plus par douzaines dans les étangs ou les rivières qui en sont les mieux peuplées. Pourquoi cela? Je l'ignore; mais je sais que nous ne pouvons pas nous vanter de connoître la vraie manière de tirer parti de nos étangs. Certainement ce poisson, quoique inférieur à la carpe en grosseur et en bonté, mérite qu'on fasse plus d'attention à lui qu'on ne le fait communément. On peut le transporter facilement d'un étang à un autre, on peut encore plus aisément faire voyager son frai.

Pendant la plus grande partie de l'année les brêmes se tiennent au fond de l'eau cachées entre les herbes, dans la vase, etc.; mais au printemps elles s'approchent des rivages pour pondre; et c'est alors qu'on les pêche en grande quantité. On a compté 137,000 œufs dans une femelle pesant six livres.

Des vers, des larves d'insectes, de petits poissons, et probablement des substances végétales servent de nourriture aux brêmes. Leur accroissement est presque aussi rapide que celui des carpes. Leur chair est blanche, délicate, mais a besoin d'être relevée par des assaisonnemens. Elle varie au reste en saveur selon les lieux où elles ont vécu et les saisons où elles ont été prises. Celles de certains étangs vaseux sont très désagréables au goût et même à l'odorat.

Les jeunes brêmes s'appellent *éperlans bâtards*, et les plus âgées *brêmes gardonnées* parmi les pêcheurs de la Seine, rivière où elles ne sont pas rares.

Tous les filets et autres engins en usage pour prendre la carpe peuvent servir et servent en effet à la pêche de la brême; ainsi je renverrai au mot Carpe ceux qui désireront les connoître. J'observerai seulement qu'elle craint beaucoup le bruit et qu'il faut n'en point faire lorsqu'on veut en prendre à l'épervier, la ligne volante, etc., qu'au contraire il faut en faire beaucoup lorsqu'on veut la chasser dans une seine. En Allemagne il est des villages sur des lacs où il est défendu de sonner les cloches pendant le temps du frai, afin de ne pas les éloigner des rivages voisins.

Pendant l'hiver on prend autant de brêmes que l'on veut, dans les étangs ou lacs qui en sont bien garnis, en faisant un trou dans la glace, trou par lequel elles viennent respirer le bon air. (B.)

BRENADE. Son mêlé avec des herbes qu'on donne aux cochons, aux oies et aux poules dans le département de Lot-et-Garonne. (B.)

BRENÉE. Nourriture des cochons et des volailles dans le département des Deux-Sèvres. Elle est composée de son, de légumes ou de fruits détrempés dans la lavure chaude de la cuisine. (B.)

BRESINE. C'est le zinnia rouge.

BRESLINGUE. Nom d'une race de fraisier.

BRETON. Nom d'une sorte de disposition des arbres en espaliers. Il ne s'emploie plus. C'est la même chose que bâtardeau. (B.)

BREUVAGE, Eau chargée de matières médicamenteuses qu'on donne, de force, aux bestiaux malades.

Ordinairement on fait prendre les breuvages aux animaux avec le secours d'une bouteille, d'un entonnoir, d'une corne, etc., et en leur faisant lever la tête; mais ces moyens sont sujets à plusieurs inconvéniens, ce qui a fait imaginer, pour le cheval, un mors creux auquel aboutit un entonnoir. *Voyez* ce dernier mot.

Quel que soit le vase avec lequel ou dans lequel on verse le breuvage dans la bouche des animaux, il faut procéder de manière à ne pas exciter en eux de mouvemens convulsifs, c'est-à-dire opérer lentement et à diverses reprises. Quelques expériences en apprennent plus à cet égard que des volumes. (B.)

BRICELLE. PRUNE.

BRICETTE. Variété de *prune*. *Voyez* PRUNIER.

BRICOLE. Partie du harnois du cheval de trait qui est placée à côté du timonnier. C'est une large lanière de cuir qui passe autour du poitrail, et aux extrémités de laquelle sont attachés les traits. Elle est tenue à la hauteur convenable par des courroies plus foibles qui passent par dessus le cou et les épaules. Cette partie est la plus importante du harnachement de ce cheval, et doit être bien conditionnée.

On appelle aussi bricole des lanières de cuir ou des sangles de chanvre qui forment un cercle, et se prolongent d'un à deux pieds. A l'extrémité de ce prolongement est un anneau ou un crochet. Elle sert aux terrassiers à s'atteler à des tombereaux, et à traîner la terre des jardins d'un endroit à un autre. (B.)

BRICOLE. On donne aussi ce nom à une bande de cuir large de deux pouces qui entourre l'encolure des chevaux, près le poitrail, et à laquelle sont fixés quatre anneaux à son bord postérieur vers le bas des épaules. Elle sert à ASSUJETTIR, (*voyez* ce mot) ceux de ces animaux qui sont méchans ou ombrageux lorsqu'on les fait saillir ou lorsqu'on veut leur faire quelque opération. Pour cela il suffit d'attacher des cordes aux ENTRAVES, (*voyez* ce mot) fixées aux paturons des pieds postérieurs, et de les faire passer séparément par les anneaux de la bricole, en les tendant suffisamment. (B.)

BRICOLIER. On appelle ainsi, dans le langage des postes, le cheval qui est attelé de côté aux voitures à deux roues, celui qui porte la bricole. C'est sur le bricolier que monte le postillon. Ce cheval doit donc être en même temps tireur et porteur. On met à cet emploi des doubles bidets ou des chevaux de moyenne taille, mais forts et vifs. (B.)

BRIDA. On donne ce nom dans le département des Deux-Sèvres à l'orge semée pour être mangée en vert.

BRIDE, BRIDON. On appelle ainsi la partie du harnois de la tête d'un cheval qui sert à le conduire. Elle est composée de la têtière, du mors et des rênes.

On dit qu'un cheval boit la *bride* ou le *mors* quand le mors remonte trop haut, et se déplace de dessus les barres où est son appui.

Un cheval *hoche avec la bride* lorsqu'il joue avec elle en secouant le mors par un petit mouvement de tête, sur-tout lorsqu'il est arrêté. Je désirerois que l'on supprimât, de toute espèce de bride, ou plutôt de toute espèce de mors, les bossettes en cuivre, qui sont un simple ornement, pour cacher le bouquet et le fonceau du mors. Cette inutilité de pure fantaisie est souvent la cause de maladies graves. L'humidité, la bave, la salive des chevaux attaquent ce cuivre; il s'y forme du vert-de-gris qui, dissous, s'étend et gagne jusque dans la bouche de l'animal et se mêle avec sa salive. Je rapporte ce fait parceque j'en ai été témoin.

Un autre objet aussi important que celui-ci est de ne jamais ôter la bride à un cheval sans passer dans l'eau le mors et le bien sécher. Comme il est en fer je conviens qu'on n'a rien à craindre de sa rouille; mais la matière gluante qui forme l'écume du cheval retient dans le mors, et surtout au coin de ses deux extrémités, des débris d'herbes, de foin, etc. qui ont resté dans la bouche de l'animal au moment qu'il a été bridé; ces ordures fermentent, se corrompent et fatiguent le cheval. (R.)

BRIDES. Lorsqu'un rameau d'un espalier s'écarte trop du mur on l'en rapproche au moyen d'une bride, c'est-à-dire d'un lien de jonc, d'osier, de ficelle, etc., qui l'attache au palissage. Par ce moyen le rameau arrive peu à peu à la place où il doit être arrêté.

On emploie aussi les brides pour garnir l'espace vide d'un espalier. Alors ce sont les deux branches les plus voisines de ce vide qu'on lie ensemble pour les forcer à se rapprocher. (B.)

BRIETTE. Brebis jusqu'à l'âge de deux ans dans le département des Deux-Sèvres.

BRIGNOLE. Espèce de prune.

BRIJEAU. Mélange de pois gris, de vesces, de fèves, de seigle, de froment, etc. qu'on sème pour fourrage, et qu'on coupe au moment de la floraison. (B.)

BRIMÉ ou TACONE. Lorsqu'après une petite pluie un fort soleil se montre, les gouttes d'eau restées sur les grains de raisins s'échauffent, et la peau qu'elles recouvrent se brûle, se sphacèle; il en résulte des taches qui s'opposent à la croissance ultérieure de ces grains, et nuisent à la bonne qualité du vin. *Voyez* aux mots VIGNE et BRULURE. (B.)

BRIN. Un arbre de brin est celui qui est venu de graine et n'a qu'une tige. Par suite, dans les pépinières, on dit mettre sur un brin lorsqu'on coupe toutes les pousses latérales d'un pied d'arbre pour ne laisser que la plus belle, celle qu'on destine à devenir la tige. *Voyez* au mot PÉPINIÈRE. (B.)

BRINBAILLIER. Nom vulgaire de l'AIRELLE COMMUNE.

BRINDILLE. On a donné presqu'à la fin du mot BRANCHE la définition de la brindille, et les caractères qui la font distinguer des autres branches de l'arbre. Comme cette branche est le magasin du fruit pour l'année précédente, on ne doit jamais l'abattre lorsque l'on TAILLE l'arbre, ni lorsqu'on l'EBOURGEONNE, ni au temps du PALISSAGE (*voyez* ces mots), quand même la brindille se trouveroit sur le devant. Il vaut mieux perdre sur la beauté du coup d'œil et gagner en utilité. D'ailleurs, lorsque le bourgeon est grand, on peut le relever et l'attacher en le courbant doucement. Cette règle cependant souffre une exception, particulièrement à l'égard du pêcher; si la gelée a fait périr le BOUTON A BOIS (*voyez* ce mot), il ne faut point relever la brindille, parceque la pêche ne mûrit point si elle n'a pas à côté ou au-dessus d'elle une branche qui la nourrit; mais lorsque le fruit a acquis plus de la moitié de sa grosseur, on coupe alors cette branche à trois ou quatre yeux, et les feuilles servent à défendre le fruit de l'ardeur du soleil. (R.)

BRINGÉ. On donne ce nom dans le Cotentin aux bœufs à poil truité. (B.)

BRIOCHE. Variété de pois gris qu'on sème dans les terres médiocres aux environs de Boulogne. (B.)

BRIONE. *Voyez* BRYONE.

BRIS. On appelle ainsi, dans quelques endroits, le gruau d'avoine.

BRISE-VENT. C'est un mur de paille ou de roseaux que l'on fait pour mettre les plantes ou les couches à l'abri des vents. Ces brise-vents ou paillassons sont placés perpendiculairement, et maintenus tels par le secours de piquets fichés en terre, et de perches transversales; leur hauteur est communément depuis trois jusqu'à cinq pieds: et la longueur proportionnée au terrain que l'on veut abriter.

Les brise-vents sont de véritables abris temporaires, qui cependant peuvent durer plusieurs années lorsqu'on les ménage convenablement. Les résultats de leur destruction servent de base aux couches, ou sont jetés sur le fumier.

On pratique rarement des brise-vents dans la grande culture à cause de la dépense qu'ils occasionnent; mais je les ai vus cependant produire d'étonnans effets dans des sols sablonneux ou crayeux que les feux du soleil empêchoient d'être productifs.

J'ai développé au mot ABRI la théorie des brise-vents. (B.)

BRIZE, *Briza*. Genre de plantes de la triandrie digynie et de la famille des graminées, qui renferme sept à huit espèces dont une est assez commune pour intéresser les cultivateurs comme article de fourrage, et doit être en conséquence connue d'eux.

La BRIZE TREMBLANTE, *Briza media*, Lin, a les épillets ovales, et les valves calicinales plus courtes que les florales. On la trouve dans toute l'Europe sur les montagnes, dans les pâturages secs, le long des chemins, et en général dans tous les lieux incultes et secs. Elle forme un fourrage court, que les moutons et les chèvres recherchent, que les vaches ne craignent pas de manger, mais que les chevaux repoussent souvent. Cette plante, d'un aspect fort élégant, est connue dans plusieurs cantons sous le nom d'*amourette*. Elle entre très fréquemment dans les foins des hauts prés, ce qui n'est pas un avantage, sa fane étant dure et insipide. (B.)

BROC. Vaisseau vinaire à anse, en forme de poire, communément de bois, garni de cinq cercles de fer posés à égale distance les uns des autres; un dans le bas, sur lequel il appuie; trois dans le milieu, et un au sommet qui forme la gouttière par laquelle on verse le vin. De ce cercle supérieur part une pièce de fer, avec laquelle il est rivé, et cette pièce s'attache sous le troisième cerceau. Un morceau de bois remplit l'anse, et la pièce de fer qui la constitue est rivée ou repliée par ses deux côtés sur le bois. C'est le vaisseau le plus commode pour le service des caves, pour l'avinage, l'avillage ou remplissage des tonneaux. Quelque hauteur et quelque largeur qu'ait le broc, son ouverture ne peut avoir plus de deux à trois pouces de diamètre. Il est étonnant que son usage soit circonscrit dans quelques provinces seulement. Plus les douves qui composent le broc sont étroites, meilleures elles sont. Toute sorte d'ouvrier n'est pas en état de le faire, à cause de la précision dans la diminution des douves pour entrer dans le carreau supérieur; diminution beaucoup plus grande que celle de la base des douves.

J'ai vu dans quelques provinces des brocs faits en étain qui contenoient plus de moitié de plomb. L'acide du vin corrode l'étain comme le plomb, et leur dissolution, qui se mêle avec le vin, le rend infiniment nuisible à la santé. *Voyez* aux mots PLOMB et LITHARGE. (R.)

BROCHER. Lorsqu'un arbre nouvellement planté pousse, les jardiniers disent qu'il broche. Ce mot impropre ne s'emploie plus guère. (B.)

BROCHET. Poisson du genre ÉSOCE, que la grandeur à laquelle il peut parvenir, sa voracité, et l'excellence de sa chair, ont rendu fameux. Il se trouve dans les rivières et les étangs de toute l'Europe, mais bien plus abondamment dans le nord que dans le midi.

Les anciens savoient que le brochet pouvoit vivre des siècles, et parvenir à une grosseur équivalente à mille livres pesant. Le fait suivant dispensera d'en citer d'autres. En 1230 l'empereur Barberousse fit mettre un anneau de cuivre doré à un brochet de l'étang de Kaiserslautern, dans le Palatinat. Il fut pêché en 1497, c'est-à-dire 267 ans après, et trouvé de 19 pieds de long et de 350 livres de poids. On voit encore son squelette à Manheim.

Sans doute les brochets de cette grosseur sont rares; mais ceux de trois à quatre pieds sont assez communs. Ils le seroient bien davantage si on vouloit attendre; car ils parviennent à huit ou dix pouces de long la première année, à douze ou quatorze la seconde, à dix-huit ou vingt la troisième, et c'est à cet âge qu'on les mange généralement.

Tous les poissons et les reptiles aquatiques servent de nourriture au brochet. Il en consomme une immense quantité; aussi l'appelle-t-on *poisson-loup* dans quelques endroits, aussi ne doit-on pas en laisser de gros dans les étangs, si on veut avoir des carpes, des brêmes, des tanches, des anguilles, etc. Les perches se défendent de lui à la faveur des épines de leur nageoire dorsale; et il redoute l'épinoche par la même raison. Il digère avec une incroyable rapidité, de sorte que ses massacres ne sont jamais interrompus que par le manque de victimes.

La multiplication des brochets, si le frai et ses produits de la première année n'étoient pas la proie de beaucoup d'autres poissons et de la plupart des oiseaux d'eau, seroit immense; car on a compté 148,000 œufs dans une femelle de moyenne grandeur. Les gros mangent même souvent les petits dans cette espèce. Le frai dure trois mois du printemps. A cette époque ceux qui sont dans les étangs cherchent à en sortir, pour déposer leurs œufs, dans les eaux courantes, sur les pierres et herbes qui s'y trouvent. Ils sont alors si occupés de leur opération, et s'avancent si fort sur le bord, qu'on peut très fréquemment les prendre à la main, comme ma propre expérience me l'a prouvé.

J'ai déjà observé qu'il étoit nuisible aux produits d'un étang qu'il y eût trop de brochets, et sur-tout des brochets trop gros. Beaucoup de propriétaires se refusent même totalement à en mettre, cependant la plupart du temps on y en trouve. Il est dans ce cas possible à supposer que le frai y a été apporté attaché aux pattes ou au bec des oiseaux aquatiques. Ce n'est que lorsqu'on aura adopté en France l'excellente méthode usitée en Allemagne pour l'aménagement des étangs, méthode qui consiste à faire passer successivement et tous les ans le poisson du même âge d'un étang dans un autre, qu'on sera le maître d'avoir le nombre de brochets, et de brochets de telle grosseur qu'on voudra. Alors, loin d'être nuisibles, ils seront utiles, puisqu'ils mangeront tous les produits des carpes, des brêmes, des tanches, etc., et toute la blanchaille des étangs où est le plus gros poisson ; produits qui, en consommant la subsistance de ce gros poisson, l'empêchent de grossir et d'engraisser.

La chair des brochets varie en qualité, comme celle de tous les autres poissons, à raison de leur âge, de leur sexe, du temps de l'année où ils ont été pris, des eaux où ils ont vécu, etc. ; mais elle est en général blanche, ferme, feuilletée et d'un bon goût. Elle convient beaucoup aux estomacs foibles et aux convalescens. Aussi est-elle fort recherchée des gens riches, aussi la prise d'un brochet d'une certaine grosseur est-elle toujours une aubaine importante pour les pêcheurs ; aussi les propriétaires d'étangs, voisins des grandes villes, doivent-ils spéculer sur leur vente plus que sur celle des carpes, parcequ'ils ne peuvent pas être transportés au loin comme elles. Au reste, ceux pris dans les eaux courantes sont toujours préférables à ceux pris dans les eaux stagnantes, et doivent être payés plus cher par les gourmets.

Les œufs du brochet excitent, dit-on, des nausées et purgent même violemment ceux qui les mangent ; cependant en Allemagne on en fait du caviar, on les fait entrer, avec des sardines, dans une préparation alimentaire qu'on appelle *netzin*, et en Italie le peuple ne les laisse pas perdre.

Dans le nord de l'Europe et de l'Asie, où les brochets abondent, on les sèche, et on les sale comme la morue. Dans d'autres endroits, on conserve, dans des vases exactement fermés, la chair pilée et assaisonnée d'oignons, de thym, de poivre, de sel et de vinaigre.

Toutes les espèces de filets employés à la pêche des poissons d'eau douce servent à prendre les brochets. On les prend aussi à la fouanne, l'été, pendant la nuit, à la lueur de la lune ou des flambeaux, l'hiver, pendant le jour, en faisant des trous dans la glace. Ils mordent aussi à la ligne, sur-tout lorsqu'elle est amorcée avec un goujon vivant. On en trouve fréquemment dans les verveux et dans les nasses ; mais, dans ce cas, sa présence est souvent une perte pour le pêcheur, parceque sa captivité ne l'empêche pas de manger tout ce qui est pris ou se prend. (B.)

BROCOLI. *Voyez* Chou.

BROME, *Bromus*. Genre de plantes de la triandrie digynie et de la famille des graminées, qui renferme une quarantaine d'espèces, dont plusieurs sont si abondantes dans les campagnes, que les cultivateurs ne peuvent se refuser d'apprendre à les connoître.

Les espèces les plus communes de ce genre sont :

Le brome séglin, qui a la panicule penchée ; les épillets ovales, comprimés, et les arêtes droites. Il se trouve dans toute l'Europe, dans les champs arides, parmi les seigles. Il est annuel, s'élève à deux ou trois pieds, et a des épillets quelquefois de trois lignes de diamètre.

Le BROME STÉRILE a la panicule écartée, les épillets oblongs, les valves aiguës, et les arêtes droites. Il est annuel, et se trouve dans les champs, les prairies artificielles, le long des haies, des chemins, dans tous les endroits secs et arides. On peut lui réunir les *bromes des champs* et *des toits*, qui n'en sont que des variétés. Cette espèce, qui fleurit au mois de mai, et dont les graines sont mûres au mois de juin dans le climat de Paris, est quelquefois si abondante, qu'elle couvre presque exclusivement des espaces de terre très considérables. Il fait souvent le fond des prairies artificielles qui sont sur le retour. Il s'élève moins que le précédent, et ses grains sont moins gros. Tous les bestiaux l'aiment beaucoup quand il est jeune; mais aux approches de la maturité, et lorsqu'il est desséché, il devient dur et insipide. Cette raison a toujours empêché de le semer comme fourrage, ce à quoi la faculté de croître dans les plus mauvais terrains sembloit engager, et doit déterminer la coupe précoce des luzernes où il se trouve dans une proportion notable.

Cette espèce, comme la précédente, mûrit avant la coupe des seigles, des fromens, des avoines, des orges; de là vient que son grain se trouve rarement mêlé avec celui de ces céréales, de là vient la difficulté d'en purger les champs. Il n'y a que la culture des plantes étouffantes, telles que la vesce, les pois, etc. ou celle des plantes qui exigent de fréquens binages, telles que la pomme de terre, les haricots, etc. qui au bout de deux ou trois ans la fasse disparoître. Quelques cultivateurs croient qu'elle ne nuit pas aux champs, parceque ses racines sont très petites: mais on ne peut être de leur avis; car étant de la même famille que les blés et les avoines, elle soutire les mêmes principes, et son abondance compense son peu de grosseur.

Au reste, le grain de toutes les espèces de bromes qui se trouvent en Europe ne nuit pas sensiblement à la qualité du pain dans lequel il entre; il est fort recherché par les oiseaux, et il peut, jusqu'à un certain point, remplacer l'avoine pour les chevaux.

Le BROME CORNICULÉ, *Bromus pinnatus*, Lin., a la tige simple; les épillets alternes, distiques, écartés, relevés, un peu courbés, cylindriques, sessiles et à peine barbus. Il est vivace; s'élève à deux ou trois pieds, et se trouve dans les bois et sur les montagnes sèches, dans les plaines arides, etc. On le reconnoît, avant la pousse des tiges, à ses larges touffes isolées d'un vert jaunâtre et d'une densité remarquable. Ses feuilles sont coupantes et très larges. Ce sont principalement elles que les chasseurs recherchent pour faire des appeaux de pipée. Les bestiaux les mangent au printemps, mais en automne ils n'y touchent plus. On pourroit cependant l'employer en prairies artificielles pour l'usage des moutons, ou mieux, en pâturage, car ses feuilles sont trop courtes pour être coupées utilement. On pourroit également, s'il ne touffoit pas autant, le faire servir de gazon dans les jardins situés en terrain aride, où la plupart des autres graminées ne peuvent croître. Peut-être en le renouvelant souvent par le moyen des semis diminueroit-on cet inconvénient. Il fleurit fort tard, et ses graines ne tombent qu'aux approches de l'hiver, en sorte qu'il est précieux pour les oiseaux granivores pendant cette saison. (B.)

BRONCHOTOMIE. Médecine vétérinaire. Opération qui consiste à faire une ouverture à la trachée-artère pour donner à l'air la liberté d'entrer dans les poumons et d'en sortir, ou pour tirer les corps étrangers qui se sont insinués dans le larynx ou la tranchée-artère. Elle convient dans les esquinancies inflammatoires de la gorge des bœufs et des chevaux qui ont résisté à tous les remèdes et qui sont menacés de suffocation. *Voyez* Esquinancie. (R.)

BROU. C'est l'enveloppe extérieure des fruits à noyau. La chair de la pêche est un brou. (*Voyez* au mot Fruit.) Mais c'est l'enveloppe de la noix qui porte particulièrement ce nom. *Voyez* au mot Noyer.

Le brou de noix lorsqu'il est frais donne une couleur vert-brune, et lorsqu'il est vieux, une couleur noir-brune aux étoffes qu'on fait bouillir à grande eau avec lui. Ces deux couleurs sont très solides, et servent également sur le bois, principalement pour les parquets des appartemens. La saveur austère de l'eau dans laquelle on a fait macérer du brou de noix est très propre à faire périr les cochenilles, les pucerons, les tigres, et autres petits insectes qui nuisent aux arbres. (B.)

BROUA. Haie vive dans le département du Var. (B.)

BROUETTE. Sorte de voiture à une seule roue qu'un homme tire ou pousse, et dont les cultivateurs font un usage journalier dans beaucoup de cantons de la France, mais qui est presque inconnue dans d'autres, quoique sa simplicité, son économie et la facilité de son service eussent dû la faire adopter par-tout. Ce fait est un des mille qui prouvent combien les inventions utiles ont de la peine à pénétrer dans les campagnes.

La brouette la plus simple est composée de deux limons ou brancards de cinq à six pieds de long, un peu cambrés dans leur milieu et recourbés à leur extrémité antérieure, et percés d'un trou à leur extrémité postérieure. Ces limons sont écartés de deux à trois pieds et liés ensemble par trois traverses. La

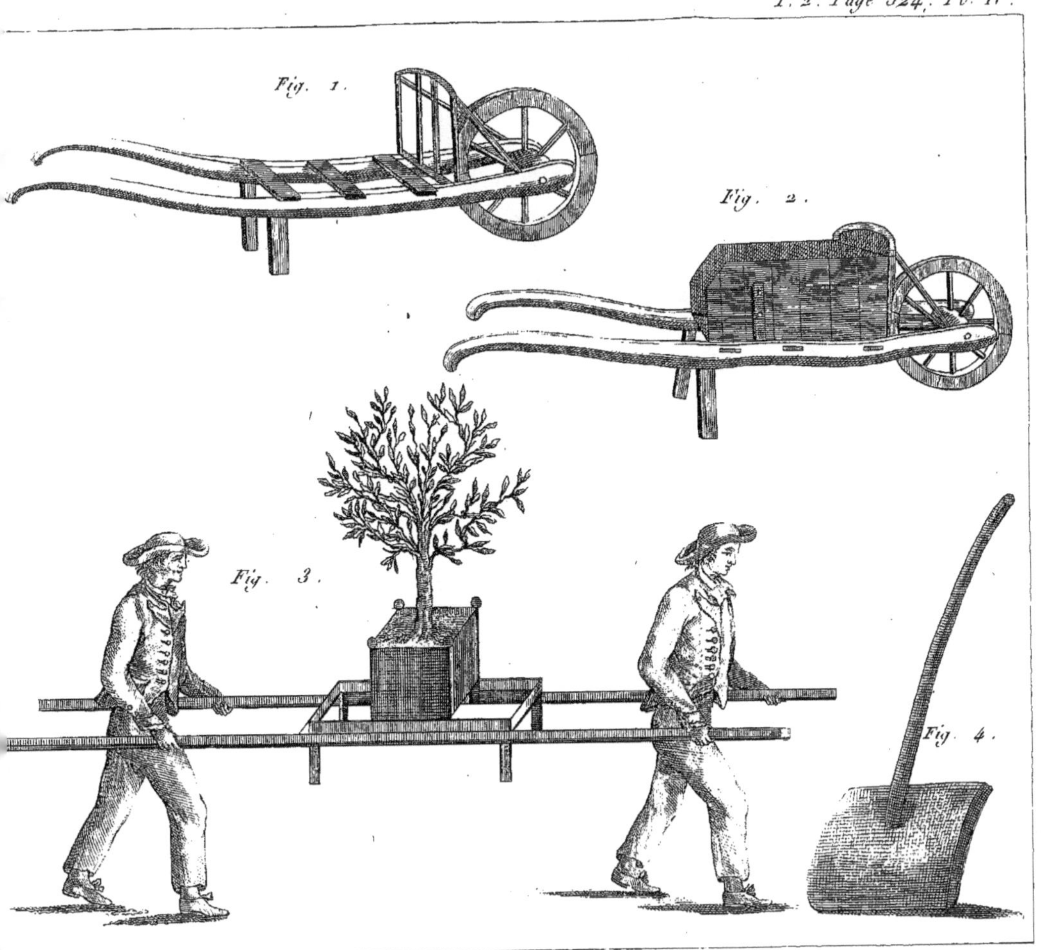

...ne del. et Dir.

Fig. 1 et 2. Brouettes, Fig. 3. Bar, Fig. 4. Batte.

roue, d'un à deux pieds de diamètre, est fixée à leur extrémité postérieure au moyen d'une tringle de fer qui passe par les trous dont il vient d'être question. Rarement elle est ferrée. Deux pieds à peu près de la longueur du rayon de la roue sont fixés dans les limons à la moitié, ou environ, de leur longueur.

Quelquefois à cette brouette on ajoute sur la dernière traverse quatre montans de bois un peu inclinés en arrière, liés ensemble par le haut et soutenus par deux arc-boutans, afin de retenir les morceaux de bois, les pierres, et autres objets solides dont on veut la charger. Cette sorte de brouette est représentée *fig.* 1, pl. 4.

D'autres fois on fixe une planche horizontale sur les traverses, deux autres planches perpendiculaires sur les limons, et une quatrième également perpendiculaire sur la dernière traverse. Il en résulte un coffre couvert en dessus et en devant, dans lequel on peut mettre de la terre, du sable, et autres articles susceptibles de se diviser. *Voyez fig.* 2, où une de ces brouettes est représentée.

Je me bornerai à ces deux exemples, quoique la forme et la grandeur des brouettes varient beaucoup selon les pays, les emplois, et la force des hommes qui sont destinés à les faire mouvoir.

Aux environs de Paris les brouettes sont presque entièrement faites en bois d'orme, c'est-à-dire que les traverses seules y sont de chêne ou de frêne. Le coffre est ordinairement en planches de peuplier. En général, il faut toujours tendre à les rendre les plus légères et en même temps les plus solides que possible.

La conduite d'une brouette, quelque facile qu'elle paroisse au premier coup-d'œil, ne laisse pas que d'exiger de l'usage et de la force. Les personnes inhabituées ont beaucoup de peine à garder l'équilibre, sur-tout quand elles s'en servent en poussant.

Toute exploitation de grande culture doit avoir un certain nombre de brouettes de diverses formes et dimensions. Les jardins, pépinières, etc. peuvent encore moins s'en passer. Les Civières, les Barres, les Hottes (*voyez* ces mots) peuvent bien les remplacer, et même les remplacent nécessairement dans certains cas, mais leur usage exige deux personnes et est plus lent : il est donc moins économique. (B.)

BROUILLARD. C'est un amas de vapeurs et d'exhalaisons, plus ou moins épaisses, qui s'élèvent dans l'air, et tantôt se dissipent dans les hautes régions de l'atmosphère, et tantôt retombent sur la terre en forme de bruine ou de pluie fine.

Deux causes principales concourent immédiatement à la formation des brouillards, la chaleur naturelle de la terre, et le froid des couches inférieures de l'atmosphère. Le soleil d'une journée entière, et la masse de chaleur qu'il a produite dans l'atmosphère, celle qu'il a imprimée à la surface de la terre, occasionnent une évaporation considérable ; les molécules aqueuses, raréfiées et chassées par la chaleur qui s'échappe du globe, s'élèvent et se dispersent dans l'air jusqu'à ce que, rencontrant une zone froide, elles se condensent et deviennent visibles en se rapprochant et s'épaississant. Leur réunion forme un corps fluide, pénétrable et continu, et susceptible de tous les mouvemens que les vents peuvent lui imprimer. Les vents eux-mêmes contribuent beaucoup à la réunion des vapeurs et à la formation des brouillards. L'air est toujours rempli d'une certaine quantité de vapeurs. *Voyez* Air. Si elles sont invisibles, c'est que, trop raréfiées, leurs molécules sont éloignées les unes des autres. Mais si les vents viennent à souffler du haut en bas, alors ils abaissent ces vapeurs les plus élevées sur les plus basses, et les condensent. Leur condensation sera encore plus prompte, si les vents soufflent de divers points opposés : ils compriment alors de toutes parts les vapeurs qu'ils trouvent dans l'air. La même chose a lieu, si elles sont poussées par les vents horizontalement contre une montagne : ne pouvant aller plus loin, les dernières se joignent aux premières, et à celles qui sont adossées contre la montagne ; elles s'accumulent les unes contre les autres, elles s'épaississent enfin, et y acquièrent un tel degré de densité, qu'elles deviennent visibles et retombent sous la forme de brouillards.

Il n'est point de saison ni de climat où l'on ne voie des brouillards ; l'hiver et les pays humides paroissent cependant favoriser le plus la formation de ces météores. Dans l'hiver le soleil agissant avec moins d'activité, et le ciel étant presque toujours couvert de nuages, l'air froid occasionne nécessairement une condensation dans les vapeurs, et les exhalaisons qui s'élèvent de la terre et des eaux, sur-tout dans les endroits où l'évaporation est plus abondante, comme les sols marécageux et aquatiques, les bas fonds et les bords des rivières. Comme le soleil a peu de force dans cette saison, il dissipe difficilement ces brouillards qui se résolvent ordinairement en pluie s'il fait doux, *voyez* Bruine, et en grive, s'il fait froid. *Voyez* Givre. Il n'est donc pas étonnant de voir alors les brouillards obscurcir l'air pendant plusieurs jours de suite ; et la résolution de ces brouillards dépend de la température actuelle de l'atmosphère et de l'effet des vents. Dans l'été, les vapeurs élevées dans la journée retombent vers le soir après le coucher du soleil et durant la nuit. Si elles sont assez raréfiées pour être invisibles, elles forment alors la rosée et le serein. *Voyez* ces mots. Si un froid assez vif, un vent frais les rassemble et les accumule, on aperçoit alors un brouillard, plus ou moins épais, que les premiers rayons du soleil du lendemain dissipent ordinairement. Dans le printemps et l'automne, les brouillards sont plus fréquens, à cause de la différence marquée de température entre le jour et la nuit. Les pluies, assez fréquentes dans ces deux saisons, imprègnent l'air d'une humidité continuelle, que le moindre froid condense en brouillard.

C'est ordinairement le soir et le matin que les brouillards sont plus sensibles. En voici la raison. Le soir après que la terre a été échauffée par les rayons du soleil, l'air venant à se refroidir tout à coup au coucher de cet astre, les vapeurs qui avoient été échauffées s'élèvent dans l'air ainsi refroidi, parceque dans leur état de raréfaction, elles sont plus légères que l'air condensé. Le matin, lorsque le soleil se lève, l'air se trouve échauffé par les rayons beaucoup plus tôt que les vapeurs qui y sont suspendues; et comme ces vapeurs sont alors d'une plus grande pesanteur spécifique que l'air, elles retombent vers la terre sous la forme de brouillard.

D'après tout ce que nous venons de dire, on peut donc assurer que les brouillards ne sont autre chose que des molécules aqueuses, disséminées dans l'air, et rendues visibles par leur abondance et par le froid; ce sont, en un mot, de vrais nuages qui flottent dans les régions les plus basses de l'atmosphère, et qui interceptent une partie de la lumière qui nous vient du soleil et des astres. Cette obscurité est produite par le très grand nombre de ces molécules aqueuses, qui, perdant peu à peu le mouvement en vertu duquel elles se sont élevées, s'arrêtent à une hauteur déterminée, s'approchent et se joignent les unes aux autres. Ainsi déposées, elles doivent nécessairement empêcher que l'effet des rayons lumineux ne parvienne en entier jusqu'à nous, parceque ces gouttes, quelque petites qu'elles soient, se trouvant rassemblées sans ordre, réfléchissent la lumière, et la dissipent par la multitude de leurs surfaces qui s'opposent successivement à son passage. Cet obscurcissement devient quelquefois si considérable, que la lumière est presque totalement interceptée, et que l'on ne distingue les objets qu'à une très petite distance. Quelquefois aussi ces brouillards épais ne reposent pas immédiatement sur la terre; ils s'élèvent et se fixent dans la région moyenne de l'atmosphère, où ils forment une espèce de zone moins opaque, à la vérité, que les brouillards ordinaires, mais qui ne laisse pas d'y répandre une obscurité sensible. S'ils n'interceptent pas totalement les rayons du soleil, ils en affoiblissent tellement l'éclat, que l'on peut alors regarder fixement son disque. Telle est la cause naturelle de ce phénomène singulier, qui, aux yeux de l'ignorance timide et superstitieuse, passe pour un prodige effrayant, et qui annonce les plus grands malheurs. Si ce phénomène a lieu plusieurs jours de suite, les brouillards qui l'ont produit auront séjourné ce même espace de temps dans l'atmosphère, et l'auront viciée. Il n'est donc pas étonnant, après cela, qu'il se répande des maladies épidémiques, qu'il faut attribuer à la présence des brouillards, et non à l'obscurcissement du soleil.

Les brouillards ont deux mouvemens généraux; celui par lequel ils se condensent et retombent en bruine ou en pluie, et celui par lequel ils se raréfient, s'élèvent de plus en plus, et deviennent de vrais nuages. Ces vapeurs suspendues au-dessus de la terre, à une hauteur médiocre, quoique souvent tranquilles à leur partie inférieure, sont susceptibles d'un mouvement d'ondulation semblable à celui de la mer à leur partie supérieure. Quand on est sur une montagne assez haute, que l'on domine une plaine couverte de brouillards, on croit voir sous ses pieds une mer agitée, dont les flots roulent les uns sur les autres. Insensiblement on les voit se dissiper, soit lorsque ces molécules aqueuses, acquérant une pesanteur plus considérable que celle de l'air dans lequel elles nagent, forment des gouttes plus grosses, et retombent sur la terre par leur propre poids; soit que le principe de la chaleur qui les a élevées et divisées, augmentant encore par l'ardeur du soleil, elles reçoivent un mouvement plus fort qui les porte vers la région supérieure de l'air où elles se condensent et prennent la forme de nuages, à moins qu'elles ne soient entièrement dissipées par une raréfaction extrême et prompte.

Si les brouillards n'étoient exactement que de l'eau raréfiée, nous ne nous apercevrions de leur présence que par l'humidité qu'ils entretiennent, et par l'obscurité qu'ils répandent; mais très souvent ils sont accompagnés d'une odeur infecte, d'une âcreté qu'on ressent à la gorge et aux yeux. Cette odeur et cette âcreté sont dues aux exhalaisons terrestres que ces vapeurs entraînent avec elles; cette espèce de brouillard est en général très malsaine.

Comme la production des brouillards ne dépend absolument que de l'abondance des vapeurs et du froid de l'atmosphère, ils obscurciront l'air, soit que le baromètre se trouve haut ou bas. Quand la colonne de mercure est basse et annonce la pluie, il n'est pas étonnant que l'on voie des brouillards qui sont une espèce de pluie; mais lorsqu'elle se tient haute, on pourra avoir des brouillards, 1° si le temps a été long-temps calme et chaud, et qu'il se soit élevé beaucoup de vapeurs qui aient rempli l'air, le moindre froid, le plus petit vent frais, rafraîchira l'atmosphère, et les vapeurs se condenseront. 2° Si l'air, se trouvant tranquille, laisse retomber les vapeurs et les exhalaisons, qui passent alors librement à travers.

Le brouillard n'est pas comme la rosée, il tombe et mouille indifféremment toute sorte de corps, et pénètre souvent dans l'intérieur des maisons. Il s'attache alors aux murs et s'écoule par le bas, en laissant sur les parois de longues traces qu'il a formées.

Dans l'été, lorsque l'air se trouve chargé de légers brouillards le matin, communément il fait beau dans la journée, parcequ'à l'arrivée du soleil le brouillard mince et délié est repoussé vers la terre; de sorte que ses parties devenues fort menues, et étant séparées les unes des autres, vont flotter çà et là dans la partie inférieure de l'atmosphère, et ne se relèvent plus pour retomber en pluie.

La cause de la nature des brouillards étant bien connue, ce seroit ici le lieu d'examiner leur influence sur l'économie animale et sur la végétale. Comme ils agissent en partie par l'humidité, c'est à ce mot que nous renvoyons, pour n'être pas obligés de nous répéter. *Voy.* HUMIDITÉ. Nous nous contenterons d'observer en général qu'ils fertilisent les terres, ou que du moins nul temps n'est plus favorable aux labours et aux semailles que ces matinées où règne un brouillard épais et stillant, qui baigne et échauffe doucement les sillons. Si les brouillards d'automne hâtent quelquefois la maturité des raisins, ils les font pourrir s'ils sont de trop longue durée. (R.)

Les cultivateurs ont cru pendant long-temps que la rouille étoit produite par les brouillards, mais on sait aujourd'hui que c'est une plante de la famille des champignons, une *æcidie.* Ils leur attribuent aussi la coulure des fruits; ils ont encore tort. Les brouillards et la coulure du fruit ont la même cause, le peu de chaleur du soleil; et s'ils agissent par eux-mêmes, ce n'est qu'en augmentant le refroidissement de l'atmosphère par l'humidité qu'ils y conservent. *Voyez* au mot FÉCONDATION DES PLANTES, où on prouvera que la chaleur est plus ou moins nécessaire à cette opération de la nature.

Mais, dira-t-on, on garantit cependant les espaliers de la coulure en les couvrant de paillassons, de toiles, etc. Oui; mais parceque ces objets rendent l'air stagnant autour des branches et que tout air stagnant, par cela seul qu'il l'est, élève sa température de quelques degrés au-dessus de celui qui est libre. C'est l'effet de l'évaporation du calorique par les vents; c'est l'effet de l'eau qu'on glace en trempant le vase qui la contient dans de l'éther, et en l'exposant subitement au soleil. (B.)

BROUILLE. C'est le nom de la FETUQUE FLOTTANTE dans quelques cantons de la France.

BROUILLÉ. On dit qu'une tulipe, un œillet sont brouillés,

lorsque leurs panachures ne sont pas bien tranchées, qu'elles se fondent les unes dans les autres. (B.)

BROUINE. La carie du froment porte ce nom dans quelques cantons.

BROUISSURE. Espèce de brûlure qu'éprouvent les jeunes bourgeons des arbres ou des plantes par l'effet d'un soleil ardent, ou d'un vent sec, ou de la gelée. *Voy.* au mot BRULURE. (B.)

BROUSSAILLES ou BROSSAILLES. On donne ce nom, dans quelques endroits, aux buissons d'épine et autres arbustes qui ne peuvent servir qu'à chauffer le four, cuire la chaux, etc. Que de terrains en France qui ne sont couverts que par des broussailles, et qui pourroient nourrir de beaux arbres, fournir d'abondantes récoltes de céréales! Ces terrains sont le plus souvent des COMMUNAUX. (B.)

BROUSSAUT. *Voyez* BROUSSAILLES.

BROUSSIN. Fromage fondu, préparé avec du vinaigre et du poivre, et qu'on mange, l'été, dans le département du Var.

BROUSSIN. Excroissances qui se forment sur les arbres qu'on élague, qu'on tond ou qu'on coupe souvent.

Les broussins de quelques arbres ont une grande valeur dans le commerce, soit à raison de l'entrelacement de leurs fibres qui rend leur bois infendable, soit à raison de leur coloration qui fait ressembler leur bois à du marbre. On emploie les broussins de l'orme, du frêne, de l'érable et du buis pour faire de charmans meubles qui imitent les bois de marqueterie de l'Amérique ou de l'Inde, ou des ouvrages de tour très recherchés. (B.)

BROUSSONNETIE ou MURIER A PAPIER, *Broussonnetia*. Arbre de la Chine et autres contrées de la mer du sud, fort voisin des mûriers dont on l'a cru long-temps une espèce, qui est d'une grande utilité aux habitans du Japon, des îles des Amis et autres, et dont on pourra également tirer de nombreux avantages dans l'agriculture et dans les arts, lorsqu'il sera aussi multiplié en Europe qu'on doit le désirer.

C'est au milieu du printemps et avant le complet développement des feuilles que fleurit le broussonnetie. Ses fruits mûrissent au commencement de l'automne. Il y en a peu sur chaque tête comparativement au nombre des fleurs, parceque les réceptacles sont si pressés, que les premiers fécondés, grossissant, étouffent les autres. Ils sont rougeâtres, sucrés et assez bons à manger.

Le broussonnetie prend naturellement une forme arrondie, et il produit un très bel effet dans les jardins d'agrément par le vert obscur et l'irrégularité de ses feuilles, leur grand nombre et leur disposition; en conséquence on le multiplie aujourd'hui beaucoup dans les pépinières. La place qui lui convient est l troisième ou quatrième rang dans les massifs. Il fait également bien lorsqu'il est isolé ; mais alors il faut l'empêcher de monter, sans cependant le tailler, car la serpette le défigure toujours. Sa croissance est des plus rapides lorsqu'il a acquis un certain âge. Il est dans sa jeunesse un peu sensible à la gelée dans le climat de Paris ; mais jusqu'à présent il n'a éprouvé que des pertes de branches par cette cause, et il est à croire que cet inconvénient diminuera de jour en jour.

Il y a plusieurs manières de multiplier le broussonnetie :

Par semences, qu'on répand sur la surface d'un terrain bien meuble et exposé au midi aussitôt qu'elles sont recueillies. Ces semences lèvent au printemps suivant, et leur plant se repique la seconde année. Ce plant ne demande que les binages ordinaires, mais il a besoin d'être recouvert de fougère ou de paille aux approches des grandes gelées. Il n'est propre à être mis en place qu'à la quatrième ou cinquième année.

Par drageons enracinés, que les vieux pieds poussent abondamment quand ils sont dans un terrain léger et chaud, et surtout quand on blesse leurs racines. Ce moyen est le plus prompt et le plus sûr, vu que ces rejetons, après avoir attendu seulement deux ans dans la pépinière, ont déjà cinq à six pieds de haut et peuvent être mis en place ; mais il n'est pas toujours à la disposition du jardinier, y ayant des terrains et des années où il ne s'en produit pas. On les lève après l'hiver.

Par marcottes, qui prennent assez facilement racines dans les terrains frais et chauds, mais qu'on ne peut pas pratiquer sur les vieux pieds. Il faut avoir des mères, qu'on empêche de monter en arbre en leur rabattant la tête tous les deux ou trois ans. Les branches latérales doivent être mises en terre en totalité, afin que chaque rameau devienne un pied. Les produits de ces marcottages se traitent positivement comme les drageons.

Par boutures, qu'on dispose comme celles du mûrier ordinaire ; mais on en fait peu d'usage, attendu l'incertitude de la réussite.

Par racines qui, placées au printemps, en tronçons de cinq à six pouces de long, dans une bonne exposition et fréquemment arrosées, donnent des pousses la même année ou la seconde, mais qui, quelquefois, n'en donnent point du tout.

Jusqu'ici ce n'est que comme arbre d'agrément que le broussonnetie a été cultivé en France ; cependant, ainsi que je l'ai déjà fait entendre, il peut devenir d'une importance majeure sous le rapport de l'utilité. En effet, l'écorce de ses jeunes rameaux, rouie comme le chanvre, donne une filasse dont on fait des habillemens dans les îles de la Société et du papier au Japon et contrées voisines. Déjà Faujas a fait fabriquer de ce papier, à Paris, par la méthode européenne, beaucoup plus prompte que l'asiatique, et il a eu lieu de s'applaudir de son essai, quoiqu'il eût été fait avec l'écorce telle qu'elle sort de l'arbre. Je n'entrerai pas dans le détail de la fabrication du papier au Japon, ni des étoffes à O-Taïti, parceque cela mèneroit trop loin, et ne seroit d'aucune utilité aux cultivateurs, tant que le broussonnetie ne sera pas plus commun qu'il l'est encore en ce moment.

On a essayé de donner les feuilles de cet arbre aux vers à soie ; mais s'ils en ont mangé ce n'est qu'à regret, leur surface étant trop raboteuse pour eux : mais il paroît qu'on peut les employer à la nourriture des moutons, et certes cet emploi vaut bien l'autre. La faculté du broussonnetie de croître dans les plus mauvais terrains, de pousser rapidement, de se charger d'une grande quantité de feuilles, peut le rendre précieux sous ce rapport aux cultivateurs. J'insisterai d'autant plus sur cela, que le bois seul peut dédommager, en le coupant tous les trois ou quatre ans, des frais de culture. Ce bois tendre et léger n'a jusqu'à présent servi que pour brûler ; mais c'est quelque chose que de multiplier les combustibles en France, à l'époque actuelle où ils deviennent si rares et si chers.

Il y a encore un autre broussonnetie qui vient de la Jamaïque, et dont on emploie le bois à teindre en jaune : c'est le *morus tinctoria* de Linnæus. On ne le cultive pas en France, où d'ailleurs il ne pourroit pas supporter la pleine terre. (B.)

BROUSSURE. C'est la carie du froment dans quelques endroits.

BROUTER. Manière de manger des animaux pâturans.

On dit qu'un taillis est brouté lorsque ses pousses ont été mangées par le bétail. (B.)

BROYOIR. *Voyez* CHIRANÇOIR.

BRUCHE, *Bruchus*. Genre d'insectes de l'ordre des coléoptères, dont toutes les espèces vivent aux dépens des graines, et causent, par conséquent, ou peuvent causer de grands dommages aux cultivateurs.

On connoît en ce moment une cinquantaine d'espèces de bruches ; mais j'ai lieu de croire que le nombre en est bien plus considérable, car je n'ai guère reçu de collection d'insectes ou de graines des pays étrangers dans lesquelles il n'y en eût de nouvelles. J'ai même vu souvent des paquets de graines venant des pays chauds n'en pas contenir une seule qui ne fût attaquée par elles. Il est des espèces de plantes dont je n'ai pas pu récolter de graines, pendant mon séjour en Amérique, parceque je ne les ai jamais trouvées entières.

Mais pourquoi chercher des exemples étrangers? qui ne connoît les ravages que cause dans les pois, les lentilles et les fèves, l'espèce de bruche la plus commune en France, celle que Geoffroy a décrite sous le nom de *mylabre à croix blanche*, et qui est connue vulgairement sous les noms de *puceron*, *pucette*, etc.? Qui n'a pas été dans le cas de voir la répugnance avec laquelle toutes les classes de la société mangent ces légumes lorsqu'ils en sont infestés?

Cette bruche, qu'on appelle particulièrement la BRUCHE DES POIS, parceque c'est sur les pois qu'elle se jette de préférence, est brune, avec des faisceaux de poils fauves et de poils blancs régulièrement disposés. L'extrémité de son abdomen, qui est tronquée, a sur-tout une tache de poils blancs en forme de croix qui est fort remarquable. Sa longueur est d'environ deux lignes. Elle saute et vole très bien, sur-tout dans la chaleur. Elle paroît au printemps sur les fleurs, où elle s'accouple et d'où elle part pour aller déposer ses œufs sur la gousse des pois. Chaque larve qui en naît perce cette gousse et va gagner un pois dont elle mange la substance petit à petit, et dans lequel elle se transforme en nymphe. Il est rare de trouver deux larves dans le même pois; mais une seule suffit pour en consommer plus de la moitié, et sur-tout pour le rendre impropre à la reproduction lorsqu'il a été attaqué du côté du germe, ce qui a presque toujours lieu.

Si cette bruche se contentoit des pois qui sont sur pied, on supporteroit ses ravages, attendu qu'elle est plus dispersée, ou que, lorsqu'on les mange en vert, sa larve est encore trop petite pour être facilement aperçue; mais ce qu'il y a de plus affligeant, c'est qu'elle se multiplie sur les pois secs, dans le grenier, dans le sac où on les a renfermés après leur maturité; et, à l'abri de ses ennemis et des accidens atmosphériques, elle pullule avec une rapidité prodigieuse. On dit communément qu'il ne se produit qu'une génération dans une année aux environs de Paris, et cela est certain pour les individus qui restent dans la campagne; mais j'ai lieu de croire qu'il s'en fait deux pour ceux qui sont renfermés dans la maison; car on y trouve des insectes parfaits en automne comme au printemps. Je suis sûr qu'il y en a plus de deux dans les pays chauds, car là, ainsi que je l'ai remarqué en Caroline, il ne faut que peu de mois pour réduire en poussière le sac le mieux conditionné.

Quelques observations de M. Villemorin semblent prouver qu'il n'y a jamais de reproduction de bruches, dans le climat de Paris, que dans les jardins; et en effet, depuis qu'il m'en a parlé, j'ai vérifié que les pois très hâtifs et les pois très tardifs n'en étoient pas attaqués. Comme il se propose de fixer cette année ses idées sur cet objet par des expériences directes, il est probable que le fait sera bientôt éclairci.

Ce qui est le plus désespérant dans le mode d'action des bruches après la destruction de la matière, c'est que l'enveloppe ou la peau des pois ne manifeste en aucune manière la présence des larves. Ceux qui sont attaqués par ces dernières paroissent aussi sains que les autres, tant qu'elles restent dedans, ayant la précaution de ne point ronger l'écorce qu'elles rendent seulement fort mince et susceptible d'être facilement brisée lorsqu'elles voudront sortir sous la forme d'insecte parfait. Ce ne sont donc que les pois d'où les insectes sont sortis, ou ceux qu'on a fait cuire, qui montrent les ravages des bruches.

Tant qu'il y a dans un sac des pois entiers, les bruches ne s'attacheront pas à ceux qui ont déjà été attaqués, et qui ont conservé, selon leur grosseur, à peu près le tiers ou la moitié de leur chair; mais lorsqu'ils ont été tous entamés, elles sont obligées de retourner à ces derniers, et alors elles n'y laissent plus absolument que la peau. J'en ai vu débarquer au port de Charleston, à la suite de longs voyages, qui étoient ainsi entièrement réduits en poudre.

Quelquefois les pois qui ont ainsi été rongés par une larve sont encore propres à être semés; mais cependant comme la larve, dans les pois secs principalement, préfère attaquer le germe, comme plus tendre et plus sucré, ils sont le plus souvent, comme je l'ai déjà dit, incapables de servir à la reproduction.

Les bruches ni leurs larves ne font aucun mal à ceux qui en mangent, mais il faut y être très accoutumé pour, sans répugnance, faire usage des pois qui en contiennent beaucoup. Les matelots ont cette habitude à un haut degré, car ce sont eux priniepalement qui consomment les pois infectés de bruches, heureux encore quand il n'y a pas dans leur soupe plus d'insectes que de grains.

Il n'y a que trois moyens de garantir une provision de pois, de lentilles ou de fèves, qu'on désire conserver long-temps, de la destruction des bruches. C'est ou de lui faire subir pendant une heure une chaleur de quarante à quarante-cinq degrés dans un four, ou de les faire cuire à moitié et ensuite dessécher à l'ombre, ou de les mêler avec du sable très fin, de la cendre, de la sciure de bois et autres objets de cette nature, qui, se tassant autour des grains, empêchent les insectes parfaits de sortir de leur prison et d'aller féconder ou se faire féconder, ensuite déposer leurs œufs. On sent que ce dernier moyen est le seul praticable lorsqu'on veut conserver la faculté germinative à ces légumes; il est facile et économique. La cendre sur-tout est excellente et a de plus la propriété de conserver les pois dans un état de fraîcheur qui les rend plus tendres à la cuisson et plus savoureux. On objectera qu'il sera difficile d'ôter la cendre collée contre les pois, et cela peut être vrai; mais avec des frottemens et des lotions répétées on peut espérer ne pas s'apercevoir qu'il en est resté, si réellement il en reste. Un peu de vinaigre, suivi d'une nouvelle lotion, peut d'ailleurs en enlever les dernières parcelles. (B.)

BRUGNON. Espèce de PÊCHE.

BRUGUET. On donne ce nom au BOLET ESCULENT dans quelques cantons de la France.

BRUINE. Petite pluie extrêmement fine qui tombe très lentement. Elle est le produit, ou d'un brouillard qui se résout, ou d'une nuée qui se dissout dans toute son étendue également et lentement, en sorte que les particules aqueuses ne se réunissent pas en très grand nombre; mais elles forment de petites gouttes, dont la pesanteur spécifique n'est presque pas différente de celle de l'air: alors ces petites gouttes tombent insensiblement, quelquefois tout le jour, lorsqu'il ne fait point de vent. La bruine a lieu pareillement lorsque la dissolution de la nuée commence par le bas et continue de se faire lentement vers le haut; car alors les particules de vapeurs se réunissent et se convertissent en petites gouttes, à commencer par les inférieures, qui tombent aussi les premières; ensuite celles qui se trouvent un peu plus élevées suivent les précédentes, et celles-ci ne grossissent pas dans leur chute, parcequ'elles ne rencontrent plus de vapeurs en leur chemin, elles tombent sur la terre avec le même volume qu'elles avoient en quittant la nuée. Mais si la partie supérieure de la nuée se dissout la première et lentement du haut en bas, il ne se forme d'abord dans la partie supérieure que de petites gouttes, qui, venant à tomber sur les particules qui sont placées plus bas, se joignant à elles, et augmentant continuellement en grosseur par les parties qu'elles rencontrent sur leur passage, produisent enfin de grosses gouttes qui se précipitent sur la terre en forme de pluie. *Voyez* BROUILLARD, NUÉE, PLUIE. (R.)

BRULAGE des terres. *Voyez* ÉCOBUAGE.

BRULURE. JARDINAGE. Ce mot a un grand nombre d'acceptions dans la pratique du jardinage, ou mieux, les jardiniers ne sont pas d'accord sur ce qu'on doit appeler ainsi.

L'écorce du tronc d'un arbre exposé contre un mur à toute l'action du soleil de midi est sujette à se fendre, à s'écailler, à se dessécher, ce qui prive les branches de la plus grande partie de la sève nécessaire à leur nourriture, et accélère toujours leur mort. On a appelé cet effet *brûlure*, et on a eu raison; car, quoi qu'on ait dit, il est certain que c'est le soleil, ou seul, ou concurremment avec l'eau des pluies, qui occasionne cette maladie. Il suffit de mettre un thermomètre à l'heure de midi, le soleil étant vif, contre le tronc d'un espalier ainsi exposé, et contre le tronc d'un contre-espalier parallèle et séparé par une plate-bande seulement d'une ou deux toises; il suffit même d'appliquer successivement la main contre ces troncs pour s'assurer que la chaleur est bien plus considérable sur le premier, et ce, parceque l'air frais ne circule pas autour de lui comme autour du second.

Il est cependant des cas où des arbres en plein vent sont aussi affectés de la brûlure. Par exemple, lorsqu'on arrache un jeune arbre au milieu d'un bois épais, ou à l'exposition du nord, pour le planter dans une plaine, son écorce, non accoutumée à l'effet des rayons directs du soleil, c'est-à-dire étiolée, et par conséquent plus tendre, se dessèche du côté du midi; se sépare du tronc souvent au bout de très peu de jours, ce qui rend l'arbre incapable d'une bonne croissance, souvent même occasionne sa mort.

Les gelées produisent quelquefois des effets analogues, en formant de la glace sous l'écorce, glace qui, comme on sait, offre toujours plus de volume que l'eau qui lui a donné naissance.

On a indiqué un grand nombre de moyens pour garantir les arbres de cet inconvénient, tels que d'empailler leurs troncs, de les envelopper de toile cirée, etc. Tous ces moyens sont nuisibles, en ce qu'ils privent l'écorce de l'influence d'un air renouvelé, qu'ils conservent autour d'elle une humidité constante, ce qui l'attendrit, la pourrit, etc. Le seul de ces moyens qui mérite confiance, c'est l'établissement d'un abri à quelque distance du tronc, abri qu'il est plus économique de faire avec deux planches formant un angle droit, et ne se joignant pas tout-à-fait, si l'arbre a un tronc élevé, ou avec deux tuiles semblablement disposées, s'il est nain. Deux douves de tonneau sont le plus souvent ce qui vaut le mieux. L'essentiel est que l'air circule par dessous.

Il est des arbres qui sont plus sujets que d'autres à cette sorte de brûlure; parmi les fruitiers, il faut citer le pêcher et l'abricotier. La vigne, dont l'écorce extérieure se renouvelle tous les ans, la brave impunément.

Un arbre dont l'écorce a été enlevée par cette cause, dans sa jeunesse, se rétablit (lorsqu'on la fait cesser) plus ou moins promptement en formant une nouvelle écorce, mais jamais il n'est aussi vigoureux que les autres.

Une autre espèce de brûlure se remarque souvent sur les arbres en espalier comme sur ceux en plein vent, même dans les pépinières; c'est le dessèchement pendant les chaleurs de l'été de l'extrémité des branches. Elle a toujours pour cause la sécheresse du sol, un vent sec, comme le vent du nord-est dans le climat de Paris. Voici comme j'explique le fait: dans le premier cas, le manque d'humidité diminue la production de la sève, ce qui affoiblit sa force d'ascension, et, par suite, prive de ses bienfaits les rameaux les plus élevés. Dans le second, qu'on nomme BROUISSURE, l'évaporation qui se fait par ces rameaux, qui sont encore à l'état de bourgeons, c'est-à-dire non consolidés, évaporation qui est très considérable, n'étant plus remplacée par la même quantité de sève, donne à la chaleur de l'atmosphère ou du soleil la puissance de les dessécher, et par conséquent de les frapper de mort, positivement comme l'écorce dans le cas précité.

Toutes les fois qu'une feuille, une branche, un arbre entier, meurt par l'effet d'une grande sécheresse, ou par manque d'arrosemens, on peut dire qu'il y a brûlure dans ce sens. *Voyez* HALE.

Un arbre nouvellement mis en terre, et dont le pivot a été coupé, est plus sujet à la brûlure que celui qui est né en place, parceque ses racines ne sont pas assez nombreuses ni assez longues pour aller chercher l'humidité au loin. *Voyez* au mot SÉCHERESSE.

Il y a aussi beaucoup de différence entre les diverses espèces d'arbres, relativement à cette sorte de brûlure. Les poiriers greffés sur cognassiers y sont sur-tout fort sujets lorsqu'ils sont dans un terrain sec et léger. Les remèdes, ce sont des arrosemens, du fumier de vache enterré au printemps, de la paille, de la mousse, de la fougère, etc., placés sur le sol avant l'époque des grandes chaleurs.

Une troisième espèce de brûlure qu'on appelle aussi BLANC (*voyez* ce mot) est celle qui est produite par l'eau des rosées, des gelées blanches, etc., sur les feuilles des arbres, principalement des arbres en espalier placés au levant. Elle se reconnoît à des taches blanches qui deviennent ensuite noires. Le résultat est une véritable sphacélation du parenchyme qui anéantit son action vitale, c'est-à-dire ne permet plus ni absorbition ni transpiration. Lorsque ces taches sont peu nombreuses, leur effet sur l'arbre est peu sensible; mais lorsque les feuilles en sont couvertes, l'arbre languit, ses fleurs ne nouent point, ses fruits tombent avant le temps, ou restent petits et sans saveur. On a expliqué la désorganisation du parenchyme sous les gouttes d'eau ou les globules de glace de trois manières. Les uns ont dit, ce sont des lentilles qui ont réfracté les rayons du soleil; les autres, ce sont des corps froids qui se sont opposés à la transpiration de quelques endroits, lorsque cette fonction se faisoit par-tout ailleurs. Les autres enfin, c'est un commencement de décoction ou de fermentation. Toutes ces explications offrent des difficultés lorsqu'on les soumet à une rigoureuse analyse, mais elles ont sans doute quelque fondement. La dernière paroît cependant la plus plausible. Certains fruits à peau mince, tels que les prunes, les abricots, et sur-tout les raisins, sont aussi sujets au même accident. Les vignerons appellent les raisins ainsi altérés des raisins Brimés ou Taconés. *Voyez* ces mots.

Quoi qu'il en soit, la brûlure de cette sorte n'a pas lieu lorsqu'on secoue la rosée, lorsqu'on fond la gelée blanche avec de l'eau froide, ou en brûlant du fumier ou de la paille mouillée avant le lever du soleil. *Voyez* aux mots Gelée et Rosée.

L'Acanthie du poirier, les Cassides et autres insectes qui mangent le parenchyme des feuilles, donnent lieu à une fausse brûlure. *Voyez* ces mots.

Les maladies des arbres, quoiqu'étudiées depuis long-temps, sont encore bien imparfaitement connues. Il seroit bien à désirer qu'un agriculteur éclairé du flambeau de la physique et de la chimie moderne voulût bien les examiner de nouveau, et se livrer aux nombreuses et longues expériences que ce sujet indique. (B.)

BRULURE. Médecine vétérinaire. Les animaux domestiques sont quelquefois exposés à être brûlés par l'incendie des étables, en passant à travers des feux allumés dans les champs, etc. Dans ce cas, avant que l'escarre se forme, il faut laver la plaie avec des décoctions émollientes, et appliquer dessus une compresse imbibée d'huile et de miel. Si l'inflammation devient considérable, des saignées à la jugulaire sont nécessaires. Le reste du traitement se réduit à nourrir peu et à rafraîchir. La guérison s'opère petit à petit par le seul effet du repos.

Quelquefois, en voulant appliquer des remèdes, on occasionne des maux. Ainsi en voulant attendrir la sole du cheval avec un fer rouge, pour pouvoir la parer plus aisément, on la brûle, c'est-à-dire que la chaleur pénètre au-delà, et fait entrer la chair en supuration; alors il y a claudication, et la guérison est longue. Souvent même la chute du sabot en est la suite, ce qui met le cheval hors de service pour plusieurs mois. Cet accident arrive plus fréquemment aux pieds plats et aux pieds combles, et encore plus à ceux qui ont été fourbus ou qui ont des croissans, parceque dans ces sortes de pieds, autant la muraille est épaisse autant la sole est mince.

On traite la brûlure de la sole, 1° en la cernant et en la parant à la rosée; 2° en mettant dans la rainure de petits plumaceaux imbibés d'essence de térébenthine; 3° en entourant le tout de cataplasmes émolliens. Lorsqu'elle n'est pas très grave elle cède à ce traitement au bout d'une huitaine de jours. Quant au cas de Dessolement, *voy.* ce mot. (B.)

BRULURE DES MOUTONS ou MAL DE PEAU. Médecine vétérinaire. C'est toujours à la sécheresse, aux grandes chaleurs, à la fatigue, au soleil, aux grandes courses, à l'usage immodéré du sel (*voy.* Sel) et des nourritures échauffantes, que cette maladie doit son origine. Les moutons s'échauffent ainsi ; ils maigrissent et se dessèchent au point que dans la suite ils périssent de marasme. Dans l'ouverture de leur corps, on trouve le foie sec, noir, squirreux, et comme racorni, surtout aux bords de ses lobes.

Cette maladie s'annonce par la rougeur des yeux, par une grande soif, par la maigreur, et par les autres signes qui indiquent un grand échauffement ; elle est réputée incurable lorsqu'elle est parvenue à un certain degré ; les moutons restent quelquefois une année dans cet état.

Le repos, une nourriture humectante, émolliente et rafraîchissante ; les pâturages gras et frais, une boisson nitrée et acidulée avec le vinaigre, sont les remèdes qui conviennent le mieux à ce mal. (R.)

BRUNELLE, *Brunella*. Plante à racine vivace, pivotante, et dont les fibrilles supérieures tracent ; à tige quadrangulaire, velue, branchue ; à rameaux opposés ; à feuilles opposées, légèrement pétiolées, ovales, oblongues, velues, dentées, longues de plus d'un pouce ; à fleurs bleues disposées en épis accompagnés de larges bractées à l'extrémité des tiges des rameaux ; qui forme, avec cinq à six autres, un genre dans la didynamie gymnospermie et dans la famille des labiées.

On trouve la BRUNELLE COMMUNE dans les bois, les pâturages, sur les montagnes, enfin presque par-tout. Elle fleurit pendant une grande partie de l'été. Son odeur est foible, sa saveur stiptique et amère, ses propriétés vulnéraires, astringentes et détersives. Tous les bestiaux la mangent, mais sans la rechercher. Dans les terrains secs, elle est à peine de deux pouces de haut ; dans les bois humides, elle s'élève à un pied. On lui donne pour variété une espèce qui ne croît que sur les montagnes calcaires, et dont la fleur est deux fois plus grande, quoique sa tige soit deux fois plus courte ; elle varie en rouge et en blanc. (B.)

BRUYÈRE, *Erica*. Genre de plantes de l'octandrie monogynie et de la famille des bicornes, qui renferme deux cent soixante espèces connues, et sans doute beaucoup d'autres qui ne le sont pas, parmi lesquelles il en est quelques unes d'une beauté remarquable, et d'autres d'un grand intérêt pour le cultivateur, par le parti qu'il en peut tirer sous le point de vue économique.

Plus des trois quarts des bruyères sont originaires du cap de Bonne-Espérance, et il ne s'en trouve pas une seule en Amérique. L'Europe en fournit seize. Elles sont en général assez difficiles à caractériser par des phrases spécifiques, aussi vaut-il beaucoup mieux les admirer dans un jardin que de les étudier dans un livre. La presque inutilité des descriptions que je donnerois des espèces étrangères, pour les reconnoître, me détermine à n'en mentionner qu'un petit nombre, c'est-à-dire les plus saillantes de chaque division. Je renverrai en conséquence ceux qui voudroient de plus grands détails aux ouvrages de botanique qui en traitent particulièrement, tels que la Monographie de Thunberg et celle de Salisbury, ou à ceux moins étendus qui ont été rédigés par des Français, tels que l'Encyclopédie par ordre de matières, et le Botaniste cultivateur.

Toutes les bruyères sont des arbustes élégans, à racines traçantes, à rameaux grêles, à feuilles persistantes, petites, linéaires et rapprochées; à fleurs nombreuses et agréablement colorées. Elles ont un air de famille qui ne permet pas de les confondre avec les plantes des autres genres; aussi si le botaniste le plus instruit peut rarement nommer avec certitude toutes les espèces d'une collection, le plus ignorant a toujours la satisfaction de pouvoir dire avec assurance voilà une bruyère.

Pour se reconnoître dans ce genre, on l'a divisé en trois grandes sections; savoir: la bruyère dont les anthères ont un appendice, les véritables bicornes (*aristatæ*); celles qui ont les anthères en crête de coq (*cristatæ*); et celles qui n'ont ni cornes ni crêtes (*muticæ*); et chacune de ces divisions a été subdivisée d'après la position des feuilles.

PREMIÈRE SECTION.

Feuilles opposées, deux espèces dont fait partie,

La BRUYÈRE A FLEURS JAUNES qui a les étamines cachées, la corolle ovale, oblongue, jaune; les fleurs terminales et les feuilles trigones. Elle est principalement remarquable par sa couleur jaune, couleur rare dans ce genre. Le Cap est son pays natal.

Feuilles ternées, dix-sept espèces dont fait partie,

La BRUYÈRE A FLEURS BLANCHES, *Erica monsonia*, Lin., qui a les étamines cachées, la corolle blanche, renflée à sa base, longue d'un pouce, le calice double, les fleurs nombreuses, pendantes et presque terminales. C'est une des plus belles sous tous les rapports. Elle vient du Cap.

Feuilles quaternées, dix-neuf espèces dont font partie:

La BRUYÈRE EN ARBRE a le style saillant, la corolle globuleuse, campanulée; les fleurs d'un blanc sale; les feuilles rudes au toucher et les rameaux velus. Elle se trouve dans les parties méridionales de l'Europe, s'élève de huit à dix pieds, et s'emploie pour chauffage, pour faire des balais, etc.

La BRUYÈRE DES CAFFRES se rapproche beaucoup de la précédente et s'élève encore plus haut. C'est la plus grande du genre. Elle a, dit-on, jusqu'à vingt pieds. On la trouve au Cap. Ses caractères sont d'avoir le style saillant, la corolle ovale, les fleurs ramassées en tête, et les feuilles velues.

La BRUYÈRE QUATERNÉE, *Erica tetralix*, Lin., a le style caché, la corolle ovale, les fleurs rouge-pâle, disposées en tête terminale, et les feuilles ciliées. On la trouve dans toute l'Europe, dans les lieux marécageux dont le sol est sablonneux. Elle est très commune dans les landes de Bordeaux, de la Sologne, etc. On l'emploie à brûler, à faire des balais, etc.

Feuilles verticillées six par six, quatre espèces, dont fait partie,

La BRUYÈRE MAMELONNÉE qui a le style caché ; la corolle cylindrique renflée à sa base, longue de près de deux pouces, d'un rouge de sang ; les fleurs en ombelles et les feuilles recourbées. C'est une superbe espèce qui vient du Cap.

Feuilles verticillées huit par huit, deux espèces, dont,

La BRUYÈRE FASCICULAIRE, qui a le style saillant, la corolle cylindrique renflée, et d'un rouge de sang à sa base, verte au sommet, et longue de plus d'un pouce; les fleurs nombreuses et verticillées, les feuilles glanduleuses. C'est une des plus belles; elle vient du Cap.

SECONDE SECTION.

Feuilles éparses, une seule espèce.

La BRUYÈRE OBLIQUE, qui a le style caché, la corolle ovale, visqueuse, rouge, les fleurs disposées en ombelles terminales, les feuilles recourbées et tronqués. On la trouve au Cap.

Feuilles opposées, une seule espèce.

La BRUYÈRE COMMUNE, qui a le style saillant, la corolle campanulée, d'un rouge pale, le calice double; les fleurs en grappes unilatérales, les feuilles sessiles et sagittées. On la trouve par toute l'Europe dans les lieux secs et sablonneux. Elle fleurit depuis le milieu de l'été jusqu'à la fin de l'automne. C'est proprement la *bruyère*, quoiqu'on confonde généralement avec elle les espèces dont il sera parlé plus bas. Elle couvre de grands espaces dans certaines parties de la France, telles que les landes de Bordeaux, de la Bretagne, de la Sologne, du Périgord, du Mans, les montagnes des environs de Paris, etc. Sa hauteur atteint rarement deux pieds, mais ses touffes sont quelquefois plus larges, et elle croît avec une grande rapidité. Un terrain qu'on en a complètement dépouillé se regarnit en trois ou quatre ans. soit par les rejetons que poussent les racines, soit par les semences que les vents dispersent. C'est ordinairement en l'arrachant qu'on la récolte, et on emploie pour cette opération ou la main, ou des râteaux à dents grosses et peu nombreuses. Les moutons, les chèvres, les lapins et même les vaches la mangent avec plaisir quand elle est jeune. On en fait du feu, de la litière, des balais. Les abeilles y trouvent une grande abondance de miel. Il faut avoir demeuré dans un pays de bruyères pour pouvoir apprécier toute l'utilité qu'on en retire.

Feuilles ternées, treize espèces, dont font partie,

La BRUYÈRE A BALAI, qui a les fleurs en ombelles ; la corolle ovale, rougeâtre; le calice court, les feuilles glabres et les tiges hispides. Elle croît dans les terrains sablonneux des parties méridionales de l'Europe, même aux environs de Paris. Elle couvre dans quelques cantons de la France, et encore plus en Espagne, des espaces considérables, s'élève à huit à dix pieds, et fleurit au commencement de l'été. On la coupe régulièrement pour la brûler, en faire de la litière, des balais, etc. Les moutons et les chèvres mangent ses jeunes pousses. Sa racine devient démesurément grosse avec le temps, et s'arrache, soit pour brûler, soit pour faire un charbon qui est peut-être le meilleur de tous ceux que l'on peut obtenir des bois indigènes, tant sa durée en état d'incandescence et l'intensité de sa chaleur sont considérables. On l'emploie fréquemment en Espagne aux usages domestiques et aux forges à la catalane. C'est dans ce pays que j'ai vu des racines de trois ou quatre pieds de diamètre, dont il n'y avoit que le tour garni de tiges. Cette espèce de bruyère, si préférable à la bruyère commune pour tous les usages domestiques, craint les fortes gelées, et commence à être fort rare en France, parcequ'on la coupe et qu'on l'arrache avant l'âge requis. Je l'ai vue presque disparoître de la forêt de Fontainebleau et de quelques cantons de la ci-devant Bourgogne, où elle étoit encore fort commune il y a trente ans. Il seroit cependant de l'intérêt des propriétaires de landes de la substituer à la bruyère commune par-tout où la température des hivers le permettroit. Peut-être même le gouvernement devroit-il en provoquer de grands semis. La dépense de ces semis ne seroit pas grande, puisqu'il ne s'agiroit que de jeter la graine sur le sol. Il faudroit de plus interdire l'entrée du local aux bestiaux, sur-tout aux moutons, pendant les premières années, car ils aiment mieux cette espèce que les autres.

Les balais de cette espèce de bruyère, balais dont je me suis servi pendant long-temps, ont l'inconvénient de perdre facilement leurs feuilles lorsqu'ils n'ont pas été fabriqués en temps convenable, aussi ai-je souvent vu, en les employant, plus salir la chambre que la nettoyer. C'est au milieu de l'été qu'il faut couper les branches dont on les compose.

La BRUYÈRE CENDRÉE a le style un peu saillant, le stigmate en tête, la corole ovale, rouge, et les fleurs disposées en épis terminaux. On la trouve en Europe, dans les mêmes terrains, et souvent avec la bruyère commune, avec laquelle elle est généralement confondue, sous le nom propre de bruyère, par les cultivateurs. Ces deux espèces ne diffèrent pas, en effet, pour les usages économiques ; cependant comme la fleur de celle-ci est beaucop plus grande et d'un rouge plus vif, elle fournit plus de miel aux abeilles, et fait mieux décoration dans les bois. On l'appelle cendrée, parceque ses rameaux et ses feuilles sont couverts de quelques poils (plus abondans dans certaines circonstances), qui la font paroître grise lorsqu'on la voit de loin. Elle varie à fleurs blanches.

Feuilles quaternées, dix espèces, dont fait partie,

La BRUYÈRE A FLEURS GLOBULEUSES, *Erica baccans*, Lin., qui a le stile caché, la corolle globuleuse, de la grosseur d'un pois, colorée en rouge, ainsi que le calice; les fleurs disposées en ombelle terminale; les feuilles trigones et cartilagineuses en leurs bords. Elle croît au Cap.

TROISIÈME SECTION.

Feuilles opposées. Une seule espèce.

La BRUYÈRE A FEUILLES MENUES, qui a les anthères cachées, la corolle et le calice d'un rouge de sang. Elle vient du Cap.

Feuilles ternées, trent-sept espèces, dont est,

La BRUYÈRE CILIÉE, qui a le style saillant, la corolle ovale, rougeâtre, de la grosseur d'un pois; les fleurs unilatérales et les feuilles cilicées. On la trouve dans les parties méridionales de l'Europe, et même à peu de distance de Paris, dans les sables humides. On la confond facilement avec la *bruyère quaternée*. C'est une très belle plante, qui s'élève à un pied et qui fleurit au milieu de l'été. Les services qu'on en peut tirer sont les mêmes que ceux indiqués à l'article de la *bruyère commune*.

Feuilles quaternées ou verticillées en plus grand nombre; cent cinquante-une espèces, dont font partie,

La BRUYÈRE MÉDITERRANÉENNE, qui a les étamines et le style saillans, la corolle cylindrique, campanulée, rouge; et les fleurs axillaires, à pédoncules très cours, et les feuilles quaternées.

La BRUYÈRE MULTIFLORE, qui a les étamines et le style saillans, la corolle campanulée; les fleurs axillaires, à pédoncule long; et les feuilles verticillées cinq par cinq.

La BRUYÈRE HERBACÉE, qui a les étamines et le style saillans, la corolle tubuleuse, campanulée; les fleurs axillaires unilatérales; les feuilles quaternées.

La BRUYÈRE PURPURESCENTE, qui a les anthères et le style saillans, la corolle campanulée; les fleurs éparses et les feuilles quaternées.

Ces quatre espèces, qui diffèrent peu les unes des autres, croissent dans les parties méridionales de l'Europe, et se confondent assez généralement avec la bruyère commune. On les cultive quelquefois en pleine terre dans les jardins de Paris.

Toutes les bruyères du cap de Bonne-Espérance craignent le froid à différens degrés, et demandent à en être garanties pendant l'hiver. Beaucoup fleurissent à la fin de cette saison, et commencent les jouissances de l'amateur. Rien de plus beau à cette époque qu'une orangerie qui en est bien garnie, et où elles sont disposées avec intelligence ; mais aussi rien de plus incertain que leur conservation. Le pied le mieux portant en apparence se fane dans l'espace d'une nuit, et meurt au bout de huit jours, sans qu'on sache pourquoi, et sans qu'on puisse y apporter remède. C'est cette incertitude de jouissance qui en dégoûte le cultivateur peu fortuné, qui souvent ne peut réparer ses pertes qu'en faisant venir de nouveaux pieds d'Angleterre, pays où on en reçoit toutes les années des graines du Cap par un jardinier qui y est entretenu pour cet objet. Les collections les plus belles qui soient à Paris sont celles de la Malmaison, de Cels et du Muséum, et malgré l'excellente culture qu'elles reçoivent, elles diminuent chaque année, depuis que les communications avec l'Angleterre sont fermées.

On multiplie les bruyères de graines, de marcottes et de boutures. Le meilleur moyen est certainement les graines, mais il faut pouvoir les tirer du Cap (plusieurs en donnent rarement en France), et encore les recevoir fraîches, puisqu'elles lèvent difficilement au-delà de la seconde année. Les graines se sèment au moment de leur récolte, ou dès qu'on les a reçues, dans des terrines remplies de terre de bruyère, et on tamise dessus l'épaisseur d'une ligne au plus de la même terre. Ces terrines sont ensuite enterrées dans une couche et sous un châssis, où on les entretient dans une chaleur et une humidité égales, mais modérées. Quelques personnes placent sur ces terrines une petite épaisseur de mousse pour que l'humidité s'y conserve; mais d'autres, entre autres Cels, pensent que cette mousse apporte souvent, sans qu'on s'en aperçoive, plus d'humidité qu'il ne faut, et qu'elle sert de réceptacle à des insectes qui coupent le plant à mesure qu'il paroît. Ces considérations, qui sont fondées, doivent faire croire que, si on met de la mousse, il faut l'ôter aussitôt que la graine est levée, c'est-à-dire au bout de quinze à vingt jours, selon que la graine est plus nouvelle, la saison plus convenable et la couche plus chaude.

Le plant de bruyère demande un peu de chaleur pour que sa végétation soit activée; mais il craint le soleil brulant du midi, et doit en être garanti par des toiles et des paillassons. Il faut lui donner des arrosemens fréquens, mais très légers. Quelques précautions qu'on prenne, il en est beaucoup qui fond, c'est-à-dire qui pourrit, soit par trop de chaleur, soit par trop d'humidité, soit parcequ'il s'exhale des gaz delétères de la couche.

Lorsque le plant de bruyère a deux ou trois pouces de hauteur, on le repique séparément dans des petits pots qu'on place sur une autre couche et qu'on traite de même. Cette opération peut se faire au printemps ou en automne. L'hiver suivant on les rentre à l'orangerie, ou mieux, dans une serre tempérée et bien éclairée, où on les dispose sur des gradins selon l'ordre combiné de l'époque de leur floraison, de leur grandeur et de leur couleur. La plupart commencent à fleurir à leur troisième année.

Il est aujourd'hui en discussion parmi les agriculteurs français de savoir s'il vaut mieux, pendant l'hiver, conserver le bruyères sous des châssis bien fermés que dans des orangeries ou dans des serres. Les Anglais, dit-on, préfèrent le premier de ces moyens et s'en trouvent bien; mais comme plusieurs d'entre elles fleurissent pendant l'hiver même, ou au moins de très bonne heure au printemps, il prive les amateurs de la seule jouissance pour laquelle ils les cultivent.

Cels, dont on ne peut se lasser de citer l'excellente culture, place toutes les belles espèces de bruyères en pleine terre sous châssis; aussi est-ce chez lui qu'il faut aller pour jouir de tout le luxe de leur végétation; mais c'est principalement dans l'intention de se procurer de nombreuses pousses dont il puisse faire des marcottes. Un simple amateur, à moins qu'il ne soit très riche, ne peut pas agir de même. On dit cependant que mylord Salisbury, l'auteur du plus grand ouvrage qui ait été publié sur les bruyères, les cultive ainsi dans des petites baches faites exprès, où les espèces sont placées selon le degré de chaleur ou d'humidité qu'elles demandent, et qu'ensuite il transporte dans de petites serres les résultats de leur multiplication afin de pouvoir en jouir. Il est ainsi obligé à une double dépense.

La meilleure manière de multiplier en France les bruyères du Cap est certainement celle de Cels, puisqu'avec un pied il peut faire plusieurs centaines de marcottes qui réussissent presque toutes, et donnent des fleurs dès l'année suivante; tandis que par la méthode ordinaire, c'est-à-dire dans des cornets ou des pots en l'air, le plus gros pied n'en fournit que trois ou quatre, qui sont grêles, manquent souvent la première année. *Voyez* au mot Marcotte.

Toutes les espèces de bruyères du Cap ne se multiplient pas également bien par marcottes; il en est quelques unes qui ne s'y prêtent même pas du tout; cependant il faut toujours tenter ce moyen, et varier son mode, faute d'autres.

De même il est quelques espèces de bruyères qui reprennent fort facilement de boutures, et d'autres qui ne reprennent jamais. Souvent celles de ces espèces qui ont bien réussi une année manquent l'autre. Les anomalies sont si fréquentes, en général, qu'elles me font moins regretter de ne pouvoir entrer dans le détail de la culture qui convient à chacune. On peut faire des boutures de bruyères presque toute l'année, la végétation s'arrêtant rarement chez elles ; mais les époques les plus favorables sont le printemps et l'automne.

Quant aux bruyères de pleine terre, elles se multiplient très facilement de semences qu'on peut récolter chez soi, et également bien de marcottes qui se font même naturellement dans la plupart. La MULTIFLORE sur-tout, que la précocité, la belle couleur, le nombre et la durée de ses fleurs rendent si recommandable, couvre bientôt un terrain sans qu'on s'en occupe.

« La plupart des bruyères du Cap, dit Dumont Courset, dans son excellent ouvrage (le Botaniste cultivateur), seront plus avantageusement placées dans de petites serres à toit, en vitraux, que dans l'orangerie, où la plupart se maintiennent difficilement. Elles exigent un air souvent renouvelé, et la plus grande lumière. Comme elles sont presque toujours en végétation, il faut avoir soin qu'elles n'aient pas une température trop douce pendant l'hiver ; car elles s'étioleroient et finiroient par périr. La serre qui les renferme doit être tenue dans cette saison entre le troisième et le huitième degré.

« En été elles ne recevront le soleil qu'environ la moitié du jour. Pendant les chaleurs les arrosemens doivent être fréquents, mais sans stagnation. Les dépotemens réitérés les affoiblissent et les énervent, et encore plus si on leur donne de trop grands vases. » (B.)

BRUYERE (TERRE DE). La terre de bruyère est un mélange de sable quartzeux avec du terreau dans des proportions variables. Quelquefois il s'y trouve de la mine de fer en grains plus ou moins gros. Elle repose toujours sur un lit d'argile imperméable à l'eau ; de sorte que lorsque le sol n'est pas en pente, et encore plus lorsqu'il a des enfoncemens, elle conserve les eaux des pluies jusqu'à évaporation. Son épaisseur est aussi variable que sa composition. Dans certains lieux elle est de plusieurs pieds, et dans d'autres seulement de quelques pouces. Souvent il y a entre le sable et l'argile un banc de peu d'épaisseur, composé de sable agglutiné par l'oxide de fer. il est imperméable aux racines des plantes et aux eaux pluviales. La charrue ne peut le rompre, il faut y employer le pic.

Les géologistes sont tous d'accord sur la formation de la base de la terre de bruyère, c'est-à-dire du sable ; formation qui s'est effectuée dans le fond de la mer la dernière fois qu'elle a couvert les continens actuels, et en effet, on n'en trouve pas dans les montagnes primitives. Les bruyères qui croissent sur ces montagnes étant toujours dans des détrituts de granit ou de gneis, et ne couvrant jamais exclusivement des terrains de quelque étendue.

Les plus grands cantons de terres de bruyères qu'on trouve

en France sont ceux des landes de Bordeaux, des landes de Bretagne, des landes de la Sologne et des landes de la Flandre, tous presque plats, couverts d'eau pendant l'hiver et très secs pendant l'été, tous extrêmement mal cultivés dans une partie de leur étendue. On les regarde généralement comme des pays stériles, quoique cependant il soit possible d'en tirer un parti utile par des travaux bien entendus.

Dans ces cantons, qui sont de véritables déserts, car les villages y sont très rares, on ne tire qu'un très mince produit des fermes les plus étendues. Les habitans y paroissent plutôt pasteurs que cultivateurs ; mais leurs bestiaux annoncent par leur petitesse et leur maigreur qu'ils ne sont véritablement ni l'un ni l'autre.

Ordinairement on ne cultive qu'une très petite portion de chaque ferme, et le reste est laissé en pâturage qu'on défriche successivement pour l'ensemencer en seigle, en sarrasin, etc. pendant deux ou trois ans, et l'abandonner ensuite de nouveau pour six, huit, dix, douze ans et plus.

Ces défrichemens se font toujours à la charrue, après avoir arraché, à la pioche, les plus grosses touffes de bruyères, de genêt, ou d'ajonc, ou avoir brulé le gazon. On verra au mot ÉCOBUER les inconvéniens de cette pratique dans les sols sablonneux ; j'y renvoie le lecteur. Ordinairement on fait deux ou trois labours, dont le premier avec un ou deux coutres, mais ils sont toujours fort superficiels et à raies les plus larges possibles.

La presque impossibilité de tirer parti des terres de bruyères au moyen de la culture généralement usitée en France a fait penser à quelques agriculteurs qu'il seroit mieux de les planter en bois.

Cependant, en général, tout sol de terre de bruyère n'ayant qu'un pied moyen d'épaisseur, et souvent moins, les arbres ne peuvent y approfondir leurs racines, et comme la terre de bruyère contient fort peu de principes nutritifs et qu'elle se dessèche facilement, ces arbres ne peuvent s'en dédommager en les faisant tracer à la surface : nulle part donc, dans ces sortes de sols, on ne doit pas espérer d'en obtenir d'une certaine grosseur, et il faut les couper souvent pour en tirer le plus grand parti possible, ainsi que l'a prouvé Varennes de Fenilles.

Les arbres qui se voient le plus communément dans les terres de bruyères en plaine, c'est-à-dire inondés pendant l'hiver, sont le chêne et le bouleau. On doit donc les préférer à tous les autres lorsqu'on veut faire une plantation de bois dans cette sorte de terrain ; mais il y a des choix à faire. Parmi les chênes, celui qui, à raison de sa disposition à tracer, mérite la préférence, c'est le chêne toza ou tauzin, si commun dans une partie des landes de Bordeaux; ensuite le chêne rouvre.

Les terrains de bruyères placés sur des collines, comme ceux des environs de Paris, pouvant écouler leurs eaux, sont dans le cas de supporter un plus grand nombre de productions, surtout d'arbres qui craignent l'eau; aussi y voit-on des châtaigniers qui feroient la richesse des autres cantons de bruyère, si on pouvoit les y faire croître.

La culture des arbres résineux paroît être une de celles qui conviennent le plus aux landes sur lesquelles on ne peut pas ou ne veut pas mettre de grandes avances; mais il faut dessécher celles qui sont marécageuses par de petits fossés dirigés dans le sens de leur pente. Le pin maritime et le pin d'Alep conviennent aux parties méridionales de la France; le pin sylvestre et le pin mugho, dans les parties septentrionales. J'ai déjà dit que les propriétaires des landes de Bordeaux tiroient de grands produits du pin maritime, qui y croît naturellement, en en extrayant de la résine et du goudron, et en vendant les arbres lorsqu'ils en sont épuisés; mais on en sème beaucoup aussi, aux environs de la ville sur-tout, uniquement pour avoir du bois à brûler ou des échalas pour la vigne. Dans cette dernière intention, on sème très épais, même si épais, qu'un chien ne peut passer dans les plantations de deux ou trois ans. Les jeunes arbres filent droit et vite. On les coupe, ou mieux, on les arrache à cinq à six ans. Beaucoup ont alors, autant que je puis me le rappeler, la grosseur du bras, et se fendent en quatre pour être employés à leur destination : les autres servent tels qu'ils sont.

Les semis de pins maritimes s'exécutent communément sur un seul labour dans les bruyères déjà améliorées; mais dans les dunes, où le sable est pur, il faut fixer ces sables : c'est ce qu'a heureusement fait M. Bremontier, ainsi que je le dirai au mot Dune.

La culture du pin maritime a été portée des landes de Bordeaux dans celles des environs du Mans, et y a très bien réussi. L'arbre est devenu plus petit, à raison de la position plus septentrionale de cette ville, et y a pris plus de moyens pour résister aux gelées : aussi, quand on sème des graines venues de Bordeaux et du Mans dans les pépinières des environs de Paris, le plant provenant des dernières est-il plus robuste et se soutient mieux dans les hivers rigoureux. Si on avoit réfléchi à cette circonstance lorsqu'on a semé la forêt de Fontainebleau, on ne gémiroit pas aujourd'hui de la perte des pins qui couvroient si bien la nudité de quelques unes de ses parties.

On a aussi, dans ces derniers temps, semé de ce pin du Mans dans les landes de la Sologne, et ce que j'en ai vu m'a prouvé qu'il y réussiroit également; mais on dit que cette culture ne se propage pas dans l'intérieur de cette contrée ; et que cela est dû aux préjugés des cultivateurs, qui ne spéculent que sur les moutons, et qui trouvent qu'ils n'ont jamais assez de friches pour leur pâture.

Dans la Westphalie, pays très froid, on cultive le pin sylvestre et le mélèse ; mais je ne sache pas qu'on fasse usage de ce dernier dans aucune partie de la France. Les essais de ce genre de culture, avec le pin sylvestre, qui ont si bien réussi dans la ci-devant Champagne, dans le cours de ces dernières années, ont été faits dans des sols aussi et plus infertiles que les terres de bruyères, dans des sols calcaires, et par conséquent d'une nature différente.

Je n'ai point de données sur la possibilité de semer utilement des sapins et des épicea dans les sols de bruyères ; mais, si on en juge par quelques pieds qui se voient dans ces sortes de terrains aux environs de Paris, il est à croire qu'on peut l'essayer avec espoir de succès.

Je n'en dirai pas de même du genevrier de Virginie, parce que l'ayant vu, dans son pays natal, croître dans les sables les plus purs et les moins profonds, y devenir d'une grosseur remarquable, je suis certain que sa culture est une des acquisitions les plus précieuses que puissent faire les landes de France, à quelque latitude qu'elles soient, cet arbre ne craignant point du tout les gelées. La difficulté, c'est d'avoir des graines, n'y ayant guère que les environs de Paris qui en fournissent, et n'en fournissant encore qu'en petite quantité pour des besoins de ce genre. On peut en faire venir d'Amérique, il est vrai ; mais comment un cultivateur isolé trouvera-t-il un correspondant dans ce pays?

Parmi les autres arbres propres à être placés dans les sols de bruyères qui ont du fond, on peut mettre au premier rang le robinier faux acacia, qui vient rapidement, qui fournit une fane que les bestiaux recherchent avec ardeur, et qui peut par conséquent remplacer avec avantage la plupart des fourrages artificiels. Je développerai à l'article qui lui est consacré le mode de culture qu'il convient de lui donner dans ces sortes de sols, où on ne doit pas chercher à le laisser devenir grand.

Je ne m'étendrai pas davantage sur l'énumération des arbres étrangers susceptibles de croître dans les sols de bruyères, attendu que cela me mèneroit trop loin et ne seroit que la répétition de ce que je dirai à chacun de leurs articles.

Un enfoncement naturel ou artificiel se trouve-t-il dans une lande, les eaux des terres voisines y affluent à la suite des pluies, et y forment une mare plus ou moins permanente, ou un étang. Elles y entraînent beaucoup de feuilles, de tiges, de terreau qui en améliorent le fonds à la longue. Cette mare ou cet étang, soit qu'il se dessèche ou non dans les grandes chaleurs de l'été, donne naissance à une grande quantité de plantes aquatiques qui, en se décomposant, forment de la tourbe, qui améliore encore plus ce fonds.

Cette circonstance a dû déterminer les habitans des pays de landes à y former beaucoup de mares et d'étangs pour avoir de l'engrais, pour avoir du pâturage pendant l'été, pour avoir du poisson, lorsque leur proximité d'une grande ville leur en procure le débouché. Aussi, malgré leur insalubrité, spéculent-ils beaucoup sur les étangs dans ces pays, sur-tout en Sologne. Ils ont de l'engrais, en retirant chaque automne, avec de grands râteaux ou autrement, les plantes qui ont crû dans ces eaux, et en les enterrant avec la charrue dans les terres qu'ils veulent semer en blé ou autres graines.

Ils ont du fourrage, parceque les bords de ces étangs, qui sont très peu profonds, se dessèchent successivement pendant l'été, et conservent cependant assez d'humidité pour donner naissance à une végétation vigoureuse qui, quoique souvent composée de plantes nuisibles, telles que les renoncules grande et petite douve, ou inutiles comme les menthes aquatiques, crêpues, etc., fournit un supplément à l'herbe coriace et peu abondante de la lande.

Lorsque la pente du terrain permet de dessécher ces étangs en totalité, on en tire encore un bien autre avantage; c'est de pouvoir les cultiver, y semer des blés et autres plantes annuelles, y former des prairies artificielles, après y avoir nourri du poisson pendant trois ans. Souvent, dans ces cantons, trois de ces étangs, ainsi alternativement en eau et en culture, produisent plus de revenu que la plus grosse ferme. Quels avantages en effet ne peut-on pas espérer d'un sol engraissé et humecté!

Dans d'autres endroits les cultivateurs améliorent une petite partie de leurs terres, en enlevant chaque année la superficie d'une plus grande, qui, quoique mise à nu, ne laisse pas que de produire de nouvelles bruyères et autres plantes qui par leur décomposition donnent à la longue du nouveau terreau. Mais cette méthode ne remplit qu'imparfaitement son objet, et est trop nuisible à l'intérêt général pour n'être pas proscrite par la raison et même par la loi.

Dans les pays de Zell et le Hanovre, les grands propriétaires des immenses bruyères qui s'y trouvent en ont su tirer des revenus presque égaux aux bonnes terres, en les concédant à longues années, par petites parties de cent arpens, par exemple, à des cultivateurs peu aisés à qui ils bâtissoient une maison, creusoient un puits et fournissoient des vaches, des poules et des instrumens aratoires, etc., à condition qu'ils défonceroient le terrain et y planteroient des arbres fruitiers et autres, y formeroient des haies, et y suivroient la rotation anglaise des assolemens des terrains secs, c'est-à-dire celle de quatre ans au moins, et quelquefois de dix.

Ainsi ces cultivateurs, arrivés dans leur nouvelle habitation, défonçoient tous les ans, à la pioche, autant de terrain que leur force et celle de leur famille le pouvoit permettre, et y semoient de l'avoine, plante qui, comme on sait, vient bien dans tous les défrichemens. Ils formoient un jardin dans la portion de ce terrain la plus voisine de leur maison, et le fermoient d'une haie de sureau et d'épine. Je dis l'une et l'autre, parceque le sureau se plante de boutures, croît rapidement et n'est pas mangé par les bestiaux, tandis que l'épine se sème, croît lentement et est broutée. La haie de sureau étoit donc extérieure et l'autre intérieure. L'année suivante ces cultivateurs défrichoient une portion nouvelle de terrain, où ils mettoient également de l'avoine, et plaçoient dans la précédente des haricots, des pois, des choux, des pommes de terre et autres productions de jardinage. La troisième année, ce même terrain premier défriché recevoit du blé; la quatrième, des turneps ou du sarrasin qu'on faisoit manger sur place par les bestiaux ou qu'on enterroit en vert avec la charrue (*voyez* ASSOLEMENT); la cinquième, du trèfle; la sixième du blé, et ainsi des autres revenant aux premières cultures, lorsque la totalité des cent arpens avoit successivement supporté la même. Deluc, qui nous a donné l'historique de ces défrichemens, n'a peut-être pas indiqué positivement cette rotation de culture, chose que je ne puis vérifier, n'ayant plus son ouvrage à ma disposition, mais les résultats sont certainement les mêmes. Cet ouvrage prouve à chaque page les grands avantages que les propriétaires et les fermiers de ces pays ont retirés de ce mode de culture.

On sent en effet, 1° que le sable de la terre de bruyère mêlé avec l'argile sur laquelle il reposoit, a dû faire un tout assez dense pour retenir l'eau des pluies, assez perméable pour que les racines des plantes puissent facilement s'y introduire, et propre à recevoir les engrais, soit de fumier, soit du sarrasin, des raves et autres plantes qu'on y enterroit de temps en temps; 2° que les arbres et les haies y portoient pendant l'été une fraîcheur qui ne s'y trouvoit pas autrefois, en même temps qu'ils brisoient l'effort des vents, deux conditions très importantes, comme on le verra dans le cours de cet ouvrage; 3° que les fermiers n'ayant qu'une étendue modérée de terrain, étendue qu'ils ne pouvoient ni augmenter, ni diminuer, employoient tous leurs moyens pour y porter la fertilité.

Il suffit d'avoir voyagé en France dans les pays de bruyères, dans les landes de Bordeaux, dans la Sologne, etc., pour avoir acquis la preuve que le mode de culture introduit par l'influence anglaise dans les pays ci-dessus cités, pour être convaincu de la possibilité, je dirai même de la facilité de les transformer en champs fertiles; car là aussi j'ai vu tous les terrains qui avoisinent les villages, sur-tout les jardins, c'est-à-dire ceux qu'on cultive à peu près comme je dis qu'on le faisoit faire aux tenanciers des pays de Zell et de Hanovre, donner de très bonnes récoltes en grains et en légumes. Ce ne sont donc que des avances que demandent ces déserts, mais des avances bien employées, ainsi que l'ont fort bien vu nombre de bons citoyens, et en dernier lieu M. Tiengon des Royeries, dans un projet de défrichement des landes de Bretagne.

En défonçant à deux pieds et creusant de petits étangs de distance en distance dans les lieux indiqués par le prolongement de séjour des eaux au printemps, on absorbe une grande masse d'eau, et on diminue par conséquent les inconvéniens dont on se plaint actuellement. Cependant je ne crois pas que les avances énormes que demanderoit un pareil défoncement puissent jamais être couvertes par les produits des cultures ordinaires. Il n'y a que celles faites par les bras des propriétaires ou des tenanciers à très longues années, ni trop en petit ni trop en grand, qui puissent conduire à ce but, c'est-à-dire celle dont je viens de donner une idée. Je reviendrai sur cet objet au mot LANDE et au mot TERRAIN ARGILEUX.

M. Dherbouville, ce zélé ami de l'agriculture, dans sa statistique du département des Deux-Nèthes, a indiqué la méthode qu'on suit en Flandre pour défricher ou cultiver les bruyères. Je ne puis mieux faire que de renvoyer le lecteur à cet ouvrage, dont on trouve un extrait, tome XIII des Annales d'Agriculture.

La terre de bruyère, si stérile dans la campagne, devient très productive dans les jardins, entre les mains d'un cultivateur intelligent. Il est telle planche de cette terre, seulement de quelques toises de long, qui rapporte, dans ceux des environs de Paris, plus que cent et deux cents arpens des landes de Bretagne ou de Bordeaux. Ce prodigieux avantage, elle le doit et à la nature des plantes et aux soins qu'on lui donne, car elle ne change point de nature en entrant dans ces jardins.

Toutes les plantes, comme je l'ai déjà dit plusieurs fois dans cet ouvrage, et comme je le répèterai assez souvent, ne demandent pour croître qu'une terre végétale meuble, où leurs racines puissent facilement pénétrer, et un degré d'humidité suffisant pour se saisir des gaz de l'atmosphère; mais il en est plusieurs dont les racines sont plus menues, plus foibles que les autres, et qui exigent en conséquence la plus légère, la plus perméable de toutes, c'est-à-dire le sable, la terre de bruyère.

C'est donc pour pouvoir cultiver ces plantes, dont toutes les bruyères font partie, que les jardiniers pépiniéristes sont obligés d'avoir de la terre de bruyère dans leurs jardins. La consommation qu'on en fait aux environs de Paris est fort considérable, car non seulement on y met exclusivement ces plantes, mais encore on y sème la presque totalité des graines des arbres et arbustes étrangers qu'on désire multiplier.

Il convient donc d'entrer ici dans quelques détails relativement à sa composition et à son emploi.

Les proportions dans lesquelles le sable et le terreau se trouvent dans la terre de bruyère varient, comme je l'ai déjà dit, selon les lieux où elle se tire. On la dit bonne quand elle contient un tiers de terreau, et maigre quand elle n'en contient qu'un sixième. L'une ou l'autre sont préférables selon les cas, qu'il seroit trop long de détailler ici, mais qui seront mentionnés à chaque article de plantes de terre de bruyère.

La meilleure terre de bruyère se tire dans les vallons des collines qui en sont recouvertes, parceque c'est là où les eaux des pluies transportent tous les détritus de végétaux, ainsi que le terreau déjà formé, et les y accumulent. Là on en trouve quelquefois de plus de deux pieds d'épaisseur, lorsque sur le plateau supérieur il n'y en a que de six pouces. On la tire avec la pioche ou la bêche, en parallélipipèdes, d'un pied de long sur six à huit pouces de large, lesquels, arrivés au jardin, sont brisés avec le dos d'une pioche et jetés sur une claie inclinée, à travers laquelle la terre passe, et au pied de laquelle tombent les racines et les pierres.

C'est la terre fine dont on se sert; mais les restes ne sont point perdus. On les met en tas, et deux ou trois ans après, on les repasse à la claie, et on en obtient une nouvelle terre de bruyère souvent meilleure que la première, parcequ'elle contient plus de terreau.

En général, il est très avantageux de n'employer la terre de bruyère qu'un an, et même deux ans après qu'elle est tirée, tant pour donner aux racines le temps de se convertir en terreau, que pour faciliter à ce terreau le moyen de décomposer beaucoup d'air et de devenir soluble en s'appropriant les gaz qu'il contient. Alors il faut la remuer une ou deux fois avant la fin de la première année. Quelques pépiniéristes pensent même qu'il faut la garder encore un an après qu'elle est passée; mais je ne crois cela bien réellement utile que lorsqu'on l'a mélangée avec d'autres terres, et ce principalement pour leur donner le temps de se bien combiner au moyen de plusieurs remuemens et de l'influence des pluies, des gelées, etc.

Il est donc des circonstances, dira-t-on, où on doit unir la terre de bruyère avec d'autres terres? Oui, toutes les fois qu'il faut une terre ou plus substantielle, ou plus forte, ou encore plus légère, on la mélange ou avec du terreau de couche, ou avec de la terre franche, ou avec du sable pur. C'est à l'expérience du jardinier à décider et des cas et de la quotité.

On se sert de la terre de bruyère ou en pots, ou en planches de semis, ou en planches de plantations.

L'emploi en pot ne diffère pas de celui des autres terres, sinon que, comme elle est ordinairement sèche, il faut arroser, et arroser peu et souvent le premier jour, pour qu'elle puisse s'imprégner complètement d'eau dans sa totalité, car elle se refuse d'abord à l'absorber. En général, les pots à terre de bruyère doivent être arrosés beaucoup plus souvent que les autres, puisqu'ils perdent plus facilement leur humidité par l'évaporation, mais ils demandent à l'être peu à la fois, et toujours avec un arrosoir à pomme percée de très petits trous.

Comme on fait usage de la terre de bruyère pour les semis en pleine terre, principalement afin que les racines des jeunes plants puissent facilement s'étendre au moment même de leur sortie de la radicule, on se contente de mettre deux ou trois pouces seulement de cette terre à la surface de celle qui fait le fond du jardin, et qui a été bien préparée par les labours.

Mais quand il s'agit de faire véritablement ce qu'on appelle une *plate-bande de terre de bruyère* pour mettre à demeure et en pleine terre des arbres, arbustes et plantes qui exigent cette espèce de terre, alors il faut prendre plus de précautions préliminaires.

En général, ces sortes de plantes demandent aussi l'exposition du nord ou une exposition ombragée, c'est donc derrière un mur ou sous des arbres qu'on place cette plate-bande.

Là donc on fait une fosse d'un pied et demi de profondeur et d'une longueur et largeur donnée. On met au fond d'abord cinq à six pouces de sable le plus pur possible, afin d'éloigner de la planche et les lombrics et les courtilières et les larves de hannetons, qui peuvent y causer beaucoup de dommages. Quelquefois même on l'enduit de bauge dans toute son étendue, ou on la transforme en une longue et large auge au moyen d'un crépit de chaux. Ensuite on la remplit de terre de bruyère passée, et de plus, on l'élève de six pouces au-dessus du sol. Élévation qui sera réduite à la fin de la première année par l'effet du tassement à trois ou quatre pouces au plus.

On imagine bien que si la terre de bruyère est rare ou chère, il est possible de diminuer la hauteur de dix-huit pouces, mais ce ne peut être qu'aux dépens de la vigueur des plantes qui doivent y être placées. On le peut encore lorsque la terre du jardin est naturellement légère et sablonneuse. Pour économiser, on peut aussi mettre plus de sable, que l'on mélangera avec un quart de la terre du jardin, ou mettre des feuilles, du foin, les restes de clayonnage des terres, etc.

Une plate-bande ainsi construite peut durer vingt à trente ans, mais il faut tous les deux ou trois ans la recharger de deux à trois pouces de nouvelle terre, pour remplacer les pertes que les eaux pluviales, les labours, les arrachis, etc., lui ont fait éprouver.

C'est dans ces plates-bandes qu'on peut se convaincre qu'il ne faut qu'une terre bien divisée et toujours convenablement arrosée pour obtenir des productions nombreuses et d'une belle venue; car cette même terre de bruyère qui, dans la plaine, n'eût donné, avec tous les secours de l'agriculture ordinaire, que des blés de deux pieds de haut, et des épis de deux pouces de long, y offrira de très riches récoltes.

Je n'entrerai pas ici dans le détail de toutes les espèces d'arbres, arbustes et plantes qui demandent la terre de bruyère, c'est ce qu'on apprendra aux articles particuliers qui les concernent. D'ailleurs, il n'y a pas de ligne de démarcation tranchée, et telle plante qu'on n'y met pas ordinairement par économie, peut y être cependant placée avec avantage. Cependant je crois devoir joindre la liste de celles de ces plantes qui s'y voient le plus communément dans les jardins des environs de Paris.

Plantes de pleine terre qui exigent la terre de bruyère.

Airelles.
Andromèdes.
Aralies.
Azalées.
Bruyères.
Budlèges.
Calycants.
Céanothes.
Céphalanthe.
Chionanthe.
Clethras.
Décumaire.
Fothergilles.
Galés.
Gordones.
Halézia.
Hamamélis.
Hydrangées.
Itées.
Kalmies.
Koelkreuterie.
Ledons.
Liquidambars.
Magnoliers.
Prinos.
Rhododendrons.
Rosages.
Spirées.
Zanthorhize.

Mais la terre de bruyère ne se trouve pas par-tout, ou coûte des frais de transport si considérables qu'il y a folie que d'en vouloir employer : comment y suppléer? Cela devient assez facile dans les pays où il y a du sable pur, ou des grès qu'on puisse réduire en sable, en les calcinant et les pulvérisant, puisqu'il ne s'agit que de les mélanger avec un tiers ou un quart de terreau de feuilles ; mais il n'en est pas de même dans les pays à couches calcaires : là on ne peut qu'approcher du but en choisissant les terres les plus légères, les plus mêlées de détritus de pierres, piler de ces pierres, les passer au crible, etc., etc.

L'expérience a prouvé que les terres de bruyère, dans lesquelles on incorporoit du fumier ou du terreau de couche, ne convenoient plus à la nourriture des bruyères, des azalées, des andromèdes et autres arbustes voisins. Ce fait ne peut être expliqué que par la trop grande abondance de nourriture, ou par les principes de putridité que contient le fumier et le terreau. Il est difficile de prendre une opinion à cet égard. (B.)

BRYONE, *Bryonia*. Plante à racine charnue, fusiforme, rameuse, quelquefois très grosse, à tige longue, grêle, anguleuse, légèrement velue, garnie de vrilles propres à l'attacher aux rameaux des arbres sur lesquels elle monte, à feuilles alternes, pétiolées, cordiformes, dentelées ou anguleuses, hérissées de poils rudes au toucher, de trois pouces de diamètre, et d'un vert clair ; à fleurs d'un blanc verdâtre, larges de quatre à cinq lignes, et disposées en bouquets axillaires, qui fait partie d'un genre de la monœcie syngénésie, et de la famille des cucurbitacées.

La bryone, que par erreur on appelle *blanche*, la *bryonia alba* de Linnæus étant différente, croît dans les bois, dans les haies, autour des villages, toujours dans une terre très profonde et très fertile. Elle fleurit pendant tout l'été, et perd ses tiges pendant l'hiver. Ses baies sont rouges dans la maturité. Ses feuilles froissées ont une odeur nauséabonde. Sa racine, d'un blanc jaunâtre, a la même odeur et un goût âcre, amer et désagréable. Elle est purgative, hydragogue, vermifuge, emménagogue, incisive et diurétique. On en fait usage assez fréquemment dans les campagnes ; mais elle demande à être dosée par des mains exercées, car cet usage peut avoir des suites très graves, conduire même à la mort.

Comme la racine de bryone a beaucoup de rapport avec celle du manhiot, Morand a essayé d'en faire une cassave, et a réussi. *Voyez* au mot Cassave. D'un autre côté, cette même racine, râpée dans l'eau, donne une fécule semblable à celle de la pomme de terre, ainsi que Beaumé l'a remarqué le premier. J'ai fabriqué de cette fécule, pour mon usage, pendant le temps de ma retraite dans la forêt de Montmorency, sous le régime révolutionnaire, et l'ai trouvée très blanche et très nourrissante. Cependant je n'ai pas pu lui enlever, par les lavages les plus nombreux, l'odeur et le goût propre à la plante même, et il n'y avoit que des assaisonnemens un peu relevés qui me la fissent manger sans répugnance. Peut-être, il est rai, la connoissance que j'avois des qualités délétères du suc e la bryone y contribuoit-il, car des visitans, à qui j'en ai it goûter, l'ont prise pour de la fécule de pomme de terre que j'avois aussi en provision), altérée par une cause quelconue. Jamais cette fécule ne m'a occasionné la moindre envie e vomir, ni la moindre purgation. C'est donc toujours une essource, sur laquelle je comptois pour vivre, si la chute de Robespierre ne m'eût pas rendu la liberté de reparoître dans e monde et n'eût fait cesser la disette que des lois absurdes voient fait naître.

C'est en automne et en hiver qu'il convient d'arracher les acines de bryone. On peut les garder plusieurs mois sans les âper, car elles se conservent fort bien, dans quelque endroit u'on les dépose. On trouvera au mot POMME DE TERRE le détail les procédés propres à en tirer la fécule.

Il y a une douzaine de bryones étrangères, dont plusieurs ervent d'alimens, telles que la BRYONE A GRANDES FLEURS, qui vient de l'Inde, où on mange ses feuilles en guise d'épiards; et la BRYONE D'ABYSSINIE, dont la racine se mange implement cuite dans l'eau. (B.)

BU. Synonyme de BŒUF.

BUAILLE. Nom du chaume dans quelques parties des départemens du sud-ouest, départemens où on le coupe d'abord fort haut, pour le couper une seconde fois, soit pour en former e la litière, soit, lorsqu'il est bien garni d'herbes, pour l'emloyer à la nourriture des bestiaux. (B.)

BUANDERIE. *Voyez* FOURNIL et LESSIVE.

BUBON, *Bubon*. Genre de plantes de la pentandrie digynie, t de la famille des ombellifères, qui renferme une demi-douaine d'espèces, dont trois sont bonnes à connoître, à raison de eurs propriétés médicinales.

Le BUBON DE MACÉDOINE a les racines pivotantes, les tiges autes d'un à deux pieds, rameuses et pubescentes; les feuilles lternes, deux fois pinnées, velues; à folioles rhomboïdes et entées; les fleurs blanchâtres, et les semences hérissées. Il st originaire des parties méridionales et orientales de l'Eupe; ses semences ont une odeur et un goût aromatique assez réable. On les regarde comme apéritives, diurétiques, emménagogues, carminatives et alexipharmaques. On l'appelle lgairement *persil de Macédoine*.

Cette plante est bisannuelle et fleurit au milieu du printemps. n la multiplie par ses graines, qu'on sème au printemps, dans sol léger et bien exposé. Elle ne demande que les soins ornaires à toute plante de jardin; mais il est bon de la couvrir ndant l'hiver, car elle gèle quelquefois.

Le BUBON GALBANIFÈRE a la tige ligneuse, les feuilles deu fois pinnées, à folioles ovales, aiguës, dentelées; les fleurs pe nombreuses. Elle est originaire d'Afrique, et ne peut se cul tiver qu'en orangerie dans le climat de Paris. C'est elle qu fournit, soit naturellement, soit par incision, ce suc rous sâtre d'un goût âcre et amer et d'une odeur puante, qu'on con noît sous le nom de *galbanum*, et dont on fait fréquemmen usage en médecine contre l'asthme, la toux, les vents, le maladies hystériques, les tumeurs squirreuses, etc.

Le BUBON GUMMIFÈRE est extrêmement voisin du précédent et donne également une gomme dans son pays natal, qui es l'Afrique. (B.)

BUBON, MÉDECINE VÉTÉRINAIRE. S'il survient aux glande inguinales du bœuf et du cheval une tumeur ronde ou ovale flegmoneuse, accompagnée de chaleur, de douleur, cir conscrite et résistante; on l'appelle *bubon*. Il en est de deu espèces; le *bubon simple*, et le *bubon pestilentiel*.

Le bœuf et le cheval sont exposés au bubon, à la suite d'un transpiration et d'une sueur arrêtée, d'un long séjour dans de écuries ou des étables malpropres, et par une disposition na turelle à cette maladie. L'animal boite tout bas, en écartant l jambe. On ne doit point être surpris de cet accident, lorsqu l'on considère qu'il y a une affection dans les muscles du ba ventre et leurs aponévroses, les tendons des muscles fléchis seurs de la cuisse, les nerfs et les vaisseaux qui vont se distri buer à la cuisse, à la jambe et au pied.

Il faut bien se garder de confondre le bubon simple avec l gonflement des glandes inguinales, produit par le farcin. *Voy* FARCIN. Celui-ci exige un traitement propre au virus farci neux, tandis que l'autre demande d'être conduit en suppura tion, par les cataplasmes d'oignons de lis, de levain et d'on guent basilicum. La suppuration, bien loin de porter préju dice, est toujours plus avantageuse que la résolution. L'ou verture de l'abcès ne doit se faire que lorsque le pus a détrui une partie de la glande, ou plutôt, dissipé les duretés de l tumeur. Ceux qui s'empressent d'ouvrir l'abcès dès qu'ils s'a perçoivent de la moindre fluctuation s'exposent à faire naît des ulcères fistuleux, ou à laisser des duretés qui ne cèdent p toujours aux détersifs les plus forts; on panse la plaie av l'onguent digestif, jusqu'à parfaite cicatrice; on l'anime e core avec un peu d'eau-de-vie, ou la teinture d'aloës, si suppuration est trop abondante et les chairs trop lâches.

Les fièvres malignes ou pestilentielles des animaux se te minent souvent par des bubons de la seconde espèce. Si la t meur est circonscrite, dure, douloureuse; si elle attaque dif rentes parties du corps, mais particulièrement les glandes i guinales ; si elle est lente à se terminer par la résolution ou par la suppuration , elle est d'une nature contagieuse.

Les principes qui déterminent le bubon pestilentiel sont les mêmes que ceux qui peuvent produire la peste. *Voyez* PESTE. Les accidens qui l'accompagnent sont plus ou moins graves, selon la qualité du virus ; mais quels qu'ils soient, l'animal est toujours triste ; les fonctions vitales, musculaires et digestives sont troublées ; souvent la tumeur disparoit pour se montrer sur une autre partie du corps ; quelquefois elle tombe en suppuration, et rarement la résolution opère la guérison ; c'est donc au vétérinaire expérimenté à choisir la meilleure méthode.

La saignée doit être proscrite dans le bubon pestilentiel ; on s'expose, en la pratiquant, à voir les forces vitales diminuer, et la tumeur disparoître. Les purgatifs produisent le même effet, parcequ'en évacuant en grande quantité les matières fécales, et entraînant toujours avec elles des sucs nourriciers, ils déterminent la matière du bubon à se porter en dedans et sur des parties essentielles à la vie. Le remède le plus sûr est de tenir l'animal à la diète, de lui donner souvent de l'eau blanche nitrée, d'appliquer sur la tumeur des cataplasmes maturatifs faits d'oignon de lis, de fiente de pigeon, de gomme ammoniac et d'euphorbe, mêlés avec le savon noir, ou bien un onguent fait avec les mouches cantharides et l'onguent de laurier ; de faire des scarifications à la tumeur avant d'appliquer tous ces remèdes. Aussitôt que l'abcès aura acquis une certaine étendue, il faut l'ouvrir avec un bistouri. L'extirpation des glandes inguinales, où siège le bubon, offre des difficultés presque insurmontables, à cause de la grandeur et du nombre des vaisseaux qui s'y ramifient. Mais si la tumeur affecte d'autres parties du corps où les vaisseaux et les nerfs n'abondent pas, on l'extirpe pour l'ordinaire avec succès, pourvu qu'on pratique l'opération telle que nous la décrirons au mot *Charbon*. Voy. CHARBON. La tumeur emportée, il faut panser la plaie avec le digestif animé, avec de l'eau-de-vie camphrée, ou l'essence de térébenthine. On peut même administrer à l'animal un breuvage de vin et de thériaque, lorsque les forces vitales sont abattues, et qu'il s'agit d'aider la nature à chasser la matière du bubon du centre à la circonférence, et terminer la cure par un purgatif de trois onces de séné, et de quatre onces de miel, sur lesquels on verse une bouteille d'eau bouillante (R.)

BUCHE. Morceau de bois plus ou moins long, plus ou moins gros, débité pour être brûlé. Il y a des bûches rondes, il y en a de refendues.

La manière de disposer les bûches sur le foyer n'est pas indifférente aux yeux d'un agriculteur économe. Tel peut brûler le double de bois, et n'obtenir cependant que la moitié de la chaleur de tel autre. Par-tout j'entends se plaindre de la rareté, de la cherté du bois, et par-tout je le vois consumer en pure perte, en plaçant les bûches sur des chenets élevés, en mettant les petites derrière les grosses.

Pour épargner le combustible dans les cheminées ordinaires, il faut enterrer dans la cendre une grosse bûche sur le derrière, et en mettre deux ou trois petites sur le devant, de telle manière que leurs extrémités portent sur des chenets également enterrés, ou sur des chenets triangulaires de fonte, dont se servoient de préférence nos pères, et avec tant de raison, ou sans chenets sur la cendre même. On circonscrit par ce moyen l'étendue brûlante des bûches, selon le degré de chaleur dont on a besoin; au lieu que par la méthode ordinaire elles brûlent dans toute leur longueur, et très rapidement. Il est encore bon d'entremêler des bûches de bois vert avec des bûches de bois sec, le bois vert donnant plus de chaleur et se consumant plus lentement que le sec. *Voyez* aux mots Foyer, Feu et Bois.

On appelle aussi de ce nom les orangers que les Génois envoient dans les pays du nord, parcequ'ils leur coupent la tête et une portion des racines, en font de véritables bâtons difficiles à la reprise. (B.)

BUCHER. C'est le lieu où on dépose le bois destiné à être brûlé. Tantôt c'est une pièce par bas de la maison, tantôt c'est un hangar séparé de la maison. *Voyez* au mot Constructions rurales. (B.)

BUCHERON. Nom des personnes qui coupent le bois et le façonnent en bûches, en fagots, etc. *Voyez* au mot Bois et au mot Forêt. (B.)

BUCK. Synonyme de ruche dans le département de la Haute-Garonne.

BUDLEJE, *Budleja.* Arbuste de douze à quinze pieds de haut et peut-être plus, qui a été apporté du Chili il y a une vingtaine d'années, et qu'on cultive en pleine terre dans les jardins d'agrément, à raison de la belle couleur mordorée et de l'odeur mielleuse assez agréable de ses fleurs. Ses tiges sont blanchâtres, opposées et très rameuses. Ses feuilles opposées, lancéolées, aiguës, crénelées, crépues, noirâtres en dessus, blanches et cotonneuses en dessous, sont longues de six à huit pouces, sur un ou un et demi de large. Ses fleurs sont disposées en tête d'un pouce de diamètre, régulièrement sphériques, et portées sur de longs pédoncules opposés à l'extrémité des tiges et des rameaux. Il forme un genre dans la tétrandrie monogynie et dans la famille des personnées.

Le budlège globuleux conserve ses feuilles toute l'année et fleurit au milieu de l'été. Il demande une exposition chaude, et même à être empaillé tous les hivers, au moins par le pied, pour être garanti des gelées. Lorsqu'il n'y a que la tige de frappée, le mal est peu de chose, les racines poussant l'année suivante des rejetons de cinq à six pieds qui donnent des fleurs un an après. Toute espèce de terre lui convient. Il fait plus de progrès dans celles qui sont fortes et humides; mais il y donne moins de fleurs, et y est plus exposé à la gelée que dans les terres légères et sèches. On le multiplie de marcottes et de boutures, peut-être même le pourroit-on de racines. On fait les boutures avec le bois de l'année précédente, qu'on coupe au printemps, qu'on enterre dans des pots sur une bonne couche à châssis. Elles sont ordinairement enracinées au bout de deux mois. Il faut leur faire passer le premier hiver dans l'orangerie. En général il est toujours prudent d'en tenir quelques pieds en pots pour parer aux évènemens.

Sa place est au second rang dans les bosquets d'agrément. Il fait fort bien dans l'angle d'une fabrique. Jamais on ne le plante isolément. (B.)

BUÉE. On donne ce nom à la lessive dans les départemens de l'est.

BUFFLE. Animal du genre du bœuf, originaire des contrées les plus chaudes de l'Asie et de l'Afrique, qui a été introduit en Italie vers le septième siècle, et qu'on y emploie avantageusement aux labours.

On distingue un buffle d'un bœuf à sa couleur constamment noirâtre, excepté sur le front et à l'extrémité de sa queue où les poils sont d'un blanc jaunâtre; à sa tête plus grosse; à son museau plus large et plus long; à ses yeux très petits; à ses cornes noires, grosses, légèrement aplaties; à ses oreilles plus longues et plus pointues; à son cou dépourvu de fanon; à sa poitrine très large et très musclée; à ses pieds très gros et très robustes. Les mamelles de la femelle sont au nombre de quatre, et, chose remarquable, placées sur la même ligne.

L'aspect du buffle indique en lui une stupidité farouche et une force considérable. Sa voix est un affreux mugissement. Toutes ses habitudes sont grossières. Il ne se plaît que dans la fange. On ne le rend obéissant que par des moyens violens, et il est sujet, sans être provoqué, à des accès de fureur dont les suites sont souvent dangereuses. La domesticité n'a que fort peu influé sur son caractère originel.

Les avantages du buffle sur le bœuf sont sa force presque double et la facilité de le nourrir. Les herbes les plus dures des marais et des bois, qui sont repoussées par presque tous les bestiaux, sont celles qu'il semble préférer : aussi est-ce dans les pays marécageux, où les bœufs et les vaches ne peuvent pas vivre, qu'on doit l'introduire. On en voit beaucoup dans les environs de Sienne et de Rome, sur le Nil, l'Euphrate et autres grands fleuves dont les bords leur conviennent. En Egypte on les élève seulement pour se nourrir de la chair des mâles et du lait des femelles, quoique cette chair soit dure, désagréable au goût et répugnante à l'odorat, même dans la jeunesse de l'animal. Le lait est fort abondant, mais a un petit goût musqué qui ne plaît pas d'abord. On en fabrique du beurre et des fromages d'assez bonne qualité.

Il paroît que les buffles sont d'autant plus revêches, et même méchans, qu'ils habitent un pays plus froid. Dans le centre de l'Afrique on les conduit aussi facilement que nous conduisons les bœufs ; en Italie, il faut de toute nécessité les châtrer, afin de les rendre assez traitables pour les soumettre au joug. Là, pour les avoir, lorsqu'ils sont au pâturage, on est obligé d'employer de gros chiens, stylés à les aller chercher un à un en les prenant par l'oreille ; et pour les faire marcher, lorsqu'ils sont attelés, on doit leur passer un anneau dans le cartilage du nez, anneau auquel on attache une corde. C'est entre trois ou quatre ans qu'on leur fait subir ces opérations, à peu de distance l'une de l'autre ; après quoi on les domte moitié par force, moitié par douceur. Ce sont exclusivement des enfans qui sont chargés de ce soin, parceque ces animaux sont moins disposés à s'irriter contre eux que contre les hommes faits. Ces enfans leur donnent un nom *chanté* auquel ils les accoutument à répondre Dans les marais pontins, où les buffles sont très multipliés, il y a un village, la Cisterna, qui est en possession de fournir exclusivement des conducteurs de buffles à toute l'Italie. La connoissance qu'ont acquise les habitans de ce village, des mœurs des buffles, leur rend facile ce qui seroit impossible à d'autres ; et c'est sur cela seul, et non sur un privilège, comme on le croit, qu'est fondé leur genre particulier d'industrie.

Quoique les buffles mâles et femelles soient très ardens en amour, et qu'ils soient souvent avec des vaches et des taureaux, il ne se fait aucun accouplement entre eux. Leur organisation les éloigne plus les uns des autres, que celle du cheval de celle de l'âne. Cependant le mode de l'accouplement, la nourriture du petit, sa croissance, la durée de sa vie, etc., ne diffèrent pas sensiblement de celui de la vache. La femelle porte cependant un an, tandis que la vache porte seulement un peu plus de neuf mois.

Quoique le caractère de la femelle du buffle soit moins violent que celui du mâle, il n'est pas facile de la traire. Ce n'est qu'à force de caresses, en chantant son nom, et en présence de son petit, qu'on y parvient. Jamais un étranger ne peut approcher la main de son pis, qu'elle ne se mette en fureur et ne tente de se jeter sur lui.

On a, à différentes époques, voulu introduire des buffles en France; encore, en dernier lieu, on en a amené un troupeau à Rambouillet; mais la température du climat les rendant plus méchans, il n'a pas été possible d'en tirer un parti utile. Cette circonstance me dispense d'entrer dans de plus grands détails sur ce qui les concerne. *Voyez* au surplus les mots Bœuf et Vache.

Le cuir du buffle est beaucoup plus épais et plus fort que celui du bœuf, quoique celui de ce dernier prenne presque par-tout son nom et remplisse ses usages, sur-tout lorsqu'il est chamoisé et passé à l'huile. On s'en sert beaucoup dans les armures, et dans tous les cas où il faut joindre une grande force à une grande souplesse. Ces cuirs, hongroyés, forment les meilleures soupentes de voitures qu'on connoisse. (Silv.)

BUGADE. Lessive dans le département de Lot-et-Garonne.

BUGLE, *Ajuga*. Genre de plantes qui n'a d'intérêt pour le cultivateur que par l'abondance, dans certains lieux, de quelqu'unes des espèces qu'il contient. Il est de la didynamie gymnospermie, et de la famille des labiées.

On compte une douzaine de bugles dont il n'est utile de citer ici que quatre.

La bugle pyramidale, qui est velue, dont les feuilles radicales sont très grandes, et les fleurs disposées en pyramides serrées. Elle est bisannuelle et se trouve très abondamment dans les bois arides, dans les pâturages secs. Les vaches et les brebis la mangent, et elle orne les gazons par ses fleurs bleues qui s'épanouissent dès les premiers jours du printemps. Elle s'élève à un demi-pied au plus.

La bugle rampante, qui est glabre et pousse des rameaux cylindriques et rampans. Ses fleurs sont disposées en pyramides et écartées, Elle est vivace et croît dans les bois ombragés, dans les pâturages humides. Elle fleurit aux premiers jours du printemps comme la précédente, à laquelle elle ressemble beaucoup.

La bugle ivette, *Teucrium chamaepitys*, Lin., a les feuilles trifides, linéaires, entières, et les fleurs jaunes, latérales, solitaires et sessiles. Elle est annuelle et se trouve quelquefois en très grande quantité dans les lieux secs et pierreux, sur-tout dans les jachères; souvent elle n'a que deux à trois pouces de haut; elle exhale, lorsqu'on la froisse, une odeur aromatique analogue à celle du camphre.

La bugle musquée, *Teucrium iva*, Lin., a les feuilles ligulées, bidentées, et les fleurs jaunes, solitaires et sessiles. Elle est annuelle et se trouve très communément dans les parties méridionales de la France, aux mêmes endroits que la précédente. Elle s'élève de quatre à six pouces.

Ces deux plantes fleurissent au milieu de l'été, et sont regardées comme apéritives, nervines, céphaliques, emménagogues, sudorifiques, etc. On en fait assez souvent usage. Les bestiaux les repoussent, selon que je crois me le rappeler. Linnæus les avoit placées parmi les germandrées.

Toutes les bugles ont les tiges tétragones et les feuilles opposées. (B.)

BUGLOSE, *Anchusa*. Genre de plantes de la pentandrie monogynie et de la famille des borraginées, dont il convient de parler ici, parceque deux de ses espèces sont cultivées pour l'usage de la médecine, et une autre est employée à la teinture.

La BUGLOSE OFFICINALE a les feuilles alternes, lancéolées, aiguës, crépues, rudes au toucher, et les fleurs bleues disposées e. épi unilatéral. Elle est vivace, s'élève à deux ou trois pieds, fleurit à la fin du printemps, et se trouve en Europe dans les lieux secs et pierreux. On la regarde comme rafraîchissante, et en général comme jouissant des mêmes propriétés que la bourrache, à laquelle on la substitue souvent; mais ses propriétés sont également contestées. En effet, elle n'a ni odeur ni saveur autres que celles d'un mucilage. On mange ses feuilles cuites en potage comme la poirée, ou en salade comme la laitue. Elles sont assez bonnes quand elles sont jeunes, ainsi que j'ai été à portée d'en juger par ma propre expérience.

La culture de la buglose est encore plus simple que celle de la bourrache, puisqu'étant vivace, elle ne demande plus, lorsqu'elle est levée, que les binages annuels des jardins. Il convient de la couper souvent pour avoir toujours de jeunes feuilles à sa disposition. Elle n'aime pas une terre trop substantielle où ses racines pourrissent facilement, mais les décombres, les pierrailles, etc. On n'en voit en général, aux environs de Paris, jamais plus de deux ou trois pieds dans un jardin; cependant elle est assez belle lorsqu'elle est en fleur pour former décoration.

Le nitre que contiennent souvent les tiges et les feuilles de buglose comme celles de bourrache ne leur est pas essentiel, puisque les pieds cultivés loin des habitations n'en offrent point; c'est cependant sur ce fondement que la vieille médecine avoit établi ses vertus.

La BUGLOSE TOUJOURS VERTE a les fleurs bleues disposées en tête sur des pedoncules diphylles. Elle est originaire d'Espagne, s'élève d'environ deux pieds, et conserve ses feuilles pendant tout l'hiver, ce qui la rend propre à décorer les parterres en cette saison. On la cultive en conséquence dans quelques jardins d'agrément. Sa culture ne diffère pas de celle de la précédente, dont elle partage les propriétés.

La BUGLOSE TEIGNANTE, vulgairement l'*orcanette*, a les feuille alternes, velues, lancéolées, obtuses; les tiges rampantes et les fleurs d'un jaune mordoré, disposées en épi unilatéral. Elle est vivace, et croît naturellement dans les parties méridionales de l'Europe aux lieux arides et pierreux. Sa racine est rouge, et donne sa couleur aux étoffes par suite des opérations de l'art du teinturier; mais cette couleur n'est point brillante et est très peu durable. On en fait beaucoup d'usage en Turquie et dans les autres pays où les arts ne sont pas perfectionnés; mais elle est presque abandonnée en France, ou mieux, on ne l'y emploie plus que pour colorer les sucreries, les liqueurs de table, et quelques mets. Je ne sache pas qu'on ait jamais cultivé cette espèce, dont les habitans des campagnes ramassoient les racines, lorsqu'elles faisoient un objet de commerce, sur les montagnes où elle croît abondamment, ainsi que je l'ai remarqué pendant mes voyages en Espagne, en Italie et dans les parties méridionales de la France.

BUGRANE ou BUGRANDE, *Ononis*. Genre de plantes de la diadelphie décandrie et de la famille des légumineuses, qui contient plus de soixante espèces, dont plusieurs sont utiles à connoître, parcequ'elles gênent souvent le laboureur dans ses travaux, ou qu'elles sont assez agréables pour être cultivées dans les jardins.

Les tiges des bugranes sont presque toutes ligneuses; leurs feuilles toujours alternes, ternées, accompagnées de stipules et souvent gluantes, souvent fétides; leurs fleurs varient dans leurs dispositions, mais sont généralement grandes et rouges ou jaunes.

La BUGRANE A LONGUES ÉPINES, *Ononis antiquorum*, Lin, a les fleurs solitaires, grandes, purpurines, les rameaux sans poils et armés de deux très longues épines, dont une est beaucoup plus courte que l'autre.

La BUGRANE DES CHAMPS OU RAMPANTE, *Ononis arvensis*, Lin, a les fleurs médiocres, purpurines, géminées, en grappes, les rameaux velus et sans épines.

Ces deux plantes se trouvent dans toute l'Europe, dans les champs incultes, les pâturages, le long des chemins, etc. On les connoît sous le nom d'*arrête-bœuf*, parceque leurs racines longues, traçantes et tenaces, résistent souvent aux efforts des bœufs qui traînent la charrue. Il faut presque toujours ou arracher d'avance, à la pioche, les pieds qui se trouvent dans les terres qu'on veut défricher, ou armer la charrue d'un ou deux coutres bien affilés. Au reste, leur présence dans un champ ou un pré annonce toujours une culture peu soignée. Les vaches, les ânes, les moutons et les chèvres les mangent avec plaisir, sur-tout au printemps. Elles décorent pendant tout l'été les friches ou les pâturages par leurs fleurs d'un rouge ami de l'œil et fort nombreuses. Leurs racines passent pour apéritives et diurétiques, et les feuilles pour astringentes.

La BUGRANE ÉLEVÉE, *Ononis hircina*, Wild, qui diffère à peine de celle des champs, dont elle est regardée comme une variété par quelques auteurs, et qui croît naturellement en Allemagne, se cultive dans quelques jardins pour l'ornement. Elle atteint jusqu'à trois pieds de haut.

La BUGRANE GLUANTE et la BUGRANE VISQUEUSE, dont les fleurs sont jaunes, et les feuilles très visqueuses et très fétides, toutes deux propres aux terrains secs et argileux, font aussi un assez bel effet; mais on les cultive peu. La première est vivace et la seconde annuelle.

La BUGRANE PRÉCOCE, *Ononis fruticosa*, Lin, a les feuilles sessiles, les folioles lancéolées et dentées, les stipules en gaîne, et les fleurs purpurines portées trois par trois sur un pédoncule commun. On la trouve dans les Basses-Alpes, et on la multiplie très fréquemment dans les jardins d'agrément, qu'elle orne pendant presque toute la belle saison par ses fleurs et ses feuilles. C'est un arbuste qui s'élève rarement à deux pieds, mais qui s'étend et forme de fort grosses touffes, ordinairement régulières. On ne le multiplie que de graines qui mûrissent facilement dans le climat de Paris, graines qui se sèment dans une terre légère et à une exposition chaude aussitôt que les gelées ne sont plus à craindre. On ne donne à ce semis que les soins communs à tous. Au bout de deux ans on relève le plant, et on le repique dans une autre place. Il demande à être couvert de fougère ou de paille pendant ses premières années; car il craint alors les fortes gelées de l'hiver. Les vieux pieds bravent tous les frimas.

La place de la bugrane précoce est au premier rang dans les bosquets d'agrément, et en touffes isolées au milieu des gazons. Il faut ne lui faire sentir que le moins possible le tranchant de la serpette, et se contenter de gratter la terre autour d'elle une ou deux fois l'année. (B.)

BUIGNOL. Variété de poire.

BUIRETTES. Petits tas de foin qu'on forme le soir dans le département des Ardennes, et qu'on disperse le matin lors de la fanaison pour accélérer sa dessication. (B.)

BUIS ou BOUIS, *Buxus*. Genre de plantes de la monœcie tétranderie, et de la famille des tithymaloïdes, qui renferme trois ou quatre espèces d'arbres ou d'arbustes, dont on fait le plus grand usage dans les jardins d'agrément, et dont on tire un grand profit dans les pays de montagnes.

Les feuilles de buis sont opposées, ovales, presque sessiles, coriaces, luisantes, persistantes; leurs fleurs sont jaunes, verdâtres et disposées en petits bouquets dans les aisselles des feuilles supérieures.

Le BUIS ARBORESCENT a les feuilles ovales, oblongues, et s'élève à quinze ou vingt pieds. Il est très branchu, très tortu, et quelquefois de la grosseur de la cuisse. On le trouve en Europe, sur les montagnes élevées, répandu en plus ou moins grande quantité dans les bois, mais ne formant jamais de véritables forêts. Il fleurit au commencement du printemps, et donne ses graines au commencement de l'automne. Il fournit par la culture des variétés à feuilles bordées de jaune, à feuilles tachées de jaune, à feuilles bordées de blanc, et quelques autres moins communes. Ses feuilles et son bois, qui est jaune, très dur et susceptible d'un beau poli, ont une saveur amère et une odeur désagréable. Leur décoction est, à haute dose, purgative, et, à petite dose, sudorifique. On en retire une huile empyreumatique, dont on fait usage contre les maux de dents, la gale et autres maladies, mais sans un succès bien constaté.

On multiplie le buis de semences de marcottes et de boutures. Les marcottes et les boutures se font de très bonne heure au printemps. Ces dernières exigent un petit talon de bois de deux ans pour être assurées à la reprise. Un terrain frais et léger leur convient mieux qu'un autre. On les relève la seconde année pour les placer en pépinière, si, comme on le fait ordinairement, on les avoit plantées en jauge et très rapprochées; car dans le cas contraire on les laisseroit jusqu'à leur destination définitive, c'est-à-dire pendant trois ou quatre ans. Cette méthode des boutures est sur-tout employée pour les variétés qui ne se reproduisent que par ce moyen; car pour l'espèce il vaut beaucoup mieux la multiplier de semences.

Le moment où les capsules sont prêtes à s'ouvrir est l'époque à laquelle on doit cueillir la graine. Il faut la semer aussitôt soit dans des caisses, soit en pleine terre, dans un sol très léger et très substantiel. Le terreau formé des débris des couches, la terre tirée de la surface d'une prairie, et dont le gazon aura été réduit en terreau, formeront le fond qui leur convient. Quant à la partie inférieure de cette couche, elle doit être garnie de quelques pouces de gravier, de petits débris de bâtimens, afin que l'eau ne séjourne point dans la couche supérieure, qui peut avoir depuis huit pouces jusqu'à un pied d'épaisseur. Lorsque le besoin exigera des arrosemens, il vaut mieux arroser peu à la fois et en petite quantité, et prendre garde de ne pas trop tasser la terre. En un mot, il est nécessaire d'imiter la nature. En effet, le buis pousse et végète dans les forêts; la terre qui s'y trouve est un composé de débris de feuilles, de mousses, accumulé depuis un temps considérable. La graine tombe en octobre; les feuilles des arbres voisins la recouvrent bientôt, la garantissent du hâle, et la protégent contre le froid, lui conservent une humidité suffisante, enfin la défendent des impressions trop vives du soleil du printemps.

Après la première année du semis, on peut placer les jeunes buis en pépinière, les disposer par rang et les espacer de cinq à six pouces. Lorsqu'ils auront acquis une certaine consistance, c'est le cas de les planter à demeure. La majeure partie des arbres verts demande à être transplantée au commencement du printemps, mais le buis peut l'être pendant presque toute l'année.

Le buis a l'avantage de se prêter à toutes les formes sous la main du jardinier. Ici, c'est une niche garnie de son banc; là, un berceau impénétrable aux rayons du soleil. De ce côté, il tapisse un mur et offre une continuité de verdure; de celui-là, c'est une palissade; et sous la main du décorateur, il dessine les allées d'un jardin et les formes symétriques d'un parterre. Quel agrément n'offre pas sa verdure pendant l'hiver, lorsque les autres arbres dépouillés de leurs feuilles, semblent être en deuil de l'éloignement du soleil? Le buis a encore un avantage sur presque tous les autres arbres verts; l'ensemble de ses feuilles est d'un vert moins obscur, et sourit plus agréablement à la vue. (B.)

On connoît peu de véritables forêts de buis en France. Une des plus considérables, si on peut l'appeler ainsi, c'est celle de Lugny dans le Mâconnois; après elle viennent celles des Monts-Jura, du côté de Saint-Claude; et en remontant leur chaîne dans la Franche-Comté, celles des montagnes du Bugey, du Dauphiné, de la Haute-Provence, la chaîne de celles qui traversent le Languedoc de l'est à l'ouest, enfin dans les Pyrénées, etc.; mais aucune n'est une forêt proprement dite, le buis s'y trouve mêlé avec beaucoup d'autres arbres.

La cause du dépérissement des buis vient de l'emploi qu'on en fait. Lorsqu'on a coupé l'arbre par le pied, il reste le *broussin*, c'est-à-dire sa racine. Elle pousse des branches qui sont à leur tour coupées dès qu'elles ont quelques pieds de longueur; on en fait des fagots. Il résulte que ces branches n'ont point encore porté de graines, le seul moyen que la nature emploie à la reproduction du buis dans ces lieux élevés.

Le second vice vient de ce qu'on arrache les broussins malgré les défenses. L'intérêt particulier est plus actif, plus vigilant que la loi. Il résulte de là qu'à deux lieues à la ronde de la ville de Saint Claude, on ne trouve plus une seule cépée, tandis qu'autrefois le buis croissoit jusqu'aux portes de la ville.

La consommation du bois de buis est prodigieuse à Saint-Claude et aux environs. Chaque paysan emploie toute la saison de l'hiver à le tourner, et chacun a son genre dont il ne s'écarte pas. L'un fait uniquement des grains de chapelet; l'autre des sifflets; celui-ci des boutons, celui-là des cannelles pour tirer le vin, des cuilliers, des fourchettes, des tabatières, des peignes, des poivrières, etc., etc. C'est la raison pour laquelle tous ces objets sont à si grand marché: et leur débit fait subsister ces habitans, qui n'ont pour vivre que le produit de leur bétail, un peu de seigle et des pommes de terre.

Le broussin est fort recherché, sur-tout pour les tabatières, parcequ'il est bien marbré et veiné. Voici comment la nature parvient à former cette marbrure. Par les coupes réitérées, les fibres des souches se croisent dans tous les sens, ce qui fait que ce bois n'a plus de fil. Il se fend par cette raison bien plus difficilement, et acquiert beaucoup plus de dureté. Or l'avantage du bois de buis, dont les fibres sont croisées, est le même que celui des ormes nommés *tortillards*, préféré par les charrons, et que l'on paie deux fois plus cher que les autres. Il en est ainsi du chêne et des érables tortueux; on les préfère pour le tour et pour les panneaux de menuiserie. A Saint-Claude même les tourneurs préfèrent les broussins du Dauphiné; et c'est de leur beauté, de leur grain et de leur marbrure que les tabatières de buis de Grenoble ont acquis une si grande réputation.

Le buis de tige est fort rare; et il n'y a de véritable buis de tige qu'autant qu'il est venu de graine. Celui-ci a un avantage sur le broussin même pour les tabatières; c'est que lorsqu'il est coupé transversalement, il offre une belle étoile et très régulière. Cette étoile est si marquée, qu'il n'est pas possible de se tromper à la vue entre le bois de tige et de broussin.

Après le broussin du Dauphiné, celui de Lugny est réputé avoir de la qualité, et mérite même d'être recherché par les tourneurs de Saint-Claude. Si ceux du Languedoc et de Provence étoient aussi communément employés que ceux de Saint-Claude et du Dauphiné, ils auroient acquis la même réputation, et peut-être leur donneroit-on la préférence. Les environs de Saint-Pons en fournissent de l'excellent. Il est constant que la graine de buis qui pousse et végète dans le terrain calcaire s'élève plus rapidement que dans tout autre sol; il s'y plaît, il fait de belles tiges, si on a soin de les conserver; cependant dans les granits de Corse on y voit de très beau buis, ce qui ne doit pas surprendre, c'est que ces granits sont en gros blocs presque arrondis, accumulés les uns sur les autres; et les cavités qui se trouvent entre un bloc et un autre sont remplies de débris de terre végétale, de manière que les racines trouvent une abondante nourriture et une facilité étonnante à s'étendre et à pivoter. Par-tout on coupe ces tiges en jardinant, et de nouvelles branches repoussent du tronc. Comme ce bois de tige est fort cher, le marchand n'achète que la partie de la tige qui lui convient; l'un en achète un billot de deux à trois pieds de longueur, et l'autre de quatre, et le reste ou queue demeure au propriétaire. C'est ainsi que cela se pratique dans la forêt de Luguy.

Le buis coupé pendant la sève travaille beaucoup, se fend en se desséchant; celui coupé en temps convenable travaille moins, mais toujours trop pour l'ouvrier. Un moyen assuré de conserver le buis consiste à porter dans une cave, où le jour ne pénètre point, le bois de tige et le broussin, et de l'y conserver au moins pendant trois ans, et pendant cinq ans pour le mieux. Au sortir de la cave on le fait dégrossir à la hache pour en ever l'aubier, et on lui donne la forme de cylindre. Les pièces dégrossies ne se mettent plus à la cave, mais dans un magasin où l'entrée du jour est interdite, et on ne les en tire que pour les porter sur le tour. Malgré ces précautions, quoique le buis paroisse parfaitement desséché, il attire encore l'humidité si on le tient dans un lieu frais, et il est sujet à se déjeter.

Lorsque l'on veut faire de belles pièces, on fait tremper le buis pendant vingt-quatre heures dans de l'eau très fraîche et très pure, et en sortant de cette eau fraîche on le fait bouillir pendant quelque temps. Lorsqu'on le sort de ce bouillon on le met aussitôt dans du sable, ou de la cendre, ou du son, enfin dans un lieu quelconque où l'air ne pénètre pas. Cette pièce y reste pendant plusieurs semaines dans un endroit sec et à l'ombre.

Quand le buis est déjeté, on le porte sur une table bien unie, et il reste exposé à la pluie, après cela on le retire et on le charge de quelque poids.

Le bois de buis est excellent pour le chauffage, et ses cendres admirables pour les lessives. Pour le service des fours à chaux et des autres manufactures où l'on consomme beaucoup de bois il faut près de moitié moins de fagots de celui-ci que de tout autre bois.

Les feuilles et les autres jeunes pousses des buis servent à la litière des troupeaux et du bétail, et elles deviennent un très bon engrais. On les fait encore pourrir dans les fossés, le long des chemins et des champs. Cet engrais est moins bon que celui du buis qui a servi de litière; malgré cela, on doit le multiplier autant qu'il est possible. (R.)

Le BUIS A BORDURES a les feuilles ovales et ne s'élève jamais à plus de deux ou trois pieds; il est très branchu. On le trouve sur les montagnes les plus basses, principalement celles qui sont calcaires. Il fleurit un peu plus tôt que le précédent, dont la plupart des botanistes le font variété; mais ses feuilles constamment plus arrondies, ses fruits plus gros et plus ronds et le peu de hauteur auquel il parvient doivent déterminer à le considérer comme espèce. C'est lui qu'on emploie pour faire les bordures des plates-bandes dans les jardins. Il se multiplie comme le précédent de graines, de marcottes, et de boutures; mais comme il est perpétuellement tourmenté par-tout, ce qui l'empêche de donner des graines, on emploie principalement pour le reproduire le moyen des boutures, ou plus souvent du déchirement des vieux pieds. Ainsi une bordure est-elle trop vieille, présente-t-elle trop de vides, on l'arrache toute entière, on éclate chaque pied de manière à en faire deux, trois, six, huit, qui chacun aient un peu de racines, et on les replante sur-le-champ ou à la même place, ou en jauge, pour être replantés l'année suivante, lorsque les racines se sont fortifiées.

Comme la cause la plus commune de la mort des buis des bordures est l'épuisement du terrain, car cet arbre comme tous les autres doit être soumis à la loi de l'assolement, il faut, quand on replante une de ces bordures, ou la placer à un demi-pied de l'ancienne, en dedans ou en dehors, ou enlever la totalité de la terre de l'ancienne bordure dans la largeur et la profondeur d'un pied, et la remplacer par de l'autre où il n'ait pas crû de buis depuis longues années.

La tonte du buis est une opération assez généralement abandonnée à la routine, cependant elle demande à être réfléchie. Il semble par exemple qu'on devroit la faire lorsqu'il n'y a pas de sève, et au contraire on choisit presque toujours l'époque de sa plus grande végétation. On dit que lorsque la gelée saisit le buis nouvellement taillé, il meurt immanquablement. Je n'en sais rien; mais je suis tenté de croire que cette mort est due à une autre cause, à sa taille contre saison par exemple. Dumont-Courset, dont l'autorité est si imposante, veut qu'on le coupe avant la sève.

Lorsque le buis arborescent est abandonné à lui-même dans les jardins paysagers où il croît sous les autres arbres, où il fait un très bel effet en tout temps et principalement pendant l'hiver, il jette de longues branches pendantes de côté et d'autre, branches qu'il faut bien se garder de régulariser; mais le buis à bordure, dans la même position, forme toujours une tête fort dense et rarement inégale, ce qui est encore un caractère qui doit empêcher de confondre ces deux espèces.

Le BUIS A FEUILLES DE MYRTE a les feuilles très allongées, d'un vert glauque, et les rameaux rapprochés de la tige. Il paroît à la simple vue fort différent des deux autres, avec lesquels il est confondu comme simple variété par la plupart des botanistes. On ignore d'où il vient. On le cultive dans les pépinières des grandes villes, et on le place uniquement dans les jardins paysagers, où il fait effet, même à côté du premier.

Le buis de Mahon a les feuilles presque rondes et trois fois plus grandes que celles des autres. Originaire de l'île Minorque, d'où A. Richard l'a rapporté il y a une trentaine d'années, il craint les froids de nos hivers les plus doux, aussi ne peut-on le conserver que dans les orangeries, même dans le climat de Paris. On le multiplie principalement de boutures qu'on place dans de la terre de bruyère sur une couche à châssis. Rarement ces boutures manquent de prendre racine dans les deux premiers mois de leur mise en terre. En automne on les repique, seule à seule, dans des pots, qu'on met encore quelques jours sous châssis, et qu'ensuite on abandonne dans l'orangerie.

Le bois du buis arborescent pèse quatre-vingts livres sept onces par pied cube en vert, et soixante-huit livres douze onces deux gros en sec. Une branche de cinq pouces cinq lignes portoit, selon Varennes de Feuilles, deux cent vingt-une couches annuelles, et on n'y distinguoit pas d'aubier.

Il vient d'Espagne un bois de buis d'un jaune plus vif que celui de France. Seroit-ce celui du buis de Mahon ? Je n'ai vu, dans mon voyage à travers la partie septentrionale de ce pays, que le buis arborescent. (B.)

BUISSON. C'est une touffe d'arbustes qui ne s'élèvent jamais à plus de huit à dix pieds, ou d'arbres qui, étant coupés tous les trois ou quatre ans, ne parviennent pas à une plus grande élévation. En bonne agriculture les buissons ne doivent être soufferts que dans les places dont il n'est pas possible de tirer un meilleur parti, telles que celles où il n'y a pas de fond, qui sont surchargées de pierres, où trois chemins se croisent, etc. Le bois qu'ils produisent sert à chauffer le four ou autres objets d'économie domestique.

Par extension, on appelle buisson, en terme forestier, les très petits bois, de moins d'un à deux arpens, par exemple. (B.)

BUISSON (ARBRE EN BUISSON). On donne ce nom aux arbres fruitiers à basse tige, dont les branches sont disposées de manière à représenter un entonnoir, et qui se taillent à peu près comme les contr'espaliers.

Les espèces qui se prêtent le mieux à cette forme sont les poiriers et les pommiers. Les abricotiers à demi tige s'en accommodent aussi fort bien. Les pruniers et les cerisiers la souffrent très difficilement, les pêchers encore moins.

Les arbres fruitiers en buisson, dont de légères variétés s'appellent *arbres en gobelet*, *en vase*, ont été en grande faveur au commencement du siècle dernier. Ils le sont moins en ce moment, et c'est fâcheux, car leur durée et leurs produits sont supérieurs à ceux de toutes les sortes d'arbres taillés. Les re-

Fig. 2.

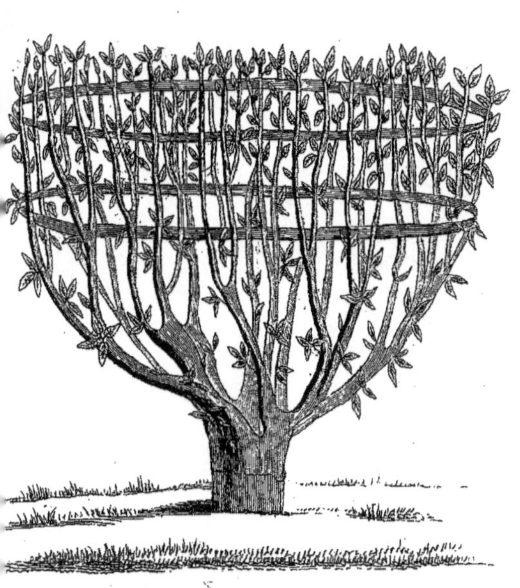

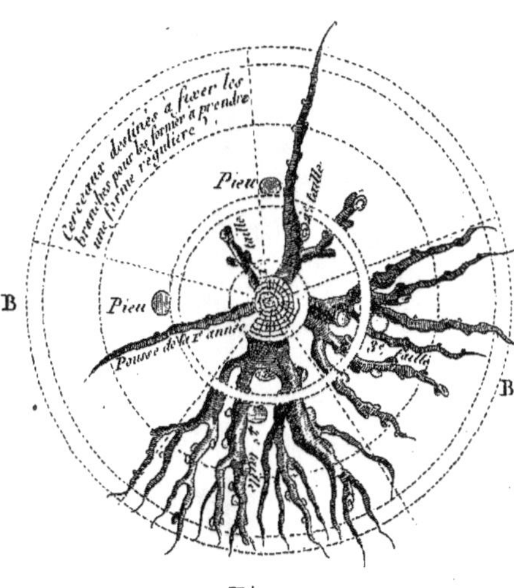

Fig. 1.

Desève del et Dir.

Fig. 1 et 2. Buisson (Arbre en)

proches qu'on leur fait appartiennent presque tous à la mauvaise manière de les conduire, par exemple, à leur trop grand rapprochement, à leur surabondance de bois, à leur taille mal entendue, etc., etc.

Il n'est personne qui n'ait été à portée d'admirer de ces arbres et buisson chargés de fleurs ou de fruits : l'effet qu'ils produisent, lorsqu'ils sont isolés au milieu des gazons dans les jardins paysagers, est réellement propre à enthousiasmer ceux qui savent sentir les beautés de la nature.

La formation des buissons est l'une des parties de la taille qui exige le plus de connoissance et les soins les plus assidus; ces soins doivent commencer dès l'instant de leur plantation. On choisit dans les pépinières les sujets le plus ordinairement greffés sur franc, jeunes, vigoureux, soit en nain, soit en haute tige, et munis, s'il se peut, de plusieurs branches placées au-dessus de la greffe. Après les avoir plantés à des intervalles convenables, pour qu'arrivés à leur état parfait ils puissent croître sans se nuire réciproquement, on coupe la tige à ceux qui n'ont qu'un seul rameau, à cinq ou six yeux au-dessus de la greffe. Si ces sujets sont pourvus de bourgeons en nombre suffisant et bien placés dans le voisinage de la greffe, en ravale le principal bourgeon à quelques lignes au-dessus du dernier rameau latéral, et on taille les autres à deux ou trois yeux. Le nombre de ces bourgeons latéraux doit être au moins de deux et de cinq au plus. Quatre est la quantité la plus favorable à la formation du buisson. Il convient qu'ils soient placés à peu de distance les uns des autres, et qu'ils se trouvent également espacés dans la circonférence de la tête de l'arbre. Si on ne trouvoit pas, dans la pépinière, des arbres dont les bourgeons fussent ainsi disposés, et si, après avoir rabattu la tige et les rameaux des sujets plantés, les jeunes arbres n'en poussoient pas qui se rapprochassent de cette forme, ce seroit le cas de couper la tête à ces arbres et de les greffer en couronne. C'est de la première direction donnée aux mères branches que dépend la réussite des buissons, leur bonne organisation, leur beauté; ainsi il faut employer tous les moyens pour l'effectuer avec succès.

Si le buisson est formé par un arbre sur franc dans le genre du poirier ou du pommier, c'est-à-dire si on peut compter qu'il vive de quatre-vingts à cent ans, on doit lui donner toute l'extension dont il est susceptible, quatre à cinq toises de diamètre, par exemple, et s'il est planté dans une terre riche et profonde, on ne risque rien d'établir cinq mères branches. Celles-ci à leur tour se fourchant à quinze pouces au-dessus de la première bifurcation, produiront vingt branches, ces dernières quarante et toujours en s'évasant, jusqu'à ce que l'arbre, arrivé à son état de stagnation, s'arrête et se repose. Voilà toute la théorie de la formation des arbres en buisson; il ne s'agit que de passer aux procédés d'exécution. *Voyez* pl. 5, fig. 1.

Les cinq mères branches obtenues, il faut les diriger dans la forme qu'on veut leur donner, pour qu'elles puissent devenir la charpente de tout l'édifice. On place quatre piquets en terre sur lesquels on fixe un cerceau de six à huit pouces de diamètre, suivant la force et la longueur des rameaux; c'est à ce cerceau, et en dehors de sa circonférence, qu'on attache, à des distances égales, les cinq bourgeons qui doivent former les branches mères. Il convient d'interposer entre le cerceau et les rameaux un léger tampon de mousse, et d'employer pour attache un fil de laine qui ne comprime pas trop la branche, mais la maintienne seulement à sa place. Il seroit très dangereux d'employer comme intermédiaires des corps durs qui pourroient occasionner des plaies à des branches trop tendues, et des ligatures trop serrées qui formeroient des étranglemens et des bourrelets nuisibles à la circulation de la sève.

Si cette opération a été faite au printemps qui suit la plantation, il n'y a autre chose à faire à ces arbres que de leur donner les soins de culture communs à tous les arbres nouvellement plantés. Ils se réduisent à des sarclages et à des arrosemens pendant les grandes chaleurs; mais qu'on se garde bien de les débarrasser des bourgeons mal placés qui pourroient naître, sous prétexte que la sève employée à les produire en pure perte seroit mieux placée dans les autres branches. Il s'agit de protéger l'enracinement de l'arbre, et rien n'y contribue plus efficacement que les feuilles qui, pompant dans l'atmosphère les fluides qui y sont répandus, les transmettent aux racines et accélèrent leur croissance. (*Voyez* au mot Feuille.) Ainsi on laissera tranquille le jeune arbre jusqu'à l'hiver suivant, époque de sa taille.

Celle de cette première année doit être faite avec attention; on commencera par supprimer, sans pitié, tous les bourgeons venus sur les branches mères dans l'intérieur du cerceau, dont la position et la direction tendroient à rétablir le canal perpendiculaire de la sève Cependant si l'une ou plusieurs des branches mères étoient mortes ou languissantes, et qu'un ou plusieurs bourgeons nouvellement poussés fussent dans une position à pouvoir les remplacer, il ne faudroit pas manquer cette occasion de perfectionner la forme de son arbre; alors on supprimeroit les anciennes branches, et les nouvelles prendroient leur place.

On supprimera également les rameaux qui ont crû sur le devant des branches mères, et dont la direction est contraire à la forme circulaire qu'on veut donner au buisson, à moins cependant qu'elles puissent remplacer avec avantage l'une des branches mères, et dans ce cas il convient de les tailler l'œil en dedans.

L'arbre évidé en dedans et taillé en dehors, il convient de s'occuper des bourgeons qui ont crû latéralement sur les branches mères. On taillera dabord les bourgeons poussés des derniers yeux des mères branches, produits par la taille de l'année précédente à deux ou trois, et jusqu'à six yeux et plus, suivant la force de chacun d'eux. Il faut faire attention de les tailler l'œil en dehors de la circonférence de l'arbre, afin que le bourgeon qui en sortira ait une tendance à s'écarter davantage du centre de l'arbre.

Il n'en est pas de même des bourgeons inférieurs à ceux de l'extrémité, et qui se trouvent sur les côtés des branches mères; il n'en faut réserver qu'un petit nombre et les tailler sur un œil qui se trouve dans le sens de la circonférence, et sur le côté de la branche qui l'a produite; de sorte que le jeune rameau qui en sortira s'écarte naturellement de la branche mère. Quand les arbres sont vigoureux, on taille les bourgeons à quatre ou cinq yeux, et s'il est des branches qui s'emportent les unes plus que les autres, on taille de court les plus foibles, on allonge la taille des plus fortes, et on leur laisse même pour amuser leur sève des rameaux qu'on supprime aux tailles suivantes. Ainsi on doit sentir, sans qu'il soit besoin de le recommander, qu'il ne faut pas, pour satisfaire une symétrie mal entendue, tailler toutes les branches à la même hauteur. Ce procédé, malheureusement trop pratiqué, occasionne par la suite un désordre dans la taille qui nuit beaucoup à la bonne organisation des arbres.

On peut sans risque, et on doit même après cette taille, ébourgeonner dans la saison convenable toutes les jeunes pousses qui croîtroient dans l'intérieur du buisson, et celles de l'extérieur qui se porteroient trop en dehors. On palisse sur le cerceau, qu'on a raffermi sur les piquets, les bourgeons trop allongés qui risqueroient d'être cassés par les vents, et sur-tout pour leur faire prendre, pendant qu'ils sont flexibles, la direction qu'ils doivent conserver par la suite.

La troisième taille se dirige d'après les principes qui ont dirigé les deux premières. On évidra exactement l'intérieur de l'arbre. On supprimera les bourgeons de l'extérieur qui s'écartent trop de la forme circulaire, à moins, comme il a été dit plus haut, que quelques uns de ces bourgeons ne soient nécessaires pour remplacer des branches ou pour regarnir des vides. On supprimera les bourgeons latéraux qui se trouveront trop rapprochés les uns des autres, et enfin on opèrera la taille des bourgeons réservés d'après la vigueur de l'arbre et leur force particulière. C'est à l'époque de cette taille qu'il faut apporter le plus d'attention à opérer la première bifurcation des branches; autant que possible, il convient que cette bifurcation se trouve à la même hauteur sur chaque mère branche, afin que la sève se repartisse plus également dans toutes les parties. Le sacrifice de quelques rameaux ne doit pas arrêter pour remplir ce but.

Afin d'y parvenir, on choisit, sur chaque mère branche, deux des principaux bourgeons vigoureux, et placés à peu de distance l'un de l'autre, dans une position à peu près opposée. On coupe la mère branche au-dessus du dernier. Il en résulte que les deux bourgeons, avec la base de la mère branche qui les supporte, ont à peu près la figure d'un Y; par ce moyen on dévie encore le canal de la sève, et aux tailles suivantes il devient de plus en plus oblique.

La longueur qu'on doit donner aux branches qui forment les jambages de l'Y ne peut pas être déterminée. Elle dépend de la vigueur de l'arbre et de la nature de son espèce: c'est au cultivateur à étudier les facultés du pied qu'il a sous la main et à agir en conséquence.

Il est des jardiniers qui procèdent à la formation des Y dès la première coupe; mais cette méthode paroît sujette à quelques inconvéniens. Les bourgeons de la première pousse d'un arbre nouvellement planté ont une existence bien peu assurée: d'ailleurs on ne peut choisir que sur un petit nombre, et il est rare qu'on en trouve dix bien venans sur un même individu; cependant quand on rencontre ces avantages, il est bon d'en profiter.

Il devient nécessaire aussi, les branches s'allongeant et le cerceau d'en bas ne pouvant plus diriger leur extrémité, de placer un nouveau cercle au-dessus du premier, à environ douze ou quinze pouces; celui-ci doit être d'un plus grand diamètre, et calculé d'après la forme plus ou moins évasée qu'on veut donner au buisson. Les branches étant plus fortes et ayant déjà pris leur pli, il n'est pas nécessaire de soutenir ce nouveau cerceau par des piquets; les branches suffisent pour le porter; mais il convient d'employer les mêmes précautions pour empêcher que ces cercles, ainsi que les liens qui les uniront aux branches, ne leur nuisent. A fur et à mesure que le buisson s'élargit et s'exhausse, on établit de nouveaux cerceaux et on sûpprime ceux qui ne sont plus nécessaires.

Toutes les tailles des années suivantes doivent être faites par bifurcation, et se rapprocher le plus possible d'un V régulier.

Cette méthode de la taille par bifurcation a l'avantage, en détruisant les canaux directs de la sève, de les répartir plus également dans toutes les parties de l'arbre, d'empêcher la croissance des GOURMANDS (*voyez* ce mot), de placer les fruits dans des positions aérées, de leur faire prendre de la couleur, et d'en faire produire aux arbres une plus grande quantité qu'ils n'en produiront par d'autres moyens.

Voyez pour le surplus de ce qu'il convient de savoir, aux mots TAILLE, CONTR'ESPALIER, ESPALIER, QUENOUILLE, POIRIER, POMMIER et ABRICOTIER. (TH.)

BUISSON ARDENT. C'est un NÉFLIER. *Voyez* ce mot.

BUISSONNER. On applique ce nom à toute plante qui pousse beaucoup de branches ou de rejetons par bas. Il est souvent difficile d'empêcher les plantes de buissonner quand elles sont dans un sol fertile et qui convient à leur nature. Un arbre venu de marcotte buissonne plus fréquemment que celui qui provient de graines. (B.)

BUISSONNIER. Lieu planté en arbres fruitiers disposés en buissons.

BUJALEUF. POIRE.

BULBE ou OIGNON. Comme le mot *oignon* est employé en botanique principalement pour désigner une plante particulière, nous ne nous servirons que du mot *bulbe* pour exprimer cette substance tendre, succulente, de forme arrondie ou ovale, à laquelle sont attachées les racines de certaines plantes.

On distingue plusieurs espèces de bulbes ; les unes sont écailleuses, composées de membranes épaisses disposées en écailles comme dans le lis; les autres sont d'une substance charnue et solide comme la tulipe; d'autres forment plusieurs tuniques qui s'enveloppent les unes les autres, comme l'ail, l'oignon, etc. Enfin, certaines bulbes ne sont que des lamelles ou portions charnues distinguées entre elles, mais qui communiquent par des fibres intermédiaires, comme celles de la saxifrage.

La bulbe proprement dite n'est pas une racine, quoiqu'en botanique on se serve du mot *racine bulbeuse* pour désigner la première division des RACINES. (*Voyez* ce mot.) C'est un vrai bouton qui contient en petit les élémens de la plante qui doit se développer au printemps. Les racines des bulbes tiennent à un corps charnu qui est au-dessous. On peut même les en détacher, et dans cet état la bulbe peut encore pousser la tige et même fleurir. Le parenchyme succulent dont sa substance est composée, l'air atmosphérique qui pénètre à travers les vaisseaux absorbans dont ses tuniques sont criblées, suffisent pour nourrir la tige.

Toutes les plantes se régénèrent ou de graines ou de boutons, et quelques unes de l'une et de l'autre manière. Les plantes bulbeuses portent leurs boutons au-dessus de leurs racines, et ils se forment entre la bulbe et le corps charnu d'où partent les racines. Ces boutons s'appellent CAYEUX. (*Voyez* ce mot.) La plupart des bulbes périssent après avoir donné la nourriture aux tiges auxquelles elles servoient de base, mais il s'en forme un ou plusieurs autres au-dessus, au-dessous, ou à côté. (*Voyez* TULIPE, ORCHIS et OIGNONS. (R.)

BULBONAC. C'est la LUNAIRE ANNUELLE.

BUMELIE, *Bumelia*. Genre de plantes de la pentandrie monogynie et de la famille des hilospermes, qui faisoit partie des ARGANS *Sideroxyllon*, Lin; mais qui en a été séparé, parceque ses fruits sont des baies à une seule semence, tandis que ceux des véritables *argans* en ont cinq.

Les espèces qu'il est le plus important aux cultivateurs de connoître sont,

La BUMELIE LYCIOIDE, *Sideroxyllon lycioides*, Lin., qui a les épines droites, les feuilles alternes, lancéolées, aiguës, glabres des deux côtés; les fleurs petites, blanches et odorantes, disposées en petits paquets dans les aisselles des feuilles. Elle croît dans les terrains les plus arides de l'Amérique septentrionale, s'élève de quinze à vingt pieds et fleurit au milieu de l'été. C'est un très bel arbre, qui répand le soir, lorsqu'il est en fleur, une odeur des plus suaves à plusieurs toises de distance. Ses épines sont si longues, si dures, ses rameaux si entrelacés et si difficiles à rompre, qu'elle est de beaucoup préférable à l'épine blanche pour faire des haies. Elle conserve ses feuilles pendant l'hiver, et laisse fluer un suc laiteux lorsqu'on la blesse dans quelque partie que ce soit.

La BUMELIE SOYEUSE, *Sideroxyllon tenax*, Lin., a les épines droites, les feuilles lancéolées, obtuses et couvertes en dessous de poils soyeux, luisans et jaunâtres. Elle se trouve avec la précédente, dont elle partage tous les avantages à un degré supérieur, excepté que ses fleurs sont moins odorantes. Elle fleurit quinze jours après elle, et conserve ses feuilles toute l'année.

La BUMELIE RECLINÉE a les épines droites, les feuilles ovales, très glabres. Elle est originaire des montagnes de la Géorgie, d'où Michaux l'a rapportée. Ventenat l'a figurée pl. 22 de son Choix de Plantes. Elle perd ses feuilles l'hiver. Je l'ai cultivée en Caroline. C'est un arbuste de cinq à six pieds de haut, et peut-être plus, dont les jeunes rameaux, au lieu de monter vers le ciel, se recourbent vers les racines, sont si nombreux qu'il est souvent difficile de passer la main entre eux, si tenaces qu'il est presque impossible de les casser sans les contourner. Ses fleurs sont petites, blanches et axillaires.

Parmi tous les arbustes naturels à l'Europe, il n'en est pas avec lesquels on puisse faire de meilleures haies qu'avec les *bumelies*, sur-tout avec la dernière espèce, toujours plus garnie de branches, et par conséquent d'épines au pied qu'au sommet. Il est réellement fâcheux qu'elles ne puissent que difficilement passer l'hiver en pleine terre dans le climat de Paris; mais je ne doute pas qu'il ne soit très possible de les cultiver dans tout le midi de la France, à commencer de Lyon. Il faut donc que les amateurs qui habitent ces contrées fassent leurs efforts pour les multiplier, dans l'intention de les rendre un jour utiles à leurs concitoyens sous ce rapport.

Dans le climat de Paris, les *bumélies* demandent l'orangerie pendant l'hiver, comme je l'ai déjà dit; mais on peut cependant les hasarder dans une bonne exposition en pleine terre, en les couvrant de paille lors des fortes gelées.

On les multiplie de graines qu'on fait venir d'Amérique, et qu'on doit envoyer stratifiées avec de la terre, si on veut qu'elles lèvent toutes la première année, et qu'on doit semer dans des terrines pour pouvoir les enterrer dans une couche et sous châssis. On leur fait passer l'hiver dans l'orangerie, et au printemps suivant, quelquefois même à celui de l'année suivante, on les repique en pots, qu'on place pendant quelque temps encore sous châssis pour assurer la reprise du plant.

La voie des marcottes et même celle des boutures est aussi pratiquée sur les *bumélies;* mais les premières ont souvent plusieurs années sans prendre racines, et les secondes manquent très souvent.

En général ces arbustes, si agréables dans leur pays natal, ne font jamais que fort peu d'effet dans nos jardins. Aussi n'y a-t-il que les vrais amateurs qui les cultivent. (B).

BUNIADE, *Bunias.* Genre de plantes de la tétradynamie siliqueuse et de la famille des crucifères, qui renferme une douzaine d'espèces, dont une peut devenir très intéressante pour les cultivateurs comme objet de nourriture pour les moutons. C'est la BUNIADE ORIENTALE, qui est vivace, s'élève de deux ou trois pieds, et fournit une fane abondante.

Mais écoutons le professeur Thouin. « Cette plante, quoique originaire d'un pays plus chaud que le nôtre (l'Asie mineure), se cultive en pleine terre, et résiste aux plus grands froids de nos hivers. Elle est rustique et s'accommode de toute espèce de terrain. Une fois plantée dans un jardin, elle s'y propage sans culture au moyen de ses racines qui tracent, et sur-tout de ses graines qui lèvent par-tout où elles tombent; de sorte qu'on est plus souvent occupé de la détruire que de la faire prospérer, particulièrement dans les terrains secs et légers. Cette disposition à croître dans tous les sols, la qualité de son feuillage que les moutons mangent volontiers, et sur-tout sa croissance prompte et précoce, nous font présumer qu'on pourroit tirer un parti avantageux de cette plante pour faire des pâturages printaniers. On pourroit tenter cette expérience sur des terres destinées à rester en jachères, après avoir rapporté de l'avoine. Il suffiroit de donner un labour au chaume après la récolte, et d'y semer les graines de cette plante ; mais comme elle forme des touffes assez étendues, et qu'elle trace un peu, il faut la semer clair. Un autre motif encore, c'est que les silicules de cette plante renfermant ordinairement deux semences qu'il n'est pas nécessaire, et qu'il seroit trop difficile de séparer, il se trouve que chaque fruit produit deux plantes. Ces semis lèvent en partie dès le mois d'octobre et de novembre, si le temps est doux et humide, et l'autre partie au printemps suivant. Il ne seroit peut-être pas prudent de les faire paître dès la première année, les plants n'ayant pas encore formé d'assez fortes racines pour se défendre d'être arrachées par le bétail. Mais la seconde année il n'y aura aucun inconvénient, et on pourra y envoyer des troupeaux de brebis dès le mois de février. Nous présumons que cette culture seroit plus productive encore que celle du pastel, qui a été mise en pratique par M. d'Aubenton avec beaucoup de succès pour la nourriture des moutons. Celle-ci a un avantage sur l'autre, c'est qu'elle est vivace et qu'elle donne plus de fourrage.

« Lorsque cette plante commencera à s'appauvrir dans le sol où elle aura été semée, on la laissera croître pendant quelques mois, après quoi on la retournera par un labour profond. Ses fanes et ses racines charnues, se pourrissant dans la terre, formeront un engrais qui la rendra propre à recevoir de nouveaux grains sans qu'il soit besoin de la fumer beaucoup. Ainsi elle aura l'avantage de fournir des pâturages et d'économiser des fumiers, deux choses précieuses en agriculture. » (B.)

BUOU. Le bœuf dans le département du Var.

BUPHTHALME, *Buphthalmum.* Genre de plantes de la syngénésie superflue et de la famille des corymbifères, dont on cultive quelquefois en pleine terre deux espèces dans les jardins d'agrément, et qui par conséquent est dans le cas d'être cité ici.

Le BUPHTHALME A FEUILLES DE LAURÉOLE, *Buphthalmum arborescens*, Lin., a les feuilles alternes, lancéolées, un peu spatuliformes, épaisses, d'un vert blanc et persistantes ; les fleurs jaunes, solitaires, portées sur un long pédoncule. Il croît naturellement aux Bermudes.

Le BUPHTHALME A FEUILLES DE LICHNIS, *Buphthalmum frutescens*, Lin., a les feuilles alternes, spatulées, bidentées à leur base, glauques et velues ; les fleurs jaunes, solitaires et portées sur un long pédoncule. Il vient de la Virginie.

Ces deux petits arbustes, qui s'élèvent au plus d'un à deux pieds, ont un aspect très pittoresque à raison de la forme, de la couleur et de l'abondance de leurs feuilles. On les place, dans les lieux bien abrités, sur le premier rang des bosquets. Ils craignent beaucoup les gelées et demandent à être couverts de fougère ou de feuilles sèches pendant l'hiver dans le climat de Paris. Ils ne redoutent pas moins l'humidité, et veulent par conséquent être mis à l'air toutes les fois que la température le permet. Leurs graines ne mûrissent point dans le climat de Paris, parceque leurs fleurs s'épanouissent trop tard; mais on peut s'en passer, car peu de plantes reprennent plus facilement de boutures. Il suffit d'en mettre un rameau dans un pot de terre de bruyère sur couche et sous châssis, au commencement du printemps, pour en avoir un pied deux mois après. Ces jeunes plants doivent être tenus les deux premières années dans l'orangerie. Il est même prudent d'en réserver toujours quelques uns en pots pour parer aux évènemens des hivers un peu rudes. (B.)

BUPLEVRE, *Buplevrum*. Genre de plantes de la pentandrie digynie et de la famille des ombellifères, qui contient quelques espèces que leur abondance dans la campagne rend remarquables, et une qu'on cultive fréquemment dans les jardins d'agrément.

Le BUPLEVRE PERCE-FEUILLE, *Buplevrum rotundifolium*, Lin., a les feuilles alternes, grandes, rondes, perfoliées, luisantes, et l'involucre de l'ombelle universelle nulle. Il est annuel et se trouve dans les champs cultivés de toute l'Europe et principalement de la France méridionale. Je l'ai vu quelquefois si abondant dans certains terrains secs et pierreux, qu'il faisoit beaucoup de tort aux moissons. Sa hauteur est d'un à deux pieds. Il fleurit au milieu de l'été. On le regarde comme vulnéraire.

Le BUPLEVRE A FEUILLES EN FAUX a les involucres de cinq folioles, les feuilles lancéolées, la tige en zigzag. Il est vivace, croît dans les terrains incultes, sur les montagnes sèches et pierreuses, et fleurit au milieu de l'été. On l'appelle vulgairement l'*oreille de lièvre*, et on le dit vulnéraire et fébrifuge. Les bestiaux n'y touchent pas. Il est quelquefois si abondant, qu'il domine sur toutes les autres plantes. Sa hauteur surpasse souvent trois pieds.

Le BUPLEVRE EFFILÉ, *Buplevrum junceum*, Lin., a la tige rameuse, les rameaux filiformes et droits, les involucres de cinq folioles, les feuilles linéaires et inégales. Il est vivace et se trouve dans les parties méridionales de la France, dans les mêmes terrains que le précédent, et y est aussi multiplié.

Le BUPLEVRE FRUTIQUEUX qui a les feuilles alternes, ovales, oblongues, obtuses, et la tige frutescente, haute de trois ou quatre pieds. Il est originaire des parties méridionales de l'Europe, et se cultive dans les jardins des parties septentrionales, où il produit un bel effet, tant par son port que par ses feuilles qui subsistent pendant tout l'hiver. Ses fleurs sont jaunes, nombreuses, et s'épanouissent au commencement de l'été. Il est sensible aux gelées, cependant il se conserve assez bien, pendant les hivers ordinaires, dans le climat de Paris; plus au nord il demande à être rigoureusement couvert aux approches de cette saison. On ne le multiplie que de semences, qu'on sème dans une terre meuble et légère, la seule qui lui convienne, et dans une exposition abritée. Il se plaît beaucoup à l'exposition du nord.

Les plants se repiquent en pépinière la seconde année, époque où ils ont cinq à six pouces de haut, pour y rester jusqu'à plantation définitive, c'est-à-dire pendant encore deux ans. Plus vieux ils reprennent rarement à la transplantation.

On place le buplevre frutiqueux au second rang dans les massifs des jardins dits anglais, contre les rochers et les fabriques qui s'y trouvent. Il prend naturellement une forme agréable, et ne veut point être tourmenté par la serpette. (B.)

BUREAUX. Gros tas de forme conique qu'on élève, dans le département des Ardennes, lorsque le foin est fané et qu'on ne peut l'enlever sur-le-champ. *Voyez* MEULE.

BUSSARD ou BUSSE. Sorte de vaisseau composé de douves et de cerceaux, dans lequel on met du vin ou d'autres liqueurs, et qui contient deux cent seize pintes mesure de Paris. Le bussard est une des neuf futailles régulières dont on fait usage en France. On s'en sert particulièrement en Anjou et dans le Poitou. (R.)

BUSSEROLE. Espèce d'ARBOUSIER. *Voyez* ce mot.

BUSSEROLE. *Voyez* AIRELLE CANNEBERG.

BUTTE. Élévations de terre de quelques toises de hauteur et de largeur, qu'on voit dans quelques plaines, et qui la plupart du temps sont formées par les débris des montagnes voisinees. Par suite on a appliqué aussi ce nom a de véritables montagnes, mais plus petites que les autres, à la butte de Montmartre, par exemple, et à des élévations de quelques pieds, de quelques pouces même, faites naturellement par diverses circonstances, ou résultant des travaux de l'homme. Une taupinière s'appelle une butte dans quelques cantons. (B.)

BUTTER. Opération de jardinage qui consiste à amener autour du pied d'une plante la terre des environs, à élever une petite butte dont il est le centre.

Plusieurs motifs déterminent les cultivateurs à la faire, 1° pour augmenter le nombre des racines de certaines plantes, et par cela activer leur végétation, comme le maïs, le millet, la pomme de terre, la patatte, le chou, etc.; 2° pour assurer un arbre qu'on vient de planter, et qui a peu de racines, contre les efforts des vents; 3° pour priver d'air les tiges et les feuilles de quelques plantes qui demandent à être blanchies, c'est-à-dire étiolées pour être mangées, comme le céleri, le cardon, etc.; 4° pour empêcher les plantes qui craignent la gelée d'en être atteintes pendant l'hiver, comme les artichauts; 5° pour conserver la fraîcheur autour d'une greffe en fente qu'on vient de faire rez terre.

La manière d'exécuter un buttage varie; lorsqu'il ne s'agit que d'enterrer les premiers nœuds du maïs, de recouvrir de terre les tiges rampantes de la pomme de terre, il suffit de gratter la terre environnante avec une large pioche et de la réunir autour de ces plantes à la hauteur d'abord de cinq à six pouces, ensuite de huit à dix, car on butte ordinairement deux fois quelques plantes, telles que le maïs, etc.; mais quand il faut couvrir entièrement les feuilles du céleri, des artichauts, ou mieux, élever autour d'elles un ou deux pieds de terre, alors on fait usage de la bêche.

Varennes de Fenilles, peu de jours avant sa mort, a proposé de butter le blé pour le faire profiter. La théorie a expliqué la bonté de cette opération et l'expérience l'a confirmée. En effet la tige du blé, comme celle du maïs, offre à sa base des nœuds fort rapprochés qui poussent des racines dès qu'ils sont enterrés; or plus une plante a de racines et plus elle végète avec vigueur. On butte le blé économiquement en le hersant au printemps avec une herse de bois. Beaucoup de pieds sont arrachés ou déchaussés, mais les autres les remplacent avec un si grand avantage, qu'il n'y a pas lieu à les regretter.

La nature butte souvent elle-même le blé, lorsqu'après l'hiver les mottes divisées par la gelée se fendent autour de lui, couvrent son pied; c'est pourquoi beaucoup de cultivateurs ne hersent point leurs champs après les semailles, et prétendent même qu'un grossier labour est préférable à un plus parfait.

Les vignerons des environs de Paris buttent la terre de leurs vignes et même de leurs champs à la fin de l'automne, pour donner à l'air la facilité de s'introduire entre ses particules et de s'y décomposer, c'est-à-dire qu'ils la ramassent en petits tas d'un pied de large sur six à huit pouces de hauteur, pour la répandre de nouveau au printemps. Cette méthode, conforme aux principes de la plus savante théorie, ne peut être que louée; mais la main-d'œuvre considérable qu'elle exige ne permet pas de la pratiquer par-tout. Ce n'est qu'au moyen de leur large pioche à manche court, pioche qui enlève presque un demi pied carré de terre à chaque coup, que ces vignerons viennent à bout de ce pénible travail. (B.)

BUTTER. Ce mot s'applique aussi à un cheval, un mulet ou un âne, qui fléchit quelquefois une des jambes de devant. Il n'y a pas de remède à ce défaut qui provient de foiblesse dans les muscles. (B.)

BUTOME, *Butomus*. Plante vivace de l'ennéandrie hexagynie et de la famille des alysmoïdes, qui croît dans l'eau sur le bord des rivières, et qui, par la beauté de ses fleurs, mérite d'être introduite dans les jardins d'agrément.

Cette plante a les feuilles toutes radicales, longues de deux pieds, étroites, pointues, un peu triangulaires à leur base; les tiges nues, cylindriques, longues de deux à trois pieds, et terminées par une ombelle simple, composée de quinze ou vingt fleurs de huit à dix lignes de diamètre et de couleur rose. Elle fleurit au fort de l'été. On l'appelle vulgairement *jonc fleuri*.

On pourroit sans doute multiplier cette plante de graines qu'on jetteroit dans l'eau peu après leur maturité; mais on n'emploie jamais ce moyen qui seroit long; on préfère aller arracher des pieds au printemps ou en automne, dans les eaux où il s'en trouve, et de les planter dans celles des jardins, où ils fleurissent l'année suivante. On peut déchirer les racines de ces pieds, lorsque cela devient nécessaire, pour en faire trois ou quatre d'un seul.

Le butome peut encore être utilement employé dans les trous qui sont remplis d'eau par les débordemens, dans les terrains qu'on a conquis sur les rivières, par le moyen des digues o. autrement, et qui sont encore couverts d'eau pendant une part.. de l'année, ses nombreuses racines, et ses feuilles disposées e. rond, arrêtant d'un côté la vase apportée par les eaux, et fou: nissant de l'autre une augmentation d'humus par leur décon: position. (B.)

BUTZ. Un des noms de la CARIE du froment. (B.)

BUVÉE. Synonyme de l'eau blanche ou de toute autre bo. son froide ou chaude qu'on donne, mêlée avec des alimens aux animaux malades. (B.)

FIN DU TOME SECOND.

www.ingramcontent.com/pod-product-compliance
Lightning Source LLC
Chambersburg PA
CBHW031722210326
41599CB00018B/2470

9782012592568